能源与环境出版工程

总主编　翁史烈

上海交通大学学术出版基金资助

痕量金属的环境行为
——区域与城市污染

Behaviors of Trace Metals in Environment
The Pollution in Regional and Metropolis Areas

张　辉　著

上海交通大学出版社
SHANGHAI JIAO TONG UNIVERSITY PRESS

内容提要

本书以中国河套地区、上海、南京等地域的案例为对象，分别就痕量金属在有关环境介质中的行为特征进行了系统研究。该书总结了作者基于各案例、各单元的样品、实验，对有关痕量金属及其关联污染物的行为与污染所进行的大量工作，对痕量金属在各类介质中的集散规律、迁移转化制约因素进行了分析论证，对污染成因和演化趋势提出了观点，对痕量金属在各要素中的污染或负面效应提出了防治建议。此外，对痕量金属行为及污染研究领域的相关动态也进行了相应介绍；就痕量金属污染研究中的研究方法，如背景含量、形态分析等重要难点问题的解决，结合案例进行了探索研究并提出了具体操作程序。

该书内容较丰富，涉及的问题较全面，在痕量金属行为及污染研究方面有较好的代表性。可供高校师生、相关行业研究及工程技术人员工作中参考、查阅，也适合有关行政管理和决策人员在工作中参考。

图书在版编目(CIP)数据

痕量金属的环境行为：区域与城市污染/张辉著. —上海：上海交通大学出版社，2014

ISBN 978-7-313-12321-3

Ⅰ.①痕… Ⅱ.①张… Ⅲ.①痕量金属分析 Ⅳ.①X5

中国版本图书馆CIP数据核字(2014)第262637号

痕量金属的环境行为——区域与城市污染

著　　者：张　辉

出版发行：上海交通大学出版社　　地　　址：上海市番禺路951号

邮政编码：200030　　电　　话：021-64071208

出 版 人：韩建民

印　　制：上海万卷印刷有限公司　　经　　销：全国新华书店

开　　本：787mm×1092mm　1/16　　印　　张：31.75

字　　数：612千字

版　　次：2014年12月第1版　　印　　次：2014年12月第1次印刷

书　　号：ISBN 978-7-313-12321-3/X

定　　价：98.00元

能源与环境出版工程丛书学术指导委员会

能源与环境出版工程
丛书编委会

总　　序

能源是经济社会发展的基础，同时也是影响经济社会发展的主要因素。为了满足经济社会发展的需要，进入21世纪以来，短短十年间(2002—2012年)，全世界一次能源总消费从96亿吨油当量增加到125亿吨油当量，能源资源供需矛盾和生态环境恶化问题日益突显。

在此期间，改革开放政策的实施极大地解放了我国的社会生产力，我国国内生产总值从10万亿元人民币猛增到52万亿元人民币，一跃成为仅次于美国的世界第二大经济体，经济社会发展取得了举世瞩目的成绩！

为了支持经济社会的高速发展，我国能源生产和消费也有惊人的进步和变化，此期间全世界一次能源的消费增量28.8亿吨油当量竟有57.7%发生在中国！经济发展面临着能源供应和环境保护的双重巨大压力。

目前，为了人类社会的可持续发展，世界能源发展已进入新一轮战略调整期，发达国家和新兴国家纷纷制定能源发展战略。战略重点在于：提高化石能源开采和利用率；大力开发可再生能源；最大限度地减少有害物质和温室气体排放，从而实现能源生产和消费的高效、低碳、清洁发展。对高速发展中的我国而言，能源问题的求解直接关系到现代化建设进程，能源已成为中国可持续发展的关键！因此，我们更有必要以加快转变能源发展方式为主线，以增强自主创新能力为着力点，规划能源新技术的研发和应用。

在国家重视和政策激励之下，我国能源领域的新概念、新技术、新成果不断涌现；上海交通大学出版社出版的江泽民学长著作《中国能源问题研究》(2008年)更是从战略的高度为我国指出了能源可持续的健康发展之路。为了“对接国家能源可持续发展战略，构建适应世界能源科学技术发展趋势的能源科研交流平台”，我们策划、组织编写了这套“能源与环境出版工程”丛书，其目的在于：

一是系统总结几十年来机械动力中能源利用和环境保护的新技术新成果；

二是引进、翻译一些关于“能源与环境”研究领域前沿的书籍，为我国能源与环境领域的技术攻关提供智力参考；

三是优化能源与环境专业教材，为高水平技术人员的培养提供一套系统、全面的教科书或教学参考书，满足人才培养对教材的迫切需求；

四是构建一个适应世界能源科学技术发展趋势的能源科研交流平台。

该学术丛书以能源和环境的关系为主线，重点围绕机械过程中的能源转换和利用过程以及这些过程中产生的环境污染治理问题，主要涵盖能源与动力、生物质能、燃料电池、太阳能、风能、智能电网、能源材料、大气污染与气候变化等专业方向，汇集能源与环境领域的关键性技术和成果，注重理论与实践的结合，注重经典性与前瞻性的结合。图书分为译著、专著、教材和工具书等几个模块，其内容包括能源与环境领域内专家们最先进的理论方法和技术成果，也包括能源与环境工程一线的理论和实践。如钟芳源等撰写的《燃气轮机设计》是经典性与前瞻性相统一的工程力作；黄震等撰写的《机动车可吸入颗粒物排放与城市大气污染》和王如竹等撰写的《绿色建筑能源系统》是依托国家重大科研项目的新成果新技术。

为确保这套“能源与环境”丛书具有高品质和重大的社会价值，出版社邀请了杜祥琬院士、黄震教授、王如竹教授等专家，组建了学术指导委员会和编委会，并召开了多次编撰研讨会，商谈丛书框架，精选书目，落实作者。

该学术丛书在策划之初，就受到了国际科技出版集团 Springer 和国际学术出版集团 John Wiley & Sons 的关注，与我们签订了合作出版框架协议。经过严格的同行评审，Springer 首批购买了《低铂燃料电池技术》(*Low Platinum Fuel Cell Technologies*)，《生物质水热氧化法生产高附加值化工产品》(*Hydrothermal Conversion of Biomass into Chemicals*)和《燃煤烟气汞排放控制》(*Coal Fired Flue Gas Mercury Emission Controls*)三本书的英文版权，John Wiley & Sons 购买了《除湿剂超声波再生技术》(*Ultrasonic Technology for Desiccant Regeneration*)的英文版权。这些著作的成功输出体现了图书较高的学术水平和良好的品质。

希望这套书的出版能够有益于能源与环境领域里人才的培养，有益于能源与环境领域的技术创新，为我国能源与环境的科研成果提供一个展示的平台，引领国内外前沿学术交流和创新并推动平台的国际化发展！

2013 年 8 月

前　　言

痕量金属污染一直是环境科学界高度关注的研究热点。本书研究工作受国家自然科学基金及国际（美国、日本）科研协作项目基金等多家基金部门资助，在多年探索积累基础上，对具典型代表意义的不同成因污染案例——黄河河套地区区域性痕量金属污染和上海、南京现代城市发展中的痕量金属污染的污染现象、环境效应，以及污染物行为规律进行归纳总结。通过对不同成因案例中痕量金属污染过程和现象的具体研究工作，对各类污染的污染物特征、制约因素、成因过程和演化趋势进行剖析讨论。工作中，在实地资料（污染区污染现象、样品）观测、测定基础上佐以模拟实验，侧重于在基本观察、实验、测定数据基础上对污染现象的制约因素、成因联系和污染过程的化学、地球化学机制的分析与论证。全书分 8 章分别对如下五部分内容进行论述：

（一）痕量金属及其污染研究动态

（二）区域性痕量金属污染研究

（三）城市痕量金属污染研究

（四）痕量金属环境行为实验研究

（五）痕量金属行为、效应及研究方法讨论

由于痕量金属元素在人们日常生产、生活中的普遍存在，加之其地球化学习性复杂、在环境中行为多变，痕量金属污染伴随人类生产、生活的每个环节都可能发生，其较之其他类型的污染具有普遍性、复杂性、持久性、隐蔽性等特点。另外，自然界环境介质中都无例外地存在痕量金属元素的背景含量，这使得对污染的识别、评价难度相对较大。然而，痕量金属污染对生物及人体健康的严重危害已为大量事实所证实，如抑制作物生长、使动物及人体致畸、致癌和致突变，甚至影响生物基因性状等。因而，痕量金属污染研究是环境科学工作者面临的一项长久而艰巨的任务。其中，对其行为规律的深入认识显得尤为重要。

痕量金属元素在环境中行为的复杂性，导致其相应污染现象和毒害效果的多种多样。目前在本领域研究工作中多见的是污染案例研究、污染研究方法学研究和污染治理新方法、新材料和新思路研究。有关污染机制和规律的系统研究工作相对较少，这一方面反映了诸多案例研究本身的前沿性，同时无疑也与痕量金属污染机制问题的复杂性有关。本书结合作者在该方向上的多年研究积累，试图从元素地球化学角度针对污染效应、成因就有关痕量金属行为机制和污染规律方面的事实对痕量金属的环境行为及制约因素做些能够的归纳和总结，探索存在于具体案例中的一般性规律。基于这一出发点，本书特选取主要与背景因素有关的区域性痕量金属污染案例和主要由人类活动引起的城市痕量金属污染案例为对象，对其污染的成因过程、制约因素、演化趋势和污染物行为特征进行基于样品和实验工作的分析论证。同时，结合研究中遇到的实际问题，就有关对痕量金属环境行为与污染认识、评价的研究方法进行实例探索和方法总结。

本书研究分别选取内蒙古河套地区和上海市、南京市为具体研究对象，是有关痕量金属在自然界行为和污染方面最为普遍和问题较多的案例情况。通过对其环境介质的地球化学背景、痕量金属元素分布（总含量分布、形态分布、时间分布）特征、行为规律、环境效应、当地发展历史以及水、土、大气等介质中痕量金属污染现状、成因和与其他污染物的相互作用与联系进行解剖研究，以期了解和归纳痕量金属在环境中的主要行为规律和污染现象。工作中，在实地案例研究基础上佐以模拟实验，对痕量金属的行为规律进行论证和概括，试图通过对案例中区域和城市条件下痕量金属行为规律的了解，探索痕量金属污染问题中受其化学性质和地球化学习性支配的规律性事实。

本次研究工作对象包括固体介质和液体介质。固体介质分别为岩石、矿石、土壤、江河湖泊沉积物及水悬浮物、大气颗粒物（总尘、降尘）和人体毛发；液体介质分别为矿田地表积水和地下水、江河水、湖水、浅层潜水及汽油等。除有关分析测试（痕量金属元素含量分析、Pb、Sr 等同位素分析、土壤、沉积物及大气降尘矿物成分分析、固体颗粒表面化学成分分析、固体颗粒矿物成分及形貌特征显微分析)外,模拟实验是本研究的重点内容,包括:各类土壤痕量金属元素吸附、解析模拟实验、大气降尘痕量金属元素解析模拟实验、固体颗粒(矿石)向环境释放痕量金属元素模拟实验等。

本项研究工作分别受到国家自然科学基金项目(49863001,1999—2001)、内生金属矿床成矿机制国家重点实验室开放基金项目(SKLMD199910,2000—2001)、江苏省自然科学基金项目(BK99021,1999—2002资助给南京大学马东升教授)、中美国际合作项目(美方/University of Minnesota资助,UMN-070604,2007—2009)、环境地球化学国家重点实验室开放基金项目(SKLEG6007,2008—2009)、中日国际合作项目(日方NEDO集团资助,F-04001,2004—2006)等多家部门的经费资助,作者在此对上述有关基金部门及实验室表示感谢!

上海交通大学环境科学与工程学院中心实验室、上海交通大学分析测试中心、上海市环境监测中心、中国科学院地球化学研究所环境地球化学国家重点实验室、南京大学内生金属矿床成矿机制国家重点实验室、南京大学现代分析中心、南京大学地球科学系元素地球化学实验室、南京市环境监测中心站、核工业地质研究院北京分析中心、日本筑波大学环境研究中心、美国明尼苏达大学土木工程系等单位在研究中提供了协作和支持,作者对上述部门在本研究中所提供的支持和协作深表谢意。

在本项研究历时的十几年中,在我带领的研究组里先后参与过部分研究工作的学生有(按工作时间顺序):周笑怡(上海交大环境学院)、陈颖(上海交大环境学院)、钟丽娜(上海交大环境学院)、徐乐(上海交大环境学院)、张怡斐(上海交大环境学院)、岳东(上海交大环境学院)、付远(上海交大电信学院)、朱懿(上海交大环境学院)、黎吉映(上海交大环境学院)、蒋梦婵(上海交大环境学院)、贺晨旻(上海交大环境学院)、张南(上海交大医学院)、刘菁(上海交大医学院)、叶丽莎(上海交大电信学院)、杨奇(上海交大农生学院)、魏迪(上海交大环境学院)、董晓静(上海交大环境学院)、杨帆(上海交大密歇根学院)、傅旻帆(上海交大密歇根学院)、Aaron Sciore(美国Worcester Polytechnic Institute)、汤正泽(上海交大环境学院)、姚怡青(上海交大环境学院)、李嘉玲(上海交大环境学院)、沈家伟(上海交大环境学院)、Joao Paulo Correia(美国Worcester Polytechnic Institute)、卢凯明

（上海交大环境学院）、游浠韵（上海交大环境学院）、韩启隆（上海交大环境学院）、陈野航（上海交大环境学院）、顾佳媛（上海交大环境学院）、吴育栋（上海交大环境学院）、张磊（上海交大环境学院）。此外，还有许多学生在研究中也做了有价值的工作，这里不能全部提及。作者对大家在本研究中所做的基本、具体但却是非常重要的工作深表谢意。

南京大学地球科学系地球化学教授马东升先生、内蒙古大学生态与环境科学系生态学教授刘钟龄先生、北京大学城市与环境学系环境地球化学教授陈静生先生、美国 University of Minnesota 土木工程系环境工程学教授 Patrick L. Brezonik 先生、该系环境科学教授 William Arnold 先生在本项研究过程中，就本研究的工作思路、工作内容及具体研究方案与有关成果等曾与笔者进行了多次交流、讨论，本项研究的顺利进展和成果的取得无疑亦得益于这些建设性的交流与讨论。作者在此对他们表示敬意和感谢！

本研究是项大型集体劳动，除了上述提到的人士以外，尚有许多未留下名字或在这次研究中做了一般工作的人员。毋庸置疑，他们每一个人的工作都是本研究不能离开的，笔者在此要对所有参与和帮助本研究工作的人们真诚地道一声谢谢！与本项研究工作有关的人，每一位都会在我心中；工作中与大家朝夕相处、相识相知的时日，常常是我最感有趣和快乐的回忆。大家给我的帮助、友谊和启示已化作我的精神财富，使我更感充实和自信。我真诚地感激给本书工作提供过协作与帮助的每一位人士，谢谢大家！

本书受上海交通大学学术出版基金资助出版，作者深表谢意！

本书所述研究工作内容较多、时间跨度较大，其中的观点、认识为作者知识水平、学术视野不及之处，诚望各界同仁指正。

张　辉

2014.06　于上海

目　　录

第1章　绪　　论

本章概略介绍了痕量金属及其污染的一些有关问题，包括痕量金属概念演变、人们对其毒性效应的认识过程、研究动态以及痕量金属行为与污染研究在当前社会经济发展中的重要性和存在的突出问题。阐释了本书研究工作的主要思路、研究目标。主要有以下两方面内容：

(a) 介绍了痕量金属研究及概念演化的概况和研究区域选择依据、工作对象、工作方法等。

(b) 介绍了分别以区域和城市的不同案例研究入手从多角度对痕量金属在自然环境中的行为与污染进行基于样品和实验的解剖研究和对一般规律进行归纳概括的研究思路。

1.1　痕量金属及其污染研究

有关痕量金属的学问或问题由来已久，经久不衰。特别是近几十年来，随着环境科学的蓬勃发展，痕量金属作为环境中常见的重要污染物类别更是受到了广泛的重视。实际上，环境中这类有负面生态效应的金属物质在人们的概念中也存在一个认识上的逐渐演变过程。

1.1.1　痕量金属概念及其演变

本书所指的痕量金属，其含义相当于英文文献中的“trace metals”。它泛指在环境中达到一定量后会体现毒害或负面生态效应的一类金属元素，其效应的体现分别与它们各自的化学、地球化学性质密切关联。这个概念有时常常与“微量金属(minor metals)”、“重金属(heavy metals)”混用，含义也相近。

微量金属是由微量元素概念转引过来的。微量元素(minor elements)是地球化学研究的重要对象，相应的学科称作“微量元素地球化学”。其所论微量元素是相对于常量元素(major elements)的一个概念。常量元素指组成地球物质的那些主要元素，一般有13种元素被包括在其中。按其在地壳中的丰度顺序，他们分别是O、Si、Al、Fe、Ca、Na、K、Mg、H、Mn、Ti、C、Cl。该13种元素其总质量丰度占地壳质量的 99.67%左右。另外的 80 种元素(自然元素)即微量元素,系指地球及球外物质(岩石、土壤、矿物、陨石、水体、大气、生物、海洋湖泊相沉积物等)中含量都小于 0.1%的所有元素。这些元素在地壳中丰度低,它们的含量一般情况下在 $1\times10^{-9}\sim1\times10^{-6}$之间,其总质量仅占地壳质量的 0.33%。微量元素的活动形式主要呈离子、可溶化合物和配合物、水溶胶、气溶胶、悬浮态和气体等。绝大多数微量金属元素溶解时以配合物或络合物形式迁移。

需要指出,也有人认为为微量元素是不作为体系中任何相的主要化学计算组分存在的元素。还有学者认为,微量元素是在所研究的地球化学体系中,浓度低到可以近似服从稀溶液定律(亨利定律)范围的元素。在生物医学研究领域,微量元素常常系指含量在生物体中小于所研究对象总质量 0.01%的元素。显然,微量元素是一个对元素在体系中相对含量的描述性术语。微量金属便是指微量元素中的那些金属元素。

环境科学领域所指痕量金属与上述微量金属含义相近,实际中也存在经常被混用的情况。事实上,两者之间存在一些细微区别。与其他学科不同,环境科学领域的痕量金属概念中也包括了化学元素周期表分类中的某些非金属或半金属元素,如 As、Se 等。

与痕量金属有关的一个概念是"重金属"。重金属也是一个环境科学领域用以描述环境中超过一定量后对生物体即有负面作用的那类金属污染物质。这个概念被广泛使用,特别是在环境保护意识深入人心的今天,在普通社会公众心目中重金属是常常与污染、中毒联系在一起的一个概念。由于在自 20 世纪初开始出现和直到今天仍时有发生的环境公害事件中,许多情况都与金属元素污染引起人体中毒有关,而这些元素都具有比重较大的特点,人们便用"重金属"来描述它们,逐渐形成了今天的重金属概念。但在教科书上,所谓重金属元素系指比重大于 4 的金属元素,有的文献或教科书上指大于 5 的或周期表中 Ca 以后的金属元素为重金属。比重大于 4 的金属计有 60 种,大于 5 的计有 45 种。今天,这个概念被使用了一百多年后人们发现了它的不科学性。2002 年国际纯化学和应用化学协会,专门发表文献就重金属概念的使用提出了质疑——"It is clear that we should abandon classification of metals using terms such as 'heavy metals', which have no sound terminological or scientific basis. A classification of metals and their compounds firmly based on their chemical properties is needed"[1]。认为重金属一词不能很好地涵盖这类物质的环境行为属性,作为科学术语更应该突出强调其化学性质。2004 年英国生物地球化学家 M. E. Hodson 在"Environmental Pollution"上也撰文指出,重金属概念虽然仍被使用,但用以描述环境中的金属污染物质是一个不得体的概念——"Heavy metals is a poor scientific term and alternatives exist. As scientists we should use them"[2]。由于这一概念有其特殊的发生发展历史和应用背景，目前在仍被使用的同时，学术界有逐渐用其他形式的描述来代替“重金属”术语的趋势。

1.1.2 人类对痕量金属生物效应的认识及痕量金属环境行为与污染研究动态

痕量金属对人体健康的影响是人们非常关注的问题。事实上，之所以将痕量金属视为一类重要的污染物来研究，原因就在于其对人体健康有着极为重要的作用。这些问题既是环境科学的重要研究内容，同时也是医学生物学的重要研究内容，目前尚有诸多为人类所未知的领域。关于一些痕量金属的特性及其生物学效应，是属于目前人们对这些问题的阶段性认识。由于这些问题涉及学科较多，现实中常常是一种或几种现象同时涉及化学、地学、生物学、医学以及一些技术科学领域的知识，其学科交叉性很强，情况复杂程度高，研究技术难度也较大。概略地看，从目前情况对这一领域问题的探索研究大致包括两大方面的工作。一方面是自然体系，主要是环境要素中痕量金属的行为及效应研究；另一方面是痕量金属在生物机体内的行为及效应研究。其实，这是一个问题的两个方面。第一个方面的工作是解决作为污染物的痕量金属在环境中从哪里来、怎么去，工作层面也大多集中于环境介质中的痕量金属在进入有机体前和进入过程的行为效应层面，属于环境科学侧重研究的范畴。第二个方面的工作是解决痕量金属在生物机体内的生物化学行为及其量级效应层面的问题，工作主要侧重于生物体与痕量金属间相互作用以及这些作用在生命过程中的效应问题的研究，属于生物医学侧重研究的范畴。由于这两个方面的工作都有同样的研究对象——痕量金属，有时又自然不自然地交织在一起，也难分得清。因而，常常在环境科学领域有生物学或医学背景的研究者从事工作，而在生物医学领域又有环境科学背景的人员进行研究。在这些问题的研究探索中，交叉的情况是经常或基本的，不过，总体看还是分层次的。任何环境问题都是以保护人体健康为基本出发点，所以生物医学领域侧重研究的痕量金属内容是环境科学领域研究痕量金属的目标所向，环境科学领域侧重研究的痕量金属内容是生物医学领域研究痕量金属必不可少的问题根源，两者是痕量金属污染、中毒这一基本问题在自然界及生物体中发生过程与效果不同阶段的环节。

由于痕量金属问题的复杂性，目前人们对每一个痕量金属元素的生物效应认识程度是不一样的，无论是环境科学还是生物医学所侧重研究的内容中都是如此。

环境科学侧重研究的内容中，就痕量金属生物效应方面，主要从金属元素在环境介质中的形态角度进行研究，包括痕量金属化合物类型、元素价态以及与配体的结合形式、金属元素进入生物体或被生物摄取的方式与途径等。此外，体系物理化学条件对痕量金属形态的影响、痕量金属在环境介质中存在形态的研究方法手段、痕量金属形态与人体健康（地方病）的相关规律等也常常是环境科学对痕量金属生物效应研究的重要内容。有关这些问题的研究，自 20 世纪 70 年代开始重视金属形态在环境效应认识评价中的作用与地位以来，在不断深入。特别是近些年来，痕量金属形态或生物有效性的研究已成为痕量金属污染研究中不可或缺的基本内容，并且分别在形态类型、分析程序、分析方法、形态特征与环境效应相关性研究方面在不同介质、不同金属元素、体系不同物理化学条件等方向上都有很大程度的发展和延伸，目前仍然是痕量金属污染研究领域的热点研究问题。

生物医学侧重研究的内容中，痕量金属元素在生物体内的生物化学行为、痕量金属的生物营养学、痕量金属元素的生物毒理学、痕量金属中毒症状的临床表现以及相应的生物摄入源、剂量效应、时间效应、代谢过程等都是其重点研究内容。由于这些问题本身的复杂性与诸多不确定因素，研究工作往往伴随着较大的难度。从这些角度对每一个元素的研究程度及认识水平也不尽一致。尽管从人们希望达到的程度看，上述工作似乎还显得粗浅，但实际上这方面的工作一直是在突飞猛进发展的，并且也是环境科学及医学、生命科学的研究热点，其中的许多问题是人类探知未知世界的前沿课题。

上述关于痕量金属生物效应研究问题中的两个层次，由于其最基本的对象是痕量金属这类物质，因而无论在哪个层次的问题中，其都要受到金属本身自然属性的制约。痕量金属元素大多是周期表中的副族元素，亦即所谓的过渡元素。这些金属元素最大的特点是具有未充满的次外电子层，因而大多是可变价元素。这决定了其在自然界以及生物体内化学行为复杂多变的属性特征。这些元素中，共有的特点是：

(1) 原子结构及化学性质的特殊性

原子半径相对较大，对其周边物质的影响较敏感；电负性相对较大；化合价态多变。大多数元素据环境中不同物理化学条件(Eh 值、pH 值、温度)及体系中与之作用物质的性质不同而以不同的价态存在。许多痕量金属元素可作为中心离子接受阴离子和简单分子的独对电子，以络阴离子团形式与其他配位基生成配位络合物，还可与一些大型有机高分子生成螯合物。

(2) 环境系统中存在的广泛性

所有痕量金属元素都是组成地壳的成分，在自然界各类环境介质(岩石、水、大气和生物)中都存在背景含量。另外，这些元素在人类生活、生产的各个方面应用广泛，随自然界元素地球化学循环以及地下资源的被开采、加工和使用等环节，其在环境中不断地发生着各种尺度上的空间位置迁移和存在形式的转化。因而，这些元素来源广泛、普遍，可通过各种途经(食物、饮水、呼吸和皮肤接触等)进入人体，其不同的化学形态或价态毒性效应常常差别很大。

(3) 生物负面效应具有隐蔽、潜伏性

研究表明，许多痕量金属元素有致癌、致畸及致突变作用。这些元素进入生物体后，可经食物链在较高级生物体内千百倍地富集。其毒性具积累效应，在生物体内既可形成对生物体的慢性损伤，也可导致急性中毒。这些元素发生污染时，常常没有非常明显的表象特征。有些痕量金属其污染毒性效果往往会在几年甚至更长时间后才会体现，短期内不易察觉，具隐蔽性、潜伏性。

(4) 对其污染、中毒的评价识别难度较大

由于自然界环境介质中都存在痕量金属背景含量，毒性效果具有隐蔽性、潜伏性，导致对其污染、中毒常难以即时识别。

痕量金属的生物效应是环境科学领域以及有关交叉学科经久不衰的研究热点，除了与这些问题本身的复杂性和重要的环境意义有关外，同时也是这些问题中仍然蕴含着许多前沿问题。关于哪些痕量金属元素是有毒的或有益的，以及相应的剂量及作用形式的有关指标或结论，客观地说应该都是或至少有些是阶段性的。准确地说，对这些问题的认识是在发展中的。随着研究程度的不断深化和人们认识水平的提高，痕量金属更重要、明确的生物效应会被不断地揭示出来。因此，痕量金属的生物学效应是环境科学中非常重要的研究内容，关于它们的认识正在快速发展中。

1.2　本项研究的工作对象

如前所述，痕量金属元素地球化学习性复杂，在环境中行为多变，其污染伴随人类生产、生活的每个环节都可能发生，具有普遍性、复杂性两大特点。由于自然界环境介质中都无例外地存在痕量金属元素的背景含量，使得对其污染的识别、评价难度相对较大。然而，痕量金属污染对生物体及人体健康的严重危害已为大量的事实所证实，如抑制作物生长、动物及人体致畸、致癌和引起某些病变，甚至影响基因的性状等等[3—7]。当今，痕量金属对生物及人体有严重的毒害效果这已成为人们的共识。这种共识不仅仅局限于学术界，也正日益为整个社会公众所接受。

痕量金属元素在环境中行为的复杂性，导致其相应污染现象和毒害效果的多种多样。目前在本领域研究工作中多见的是污染案例研究、污染研究方法和污染治理新方法、新材料和新思路研究。有关污染机制和规律的较系统研究工作相对较少。这一方面反映了诸多案例研究本身的前沿性，同时无疑也与痕量金属污染机制问题的复杂性有关，有必要对具体案例进行不断探索。本研究在解决研究区具体环境问题成因、演化的同时，试图从地球化学角度就有关痕量金属污染机制和规律方面对有关元素的地球化学行为和制约因素做些归纳和总结，通过对典型案例的解剖研究探索存在于具体案例中的一般性事实，对一些研究方法进行尝试性改进，并将其作为研究思路的基本出发点和力图达到的目标。

1.2.1 区域性痕量金属行为及污染研究案例

基于上述研究思路，本次工作特选取主要与背景因素有关的区域性痕量金属污染案例和主要由人类活动引起的城市痕量金属污染案例作为具体研究对象，对研究区内岩石、土壤、地下水、地表水以及污染区居民头发等介质中的有关元素与同位素进行了研究，研究区位置如图 1－1 所示。

内蒙古河套地区地域性人群砷等痕量金属中毒涉及七个旗县的 11 000 km^2 地域。当地居民中出现了掌跖角化、皮肤癌，毛发干涩和心肌损伤等相关病变，受害人数达 20 万之众[8－11]，引起国际环境科学界的关注。2000 年美国国家环保局(USA EPA)曾专门派员到河套地区采取用于制定 As 等痕量金属元素环境标准的样品。哈佛大学 2000 年建立的由毒物专家 Richard Wilson 教授主持的 As 互联网网站项目(The Arsenic Website Project，run by Harvard University risk expert Richard Wilson)在目录中把河套地区的人群 As 中毒列为与孟加拉国、美国、加拿大等世界著名的地域性人群 As 中毒情况并列的严重案例予以报道[12]。

河套地区自古以来就是我国著名的塞外粮仓，其除为北方重要的商品粮基地外，还是油料(葵花)、甜菜、瓜果(西瓜、哈密瓜、苹果、梨)等经济作物的重要产区。该区原广土沃、物产丰富，得天独厚的自然条件使得这一区域居民密集、产业发达，更有在其北缘(上游)山前较集中地分布有大中型金属、非金属矿床多处(大型硫铁矿床 1 处、大型 Cu 多金属矿床 2 处、大型石灰岩矿床 1 处、中型 Pb、Zn 多金属矿床 1 处，小型 Cu、Pb 多金属矿床 2 处)和众多的矿点、矿化点(计 63 处)。此外还发育有几近连续的 Cu、Pb、Zn、As、Sb、Cd 等痕量金属元素地球化学高背景带(见图 1－1)。这些独特优越的自然条件在使该区的人们受益的同时，随着生产规模的扩大和时间积累，潜在的污染源(富含金属元素的地质体)以及经由人工活动带给环境的痕量金属污染效应亦日益明显。

该区的地下水 As 含量严重超标问题 20 世纪 90 年代初即引起中国国务院及有关部委的重视。当时(1992)国务院办公厅会同环保、地矿、卫生等部门对该区地下水 As 污染并由之引发的地方病进行了大范围调查研究，并由内蒙古自治区政府、地矿厅、城乡建设与环境保护厅、卫生厅等部门具体实施进行了关于地下水(主要是饮用井水)污染情况摸底性质的监测调查工作。据当时的统计资料(1995年)，当地居民饮用井水 As 严重超标(当时标准值为 0.05 mg/L)，平均含 As 量为 0.1～0.5 mg/L，最高达 0.969 mg/L，受威胁人数逾 20 万[10]。

As 污染及中毒多年来一直是国际环境科学界污染研究中的热点问题之一。早在 1998 年，在国际毒理学学会在西雅图召开有全球 5 000 余名科学家参加的国际毒理学年会上，As 和 Hg 被列为环境中最重要的毒物，Science 279 卷上专门报道了与会科学家们对 As、Hg 环境毒理学意义的人体抗性差异等新观点和不同认

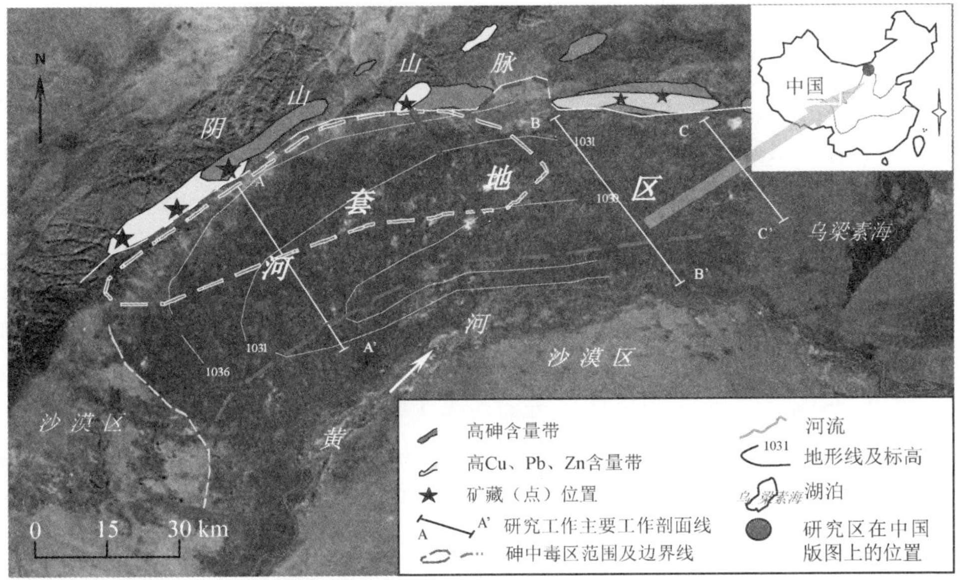

图 1-1　区域性痕量金属行为与污染案例研究区——内蒙古河套地区

识[5] (Kaise, 1998)。早期报道的较典型的区域性 As 污染研究工作有"Nature" 395 卷(1998)和"Applied Geochemistry"15 卷(2000)上报道的伦敦大学 Nickson 等人对孟加拉国恒河冲积平原地下水 As 污染成因研究[4、13]、Environmental Geology 39 卷 8 期上报道的关于新西兰北部地区 As 背景和美国科罗拉多州蓝河盆地沉积物及河水中 As 污染现状及成因研究等[14、15]。哈佛大学于 2000 年设立了 As 互联网站项目，专门在互联网上报道有关 As 污染和中毒的案例、治理监测情况、研究成果及动态[11]。在我国除本河套地区外，内蒙古东部克什克腾旗白音皋地区、新疆奎屯地区、山西大同盆地及台湾地区嘉义等地都出现过大范围 As 污染以及 As 中毒地方病[16—18]，目前已相继开展了许多工作。有关砷污染及中毒研究近年也有大量工作报道，其中具代表性的工作如 Fendorf 等人在 Science 328 卷上的有关 As 污染研究综述[19]。

事实上，许多痕量金属元素具有相近的地球化学习性，这决定了其在自然环境中有经常共生的自然特性和规律。河套地区地下水 As 污染事实以及其独特的地球化学背景启示我们，与之有成因联系的其他痕量金属元素在水中同样存在污染的可能，As 和与之有成因联系的元素如 Cd、Sb、Bi、Cu、Pb、Zn 等在土壤中亦存在污染的可能。

1.2.2　城市痕量金属行为及污染研究案例

上海市、南京市都是中国现代最具发展经济活力的城市之一，其发展规模、速度、产业特征以及对自然环境的干扰或影响都具有现代化城市发展中对环境影响的典型代表意义。

上海地处长江河口、大海之滨，全区河网纵横、水域遍布，具有既存在较广阔陆地空间，又有水系河川非常发育的特点，对因城市发展引起水环境污染有较好的代表意义，本次研究将其作为因城市发展引起水环境痕量金属污染的研究案例。因为上海一直是我国经济发展的龙头地区，人口多、城市化程度高、工业比重大的这些基本属性决定了其在发展中带给环境的污染负荷特殊和突出。特别是在我国步入快速发展时代的近二十年来，上海因经济发展在自然环境中引起的物质成分演化状况，具有体现典型的人为干扰自然体系诸如水体、土壤、大气等系统的环境效应的特征。本次研究工作侧重从污染演化与人为活动干扰因素间的关系角度，选取了对研究区覆盖面广、污染记录较稳定的地表水域——淀山湖、黄浦江和苏州河为主要对象，分别对其水、沉积物中的痕量金属及有关物质如 N、P、有机碳和有机氯农药等在介质中的行为和分布特征进行了研究，研究区位置如图 1-2 所示。

图 1-2 城市痕量金属行为与污染案例研究区——上海(淀山湖、黄浦江、苏州河)

南京市城市发展速度快，城区地形开阔中蕴含着起伏，风向规律较明显，并且土壤植被发育较好，城区功能分划较清楚，对因城市发展引起的痕量金属土壤污染以及与大气颗粒物成分关系研究有较好的代表性，本次研究将其作为因城市发展引起土壤、大气污染的研究案例。由于南京是中国 20 世纪 80 年代以来发展最快的城市之一，都市化过程中，其环境介质(土壤、河流沉积物、大气)中的微量金属含量及分布已发生了显著变化，所引起的痕量金属污染已显示出明显的毒害效果。如有的工厂职工中某些特征性病变（肺癌、呼吸道疾病及皮肤腐蚀性反应等）明显多于正常情况；受生活垃圾污染的土壤中生长的树木出现枯萎和生长缓慢现象、植物种类趋于单一；公路土壤污染、江河沉积物污染积累已到了不容忽视的程度；大气中颗粒物成分日趋复杂等等。本次研究工作分别选取了南京地区的工厂、公路、江河、垃圾场和大气环境中的痕量金属元素的行为与污染进行了研究。根据各环境单元的具体特征，分别对其岩石、土壤、沉积物和大气颗粒物开展了具体工作，研究区位置如图 1－3 所示。

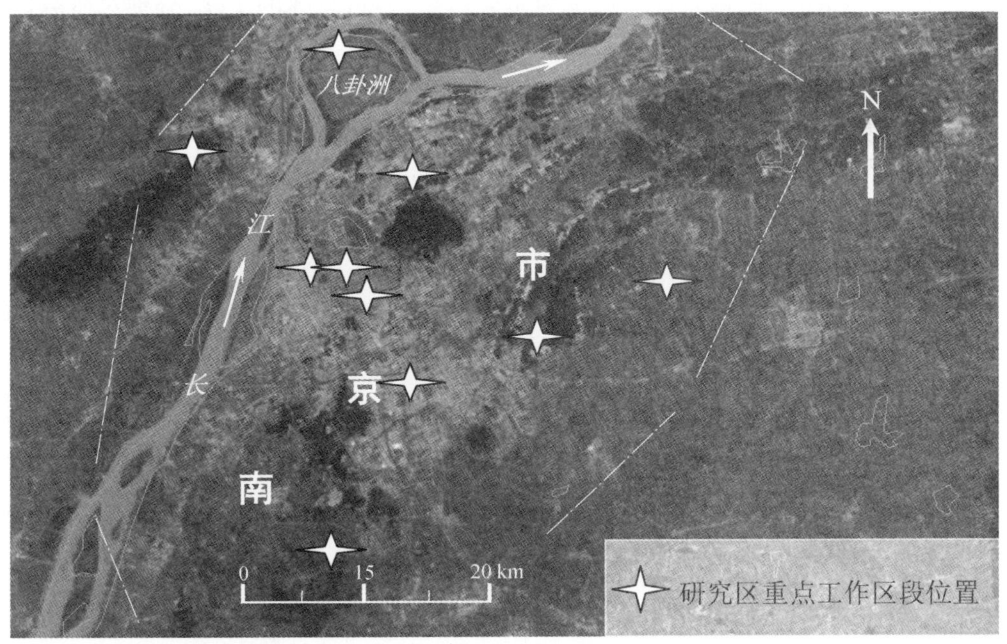

图 1－3　城市痕量金属行为与污染案例研究区——南京（工厂、公路、江河、垃圾场、大气环境）

上海、南京地区，作为中国工农业经济重要区域，历史上一直是自然条件优越的长江中下游地区政治、经济中心。当今，在国家经济建设飞速发展的新形势下，更是以空前的规模与速度发展，已形成了以化工、机械、汽车制造、冶金、电力等为龙头的轻重工业配套体系，其工业产值在全国同类城市中居于前列。相应于工业的飞速发展，交通事业发展迅速，铁路、公路、水路交通网日臻完善和健全。交通基础设施建设在资金投入、规模成效方面均空前发展。生产的发展和交通的发达，势必给环境带来巨大的人为影响，尤其是作为痕量金属污染源的重工业工厂和水、陆交通干线，带给环境的危害势必会加剧，这些都是需要人们及时深入研究和应对的课题。

目前，由天然和人为因素造成地表介质中的痕量金属行为规律（包括原生背景含量和人为因素叠加部分)的研究,在社会经济可持续发展中越来越多的显示出其重要意义。因而,针对城市痕量金属主要污染源,在原生背景上的污染叠加特征(分布、分配、迁移富集机理)进行综合研究日显迫切,这是一项对整个城市发展、规划及保护人体健康均具有机遇性和重要意义的研究工作,并在对城市痕量金属污染规律及污染机理认识、污染综合治理方法探索等方面均有重要意义。

上述这些地区对痕量金属污染研究有较好的代表性,而且都面临污染或已成为目前环境科学领域的热点问题。本研究分别选取具受人工活动和地球化学背景影响的区域痕量金属污染特征和具典型城市痕量金属污染特征的我国西北河套地区和我国东南的上海、南京现代城市为研究对象,通过具体的工作,分别对研究区环境介质的地球化学背景、痕量金属元素分布(含量分布、形态分布、时间分布)特征及迁移规律、人群病变或环境效应、地区社会经济发展史以及其水、土、大气(城市大气环境)痕量金属行为过程、污染现状、成因、机理等进行研究。在此基础上对研究区痕量金属污染、效应、起源及它们的发展演化趋势进行讨论评价,依据实验数据归纳和概括痕量金属受其化学性质和地球化学习性支配的环境行为等一般规律。

此外,结合上述各案例研究工作中遇到的具体问题,还就痕量金属污染研究的方法如痕量金属的形态分析、污染叠加与原生背景含量区分等有关问题进行探索和归纳总结。

1.3 本项研究的工作方法

本研究具体工作对象包括固体介质和液体介质。固体介质分别为岩石、矿石、土壤、江河沉积物、湖泊沉积物、大气颗粒物(总尘、降尘)和人体毛发;液体介质分别为矿田地表水、江河水、湖水、潜水(井水)及汽油等。

1.3.1 样品

各类样品都为现场实地采取的原始介质,按照研究所针对问题的有关设计方案分别在设计的取样工作线、点采取。详细情况在后续章节中具体介绍,参见各有关章节内容。

1) 固体样品

岩石、矿石样品为新鲜基岩和矿石;土壤样品取自 15～30 cm 深处之当地 B 层土壤;样品经干燥、研磨、过筛,截取＜50 μm 部分进行有关项目研究。江河、湖泊沉积物样品分别采取河岸淤积物、纵剖面不同深度沉积物,水下沉积物;样品经干燥、研磨、过筛,截取＜50 μm 部分供研究。大气总尘(TSP)样用滤膜法大容量采样器采集;降尘样直接以广口容器(塑料盆)露天接取空气中降尘;人体毛发样为直接剪取痕量金属中毒区成年固定居民的头发。各类样品均在现场以特制纸质样袋标注封装移送下步处理。

2) 液体样品

液体样品分别为河、湖水,潜水及汽油、柴油。其中河水样和矿田地表水样在取样点直接以取样桶灌取,河、湖水样在水面下 50 cm 处用取样桶采取。地下水样主要取自研究区居民饮用压把井井水,井深 15～25 m,连续压水 3～5 分钟后开始接取样品。淀山湖、苏州河、黄浦江水样直接在水面下 0.5 m 处采取。水样取样桶均为聚四氟乙烯(氟特隆)料桶,装样前均分别以样品水预洗 5 次后装取样品,样品以超级纯 HNO_3 现场酸化至 pH2～3 移送下一步处理。汽油、柴油样以酸洗后之玻璃瓶直接装取各型号市售汽油、柴油,封送下一步处理。

1.3.2 物质成分及形貌分析测试

本次研究所进行的分析测试项目包括:痕量金属元素含量(总含量和各化学形态含量)分析,N、P、总有机碳(TOC)、多氯联苯(PCBs)、有机氯农药(OCPs)含量(总含量和各化学形态或同系物单体含量)分析、Sr、Pb 同位素分析、矿物成分物相分析和固体介质表面矿物成分、化学成分和形貌特征显微分析。各项目分析方法及有关质量控制情况在后续各相应章节中介绍,详细情况可参见有关章节相关内容。

1) 痕量金属元素含量分析

痕量金属元素含量分析分别在上海交通大学环境学院中心实验室、上海交通大学分析测试中心、南京大学内生金属矿床成矿作用研究国家重点实验室、南京大学现代分析测试中心、核工业地质研究院北京分析中心等部门完成。As、Cd 分析采用原子荧光法,分析仪器为 AF - 610 原子荧光光谱仪(北京瑞利分析仪器公司制造);其他元素的分析分别采用原子吸收法、ICP - AES 法、ICP - MS 法,分析仪器分别为 180 - 80 - AAS(日本 Hitachi 公司制造)、PE - 5100 - AAS(美国 PE 公司制造)、ICP - AES(法国制造)、TJA - 1100ICP - AES(美国制造)和 Element Ⅱ ICP - MS(德国 Finnigan MAT 公司制造)。此外,部分降尘样品元素分析用 X 荧光法,分析仪器为 Bruker SRS3400 X 射线荧光光谱仪(德国制造)。

2) N、P、总有机碳、有机氯农药(OCPs)、多氯联苯(PCBs)分析

N、P、总有机碳、有机氯农药分析分别在上海交通大学环境学院中心实验室、上海交通大学分析测试中心完成。沉积物中的 N、P 含量采用紫外分光光度法测定,所用仪器为日本岛津公司紫外可见光分光光度仪(UV - Visible Spectrophotometer,型号 UV - 2450);沉积物中的总有机碳采用重铬酸钾容量滴定法测定;沉积物中的有机氯农药、多氯联苯分析采用气相色谱法测定,仪器为安捷伦气相色谱仪(Aglient Technologies - 6890)。

3）同位素分析

同位素分析在核工业地质研究院北京分析中心完成。主要进行了矿田水、潜水以及土壤中的Pb、Sr同位素分析。分析方法为热电离质谱法，所用分析仪器为MAT-261型质谱仪（德国Finigan MAT公司制造）。

4）土壤、河流沉积物及大气降尘矿物成分分析

矿物成分物相分析工作在南京大学现代分析中心完成。分析方法为旋转阳极X射线衍射法，分析仪器为D/Max-RA型旋转阳极X射线衍射仪（日本Rigaku公司制造）。

5）固体颗粒表面化学成分、矿物成分及形貌特征显微分析

该项分析主要针对大气总尘、降尘颗粒表面成分、粒度及形貌特征进行，采用电子探针显微分析法，分析工作在南京大学内生金属矿床成矿研究国家重点实验室完成。分析仪器为JXA-8800M(Japan)电子探针显微分析仪。

1.3.3 模拟实验和痕量金属元素形态分析实验

模拟实验是本项研究工作中的重点内容。所设计和完成的模拟实验有：大气降尘痕量金属元素解析模拟实验、各类土壤、水沉积物痕量金属元素解析模拟实验、河套地区土壤吸附痕量金属元素模拟实验、固体颗粒（矿石）向环境释放痕量金属元素模拟实验。痕量金属元素化学形态分析实验包括河套地区各类土壤痕量金属元素化学形态分析实验，上海市研究区各类水沉积物（湖泊、河流沉积物）、颗粒态水悬浮物痕量金属元素化学形态分析实验，南京地区各类土壤（公路环境土壤、工厂环境土壤、江河滩涂沉积物和垃圾场土壤等四类）痕量金属元素化学形态分析实验、南京市区大气总尘、降尘痕量金属元素化学形态分析实验。

1.3.4 分析测试工作精度及质量指标

各类方法及分析仪器测试精度与分析质量指标、各项模拟实验及化学形态分析实验的具体实验条件、实验程序及各自使用仪器、设备与实验室等详细情况，分别在下面相应章节中详述。可参见各相关章节，此不赘述。

主要参考文献

[1] IUPAC. “Heavy metals” a meaningless term (IUPAC Technical Report) ? [J]. Pure and Applied Chemistry, 2002,74:793-807.

[2] Hodson M. E. Heavy metals-geochemical bogey men? [J]. Environmental Pollution, 2004,129:341-343.

[3] Lee T. C., Noriho T., Patricia W. L., et al. Induction of gene amplification by arse-

nic [J]. Science, 1988,241:79－81.

[4] Nickson R., Mcarthur J., Burgess W., et al. Arsenic poisoning of Bangladesh groundwater [J]. Nature, 1998,395:338.

[5] Kaiser J. Toxicologists shed new light on old poisons [J]. Science, 1998,279:1850－1851.

[6] Elizabeth P. K., Herman J. S., Hornberge G. M., et al. The effect of distribution of iron-oxyhydroxide grain coatings on the transport of bacterial cells in porous media [J]. Environmental Geology, 1998,33:243－248.

[7] Miller J. R., Plechler J., Desilets M. The role of geomorphic processes in the transport and fate of mercury in the Carson Rover basin, west-central Nevada [J]. Environmental geology, 1998,33(4):249－262.

[8] 武克恭,邢春茂,孙天志.内蒙古饮水高砷分布及对人群的影响[J].内蒙古地方病防治研究,1993,19(1):30－32.

[9] 武克恭,马恒之,于广军.地方性砷中毒人群剂量反应关系探讨[J].内蒙古地方病防治研究,1994,19(1):52－54.

[10] 内蒙古自治区环境保护局.1995年环境质量报告书[M].呼和浩特:内蒙古环保局出版社,1995.

[11] 孙天志,武克恭,邢春茂等.内蒙古自治区地方性砷中毒流行病学调查[J].中国地方病学杂志(地方性砷中毒论文专辑),1995,1－4.

[12] Kaiser J. Arsenic Dilemma [J]. Science, 2000,288:1.

[13] Nickson R., McArthura J. M., Ravenscroftb P, et al. Mechanism of arsenic release to groundwater, Bangladesh and West Bengal [J]. Applied Geochemistry, 2000,15:403－413.

[14] Craw D., Chappell D., Reay A. Environmental mercury and arsenic sources in fossil hydrothermal systems, Northland, New Zealand [J]. Environmental Geology, 2000,39(8):875－887.

[15] Apodace L. E., Driver N. E., Bails J. B. Occurrence, transport, and fate of trace elements, Blue River Basin, Summit Country, Colorado: an integrated approach [J]. Environmental Geology, 2000,39(8):901－913.

[16] 孙天志,武克恭,邢春茂等.内蒙古自治区地方性砷中毒流行病学调查[J].中国地方病学杂志,地方性砷中毒论文专辑,1995,1－4.

[17] 王连方,孙幸之,艾海提等.新疆准噶尔西南部地方性砷中毒调查研究[J].内蒙古地方病防治研究,1994,19:37－40.

[18] 王敬华,赵伦山,吴悦斌.山西大同盆地砷中毒区的环境地球化学研究[C].第五届全国环境地球化学学术讨论会论文集,1997:13.

[19] Fendorf S., Michael H. A., Van Geen A. Spatial and temporal variations of groundwater arsenic in south and Southeast Asia [J]. Science, 2010,328:1123－1127.

第 2 章 区域性痕量金属污染
——中国河套地区

本章研究讨论了痕量金属在河套地区土壤、地下水中行为与污染的有关问题。包括基于样品和实验的痕量金属在土壤中的行为与污染、在水中的行为与污染和在居民头发中的分布，以及 Sr、Pb 同位素在土壤中和水中的变化及环境意义等内容。

分析论证了痕量金属、特别是 As 在河套地区的行为过程、污染成因、促进因素以及环境效应；提出河套地区潜水成分受到了上游地表水成分的混染，潜水中、土壤中 As 等痕量金属元素含量特征及其污染可能是上游有关元素高背景区风化物质随潜水迁移的研究认识。

2.1 研究区地球化学背景

本研究所指河套地区系指东经 106°30′～109°00′、北纬 40°40′～41°20′范围，位于内蒙古自治区巴彦淖尔盟境内，面积约 21 000 km^2。区内与本研究有关的环境介质有黄河水、浅层潜水(30 m 以内)、土壤及其母质——第四系全新统粉细砂黏土。这里仅讨论上述有关环境介质的地球化学背景。研究区为黄河冲积平原，北缘为隶属于阴山山脉的陡峻山带，南濒黄河，整个平原呈近东西走向的牛轭形。如图 2-1 所示。地势西北部略高，向东南方向微微倾斜。海拔高程在 200～1 500 m 间，坡度 3‰～5‰。

整个区域均为第四系沉积物覆盖。下更新世地层按岩相分两组，上组为冲湖积层，岩性以黄色、灰黄色细砂、粉细砂为主，含盐量较低；下组为湖积层，岩性以灰黄色、灰色细砂、粉细砂为主，夹有多层黏砂土及泥质黏砂土，含盐量相对较高。上更新统上部为冲湖积相粉、细砂，下部以湖积相粉砂层夹粉砂质黏土层。该套地层具有下部较细、上部较粗，东部较细、西部较粗的沉积韵律特征，低板埋深 55～250 m。全新世地层以冲湖积层和冲积层为主，上部较细，以黏砂土、砂黏土和黏土为主；下部较粗，主要为粉细砂层，在粉细砂层中夹有较多的黑灰色淤泥质夹层。全新统厚度 10～30 m。据李树范等人的资料(1994)区内第四系沉积厚度在 1 200～1 500 m

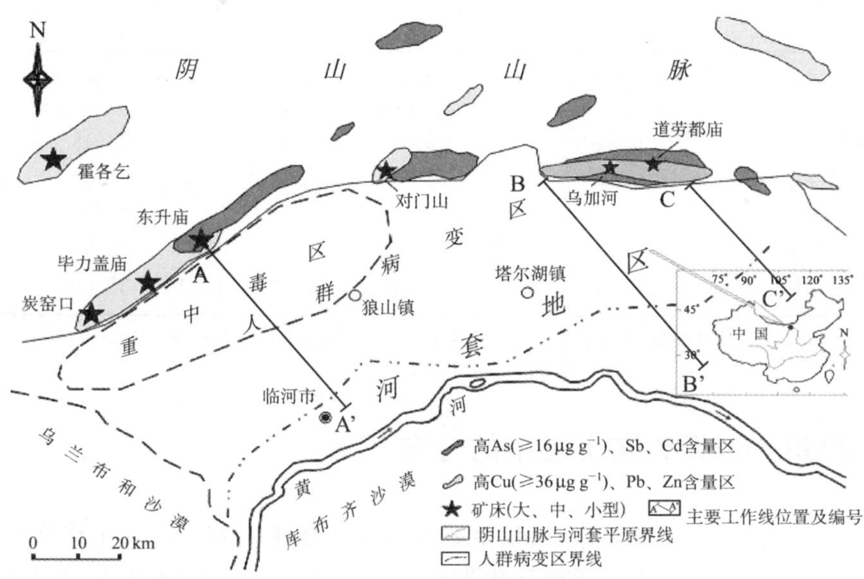

图 2-1　河套地区自然环境背景及主要工作线位置

左右，北缘山前较薄，约为 20～50 m[1]。整个区域几乎全为农田覆盖，均为黄河灌溉区。土壤以淡黄色粉壤土组的黄潮土为主[2]。土壤矿物物相种类研究区内不同地段基本一致，碎屑矿物为石英、方解石、长石、白云石；黏土矿物为伊利石、高岭石、滑石和绿泥石。上游(北缘)山带(阴山山脉)为我国北方著名的 Cu、Pb、Zn、S 多金属成矿带，山前较集中地发育有多处金属、非金属矿床、矿点及 Cu、Pb、Zn、As、Sb、Cd 等元素地球化学高含量异常带，如图 2-1 所示。其中的四处大型矿床均已规模开采，勘探、开采史最长的达 80 余年。

河套地区北部的山带是区域地下水补给区，南缘为黄河干流，由于泥沙长年淤积，目前黄河河床已高出地面。南部黄河水及灌溉水与北部山带大气降水补给水在河套平原中部低洼地带会合，主要通过下渗和蒸发排泄。该区特殊的地貌和水文地质特征形成了区内特殊的水文地球化学循环条件。区内地下水水化学类型以 HCO_3 - ClNa 型和 HCO_3 - Na、Mg 型为主，pH 值为 7.5～8.5[1]。

各类介质痕量金属元素地球化学背景含量特征如表 2-1 所示。

表 2-1　河套地区环境介质区域地球化学背景值(单位:mg/kg)

	V	Cr	Mn	Co	Ni	Cu	Zn
土壤背景含量(2 466)*	45.85	36.53	384.52	7.32	11.19	12.88	36.96
第四系中含量(15)	130.22	118.64	565.72	17.11	32.68	28.89	62.39
潜水中含量(5)						0.02	0.05
黄河水中含量(1)						0.01	0.04
土壤克拉克值	90.00	70.00	1 000.00	30.00	50.00	30.00	50.00

（续表）

	Mo	As	Cd	Sn	Sb	Pb	Bi
土壤背景含量(2 466)	0.56	5.20	0.06	1.28	0.26	23.48	0.20
第四系中含量(15)	0.45	8.95	0.07	2.35	0.50	17.00	0.08
潜水中含量(5)		0.12	0.00			0.00	0.02
黄河水中含量(1)		0.00	0.00			0.00	0.01
土壤克拉克值	2.00	6.00	0.35	10.00	1.00	35.00	

* 注：括号内数据为分析样品数，土壤背景含量引自张辉(1991)[3]，土壤克拉克值引自 Bowen(1979)[4]。

2.2 痕量金属元素在土壤中的分布

相对于在地下水中的工作，痕量金属元素在土壤中的相关研究工作在河套地区开展较少。但从自然界物质地球化学循环角度考虑，区内潜水中有关元素含量高而导致当地人群出现病变的事实表明，与之紧密关联的土壤介质中这些元素的含量一定也不同程度会受其影响，而土壤又是自然界物质向人体转移的必然中介之一，在整个物质循环体系中起着非常重要的作用。因此，在河套地区痕量金属污染乃至人群中毒研究中，土壤痕量金属污染研究是不可或缺的内容。依据研究区人群病变分布和潜水流动特征，本次研究采取顺潜水流向的大剖面系统取样方案，以了解和查证痕量金属元素在研究区的平均含量及其变化特征以及与人群病变的相关关系。主要工作线位置如图 2-1 所示。

样品为取自 B 层(15～30 cm)的淡黄色黄潮土。样品经干燥、研磨、过筛，截取≤50 μm 部分进行有关项目研究。V、Cr、Mn、Co、Ni、Cu、Zn、Mo、Sn、Sb、Pb、Bi、Hg 分析方法为电感耦合等离子体原子光谱法；总量分析仪器为 JY-380 ICP-AES(法国制造)，检出限分别为(mg/kg)：8×10^{-4}(V)、5.7×10^{-4}(Cr)、2×10^{-4}(Mn)、4.2×10^{-4}(Co)、1×10^{-2}(Ni)、2×10^{-3}(Cu)、4×10^{-3}(Zn)、1×10^{-3}(Mo)、4×10^{-3}(Sn)、3.8×10^{-3}(Sb)、3.4×10^{-3}(Pb)、3.6×10^{-3}(Bi)、2×10^{-12}(Hg)。形态含量分析仪器为 TJA-1100 ICP-AES(美国制造)，检出限分别为：2×10^{-3}(V)、5×10^{-3}(Cr)、1×10^{-3}(Mn)、3×10^{-3}(Co)、1×10^{-2}(Ni)、2×10^{-3}(Cu)、4×10^{-3}(Zn)、5×10^{-3}(Mo)、1.5×10^{-2}(Sn)、5×10^{-2}(Sb)、2.5×10^{-2}(Pb)、1.5×10^{-1}(Bi)。As、Cd分析仪器为AF-610原子荧光光谱仪(北京瑞利分析仪器公司制造)，检出限分别为(mg/kg)：8×10^{-5}(As)、8×10^{-5}(Cd)。分析质量合格率按各方法分析相对偏差限(5%)统计(≥95%)，合格率 100%。土壤矿物成分物相分析方法为旋转阳极 X 射线衍射法，分析仪器为 D/Max-RA 型旋转阳极 X 射线衍射仪(日本 Rigaku 公司制造)。

研究区土壤中痕量金属元素平均含量及矿物组成如表 2－2 所示。

表 2－2　河套地区土壤中痕量金属元素的含量以及土壤矿物组成
(含量单位:Hg 为 μg/kg,其他元素为 mg/kg)

	Cu	Pb	Zn	As	Sb	Cd	Bi	Mo	Hg	矿物成分
平均含量(51 件样品)	24.84	28.14	67.86	13.74	1.52	0.13	0.27	0.37	28.74	石英、长石、方解石、白云石
地球化学背景含量(2 466 件样品;张辉,1991)[3]	12.88	23.48	36.96	5.20	0.26	0.06	0.20	0.56	13.96	伊利石、高龄石
土壤克拉克值(Bowen, 1979)[4]	30.00	35.00		6.00	1.00	0.35			0.06	滑石、绿泥石

该结果表明,河套地区土壤中元素平均含量均明显高于其相应背景含量,其中 As 含量是其背景含量的 1.15～4.81 倍。引用 Muller 提出的地积累指数(the index of geo-accumulation)对该区土壤中痕量金属元素含量进行衡量,结果如表 2－3 所示[5]。

表 2－3　河套地区土壤中痕量金属地积累指数及污染分级

	Pb	Zn	Cu	As	Bi	Cd	Sb	Hg
I_{geo}	−0.32	0.29	0.36	0.82	−0.14	0.54	1.97	0.46
污染级		1	1	1		1	2	1
污染程度	无污染	弱污染	弱污染	污染	无污染	污染	中等污染	弱污染
	Mo	**Mn**	**Co**	**Ni**	**Cr**	**V**	**Sn**	
I_{geo}	−1.17	−0.18	0.55	0.92	0.47	0.02	0.28	
污染级			1	1	1	1	1	
污染程度	无污染	无污染	污染	污染	弱污染	弱污染	弱污染	

注:$I_{geo}=\log_2(Cn/1.5Bn)$,式中 Cn 代表土壤中元素实测含量,Bn 代表土壤中该元素背景含量(Muller, 1969)。

地积累指数概念——$I_{geo}=\log_2[Cn/(1.5Bn)]$系由 Muller 于 1969 年提出并据之做了相应级别划分的一种污染定量分级标准,用以定量评价痕量金属在沉积物中的污染程度,如表 2－4 所示[5]。地积累指数分级,实际上相当于有的文献或资料中运用的污染指数概念,都是人们建立在大量实际工作经验基础上的一种对污染物质污染程度的定量衡量参量。地积累指数概念是经验对客观实际的拟合或逼近,难免存在一定的局限性,尤其是对一些背景含量较高的元素的环境效应评价适用性较差,有时会体现出严重的缺陷。但事实表明,Muller 的地积累指数计算公式对评价土壤、沉积物痕量金属污染有较好的评判效果,具一定普遍意义,时至今日仍为环境科学界广泛应用的衡量污染程度的重要尺度之一。以该指数衡量，河套地区土壤中 Cu、Zn、As、Cd、Hg、Co、Ni、Cr、V 等元素已达到弱污染程度，Sb 已达到中等污染程度(见表 2-3)，这是一个令人惊醒的严重事实。

表 2-4　Muller 地积累指数分级

污染指数(I_{geo})	分级	沉积物污染程度
10～5	6	极严重污染
4～5	5	强污染～极严重污染
3～4	4	强污染
2～3	3	中等污染～强污染
1～2	2	中等污染
0～1	1	无污染～中等污染
0	0	无污染

注：$I_{geo}=\log_2[Cn/(1.5\times Bn)]$，式中 Cn 为所研究元素实测含量，Bn 为其背景含量(Muller, 1969)[5]。

2.2.1　总含量分布特征

土壤中痕量金属元素含量分布特征如图 2-2 所示。

该结果表明，河套地区土壤中 Cu、Zn、As、Cd、Sb、Pb 等元素含量自北缘山前沿垂直山带方向向潜水下游呈现缓慢递减变化规律，仅局部地段的个别元素出现例外。结合当地地质、地球化学背景分析，从上述结果中可看出如下几点事实：

(1) 河套地区土壤中 Cu、Zn、As 等痕量金属元素高含量带主要集中于阴山山脉紧靠山前地带，向平原方向随远离山体含量具逐渐降低的变化规律；

(2) 相反，对于 Bi、Mo、Sn 等上游地质体中未出现高含量异常的元素，其在土壤中含量随远离山体没有明显趋势变化规律，如图 2-3 所示。

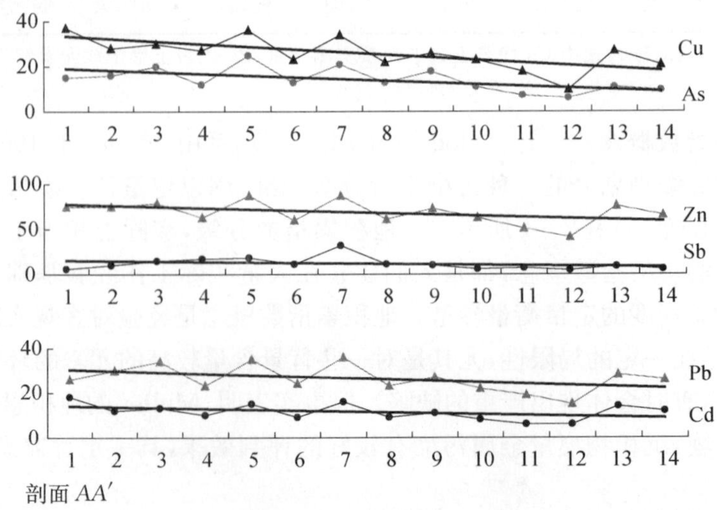

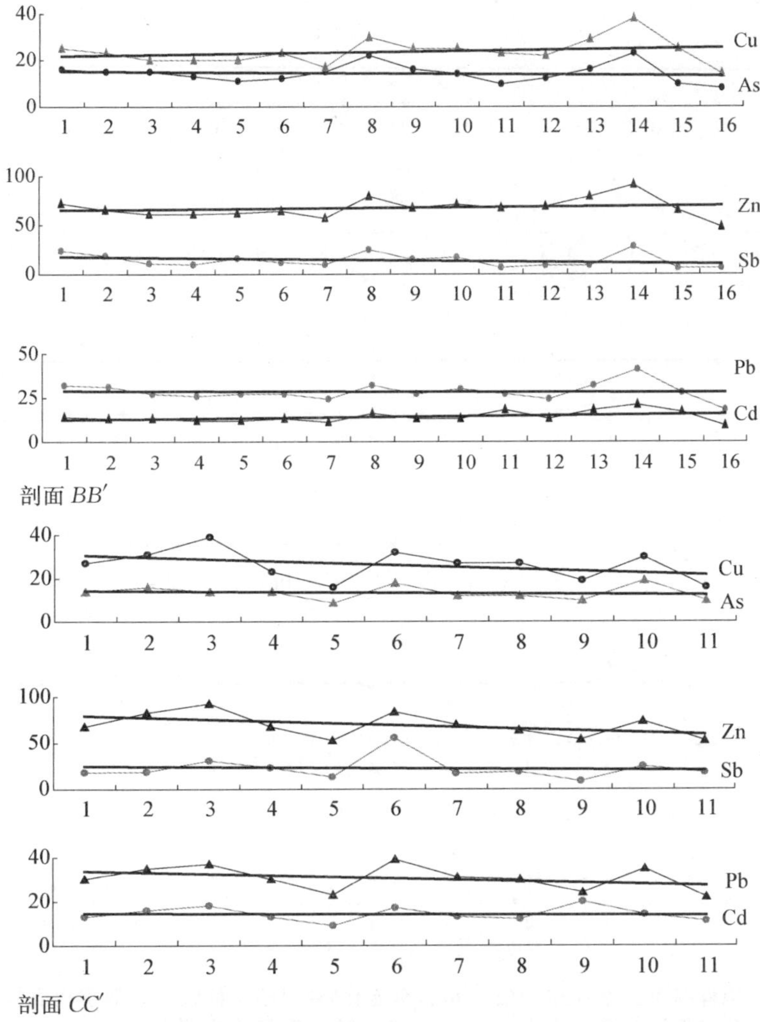

图 2 - 2　河套地区土壤中 Cu、Pb、Zn、As、Sb、Cd 含量变化特征(横坐标轴下之数字代表样品号,相邻样品间之间距均为 4 km; 纵坐标轴代表元素含量,Cu、Pb、Zn、As 单位为 mg/kg, Sb 和 Cd 为 $\times 10^{-1}$ mg/kg)

这些变化规律相应于上游不同的地球化学背景和矿业史,不同痕量金属元素间亦存在差别。研究区西侧炭窑口大型 Cu、Zn、S 矿床其勘探、开采史在区内最长,为 80 余年,东升庙大型 Pb、Zn、S 矿床为 70 余年,中部对门山中型 Cu、Zn、S 矿床及东部其他小型矿床开采还要晚些。相应地,土壤中 Cu、Zn、As 等含量在含量分布曲线上的变化趋势线斜率在炭窑口、东升庙矿床下游明显大于对门山矿床下游以及东部的分布曲线斜率(见图 2 - 2AA′, BB′剖面)。而 BB′剖面所在位置上游有关元素地球化学高含量异常发育较差、异常带分布稀疏,与之相应,痕量金属含量分布趋势线斜率亦相对最小。如图 2 - 1、图 2 - 2 所示。这些明显的元素含量空间分布规律的相应性不是偶然现象,是对存在于其间的成因联系的揭示。

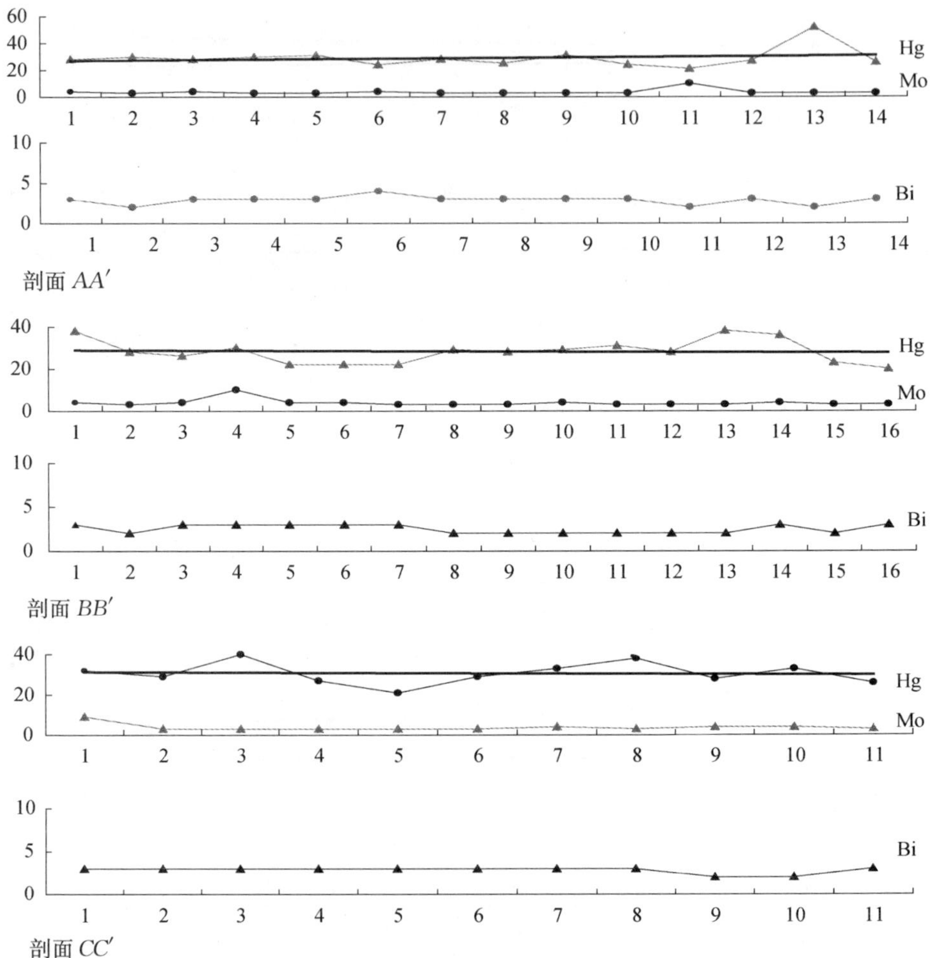

图 2-3　取样剖面土壤中 Bi、Hg、Mo 含量变化特征(横坐标轴下之数字代表样品号,相邻样品间之距离均为 4 km; 纵坐标轴代表元素含量,Hg 为 μg/kg, Mo 和 Bi 为×10^{-1} mg/kg)

2.2.2　形态含量分布特征

元素在环境介质中的化学形态,是评价元素在环境中的生态环境效应的关键参量,也是深刻了解和认识其化学、地球化学行为的重要依据,是环境科学工作者在具体相关工作中必须要面对和解决的一个重要课题。

环境介质中元素化学形态含量这一参数的确定是目前整个国际环境科学界环境毒物研究中极为重视和关心的问题,多年来一直在探索和寻找适合于各类环境介质的形态分析方法,这方面的研究成果在国际环境学术刊物上常有报道。但是,由于形态问题本身的复杂性,对于沉积物(包括水沉积物、土壤)中元素的化学形态分析目前尚未有针对性很好和完全切合实际问题的分析方案,从各种各样的分析程序中获得的分析结果中往往会存在一些差异[6—14]，因而，目前的化学形态分析结果仅仅是限定在研究者推荐的反应试剂和操作程序条件下的、对介质中元素实际存在形态量的一种逼近。但是需要指出，尽管目前这种逼近的科学重复率尚不尽如人意，但其分析结果对解释和评价具体环境问题是不可缺少和很有意义的。特别是由魁北克大学 Tessier A. 等人 1979 年推荐的元素化学形态分析方案由于在相对简单易行前提下对影响因素考虑较全面，因而在形态分析领域影响较大，工作中被实际采用的也较多[6]。

本研究在河套地区的工作主要参考 Tessier A. 等人(1979)提出的形态分析方案对河套地区土壤进行了化学形态分析研究。重点研究了全区代表性样品中的 7 个元素(Cu、Zn、Mo、As、Cd、Sn、Pb)的化学形态，分析程序如图 2 - 4 所示。

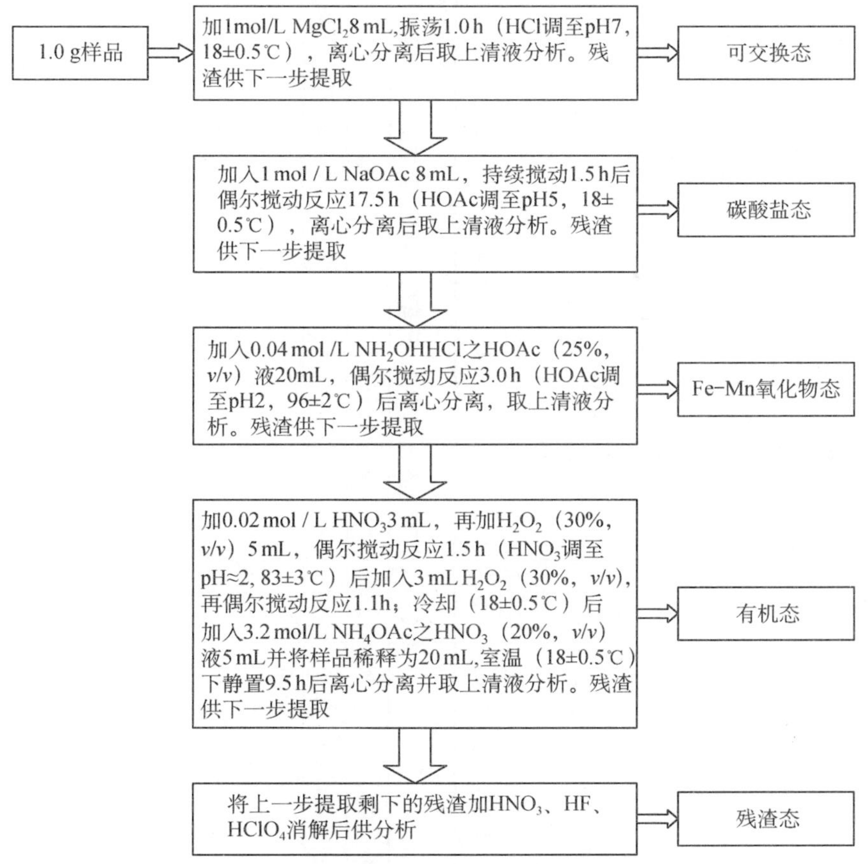

图 2 - 4　土壤痕量金属元素化学形态分析程序

1) 各元素形态含量分布特征

河套地区土壤沉积物中痕量金属元素和形态含量特征分别如表 2 - 5、表 2 - 6、表 2 - 7、表 2 - 8、表 2 - 9、表 2 - 10 和表 2 - 11 所示。

表 2-5 河套地区土壤中 Cu 元素形态特征(含量单位:mg/kg)

样品号	可交换态		碳酸盐态		Fe-Mn 氧化物态		有机态		残渣态		有效态	
	含量	占总量/%	含量	占总量/%	含量	占总量/%	含量	占总量/%	含量	占总量/%	占总量/%	总含量
A1	0.176	0.438	0.002	0.005	3.78	9.413	8.2	20.420	28	69.728	30.272	40.156
A3	0.048	0.126	0.002	0.005	1.6	4.205	4.4	11.564	32	84.104	15.896	38.048
A5	0.104	0.270	0.002	0.005	1.4	3.636	4	10.389	33	85.705	14.295	38.504
A7	0.528	1.284	0.002	0.005	1	2.431	5.6	13.616	34	82.669	17.331	41.128
A9	0.528	1.707	0.002	0.006	0.4	1.293	6	19.400	24	77.600	22.400	30.928
A11	0.528	2.913	0.002	0.011	0.4	2.207	3.2	17.652	14	77.229	22.771	18.128
A14	0.352	1.961	0.002	0.011	0.8	4.456	2.8	15.597	14	77.986	22.014	17.952
C1	0.352	1.250	0.002	0.007	1.6	5.683	4.2	14.919	22	78.147	21.853	28.152
C5	0.352	2.031	0.002	0.012	0.18	1.039	2.8	16.155	14	80.775	19.225	17.332
C11	0.352	1.891	0.002	0.011	0.06	0.322	3.2	17.193	15	80.593	19.407	18.612
平均值	0.332	1.387	0.002	0.008	1.12	3.469	4.44	15.691	23	79.454	20.546	28.894

表 2-6 河套地区土壤中 Zn 元素形态特征(含量单位:mg/kg)

样品号	可交换态		碳酸盐态		Fe-Mn 氧化物态		有机态		残渣态		有效态	
	含量	占总量/%	含量	占总量/%	含量	占总量/%	含量	占总量/%	含量	占总量/%	占总量/%	总含量
A1	0.025	0.142	0.025	0.142	3.6	20.455	2	11.364	12	68.182	31.818	17.600
A3	0.025	0.133	0.025	0.133	4.8	25.532	2	10.638	12	63.830	36.170	18.800
A5	0.025	0.137	0.025	0.137	3.6	19.780	2.6	14.286	12	65.934	34.066	18.200
A7	0.025	0.095	0.025	0.095	3.6	13.740	2.6	9.924	20	76.336	23.664	26.200
A9	0.025	0.164	0.025	0.164	0.6	3.947	2.6	17.105	12	78.947	21.053	15.200
A11	0.16	1.130	0.025	0.177	1.2	8.475	0.8	5.650	12	84.746	15.254	14.160
A14	0.025	0.174	0.025	0.174	1.2	8.333	1.2	8.333	12	83.333	16.667	14.400
C1	0.025	0.174	0.025	0.174	1.2	8.333	1.2	8.333	12	83.333	16.667	14.400
C5	0.025	0.164	0.025	0.164	1.8	11.842	1.4	9.211	12	78.947	21.053	15.200
C11	0.025	0.167	0.025	0.167	1.8	12.000	1.2	8.000	12	80.000	20.000	15.000
平均值	0.038 5	0.248	0.025	0.153	2.34	13.244	1.76	10.284	12.8	76.359	23.641	16.916

表 2-7 河套地区土壤中 Mo 元素形态特征(含量单位:mg/kg)

样品号	可交换态		碳酸盐态		Fe-Mn 氧化物态		有机态		残渣态		有效态	
	含量	占总量/%	含量	占总量/%	含量	占总量/%	含量	占总量/%	含量	占总量/%	占总量/%	总含量
A1	0.08	2.174	0.005	0.136	1	27.174	1	27.174	1.6	43.478	56.522	3.680
A3	0.16	3.226	0.005	0.101	1.4	28.226	1	20.161	2.4	48.387	51.613	4.960
A5	0.05	1.351	0.005	0.135	1.4	37.838	0.8	21.622	1.5	40.541	59.459	3.700
A7	0.08	2.010	0.005	0.126	2	50.251	1	25.126	0.9	22.613	77.387	3.980
A9	0.005	0.096	0.005	0.096	2	38.462	1	19.231	2.2	42.308	57.692	5.200
A11	0.005	0.132	0.005	0.132	1.4	36.842	0.8	21.053	1.6	42.105	57.895	3.800
A14	0.005	0.125	0.005	0.125	2	50.000	0.6	15.000	1.4	35.000	65.000	4.000
C1	0.08	1.361	0.005	0.085	2	34.014	0.8	13.605	3	51.020	48.980	5.880
C5	0.005	0.147	0.005	0.147	2	58.824	0.6	17.647	0.8	23.529	76.471	3.400
C11	0.005	0.128	0.005	0.128	2	51.282	0.6	15.385	1.3	33.333	66.667	3.900
平均值	0.048	1.075	0.005	0.121	1.72	41.291	0.82	19.600	1.67	38.232	61.768	4.250

表 2-8 河套地区土壤中 As 元素形态特征(含量单位:mg/kg)

样品号	可交换态		碳酸盐态		Fe-Mn 氧化物态		有机态		残渣态		有效态	
	含量	占总量/%	含量	占总量/%	含量	占总量/%	含量	占总量/%	含量	占总量/%	占总量/%	总含量
A1	23.44	0.699	22.82	0.681	200	5.983	669	19.962	2 435	72.676	27.324	3 351.04
A3	21.88	0.453	28.16	0.583	159	3.281	457	9.460	4 167	86.224	13.776	4 832.53
A5	31.17	0.879	35.99	1.015	167	4.707	452	12.741	2 860	80.658	19.342	3 545.97
A7	21.65	0.556	37.22	0.956	141	3.624	623	15.999	3 070	78.865	21.135	3 893.34
A9	20.73	0.806	32.71	1.272	142	5.526	728	28.285	1 649	64.111	35.889	2 572.16
A11	20.55	1.383	28.29	1.903	113	7.587	275	18.503	1 050	70.624	29.376	1 486.23
A14	21.72	0.301	28.46	0.395	109	1.515	321	4.454	6 726.39	93.335	6.665	7 206.73
C1	22.59	1.038	37.22	1.711	142	6.504	341	15.684	1 633.36	75.064	24.936	2 175.97
C5	22.78	1.132	31.62	1.572	162	8.068	330	16.380	1 466	72.848	27.152	2 011.9
C11	22.88	1.300	32.31	1.836	165	9.361	359	20.415	1 181	67.089	32.911	1 760.27
平均值	22.939	0.855	31.48	1.192	150	5.615	455	16.188	2 624	76.149	23.851	3 283.614

表 2-9　河套地区土壤中 Cd 元素形态特征(含量单位:μg/kg)

样品号	可交换态		碳酸盐态		Fe-Mn 氧化物态		有机态		残渣态		有效态	
	含量	占总量/%	含量	占总量/%	含量	占总量/%	含量	占总量/%	含量	占总量/%	占总量/%	总含量
A1	9.36	5.578	11.44	6.818	82.6	49.225	11	6.555	53.4	31.824	68.176	167.800
A3	2	1.409	2.24	1.578	114	80.457	11	7.750	12.5	8.807	91.193	141.940
A5	4	2.430	3.44	2.089	130	78.839	9.4	5.709	18	10.933	89.067	164.640
A7	14.24	8.272	3.6	2.091	117	68.084	13.2	7.668	23.9	13.884	86.116	172.140
A9	2.16	1.460	1.92	1.297	99.2	67.036	17.2	11.623	27.5	18.584	81.416	147.980
A11	2.08	2.651	1.28	1.631	51.8	66.021	8.8	11.216	14.5	18.481	81.519	78.460
A14	1.76	1.435	1.68	1.370	80	65.232	10.2	8.317	29	23.646	76.354	122.640
C1	4.08	3.271	3.76	3.014	81.8	65.576	9.6	7.696	25.5	20.443	79.557	124.740
C5	3.53	4.361	3.92	4.843	52.6	64.986	8.4	10.378	12.5	15.444	84.556	80.940
C11	3.12	3.340	5.6	5.994	50.8	54.378	11.4	12.203	22.5	24.085	75.915	93.420
平均值	4.633	3.421	3.888	3.073	86	65.983	11	8.912	23.9	18.613	81.387	129.470

表 2-10　河套地区土壤中 Sn 元素形态特征(含量单位:μg/kg)

样品号	可交换态		碳酸盐态		Fe-Mn 氧化物态		有机态		残渣态		有效态	
	含量	占总量/%	含量	占总量/%	含量	占总量/%	含量	占总量/%	含量	占总量/%	占总量/%	总含量
A1	0.015	0.016	0.015	0.016	66	68.750	30	31.250	0.02	0.016	99.984	96.000
A3	0.015	0.013	0.015	0.013	72	60.000	26	21.667	22	18.333	81.667	120.000
A5	0.015	0.011	6.72	4.709	72	50.448	24	16.816	40	28.027	71.973	142.720
A7	0.015	0.011	3.36	2.519	102	76.485	26	19.496	2	1.500	98.500	133.360
A9	0.015	0.012	1.68	1.326	84	66.309	30	23.682	11	8.683	91.317	126.680
A11	0.015	0.011	0.015	0.011	96	71.642	26	19.403	12	8.955	91.045	134.000
A14	0.015	0.012	1.68	1.362	90	72.945	24	19.452	7.7	6.241	93.759	123.380
C1	0.88	0.616	0.015	0.010	102	71.389	22	15.398	18	12.598	87.402	142.880
C5	0.88	0.644	2.48	1.815	108	79.028	22	16.098	3.3	2.415	97.585	136.660
C11	0.015	0.012	0.015	0.012	108	83.077	22	16.923	0.02	0.012	99.988	130.000
平均值	0.188	0.136	1.599 5	1.179	90	70.007	25.2	20.018	11.6	8.678	91.322	128.568

表 2 - 11　河套地区土壤中 Pb 元素形态特征(含量单位:mg/kg)

样品号	可交换态		碳酸盐态		Fe - Mn 氧化物态		有机态		残渣态		有效态	
	含量	占总量/%	含量	占总量/%	含量	占总量/%	含量	占总量/%	含量	占总量/%	占总量/%	总含量
A1	0.025	0.142	0.025	0.142	3.6	20.455	2	11.364	12	68.182	31.818	17.600
A3	0.025	0.133	0.025	0.133	4.8	25.532	2	10.638	12	63.830	36.170	18.800
A5	0.025	0.137	0.025	0.137	3.6	19.780	2.6	14.286	12	65.934	34.066	18.200
A7	0.025	0.095	0.025	0.095	3.6	13.740	2.6	9.924	20	76.336	23.664	26.200
A9	0.025	0.164	0.025	0.164	0.6	3.947	2.6	17.105	12	78.947	21.053	15.200
A11	0.16	1.130	0.025	0.177	1.2	8.475	0.8	5.650	12	84.746	15.254	14.160
A14	0.025	0.174	0.025	0.174	1.2	8.333	1.2	8.333	12	83.333	16.667	14.400
C1	0.025	0.174	0.025	0.174	1.2	8.333	1.2	8.333	12	83.333	16.667	14.400
C5	0.025	0.164	0.025	0.164	1.8	11.842	1.4	9.211	12	78.947	21.053	15.200
C11	0.025	0.167	0.025	0.167	1.8	12.000	1.2	8.000	12	80.000	20.000	15.000
平均值	0.038 5	0.248	0.025	0.153	2.34	13.244	1.76	10.284	12.8	76.359	23.641	16.916

该分析结果表明，河套地区土壤中痕量金属元素可交换态含量占其总含量0.004%～8.272%；其中在可交换态中集中相对较多的元素是Cu、Mo、As、Cd，平均比例为0.855%～3.421%，变化范围在0.096%～8.272%间。碳酸盐态含量占其总含量0.003%～6.82%；该态含量较高的元素是As、Cd、Sn；其平均比例为1.18%～3.07%，变化范围在0.01%～6.82%间。Fe-Mn氧化物态含量占其总含量1.04%～83.08%；含量较高的元素为Mo、Cd、Sn；平均比例为41.29%～70.01%，变化范围在27.17%～83.08%间。有机态含量占其总含量4.45%～28.29%；含量较高的元素为Mo、As、Sn；平均比例为16.19%～20.02%，变化范围在4.45%～28.29%间。残渣态含量在河套地区土壤中不同元素间变化较大，占其总含量比例从最低的0.02%（A剖面1号样点样品中Sn的残渣态含量）到最高的86.22%（A剖面3号样点样品中As的残渣态含量）；残渣态含量较高的元素为Cu、Zn、As、Pb；平均比例为76.15%～79.45%，变化范围在64.11%～86.22%间。从所研究元素在研究区的形态分布特征看，大体体现出各元素在不同样品中相对形态含量变化基本一致的规律，如表2-12、表2-13、表2-14、表2-15和表2-16和图2-5所示。此外，Cu等7个元素在可交换态中的含量与其在碳酸盐态中的含量有很好的相关性，如图2-6所示。

表2-12　河套地区土壤中痕量金属元素碳酸盐态在其总含量中的比例(%)

样品号	Cu	Zn	Mo	As	Cd	Sn	Pb
A1	0.005 0	0.004 0	0.14	0.68	6.82	0.02	0.14
A3	0.005 3	0.003 9	0.10	0.58	1.58	0.01	0.13
A5	0.005 2	0.003 9	0.14	1.01	2.09	4.71	0.14
A7	0.004 9	0.003 4	0.13	0.96	2.09	2.52	0.10
A9	0.006 5	0.004 0	0.10	1.27	1.30	1.33	0.16
A11	0.011 0	0.007 0	0.13	1.90	1.63	0.01	0.18
A14	0.011 1	0.005 4	0.13	0.39	1.37	1.36	0.17
C1	0.007 1	0.004 8	0.09	1.71	3.01	0.01	0.17
C5	0.011 5	0.006 4	0.15	1.57	4.84	1.81	0.16
C11	0.010 7	0.006 5	0.13	1.84	5.99	0.01	0.17
平均值	0.007 8	0.004 9	0.12	1.19	3.07	1.18	0.15

表2-13　河套地区土壤中痕量金属元素可交换态含量在其总含量中的比例(%)

样品号	Cu	Zn	Mo	As	Cd	Sn	Pb
A1	0.438 3	0.004 0	2.173 9	0.699 5	5.578 1	0.015 6	0.142 0
A3	0.126 2	0.003 9	3.225 8	0.452 8	1.409 0	0.012 5	0.133 0
A5	0.270 1	0.171 6	1.351 4	0.879 0	2.429 5	0.010 5	0.137 4

（续表）

样品号	Cu	Zn	Mo	As	Cd	Sn	Pb
A7	1.283 8	0.003 4	2.010 1	0.556 1	8.272 3	0.011 2	0.095 4
A9	1.707 2	0.004 0	0.096 2	0.805 9	1.459 7	0.011 8	0.164 5
A11	2.912 6	1.829 7	0.131 6	1.382 7	2.651 0	0.011 2	1.129 9
A14	1.960 8	0.325 0	0.125 0	0.301 4	1.435 1	0.012 2	0.173 6
C1	1.250 4	0.004 8	1.360 5	1.038 2	3.270 8	0.615 9	0.173 6
C5	2.030 9	0.254 1	0.147 1	1.132 3	4.361 3	0.643 9	0.164 5
C11	1.891 3	0.261 6	0.128 2	1.299 8	3.339 8	0.011 5	0.166 7
平均值	1.387 1	0.286 2	1.075 0	0.854 8	3.420 7	0.135 6	0.248 1

表 2－14　河套地区土壤中痕量金属元素 Fe－Mn 氧化物态在其总含量中的比例(%)

样品号	Cu	Zn	Mo	As	Cd	Sn	Pb
A1	9.41	9.56	27.17	5.98	49.23	68.75	20.45
A3	4.21	9.27	28.23	3.28	80.46	60.00	25.53
A5	3.64	8.77	37.84	4.71	78.84	50.45	19.78
A7	2.43	7.06	50.25	3.62	68.08	76.48	13.74
A9	1.29	9.70	38.46	5.53	67.04	66.31	3.95
A11	2.21	16.89	36.84	7.59	66.02	71.64	8.47
A14	4.46	11.38	50.00	1.51	65.23	72.95	8.33
C1	5.68	10.77	34.01	6.50	65.58	71.39	8.33
C5	1.04	14.29	58.82	8.07	64.99	79.03	11.84
C11	0.32	14.72	51.28	9.36	54.38	83.08	12.00
平均值	3.47	11.24	41.29	5.62	65.98	70.01	13.24

表 2－15　河套地区土壤中痕量金属元素有机态在其总含量中的比例(%)

样品号	Cu	Zn	Mo	As	Cd	Sn	Pb
A1	20.42	10.76	27.17	19.96	6.56	31.25	11.36
A3	11.56	6.76	20.16	9.46	7.75	21.67	10.64
A5	10.39	9.16	21.62	12.74	5.71	16.82	14.29
A7	13.62	8.07	25.13	16.00	7.67	19.50	9.92
A9	19.40	19.60	19.23	28.29	11.62	23.68	17.11
A11	17.65	10.91	21.05	18.50	11.22	19.40	5.65
A14	15.60	12.46	15.00	4.45	8.32	19.45	8.33
C1	14.92	11.48	13.61	15.68	7.70	15.40	8.33
C5	16.16	12.39	17.65	16.38	10.38	16.10	9.21
C11	17.19	13.08	15.38	20.42	12.20	16.92	8.00
平均值	15.69	11.47	19.60	16.19	8.91	20.02	10.28

表 2-16 河套地区土壤中痕量金属元素残渣态在其总含量中的比例(%)

样品号	Cu	Zn	Mo	As	Cd	Sn	Pb
A1	69.73	79.68	43.48	72.68	31.82	0.02	68.18
A3	84.10	83.98	48.39	86.22	8.81	18.33	63.83
A5	85.71	81.89	40.54	80.66	10.93	28.03	65.93
A7	82.67	84.87	22.61	78.87	13.88	1.50	76.34
A9	77.60	70.71	42.31	64.11	18.58	8.68	78.95
A11	77.23	70.37	42.11	70.62	18.48	8.96	84.75
A14	77.99	75.84	35.00	93.33	23.65	6.24	83.33
C1	78.15	77.75	51.02	75.06	20.44	12.60	83.33
C5	80.78	73.06	23.53	72.85	15.44	2.41	78.95
C11	80.59	71.94	33.33	67.09	24.08	0.01	80.00
平均值	79.45	77.01	38.23	76.15	18.61	8.68	76.36

这些特征可揭示两点事实：

(a) 河套地区成土过程及其之后的地球化学演化程式大致相同，其母质较一致或成土过程中物质已被较彻底地均一化，相同的地球化学作用导致土壤类型单一，化学成分较均匀。

(b) 该区域系处于一个宏观上较稳定的地球化学场中，影响土壤地球化学物质循环的条件大致相同，制约元素交换、循环的主导因素是长期起作用的当地地球化学背景因素。

2) 各元素形态平均含量特征

各元素各形态在全区样品中的相应含量平均值，即河套地区痕量金属元素化学形态平均含量见表 2-17。该结果显示的形态含量可代表河套地区土壤中痕量金属元素的总体形态特征。它表明，河套地区土壤中 Mo、Sn、Cd 的含量主要集中在其 Fe-Mn 氧化物态中，占其总含量的 41%～70%，而残渣态相对较少，仅占其总含量的 9%～38%。Cu、Zn、As、Pb 四个元素其含量主要集中在各自的残渣态中，占总含量的 76%～80%，Fe-Mn 氧化物态含量相对较少，最大不超过 13%，有机态含量较稳定，一般在 10%上下，变化范围为 10%～16%。如图 2-7 所示。

表 2-17 河套地区土壤中痕量金属元素各化学形态平均含量(%)

元素	可交换态	碳酸盐态	Fe-Mn 氧化物态	有机态	残渣态
Cu	1.39	0.008	3.47	15.69	79.45
Zn	0.29	0.005	11.24	11.47	77.01
Mo	1.07	0.120	41.29	19.60	38.23
As	0.85	1.190	5.62	16.19	76.15

（续表）

元素	可交换态	碳酸盐态	Fe-Mn 氧化物态	有机态	残渣态
Cd	3.42	3.070	65.98	8.91	18.61
Sn	0.14	1.180	70.01	20.02	8.68
Pb	0.25	0.150	13.24	10.28	76.36

注：表中数据为全区 10 件形态分析样的平均值。

3）痕量金属元素有效态分布特征

痕量金属元素有效态是除残渣态以外的其他四态之总称，是环境中在自然条件下可对生物体起作用的部分。因此，就目前认识水平，有效态通常被看做是环境中具活性的含量部分。研究区痕量金属元素有效态含量如表 2-18 所示。该表数据表明，河套地区土壤中不同元素有效态含量差别悬殊。含量最高的是 Sn、Cd、Mo；平均含量占其总量的 61.77～91.32%，变化范围在 48.98～99.99%间，而 Cu、Zn、As、Pb 的有效态含量占其总量的比例在 20%左右，均小于 24%。有效态含量空间分布特征如图 2-8 所示。该结果表明，Cu、As、Pb 的有效态含量沿潜水流动方向（145°方位）呈现明显缓慢递减规律，其他元素无明显变化趋势。有效态含量是表生自然条件下可随潜水移动的活性部分，上述有效态含量空间分布特征表明，河套地区土壤中 Cu、As、Pb 含量是与上游元素向下游的迁移相关联的，因为随水迁移、特别是能以溶质形式迁移的部分只能是元素的有效态部分。这是一个重要的指示信息，对研究区痕量金属污染有成因指示意义。

表 2-18　河套地区土壤中痕量金属元素有效态含量在其总含量中的比例 9%）

样品号	Cu	Zn	Mo	As	Cd	Sn	Pb
A1	30.27	20.32	56.52	27.32	68.18	99.98	31.82
A3	15.90	16.02	51.61	13.78	91.19	81.67	36.17
A5	14.29	18.11	59.46	19.34	89.07	71.97	34.07
A7	17.33	15.13	77.39	21.13	86.12	98.50	23.66
A9	22.40	29.29	57.69	35.89	81.42	91.32	21.05
A11	22.77	29.63	57.89	29.38	81.52	91.04	15.25
A14	22.01	24.16	65.00	6.67	76.35	93.76	16.67
C1	21.85	22.25	48.98	24.94	79.56	87.40	16.67
C5	19.22	26.94	76.47	27.15	84.56	97.59	21.05
C11	19.41	28.06	66.67	32.91	75.92	99.99	20.00
平均值	20.55	22.99	61.77	23.85	81.39	91.32	23.64

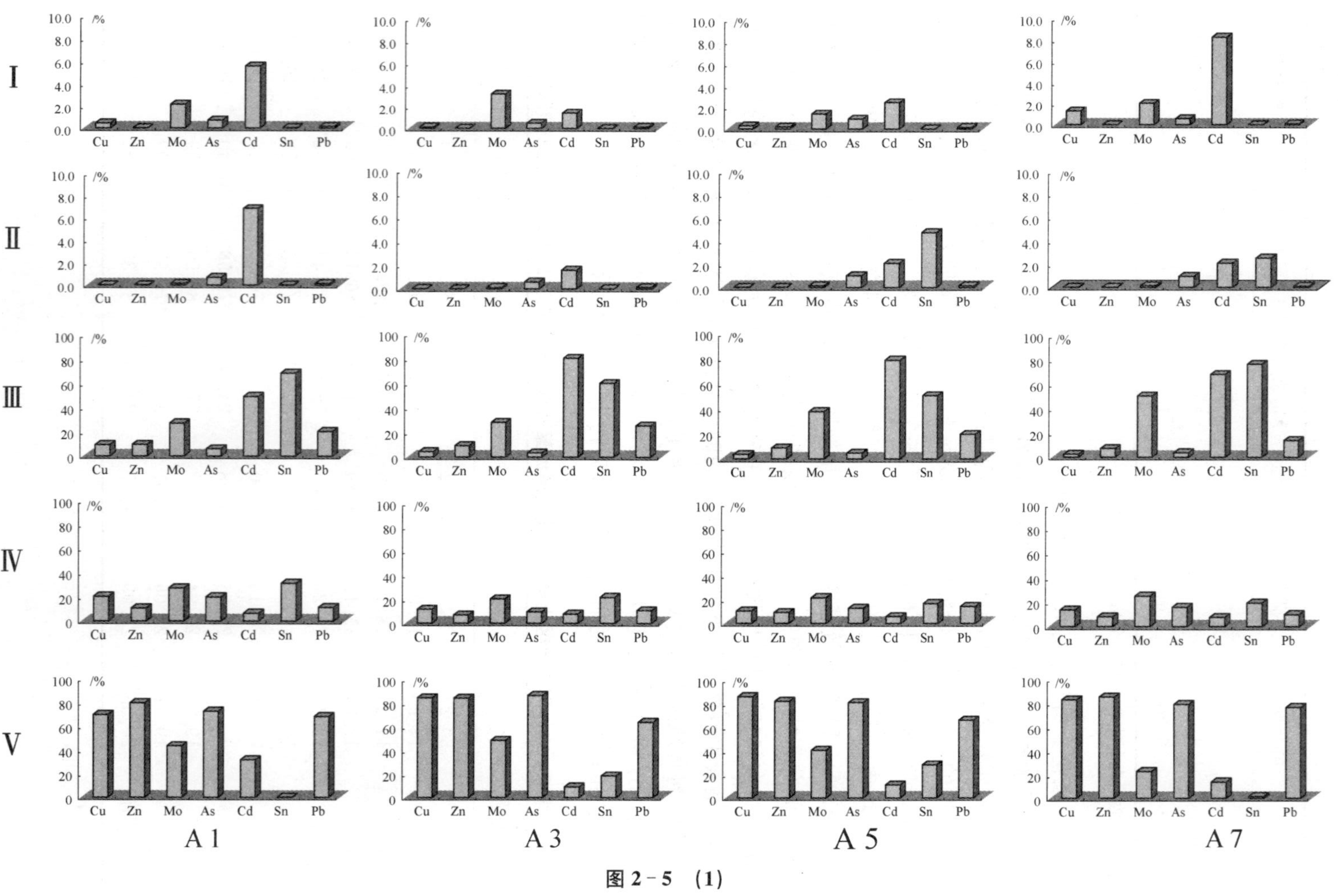

图2－5（1）

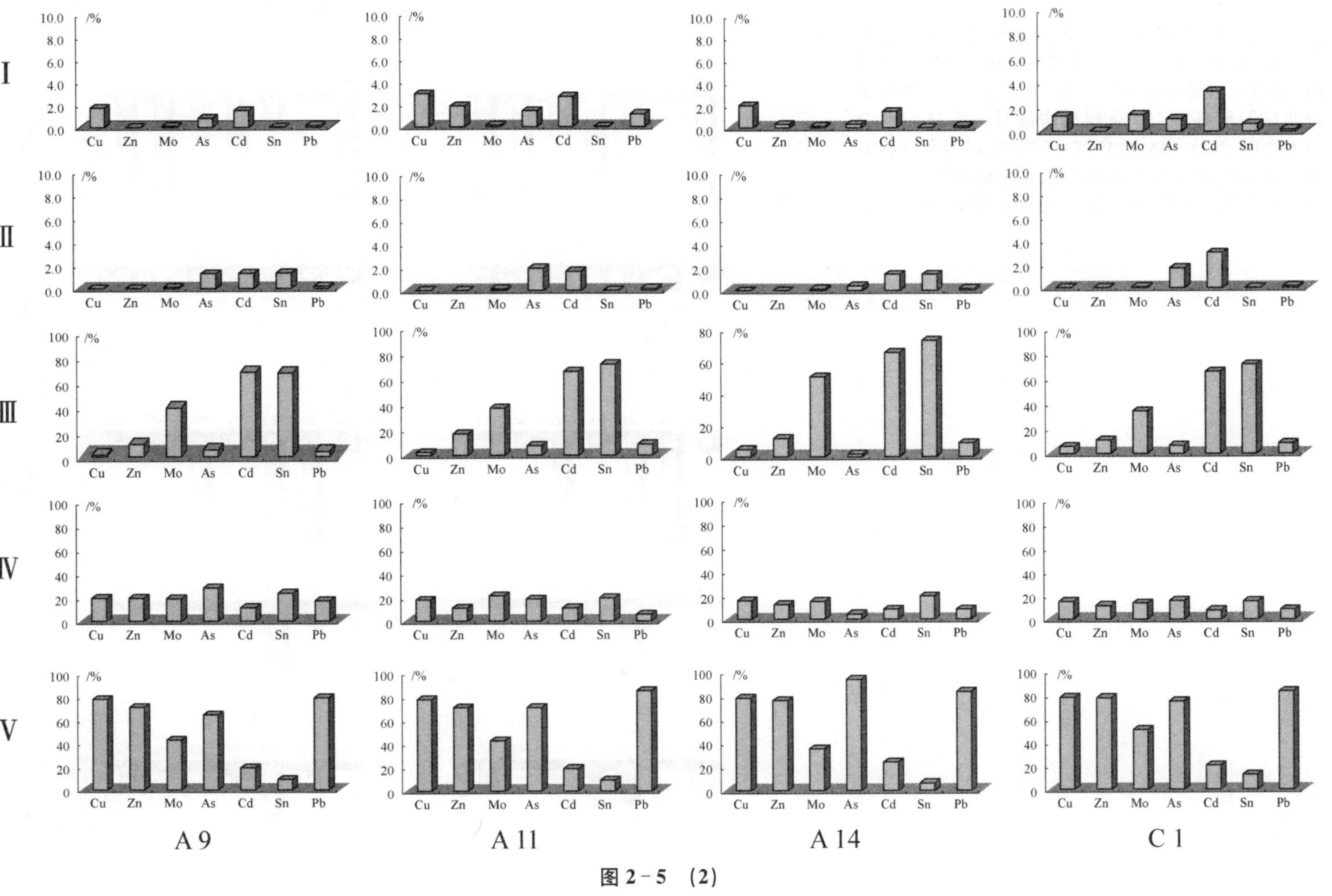

图 2-5 （2）

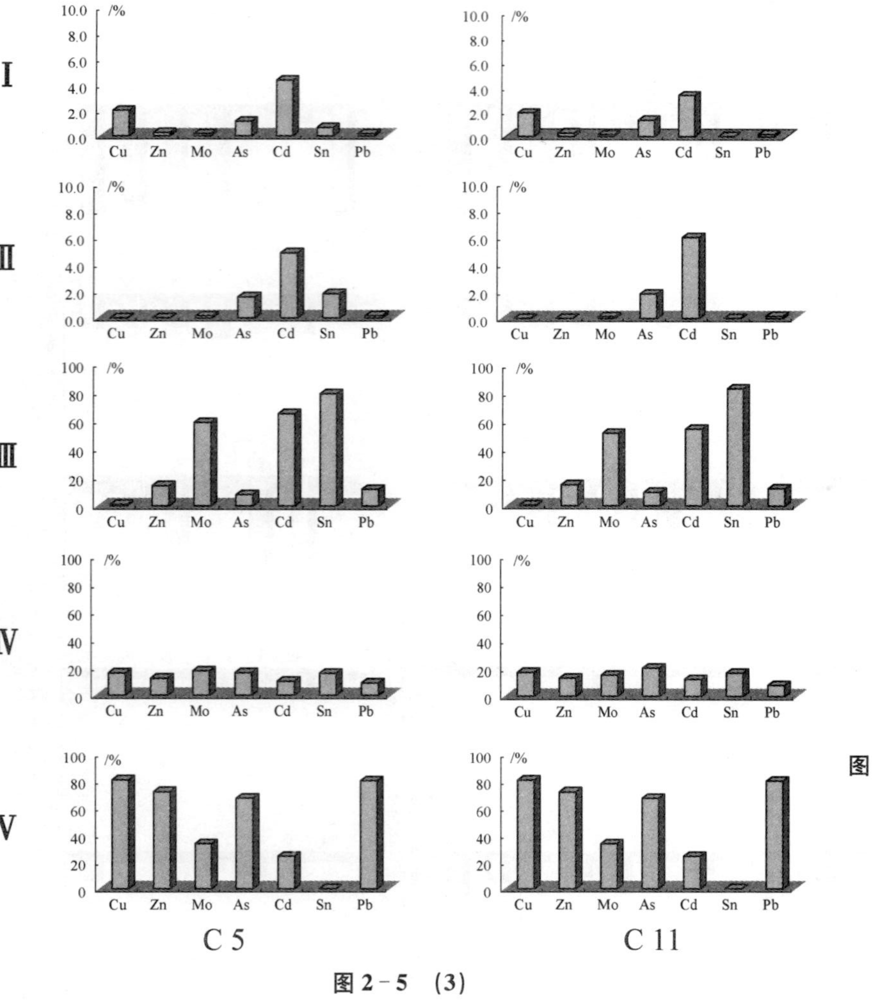

图 2-5 (3)

图 2-5 河套地区土壤中痕量金属元素形态含量分布特征(1—3)(含量图纵坐标数字代表形态含量在总含量中的百分比;A1、A3、A5、A7、A9、A11、A14、C1、C5 和 C11 分别代表取样点号(A、C 分别代表取样剖面号);Ⅰ、Ⅱ、Ⅲ、Ⅳ、Ⅴ分别代表可交换态、碳酸盐态、Fe-Mn 氧化物态、有机态和残渣态,相应行含量图指示不同样点同一形态含量分布特征)

/%
5.0
4.0
3.0
2.0
1.0
0.0
可交换态
碳酸盐态
Cu
Zn
Mo
As
Cd
Sn
Pb

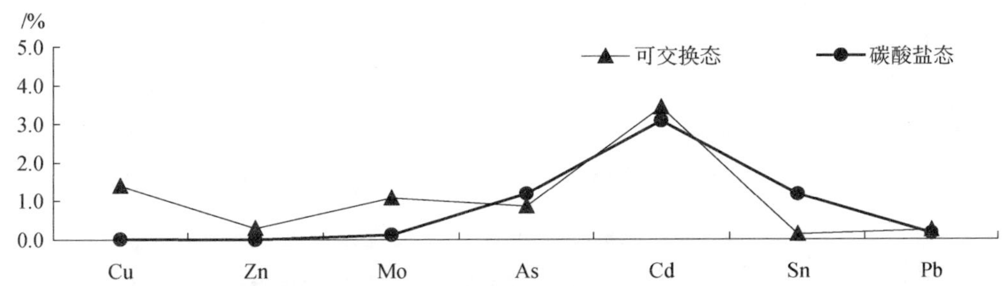

图 2-6　河套地区土壤中痕量金属元素可交换态与碳酸盐态含量相关性(纵坐标数字分别代表两种形态含量各自在其总含量中所占的百分比,为全区 10 件样品形态分析数据的平均值)

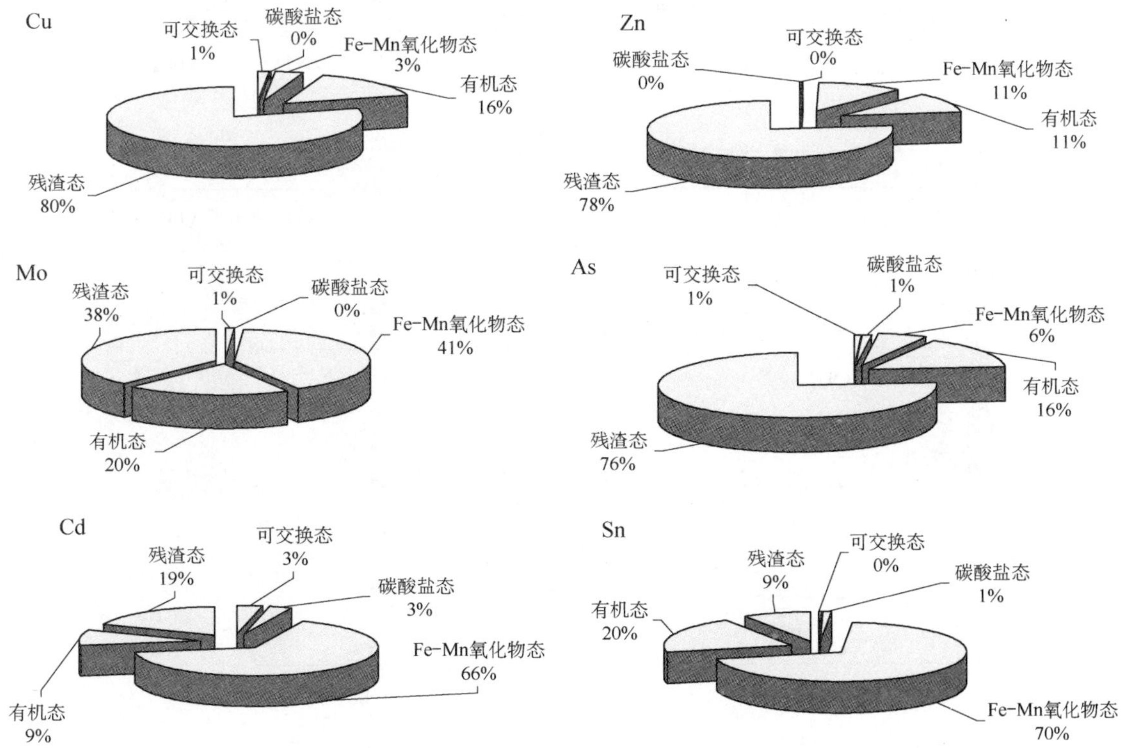

Cu
可交换态 1%
碳酸盐态 0%
Fe-Mn氧化物态 3%
有机态 16%
残渣态 80%
Zn
可交换态 0%
碳酸盐态 0%
Fe-Mn氧化物态 11%
有机态 11%
残渣态 78%
Mo
残渣态 38%
可交换态 1%
碳酸盐态 0%
Fe-Mn氧化物态 41%
有机态 20%
As
可交换态 1%
碳酸盐态 1%
Fe-Mn氧化物态 6%
有机态 16%
残渣态 76%
Cd
残渣态 19%
可交换态 3%
碳酸盐态 3%
Fe-Mn氧化物态 66%
有机态 9%
Sn
残渣态 9%
可交换态 0%
碳酸盐态 1%
有机态 20%
Fe-Mn氧化物态 70%

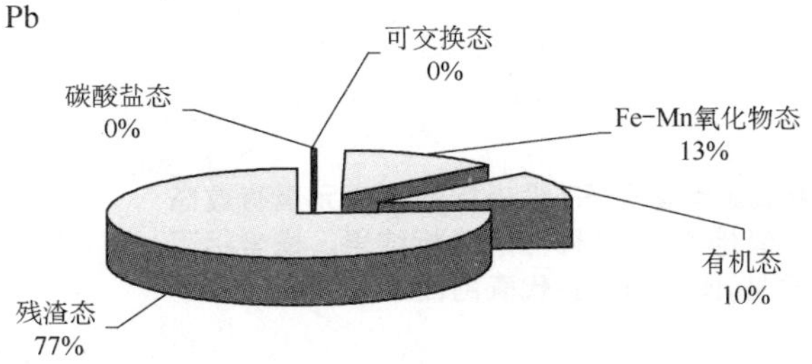

Pb
可交换态 0%
碳酸盐态 0%
Fe-Mn氧化物态 13%
有机态 10%
残渣态 77%

图 2-7　河套地区土壤中痕量金属元素各形态平均含量(图中百分数分别为各形态含量在其总含量中所占的比例,为全河套地区 10 件样品分析结果)

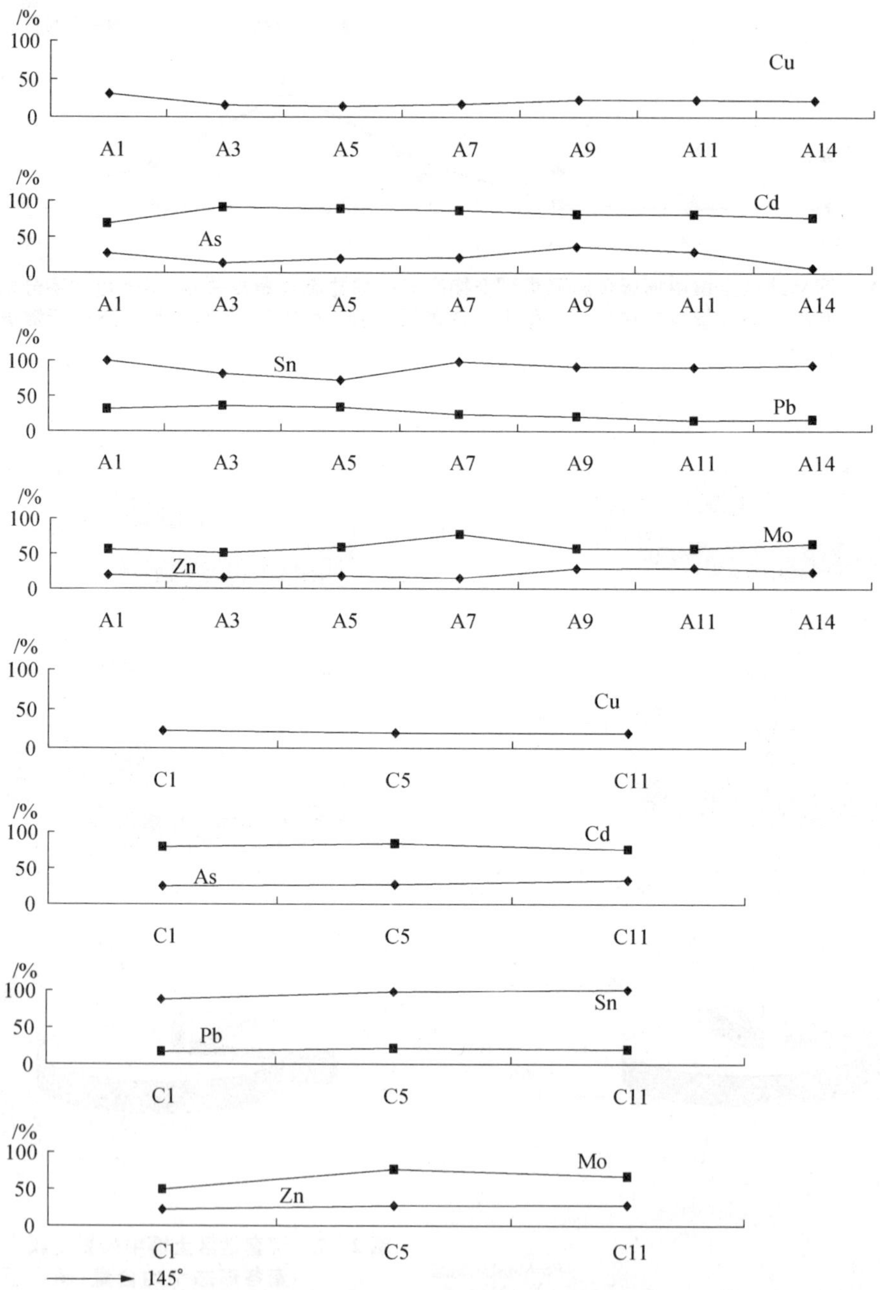

图 2-8 河套地区土壤中痕量金属元素有效态含量分布(纵坐标数字为元素有效态含量在总含量中的百分比,为全河套地区 10 件样品的分析结果。横坐标下文字为样号,其中字母为取样剖面号,图底部箭头代表剖面线方位)

2.3 痕量金属元素在地下水中的分布

河套地区早在 1992 年被国家卫生部地方病防治司确定为砷中毒区。当时的主要依据是当地人群中出现皮肤角化、毛发粗糙等典型砷中毒病变症状及居民饮用井水中砷含量普遍超标(世界卫生组织 1984 年推荐饮水砷临界含量为 0.05 mg/L,我国 1985 年公布的饮水砷含量标准为小于 0.05 mg/L,2007 年 7 月起改为 0.01 mg/L)。据内蒙古自治区卫生厅对河套地区 9 631 口饮水井的调查资料,该区 As 含量超标率占调查井数的 24%[15],饮水砷含量与人群发病率正相关。

2.3.1 As 分布特征

本次工作主要对研究区居民饮用井水中的 As 等痕量金属含量、价态以及它们的分布进行了研究,取样水井深度在 18~25 m 间。经野外现场酸化后的水样直接进行有关元素分析。主要分析元素为 As、Cu、Zn、Cd、Sb、Pb;其中 Cu、Zn、Sb、Pb 用电感耦合等离子体原子发射光谱法分析,分析仪器为 TJA-1100 ICP-AES(美国制造),检出限分别为:2×10^{-3}(Cu)、4×10^{-3}(Zn)、5×10^{-2}(Sb)、2.5×10^{-2}(Pb)。As、Cd 分析仪器为 AF-610 原子荧光光谱仪(北京瑞利分析仪器公司制造),检出限分别为:8×10^{-5}(As)、8×10^{-5}(Cd)。所有元素分析质量合格率(按分析相对偏差限<5%者≥95%统计),合格率 100%。

潜水中砷平均含量(97 件样品)为 0.201 mg/L,最高达 0.97 mg/L。相应于不同程度病区人群病情由轻到重井水中砷含量呈现由低到高的规律性变化,如表 2-19 所示。河套地区人群砷中毒情况分布特征如图 2-9 所示。该结果显示,山前大型矿床下游潜水砷高含量区与人群砷中毒区都明显集中于紧临沿山前矿床分布区域的下游范围,特别是明显地集中于开采历史较长的东升庙大型 Pb、Zn、S 矿床、

表 2-19 河套地区潜水(村民饮用井水)中 As 含量(单位:mg/L)

	As 总含量		As^{3+} 在总含量中的比例/%	
	平均值	范围值	平均值	范围值
重病区(30 件样品)	0.483	0.312~0.969	27	9~90
中等中毒病区(7 件样品)	0.248	0.218~0.284	22	6~62
* 轻病区(28 件样品)	0.107	0.006~0.193	17	4.6~93
非病区(32 件样品)	0.008	0.001~0.046	12	10~35

* 轻病区系指饮用水中 As 含量出现>0.05 mg/L 者,且人群患病率<10%的地区;中病区指饮水中 As 含量出现>0.2 mg/L 者,人群患病率大于 10%,但小于 30%的地区;重病区指饮水中 As 含量出现>0.5 mg/L 者和人群患病率>30%的地区(据内蒙古自治区地方病防治研究所地方性砷中毒病区判定及分类标准,1995)[16]。

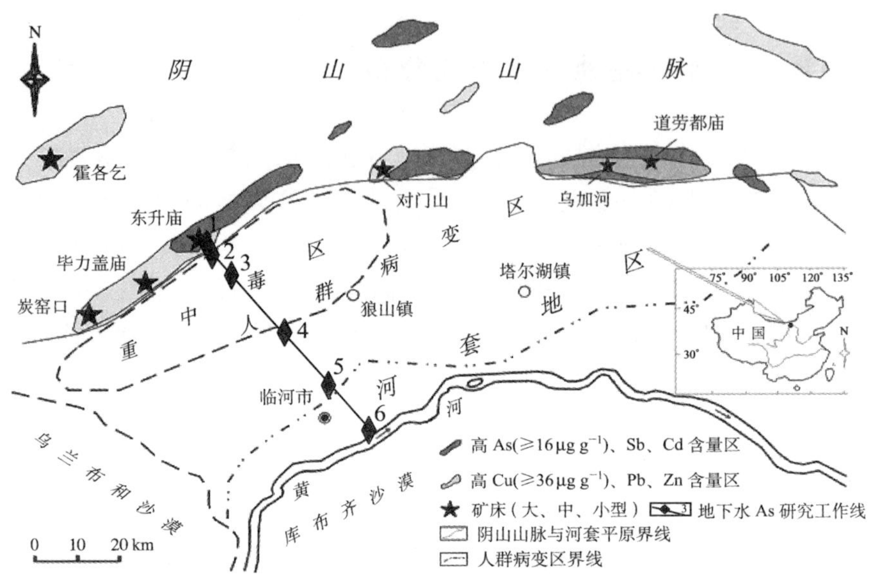

图 2-9　河套地区地下水 As 污染研究工作线及人群 As 中毒与 As、Cu、Pb、Zn、Cd、Sb 等元素背景关系

毕力盖庙大型大理岩矿床和炭窑口大型 Cu、Zn、S 矿床下游。在研究区东部潜水中 As 高含量范围相对发育较少，并且没有出现大于 0.5 mg/L 的含量，与这些范围对应的上游山前分布有几处中小型 Cu、Pb 多金属矿床，这些矿床目前尚未开采。

2.3.2　Cu、Zn、Cd、Sb、Pb 分布特征

Cu、Zn、Cd、Sb、Pb 等元素在河套地区潜水（居民饮用井水）中的含量见表 2-20。含量分布特征分别如图 2-9、图 2-10、图 2-11 所示。

表 2-20　河套地区地下水中痕量金属元素含量（单位：mg/L）

工作线上的样点号	离开矿区距离/km	取样深度/m	As	Sb	Cd	Cu	Pb	Zn
1	0	0	0.251	0.006 4	0.005	0.053	0.047	0.069
2	0.5	21	0.236	0.005 2	0.004	0.021	0.026	0.049
3	11.0	18	0.230	0.005 0	0.004	0.030	0.022	0.053
4	29.6	15	0.004	0.003	0.002	0.015	0.007	0.038
5	44.0	15	0.005	0.003	0.002	0.012	0.006	0.042
6	黄河水	0	0.003	0.002	0.002	0.014	0.007	0.037

这些结果表明，与国家饮用水含量标准相比，河套地区 Cu、Zn、Cd、Sb、Pb

含量均在标准值之内，仅个别元素的个别（一件样）样品含量接近（Pb）或达到（Cd）临界值。这些元素的含量分布体现出明显从上游向下游逐渐降低的变化趋势，并且与 As 含量变化具明显相关性，如图 2 - 12 所示。

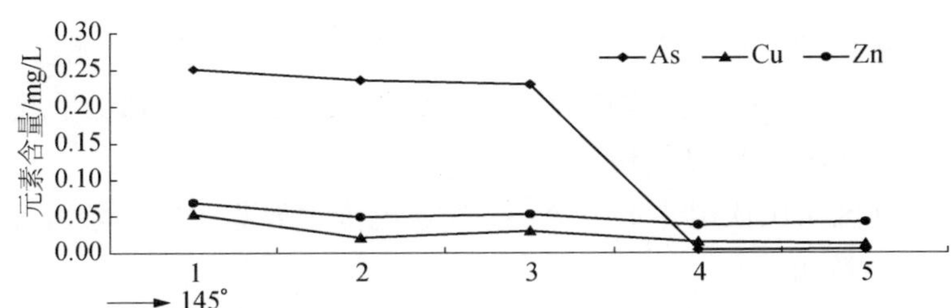

图 2 - 10　河套地区潜水中 Cu、Zn、As 含量（横坐标下数字为样点号，箭头方向为取样剖面线方位）

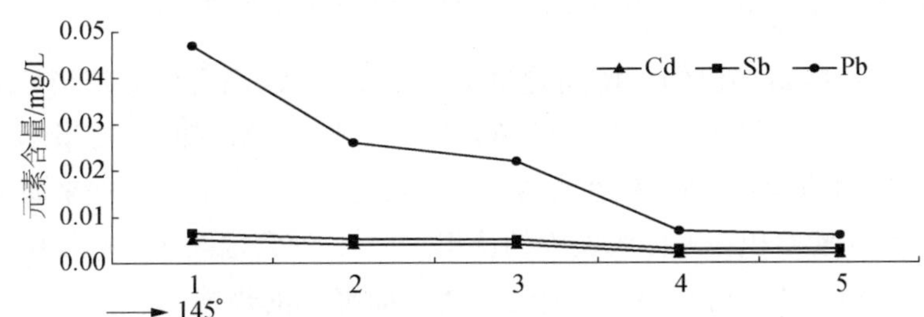

图 2 - 11　河套地区潜水中 Cd、Sb、Pb 含量（横坐标下数字为样点号，箭头方向为取样剖面线方位）

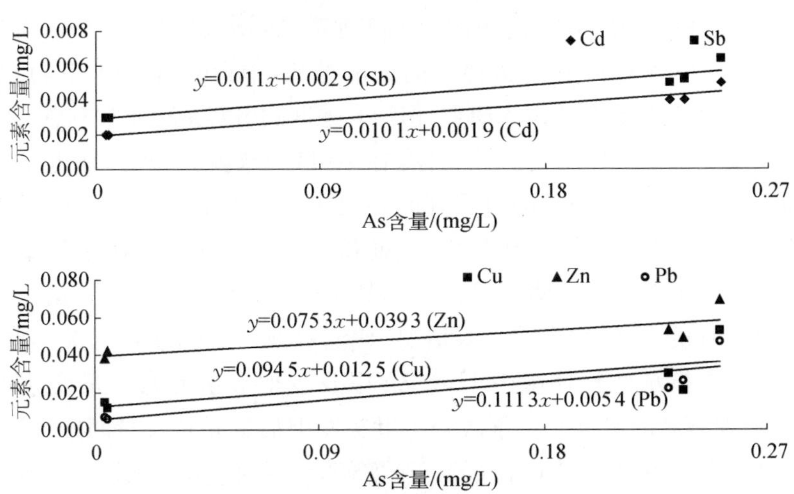

图 2 - 12　河套地区潜水中 As 含量与 Cu、Cd、Sb、Zn、Pb 含量的相关性

上述痕量金属元素在河套地区地下水中的分布特征和变化规律可说明如下几点事实：

(a) 所研究元素中除 As 含量超标外，其他元素均在国家饮用水含量标准值范围之内(含接近标准值者)。

(b) 河套地区地下水中 As、Cu、Pb、Zn、Sb、Cd 等痕量金属元素含量从发育较多 Cu、Pb 多金属矿床和异常带的阴山山前向下游方向由高到低呈现规律变化，并且各元素含量间存在明显的相关性。

(c) 河套地区居民饮用井水中 As 高含量范围主要集中于山前开采历史较长的大型矿床下游附近。

2.4 痕量金属元素在居民头发中的分布

2.4.1 人类头发中痕量金属含量的环境指示意义及研究动态

本案例研究区最突出的环境问题是地下水中的 As 高含量导致当地人群中毒，即所谓高 As 水环境问题。人发中的 As 含量作为 As 暴露的潜在指示意义，近年已被重视并成功地运用于有关地域的 As 中毒研究中，其主要依据来源于 As 可通过血液将痕量元素蓄积在人体头发中的认识[17—20]。河套地区居民头发中 As 含量变化体现出明显随离开上游高 As 含量区的距离而降低的规律，其与 As 在水中、土壤中的变化规律一致，在证明河套地区地下水中的 As 与上游的 As 长期迁移有关的同时，这种耦合关系也表明，As 在人体头发中的含量与人们长期生活环境之环境介质是存在内在关联的。上游的 As 随地下水向下游迁移，当地居民通过长期饮用高 As 含量水导致 As 在头发中蓄积，进而体现出随远离 As 源人群头发中 As 含量逐渐降低的变化规律。虽然关于 As 在人体中的含量对 As 中毒的指示作用与意义还需要进一步来证实，其机理也需要深入研究，但河套地区的事实是种非常有意义的现象。

关于头发生物指示作用的研究工作，在 20 世纪末就有报道，在近十几年来工作不断深入，并被有效地用于解决实际问题之中。头发的一个独特的属性是它能够将生长期间摄入的元素结合在其中，这使得它可被用于指示污染物暴露史和作为生物标志指示生长过程的演化情况[18]。因而，头发曾被广泛用于衡量评价对生长环境介质中有机、无机物质的摄入情况、代谢以及污染物暴露有关问题的研究，也有许多被用于指示生长环境中 Hg、Zn 以及其他痕量元素含量变化的研究工作[21—23]。引发著名的悬疑——拿破仑一世头发中痕量元素含量问题，即是以同步感应 X 荧光法研究头发中 As 含量的一个实例，该项研究中，曾用 1～2 mm 长度的头发段得出了有关元素的含量数据[24]。有人认为，将头发作为生物指示剂这种方法也适用于 Cu 和 Zn，甚至还可延伸到对其他污染物的指示[24、25]。

基于新的分析测试技术，一些有关头发中痕量金属化学结构形式、As 的形态及其有关化合物区分的研究工作，近年都有长足的发展[19、26]。依据人发生长速率以及其头发不同部位污染物分布特征，对头发中的污染物含量进行研究，以此可概略地反演出历史时期摄入介质中污染物的变化[27、28]。有研究成果表明，头发可精细地反映摄入介质中 As 含量变化，基于同步感应 X 荧光(Synchrotron induced X-ray fluorescence, SXRF)分析技术的头发痕量元素分布研究，其结果可以作为有意义的生物环境监测指标[18、29、30]。

2.4.2　痕量金属元素在研究区居民头发中的含量分布特征

河套地区土壤中、地下水中 As 等痕量金属元素高含量带主要集中于阴山山脉紧靠山前地带，区内地域性人群病变与环境中(土壤环境、潜水环境)Cu、Zn、As、Cd、Sb、Pb 等痕量金属元素含量(总含量及有效态含量)具有明显的正相关规律；相反，对于 Bi、Mo、Sn 等上游地质体中未出现高含量异常的元素，其土壤中含量沿剖面线没有明显趋势变化规律，仅体现出元素含量的自然起伏特征，如图 3-3 所示。砷在潜水中的高含量区、亦即人群重中毒区集中分布于大型矿床下游；而且，相应于上游不同的地球化学背景和矿业史，有关元素在土壤及潜水中的含量亦存在差别。研究区西侧炭窑口 Cu、Zn、S 矿床其勘探、开采史为 60 余年，东升庙 Pb、Zn、S 矿床为 50 年，中部对门山 Cu、Zn、S 矿床及东部其他小型矿床开采还要晚一些，相应的，潜水中高 As 含量区明显相对集中于开采史较长的矿床下游(如前述，如图 2-1、图 2-9 所示)。土壤中 As、Pb 等含量在取样剖面上的含量变化趋势线斜率在开采史较长的炭窑口矿床下游明显大于未开采的对门山矿床下游的含量变化趋势线斜率。矿床集中区下游土壤剖面上含量变化趋势线斜率明显较大，BB’剖面与另两条剖面相比，其含量趋势线斜率较小(见图 2-1、图 2-2)。另外，区内病区居民饮用井水中 As 含量明显高于非病区，重病区明显高于轻病区(见图 2-1、表 2-19)。

本次研究按取样(土壤样、潜水样)剖面同时系统调查和采取、分析了取样点上固定成年居民(35～60 岁)的头发样品。样品直接现场从居民头发剪取，经去离子水清洗、晾干、低温灰化(<100℃，LTA-154 低温等离子体灰化仪)、酸溶后进行成分分析。头发样分析元素为 As、Cu、Cd、Zn、Sb 含量。其中 Cu、Cd、Zn、Sb 分析仪器为 TJA-1100 ICP-AES(美国制造)，检出限分别为：2×10^{-3}(Cu)、4×10^{-3}(Zn)、5×10^{-2}(Sb)。As、Cd 分析仪器为 AF-610 原子荧光光谱仪(北京瑞利分析仪器公司制造)，检出限分别为：8×10^{-5}(As)、8×10^{-5}(Cd)。所有元素分析质量合格率(按重复样分析相对偏差限<5%者≥95%统计)，合格率 100%。

结果表明，除 Cd 外的其他元素在当地居民头发中的含量都存在明显的从上游向下游逐渐递减的规律(见图 2-13)，而且与潜水中。土壤中的 As、Cu 含量具有明确的正消长关系，如图 2-14，图 2-15 所示。

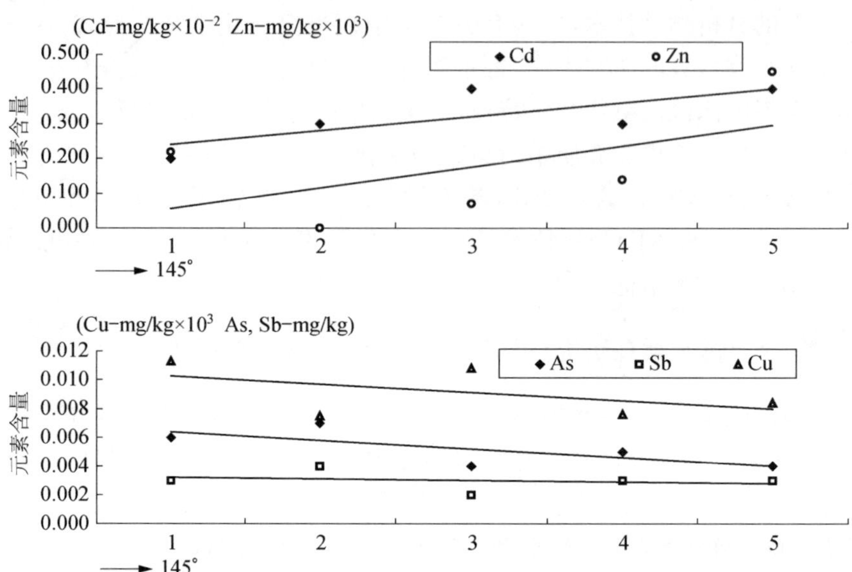

图 2-13　河套地区居民头发中 Cu、As、Cd、Sb 含量空间变化规律(纵坐标数字代表元素含量,横坐标数字代表剖面线上的样点号。横坐标下的箭头指示取样剖面线方位)

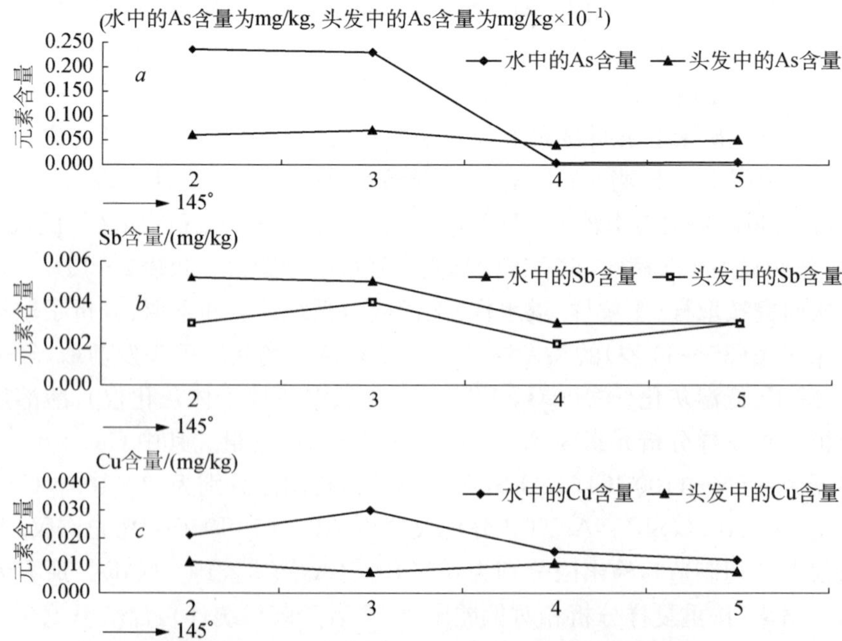

图 2-14　河套地区居民头发中 As 等痕量金属元素含量变化与潜水中含量变化比较(横坐标下的数字代表取样剖面线上的样点号,剖面线全长 44 km(1～5 号样)。图中的箭头指示取样剖面线方位)

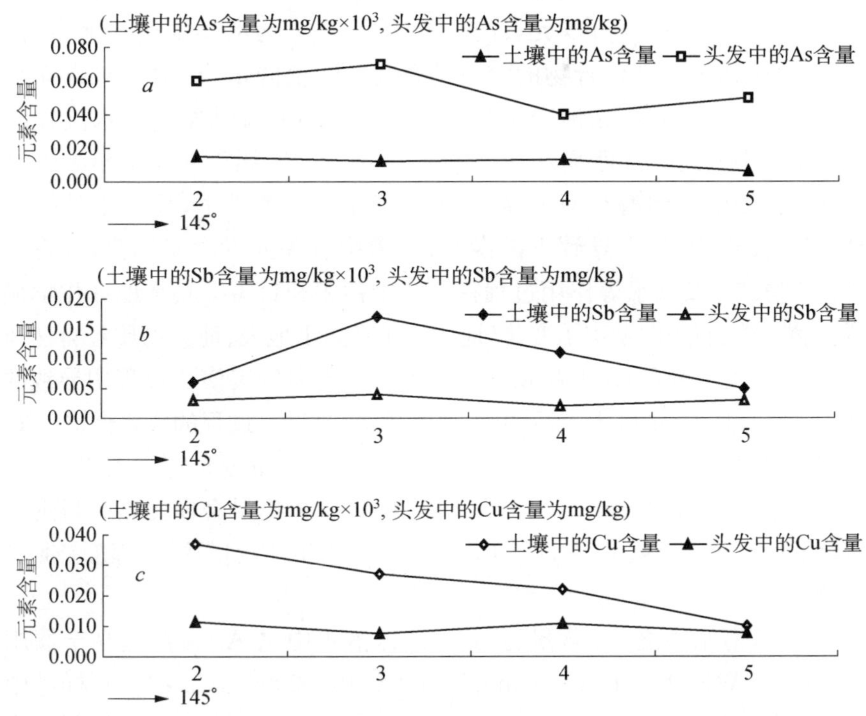

图 2-15　河套地区居民头发中 As 等痕量金属元素含量变化与土壤中含量变化比较(横坐标下的数字代表取样剖面线上的样点号,剖面线全长 44 km(1～5 号样)。图中的箭头指示取样剖面线方位)

2.4.3　痕量金属元素在头发中的含量分布与在水中、土壤中含量变化间的关系

综合上述结果,介质中痕量金属元素含量变化特征表明,病区土壤、地下水中相应元素含量较高与研究区上游(北缘)Cu、Pb、Zn、As、Sb、Cd 等元素富集带(矿床、矿点)或高背景带有关;土壤沉积物中有关元素含量自山前向平原沿潜水流向呈现平缓递减规律及潜水中高砷含量带主要集中于山前地带并与病发区、特别是重病区范围基本吻合的事实说明,研究区环境介质中痕量金属元素含量高及相应人群中毒现象与上游元素的地球化学迁移有关。有研究表明,束缚在矿物、岩石中的元素在一定条件下(如自然风化、人工采掘、冶炼加工等),尤其是人为活动作用下解脱出来进入地表水或地下水并随之迁移并在土壤、作物中形成富集,其环境作用已不容忽视[31—34];相应地,固定在土壤中的元素一定条件下也可以进入水中发生迁移进而进入作物或地下水。研究区有关痕量金属元素在土壤中、潜水中含量特征即是这种循环运动的后果[35]。上游矿山开采或矿业活动对矿物、岩石中含

有的对人体有毒有害金属元素的迁移能力起着重要的激活作用。封存于地下的富含 Cu、Pb、Zn、As、Sb、Cd 等元素的矿物、岩石经人为活动暴露于地表，在氧化环境中硫化物矿物等酸性化合物的溶解使环境 pH 值降低，在地表水或降水作用下其迁移能力可大大增强，在地表水和地下水中随水的流动发生沿水流方向的迁移，在一定条件下甚至是远距离迁移[31、36—39]。河套地区属于典型干旱半干旱生态景观区，受黄河影响当地潜水面较高，干旱半干旱自然条件下，长年累月的地下水循环及地表蒸发作用，势必导致下游潜水、土壤中有关元素含量增高，最终通过农作物吸收、食物链以及饮水等作用过程在人体中蓄积和致害。其是地球化学循环中由于限制元素分配的条件发生了变化(地下物质暴露于地表、地表物质经自然风化作用元素化学形态发生变化)而引起物质朝向均一化方向发展演化过程中导致的污染生态现象[40—43]。其中，本区人工活动(主要是矿业)是这一过程的重要促进因素。

上述河套地区土壤、地下水中有关痕量金属元素含量分布特征表明：

(a) 河套地区土壤中 As、Sb、Cu、Pb、Zn、Cd 等痕量金属元素含量远远大于其背景含量，Cu、Zn、As、Cd、Hg、Co、Ni、Cr、V 已达到弱污染程度，Sb 已达到中等污染程度。

(b) 研究区潜水中之 As 含量、尤其是病区潜水中之 As 含量远高于饮用水标准(0.05 mg/L，WHO1984；0.01 mg/L，GB5749 - 2006)，Cd 在个别样品中的含量已达到饮用水的临界含量(0.005 mg/L，GB5749 - 2006)，Pb 在个别样品中的含量已超过临界含量(0.01 mg/L，GB5749 - 2006)。

(c) 河套地区痕量金属元素在土壤、潜水中的含量与当地人群病变比例正相关，具有自研究区北部阴山山前沿潜水流向缓慢递减的变化规律；Cu、As 等痕量金属元素在土壤中、潜水中的含量空间变化与当地居民头发中的含量空间变化正相关。

(d) 研究区上游阴山山前发育的有关元素(Cu、Zn、As、Cd、Sb、Pb、S)富集带(矿床、矿点、矿化点、地球化学高异常带)的存在以及带内人类活动、特别是长期的矿业活动过程是河套地区痕量金属污染及人群病变现状形成的重要因素。

(e) 河套地区在其上游发育高背景含量的元素(Cu、Zn、As、Cd、Sb、Pb)中，都发生了向其下游土壤、地下水中的迁移。其中 As、Cd、Sb 含量在下游土壤中的平均含量是背景含量的近 3 倍(见表 3 - 1)，As 在潜水中最高含量超过国家饮用水标准的近 100 倍(为 0.97 mg/L)；而 Cu、Zn、Pb 在土壤中的平均含量仅是其背景含量的不到 2 倍(见表 3 - 1)，潜水中含量均在饮用水标准范围之内(见表 3 - 19)。结合该区上游众多的矿床、矿点都以 Cu、Zn、Pb 多金属矿为主的事实分析，上游富集程度大的元素并不是向下游迁移最显著的元素。除了下游环境具有的特殊物理化学条件因素之外，这也可能是由在元素迁移中存在的差别引起的。这种差别可能是元素地球化学需要研究的一个理论问题。

2.5　痕量金属元素在土壤、地下水中的同位素示踪研究

人类现代生活环境污染物质的同位素示踪研究是环境地球化学近几年来兴起的一个前沿研究领域，它以同位素地球化学原理为理论基础，以同位素地球化学研究方法为基本手段，以存在于源物质和迁移扩散物质（污染物）间的同位素成分和比值之间的内在联系为前提，通过有关元素同位素含量的变化关系来揭示目标物质与源物质间的内在联系。该领域是同位素地球化学应用研究领域在研究对象上的拓展，也是目前污染研究、尤其是有一定时空跨度的环境污染问题研究中的一个崭新的生长点，其已成为环境污染成因研究领域的有力工具和有效途径。国际上近些年来（1997—2010 以来）已有少数人针对具体环境问题对现代人类生活环境污染物质进行了同位素示踪研究，这方面为文献报道的有代表性的研究工作有 D. I. Siegel 等人对纽约 Staten 岛屠宰垃圾掩埋场地下水污染状况的研究[44]、Karine Deboudt 等人用铅同位素比值对英国多佛尔海峡气溶胶污染的物源示踪研究[45]、Zhu Bingquan 等人为揭示环境中 Pb 污染物的来源对我国广东珍珠河三角洲地区风积尘、气溶胶和土壤中铅同位素组成进行的研究[46]、John L. 等人用铅同位素比值对美国新泽西州 Jersey 市家庭居室灰尘中铅来源进行的定量估计研究[47]等。相对于近些年开展较多的地下水成分演化过程的同位素示踪研究、地下水运移通道示踪研究、地史时期元素迁移示踪研究、树轮记录的痕量金属污染生物地球化学示踪研究、地质过程的物质混合和流体来源示踪研究等较典型的同位素示踪研究工作[48—56]，现代环境污染物质在环境介质中的同位素示踪研究尚处于发展阶段，只是有人在应用这种方法开展了一些工作，有许多问题尚需要进一步探索。如上述 D. I. Siegel 等人对纽约 Staten 岛屠宰垃圾掩埋场地下水污染状况的研究中，试图运用 Sr、Pb 同位素各自比值在研究区地下水中的变化指示该区地下水和海水受屠宰垃圾场淋滤水的混染情况，同时探索这一方法在解决该类问题中的效果及适用性。他们依据研究区 Sr 同位素比值与 B、NH_4^+、有机碳含量间以及 Sr、Pb 同位素比值间的相关规律，认为 Pb 同位素由于与相关参数（$^{87}Sr/^{86}Sr$、B、NH_4^+ 含量）间没有明显相关性，在该区不同成因水的混染研究中不具指示意义，而$^{87}Sr/^{86}Sr$ 在研究该区地表物质（垃圾）淋滤水对地下水、海水的混染问题中，是有效的地球化学工具，并据之得出了该垃圾场目前尚未污染该区地下水的研究结论。由此可见，同位素手段在环境污染研究中的应用作为地球化学同位素示踪理论的应用延伸和拓展，通过具体案例研究探索和随着新的测试仪器的出现、测试精度的提高及其对同位素理论意义与运用范畴的不断发现和认识深化，一定有着广阔的发展前景。

现代环境污染物质同位素示踪研究的前提条件要求源物质向目标物质的演化要有相对稳定的时空过程和必然的成因联系。如前所述，河套地区土壤、地下水中

As 等元素含量超标，并普遍高于背景含量。而且大量数据资料显示其含量变化具有明显的距上游众多的矿床、矿点和有关元素高含量地球化学异常带愈近愈高的演进变化规律，已经出现的当地居民地域性病变程度和数量与这种含量变化规律正相关。本研究以这一大范围土壤、地下水痕量金属污染区为研究对象，针对这一具体环境问题，作为污染成因的佐证之一对该区土壤，地下水中 Pb、Sr 元素的同位素变化特征进行研究，以揭示该区严重的环境问题的物质来源和成因，同时也探索同位素示踪方法在解决现代环境污染问题中的适用性。

关于矿床、矿业和地球化学高背景区有关金属物质向下游迁移导致下游环境介质（主要是水）中元素含量增高乃至人群中毒的实例报道很多，早年（1996 年以来）较典型的如英国西南部 Devon Great Consls 矿业区引起其下游水、土壤痕量金属污染[57]、美国科罗拉多西南部矿业区引起下游环境中 As、Pb、Mn 含量发生变化[58]和墨西哥 San Antomio-EI Triunfo 矿业区引起下游含水层中 As 含量偏高[59]、德国中部矿业区废渣垃圾引起环境介质中有害元素含量偏高[60]、孟加拉国恒河冲积平原含水层中由于上游砷高背景区物质的长期迁移导致整个区域潜水中 As 含量增高和人群中毒的研究报道等等[61]。结合近年研究认识[62—64]，这些工作对污染现状成因的结论都认为与上游物质迁移扩散有关，几乎无一例外。然而，这些结论都是建立在各种表象（如含量，元素组合及与环境物化条件变化相关性）间的相关关系上的，在成因解释方面仅仅根据区域地质史的演化来进行推断和论证，缺乏物质记录方面的数据资料。这方面最具代表性的工作是伦敦大学地球科学系 Ross Nickson 等人 1998 年在 Nature 上发表的对孟加拉国大范围地下水砷污染的研究成果[65]。

综上所述，可表明如下几点事实：

(a) 土壤、地下水痕量金属污染同位素示踪研究目前在国际环境科学领域受到重视，在与河套地区污染特征类似环境问题的研究中资料尚不够系统。

(b) 在河套地区尚无前人关于土壤、地下水的同位素区域研究资料，也没有有关环境介质的同位素研究资料。

这两种情况对本研究都是不利因素。尤其是有关环境介质中区域性同位素背景资料，对同位素物质示踪研究是非常重要的，影响到数据成果的解释和结论。因此，本书同位素示踪研究工作是建立在大量其他工作基础上的探索性尝试。这些工作包括河套地区土壤、地下水中元素总含量、形态含量及其各自分布特征、这些特征与上游剥蚀风化物质源体间的含量相关性、人群病变与这些特征的相关性等研究。

2.5.1 样品

分别在研究区采取土壤样和潜水样进行 Pb、Sr 同位素分析。两种介质样品从东升庙矿床开采区开始沿 145°方位（大致顺潜水流向）剖面线系统同点位采取。

水样除了和土壤样一起在污染区系统采取外，还分别采取了地表矿田水和黄河河水，取样位置如图 2-9 所示。

土壤采样深度为 20～30 cm，样品为不筛分混合粒级土壤。在设计取样点附近选较稳定的(受人类干扰程度相对较轻)的地点挖掘取样，一般为草坪、树林或田地固定边埂部位。样品以白布样袋现场封装标号后，移送下一步处理。

潜水样采取当地居民压把饮水井井水，取样井深在 18～25 m 间。为防止金属井头及井管的成分沾染，持续压水 10 min 后开始接取样品。样品以聚四氟乙烯桶标号封装，装样前先用取样井井水将样桶冲洗 5 次，然后装入样品，并以优级纯硝酸现场酸化至 pH 值 2～3。样品采取后当天置冰箱中冷藏(4℃)待下步处理。地表矿田水样选取矿区积水洼地采取，积水主要为经由人工抽出的矿井水。黄河水直接以取样桶灌取黄河河水。矿田水、黄河水取样桶及取样、酸化和保存程序同井水。

不同样品介质(水、土壤)和不同元素(Pb、Sr)同位素测试样品处理过程不尽一致，分述如下：

1) 用于 Pb 同位素分析的水样预处理

原样 200 mL 蒸干，将固体物质溶于 0.5 mol/L HBr(定量)中。然后以阴离子树脂色谱柱分离，并以 0.5 mol/L HBr(定量)将 Fe 等金属洗去，再以 2 mol/L HCl 5 mL 淋洗。最后以 6 mol/L HCl 将树脂中的样品溶出并蒸干上机(MAT261 型质谱仪)测试。

2) 用于 Pb 同位素分析的土壤样品预处理

土壤样品在玛瑙钵中研磨至手触无砂感，以 HNO_3、HF 将样品(定量称取)溶解后蒸干，以 HBr(定量)将干渣溶解后以阴离子树脂色谱柱分离，以下的步骤和方法同水样处理过程。

3) 用于 Sr 同位素分析的水样预处理

取 50 mL 原样蒸干，以 0.3 mol/L HCl(定量)将固体物质溶解后以阳离子树脂色谱柱分离，用 27 mL 1.75 mol/L HCl 淋洗后以 8 mL 3 mol/L HCl 将树脂中的 Sr 溶出并蒸干，最后将所得样品上机(MAT261 型质谱仪)测试。

4) 用于 Sr 同位素分析的土壤样品预处理

原样在玛瑙钵中研磨至手触无砂感后，以 HNO_3、HF 将样品(定量称取)溶解后蒸干，以 0.3 mol/L HCl(定量)将固体物质溶解并以阳离子树脂色谱柱分离，以下的步骤同 Sr 同位素分析水样处理过程。

全部样品预处理都在超净实验室进行，过程中所用试剂、水都为经纯化处理过的试剂和水。分析仪器为 MT261 热电离质子谱仪，Sr 检出限为 1×10^{-7}，Pb 检出限为 1×10^{-7}；合格率：100%分析质量合格率按各方法分析相对偏差限(重复样分析相对偏差限<5%者≥95%)统计，为 100%。全部样品预处理及上机测试工作，都在核工业地质研究院北京分析测试中心完成。

2.5.2 Pb、Sr同位素在土壤、地下水中的分布特征

前人研究表明[1](李树范等,1994),整个河套地区在第四纪中下更新世系一沉积湖盆,至上更新世末湖水开始外泄,湖面退缩并逐渐演化并入黄河,同时使大量湖相沉积露出地表。这是现今该区地势平坦,发育土壤类型均一的主要地史背景因素。如前所述,中国科学院南京土壤研究所在《中国土壤》一书中作为特别类型将河套地区土壤统一划归单一粉壤土组的黄潮土类[2],本次工作对该区土壤物相X射线衍射分析研究结果(见表2-21、图2-16)及形态含量相关性研究结果(见图2-6)也表明,整个河套地区土壤沉积物沉积环境及演化历史基本相同。

表2-21 河套地区土壤X射线物相分析结果

工作剖面线样点号	矿物成分	
	碎屑矿物	黏土矿物
A-3	石英、方解石、长石、白云石	伊利石、高岭石、绿泥石、滑石
A-7	右英、方解石、长石、白云石	伊利石、高岭石、绿泥石、滑石
A-11	石英、长石、方解石、白云石	伊利石、高岭石、滑石、绿泥石
C-5	石英、长石、方解石、白云石	伊利石、高岭石、滑石、绿泥石

注:表中物相按由前到后次序相对含量由大到小。取样位置分别位于A剖面上的3、7、11点和C剖面上的5号样点(参见图2-9)。

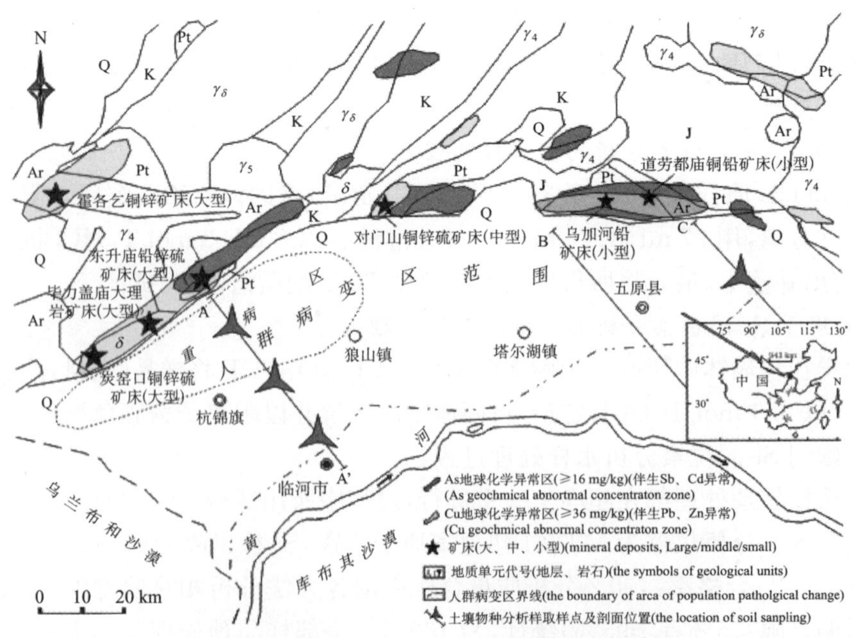

图2-16 河套地区土壤X射线物相分析样取样位置及地球化学背景

河套地区土壤、地下水 Pb、Sr 同位素分析测试数据及相应样品中痕量金属元素含量见表 2-22、表 2-23。表中 1 号样是东升庙矿床矿田地表水，6 号样是黄河河水，其他样品为河套地区人群砷中毒区范围内的样品，从 1 号样到 6 号样也是以次自阴山山前河套平原上游向下游方向不断延伸的顺序，如图 2-9 所示。

由表 2-22 可见，矿田水(1 号样)的$^{87}Sr/^{86}Sr$值为 0.719 6，明显高于砷中毒区潜水中的比值；黄河河水即 6 号样的$^{87}Sr/^{86}Sr$值为 0.716 8，高于砷中毒区潜水中的比值而低于矿田水的比值；砷中毒区范围的比值由上游向下游由高逐渐向低变化。铅同位素比值($^{206}Pb/^{204}Pb$、$^{207}Pb/^{208}Pb$)在该区也出现类似现象。矿田水的比值代表了上游补给区溶有有关元素高背景区大量风化物质的水的同位素比值，黄河水的同位素比值可认为是较稳定的，因而砷中毒区潜水中同位素比值的变化是上游补给水和黄河水共同影响的结果(黄河水主要通过高出当地地面河床的河段河水下渗和灌溉引水下渗等途径影响该区地下水的成分)，如图 2-17 所示。在上述表 2-22、图 2-17 中最明显的是 Sr 同位素的变化规律，Pb 同位素的变化较之 Sr 同位素而言，规律不太明显，可能有成因方面的其他因素(诸如大气沉降 Pb 的参与等)在起作用，这是一个有待进一步研究的课题。

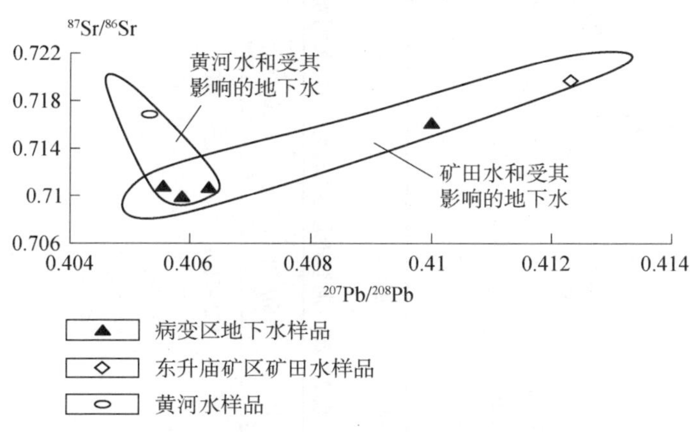

图 2-17 河套地区潜水中$^{87}Sr/^{86}Sr$相对于$^{207}Pb/^{208}Pb$的相关变化关系

如表 2-22 所示，潜水中 As、Sb、Cd、Cu、Pb、Zn 的含量自矿区向下游(1 号样～5 号样)具有逐渐降低的变化趋势，与$^{87}Sr/^{86}Sr$、$^{206}Pb/^{204}Pb$的变化规律具明显的正相关关系，如图 2-18、图 2-19 所示。相应样点上土壤中的 As、Sb、Cd、Cu、Pb、Zn 含量与潜水中的含量亦明显相关，如图 2-20 所示。

表 2-22　河套地区土壤、地下水中 Pb、Sr 同位素以及痕量金属元素含量特征(含量单位:mg/kg)

样品号	$^{206}Pb/^{204}Pb$	$^{207}Pb/^{204}Pb$	$^{207}Pb/^{208}Pb$	$^{206}Pb/^{207}Pb$	$^{87}Sr/^{86}Sr$	As	Sb	Cd	Cu	Pb	Zn
W1	19.194 0	15.959 4	0.412 3	1.202 8	0.719 6	0.251 0	0.006 4	0.005 0	0.053 0	0.047 0	0.069 0
W2	19.192 7	15.957 8	0.414 7	1.202 7	0.719 4	0.236 0	0.005 2	0.004 0	0.021 0	0.026 0	0.049 0
W3	19.187 1	15.772 5	0.405 6	1.216 5	0.710 9	0.230 0	0.005 0	0.004 0	0.003 0	0.022 0	0.053 0
W4	18.532 1	15.952 2	0.406 4	1.161 7	0.710 8	0.004 0	0.003 0	0.002 0	0.015 0	0.007 0	0.038 0
W5	18.381 7	15.758 1	0.405 9	1.166 5	0.710 0	0.005 0	0.003 0	0.002 0	0.012 0	0.006 0	0.042 0
W6	18.349 5	15.596 9	0.405 4	1.176 5	0.716 8	0.003 0	0.002 0	0.002 0	0.014 0	0.007 0	0.037 0
S2	18.262 6	15.536 9	0.405 1	1.175 4	0.718 1	15.000 0	0.600 0	0.180 0	37.000 0	26.000 0	75.000 0
S3	18.645 0	15.587 3	0.402 4	1.196 2	0.715 2	12.000 0	1.700 0	0.100 0	27.000 0	23.000 0	63.000 0
S4	18.669 1	15.659 5	0.403 0	1.192 2	0.715 0	13.000 0	1.100 0	0.090 0	22.000 0	23.000 0	61.000 0
S5	18.572 2	15.664 0	0.403 9	1.185 7	0.715 4	6.100 0	0.500 0	0.060 0	10.000 0	15.000 0	41.000 0

注:W1~W5 为地下水样品代号,S2~S5 为土壤样代号(参见图 2-9)。

表 2-23　河套地区土壤、地下水、黄河水 Sr、Pb 同位素分析精度

样品号	$^{206}Pb/^{204}Pb$	2σ	$^{207}Pb/^{204}Pb$	2σ	$^{208}Pb/^{204}Pb$	2σ	$^{87}Sr/^{86}Sr$	2σ
W1	19.194 0	±0.081 4	15.959 4	±0.070	38.699 0	±0.169	0.719 6	±58
W2	19.192 7	±0.080	15.957 8	±0.079	35.195 0	±0.187	0.719 4	±88
W3	19.187 1	±0.195	15.772 5	±0.17	38.891 0	±0.41	0.710 9	±50
W4	18.532 1	±0.221	15.952 2	±0.19	39.254 0	±0.472	0.710 8	±45
W5	18.381 7	±0.15	15.758 1	±0.129	38.825 0	±0.318	0.710 0	±64
W6	18.349 5	±0.071	15.596 9	±0.061	38.417 0	±0.15	0.716 8	±78
S2	18.262 6	±0.05	15.536 9	±0.043	38.352 0	±0.108	0.718 1	±45
S3	18.645 0	±0.035	15.587 3	±0.029	38.732 0	±0.073	0.715 2	±28
S4	18.669 1	±0.036	15.659 5	±0.031	38.855 0	±0.078	0.715 0	±36
S5	18.572 2	±0.078	15.664 0	±0.067	38.784 0	±0.165	0.715 4	±33

注:表中 W1~W5 为地下水样样号,W6 为黄河水样样号;S2~S5 为土壤样样号。

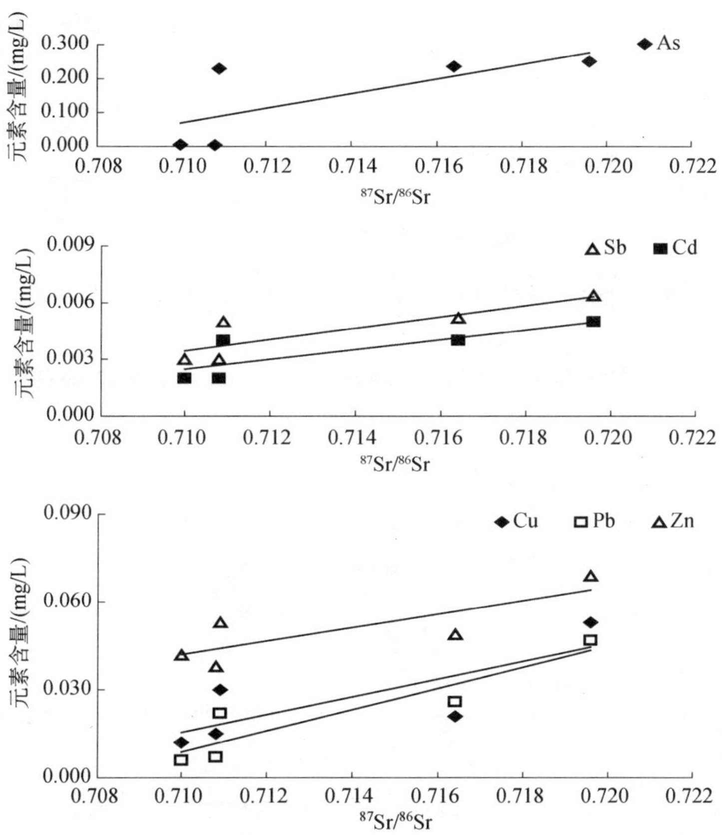

图 2-18　河套地区潜水中$^{87}Sr/^{86}Sr$与 As、Cd、Sb、Cu、Pb 和 Zn 的相关性

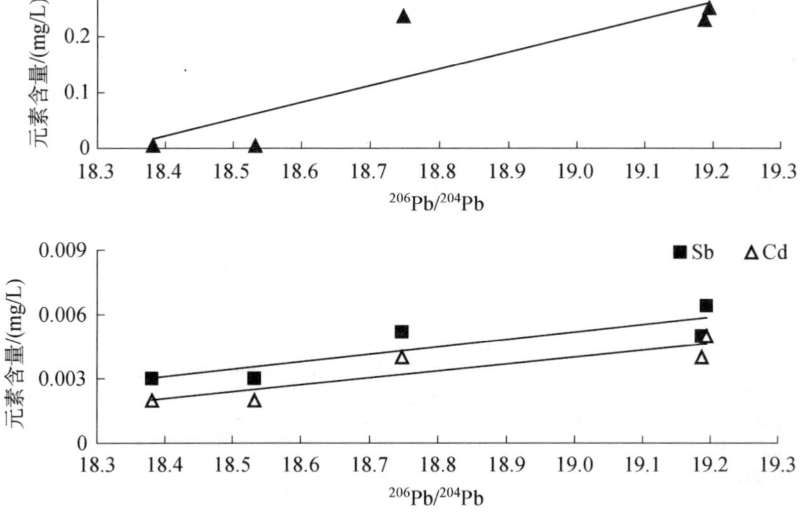

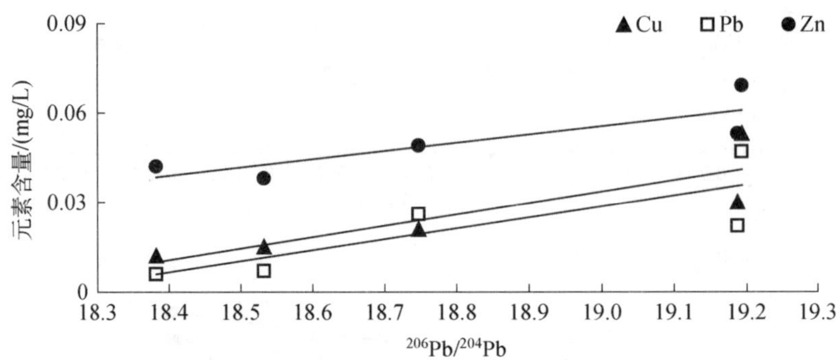

图 2-19 河套地区潜水中$^{206}Pb/^{204}Pb$与 As、Cd、Sb、Cu、Pb 和 Zn 的相关性

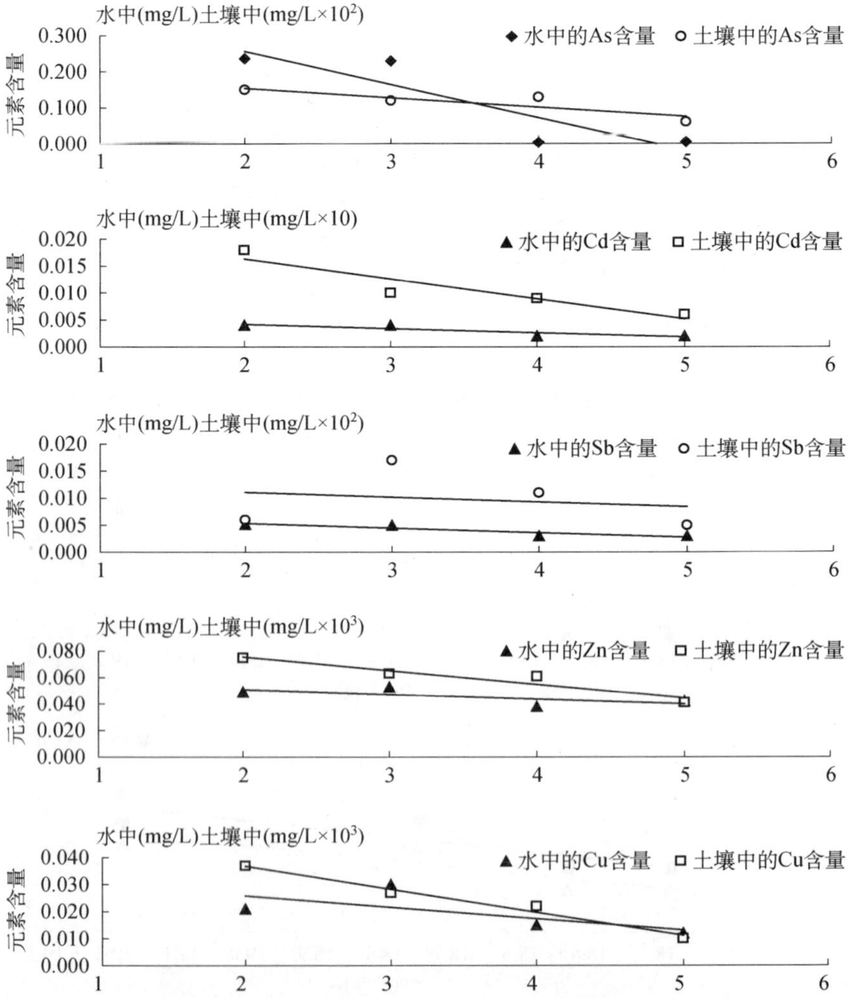

图 2-20 河套地区 As、Cd 等痕量金属元素在潜水中含量与土壤中含量的相关性

2.5.3　土壤、地下水中 Pb、Sr 同位素数据的环境意义讨论

据 Faure、沈渭洲等人的研究[66,67]，只有当汇水盆地的地质特征发生变化(即物质来源发生变化)时，沉积物中矿物的和孔隙水的$^{87}Sr/^{86}Sr$才会发生变化。Stille Peter 等人的研究[68]表明，沉积物孔隙水的同位素组成和 Sr 浓度是来自先前矿物成分风化作用产生的各个流体相相互混合的结果。由此看来，河套地区土壤、地下水中用 Sr 同位素进行上游污染物质的示踪研究的前提条件是存在的。首先，上述情况表明该区自沉积盆地形成以来未经历过突发性物质成分叠加混合的地质事件，沉积环境、演化历史较稳定，沉积物成土过程基本一致，成分均匀，其 Sr 同位素组成若无外源 Sr 的加入$^{87}Sr/^{86}Sr$应随时间趋于降低；第二，河套地区沉积物孔隙水(潜水)中的$^{87}Sr/^{86}Sr$在上述地质背景条件下，若无外源 Sr 加入其在不同空间位置上应较为一致和稳定；第三，河套地区的水文地质特征是北缘(上游)阴山山脉是区域地下水补给区，山前倾斜平原是径流区，南缘冲湖积平原为排泄区。最南端为黄河干流，由于泥沙淤积，黄河河床已高于其北岸平原区地面，该区大量的黄河河水及渠引灌溉水也都向河套地区南缘冲湖积平原排泄区下渗排泄[1]。因而，河套地区南缘冲湖积平原地下水排泄区是不同来源地下水及其所携带物质的交汇带。据此，北缘上游物质随地下水向下游迁移必定会留下其踪迹，土壤、地下水中的同位素特征必定会对这种迁移留下显示记录。

综合分析上述同位素数据间存在的关系、同位素数据与相应 As 等痕量金属元素含量间存在的关系及 As 等痕量金属元素分别在潜水中与土壤中含量间存在的关系等几种情况，从中可归纳出如下两点认识：

(a) 河套地区 18～25 m 深度间潜水成分受到了上游地表水中成分的混染，混染程度据远离上游的距离逐渐变弱，上游富含痕量金属元素地质体的风化作用和潜水的自然径流是这种混染的可能机制。

(b) 河套地区潜水中、土壤中 As 等痕量金属元素含量特征是上游有关元素高背景区风化物质随潜水迁移的结果。这些来自物质记录的客观证据是对河套地区土壤、地下水中有关元素含量变化受上游成分影响事实的揭示。

2.6　痕量金属元素在区域性土壤、地下水中的分布特征、环境效应、演化趋势讨论

2.6.1　痕量金属元素在土壤、地下水中含量分布的关联性

河套地区土壤、地下水中 As 等痕量金属含量变化沿水流方向体现出了总体一致的变化规律。土壤作为地表生物、水、气、岩石交换作用界面，既参与作用又是媒

介角色。在地球化学循环过程中，上述介质中的元素几乎都有与土壤作用的机会和条件。土壤中的物质迁移，水是其最基本的传输媒介。在迁移过程中，应包括水对迁移物质的溶解、进入土壤后与土壤的作用、部分物质被土壤持留、仍然以溶解态存在于溶液中的物质随溶液的继续迁移几个基本环节。如果土壤中的物质成分在不同空间位置都是均匀恒定，由水的运动引起土壤中被水携带物质含量的变化应该与土壤中的含量存在一定的关联关系。特别是沿水的运动路径会存在相关规律。上述情况是简化了过程的推理，自然界的实际情况往往要比这些复杂得多。其中，最重要的是土壤的情况很少是均一的，如成分、物理化学条件等等。而这些因素都有可能引起对水携带物质的作用差异，进而导致水中、土壤中迁移物质成分的不规律现象。但总体上的规律性在样品足够多情况下是能够有一定程度体现的，大量研究案例揭示的事实也说明了这一点。

2.6.2 痕量金属土壤、地下水污染环境效应体现特征的关联与区别

痕量金属在土壤中、水中的含量及变化，从地球化学物质循环角度即是物质运动过程中一个问题在不同侧面的体现。结合痕量金属形态属性，可交换态部分是可随水迁移的离子态物质，由于土壤与地下水是不同的介质，其自然属性的差异必然引起在上述物质循环过程中物质在不同属性物相间的选择，是可能导致痕量金属元素在土壤与水中含量不尽相同现象的原因。

2.6.3 研究区痕量金属污染的演化趋势与影响因素

上述事实表明，河套地区地下水中 As 等痕量金属含量高导致当地人群中毒与上游介质中这些元素的高背景含量以及随地下水迁移有关。是上游某些痕量金属元素向下游土壤、地下水中随着潜水流动不断地移动叠加，最终引起人群中毒。这一问题中，除了与源有关外，还有来自上游叠加的痕量金属元素与当时介质的作用问题，包括作用体系的物理化学条件、介质特征、地下水流量等等。这方面有较多的研究工作，特别是在典型 As 污染区，如孟加拉国、印度、越南、我国的台湾、新疆等地域。

主要参考文献

[1] 李树范，李浩基. 内蒙古河套地区地方性砷中毒地质环境特征与成因探讨[J]. 内蒙古地方病防治研究，1994，19：1－3.

[2] 中国科学院南京土壤研究所. 中国土壤[M]. 北京：科学出版社，1980.

[3] 张辉. K－48－24、K－48－30、K－49－19、K－49－25、K－49－31 等幅 1/200 000 地球化学图说明书[M]. 呼和浩特，内蒙古地矿局出版，1991：56－74.

[4] Bowen H. Environmental chemistry of the elements [M]. London: Academic Press, 1979:1 - 316.

[5] Muller G. Index of geoaccumulation in sediments of the Rhine Rive [J]. Geo Journal, 1969,2(3):108 - 118.

[6] Tessier A, Campbell P. G. C., Bisson M. Sequential extraction procedure for the speciation of particulate trace metal [J]. Analytical Chemistry, 1979,51(7):844 - 851.

[7] Tessier A, Fortin D., Belzile N., et al.. Metal sorption to diagenetic iron and manganese oxyhydroxides and associated organic matter: Narrowing the gap between field and laboratory measurements [J]. Geochimica et Cosmochimica Acta, 1996,60(3): 387 - 404.

[8] Gleb P., Robert G., Jacques S., et al.. Thermodynamic properties and stoichiometry of As, hydroxide complexes at hydrothermal conditions [J]. Geochimica et Cosmochimica Acta, 1996,60(5):737 - 749.

[9] Ure A. M., Quevauviller P., Muntau H., et al.. Speciation of heavy metals in soils and sediments. An account of the improvement and harmonization of extraction techniques undertaken under the auspices of the BCR of the commission of the European Communities [J]. Intern. J Environ Anal Chem, 1993,51:135 - 151.

[10] Forstner U. Metal speciation-general concepts and applications [J]. Intern. J Environ Anal Chem, 1993,51:5 - 23.

[11] Lopez-Sanchez J. F., Rubio R., Rauret G. Comparison of two sequential extraction procedures for trace metal partitioning in sediments [J]. Intern. J Environ Anal Chem, 1993,51:113 - 121.

[12] Salomons W. Adoption of common schemes for single and sequential extractions of trace metal in soils and sediments [J]. Intern J Environ Anal Chem, 1993,51:3 - 4.

[13] Gomez Ariza J. L., Giraldez I., Sanchez-Rodas D., et al.. Comparison of the feasibility of three extraction procedures for trace metal partitioning in sediments from southwest Spain [J]. The Science of the Total Environment, 2000,246:271 - 283.

[14] 党志,刘丛强,尚爱安. 矿区土壤中重金属活动性评估方法的研究进展[J]. 地球科学进展,2001,16(1):86 - 92.

[15] 武克恭,马恒之,于广军. 地方性砷中毒人群剂量反应关系探讨[J]. 内蒙古地方病防治研究,1994,19(1):52 - 54.

[16] 内蒙古地方病防治研究所. 内蒙古自治区地方性砷中毒病区判定及分类标准[J]. 中国地方病学杂志,地方性砷中毒论文专辑,1995,58.

[17] Balakumar P., Kaur J. Arsenic exposure and cardiovascular disorders: an overview [J]. Cardiovasc Toxicol, 2009,9:169 - 176.

[18] Nicolis E., Curis P., Deschamps S., Benazeth. Arsenite medicinal use, metabolism, pharmacokinetics and monitoring in human hair [J]. Biochimie, 2009,91:1260 - 1267.

[19] Yáñez J., Fierro V., Mansilla H., et al.. Arsenic speciation in human hair: a new perspective for epidemiological assessment in chronic arsenicism [J]. J Environ Monitor, 2005,7:1335 - 1341.

[20] Kempson I. M., Henry D. A. Determination of Arsenic Poisoning and Metabolism in Hair by Synchrotron Radiation: The Case of Phar Lap [J]. Angewandte Chemie, 2010,49:4237 - 4240.

[21] Valkovic V. Human Hair: Trace-Element Levels, CRC Pr [M]. Boca Raton: Fla, 1988.

[22] Tomic S., Lakatos J., Valkovic V. Analysis of trace elements in hair of pregnant women using XRF spectrometry [J]. X-Ray Spectrom, 1989,18:73 - 76.

[23] Toribara T. Y. Analysis of single hair by XRF discloses mercury intake [J]. Hum Exp Toxicol, 2001,20:185 - 188.

[24] Chevallier P., Ricordel I., Meyer G. Trace element determination in hair by synchrotron X-ray fluorescence analysis: application to the hair of Napoleon I [J]. X-Ray Spectrom, 2006,35:125 - 130.

[25] Kempson I. M., Skinner W. M., Kirkbride K. The occurrence and incorporation of copper and zinc in hair and their potential role as bioindicators: a review [J]. J Toxicol Environ Health B Crit Rev, 2007,10:611 - 622.

[26] Raab A., Feldmann J. Arsenic speciation in hair extracts [J]. Anal Bioanal Chem, 2005,381:332 - 338.

[27] Miyazawa N., Uematsu T. Analysis of ofloxacin in hair as a measure of hair growth and as a time marker for hair analysis [J]. Ther Drug Monit, 1992, 14: 525 - 528.

[28] Cookson J. A., Pilling F. D. Trace element distributions across the diameter of human hair [J]. Phys Med Biol, 1975,20:1015 - 1020.

[29] Al-Delaimy W. K. Hair as a biomarker for exposure to tobacco smoke [J]. Tob Control, 2002,11:176 - 182.

[30] Hindmarsh J. T. Caveats in hair analysis in chronic arsenic poisoning [J]. Clin Biochem, 2002,35:1 - 11.

[31] Kim Yeongkyoo, Cygan R. T., Kirkpatrick R J. 133Cs NMR and Xps investigation of cesium adsorbed on clay minerals and related phases [J]. Geochimica et Cosmochimica Acta, 1996,60(6):1041 - 1052.

[32] Sikarwar S. S., Guha S., Singh K. N. Environmental pollution control through geo—botanical means—a case study of Manikpur block, Korba coalfield, M. P., India [J]. Environmental Geology, 1999,38(3):229 - 232.

[33] Thornton I. Applied Environmental Geochemistry[M]. London: Academic Press, 1983.

[34] 张辉. 土壤环境学实验教程[M]. 上海:上海交通大学出版社,2009.

[35] 张辉. 土壤环境学[M]. 北京：化学工业出版社，2006.

[36] Pugh C. E. , Hossner L. R. , Dixon J. B. Oxidation rate of iron sulfides as affected by surface area, morphology, oxygen concentration and autotrophic bacteria [J]. Soil Science, 1984,137:309 - 314.

[37] Regina N. T. , Lisa A. S. , Paul L. , et al.. Geochemical modeling approach to predicting arsenic concentration in a mine pit lake [J]. Applied Geochemistry, 2000,15:475 - 492.

[38] Zhang H. , Ma D. , Hu X. Arsenic pollution in groundwater from Hetao Area, China [J]. Environmental Geology, 2002,41(6):638 - 643.

[39] Safiuddin M. , Zhang H. , et al. Aquatic arsenic toxicity and treatment [M]. Murphy T. and Guo J. eds. , Leiden, The Netherlands: Backhuys Publishers, 2003.

[40] Valentine J. L. , He S. Y. , Reisbord L. S. Health response by questionnaire in arsenic exposed populations [J]. J Clin Epidemiol, 1992,45(5):487 - 494.

[41] Wu M. M. , Kuo T. C. , Hwang Y. H. Dose-response relation between arsenic concentration in well water and mortality from cancers and vascular diseases [J]. Amm J Epidemiol, 1989,130:1123 - 1132.

[42] Zhang H. Heavy-metal pollution and arseniasis in Hetao Region, China [J]. AMBIO, 2004,33(3):138 - 140.

[43] Fendorf S. , Michael H. A. , Geen A. V. Spatial and temporal variations of groundwater arsenic in south and southeast Asia [J]. Science, 2010,328:1123 - 1127.

[44] Siegel D. I. , Bickford M. E. , Orell S. E. The use of strontium and lead isotopes to identify sources of water beneath the Fresh Kills landfill, Staten Island. New York, USA [J]. Applied Geochemistry, 2000,15:493 - 500.

[45] Karine Deboudt, Pascal Flament, Dominique Weis, et al.. Assessment of pollution aerosols sources above the Straits of Dover using lead isotope geochemistry [J]. The Science of the Total Environment, 1999,236:57 - 74.

[46] Zhu B. Q. , Chen Y. W. , Peng J. H. Lead isotope geochemistry of the urban environment in the Pearl River Delta [J]. Applied geochemistry, 2001,16:409 - 417.

[47] John L. Adgate, George GRhoads, Paul J Lioy. The use of isotope ratios to apportion sources of lead in Jersey City, NJ, house dust wipe sample [J]. The Science of Total Environment, 1998,221:171 - 180.

[48] Simone Tommasini, Gareth R. D. , Tim Elliott. Lead isotope composition of tree rings as bio-geochemical tracers of heavy metal pollution: a reconnaissance study from Firenze, Italy [J]. Applied Geochemistry, 2000,15:891 - 900.

[49] Iyer S. S. , Babinski M. , Marinho M. M. , et al.. Lead isotope evidence for recent uranium mobility in geological formations of Brazil: Implications for radioactive waste disposal [J]. Applied Geochemistry, 1999,14:197 - 221.

[50] Steven C. A. , Neil C. S. Strontium isotopic evidence on the chemical evolution of pore waters in the Milk River Aquifer, Alberta, Canada [J]. Applied Geochemistry, 1998, 13(4):463 - 475.

[51] MaryLynn Musgrove, Jay L Banner. Regional Ground-Water Mixing and the origin of Saline Fluids: Midcontinent, Unite States [J]. Science, 1993,259:1877 - 1881.

[52] Thomas M. Johnson, Donald J. D. Interpretation of isotopic data in groundwater-rock systems: Model development and application to Sr isotope data from Yucca Mountain [J]. Water Resources Research, 1994,30(5):1571 - 1587.

[53] Thomas D. J. , Waters S. B. , Styblo M. Elucidating the pathway for arsenic methylation [J]. Toxicol Appl Pharmacol, 2004,198:319 - 326.

[54] Partrick J Phillips, Eurybiades Busenberg. The use of simulation and multiple environmental tracers to quantify groundwater flow in a shallow aquifer [J]. Water Resource Research, 1994,30(2):421 - 433.

[55] Solomon D. K. , Sudicky E. A. Tritium and helium 3 isotope ratios for direct estimation of spatial variations in groundwater recharge [J]. Water resources Research, 1991,27(9):2309 - 2319.

[56] Thomas D. B. , David P. K. , Carol K. Kinetic and mineralogic controls on the evolution of groundwater chemistry and $^{87}Sr/^{86}Sr$ in a sandy silicate aquifer, northern Wisconsin, USA [J]. Geochimica et Cosmochimica Acta, 1996,60(10):1807 - 1821.

[57] Margaret E. F. , Thornton I. , Kavanagh P. Exposure to high Arsenic contaminations in SW England. Book of the Abstracts of 30th International Geological Congress[C], Beijing, 1996,3:50.

[58] Apambire W. B. , Boyle D. R. , Michel F. A. Geochemistry, genesis, and health implications of fluoriferous groundwaters in the upper regions of Ghana [J]. Environmental Geology, 1997,33:13 - 24.

[59] Carrillo A, Drever J. I. Adsorption of arsenic by natural aquifer material in the San Antomio-EI Triunfo mining area, Baja California, Mexico [J]. Environmental Geology, 1998,35:251 - 257.

[60] Schreck P. Environmental impact of uncontrolled waste disposal in mining and industrial areas in Certral Germany [J]. Environmental Geology, 1998,35:66 - 72.

[61] Nickson R. T. , McArthur J. M. , Ravenscroft P, et al. Mechanism of arsenic release to groundwater, Bangladesh and West Bengal [J]. Applied Geochemistry, 2000,15, 403 - 413.

[62] Zhang H. Arsenic movement and traces in the groundwater from the Hetao Area, Inner Mongolia [J]. Environmental Earth Sciences, 2013,69:2127 - 2128.

[63] Zhang H. Erratum to: Arsenic movement and traces in the groundwater from the Hetao Area, Inner Mongolia [J]. Environmental Earth Sciences, 2013, 69: 2127 -

2128.

[64] Deng Y., Wang Y., Ma T. Isotope and minor element geochemistry of high arsenic groundwater from Hangjinhouqi, the Hetao Plain, Inner Mongolia [J]. Appl Geochem, 2009,24:587 - 599.

[65] Nickson R., John M., William B., et al.. Arsenic poisoning of Bangladesh groundwater [J]. Nature, 1998,395:338.

[66] Faure Guniter. Principles and applications of Geochemistry [M]. Upper saddle River, New Jersey: Prentice Hall, 1998.

[67] 沈渭洲. 同位素地质学教程:锶和铷的地球化学[M]. 北京:原子能出版社,1997.

[68] Stille Peter, Graham Shields. Radiogenic Isotpe Geochemistry of Sedimentary and Aquatic Systems [M]. Berlin Heidelberg: Springer-Verlag, 1997.

第 3 章　城市痕量金属污染
——中国上海、南京地区

本章讨论了城市痕量金属的环境行为及污染问题。分别对上海，南京地区的具体案例进行了解剖研究和分析讨论。包括城市河流，湖泊，公路，工厂，垃圾场，大气环境等单元。

来自城市河流，湖泊等水环境单元的案例包括上海苏州河痕量金属污染，黄浦江痕量金属污染，淀山湖痕量金属污染和长江南京段痕量金属污染。来自城市公路，工厂，垃圾场等土壤环境单元的案例包括宁—杭公路南京段痕量金属污染，南京铁合金厂痕量金属污染和南京水阁垃圾场痕量金属污染。来自城市大气环境单元的案例为南京市大气环境痕量金属污染。

包含如下内容：

(a) 上海苏州河污染研究中，重点研究讨论了河水、悬浮物和沉积物中痕量金属(Pb、Cd、As、Hg、Zn)的含量，形态问题。对痕量金属在苏州河水系统中的行为进行了讨论，对痕量金属在苏州河的污染和演化趋势进行了分析评价，对污染的成因及影响因素进行了论证；基于实验数据指出了苏州河在 Zn、Hg、Cd 生态风险方面存在潜在隐患，提出了苏州河水体系中痕量金属 Zn、Cu、Hg 含量显著高于国内及世界发达国家城市河流的含量水平的警示意见以及痕量金属在苏州河水系统中的迁移累积行为数据。对沉积物中多氯联苯(PCBs)的含量水平进行了初步调查评价，指出其含量水平与痕量金属的情况类似，有随时间增加的发展趋势。

(b) 上海黄浦江污染研究中，重点研究讨论了污染物在江水及沉积物中的分布、成因和演化等问题。对 Cu、Pb、Hg、Cd、Cr 以及多环芳烃(PAHs)在水系统中的含量变化与人类生活、生产排放的相关关系进行了分析论证，对其成因和演化趋势进行了讨论；对水系统(江水、沉积物)中总有机碳(TOC)、化学需氧量(COD)的变化趋势结合排入江水的金属量数据进行了分析对比，在实验数据和与世界同类河流比较基础上，证明了上海环境保护措施对黄浦江水质变化中痕量金属含量得到有效控制的实际作用，指出了在当前黄浦江水质变化中日常生活排污对其的重要影响以及有机污染呈明显上升发展势头的事实。

(c) 上海淀山湖污染研究中，重点研究讨论了淀山湖沉积物中痕量金属(Cu、

Cd、Cr、Pb、Hg、As)、氮(N)、磷(P)、总有机碳(TOC)和有机氯农药(OCPs/DDTs, HCHs)的环境行为与污染现状。在对其各自成因分析讨论基础上,揭示了在上述各类污染物间明显存在的时空耦合关系,证实了淀山湖痕量金属的主要来源是人类的生产、生活活动,氮、磷、有机碳和有机氯农药等与痕量金属在淀山湖沉积物中含量变化的耦合关系是人为活动对自然环境影响的客观记录,这些物质的非正常输入已对自然界水、沉积物乃至其中的生物间的正常物质交换循环形成了干扰。基于大量实验数据和对国内外资料的分析对比,指出了作为上海重要水源的淀山湖水系统其痕量金属、N、P等污染物质循环情况在自然条件发生变化情况下可能存在的生态风险及其生态环境质量的脆弱性,强调了其潜在环境隐患是非常值得重视和需要采取有力措施应对的环境保护任务。

(d) 长江南京段痕量金属污染研究中重点研究讨论了沉积物中痕量金属(V、Cr、Mn、Pb、Co、Ni、Cu、Zn、Sb、As、Cd)的含量分布及形态特征。揭示了痕量金属有效态含量与叠加含量间存在较明显的正相关关系、在长江沉积物痕量金属叠加含量中其有效态部分可能是重要贡献者的事实。目前在研究区段痕量金属的生态风险尚较小,而与日俱增的含量叠加势头是该区段非常值得警醒的环境现象。

(e) 宁—杭公路南京段痕量金属污染研究中,重点研究讨论了该区段土壤中痕量金属元素(V、Cr、Mn、Pb、Co、Ni、Cu、Zn、Sb、As、Cd)受公路影响的分布特征,对其沿垂直公路延伸方向剖面线上的含量变化和形态特征结合汽车燃料、轮胎中痕量金属含量以及车流特点进行了分析论证,提出公路因素对土壤体系痕量金属污染的空间影响极限与公路污染金属形态分布特征的成因机制,并讨论了其在污染识别中的意义。

(f) 南京铁合金厂痕量金属污染研究中,重点研究讨论了该厂区痕量金属(V、Cr、Mn、Pb、Co、Ni、Cu、Zn、Sb、As、Cd)的污染与形态问题。对厂区痕量金属分布特征的影响范围、成因机制和制约因素进行了解剖研究,对污染进行了识别评价。提出了工厂痕量金属污染在空间上的可能影响范围与因素,揭示了由以热过程为主要生产工艺工厂形成的痕量金属污染的金属形态分布规律,给出了工厂痕量金属污染治理中的重点方向建议。

(g) 南京水阁垃圾场痕量金属污染研究中,重点研究讨论了城市垃圾场痕量金属(V、Cr、Mn、Pb、Co、Ni、Cu、Zn、Sb、As、Cd)在垃圾以及垃圾场土壤系统中的分布特征、行为规律和污染状况。提出了城市生活垃圾在自然因素作用下向环境的痕量金属释放潜力参量,指出了城市生活垃圾痕量金属污染的形态含量特点和对土壤、地下水生态系统的潜在生态风险。

(h) 南京市大气环境痕量金属污染研究中,重点研究讨论了城市大气颗粒物中金属元素(Al、Ca、V、Cr、Mn、Fe、Co、Ni、Cu、Zn、Ba和Pb)在不同城市功能单元大气颗粒物中的分布特征。在对颗粒物物相、形貌、成分和其中的金属形态研究基础上,归纳出了城市生产型分区(大型工业企业集中分布区)、非生产型日常活动分区(政府机关、文教部门、住宅小区等)、市井型分区(休闲、娱乐、购物等大型商业、消费服务机构、小型商业摊点)排放源的各自成分、结构特征;结合形态分析数据和不同粒级颗粒中金属含量特征,分析论证了痕量金属在大气颗粒物中的聚集规律、成因联系与影响因素,揭示了痕量金属元素主要聚集在细颗粒中、常量金属元素主要聚集在较粗颗粒中的事实,提出城市大气颗粒物对地面环境痕量金属污染与远程影响贡献有关参量并指出了其重要意义;发现了城市大气颗粒物中可能存在微量金属元素富集的某种粒度界限这一需要进一步深入研究的问题。

3.1 城市河流痕量金属污染

3.1.1 上海苏州河痕量金属污染

3.1.1.1 概况

苏州河发源于太湖瓜泾口,流域位于江苏省东南和上海市境内。东经江苏昆山等地,于青浦区赵屯附近进入上海市境内。穿过嘉定、闵行、普陀、长宁、静安、闸北、虹口和黄浦八区,在外白渡桥附近汇入黄浦江。河道全长 125 km,上海境内长 53.1 km,市区段(华漕港以下)长 23.8 km,平均宽约 70～80 m,是黄浦江最大支流。整个地形北高南低,主要入汇支流多分布在苏州河北侧。上海市境内与苏州河北岸交汇的主要河流有顾浦河、蕴藻浜、盐铁塘、封浜、新搓浦、桃浦河、彭越浦等。与苏州河南岸交汇的主要河流有西大盈、油墩港(接东大盈老河)、新通波塘、盐仓浦、蟠龙塘、新泾港等。

苏州河流域地势低平,比降较小,河道蜿蜒曲折,水流缓慢。泥沙和入江污染物受潮汐顶托,容易沉淀使河道淤浅。河水难以外泄,低地易遭水灾。其最大退潮流速约 0.58 m/s,由北新泾入江污水约需五六天才能东流 17 km 到外白渡桥入黄浦江。一般水深约 2 m,流速、含沙量和水深都小于黄浦江。苏州河穿越上海市区中心,为中等赶潮河流,潮型属于浅海河口不规则半日潮,平均 24 小时 50 分内有不等的两个高潮位和两个低潮位。一般夏季夜潮大于日潮,冬季日潮大于夜潮。目前,苏州河具有引排水、通航、灌溉等多种水体功能。苏州河在抗洪排涝方面的作用极其重要,河道上设置的水闸根据泄洪需求作调度,并因此影响苏州河水体的水力行为。苏州河目前又是生产和生活污水的主要受纳水体,每天接纳约 70 万 t 的工业废水和 46.7 万 t 的生活污水,河流污染主要由此引起。

1949 年新中国成立以来,上海由原来的多功能城市逐步转变为单一的工业中心城市,在苏州河沿岸及其支流上相继兴建了北新泾、彭浦、桃浦、安亭等新工业区,两岸工业厂房更加林立密布。到 20 世纪 80 年代末期,苏州河市区河段两岸居民增到 300 余万人，人口密度超过 15 000 人/km²。2000 年底，苏州河沿岸区域人口总数已达到 557.86 万人，共有 93 个街道（乡、镇）。属于城区的普陀、长宁、静安、闸北、虹口和黄浦都是人口高密集地区，平均人口密度都在 15 000 人/km² 以上，最高的黄浦区达到 53 326 人/km²。这种高密度的人口分布，对苏州河的水体环境造成了巨大压力。就经济结构而言，苏州河下游沿岸是上海市区重要的工业集中分布区，整个区域有工厂企业 7 836 家。尤其是闸北、普陀和长宁区，其工业主要集中分布在苏州河沿岸，其中有许多规模较大的骨干企业在上海经济发展中占有重要地位。同时，这些企业又是苏州河重要的污染源。在市郊的嘉定、青浦、闵行三个区，除了市属和区属企业外，还发展了众多乡镇企业和联营企业。此外，苏州河沿岸还分布着较多的服务性机构，包括餐馆和旅馆 918 家、医院和卫生院 69 家等。

近年，伴随着上海市经济增长方式和产业结构发生重大转变调整，苏州河沿岸的产业结构也发生了明显的变化。尤其是中心城区的黄浦区和静安区表现突出，从西藏北路到入黄浦江的河口段，苏州河沿岸已经形成了比较明显的金融贸易发展区。西藏北路至天目西路、长寿路段，已发展成商业区。在这两个区域内，原有的第二产业（主要是工业企业）被迁移到其他区域，而金融、贸易和商业等第三产业得到迅速发展。但天目路以西至北新泾段沿岸地区，产业结构变化并不十分显著，这与普陀、长宁、闸北等区原来工业即较为集中有关。

苏州河水质原本非常清澈，早期被称之为吴淞江的苏州河是水产品种繁多、渔业兴盛之地。从 1920 年起，随着上海城市规模的迅速扩大，大量工业废水和生活污水不经处理直接排入，导致苏州河水质不断恶化。1949 年后，在吴淞江畔及其支流上兴建北新泾、彭浦、桃浦、安亭等工业区，市区的苏州河两岸居民增至 300 万，住宅与工厂房屋密集，化工、印染、棉纺、造纸、制革、食品和制药等行业兴起，汇入苏州河的生活污水、工业废水、农药和化肥量逐渐增加。在污水工程实施以前，排入苏州河的污水量约占全市污水总量的 25%～30%。由于污染源逐年增加，水质污染日趋严重，污染范围也逐渐上溯、扩大。1978 年以后，苏州河在上海境内全部遭受污染，市区段水质远劣于国家地面水 V 类标准，终年黑臭。从空间分布看，苏州河污染呈现从上游向下游逐渐加重的趋势，特别是进入城区之后，自华漕断面起，污染程度明显加重，以武宁路桥和北新泾断面最为突出。自 1996 年起，上海市政府为了改善上海市水环境质量，消除苏州河水体的多年黑臭现象，陆续开展了苏州河水环境综合整治工作。经过一系列综合整治工程，沿程点污染源得到了有效控制，苏州河下游市区段的水污染状况得到了明显改善，水质指标控制在了国家地面水标准Ⅳ类水的限值范围之内。

3.1.1.2　样品及分析测试

1) 取样及处理

在苏州河市区段沿程选取具有代表性的 6 个采样点，分别为江南造纸厂、上海油脂厂、彭越浦河、中华新路桥、乌镇路桥和外白渡桥，如图 3-1 所示。

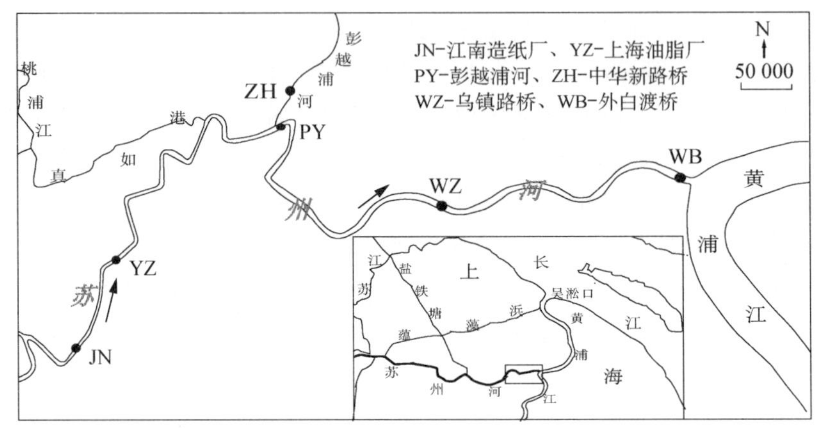

图 3-1　苏州河采样位置图

江南造纸厂和上海油脂厂位于曹家渡武宁路附近，江南造纸厂始建于 1925 年，为上海造纸业大型骨干企业，目前主要从事铜版纸生产，取样时该厂正处于停业整顿阶段。上海油脂二厂始建于 1902 年，是我国食品专用油脂行业中规模最大、技术领先的供应商之一。该区域曾经是上海市主要的工业生产区，集中了上海众多重工业厂家，其生产污染可反映苏州河污染状况的总体特征；彭越浦河和中华新路桥位于苏州河同其支流彭越浦河的交界处，苏州河支流对苏州河污染有重要影响，彭越浦河是污染较严重的一条支流，这两处采样点可以反映出支流对苏州河的污染；乌镇路桥采样点位于下游商业仓储区，是商贸交通比较集中的地段，可反映第三产业对河流的污染；外白渡桥采样点距离苏州河河口较近，可与上游采样点形成对比，并反映苏州河对黄浦江的总体污染[1]。

水样是在退潮时(潮位时间根据上海水文站公布的吴淞口的潮位时间推算)于河流中心线水面下 50 cm 处采取，用聚乙烯桶盛装，现场测定其 pH 值并用 HCl 酸化至±pH2 运回实验室在 4℃下储存备用。沉积物样品分别在河道凸弯处内侧采取，乘船以采样管(PVC 管)插入沉积物将泥样取出，然后将含泥段截下，两端封闭后带回实验室供下步处理。采样工具、容器均用 10%的硝酸溶液浸泡 12 h。采样记录如表 3-1 和表 3-2 所示。

全部样品预处理、实验、痕量金属分析工作都在上海交通大学环境科学与工程学院污染物行为化学实验室完成，PCBs 测定工作在国家海洋局东海环境监测中心完成。

河水样直接用现场采取的原水样或原水样按不同成分特征经过滤处理后供成分分析。

表 3-1　苏州河沉积物采样记录

采样点	采样位置	泥样长/cm	水深/m	泥样外观描述
江南造纸厂	距离北岸 2 m	70	3	以黑色黏土质和细粉砂质为主，上部含水量较高，往下逐渐减少，有明显臭味，下部夹杂有少量木屑、石灰颗粒等杂物
上海油脂厂	距离北岸 4 m	65	2.5	以黑色黏土质和细粉砂质为主，上部含水量较高，往下逐渐减少，有明显臭味
乌镇路桥	桥西侧距离南岸 3 m	30	2	以黑色黏土质和细粉砂质为主，含水量较高
中华新路桥	桥西侧南岸	30	泥床裸露	以黑色黏土质和细粉砂质为主，具有恶臭味，夹杂生活和建筑垃圾颗粒

表 3-2　苏州河水样采样记录

采样点	采样时间	河宽/m	水深/m	pH	采样位置	流速/(m/s)
江南造纸厂	2006.3.11 10:15—11:40	30	1.2	7.2	距离西岸 2m	1.2
上海油脂厂	2006.3.11 11:10—11:30	30	1.5	7.1	距离西岸 4m	1.5
乌镇路桥	2006.3.18 10:00—10:20	55	1	6.75	乌镇路西侧南岸 3m	0.22
外白渡桥	2006.3.18 11:30—11:45	60	1.3	6.82	检测站北岸 6m	0.33
彭越浦河	2006.3.29 18:20—18:45	80	2	7.98	河口下游 100m 北岸	0.5
中华新路桥	2006.3.29 17:20—17:50	18	2—3	7.91	桥中间对应部位	0.3

河水悬浮物处理程序如下：取 20 L 原水样水样经 0.45 μm 滤膜过滤，取 500 mL 滤液酸化储存备测，滤膜上的颗粒物用犀牛角小勺刮下，自然风干(烘干会改变痕量金属固态的分布)后粉碎研磨后过 200 目筛，然后装入牛皮纸袋内置于阴凉处保存备用。河水颗粒物含量测量方法如下：将原水样充分摇匀，取 250 mL 经 0.45 μm 微孔滤膜过滤，滤膜抽滤前后均在低温条件下烘干(至滤膜重量保持不变)并称重，两者之差即为悬浮颗粒物重量。重复 10 次，取其平均值计算处理即为河水中颗粒物含量。

沉积物样处理程序如下：将采集的柱状沉积物以 10 cm 为单位分割成段，自然风干后粉碎研磨后过 200 目筛，然后装入牛皮纸袋内置于阴凉处保存备用。痕量金属 As 和 Hg 消解程序：称粉末样 0.5 g 置于比色管中(25 mL)，加王水(HNO_3 ∶ HCl＝1 ∶ 3)10 mL，加比色管盖置于大烧杯内煮沸 1.0 h，定容(冷却后)为 25 mL (用水稀释定)待测。其他痕量金属元素消解程序：称粉末样 0.5 g 置于 50 mL 聚四氟乙烯烧杯内，加分析纯 HNO_3(不稀释)至满，电热板加热至近干后(间歇晃动以溶下锅壁上渣末)加入 HF 至满,继续加热至干,然后在残渣上加入 HF 至淹没样品并滴入 2～3 滴 $HClO_4$,加热蒸干至冒完白烟为止,然后以 1∶10HCl 定容至 50 mL 待测(定容时加入 5 mL 浓 HCl,然后加入 45 mL H_2O,以完全溶下烧杯内样渣)。

用于 PCB 测定的样品,称量 10 g 样品置于 200 mL 锥形瓶中,加入 60 mL 1∶1 正己烷/丙酮溶液和 1 g 高纯铜粉(去除样品中的含硫杂志),超声水浴振荡 1 h,浸泡过夜。移出萃取液,再加入 40 mL 1∶1 正己烷/丙酮溶液,振荡 30 min 后移出萃取液。再加入 20 mL 1∶1 正己烷/丙酮溶液,振荡 30 min。将萃取液合并至梨形分液漏斗中,加入 100 mL 5%的 $NaSO_4$ 溶液振荡,下层液移出,重复进行两次。然后用浓硫酸洗提,至酸层无色,每次加浓硫酸 10 mL。加入 2%$NaSO_4$ 溶液,振荡移出下层液,进行两次,分别加 100 mL 和 50 mL $NaSO_4$ 溶液。再加入 10 g 无水 $NaSO_4$ 吸湿,移出上层液。最后用吹氮仪浓缩至 0.5 mL 待仪器分析。

2) 分析测试

成分分析仪器主要的有 PE5100 原子吸收分光光度计(美国帕金-埃尔默公司)、AFS－810 双道原子荧光分光光度计(北京吉大小天鹅有限公司)、AMA－254 自动测汞仪(意大利 Milestone)、Varian CP－3800 型气相色谱仪,实验设备主要的有 SIGMA 3－18K 高速冷冻离心机、SHB－Ⅲ循环水多用真空泵、DKZ－2 型电热恒温振荡水槽、DB－3 型不锈钢电热板等。

样品分析过程中所用聚四氟乙烯和玻璃容器、量具均事先用 10%硝酸溶液浸泡过夜,并用去离子水冲洗后低温干燥。所用试剂均为分析纯级,实验用水为二次蒸馏水,由 SZ－98 自动双重水蒸馏器制得。每种样品均进行了平行样测定和方法回收率检验,并对各测量仪器的检出限和灵敏度进行了测定。各仪器的检出限和灵敏度如表 3－3 所示。

表 3－3 各分析仪器对待测元素的检出限和灵敏度及回收率

分析仪器	元素	检出限/(μg/g)	相对标准偏差/%	回收率/%
AFS－810 双道原子荧光分光光度计	Pb	0.000 25	3.2	96.9
	As	0.000 18	5.7	95.4
	Cd	0.000 21	4.6	101.2
AMA－254 自动测汞仪	Hg	0.000 1	2.5	100
PE－5100 原子吸收分光光度计	Zn	0.032 6	1.6	94.5
	Cu	0.056 3	1.3	102.8
Varian CP－3800 型气相色谱仪	PCBs	0.000 25	8.4	86.7

沉积物痕量金属形态提取实验参照 Tessier(1997)连续提取法[2],提取实验样品为 1.0 g,提取步骤和试剂类型如表 3－4 所示。

表3-4　痕量金属分级提取程序和条件

序号	形态	提取试剂和条件
1	可交换态	加入 1 mol・L^{-1} $MgCl_2$ 8 mL，连续振荡 9.3 h，离心分离后取上清液待测（HCl 调至 pH = 7.0，20±2℃）
2	碳酸盐态	加入 1 mol・L^{-1} NaOAc 8 mL，连续振荡反应 5 h，离心分离后取上清液待测（用 HAc 调至 pH = 5.0，20±℃）
3	Fe-Mn 氧化物态	加入 0.04 mol・L^{-1} NH_2OH・HCl 之 HAc(25%，V/V)溶液 20 mL 偶尔振荡反应 2 h 后离心分离，取上清液待测（用 HAc 调至 pH = 2.0，95±2℃）
4	有机物和硫化物态	加入 0.02 mol・L^{-1} HNO_3 3 mL 及 30%(V/V) H_2O_2 5 mL（用 HNO_3 调至 pH =2.0，90±3℃），偶尔振荡反应 2 h；再加入 30%(V/V) H_2O_2 溶液 3 mL，偶尔振荡反应 3 h(75±2℃)；冷却至室温加入 3.2 mol・L^{-1} NH_4Ac 之 HNO_3(20%，V/V)溶液 5 mL，振荡 30 min，取上清液待测
5	残渣态	消解方法同总量分析

经上述浸提反应后，前四种形态的反应物分别以 12 000 r/min 的速度离心 15 min，取离心后的上清液分别用原子吸收分光光度计(PE5100)、原子荧光分光光度计(AFS-810)仪器进行痕量金属含量分析；残渣态将消解液直接分析。

(1) 水、悬浮物及沉积物中痕量金属元素测定

Zn、Cu 用 PE5100 原子吸收分光光度计仪器测定，工作参数如表 3-5 所示；Cd、Pb、As 采用 AFS-810 双道原子荧光分光光度计测定，仪器工作参数如表 3-6 所示；Hg 采用 AMA-254 自动测汞仪测定。

表3-5　原子吸收分光光度计参数

仪器参数	Zn	Cu
波长/nm	213.9	324.8
灯电流/mA	10	7.5
乙炔气流量/(kg/cm^3)	0.10	0.15
空气流量/(kg/cm^3)	1.6	1.6
狭缝/mm	1.3	1.3
火焰高度/mm	5.0	5.0

表3-6　原子荧光光度计工作参数

仪器参数	As	Hg	Cd	Pb
光电倍增管负高压/V	270	270	270	270
原子化器温度/℃	200	200	200	200
原子化器高度/mm	8	8	8	8
灯电流/A	60	30	60	80
载气流量/(mL/min)	400	400	400	400
屏蔽气流量/(mL/min)	1 000	1 000	1 000	1 000

各元素标准曲线的测量数据，相关系数以及相关方程见表 3-7。

表 3-7 痕量金属分析测定有关标准曲线参数

	Zn		Cu		Pb		As		Cd		Hg	
	浓度 $/10^{-6}$	吸光度	浓度 $/10^{-6}$	吸光度	浓度 $/10^{-6}$	吸光度	浓度 $/10^{-6}$	吸光度	浓度 $/10^{-6}$	吸光度	浓度 $/10^{-9}$	吸光度
1	0.000	0.000	0.000	0.000	0	0.0	0.00	0.00	0	0.00	0.0	0.00
2	0.500	0.131	1.000	0.011	1	2.2	1.00	2.60	1	0.40	0.1	12.30
3	1.000	0.218	2.000	0.020	5	7.3	5.00	6.80	5	1.20	0.2	25.40
4	3.000	0.684	3.000	0.031	10	13.2	10.00	12.90	10	4.70	0.4	48.10
5	4.000	0.931	4.000	0.039	20	26.1	15.00	18.80	20	7.60	0.6	76.30
6					40	51.7	20.00	24.80	40	15.70	1.0	112.50
拟合方程	$y=0.2306x+0.0008$		$y=0.0098x+0.0006$		$y=1.2788x+0.5515$		$y=1.2077x+0.7177$		$y=0.3941x-0.0586$		$y=114.14x+2.012$	
相关系数	$R=0.9995$		$R=0.9987$		$R=0.9998$		$R=0.9989$		$R=0.9966$		$R=0.9970$	

(2) 沉积物中的多氯联苯含量测定

参考美国 EPA 的检测方法，对苏州河不同市区河段表层沉积物中的多氯联苯进行了总量测定。

3.1.1.3 水——沉积物体系痕量金属的分布特征及环境意义讨论

水中的痕量金属离子在一定条件下，由于离子交换、共沉淀、吸附、水解、络合、絮凝等理化作用，最终绝大部分进入沉积物，而在条件变化时，又有一部分痕量金属由于扩散、解吸、溶解、氧化还原和络合作用，以及生物及物理影响等因素的作用，又从沉积物重返水相。前一过程的结果使水质得到一定程度的净化，后一过程则使水体溶液的痕量金属浓度增高，出现明显的二次污染。这两种过程几乎都是在水-沉积物界面进行的，而且只是水体沉积物中一部分痕量金属参加了反应。参加反应的痕量金属的多少、反应的方式与程度皆取决于水体和沉积物中痕量金属形态、水质条件、沉积物组成和环境因素，因此在确定江河湖泊中痕量金属污染物发生的复杂化学过程时，应该研究整个水-沉积物系统及其痕量金属形态。

1) 痕量金属在苏州河水——沉积物体系中的分布

(1) 河水中痕量金属含量分布特征

对各样点河水中 Zn、Cu、Pb、Cd、As 和 Hg 6 种痕量金属总量以及溶解态含量进行测定，其含量及沿程变化趋势见图 3-2(Cu 和 Zn 未检出)，其中总量为直接测得水样的痕量金属含量，水溶态为水样经孔径为 0.45 μm 的纤维滤膜过滤后滤液中的痕量金属含量，颗粒态为总量减去水溶态的痕量金属含量。

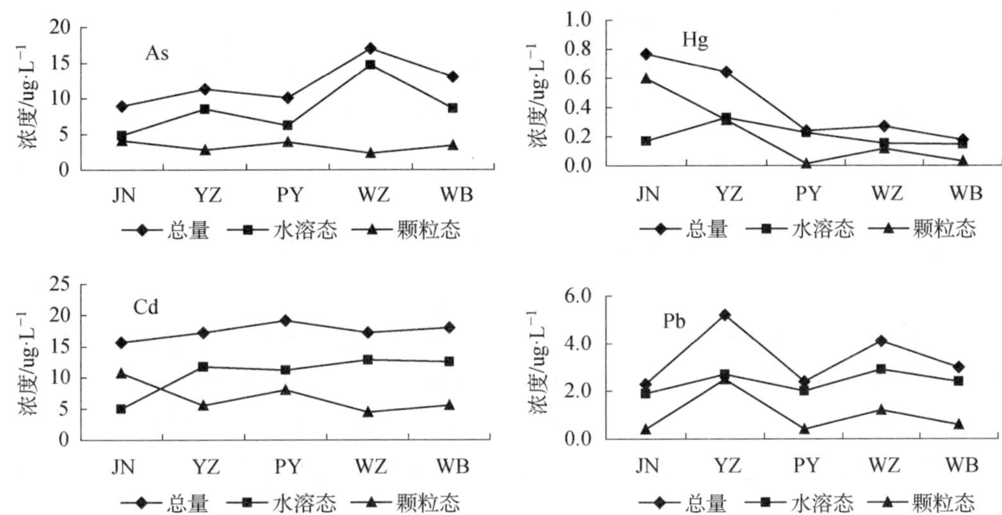

图 3-2　苏州河水体中痕量金属的沿程分布图(JN—江南造纸厂,YZ—上海油脂厂,PY—彭越浦河,WZ—乌镇路桥,WB—外白渡桥)

数据表明,苏州河水中各痕量金属的总量范围为:As:8.9～17.0 μg/L, Hg:0.24～0.767 μg/L, Cd:15.7～19.2 μg/L, Pb:2.3～5.2 μg/L。依照上海市水体功能,苏州河应为Ⅲ类地表水。根据国家Ⅲ类地表水水质标准,苏州河中 As、Hg、Cd 均已超标(超标率为百分之百)。其中在乌镇路桥,河水中 As 含量最高,Hg 和 Cd 的含量也相对较高;Hg 的最高值出现在江南造纸厂,Cd 的最高值出现在彭越浦河并有沿流程含量普遍较高特点,说明苏州河 Cd 污染问题需要特别重视。

苏州河为典型的城市河流,选取我国其他城市工业区水体的痕量金属含量与之相比较,结果如表 3-8 所示。表 3-8 情况表明,苏州河水中 Cd、Hg 和 As 含量较高,Pb 浓度较低。元素 Cd、Hg、As 均为毒性较大的痕量金属,应当特别注意其污染的迁移扩散问题。

表 3-8　苏州河与其他水体痕量金属含量的比较(μg/L)

水体名称	As	Hg	Cd	Pb
苏州河	8.9～17.0	0.24～0.767	15.7～19.2	2.3～5.2
长江河源区[3]	3.32	0.009	0.046	3.18
黑水湖[4]	1.27	0.08	0.12	18.3
渤海湾[5]	1.31～4.22		0.056～0.129	0.73～16.74

炼锌过程是环境中镉的主要来源,在冶炼铅和铜时也会排放出镉。元素 Cd 的工业用途很广,主要用于电镀、增塑剂、颜料生产、Ni-Cd 电池生产等。电镀厂在更换镀液时,常将含镉量高达 2 200 mg/L 的废镀液排入周围水体中。另外,在磷

肥、污泥和矿物燃料中也含有少量镉。镉对人体产生的危害非常严重，镉污染造成影响最大的事件是日本的骨痛病事件。镉进入人体后，对人体肾脏以及肝脏会产生较大的损害，严重影响人体的正常的代谢功能。此外，由于 Cd^{2+} 半径与 Ca^{2+} 十分接近，镉还会阻碍钙的吸收，破坏骨质。据裘祖楠等人的调查资料，每年有大量的痕量金属元素随工业废水和生活污水被排入苏州河，其中元素 Cd 的排放量为 196.77 t/a[6]，这是苏州河镉污染的主要来源，禁止排放这些污染是控制污染的重要手段。

图 3-2 痕量金属在苏州河水中的含量沿程变化趋势表明，Pb 在各采样点的总量分布规律性不强，但 As、Hg、Cd 沿程含量变化趋势相对稳定。特别是自上海油脂厂样点后经过普陀、静安、闸北和黄浦四个区的各取样点变化明显。该区域社会经济结构复杂，上海油脂厂至彭越浦河为工业集中区域，彭越浦河至乌镇路桥人口和交通密集，大量的工业废水和生活市政污水给苏州河带来污染负荷的同时，又体现出不同的变化特点。

(2) 河水悬浮物及沉积物中痕量金属的含量和分布

(a) 河水悬浮物中痕量金属的含量和分布

河流载带的颗粒物是水环境的重要物质组成部分。颗粒物在污染物的生物有效性方面起着重要的作用。河流颗粒物对排入水中的污染物，特别是痕量金属类污染物有着强烈的吸附作用，是控制水中痕量金属元素迁移、转化和水体自净的主要因素。悬浮物是水体污染物迁移的主要载体，沉积物则成为污染物的主要储存场所，其中的痕量金属含量往往比水中高出许多倍，有时可高出几个数量级。当水体 pH、Eh 等条件发生变化时，沉积物将会释放吸附的污染物，对水环境产生二次污染。另外，许多底栖和滤食性生物能通过它们的消化系统吸入大量的颗粒物(这些颗粒物中含有有毒物质)；沉积物中的生物把有机碎屑作为它们的基本食物，如鱼能直接从摄取颗粒物质的过程中积累有毒物质。因此，颗粒物的监测研究对揭示水环境的污染效应与水体净化规律有着重要意义，通过对颗粒物的研究能较全面地了解水环境的污染状况。

苏州河作为上海市重要的地表河流，主要痕量痕量金属的排放量如表 3-9 所示。

表 3-9　每年向苏州河排放的痕量金属总量[6]

元素	Pb	Cd	Cu	Hg	As	Zn
排放量/(t/a)	2 744	196.77	9 451.91	148.57	638.14	70 881.91

排入水体中的痕量金属污染物，通常其绝大部分会附着在悬浮物上，它们随水流迁移或经絮凝沉降而进入底部沉积物。其后，还可能再悬浮或在底部向下游推

移。因此,悬浮沉积物对痕量金属的吸附作用是其迁移转化过程中最重要的环节之一。悬浮物对痕量金属离子的吸附量往往大于表层沉积物对痕量金属离子的吸附量,这是由于悬浮物含有较高的黏土和云母类矿物,而沉积物中碳酸盐含量较高,黏土类较低。这一点已在有很多文献中有研究报道[7]。苏州河河水颗粒物含量测量结果如表3-10所示。

表3-10 苏州河悬浮颗粒物含量

采样点名称	江南造纸厂	上海油脂厂	彭越浦河	乌镇路桥	外白渡桥	中华新路
颗粒物含量/(mg/L)	20.8	21.2	38.8	89.2	156	47.3

有关苏州河悬浮物中痕量金属含量目前尚无相关报道,本研究对各采样点悬浮物中痕量金属进行了总量测定,测量结果如表3-11所示。

表3-11 苏州河河水悬浮物中痕量金属含量(μg/g)

采样点	Pb	Cd	As	Hg	Zn
江南造纸厂	0.6	16.39	5.99	0.943	2 889.34
上海油脂厂	0.8	6.53	4.55	1.33	1 375.5
彭越浦河	0.9	4.7	5.93	0.465	905
乌镇路桥	0.45	3.19	5.04	0.694	753.49
外白渡桥	0.3	3.95	5	0.73	825
中华新路桥	1.2	4.24	6.34	1.627	1 165.84
平均值	0.71	6.5	5.48	0.965	1 319.03

该结果表明,苏州河悬浮物中痕量金属含量特征如下:

总体上,苏州河悬浮物中除Pb外,其他痕量金属含量都较高。各元素的含量范围分别为Cd:3.19~16.39 μg/g, As:4.55~6.34 μg/g, Hg:0.465~1.627 μg/g, Zn:753.49~2 889.34 μg/g。其中,Zn和Cd的最高值均出现在江南造纸厂,并且向下游逐渐减少;Hg的最高值出现在上海油脂厂,向下游也逐渐减少。这都与苏州河沿程工业分布特征相应。

因悬浮物粒径较小,在水流的作用下容易发生迁移,并且苏州河悬浮物中痕量金属含量都较高,对下游黄浦江水质有较大的影响。因此,需严格控制各种污染废水的排放,以防止痕量金属在河水中的吸附与再释放。

(b) 河水沉积物中痕量金属的含量和分布

在河流沉积物中痕量金属易得到积累,并常常表现出明显的分布规律[8]。大多数痕量金属元素价态变化大,其盐类水解后易生成氢氧化物、硫化物、碳酸盐等,这些化合物极易沉淀。另外,痕量金属能与各种阴离子,有机高分子化合物生成配位络合物和螯合物,这些物质极易吸附在矿物和有机物上,并进入沉积物中累积起来[9]，使得沉积物成为痕量金属汇集的场所。沉积物中吸附的痕量金属在盐度升高、氧化还原条件改变及 pH 下降、天然或合成络合剂使用量增加以及生物作用下都可能会再度释放，引起二次污染。

苏州河沉积物中痕量金属的含量已有相关报道，本次研究只在四个采样点采取了样品，以水体中含量进行对比，并研究其形态分布。沉积物痕量金属总量测定结果如表 3-12 所示。

表 3-12　苏州河沉积物中痕量金属的含量(μg/g)

采样点	Pb	Cd	Cu	Hg	As	Zn
江南造纸厂	47.53	1.32	97.88	0.069	14.68	852.63
上海油脂厂	64.36	2.53	137.38	0.33	17.95	1 186.07
中华新路桥	103.54	0.82	190.17	1.986	43.24	1 269.79
乌镇路桥	48.49	0.15	147.61	0.171	19.56	796.05
平均值	65.98	1.21	143.26	0.639	23.86	1 026.14
上海市土壤背景值*	19.85	0.148	23.85	0.152	9.07	79.22
农用污泥控制标准**	1 000	20	500	15	20	1 000

注：* 引自太湖流域环境土壤及主要粮食作物中污染元素的环境背景值研究，1983[10]
** 引自农用污泥控制标准(GB4284—84)[11]

该结果表明，苏州河沉积物中痕量金属含量较高。各痕量金属含量分别为 Pb：47.53～103.54 μg/g，Cd：0.15～2.53 μg/g，Cu：97.88～190.17 μg/g，Hg：0.069～1.986 μg/g，As：14.68～43.24 μg/g，Zn：796.05～1 269.79 μg/g。其中以 Cd、Zn 和 Hg 在局部河段污染较为严重，分别超出土壤背景值 10 倍或以上，Zn 的含量在多处已经超过农用污泥的控制标准。

研究表明，城市河流痕量金属的污染程度同该城市的工业发展水平密切相关，工业越发达，河流受污染越严重，如表 3-13 所示。与发达国家城市河流沉积物的痕量金属含量以及我国长江、黄河城市段沉积物中的痕量金属含量水平相比，苏州河沉积物中 Zn、Cu 和 Hg 含量明显偏高。

表 3-13　国内外城市河流沉积物中痕量金属含量(μg/g)

国家和地区	Pb	Cd	Cu	Hg	As	Zn
苏州河	47.53～103.54	1.02～2.92	97.88～190.17	0.085～1.986	14.68～43.24	796.05～1 186.07
长江[12]	23.7	0.215	26.7	0.044	8.8	80.1
长江/主要城市江段[7]	53.41	0.176	35.35			90.29
黄河/包头[13]	22～31	1.7～3.2	16～20			43～80
运河/杭州[14]	81.41	1.4	127.3			659

（续表）

国家和地区	Pb	Cd	Cu	Hg	As	Zn
莱茵河/荷兰代夫特[15]	109	2.3	83			515
香港深圳河[16]	13.9～407.89	0.62～3.95	8.29～768.05			63.26～1 095.56
恒河/坎普尔[17]	32	0.31				204
尼罗河/阿斯旺[18、19]	110	13	86			201
尼罗河[20]	59.9～333	9.0～18.0	22～535			78～449

苏州河沿岸 2000 年统计的污水排放量前三位的企业（上海青浦化工、江南造纸厂、染化八厂）直接或间接排放的废水中都含有 Cd、Hg、Zn 和 Cu 中的一种或几种金属[21]，发展此类企业的清洁生产和污水处理是防止沉积物痕量金属污染的重要环节。

(c) 悬浮物与沉积物中痕量金属含量关系

河流水体悬浮物与河床沉积物之间可相互转化，使其在组成上具有一定的相似性。表 3 - 13 和表 3 - 14 数据表明，苏州河悬浮物、沉积物中的痕量金属含量分布有如下特征：

① 悬浮物中除 Zn 和 Cd 在江南造纸厂样点含量较高外，其他变化趋势与沉积物基本一致，呈现出良好的相关性（Pb、Cd、As、Hg 和 Zn 的相关系数分别为 0.97、0.86、0.98、0.82、0.88），如图 3 - 3 所示。说明悬浮物和沉积物在苏州河水动力情况和环境条件下痕量金属元素迁移、转化存在内在依存关系；

② 除 Pb 和 As 外，其他痕量金属元素在悬浮物中的含量都高于沉积物中的含量，说明目前尚存在重要的痕量金属源因素在影响苏州河的水质演化，这部分金属一部分随河水汇入黄浦江会对下游水体造成污染，另一部分在一定条件下将沉降进入沉积物，引起污染叠加。

综上所述，苏州河痕量金属污染较为严重，以 Zn、Hg、Cd 较为突出，尤其是在悬浮物和表层沉积物中富集了大量痕量金属元素，是苏州河痕量金属污染的重要隐患之一。应当根据苏州河的自然条件和痕量金属分布特征，尽快采取措施对其进行修复治理，消除影响苏州河水质的内在隐患。

2) 痕量金属在苏州河水——沉积物体系中的迁移和累积特征讨论

由于水、悬浮物、沉积物三相间存在着物质交换循环，随之也发生着金属的释放和累积，因此痕量金属在三相中的相互关系是了解苏州河痕量金属污染物行为和归宿的关键问题。通过分析苏州河河水及沉积物中 As、Hg、Cd 和 Pb 四种痕量金属元素的含量以及其在苏州河水体系中的分布规律和化学形态分布特征研究其迁移转化和累积特征，以为揭示苏州河痕量金属的分配和转化规律提供依据。

(1) 痕量金属在苏州河水——沉积物体系中的累积

苏州河洪水 As、Hg、Cd 和 Pb 的水溶态和颗粒态占总量的百分含量列于表 3-14 中。

表 3-14 苏州河水体中痕量金属的分布(%)

元素	介质	江南造纸厂	上海油脂厂	彭越浦河	乌镇路桥	外白渡桥	平均值
As	水溶态	53.9	75.2	61.4	86.4	66.2	68.6
	颗粒态	46.1	24.8	38.6	13.6	33.8	31.4
Hg	水溶态	21.9	51.3	94.6	57.1	82.8	61.5
	颗粒态	78.1	48.7	5.4	42.9	17.2	38.5
Cd	水溶态	73.1	68	58.3	74.4	69.4	73.1
	颗粒态	26.9	32	41.7	25.6	30.6	26.9
Pb	水溶态	82.6	51.9	83.3	70.7	80	72.1
	颗粒态	17.4	48.1	16.7	29.3	20	27.9

水溶态痕量金属可直接随水流向下游移动汇入黄浦江,其是迁移速度最快、迁移距离也最远的部分,对下游和黄浦江的水质影响最大。颗粒态痕量金属随颗粒物迁移或絮凝沉降进入沉积物。苏州河河道弯曲,水流缓慢,加之受潮汐顶托,大量颗粒物会沉降下来,而且由图 3-3 可见,沉积物和悬浮物中痕量金属的含量相关性较好,说明悬浮物和沉积物在苏州河水动力情况和环境条件下痕量金属元素迁移、转化存在内在依存关系,所以可以将这部分金属近似看作痕量金属的沉积量。

表 3-14 数据表明,苏州河中 As、Hg、Cd 和 Pb 主要以水溶态的形式存在,比较平均值,其大小顺序为 Cd>Pb>As>Hg,表明 Cd 的迁移性最强,也造成了其毒性影响范围的广泛性,Hg 的迁移量最小。上述情况表明,苏州河水体系中的痕量金属大部分随水流汇入黄浦江,其中 Cd 对下游和东海的累积量最大。

外白渡桥位于苏州河至黄浦江的入口处,计算此处水域中痕量金属的含量可以了解苏州河向黄浦江的痕量金属迁移量和苏州河对黄浦江的痕量金属污染。痕量金属迁移量按如下公式计算[22]:

$$\text{痕量金属迁移量} = \text{水溶态迁移量} + \text{颗粒态迁移量}$$
$$\text{水溶态迁移量} = \text{水中痕量金属含量} \times \text{径流量}$$
$$\text{颗粒态迁移量} = \text{悬浮物痕量金属含量} \times \text{输沙量}$$

计算结果如表 3-15 所示。表 3-15 数据表明,苏州河水载带的痕量金属是黄浦江痕量金属的重要来源,严重影响着黄浦江的水质状况,这是一个需要高度重视的问题。

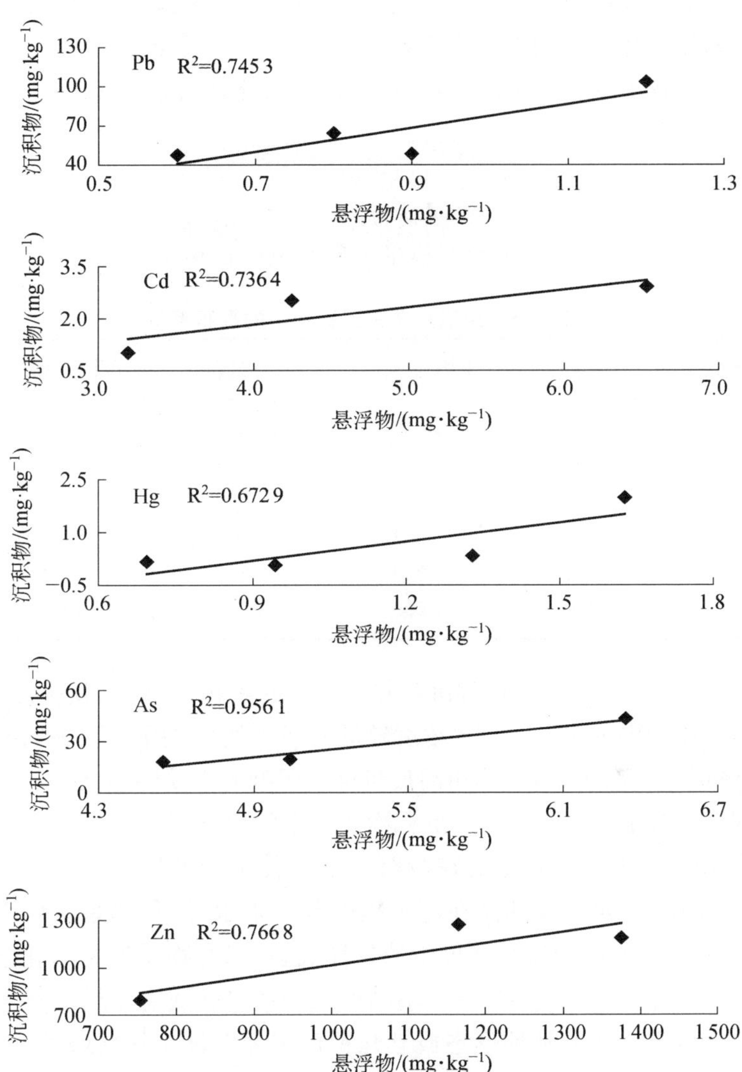

图 3－3　悬浮物和沉积物中痕量金属的相关关系图

表 3－15　苏州河河口痕量金属迁移量(t/a)

迁移量	Pb	Cd	As	Hg	Zn
水溶态	0.448	0	1.604	0.027	0
悬浮态	0.009	0.115	0.145	0.021	24
总量	0.457	0.115	1.749	0.048	24
颗粒物含量 (*WB*) ＝ 156 mg/L，日净泄量(年平均) ＝ 51.8 万 m^3					

注：颗粒物含量是实验测得的，测定方法详见前述有关部分；日净泄量来自上海市城市建设档案馆数据计算结果。

分别用悬浮物和沉积物中的痕量金属含量除以水溶态痕量金属含量[23]，得到痕量金属在悬浮物和沉积物中的富集系数 K_S 和 K_D，以了解苏州河 As、Hg 和 Cd 在悬浮物和沉积物中的富集情况。计算公式如下，计算结果见表 3-16。

$$K_S = \frac{\text{悬浮物痕量金属含量}(\mu g/g)}{\text{水溶态痕量金属含量}(\mu g/mL)}$$

$$K_D = \frac{\text{沉积物痕量金属含量}(\mu g/g)}{\text{水溶态痕量金属含量}(\mu g/mL)}$$

表 3-16　痕量金属在沉积物中的富积系数

项目	元素	江南造纸厂	上海油脂厂	彭越浦河	乌镇路桥	平均值
K_S	Hg	1 229	4 043	15 644	4 536	6 363
	Cd	423	555	446	249	418
	As	951	433	556	302	561
K_D	Hg	90	1 003	19 096	1 118	5 327
	Cd	264	250	266	80	215
	As	2 330	1 709	3 793	1 171	2 251

表 3-16 数据表明，悬浮物和沉积物对 Hg 的累积量最大，其次是 As，Cd 最少。累积于沉积物中的 Hg 在河水浓度较低时或其他环境条件改变时有可能释放出来，对水体形成二次污染，是苏州河痕量金属污染的重要隐患之一。

(2) 痕量金属在苏州河水——沉积物体系中的化学形态

痕量金属的总量已经不能很好地揭示痕量金属的生物可给性及其毒性。在水-沉积物系统中，痕量金属的潜在危害程度取决于水-沉积物系统中生物有效态痕量金属含量[13]。痕量金属与环境中的各种液态、固态物质经物理化学作用而以各种不同的形态存在于环境中[23、24]，不同形态的痕量金属有不同的环境行为和生物效应。往往只是金属的某种形态或某几种形态才会被生物所吸收，对生物造成危害。有学者曾采用多元相关分析，研究了沉积物各地球化学相中痕量金属含量与底栖无脊椎动物体中痕量金属积累量之间的关系，发现生物体中铜的积累量与沉积物中铜的总量相关性不大，而与可交换相和易还原相中铜的含量有很好的相关性；这说明该两种相中的铜易被有机体吸收和保留。由此可见，痕量金属的存在形态是沉积物中痕量金属生物活性的重要参数，很大程度上决定着痕量金属的环境行为和生物效应[25]，对了解痕量金属的生态环境效应有重要意义[26]。

本研究采用 Tessier 的五步连续提取法，将痕量金属形态分为可交换态、碳酸盐态、铁锰氧化物态、有机物硫化物态和残渣态五种形态。一般认为离子交换态是较易被生物吸收的部分；碳酸盐结合态在 pH 值变化时，可被生物利用；铁锰水合氧化物态在还原条件下可被释放出来，易为生物利用；有机物硫化物态必须在强氧化条件下才能释放出来，因而只有在特殊条件下才易被生物吸收；与残渣态结合的痕量金属主要为束缚在矿物晶格中的含量部分，受矿物成分和土壤侵蚀程度的影响，是自然地质风化过程的结果，该部分含量为对生物无效部分。

大量研究工作表明，生物从沉积物中吸收痕量金属的能力首先取决于痕量金属在沉积物中的形态。苏州河沉积物中痕量金属各种形态的分布特征如图 3－4、图 3－5、图 3－6、图 3－7 所示。

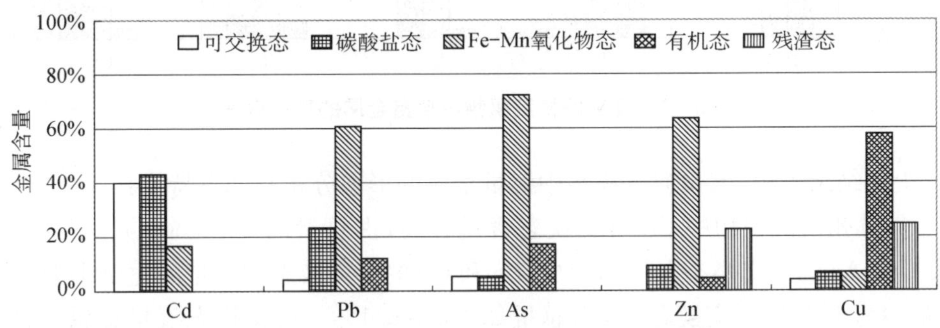

图 3－4　江南造纸厂沉积物中痕量金属的形态分布

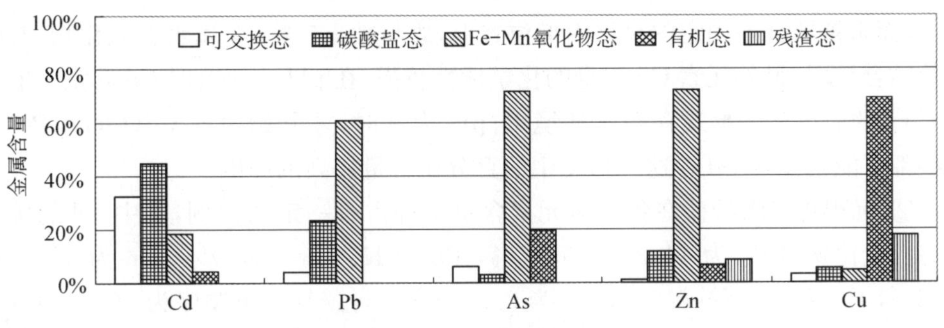

图 3－5　上海油脂厂沉积物中痕量金属的形态分布

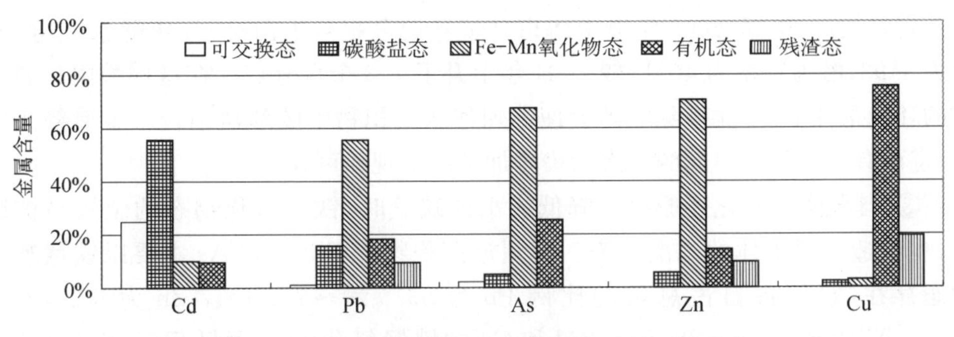

图 3－6　中华新路桥沉积物中痕量金属的形态分布

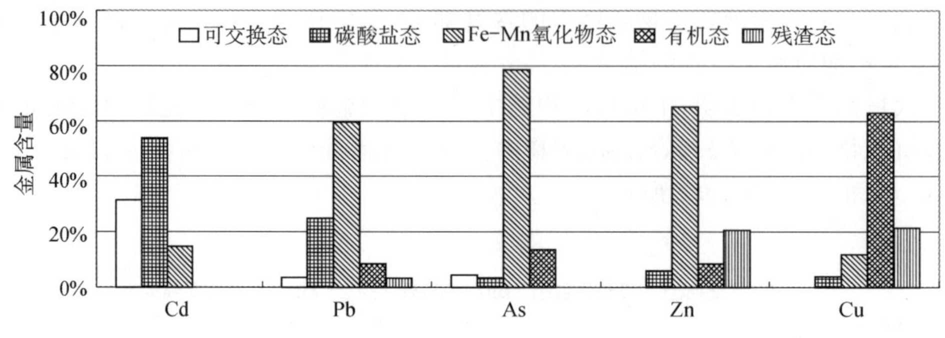

图 3-7　乌镇路桥沉积物中痕量金属的形态分布

上述结果表明，苏州河沉积物中痕量金属的形态分布有如下特征：

① 苏州河沉积物中 Cd 可交换态含量较高，占总量的 24.8%～40.0%；Zn、Pb、Cu、As 的可交换态含量均较少，Pb 和 Cu 的可交换态占总量的比例小于 5%，Zn 最高为 1.4%，可交换态 As 占总量 2.1%～6.1%。可交换态痕量金属与各自总量的比值的大小顺序为：Cd＞As＞Pb＞Cu＞Zn。Cd 在这一形态中的高比值与其在沉积物上的吸附方式有关，有研究表明[27]，元素 Cd 仅被吸附在吸附质的交换位上，而未被结合到固定的晶格内部位置上，故与黏土矿物、金属水合氧化物、有机物等结合较弱；另外元素 Cd 本身的化学活性较强，在 pH 小于 8 时 Cd 元素一般都以 Cd^{2+} 的简单离子形式存在于环境中；pH 为 9 时，才开始生成 $Cd(OH)_2$ 沉淀。这些都可能是元素 Cd 在这一形态中的百分比含量较高的原因。

② 沉积物中碳酸盐在各金属元素含量中都占有一定的比例，其中 Cd 的碳酸盐态含量比例最高，为 43.2%～55.7%，Pb 为 15.6%～24.9%，Zn 为 5.6%～11.6%，Cu 为 2.3%～6.8%，As 为 2.9%～5.3%。其大小顺序为：Cd ＞ Pb ＞ Zn ＞ Cu ＞ As。据赵建等人报道[28]，上海地区土壤偏碱性，pH 值为 7.0～8.0，这可能是苏州河沉积物中金属碳酸盐态含量较高的一个原因。在弱碱性条件下，金属不宜释放，但根据《2005 年度上海市环境状况公报》，上海 2005 年降水平均 pH 值为 4.93，酸雨频率为 40%，较 2004 年上升了 7.3 个百分点。在这样酸雨日趋加重的环境条件下，不能排除酸雨会使苏州河水沉积物中碳酸盐结合态金属释放增强，进而有由沉积物引起的二次污染叠加情况出现的可能性[29]。

③ 当水体中氧化还原电位降低或水体缺氧时，铁锰氧化物态的金属易被还原，也会造成对水体的二次污染。苏州河沉积物中 Pb、Zn、As 主要以铁锰氧化物态存在，它们各自占总量的比例 Pb 为 55.7%～75.9%，Zn 为 63.5%～72%，As 为 67.5%～78.5%。Cd 和 Cu 的铁锰氧化物态含量相对较低，Cd 为 14.7%～20.9%，Cu 为 2.8%～11.8%。痕量金属铁锰氧化物态占总量比例的

顺序为：As > Zn > Pb > Cd > Cu。苏州河溶解氧较低，有机物含量高，致使沉积物氧化还原电位较低，而且由于有机污染物中可能含有较多易于与铁、锰等形成稳定络合物的有机配体，其会使铁锰从固相中释放出来，可使与之结合的痕量金属释放到水相中。悬浮物中微量金属的铁锰氧化物态含量的明显降低可能与此有关。

④ 苏州河沉积物中Cu的有机物硫化物结合态含量最高，为57.7%～75.5%。这是由于铜与有机物和硫化物具有高亲和性。其他元素的情况如下：Cd为0～9.5%，Pb为8.5%～18.2%，As为13.6%～25.4%，Zn为4.7%～14.3%，其中As该形态含量高于除铁锰氧化物态的其他形态含量。由于有机物及硫化物只有在强氧化条件下才会分解，而苏州河长期处于缺氧环境条件，沉积物中的Cu较难释放出来，对苏州河环境威胁相对较小。

⑤ 残渣态金属存在于矿物的晶格中，在自然界正常条件下不易释放返回水相，能长期稳定在沉积物中存在，只有在风化过程才可能被释放。而风化过程是以地质年代计算的，相对于生物的生命周期，残渣相基本上不会为生物所利用。本次研究工作在残渣态中未检测出Cd和As，部分样点也未检测出Pb，Zn；在检出的样点，Pb残渣态占总量8.6%～22.6，Cu占17.8%～24.7%。可见苏州河沉积物中微量金属的残渣态含量并不高，大部分是以有效态形式存在的，反映出苏州河沉积物中痕量金属的潜在生态危害程度较高，对水体的二次污染可能性较大。

苏州河沉积物中痕量金属有效态在各采样点的含量分布特征如下：

(a) 可交换态：所研究5种金属可交换态的最高含量都出现在上海油脂厂样点，说明该点沉积物中痕量金属的移动性和生物活性最大。

(b) 碳酸盐态：Cd、Pb、As该形态最高含量也出现在上海油脂厂，Zn、Cu的最高值则出现在中华新路桥。

(c) 铁锰氧化物态：Pb、Zn和As的最高含量位于中华新路桥，Cd的最高含量位于上海油脂厂，Cu的最高含量位于乌镇路桥。

(d) 氧化物态：5种金属的有机态的最高含量均出现在中华新路桥，这可能与该河段有机污染严重有关。

综上所述，苏州河沉积物中痕量金属残渣态比例较低，有效态相对较高。Cd的可交换态和碳酸盐态含量较多，对环境的危害较大；Pb、Zn、As的铁、锰氧化物态含量较多，在水体系氧化还原电位较低时，易造成二次污染；Cu则主要以有机态存在。在各采样点，上海油脂厂沉积物中痕量金属的可交换态和碳酸盐态所占比例最高，中华新路桥沉积物中痕量金属的有机态含量为最高。总的看，苏州河沉积物中痕量金属的潜在生态危害程度需要高度重视。

相对于沉积物中痕量金属的形态研究，悬浮物中痕量金属的形态研究显得较少。其原因是采集大量足够研究的悬浮物样品较困难，另外还需要较多繁重的分析工作。而悬浮物是水体成分的直接载带媒介之一，受水体环境条件(pH、Eh 等)影响较大，而且悬浮物载带的痕量金属其生物活性一般较强。本研究选取乌镇路桥和外白渡桥两处样点的悬浮物样品进行形态分析，形态分布特征如图 3-8、图 3-9 所示。

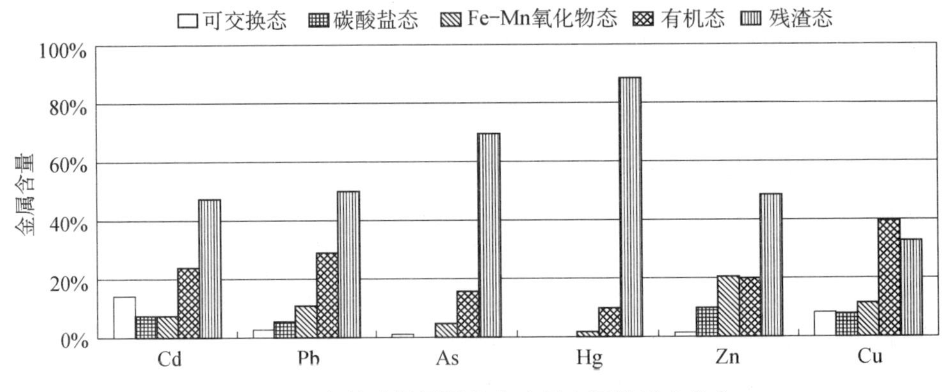

图 3-8　乌镇路桥悬浮物中痕量金属的形态分布

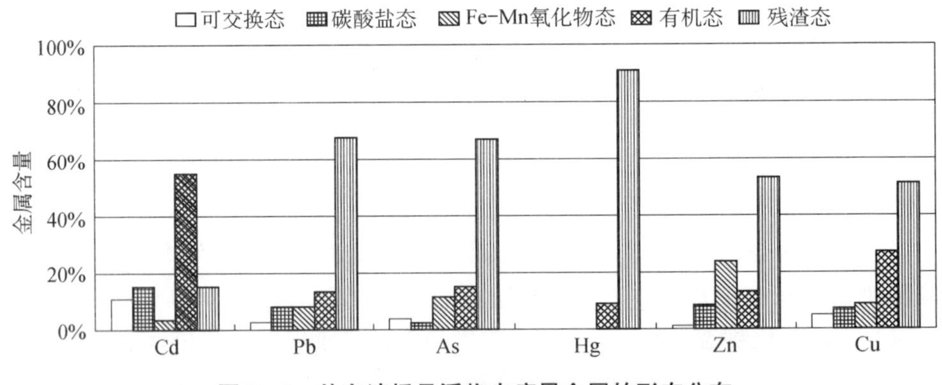

图 3-9　外白渡桥悬浮物中痕量金属的形态分布

该结果表明，苏州河悬浮物中痕量金属的各形态分布有如下特征：

可交换态含量 Cd > Cu > Pb > As > Zn > Hg，可交换态 Cd 占总量 11.1%～14.2%，Cu 占总量 5.1%～8.3%，其他 Pb、Zn、As 都小于 4%，Hg 未检出。这部分形态的金属是以静电作用通过交换吸附作用结合于颗粒物表面的，其含量受控于水中痕量金属的浓度和水-颗粒物表面的分配常数，对水体的痕量金属污染影响较大。

碳酸盐态中，Cd 的比例为 7.3%～15.3%，Zn 为 8.5%～9.8%，Cu 为 7.4%～7.8%，Pb 为 5.4%～8.1%，As 小于 3%，Hg 未检出。各元素的聚集能力顺序

为：Cd > Zn > Cu > Pb > As > Hg。碳酸盐态对体系 pH 值敏感，当河水呈酸性时容易释放。

铁锰氧化物态中，Zn 的比例为 20.5%～23.8%；Cu 为 9%～11.5%；Cd 为 3.5%～7.3%；Pb 为 8.1%～10.8%，As 为 4.7%～11.6%，Hg 小于 2%。Zn^{2+} 半径(83 pm)与 Fe^{2+}(83 pm)和 Mn^{2+}(92 pm)的相近，Fe^{2+} 和 Mg^{2+} 的硅酸盐矿物及铁的氧化物矿物中常含有锌[30]。Zn 的上述性质是其铁锰氧化物态含量较高的可能原因。苏州河悬浮物中痕量金属在铁锰氧化物态中的聚集能力顺序为：Zn > Cu > Pb ～ As > Cd > Hg。

有机物硫化物态是苏州河悬浮物中痕量金属除残渣态以外含量比例最高的形态。其中 Cd 和 Cu 的含量较高。Cd 占总量的比例为 23.8%～54.9%，Cu 为 27.3%～39.36%，Pb 为 13.5%～28.9%，Zn 为 13.4%～19.8%，Hg 为 9.1%～9.8%。这部分金属在氧化条件下容易释放。苏州河的水量 30%来自于生活污水和工业废水，有机质含量较高，因此相当一部分痕量金属与有机物结合以有机物结合态形式存在。铜在自然界中常以 Cu^{+}、Cu^{2+} 两种价态存在于不同化合物汇中，以硫化物或硫盐矿物为主。铜可形成独立矿物也可以类质同相取代硫化物中的某些元素；另外，Cu^{+}、Cu^{2+} 还易与无机、有机活性基团形成络合物或螯合物[30、31]。天然水中，腐殖质对镉的浓集系数远大于二氧化硅及高岭石对镉的浓集系数，是河水中镉离子的主要吸附剂[9]。Cu 和 Cd 的以上性质是其有机物硫化物态含量高的可能原因。

残渣态是悬浮物中痕量金属最主要的结合形式，其一般以结晶矿物形式存在，结合在该物态中的金属在环境中可认为是惰性的。Hg 的残渣态比例最高，为 89.7%，As 和 Zn 都大于 50%，Cu 和 Cd 都在 30%以上。上述数据说明，从物相角度悬浮物中痕量金属相对较为稳定，其向水中释放的可能性相对较小。

综上所述，苏州河悬浮物中各种金属以残渣态为主要存在形式，碳酸盐态金属含量较低，铁、锰氧化物态以 Zn 含量较高，有机态是除残渣态以外含量较高的形态，以 Cd 和 Cu 含量最高，可交换态和碳酸盐态以 Cd 在其中的聚集能力最高，迁移性和生物效应较大。

苏州河悬浮物和沉积物中各痕量金属元素形态分布状况有所差异，与沉积物相比，悬浮物中大部分金属的可交换态、碳酸盐态和铁锰氧化物态三种形态所占的比例都较低，尤其是铁锰氧化物结合态下降比例较大，而残渣态的比例则显著升高。这种变化可能是悬浮物在长期固液作用和沉积过程当中发生较复杂的地球化学变化，铁锰氧化物是颗粒物中痕量金属良好的吸附剂，在沉积过程中，其他金属形态如碳酸盐态在一定条件下也有可能向铁锰氧化物态转化；另一方面，悬浮物在与水体接触过程中，随着体系条件变化有可能向水体释放金属元素，这也可能是引起两者含量差异的原因。点源污染得到有效控制后，沉积物就成为河流水体污染的主要来源。可交换态金属被认为是在通常条件下即可被生物直接利用的部分，碳酸盐态金属在酸性条件下即会以离子形态向环境释放。这两种形态是不稳定态，如图 3-10 所示。该图表明，可交换态和碳酸盐态的 Cd、Pb、As 在苏州河沉积物中的含量都高于其在悬浮物中的含量。这一事实表明，在苏州河水—沉积物体系中，束缚在沉积物中的痕量金属存在向水体释放的条件和可能。

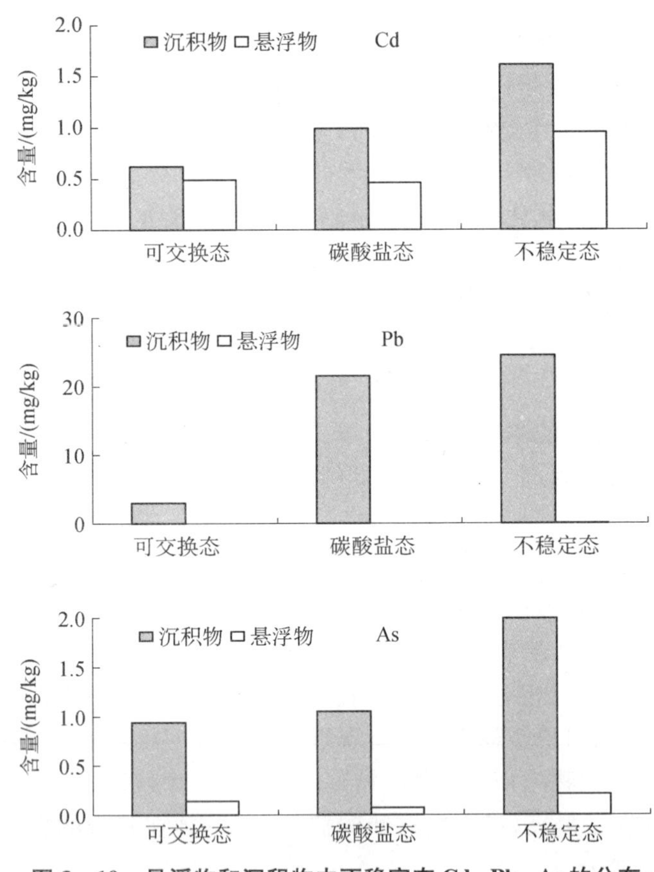

图 3-10　悬浮物和沉积物中不稳定态 Cd、Pb、As 的分布

(3) 痕量金属在苏州河沉积物中的垂向分布与污染

a) 痕量金属在苏州河沉积物中的垂向分布特征

沉积物中金属元素的垂直分布可反映水环境的演化历程。本研究选取位于主要工业区的两个采样点——江南造纸厂和上海油脂厂，对 5 种金属元素在苏州河沉积物中的垂直分布进行研究。Zn、Cu、As、Pb 和 Hg 在沉积物中的分布图如图 3-11、图 3-12 所示。

图 3-11 表明，江南造纸厂沉积物中 Zn 和 As 含量在 0～25 cm 随深度逐渐减

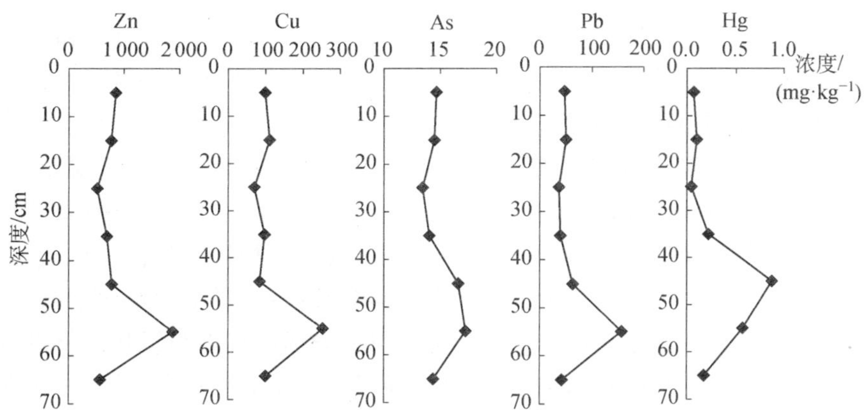

图 3-11　江南造纸厂沉积物痕量金属的垂直分布特征

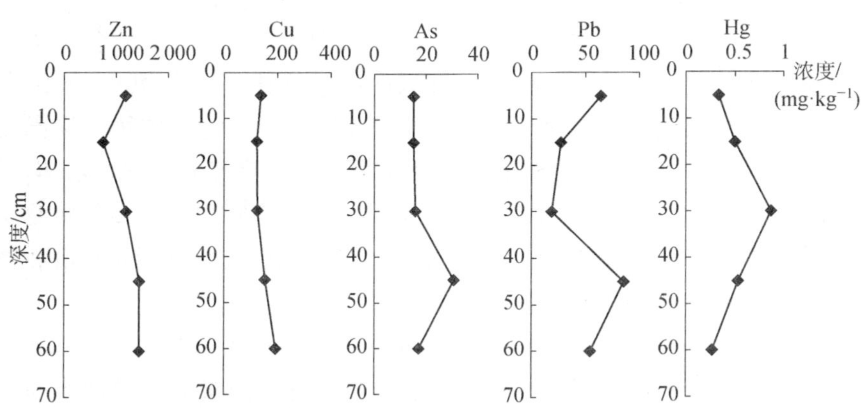

图 3-12　上海油脂厂沉积物痕量金属的垂直分布特征

少，Cu、Pb 和 Hg 的含量在 0～15 cm 随深度逐渐增多，又在 15～25 cm 段随深度逐渐减少，但 0～25 cm 段金属含量总体变化不大。25 cm 以下五种金属含量都随深度逐渐升高，其中 Zn、Cu、As、Pb 含量在 50～60 cm 段有着大幅度增高，并达到最高值之后随深度迅速减少；Hg 含量在 40～50 cm 段达到最高值，向下随深度迅速减少。

图 3-12 表明，苏州河上海油脂厂沉积物中，Zn 含量在 0～15 cm 随深度逐渐减少，15 cm 以下随深度逐渐升高，并在 50～60 cm 达到最大值。Cu 的变化趋势与 Zn 的基本相同，只是在 0～30 cm 含量基本保持不变。As 含量随深度逐渐升高，在 40～50 cm 达到最大值后，又迅速降低。Pb 含量随深度先降低，又升高，并在 40～50 cm 达到最大值，再往深处便迅速减少。Hg 的变化趋势与点江南造纸厂处的一致，只是最高值出现在 30 cm 上下。

上述情况表明，苏州河沉积物痕量金属含量在垂向剖面上的分布与常见的河流沉积物痕量金属含量从下至上单调递增方式明显不同，呈现出表层和底层含量稍低，而中部含量较高的现象。这说明苏州河沉积物痕量金属的累积过程较为复杂，可能主要是以下两个方面的因素有关。一方面可能与苏州河的污染史有关，在苏州河一期截污工程实施以前，沉积物一直是河水中各种污染物的主要归宿场所，工业和城市化的高速发展，使含有大量痕量金属的工业废水排入河中，致使痕量金属污染物一直以累积过程为主，逐步形成高浓度的沉积物污染特征。但自 1993 年苏州河一期截污管网投入运行后，由于排入苏州河的污水量被大幅度削减，表层沉积物中痕量金属含量随之呈逐步下降趋势。另一方面则可能与沉积物早期成岩过程中铁、锰物质的氧化还原循环有关。大量研究表明，在地表水环境中，许多痕量金属元素往往与铁、锰氧化物结合在一起，并伴随铁、锰行为发生迁移转化[32]。铁、锰氧化物均是典型的氧化还原条件敏感性化合物，由于苏州河随着沿岸源自生产生活等排污情况的变化，当苏州河表层沉积物中大量有机物降解引起水体黑臭、缺氧致使体系处于还原状态时，表层沉积物中部分铁、锰氧化物就会发生还原溶解，并通过孔隙水向上覆水和沉积物深部双向扩散迁移[33, 34]。其中，向沉积物深部扩散的铁、锰，在孔隙水物质平衡控制作用下，重新以无定型矿物的形态累积于沉积物中并形成富集；而向上覆水扩散的铁锰物质则以溶解形态进入水体，导致河水的季节性沉积物痕量金属释放污染。受这一过程的控制，与铁、锰氧化物结合在一起的各种金属元素，也相伴产生季节性的释放和富集，从而可能导致沉积物表层痕量金属含量降低、中部明显富集的现象。

另外，值得注意的是上海油脂厂 Zn 含量在 15 cm 以上、Pb 含量在 30 cm 以上又逐渐升高，说明苏州河在近期仍然存在痕量金属污染因素对苏州河水质产生进一步影响。这种迹象提醒我们需要高度重视和继续深入工作，以防止苏州河痕量金属污染状况的进一步恶化。

b) 痕量金属在苏州河沉积物中的污染特征

20 世纪 70 年代以前，对水环境质量的评价只侧重从水相和生物相方面进行，在以后随着对河流河水颗粒物污染问题研究的深入，人们逐步认识到了水体颗粒物在水质评价中的重要性。通过各种途径进入水体的痕量金属绝大部分常常会迅速地转移至颗粒物，因而，颗粒物中痕量金属的含量能较明显地反映水体痕量金属污染的程度。相对于水相，沉积物对水环境受金属污染的指示具有更大的稳定性，因此，通过分析沉积物样品中痕量金属含量及变化的方法来评价痕量金属污染程度及其生态危害有更好的准确性和可靠性。沉积物方法可弥补水相和生物相方法评价水环境质量的某些不足，如水相方法往往指示的是水质的瞬时状况，而生物方法很难反映水质的全面情况等等。沉积物方法可相对较全面地反映水体的污染程度，对水体中痕量金属的潜在生态风险评价有重要意义。

目前，水体沉积物痕量金属的评价方法有很多，其各有特定的适用范围和应用局限性，因而用单一的评价方法很难准确地反映沉积物的污染状况及潜在危害。本研究采用地累积指数法(I_{geo})和潜在生态风险评价法(RI)，试图以两种方法对苏州河表层沉积物痕量金属的污染水平进行初步评价，结合两种方法的结果，对苏州河痕量金属污染水平和潜在生态危害作出初步估计。

地累积指数是德国海德堡大学沉积物研究所的科学家 Müller 提出的一种研究水环境沉积物中痕量金属污染的定量指标，用于研究现代沉积物中痕量金属污染的评价分级[35、36]。计算公式如下：

$$I_{geo} = \log_2[C_n/(k \times B_n)]$$

式中：C_n 是指元素 n 在沉积物中的实测含量；B_n 为普通页岩中该元素的地球化学背景值；k 为考虑各地岩石的岩性差异可能会引起背景值的变动而取的系数(一般取值为 1.5)。地质累积指数分为七个级别，用来表示污染程度由无至极强的不同级次[37]。表 3-17 是沉积物地质累积指数分级标准与污染程度之间的相互关系。

表 3-17　地质累积指数与污染程度分级

I_{geo}	<0	0~1	1~2	2~3	3~4	4~5	>5
级数	0	1	2	3	4	5	6
污染程度	无污染	无~中污染	中污染	中~重污染	重污染	重~极重污染	极重污染

据公式和表 3-17 计算出来的地质累积指数及其污染程度如表 3-18 所示。表中各点位不同元素的地累积指数加和平均得到该点位的地累积指数的平均值 AVG I_{geo}，用于粗略判别该点位受痕量金属综合污染程度的大小。

表 3-18　苏州河沉积物中痕量金属的 I_{geo} 及污染程度

样点	I_{geo}/R						AVG I_{geo}
	Pb	Cd	Cu	Hg	As	Zn	
江南造纸厂	0.67/1	2.57/3	1.45/2	−1.72/0	0.11/1	2.84/3	0.99
上海油脂厂	1.11/2	3.51/4	1.94/2	0.53/1	0.40/1	3.32/4	1.80
中华新路桥	1.80/2	1.89/2	2.41/3	3.12/4	1.67/2	3.42/4	2.39
乌镇路桥	0.70/1	−0.57/0	2.04/3	−0.42/0	0.52/1	2.74/3	0.84

注：R 指污染级别，AVG I_{geo} 指六种痕量金属的平均指数。

表 3-18 表明，地累积污染指数反映的苏州河沉积物各痕量金属污染特征如下：

所研究各金属元素的污染程度大小顺序为 Zn > Cd > Hg > Cu > Pb > As；Cd、Zn 污染较重，Cd 在各点的污染程度不尽相同，主要为中污染或重污染，在乌镇路桥表现为无污染；Zn 主要为重污染或偏重污染；Cu、Pb、As 为中等污染，其中 Cu 为中污染或偏中污染，Pb 为中污染或偏中污染，As 为中污染或偏中污染到轻污染；Hg 的污染程度在不同点位差别较大，江南造纸厂和乌镇路桥处都表现为无污染，上海油脂厂处表现为偏中污染，而中华新路桥则为重污染。综合各污染点的污染指数表明，中华新路桥污染最重，上海油脂厂污染为中等程度，江南造纸厂和乌镇路桥则为轻度污染程度。

潜在生态危害指数法是瑞典学者 Hakanson 于 1980 年提出的划分沉积物污染物污染程度及其水域潜在生态风险的一种相对快速、简便的方法[38]，其通过测定沉积物样品中污染物含量进行处理判别，可以综合反映沉积物中痕量金属对生态环境的影响潜力。以 C_f^i 表示某一痕量金属的污染系数，$C_{表}^i$ 表示沉积物中某一痕量金属的实测浓度，C_n^i 表示某一痕量金属的背景值，C_d 表示多种金属污染程度，T_r^i 表示各痕量金属的毒性响应系数(其值为：Hg = 40，Cd = 30，As = 10，Pb = Cu = 5，Zn = 1)[39]，E_r^i 表示某痕量金属潜在生态风险系数，RI 表示沉积物中多种痕量金属潜在生态危害指数，分别按下列公式计算 E_r^i 和 RI。沉积物痕量金属潜在生态危害程度划分标准如表 3－19 所示[28]。

$$C_f^i = C_{表}^i / C_n^i$$

$$C_d = \sum C_f^i$$

$$E_r^i = T_r^i \cdot C_f^i$$

$$RI = \sum_{i=1}^{n} E_r^i = \sum_{i=1}^{n} T_r^i \cdot C_f^i$$

表 3－19　E_r^i、RI 与污染程度之间的关系

指数类型	生态污染危害程度				
	轻微	中等	强	很强	极强
E_r^i	$E_r^i < 40$	$40 \leqslant E_r^i < 80$	$80 \leqslant E_r^i < 160$	$160 \leqslant E_r^i < 320$	$E_r^i \geqslant 320$
RI	$RI < 150$	$150 \leqslant RI < 300$	$300 \leqslant RI < 600$	$RI \geqslant 600$	

由上述公式计算出的痕量金属潜在生态风险系数和多种痕量金属污染程度如表 3－20 所示。该表数据表明，各痕量金属的潜在生态风险大小顺序为 Cd＞Hg＞Cu＞As＞Pb＞Zn。Cd 在江南造纸厂和上海油脂厂污染生态风险较大，在中华新路桥表现为极强，在下游乌镇路桥只为轻微污染；Hg 在各点的污染生态风险差异较大，江南造纸厂和乌镇路桥处为中等污染，上海油脂厂处为强污染，而在中华新路桥处则为极强污染；Cu、Pb 和 Zn 都表现为轻微风险；As 主要为轻微风险，只在中华新路桥处达中等污染程度。由 RI 值看出，苏州河沉积物的痕量金属污染生态风险很大，中华新路桥处的沉积物污染最为严重，在乌镇路桥处最轻。

表 3-20　苏州河沉积物中痕量金属的 E_r^i、C_d 和 RI 指数

样点	E_r^i						C_d	RI
	Pb	Cd	Cu	Hg	As	Zn		
江南造纸厂	10.5	267.6	24.3	78.8	16.2	10.89	408.29	806.08
上海油脂厂	12.6	496.5	30.8	123.6	19.8	15.32	698.62	1 384.64
中华新路桥	26.1	166.2	39.8	523.6	47.7	16.03	819.43	1 612.76
乌镇路桥	12.2	30.3	30.9	44.8	26.3	13.07	157.57	302.94

综上所述，污染生态指数法和地累积指数法对苏州河沉积物污染评价的结果基本一致，只是两种方法中痕量金属的污染等级稍有差异，其中对于 Zn 的污染评价结果相差较大，这可能与污染生态指数法考虑了不同元素的生物效应有关。

c) 苏州河沉积物中痕量金属分布特征的环境意义

苏州河在 20 世纪初，曾经河水清澈，水中鱼虾成群。1920 年，苏州河部分河段第一次出现“黑臭”现象。据 1996 年上海市环境监测中心资料，苏州河上游的水质当时为五类水，而下游的水质还要劣于五类水。苏州河的主要污染源包括：

(a) 沿岸工厂企业以及住宅小区排放的工业废水和生活污水。

(b) 沿岸码头装卸时散落和倾倒的垃圾。

(c) 市区 6 条主要支流(彭越浦、真如港、木渎港、新泾港、申纪港、华漕港)进入苏州河干流载带的大量污水。

(d) 包括支流在内每天约 5 000 艘游艇与河面的大小船只丢撒的生活垃圾、泄漏的油污和排放的尾油，建筑泥浆船排放的泥浆。

(e) 多年淤积的沉积物释放的污染物质。

(f) 上游来水携带的污染，其中主要是工厂企业及农业、畜牧业污染和沿程村镇居民的生活污水及垃圾污水。

(g) 城镇地表径流、雨水冲刷空气、屋面、林木、道路、农田之后形成载污径流及城市下水道携带给苏州河的污染。

沿岸的长期排放，使苏州河沉积物中承纳了大量的痕量金属污染物质。从垂直断面上看，苏州河沉积物具有十分明显的三段式层序结构：

(a) 顶部流动浮泥层：厚度在 20 cm 左右，呈黑色絮凝状，含水量很高。以黏土质和细粉砂质的悬浮颗粒为主，置于水中稍加搅动就发生再悬浮使水体变混、变黑，对苏州河上覆水体水质有重要影响。

(b) 中部黑色粉砂质泥层：厚度一般在 0.5～2.5 m 之间，以黑色黏土、粉砂及细砂沉积物为主，有机质含量较高，含水量在上部较高向下逐渐减少，结构松散，含有大量不易腐烂的工业和生活垃圾，包括煤渣、碎石、粗砂等杂物，有明显臭味。大量垃圾埋沉于沉积物中使苏州河沉积物的疏浚难度大大增加。

(c) 底部灰黄色泥层:灰黄色,以河道自然泥质沉积为主,含水量较低,质地致密无异味。

从沿程分布情况看,苏州河痕量金属污染沉积物主要分布在主河道两侧,尤其是弯道的凸岸部位、支流河口及废弃支流河湾。在河道中央,主要以颗粒较粗的砂质和砂泥质沉积物为主,有机质含量高,结构松散,易于随水流移动。在河弯道部分凸岸污染沉积物厚度较大、而凹岸较小。在支流河口和废弃支流河湾,受干流河水的顶托作用,水流流速减小,导致污泥堆积,因而这些部位污染沉积物厚度也较大。此外,由于长期受到工厂排污、建筑泥浆排放、砂石装卸掉落、工业和生活垃圾倾倒等影响,苏州河污泥的分布具有明显的局部特色,排污口的沉积物厚度明显偏大。

河流沉积物对水质的影响一般通过以下几个途径实现:

(a) 沉积物悬浮过程中吸附于颗粒物上的污染物解吸释放。

(b) 表层沉积物中的污染物直接向上覆水体解吸释放。

(c) 沉积物间隙水中的污染物直接向上覆水体扩散释放等。

如前所述,近二十年来在点源污染得到有效控制以后,沉积物即成为河流水体污染的主要来源之一[40]。沉积物与上覆水之间不停地进行着物质交换,溶解于水中的痕量金属浓度很大程度上受到沉积物的影响。当沉积物未被扰动时,痕量金属的释放主要通过孔隙水向上覆水扩散,由于释放通量较小,对水质影响不大。而一旦沉积物被扰动再悬浮,溶解于孔隙水中和吸附于悬浮微粒上的痕量金属将会在较短的时间内向上覆水体大量释放。由于这一过程在沉积物和上覆水之间持续不断地循环进行。因此,即使所有的外污染源全部消除,沉积物这一内污染源仍将在较长时间里影响苏州河水质。

有研究表明,当沉积物间隙水污染物浓度接近平衡时,其与上覆水的混合作用是影响水质的主要作用,其次是下部沉积物的静态释放,而悬浮颗粒的释放作用相对较小[41]。资料显示,苏州河水质与沉积物中的痕量金属污染物浓度成正比[42],由于沉积物与河水之间存在着一种吸附与释放的动态平衡,一旦河水污染物浓度降低,沉积物中污染物的释放量就会增加,对河水的二次污染也会增大[43]。苏州河污染沉积物对上覆水质具有明显的影响,尤其是当河流流速增大,沉积物被扰动再悬浮时,其对水质影响更为突出。因此,苏州河污染沉积物的整治应该是苏州河治理的重要环节。

3.1.1.4 PCBs 在苏州河沉积物中的分布特征讨论

PCBs 测定结果如表 3 - 21 所示。数据表明,苏州河表层沉积物中 PCBs 含量变化范围为 4.4～14.8 μg/kg,最大值出现在苏州河支流中华新路桥处,除该点外整个河段沉积物中其含量均小于 10 μg/kg,并呈现沿程有微微起伏的含量变化特征。

表 3-21　苏州河表层沉积物中多氯联苯的含量

采样点	江南造纸厂	上海油脂厂	中华新路桥	乌镇路桥	平均值
PCBs 浓度/(μg/kg)	4.4	5.8	14.8	4.9	7.5

我国目前尚无水体沉积物中多氯联苯的国家标准，国内外许多学者对此也有不同的研究结论。E. R. Long 等早期研究认为，总量如果在 10 μg/kg 以上时可以认为有污染，在 50 $\mu g \cdot kg^{-1}$以上时为中度到重度污染[44]。1995 年，他们根据北美海岸和河口湾沉积物中污染物的风险评价值，确定了风险评价的底值 *ERL*(生物毒性效应<10%)和风险评价中值 *ERM*(生物毒性效应>50%)[44]。此研究结果已被美国 *EPA* 作为美国的国家标准。该标准中，沉积物 PCBs 总量的 *ERL* 值为 22.7 μg/kg，*ERM* 值为 180 μg/kg。Macdonald 又通过对不同评估方法的比较，将 PCBs 的毒性含量分为了 3 个界限，即临界效应含量(TEC)、中等效应含量(MEC)和极端效应含量(EEC)。如果含量<*TEC*，沉积物基本无毒性；在 *TEC*~*MEC* 之间，毒性风险大于 50%，如果含量>*EEC*，可以认为沉积物是有毒的[45]。对淡水生态系统沉积物而言，三个界限值分别为 35 μg/kg，340 μg/kg 和 1 600 μg/kg。我国周传光等提出沉积物中多氯联苯的参考评价标准为 20 μg/kg[46]。据此判断，苏州河沉积物中的多氯联苯尚未达到污染水平。

与国内外其他城市水体比较，苏州河沉积物中多氯联苯的含量处于中等水平；但与历史含量情况比较，苏州河 PCBs 含量有上升的趋势，这是值得关注的一个问题，如表 3-22 所示。

表 3-22　国内外城市水体沉积物中多氯联苯含量比较

其他国家及地区	PCBs 总量/(μg/kg)	文献来源
香港维多利亚湾	6~81	[48]
厦门西港	0.05~7.24	[48]
英国利物浦湾	0.082~38	[49]
贝加尔湖	0.019~0.12	[50]
北极湖泊	2.4~39	[51]
珠江三角洲	25.4~485.45	[52]
第二松花江	25.4~70.3	[53]
长江	3.0~9.5	[54]
苏州河(1998)	0.4~3.37	[55]
苏州河(2004)	4.4~14.8	本文

表 3-21 数据表明，中华新路桥 PCBs 含量显著高于其他样点含量。该采样点位于彭越浦河到苏州河入口处，生活排污较多，而且彭越浦河两岸曾是上海工业区较为集中的地段，是苏州河污染比较严重的一条支流。该处尤以有机污染较重，其

COD_{Cr}含量超过Ⅵ类标准的 20 倍，而 PCBs 主要存在于沉积物的有机质相中[47]。上述事实表明，支流彭越浦河是苏州河 PCBs 污染的主要影响者。

苏州河是上海市重要的航运水道之一，航运船舶燃油泄漏、船上居民生活污染排放、沿岸码头活动以及货物装卸、运输过程中的散落均对苏州河水质产生影响。据 IVL Swedish Environmental Research Institute(2005)调查资料，运输船舶的燃油及润滑油会释放较高的 PCBs，分别为 3.2～28 μg/kg 和 9.3～22 μg/kg[56]。苏州河沉积物中多氯联苯在除支流处(中华新路桥)外呈现相对较低起伏的含量变化特征，与上述船舶燃油的泄漏、PCBs 的挥发和沉降等因素都可能有关[57]。

综上所述，苏州河市区段表层沉积物中 PCBs 的含量范围为 4.4～14.8 μg/kg，尚未达到污染水平，但有逐渐上升的趋势。

3.1.1.5 对苏州河有关痕量金属、PCBs 环境质量时空变化的几点认识

1) 苏州河水——沉积物体系中痕量金属的含量分布及演化

苏州河痕量金属污染以 Zn、Hg、Cd 较为突出，尤其是悬浮物和表层沉积物中富集了较高含量的痕量金属元素，是目前苏州河痕量金属污染的重要隐患之一。

河水相中 As、Hg、Cd 污染较为严重，均已超出Ⅲ类国家地表水水质标准，超标率为百分之百。其中，以 Cd 污染最为严重。与我国其他城市水体的痕量金属含量相比，苏州河水中 As、Hg 和 Cd 含量较高，Pb 浓度较低。从沿程分布情况看，元素 As、Hg、Cd 和 Pb 在各采样点的总量分布不是十分均匀，上海油脂厂至乌镇路桥沿程痕量金属(除 Hg 外)含量相对较高，该区段曾经为工业集中区，而且人口密集，可能与沿岸大量的工业和生活废水排放有关。

悬浮物中除 Pb 外，其他痕量金属含量均较高，各元素的含量范围：Cd 为 3.19～16.39 μg/g，As 为 4.55～6.34 μg/g，Hg 为 0.465～1.627 μg/g，Zn 为 753.49～2 889.34 μg/g。Zn、Cd 和 Hg 的分布均与沿岸工业分布情况相应，其中，支流彭越浦河对苏州河的 As 污染影响较大。

悬浮物和表层沉积物中痕量金属的含量呈现出良好的相关性，其痕量金属总含量和形态含量亦具有较明显的相关性，说明悬浮物和沉积物在苏州河水动力情况和环境条件下痕量金属元素迁移、转化存在内在依存关系。除 Pb 和 As 外，其他痕量金属元素在悬浮物中的含量都高于沉积物中的含量，说明目前尚存在重要的痕量金属源因素在影响苏州河的水质演化，这部分金属一部分随河水汇入黄浦江会对下游水体造成污染，另一部分在一定条件下将会沉降进入沉积物，引起污染叠加。

2) As、Hg、Cd 和 Pb 的迁移和累积特征

苏州河河水中 As、Hg、Cd 和 Pb 主要以水溶态形式存在，在痕量金属物质随水流汇入黄浦江的过程中，Cd 的影响范围会较广，对下游和东海的累积影响较大。粗略估计，苏州河对黄浦江的痕量金属贡献量：Pb 为 0.457 t/a，Cd 为 0.115 t/a，

As为1.749 t/a，Hg为0.048 t/a，Zn为24 t/a。苏州河水载带的痕量金属是黄浦江痕量金属的重要来源，会严重影响黄浦江的水质状况。悬浮物和沉积物中Hg的累积程度最高，其次是As；Cd累积程度最小。累积于沉积物中的Hg在河水浓度较低时或其他环境条件改变时有可能释放出来，对水体形成二次污染，这将是苏州河痕量金属污染的重要隐患之一。

3）悬浮物和沉积物中痕量金属的形态特征

苏州河沉积物中Pb、Zn、As的铁锰氧化物态占主导地位，其在氧化还原电位降低或水体缺氧时极易从沉积物中释放出来，造成水体的二次污染。Cd主要以可交换态和碳酸盐态的形式存在，说明沉积物中Cd的可移动性和生物活性较高，具有较高的潜在生态风险。

悬浮物中各种金属以残渣态为主要存在形式。有机态是除残渣态以外含量较高的形态，其中以Cd和Cu含量最高。碳酸盐态金属含量较低，铁锰氧化物态以Zn含量较高，在可交换态和碳酸盐态中以Cd的聚集能力最强，迁移性和生物效应较大。与沉积物相比，悬浮物中大部分金属的可交换态，碳酸盐态和铁锰氧化物态三种形态所占的比例都有所下降，尤其是铁锰氧化物结合态下降比例很大；而残渣态的比例则明显较高。这可能是悬浮物在与水体作用过程中，向水体释放痕量金属元素，并在长期固液作用、沉积作用中较复杂的地球化学过程（包括形态转化）所致。

4）沉积物痕量金属污染

苏州河沉积物中的痕量金属呈现出表层和底层含量稍低、中部含量较高的现象，这说明苏州河早期痕量金属浓度较低，随着沿岸工业和城市化的发展，含大量痕量金属的废水被排入苏州河，致使痕量金属污染物一直以累积过程为主，以至逐步形成了高浓度的沉积物污染。在外源污染得到控制之后，苏州河痕量金属的浓度逐渐降低，沉积于沉积物中的痕量金属含量也相应呈下降趋势，尤其是Hg、Cu、As目前在接近表层沉积物段的含量仍然处于下降趋势，说明其外源污染得到了有效控制。而在上海油脂厂Zn和Pb的含量在接近表层的沉积过程中，又在逐渐升高，说明近期在苏州河仍然存在Zn和Pb的污染因素，对苏州河水质产生影响。

依据地累积指数法和潜在生态污染指数法对苏州河沉积物中痕量金属污染的初步评价表明，各金属元素的污染程度不同，目前苏州河沉积物中主要的污染元素为Cd和Hg，应引起高度重视。市区段沿程以中华新路桥一带痕量金属污染最为严重，上海油脂厂一带受污染为中等程度，江南造纸厂和乌镇路桥附近则为轻度污染。污染与沿岸工业、人口分布特征表现出一定的相应关系。同时，苏州河支流（彭越浦河）痕量金属污染较为严重，对苏州河痕量金属污染有重要影响。

5）苏州河表层沉积物中PCBs的分布及演化

苏州河市区段表层沉积物中PCBs的含量范围为4.4～14.8 μg/kg，尚未达到污染水平，但其含量变化与痕量金属类似，有随时间逐渐上升的趋势。PCBs 的含量呈现出随着远离沿岸工业污染源距离增加，浓度呈下降趋势的变化规律。

3.1.2 上海黄浦江痕量金属污染

3.1.2.1 概况

黄浦江是太湖流域通入东海的主要河道，为一条中等赶潮汐河流，全长 113 km，流域面积 23 800 km^2。流程中有斜塘、园泻泾、大泖港等支流汇合于松江米市渡。平、丰水期上游三支来水比例为：斜塘 51%～60%，园泻泾 23%～27%，大泖港 17%～21%。在枯水期斜塘来水比例较大；斜塘来水已成为黄浦江的主要来水水源，占来水量 50%以上。黄浦江干流从米市渡到闸港段长 28.5 km，呈大致东西走向，河道平均水位 3.5 m，河面宽 300 m 左右，水深变化在 2～8 m 间。自闸港到吴淞口段长 54 km，呈南北走向，河面宽 77～320 m，水深约 8～17 m。全程流经上海闵行，徐汇，黄浦，杨浦，宝山等区。主要断面为Ⅲ、Ⅳ类水质[58]。

黄浦江承泄太湖流域来水，据米市渡站 1954—1995 年资料，多年平均径流量为 321 m^3/s，相应水量为 101.3×10^8 m^3/a。年际变化较大，丰水年（1954 年）平均径流量为 755 m^3/s，枯水年（1979 年）平均径流量为 153 m^3/s，两者相差 4.8 倍。径流量的年内分配，非汛期略大于汛期[59]。

20 世纪初，上海市境内黄浦江沿程有纺织、漂丝、造纸、冶金等工厂 20 多家，工业废水和生活污水随意排放，污染水体。这些工业企业主要分布在黄浦江下游，因此受污染的水体也主要是黄浦江下游江段。这期间黄浦江中、上游来水基本没有受到污染，而受废水影响的黄浦江下游江段因为江水的自净功能，水质亦尚好。

1957 年后，区域内随社会形式变化工业化建设迅速发展，工业企业数量迅猛增加，规模快速扩大，因此排入河水的工业废水和生活污水量迅猛增加。这些废水大多未经处理，大部分直接排入黄浦江。有些会先流入杨树浦港、走马塘等河流，但最后也都进入黄浦江。因此，整个黄浦江江段成了汇集上游下泄污水的场所，水质逐渐恶化。

黄浦江 1964 年开始出现黑臭现象，包括苏州河在内的多数市区支流则终年“黑臭”。污染源主要来自江段地区 100 多家工厂和杨浦树港两岸的工厂，其每日排放工业废水约 45 万 t。其次是沿黄浦江 32 个污水排放口排出的污水和通过下水道排入江中的废水。再次是水流中夹带上游污染物质的溶解释放。这期间，自秦皇岛路码头至杨树浦煤气厂约 5 km 江段内水质污染情况尤为严重。

20 世纪 70、80 年代是黄浦江水污染加剧的时期。如 1978 年，上海绝缘材料厂每天排入黄浦江的含酚废水有 3 t，其中含酚量高达 3 万 mg/L，相当于每天排入 90 kg，被列为全市含酚废水 33 个大户之一。1982 年，仅杨浦区有未经处理的工业废水 5 100 万 t 和 2 900 多万 t 生活污水直接排入。1984 年，全区排放电镀废水每日 1.2 万 t，其中，上海自行车厂和自行车三厂电镀废水排放量占全区电镀废水的 70%。1985 年的污染源调查汇总情况表明，311 家企业年排放工业废水 1.83 亿 t，其中 1.39 亿 t 废水未达排放标准直接排入黄浦江河水或城市下水道，占废水总量的 76.22%。工业废水中的污染物有 60%是有机污染物，其中油类、化学耗氧量、生化需氧量年排放量分别为 1 825 t、3.96 万 t 和 1.09 万 t；还有金属铜及其无机化合物年排放量 94 t，氨氮年排放量 972 t。全市有机污染大户（生化需氧量日排放量>5 t）有 40 家之多。当时，黄浦江的黑臭天数每年都超过 110 天，最高达 155 天（1985）。90 年代是黄浦江水污染最为严重的时期，如 1990 年，有 385 家企业每天向黄浦江排放工业废水 1.39 亿 t，其中 0.63 亿 t 未达排放标准，占废水总量 45.32%；工业废水中仍以有机污染物为主，排放的主要污染物中生化需氧量 7 709 t、化学耗氧量 2.53 万 t、石油类 739.6 t、氨氮 894.16 t、铜 82.96 t、六价铬 92 t。已是一个非常严重的状况。进入 21 世纪，随着上海市一系列环保政策的出台、落实以及对黄浦江水环境治理力度的加大，其环境质量开始好转并越来越明显改善[60]。

3.1.2.2　样品及成分分析测试

1）取样及处理

本次工作沿黄浦江干流大致按距离平均布点，尽量避开靠近重要支流交汇点。由于黄浦江航运繁忙，排污口众多，沿岸居民企业众多，为使采集到的水样尽可能减少黄浦江表面油污和垃圾的瞬时影响，避开沿岸企业排污口以及江边死水区和回水区。所设计采样水深在水面 0.5 m 以下。考虑到黄浦江水的湍流较大，水体混合比较均匀，取样时样点离开江边 1～2 m 以上，以减少河岸对江水的影响。采样点位如图 3－13 所示。

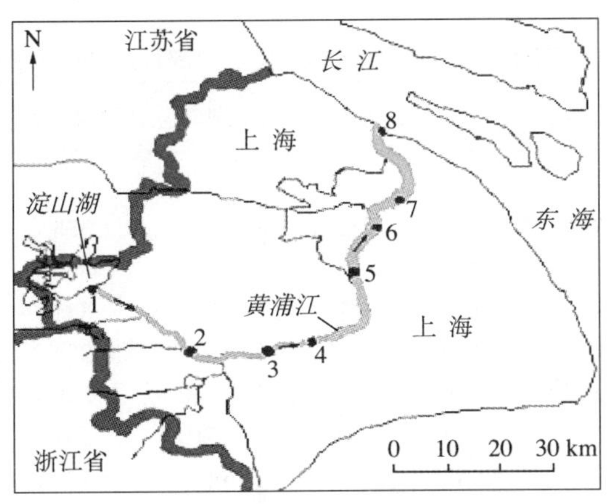

图 3－13　黄浦江采样位置图

受长江口潮水倒灌影响，黄浦江为半日型感潮河流，感潮强度中等。黄浦江河口每天有两次潮汐，涨潮时江水和海水倒灌，一直可以顺河道上溯到杨浦大桥江段。为了能够采集到具有代表性的黄浦江水样，选择在退潮后 0.5 h 内的低水位平潮时采集水样，以保证水样的代表性。取样时根据黄浦江潮汐规律选择具体采样时间。

据海洋环境预报资料预测的长江吴淞口每日潮位、潮时和涨退潮时间，黄浦江每日涨潮时间约为 5 h，流速较快；落潮约需 7 h，流速较缓。取样时采用黄浦江江水涨退潮流速的平均值作为计算依据，即 1.9 m/s。由于黄浦江沿岸其他采样点缺乏预报数据，根据采样点离开吴淞口的距离计算出达到低潮位的大致时间。黄浦江潮位计算公式如下：

$$T_2 = T_1 + L \times 1\,000/3\,600V$$

式中：T_1 为吴淞口最低潮位所对应的北京时间(h)；T_2 为设计采样点最低潮位所对应的北京时间(h)；L 为采样点到吴淞口黄浦江流程(km)；V 为黄浦江平均流速，取 1.9 m/s。

由于黄浦江江水在吴淞口受到长江江水和东海海水的顶托，涨退潮现象不是非常明显，取样时依照预报潮位结合取样现场观测到的平潮现象出现时段确定具体取样时间[61]。

由于赶潮河流的潮时和月球运动有一定的相关性，参考月球的运行周期(29天)，依照潮位 29 日循环的特点推定采样当日潮时，以保证这些推测在临近的几个月内有效。

依据上海市防汛信息中心数据资料(2006)[62]，采样点潮位计算如表 3-23、表 3-24、表 3-25、表 3-26 所示。

表 3-23 吴淞口潮位及时间变化(吴淞口潮位/2006 年 3 月测量)

日	潮时	潮高/cm	潮时	潮高/cm	潮时	潮高/cm	潮时	潮高/cm
1	0128	338	0933	5	1345	380	2152	23
2	0214	351	1001	24	1422	383	2241	6
3	0249	352	1039	22	1506	359	2256	26
4	0324	352	1107	50	1535	331	2332	29
5	0405	333	1134	65	1612	294	2339	48
6	0441	308	1158	89	1649	249	2348	71
7	0525	277	1249	111	1740	201		
8	0008	97	0635	245	1443	122	1925	165
9	0126	122	0843	234	1655	103	2220	173
10	0414	118	1021	254	1801	81	2316	207

（续表）

日	潮时	潮高/cm	潮时	潮高/cm	潮时	潮高/cm	潮时	潮高/cm
11	0537	92	1113	281	1847	67	2347	240
12	0635	69	1151	304	1932	59		
13	0013	269	0723	57	1222	321	1955	60
14	0039	291	0756	48	1251	331	2035	54
15	0108	309	0837	42	1318	339	2053	58
16	0131	321	0901	52	1342	340	2133	50
17	0202	330	0936	49	1410	339	2145	53
18	0224	337	0952	60	1431	331	2204	58
19	0250	336	1028	69	1458	317	2231	55
20	0317	334	1045	74	1524	295	2238	63
21	0345	323	1114	89	1558	267	2251	76
22	0422	305	1154	105	1643	232	2316	95
23	0517	279	1308	123	1759	199		
24	0004	120	0702	258	1521	120	2025	190
25	0242	133	0912	271	1701	95	2213	224
26	0449	107	1028	306	1813	71	2307	269
27	0609	78	1121	340	1915	54	2349	310
28	0724	55	1206	364	1959	41		
29	0025	346	0825	41	1234	374	2044	23
30	0109	366	0856	37	1318	381	2136	12
31	0134	376	0941	27	1358	365	2149	30

表 3-24　杨浦大桥潮位时间表(杨浦大桥潮位 2006 年 3 月测量)

日	低潮 1 潮时	高潮 1 潮时	低潮 2 潮时	高潮 2 潮时
1	0447	1255	1715	0127
2	0523	1302	1737	0208
3	0582	1365	1810	0233
4	0640	1412	1858	0253
5	0708	1457	1920	0215
6	0768	1537	2022	0320
7	0842	1622	2107	
8	0313	0958	1812	
9	0443	1212	2032	0133
10	0723	1335	2102	0227
11	0862	1422	2218	0318
12	0958	1525	2253	
13	0322	1038	1537	

（续表）

日	低潮 1 潮时	高潮 1 潮时	低潮 2 潮时	高潮 2 潮时
14	0365	1133	1625	
15	0413	1202	1630	
16	0452	1202	1710	0055
17	0503	1300	1717	0115
18	0540	1327	1752	0107
19	0623	1347	1837	0152
20	0628	1415	1840	0203
21	0715	1423	1937	0225
22	0737	1530	2012	0227
23	0828	1613	2138	
24	0307	1003	1835	
25	0610	1220	2002	0122
26	0822	1347	2122	0212
27	0915	1435	225	0322
28	1040	1510	2338	
29	0342	1142	1557	
30	0415	1233	1630	0100
31	0457	1308	1737	0122

表 3-25　徐浦大桥潮位时间表(徐浦大桥潮位 2006 年 3 月测量)

日	低潮 1 潮时	高潮 1 潮时	低潮 2 潮时	高潮 2 潮时
1	0747	1555	1815	0427
2	0823	1602	2037	0508
3	0922	1705	2110	0533
4	0940	1712	2158	0553
5	1008	1757	2220	0415
6	1108	1837	2322	0620
7	1142	1922	2417	不存在
8	0613	1258	2112	0142
9	0743	1512	2332	0433
10	1023	1635	2402	0527
11	1202	1722	2518	0618
12	1258	1825	2553	不存在
13	0622	1338	1837	
14	0715	1433	1925	0258
15	0713	1502	1930	0328
16	0752	1502	2010	0355

（续表）

日	低潮1潮时	高潮1潮时	低潮2潮时	高潮2潮时
17	0803	1600	2017	0415
18	0840	1627	2052	0407
19	0923	1647	2137	0452
20	0928	1715	2140	0513
21	1015	1723	2237	0525
22	1037	1830	2312	0527
23	1128	1913	2438	不存在
24	0607	1303	2135	0242
25	0910	1520	2302	0422
26	1122	1647	2422	0512
27	1215	1735	2525	0622
28	1340	1810	2638	不存在
29	0642	1442	1857	0313
30	0715	1533	1930	0400
31	0757	1608	2037	0422

表3-26　西渡潮位时间表(西渡潮位2006年3月测量)

日	低潮1潮时	高潮1潮时	低潮2潮时	高潮2潮时
1	1047	1855		0727
2	1123	1902		0808
3	1222	2005	0010	0833
4	1240	2012	0058	0853
5	1308	2057	0120	0805
6	1428	2137	0222	0920
7	1442	2222	0307	
8	0913	1558		0442
9	1043	1812	0232	0733
10	1323	1935	0302	0827
11	1502	2022	0418	0918
12	1558	2125	0453	
13	0922	1638		0332
14	1005	1733		0558
15	1013	1802		0628
16	1052	1802		0655
17	1103	1900		0715
18	1140	1927		0707
19	1223	1947		0752

（续表）

日	低潮1潮时	高潮1潮时	低潮2潮时	高潮2潮时
20	1228	2015	0040	0803
21	1315	2023	0137	0825
22	1337	2130	0212	0825
23	1428	2213	0338	
24	0907	1603	0035	0542
25	1210	1820	0202	0722
26	1422	1947	0322	0812
27	1515	2035	0425	0922
28	1640	2110	0538	
29	0942	1742		0613
30	1015	1833		0700
31	1057	1908		0722

水样用10 L特氟龙桶采集。取样桶在使用前用10%HNO_3浸泡12 h以上，用去离子水洗净、自然干燥。采集水样前先以江水冲洗取样桶3次，然后采集水样。沉积物的采集使用抓斗式采泥器采取。

水样采取时在取样桶下挂砖块控制取样深度，采取水面0.5 m下的河水；沉积物样采取水底表层淤泥。水样采集后，做采样记录并现场测定pH值和酸化(用硝酸调节水样pH<3)并带回到实验室在4℃下避光保存待下步处理。

沉积物样从取样管中取出置于特氟龙盒内带回实验室并放置于阴凉通风处自然阴干。取阴干的沉积物样品研磨至200#(研磨前先剔除贝壳、碎石或者树枝等大块异物)，研钵在使用前用二次蒸馏水进行清洗，用镜头纸擦净。研磨约10 g成粉末状，收集于矿样袋备用。

称取干燥的沉积物样品0.250 g，放于50 mL具塞试管内。具塞试管在使用前用10%的HNO_3浸泡12 h以上，用去离子水清洗后烘干。用以37%盐酸和62%硝酸溶液配置的王水以及HF、$HClO_4$消解，并至25 mL容量瓶内定容备用。

2) 分析测试

分析项目包括金属(Cu、Pb、Cr、Cd、Hg)、PAHs和总有机碳(TOC)。痕量金属元素含量分析分别用ICP-AES(IRIS Advantage 1000, made in USA)、原子荧光分析法、原子吸收光谱法(Atomic Absorption Spectrophotometers, AAS)、固液相测汞仪(AMA 254 - Automatic solid/liquid Hg Analyzer)。PAHs分析用GC/MS(Agilent 5973 Inert, US)，TOC分析用TOC/TN分析仪(Multi N/C 3000, Jena, Germany).有关参数见表3-27。

表 3-27　痕量金属元素分析检出限及相对标准偏差

	Cd	Hg	Cu	Pb	Cr
检出限/(μg/g)	0.003 0	0.000 2	0.001 2	0.006 0	0.021 0
RSD-8/%	0.478 1	0.075 0	0.016 0	0.036 9	0.042 0

PAH 分析用美国环保署 8270c 标准样(US EPA8270c，Supelco 公司)进行质量控制，检出限小于 2 ng/g，相对误差为 5%～15%。

3.1.2.3　黄浦江痕量金属、PAHs 等污染及演化趋势讨论

据上海市环境监测中心的资料，20 世纪 90 年代到 21 世纪初，排入黄浦江未经处理的废水来自工业的和来自居民日常生活的量发生了相反趋势的变化，来自工业生产的废水排入量在逐年减少，而来自居民生活的废水排入量在逐年明显增加，如图 3-14 所示。表明经十几年的工业排污治理努力向黄浦江的排污情况得到了显著的好转。

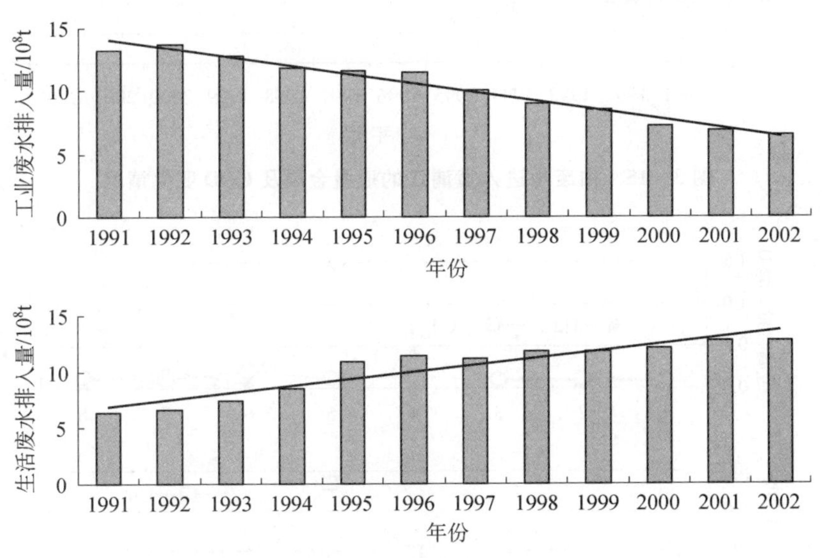

图 3-14　上海黄浦江废水排入量变化趋势

排入江水的废水其痕量金属和 COD 监测数据见图 3-15。Cr^{6+}、Cd 含量自 1991 年开始出现降低，2002 年 Cr^{6+} 含量相当于 1991 年的七分之一，Cd 含量相当于 1991 年的十七分之一。废水 COD 监测数据则表现为总体明显增大的变化趋势。其中，1991 到 1995 年呈现降低变化，而 1995 到 1997 年间量值又随时间明显增大。

黄浦江江水及沉积物中痕量金属含量及其变化情况如图 3-16、图 3-17 所示。

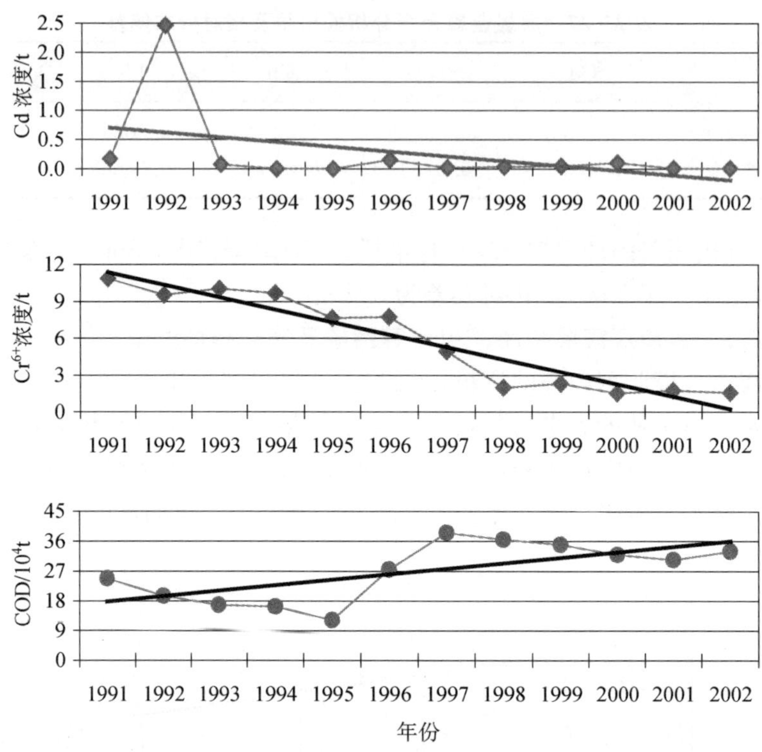

图 3－15　由废水进入黄浦江的痕量金属及 COD 变化情况

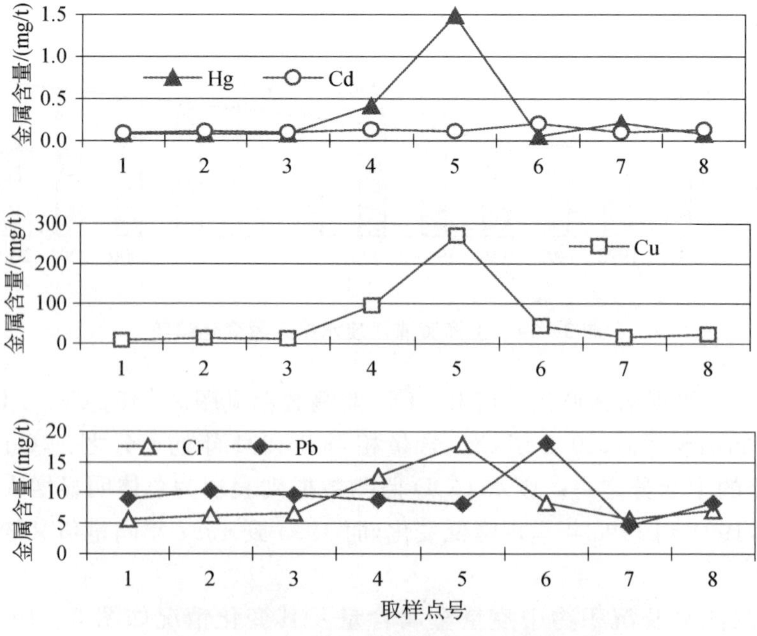

图 3－16　浦江江水中金属含量变化

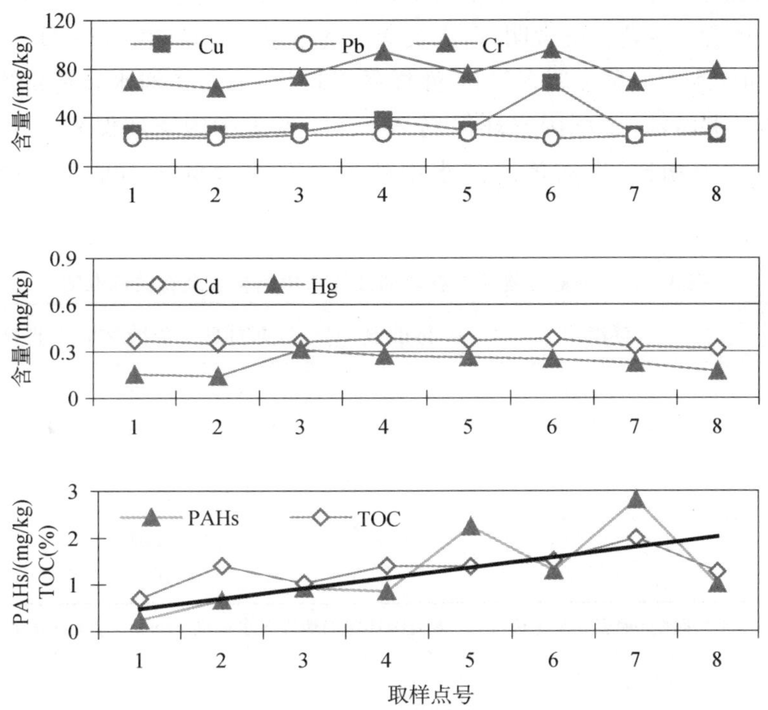

图 3 - 17　黄浦江沉积物中金属、TOC、PAHs 含量变化

图 3 - 16、图 3 - 17 的数据表明，沿黄浦江不同江段江水中、沉积物中痕量金属含量变化除在少数样点处例外(5、6 取样点)外，在其他各样点处含量变化并不明显，而 PAHs 和 TOC 一致明显呈自上游向下游增高变化趋势，即江水随流经市区距离的增加其 PAHs 和 TOC 含量逐渐增高。

黄浦江 P 的监测数据表明，河水中的总磷变化与有机物污染物含量、居民生活废水排入量变化相应呈一致变化趋势，如图 3 - 18 所示。黄浦江这种有机物污染与 P 的含量变化情况的一致性，结合黄浦江排污情况变化表明有机污染物在黄浦江呈增高趋势，并且主要与居民生活排污有关。

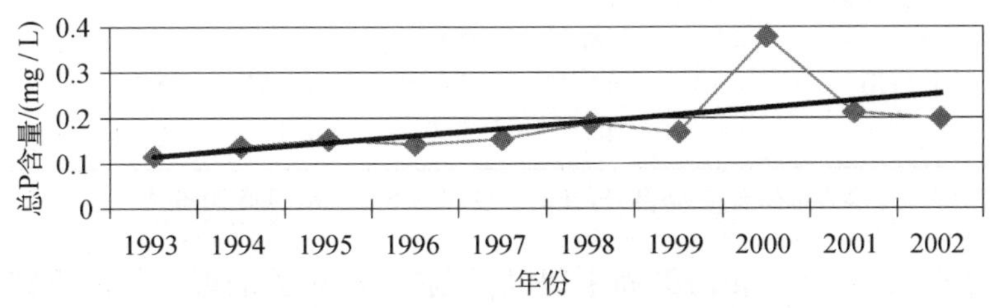

图 3 - 18　黄浦江江水中总磷变化趋势

河流沉积物中的污染物含量是污染物在水与沉积物间相互作用后的最终平衡结果[9]，上述含量变化情况说明，进入黄浦江的痕量金属量随时间总体上是变化较小的。黄浦江水中痕量金属含量(8 件样品平均值)与 3 类河水环境标准(适于饮用、渔业养殖和游泳，中国国家环保局 2002)[63]及美国国家环保署淡水标准(US EPA，2006)[64]相比，当前黄浦江水中的痕量金属含量还不是严重的问题，见表 3－28。

表 3－28　痕量金属元素在黄浦江江水中的含量及有关标准值

元素	标准值[a]	标准值[b]	黄浦江水中的含量(8 件样品均值)
Cu	1 000	13	60.45
Pb	50	65	9.56
Cd	5	2.0	0.12
Cr^{6+}	50	16	8.75(总 Cr)
Hg	0.1	1.4	0.31
COD_{Cr}	15 000		20 000—30 000

a. 国家环保局 2002 年制订地表 3 类水标准[63]. b 美国环保局地表淡水标准 Fresh water criterion catablished by US EPA at 2006[64].

沉积物中的痕量金属含量与我国及世界其他国家(加拿大、法国)流经城市或工业区河流以及美国沉积物环境标准相比，目前黄浦江沉积物中的痕量金属含量是相对较低的，如表 3－29 所示。

表 3－29　痕量金属元素在流经城市或工业区河流沉积物中的含量及有关标准值

	Cu	Pb	Cr	Cd	Hg	参考文献
Sydney 港(加拿大，流经工业区及城市)	19.0～110.0	25.5～408.0	47.0～86.0	0.16～0.94	0.09～0.48	[65]
Seine 河(法国，流经巴黎)	98.0	107.0	12.0	0.42		[66]
沙河(流经成都市)	95.71	65.29		0.543	0.283	[67]
黄河河口(流经工业区)	6.7～56.9	13.2～38.1	33.7～88.8			[68]
黄浦江(流经上海市)	33.43	24.75	77.23	0.36	0.22	本文
标准值[a]	390	450	260	5.1	0.41	[69]

a 美国沉积物中痕量金属含量标准，2006 年/Sediment Quality Standard，US 2006[64].

上述数据表明，除 Hg 污染尚未得到控制外，在过去的近十年间上海黄浦江水环境保护努力成效是显著的。而 Hg 的例外情况可能与其成因于城市大气沉降等因素有关[70、71]。

在1999—2002年间，黄浦江来自未经处理的居民生活废水增加量超过了工业废水(见图3-14)，废水的COD随着生活废水的增加而增加(见图3-15)。这些事实说明，当时黄浦江中的有机污物主要来自生活废水，并且有机污染有随时间加重的变化趋势。

沉积物中PAHs和TOC的变化趋势也佐证了黄浦江有机污染趋于加重的事实(见图3-17)。8件沉积物样品的PAHs均值为1.26 μg/g、TOC均值为1.34%。2003年，黄浦江水的COD从上游的22 mg/L变为河口的30 mg/L[72]，大于国家地表水3类标准值(15 mg/L)。值得指出的是，尽管PAHs、TOC在黄浦江中的含量尚低于美国、加拿大等国家河水中的含量水平，但这些有机污染指示参数的含义及其变化趋势，隐喻着目前黄浦江有有机污染逐渐加重的势头[73、74]，如表3-30所示。

表3-30 PAHs和TOC在一些国家河流沉积物中的浓度

		PAHs/(ng/g)	TOC/%	参考文献
美国	Mill河(流经Connecticut州中部)	590～39 000		[75]
加拿大	Sydney港(流经工业区)	4 770～246 400	2.91～12.13	[65]
中国	珍珠河口(流经珠三角工业区)	93.8～4 307.0		[76]
	珠江(流经工业区)	255.9～16 670.3		[77]
	黄浦江(流经城市及工业区)	1 256.13	1.341	本文

3.1.2.4 对上海黄浦江环境质量及演化趋势的认识

上海黄浦江经历了严重污染及漫长的治理阶段，随着治理力度的不断加大，成效日渐明显。但也出现一些新的问题，需要高度重视。

黄浦江江水及沉积物中痕量金属、PAHs及有关指标含量及变化情况数据表明，当前痕量金属污染已得到有效削减和抑制，而有机污染正随着生活废水的增加在加重。尽管与美国、加拿大等国以及我国的有关河流相比含量尚属较低的情况，但有机污染随时间加重趋势的出现给上海的水环境污染防治指出了问题和方向，这是上海及世界都市河流环境保护中都需要警醒和重视的方面[78]。

3.1.3 长江南京段痕量金属污染

3.1.3.1 样品及分析测试

在长江南京段研究工作中选取八卦洲为取样位置。八卦洲是长江的一处典型江心洲，系江水长期外冲内淤、裁弯取直效应的产物。由于其位于南京市下游，又紧邻市区，八卦洲沉积物是南京市对长江污染的较直接记录载体，如图3-19、图3-20所示。以南京市北郊长江江心岛八卦洲北侧滩涂为研究对象，取样剖面位于长江江水凸弯部位内侧，是长江现代沉积物最新沉积的较理想部位。样品为滩涂表

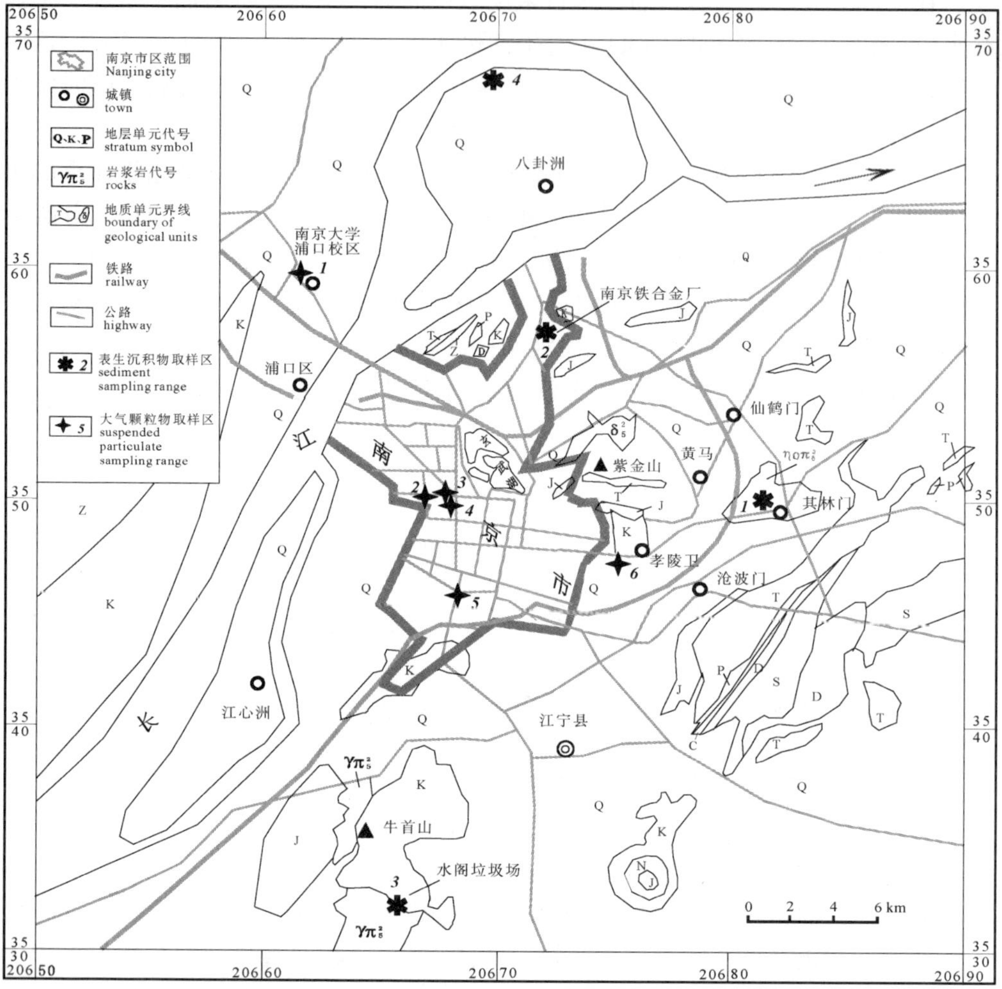

图 3-19 研究区地球化学背景及取样位置(图中✱4为长江滩涂研究点取样位置)

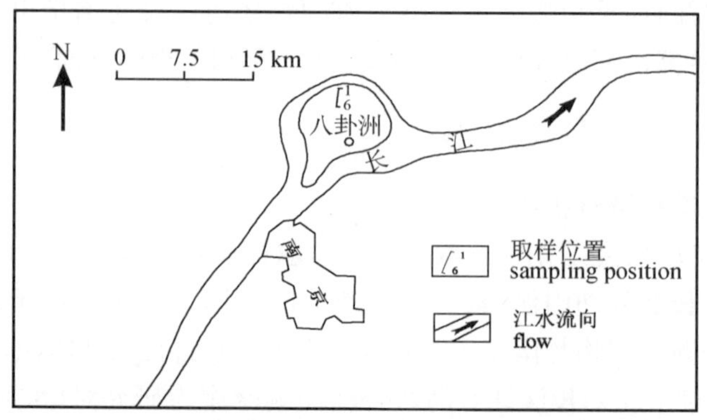

图 3-20 长江南京段八卦洲现代沉积物取样位置

层和不同深度现代沉积物——黄褐色粉细砂、淤泥，取样时间为3月份，剖面起点为江水与岸之接合处，终点至现代防洪岸堤，剖面方向垂直江水流向，如图3-20所示。

本研究采取纵横剖面结合取样的方法，以了解沉积物中痕量金属在平面上和纵向上的分布特征，探讨其污染特征和沉积叠加幅度随沉积厚度变化(即时间变化)的变化规律，为认识长江现代沉积物及江水中痕量金属含量变化规律和污染特征提供依据，并据之对南京市痕量金属污染发展趋势进行估计。

沉积物样品分别采取河岸淤积物、纵剖面不同深度沉积物。样品经干燥、过筛，截取<50 μm部分供研究。As、Cd分析采用原子荧光法，分析仪器为AF-610原子荧光光谱仪(北京瑞利分析仪器公司制造)；其他元素的分析分别采用ICP-AES法、ICP-MS法，分析仪器分别为JY38S ICP-AES(法国制造)、TJA-1100 ICP-AES(美国制造)和Element Ⅱ ICP-MS(德国Finnigan MAT公司制造)。各类分析仪器测试精度及分析质量指标如表3-31所示。

表3-31 样品测试仪器检测限及分析质量

	V	Cr	Mn	Pb	Co	Ni	Cu	Zn	Sb	As	Cd
Element2 ICP-MS检测限/(μg/g)									1×10^{-7}		
分析质量合格率/%									100		
JY-38S ICP-AES检测限/(μg/g)	0.000 8	0.000 57			0.001	0.000 92					
分析质量合格率/%	100	100			100	100					
TJA-1100 ICP-AES检测限/(μg/g)			0.001	0.025			0.002	0.004			
分析质量合格率/%			100	100			100	100			
AF-610A原子荧光仪检测限/(μg/g)										0.000 08	0.000 08
分析质量合格率/%										100	100

注：分析质量合格率按各方法分析相对偏差限(重复样相对偏差<5%者≥95%)统计。

3.1.3.2 长江南京段痕量金属污染讨论

1) 痕量金属元素含量及污染特征

长江南京段八卦洲现代沉积物痕量金属含量及污染特征如表3-32所示。数据表明，表层沉积物中Sb、As、Mn、Cd、Pb、Co、Cu、Ni、V九个元素已形成Muller污染分级中的1～2级污染。有关元素在沉积平面上含量变化特征见图3-21。该结果表明，长江现代沉积物中痕量金属含量略高于其背景含量，并在同一沉积平面上分布较均匀，含量起伏变化很小。不同深度沉积物中痕量金属含量分布如图3-22所示。

表 3-32 长江南京段现代沉积物中痕量金属元素含量、污染指数及叠加速率(含量单位:mg/kg)

	Cu	Pb	Cd	As	Sb	Hg	V	Co	Ni	Cr	Mn
背景含量	25.4	22.4	0.23	5.3	1.03	0.06	102.9	9.1	24.7	72.8	426.7
沉积物中平均含量	59.5	58.7	0.62	20.8	5.7	0.1	193.5	23.8	48.3	98.5	1 185
污染指数	0.64	0.8	0.84	1.39	1.88	−3.21	0.33	0.8	0.38	−0.15	0.89
污染分级	1	1	1	2	2		1	1	1		1
沉积叠加速率	0.083	0.067	0.004	0.013	0.025	0.000 6	−0.667	0.05	0.067	0.217	−0.667

注:背景含量据唐涌六、杨学义数据(1982)计算[79、80],污染指数、污染分级据 Muller(1969)研究资料计算[35]。叠加速率单位:mg・kg^{-1}・cm^{-1}(沉积物)。

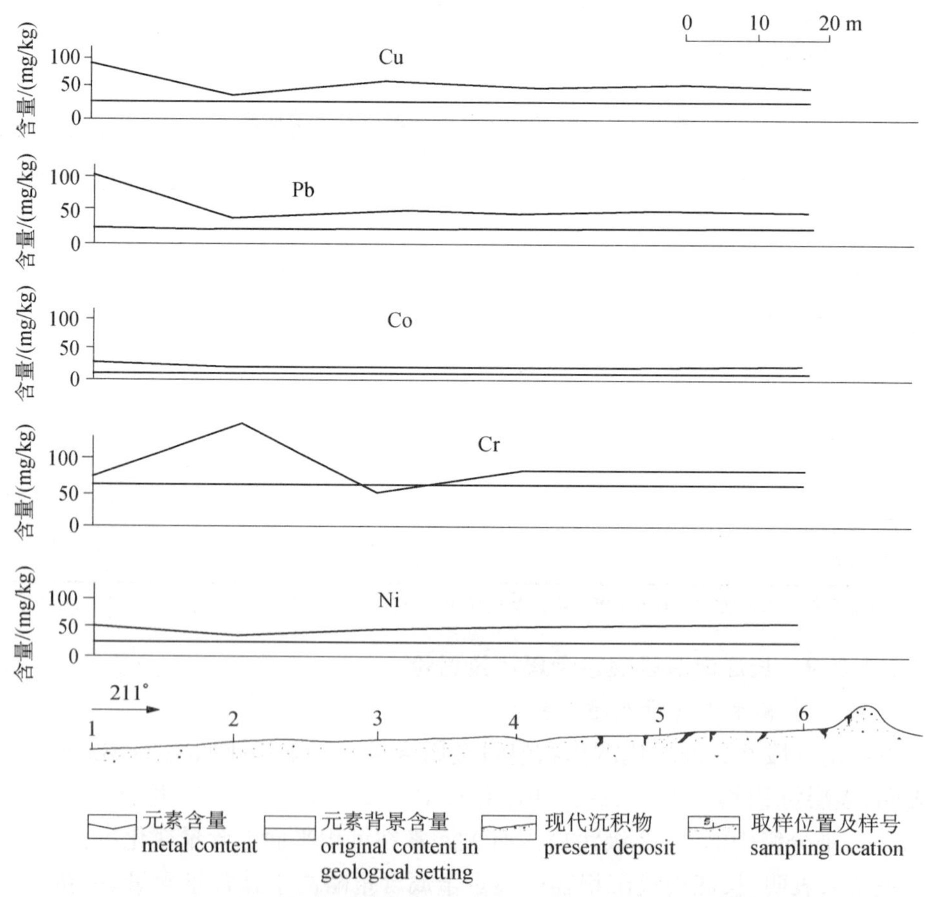

图 3-21 长江南京段现代沉积物中同一沉积面上痕量金属元素的含量分布

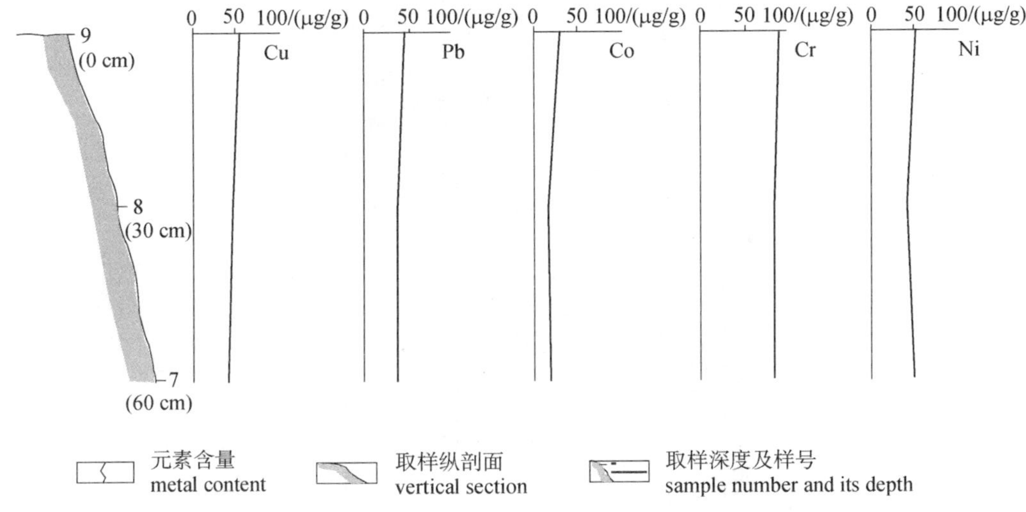

图 3-22　长江南京段现代沉积物中痕量金属元素含量的垂向分布

图 3-22 结果表明，沉积物中随深度由深到浅痕量金属元素含量具由低到高变化规律。据此分析，长江现代沉积物中，痕量金属含量随时间由老到新逐渐增高，而同一沉积平面上，含量基本一致。依据取样深度与含量变化规律估算长江现代沉积物中痕量金属沉积叠加速率结果如表 3-32 所示。这种估算是粗略的，但沉积物中痕量金属元素除 Mn、V、Hg 外，在本次工作取样深度(60 cm)所代表的时间段范围内，其他元素含量随时间在增加的趋势是一致的。这是对南京市以及上游人为痕量金属污染程度及污染发展趋势的一种揭示，一方面说明江水污染及生态风险在不断加重，另一方面痕量金属在沉积物中会随时间发生不断累积。这一叠加沉积速率，如果照目前趋势继续发展下去，不久的将来便会有惊人的累积效果。

2) 痕量金属元素化学形态特征

元素化学形态研究结果见表 3-33。该表数据表明，有效态中，V、Cu 主要以有机态、铁锰氧化物态存在，Co、Pb 主要以可交换态和铁锰氧化物态存在，Sb 和 Cd 在有效态中含量很少，As 主要以铁锰氧化物态、有机态及可交换态存在，Ni、Cr、Mn 主要以铁锰氧化物态存在。各元素在其有效态及残渣态中聚集能力体现出如下的次序：

可交换态中：Pb > Co > Cu > Mn > Ni、Cr、V

碳酸盐态中：Cu > Cr > Mn > V > Ni、Co、Pb

Fe-Mn 氧化物态中：Mn > Co > Pb > Cu > Ni > V > Cr

有机态中：Cu > Mn > V > Cr > Ni、Co、Pb

残渣态中：Cr > V > Ni > Co > Pb > Cu > Mn

表 3-33　长江南京段现代沉积物中痕量金属元素化学形态特征(mg/kg)

元素	可交换态		碳酸盐态		Fe-Mn 氧化物态		有机态		残渣态		总含量	矿物成分
	含量	占总量/%	含量	占总量/%	含量	占总量/%	含量	占总量/%	含量	占总量/%		
Cu	0.68	1.3	0.48	0.90	6.63	12.8	17.5	34.3	25.90	50.7	51.09	石英、长石、
Pb	7.88	15.0	<0.025		10.78	20.5	<0.025		33.90	64.5	52.56	白云石(少量)、
V	0.16	0.1	0.16	0.10	6.80	5.0	3.25	2.4	127.00	92.5	137.37	方解石(少量)、
Co	0.64	4.3	<0.003		4.24	28.6	<0.003		9.97	67.1	14.85	伊利石(69%)、
Cr	<0.005		0.36	0.50	2.86	3.1	0.7	0.8	87.70	95.7	45.74	绿泥石(20%)、
Ni	<0.01		<0.01		3.94	8.6	<0.01		41.80	91.4	91.62	蛭石(7%)、
Mn	1.52	0.2	1.72	0.20	554.9	62.5	32.95	3.7	297.00	33.4	888.09	高岭石(4%)

注:矿物成分后圆括号中的数字为黏土矿物相对含量。

3）成因讨论

近些年来，随着长江沿岸生产规模的扩大，其对长江的排污量亦相应逐年增大，这势必导致江水中污染物浓度的变化，痕量金属在长江现代沉积物中由深到浅含量渐趋增加的事实，即是这种变化趋势的物质记录。而滩涂表面沉积物中痕量金属元素含量随距江水距离变化很小的事实说明，其含量变化受江水中浓度变化制约，痕量金属元素的叠加系由江水携带痕量金属沉淀所致，而有效态部分是最易随水迁移的部分。研究区痕量金属元素有效态含量与叠加含量间存在总体上较明显的正相关关系，如图 3－23 所示。

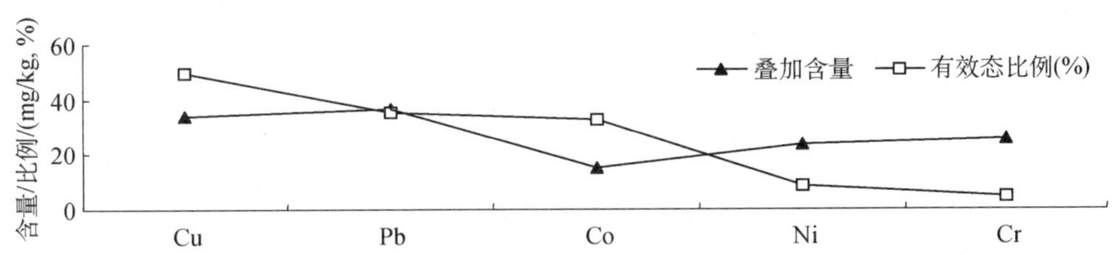

图 3－23　长江现代沉积物中痕量金属沉积叠加含量与其有效态含量的关系

长江江水蚀源的自然背景含量对这一变化的影响可以认为是基本恒定的，据此粗略推断，在长江沉积物中痕量金属含量叠加部分中其有效态部分可能是主要角色，上述事实即是对这种含量变化内在规律的揭示或体现。这些事实说明，上游及南京市由人为活动引起的痕量金属向环境的叠加在与日俱增，其积累效果将日趋严重。

长江现代沉积物痕量金属元素在其各形态中的聚集能力的差异情况比较复杂，影响因素亦较多，就本次工作结论分述如下：

（1）可交换态

根据实验程序，可交换态痕量金属是能溶于 $MgCl_2$（pH＝7）溶液中的那一部分含量，因而 $MgCl_2$ 溶解出来的主要是以静电作用为基础，通过离子交换和表面吸附结合在颗粒表面的那部分金属含量，在环境中一般呈离子状态存在。据已有研究工作[40、81]结合本次研究结果，河流沉积物中痕量金属在可交换态中的比例一般都低于 15％，其中大部分元素小于 5％。该部分金属的浓度主要受控于其在江水中的浓度和水——颗粒表面的分配常数，而上述各元素在可交换态中聚集能力顺序即是这些因素共同作用结果的体现，这一次序可能是在长江江水痕量金属离子浓度条件下不同元素在水中分配系数特征的反映。

（2）碳酸盐态

总体看，长江现代沉积物中碳酸盐态比例是较小的，一般小于 1％，这可能与长江源区碳酸盐发育较少，并且在湿热气候条件下化学风化过程中碳酸盐矿物易被分解有关。

(3) 铁锰氧化物态

各元素在铁锰氧化物态中的比例相对较大，一般大于或近于10%。铁锰氧化物除了本身结合的金属元素外，其颗粒巨大的比表面，对金属离子(粒子)具有很强的吸附能力，环境中一旦形成某种适于其从溶液中沉淀的条件，它们便同所载带吸附的痕量金属粒子一同沉淀。由于其含量一般较高，占有效态比例亦相对较大，因而，这一指标可在河流沉积物污染评价中可作为参考判别标志。

(4) 有机态

长江现代沉积物中，不同痕量金属元素其有机态比例差别悬殊，最高为Cu，达34%，最低者(Pb、Co、Ni等)则近于零。造成这一现象的原因除了人为向江水中排污成分差异因素外，长江流域雨水丰沛、气候温和、生物繁盛，风化过程中会有较多的有机质进入江水，而不同元素与有机化合物的结合能力差异又较大，这些因素都可能导致沉积物中痕量金属有机态含量高低悬殊的结果。

(5) 残渣态

残渣态是痕量金属元素在江河沉积物中最主要的结合形态，其主要为硅酸盐矿物相。如前所述，该部分金属在环境中可认为是惰性的，也是属于真正的自然背景的主体部分。残渣态含量主要是背景因素的体现，就长江而言，这一含量应该是相对稳定的。长江南京段现代沉积物中痕量金属含量所有元素残渣态比例都大于50%(见表3-33)，这一现象表明，长江江水中痕量金属含量中其背景因素含量占主导地位，目前对在研究区段环境中痕量金属对生物的毒害尚较微弱，但与日俱增的含量叠加势头是非常值得警醒的环境现象。

3.2 城市湖泊痕量金属污染

3.2.1 上海淀山湖痕量金属元素分布、污染及时空变化

3.2.1.1 研究区域概况

淀山湖，是上海市的唯一湖泊，位于江苏、浙江和上海三地交界处，处于太湖以东、上海西郊，地理位置为31°04′～31°12′N，120°54′～121°01′E，湖泊面积63.7 km^2，距上海市中心约60 km，离管辖地青浦镇18 km。淀山湖隶属太湖流域，主要接受太湖流域上游来水，出水经黄浦江流入长江口后汇入东海。沿湖进出河流59条，属于受潮汐影响的吞吐性浅水湖泊，换水周期仅29天左右，平均水深2.1 m。

淀山湖是由于长江南移在地势较低的冲积平原上形成的浅水湖泊，和长江流域的太湖、洞庭湖、鄱阳湖都具有相似的成湖原因。淀山湖区原属陆地，成湖后由于海潮倒灌、水涝内渍、泥沙淤塞以及人为填垦等原因，加之湖底极不稳定的淤泥

不断受风浪侵蚀、搬运和沉积，曾经历了湖面由淀淤缩小而又经风浪冲坍扩大的反复变化过程。

淀山湖是上海市的重要水源地之一，其水源主要来自太湖下泄的地表径流、大气降水和地下水。以急水港、白石肌港、大朱砂港、汪洋港为进水港口，约占总进水量的85%。拦路港、淀浦河为出水港口，其中拦路港排水量约占71%。在大潮汛期，亦有黄浦江水倒灌入湖。淀山湖地区年平均降水量约1 000 mm，总蓄水量为1.32亿m^3。水位基本稳定，年平均为2.63 m，一般年份从6月中旬上升，最高水位常出现在7～9月。据淀峰水位站资料记载，1954年8月3.7 m的水位为最高。枯水期在11月至翌年3月，最低水位为1.76 m。湖水流速缓慢，水深在2.5 m左右，全年进水1.95 m^3/s，出水50.62 m^3/s，水位变化较小，年变化范围不到0.1 m。环湖约20万亩农田靠湖水灌溉，沿湖地区所产水稻米质特优，为上海优质产粮区之一。1985年颁布的《上海市黄浦江上游水源保护条例》规定，淀山湖是水源保护区的重点水域。沿湖纵深5 km陆域亦划为水源保护区范围，在这一范围内未经环境监测部门批准的工厂、单位，其生产、生活均需实行《条例》中防止水源污染的各有关措施，期间，有不符合《条例》要求的单位被关并停转，有的或迁往别处。据1987年市人大代表视察时了解，淀山湖水质已达到或接近1982年前的状况，符合国家水质二级水标准的有关指标。

3.2.1.2 样品及分析测试

本次研究在湖区共布置5个采样点(见图3-24)，其中A样点位于西南部一个较封闭湖域(元荡湖)中央，B样点位于主要进水口(避开了主要航道)，C样点位于湖中央，沉积物受扰动较弱，相对稳定，D样点位于淀山湖北部赵田区域，E样点位于淀山湖水上运动场附近(人为影响频繁部位)[82]。

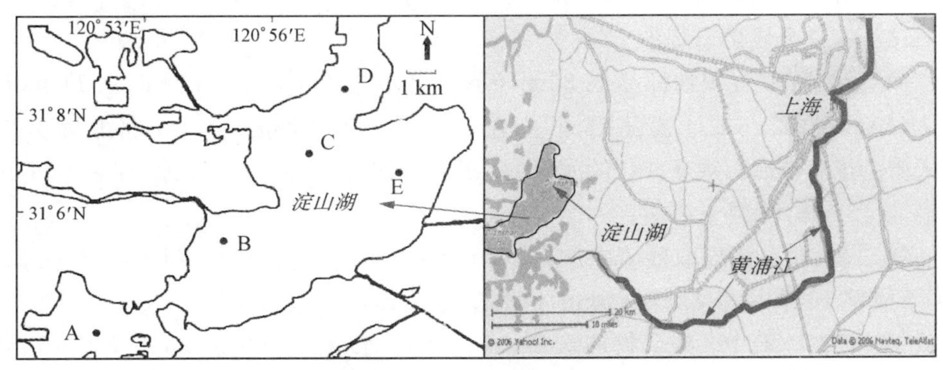

图3-24 淀山湖采样位置图

1) 样品

于2006年冬季使用直径为8 cm、长度为4 m的PVC管在淀山湖区上述5个样点采集了柱状沉积物。过程中，将 PVC 管直接插入底部沉积物内，取出后锯掉 PVC 管空余部分，将其中柱状沉积物样以内衬牛皮纸的胶带密封后带回实验室。

A 至 E 号柱样的长度分别为 22 cm，26 cm，19 cm，26 cm 以及 48 cm，每个柱样其沉积物的颜色不尽一致，E 号柱样 0～8 cm 为浅黄色，8～31 cm 为深绿色，31～48 cm 为灰黑色，其余柱样均呈不同程度的灰黑色，A 号柱样及 C 号柱样的底部夹杂较多贝壳。从垂直断面上看，每个柱样顶部 1～3 cm 呈灰黑色絮凝状态，含水量较高，以黏土质和细粉沙质的悬浮颗粒为主，以下部分颜色渐浅，以自然泥质沉积物为主，含水量渐低，质地渐密实。

2）样品处理及分析测试

在实验室将柱样从 PVC 管中完整取出后，按 1 cm 长度用竹片进行分割。分割后的沉积物样品在牛皮纸上以牛皮纸覆盖经自然风干后用研钵研磨过 200 目筛，装入牛皮纸袋置于 4℃下保存备用。

用于 As 和 Hg 分析的样品，称粉末样 0.5 g 置于比色管中(25 mL)，加王水(HNO_3 ∶ HCl＝1 ∶ 3)10 mL，加比色管盖置于大烧杯内煮沸 1.0 h，冷却后用水稀释定容为 25 mL 待测。

用于 Cu、Pb、Cr 和 Cd 分析的样品，称粉末样 0.5 g 置于 50 mL 聚四氟乙烯烧杯内，加分析纯 HNO_3 至满，电热板加热至近干后(间歇晃动以溶下锅壁上渣末)加入 HF 至满，继续加热至干，然后在残渣上加入 HF 至淹没样品并滴入 2～3 滴 $HClO_4$，加热蒸干至冒完白烟为止，然后以 1 ∶ 10 HCl 定容至 50 mL 待测(定容时加入 5 mL 浓 HCl、45 mL H_2O 以完全溶下烧杯内样渣)。

所用试剂均为分析纯级，实验用水为二次蒸馏水，由 SZ－98 自动双重水蒸馏器制得。所用聚四氟乙烯和玻璃容器、量具均事先用 10％硝酸溶液浸泡 12 h，然后再用去离子水冲洗和经低温干燥。

(1) 痕量金属形态提取

第一步：称取沉积物样品 0.25 g 于聚乙烯离心管中，加入 10 mL 0.11 mol/L 的 HOAc，在 22±5℃ 下震荡 16 个 h，在 3 000 r/min 下离心 20 min，将上清液定容导入聚乙烯容器后存放于 4℃ 的冰箱中。残余物加入 20 mL 去离子水，在 3 000 r/min 下离心 15 min，除弃上清液；

第二步：在上步提取残渣中加入 10 mL 0.5 mol/L 的 $NH_3OH \cdot HCl$，在 22±5℃下震荡 16 个 h，在 3 000 r/min 下离心 20 min，将上清液定容导入聚乙烯容器后存放于 4℃ 的冰箱中。残余物加入 20 mL 去离子水，在 3 000 r/min 下离心 15 min，除弃上清液；

第三步：在上步提取残渣中加入 2.5 mL 8.8 mol/L 的 H_2O_2，加入 HNO_3 调节 pH 至 2～3，在室温下保持 1 h，间歇晃动离心管，加热到 85±2℃，再次加入 2.5 mL 8.8 mol/L 的 H_2O_2，加入 HNO_3 调节 pH 至 2，在 85±2℃ 下保持 1 h，使

溶液挥发至几毫升，最好加入 12.5 mL 1 mol/L 的 NH_3OAc，用 HNO_3 调节 pH 至 2，在 22±5℃ 下振荡 16 h，在 3 000 r/min 下离心 20 min，将上清液定容导入聚乙烯容器后存放于 4℃ 的冰箱中。残余物加入 20 mL 去离子水，在 3 000 r/min 下离心15 min，除弃上清液；

第四步：残余物按照 ISO 标准 11466 用王水进行消解并定容置冰箱中 4℃ 下保存待测。

(2) 分析测试

主要测试仪器有 AFS－9130 顺序注射双道原子荧光光度计(北京吉天仪器有限公司)、Varian 220z 型偏振塞曼原子吸收光谱仪(美国 VARIAN/瓦里安公司)及 SIGMA 3－18K 高速冷冻离心机(上海晶仪科学仪器有限公司)、DKZ－2 型电热恒温振荡水槽(上海精宏实验设备有限公司)、DB－3 型不锈钢电热板(金坛市亿通电子有限公司)等处理设备。

元素 Hg、As 总量采用 AFS－9130 顺序注射双道原子荧光光度计测定，仪器参数如表 3－34 所示；Pb、Cd、Cu、Cr 总量采用 Varian－220z 型偏振塞曼原子吸收分光光度计测定；对元素 Pb、Cu、Cd 进行了形态分析，其含量采用 Thermo－S4 型原子吸收分光光度计测定；仪器参数如表 3－35 所示。As 元素测定之前将稀释 25 倍，并加入 5%(*W*/*V*)的硫脲—抗坏血酸做还原剂，其余元素均直接测定。每种元素均进行平行样测定和回收率检验，各测量仪器的分析质量参数如表 3－36 所示。

表 3－34　AFS－9130 型原子荧光光度计工作参数

待测元素	As	Hg
光电倍增管负高压/V	270	290
原子化器高度/mm	8	8
灯电流/mA	60	30
载气流量/mL/min	400	400
屏蔽气流量/(mL/min)	800	800
读数时间/s	7	7
延时时间/s	1.5	1.5

表 3－35　原子吸收分光光度计(光谱仪)工作参数

待测元素	Cu	Cr	Cd	Pb
波长/nm	324.8	357.9	228.8	217.0
灯电流/mA	4.0	8.0	4.0	6.0
乙炔气流量/(L/min)	1.5	1.5	1.5	1.5
空气流量/(L/min)	3.5	3.5	3.5	3.5
狭缝/nm	0.5	0.2	0.5	1.0
燃烧头高度/mm	13.5	0.0	0.0	0.0

表 3-36 仪器对待测元素的检出限、灵敏度及回收率

分析仪器	元素	检出限/(μg/L)	相对标准偏差/(n=3，%)	回收率/%
AFS-9130 双道原子荧光光度计	Hg	0.001	4.39	96.95
	As	0.010	2.67	95.47
Varian 220z 型偏振塞曼原子吸收分光光度计	Cu	0.004	3.41	97.36
	Cr	0.010	6.12	103.68
	Cd	0.005	4.20	98.32
	Pb	0.020	7.11	107.90
Thermo-S4 型原子吸收光谱仪	Cu	0.003	3.43	101.70
	Cd	0.006	4.22	109.64
	Pb	0.020	5.03	88.06

各元素标准曲线数据，相关系数以及拟合方程如表 3-37 所示。

表 3-37 有关元素分析标准曲线参数

	序号	1	2	3	4	5
Cu	浓度/(mg/L)	0.000 0	0.200 0	0.400 0	0.800 0	1.600 0
	吸光度	0.001 4	0.024 8	0.048 0	0.096 2	0.189 2
	曲线方程及相关系数	$y=0.117\,6x+0.001\,4$、$R^2=1$				
Pb	浓度/(mg/L)	0.000 0	0.200 0	0.400 0	0.800 0	1.600 0
	吸光度	−0.003 8	0.006 4	0.012 4	0.026 7	0.054 5
	曲线方程及相关系数	$y=0.035\,7x-0.002\,2$、$R^2=0.997\,5$				
Cr	浓度/(mg/L)	0.000 0	0.200 0	0.400 0	0.800 0	1.600 0
	吸光度	−0.029 9	0.157 7	0.301 5	0.594 1	1.109 6
	曲线方程及相关系数	$y=0.701\,9x+0.005\,5$、$R^2=0.996\,6$				
Cd	浓度/(mg/L)	0.000 0	0.040 0	0.080 0	0.160 0	0.320 0
	吸光度	0.000 0	0.014 4	0.028 9	0.056 9	0.107 5
	曲线方程及相关系数	$y=0.335\,4x+0.001\,3$、$R^2=0.999$				
As	浓度/(mg/L)	1.000	2.000	4.000	8.000	10.000
	吸光度	113.51	242.54	526.66	1 152.44	1 451.04
	曲线方程及相关系数	$y=150.07x-53.112$、$R^2=0.999\,4$				
Hg	浓度/(mg/L)	100	200	400	800	1 000
	吸光度	122.01	259.86	538.71	1 110.49	1 416.92
	曲线方程及相关系数	$y=1.435x-27.88$、$R^2=0.999\,8$				

3.2.1.3　淀山湖沉积物中痕量金属元素含量分布及环境意义讨论

1）痕量金属在淀山湖沉积物中的总体含量特征

淀山湖沉积物中痕量金属含量以及相关湖泊的情况如表 3－38 所示。其表明淀山湖沉积物中 Cu、Cr、Hg、As 元素含量均低于上游的太湖、洞庭湖等湖泊沉积物中的含量，除了 B 样点的 Cu 含量超过土壤环境质量标准（一级）之外，其他元素及 Cu 其余样点的含量均低于土壤环境质量标准；而 Cd 和 Pb 含量均高于太湖、洞庭湖、巢湖及土壤环境质量标准，其中 Cd 含量是太湖沉积物中含量的 1.7～4 倍，最高含量超出土壤环境质量标准 14 倍。

表 3－38　淀山湖各沉积物柱样中及相关湖泊沉积物中的痕量金属含量

元素	A样点	B样点	C样点	D样点	E样点	太湖[83]	洞庭湖[84]	巢湖[85]	土壤一级标准[86]
Cu/(μg/g)	28.69	**36.72**	17.88	30.77	27.68	41.38	51.30	30.31	35.00
Cd/(μg/g)	**2.98**	**3.17**	**1.34**	**1.55**	**2.34**	0.79	2.70	0.18	0.20
Cr/(μg/g)	37.61	30.26	30.15	38.48	29.66	82.72	87.00	64.66	90.00
Pb/(μg/g)	**54.69**	**69.11**	**44.33**	**55.97**	**51.98**	41.00	52.80	26.45	35.00
Hg/(μg/kg)	53.23	111.69	89.62	115.11	110.41	120.00	220.0	85.47	150.0
As/(μg/g)	12.62	9.43	10.71	7.01	7.43	12.43	22.50	4.04	15.00

从各元素含量的分布看，淀山湖 C 样点各元素的含量一般都低于其余样点，这可能与 C 样点位于淀山湖中央，受到沿岸污染源影响较少有关；B 样点位于主要进水口和主航道附近，受上游来水污染物和船只影响较大，D 样点位于水上游乐场附近，受人工扰动和人工活动污染影响较大，这些可能是造成该样点有些元素含量偏高的原因。

2）不同沉积深度痕量金属含量变化及环境意义讨论

Cu 在淀山湖沉积物中的含量范围为 16.0～60.7 μg/g，垂直分布特征如图 3－25 所示。

Cu 在各样点沉积柱中的分布趋势基本都呈现出随深度增加而下降的变化趋势，各点递增速率较为接近。A 至 E 样点最高值分别为 31.825 μg/g(1 cm)，60.731 μg/g(1 cm)，36.324 μg/g(1 cm)，37.550 μg/g(1 cm)，44.243 μg/g(5 cm)，均位于沉积物的表层；最低值分布为 26.554 μg/g(21 cm)，20.654 μg/g(25 cm)，23.014 μg/g(17 cm)，25.728 μg/g(21 cm)，16.012 μg/g(45 cm)，大都位于沉积物的底层。各样点 Cu 含量由大到小依次为 B＞D＞A＞E＞C，其中除了 B 样点 0～5 cm 深度沉积物中 Cu 的含量明显高出其他柱样之外，其余样点的含量分布差别较小。

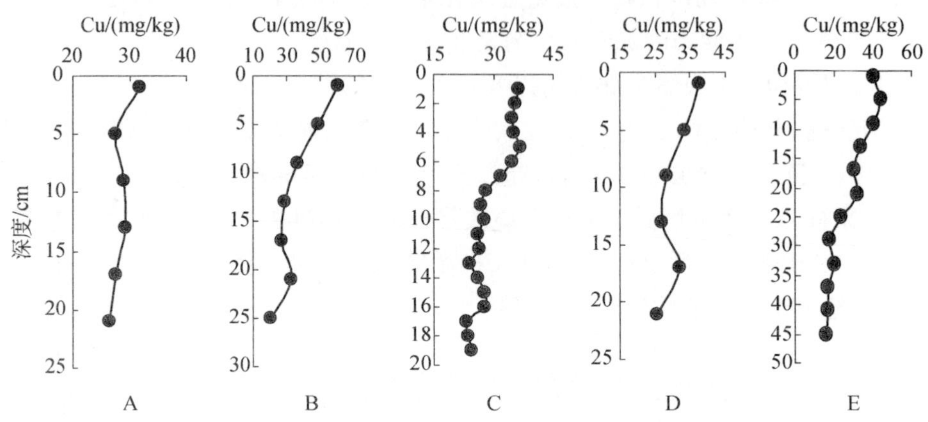

图 3-25　淀山湖柱状沉积物中 Cu 的含量变化

Cd 在淀山湖沉积物中的含量范围为 0.12～4.53 μg/g，垂直分布特征如图 3-26 所示。B 样点 Cd 元素的含量相对稳定，沿深度变化较小，C 样点中 Cd 含量虽有一定的浮动，但总体上呈现出沿深度增加而递减的趋势。而 A、D、E 样点的 Cd 含量分布则变化范围较大，规律性不强。除了 D 样点以外，其余各样点的 Cd 含量在表层(5 cm 以上)都呈现出递增的趋势。各样点 Cd 含量由大到小依次为 B＞A＞E＞D＞C。

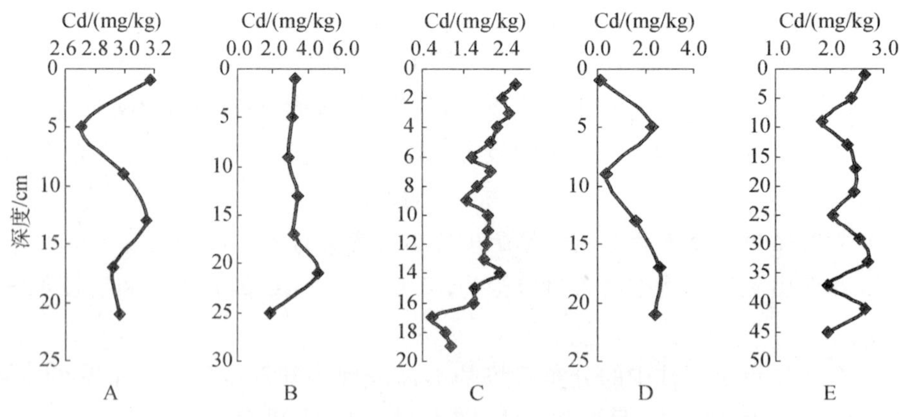

图 3-26　淀山湖柱状沉积物中 Cd 的分布

Cr 在淀山湖沉积物中的含量范围为 10.47～57.83 μg/g，垂直分布特征见图 3-27。

Cr 在个样点沉积物中的分布随着深度的减小大体都呈现出递增趋势。各柱样中 Cr 含量的最高值分别为 44.071 μg/g(9 cm)，40.945 μg/g(17 cm)，44.831 μg/g(10 cm)，57.831 μg/g(5 cm)，40.119 μg/g(21 cm)，都位于沉积柱的中部及以上

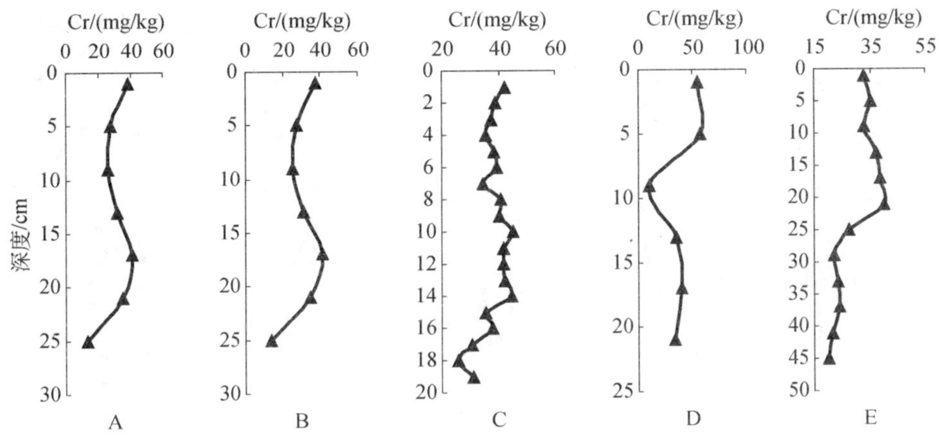

图 3-27　淀山湖柱状沉积物中 Cr 的分布

段；Cr 含量的最低值分别为 34.200 μg/g(5 cm)，13.583 μg/g(25 cm)，25.600 μg/g(18 cm)，10.474 μg/g(9 cm)，20.238 μg/g(45 cm)，除 A 样点外都位于沉积物的中部及以下段。A 样点中 0～5 cm 段和 10～22 cm 段 Cr 含量呈递增趋势，两段的递增速率也较为一致；B 样点中 0～10 cm 段和 17～25 cm 段也都呈线递增趋势，其中 17～25 cm 段递增速率较快；C 样点由底部至表层呈连续递增趋势；D 样点在 10 cm 处 Cr 含量呈下降趋势，其余深度都呈递增趋势；E 样点沉积物中的 Cr 含量在 20 cm 以上较为恒定，在 20 cm 以下段呈递增趋势，其中 20～30 cm 段递增速率较快。各样点 Cr 含量由大到小依次为 D＜A＜B＜C＜E。

Pb 在淀山湖沉积物中的含量范围为 33.97～83.71 μg/g，垂直分布特征见图 3-28。各样点 Pb 含量的最大值分别为 59.380 μg/g(17 cm)，83.710 μg/g(9 cm)，75.635 μg/g(5 cm)，71.594 μg/g(1 cm)，66.526 μg/g(1 cm)，大部分都位于沉积柱的上部；Pb 含量最小值分别为 41.880 μg/g(5 cm)，36.909 μg/g(25 cm)，37.500 μg/g(17 cm)，33.972 μg/g(9 cm)，42.778 μg/g(45 cm)，大部分位于沉积柱的下部。A 样点中 Pb 含量在 10 cm 以下段较为恒定，在 10 cm 以上段随着深度的递减呈现先递减后增加的趋势，在 5 cm 左右深度呈现一个低值；B 样点中 Pb 含量在 10 cm 以下段随着深度的递减呈现增加的趋势，在 10 cm 以上段含量较为恒定；C 样点 Pb 含量有一定的浮动，但总体呈现出随深度的递减而增加的趋势，8 cm 以下段的平均含量(49.252 μg/g)小于 8 cm 以上段的平均含量(62.407 μg/g)；D 样点 Pb 含量随深度的减小呈现先减小后增加的趋势，在 9 cm 左右深度出现低值；E 样点 Pb 含量整体上呈现出随深度的递减而增加的趋势，在 10 cm 和 20 cm 深度处分别呈现了低值。各样点 Pb 含量由大到小依次为 B＞D＞A＞E＞C。

Hg 在淀山湖沉积物中的含量范围为 43.09～145.66 μg/kg，垂直分布特征见

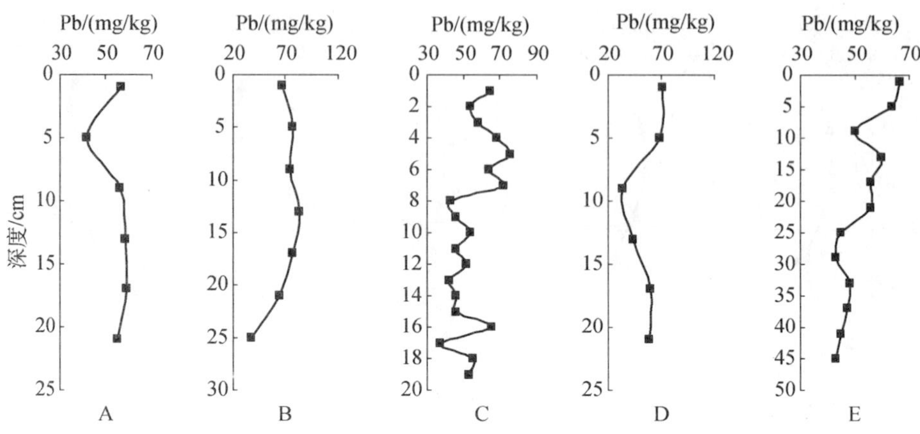

图 3-28 淀山湖柱状沉积物中 Pb 的分布

图 3-29。元素 Hg 的垂向分布趋势和元素 Pb 较为相似。各样点的 Hg 元素含量总体上都随深度的递减而增加。

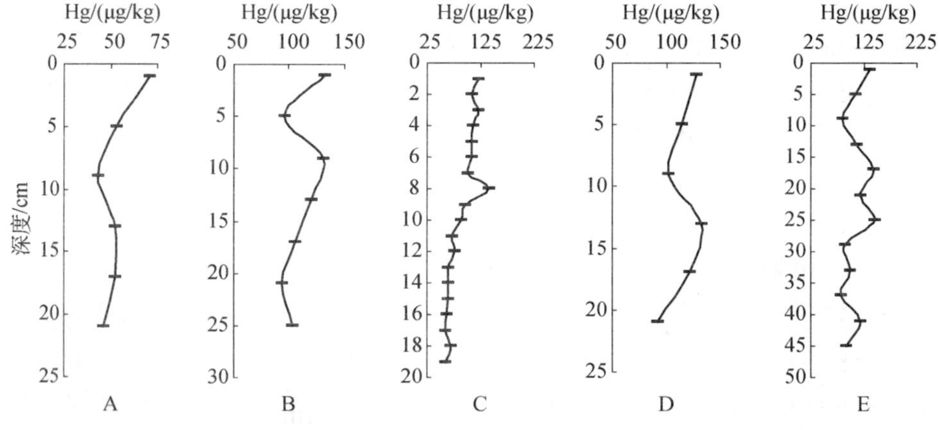

图 3-29 淀山湖柱状沉积物中 Hg 的分布

各样点的最高值分别为 71.06 μg/kg(1 cm)，131.87 μg/kg(1 cm)，140.03 μg/kg(8 cm)，133.07 μg/kg(13 cm)，145.66 μg/kg(25 cm)，大部分位于沉积柱的顶部和上部；最低含量分别为 43.09 μg/kg(9 cm)，94.46 μg/kg(21 cm)，59.19 μg/kg(19 cm)，91.66 μg/kg(21 cm)，80.62 μg/kg(33 cm)，基本都位于沉积柱的底部和下部。

A 样点 Hg 含量在 10 cm 以下段较为恒定，在 10 cm 以上段随深度的递减而增加；B 样点 Hg 含量在 0～5 cm 段和 10 cm 以下段都随深度的递减而增加，其中 5 cm 以上段增加速率较快；C 样点 Hg 以较为稳定的速率随深度的递减而增加，在

8 cm 处出现峰值；D 样点 Hg 含量呈两段（0～10 cm 及 15 cm 以下）递增，递增速率较为一致；E 样点 Hg 含量波动较大，总体上呈现随深度的递减而增加的趋势。各样点 Hg 含量在 5 cm 以上段都呈现较快的递增趋势。

各样点 Hg 含量由大到小依次为 A > C > B > E > D。

As 在淀山湖沉积物中的含量范围为 4.47～14.82 μg/g，垂直分布特征见图图 3-30。A 样点 As 含量变化随着深度的减小先增加再减少，在 12 cm 处出现一个峰值；B 样点 As 含量在 0～5 cm 和 20～25 cm 处随着深度的减小而增加，其余段较为相对稳定；C 样点 As 含量整体上随着深度的减小而增加，在 18 cm、10 cm 和 4 cm 左右有较大的波动，出现三个峰值；D 样点 As 含量与 A 样点出现相反的趋势，随着深度的减小先减少再增加，在 13 cm 处达到最低点；E 样点 As 含量在 30 cm 以下以较快的速率增长，在 30 cm 处达到峰值，在 10～30 cm 区域呈现随深度的减少略微递减的趋势，在 10 cm 以上段随着深度的减小而递增。各样点 As 含量在5 cm 以上段皆呈现递增趋势。各样点 As 含量由大到小依次为 A > C > B > E > D。

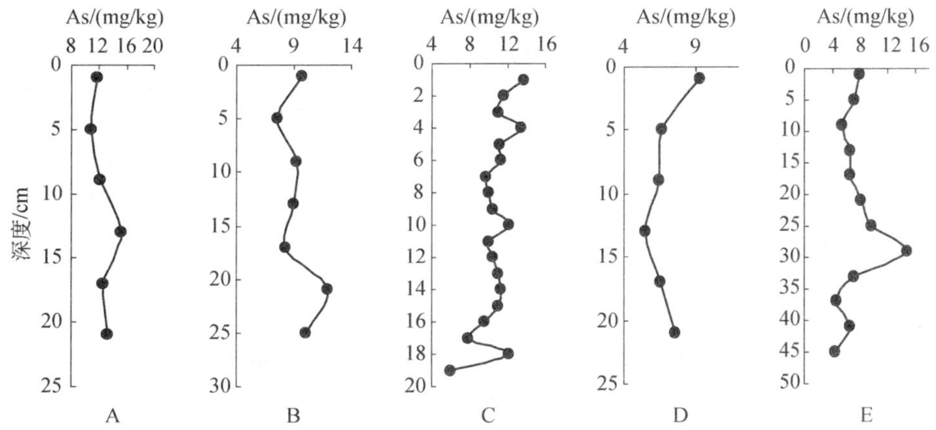

图 3-30　淀山湖柱状沉积物中 As 的分布

综合各样点各元素的垂向分布情况，可得出以下几点认识：

① 元素 Cu、Cr、Pb、Hg 的含量都呈现随深度减少而增加的变化趋势，元素含量的最大值大都分布在沉积柱的表层及上部，而最小值则分布在沉积柱的底部及下部。元素 Pb 和 Hg 的垂向分布趋势较为相似；

② 元素 Cd 和 As 含量随深度的变化浮动较大，各个样点的变化规律不一致；

③ 除个别样点的个别元素以外（D 样点 Cd、B 样点 Pb），所有元素在沉积柱的 0～5 cm 都呈现出明显的随深度减小而递增的趋势，大部分元素的递增速率较快。由此可以初步判断近几年淀山湖受到外源污染的影响较重，沉积物中痕量金属含

量呈快速增加势头。

④ 由表层沉积物中痕量金属含量一致呈随时间增加趋势推断，受此惯性影响的淀山湖水系统痕量金属污染未来有不断加重可能；而且，即使进入水中的含量得到抑制沉积物和上覆水体之间复杂的交换作用亦有使沉积物中的痕量金属重新进入水相产生二次污染的可能。痕量金属对淀山湖水体的这种潜在影响是非常值得重视的。

3）痕量金属在淀山湖沉积物中含量变化的相关性分析

上述淀山湖各样点沉积物中痕量金属的垂向分布研究表明，表层沉积物中各元素含量都出现随深度变浅递增趋势，各样点 10 cm 以上沉积物中各元素含量相关性分析结果如表 3－39、表 3－40、表 3－41、表 3－42、表 3－43 所示。

表 3－39　淀山湖 A 样点沉积物中痕量金属含量相关性

	Cu	Cd	Cr	Pb	Hg	As
Cu	1					
Cd	**0.953 4**	1				
Cr	0.077 2	0.374 4	1			
Pb	**0.786 6**	**0.936 3**	**0.676 3**	1		
Hg	**0.762 0**	**0.531 2**	−0.586 7	0.199 7	1	
As	**0.518 5**	**0.752 3**	**0.892 6**	**0.935 8**	−0.158 5	1

表 3－39 表明，在 A 样点元素 Cu、Cd、Pb 和 As 之间的相关性较好，而元素 Cr、Hg 与 Cu、Cd、Pb、As 之间的相关性略差。表明 Cu、Cd、Pb、As 之间可能存在一定的同源性。

表 3－40　淀山湖 B 样点沉积物中痕量金属含量相关性

	Cu	Cd	Cr	Pb	Hg	As
Cu	1					
Cd	**0.996 1**	1				
Cr	**0.930 5**	**0.894 9**	1			
Pb	−0.699 6	−0.634 4	−0.912 7	1		
Hg	0.004 3	−0.083 1	0.370 2	−0.717 6	1	
As	0.182 7	0.096 0	0.530 1	−0.830 3	**0.983 9**	1

从表 3－40 可以看出，在 B 样点元素 Cu、Cr、Cd 之间的相关性很好，元素 Hg 和 As 之间的相关性很好，而其余元素之间基本没有相关性，表明 Cu、Cr 和 Cd 之间存在同源性，Hg、As 之间存在同源性。

表 3-41　淀山湖 C 样点沉积物中痕量金属含量相关性

	Cu	Cd	Cr	Pb	Hg	As
Cu	1					
Cd	**0.650 1**	1				
Cr	−0.413 4	−0.113 0	1			
Pb	**0.717 3**	0.379 9	−0.519 4	1		
Hg	0.202 8	0.231 2	−0.102 9	−0.187 1	1	
As	0.470 8	0.564 8	0.248 6	0.285 3	−0.033 2	1

从表 3-41 可以看出，在 C 样点除了个别元素如 Cu 和 Pb 及 Cd 和 Cu 之间具有相关性之外，大部分元素之间无相关性。

表 3-42　淀山湖 D 样点沉积物中痕量金属含量相关性

	Cu	Cd	Cr	Pb	Hg	As
Cu	1					
Cd	−0.025 2	1				
Cr	**0.881 6**	0.449 5	1			
Pb	**0.935 6**	0.329 5	**0.991 5**	1		
Hg	**0.996 1**	−0.112 9	**0.836 8**	**0.900 9**	1	
As	**0.849 9**	−0.548 3	**0.500 6**	**0.609 0**	**0.892 8**	1

从表 3-42 可以看出，在 D 样点元素 Cu、Cr、Pb、Hg、As 之间具有较显著的相关性，而 Cd 元素则与这些元素毫无相关性，表明 Cd 元素可能具有不同于 Cu、Cr、Pb、Hg、As 的其他来源。

表 3-43　淀山湖 E 样点沉积物中痕量金属含量相关性

	Cu	Cd	Cr	Pb	Hg	As
Cu	1					
Cd	0.376 1	1				
Cr	**0.998 0**	0.316 5	1			
Pb	0.475 1	**0.994 0**	0.418 3	1		
Hg	0.108 7	**0.962 0**	0.045 4	**0.926 3**	1	
As	0.384 1	**0.999 9**	0.324 7	**0.994 9**	**0.959 6**	1

从表 3-43 中可知，在 E 样点元素 Cd、Pb、Hg、As 之间具有显著相关性，而元素 Cu、Cr 与其他元素均无相关性，表明该样点的 Cd、Pb、Hg、As 元素可能具有同源性。

综合各样点沉积物之间的相关性分析结果，大部分样点的沉积物中 Cd 元素与其他元素之间无相关性，表明 Cd 元素可能存在不同于其他元素的来源。淀山湖沉积物中 Cd 含量普遍较高(1.34～3.17 μg/g)也证明了这一点。A 样点元素之间相关性都较好，其中尤以 Cu、Cd、Pb 和 As 之间相关性较强，表明 A 样点各元素可能有近似的污染来源。在 B 样点，Cu、Cr、Cd 以及 Hg、As 分布具有同源性；D 样点处 Cu、Cr、Pb、Hg、As 之间显著相关，可能具有相同的污染源；E 样点处 Cd、Pb、Hg、As 元素之间显著相关，可能具有相似污染源。C 样点处各元素之间的相关性普遍较低，此处各元素之间的污染来源可能不太一致，而 C 点样点痕量金属元素含量大都低于其他样点，这些事实综合分析，可说明 C 样点沉积物痕量金属污染较轻的同时其来源或过程也不尽相同，这可能与 C 样点位于淀山湖中心受航道以及周边点源污染相对较轻有关。据此，C 样点沉积物中的痕量金属含量较之 A、B、D、E 更能代表长三角水域大区域的痕量金属污染特征。

4) *痕量金属在淀山湖沉积物中的形态含量特征*

痕量金属污染物进入沉积物后，以不同的形态赋存并处于各自不同的能量状态，它们在沉积物中的迁移能力不同，而迁移能力的大小又决定了痕量金属的生物有效性和对生态环境的危害程度。因此研究水系统痕量金属的环境效应，必须研究其在沉积物中的形态及形态转化过程的动态变化。目前对水沉积物中痕量金属的形态分布研究，大多集中在痕量金属各形态的提取方法及各形态的比例，对金属形态转化的研究较少。痕量金属进入沉积物后的形态转化方向及其随时间的变化，可提供沉积物中痕量金属的形态变化趋势及其对生物有效性影响的信息，对了解痕量金属在沉积物中的迁移转化规律和生物有效性具有重大的意义。

通过不同样点痕量金属总量的分析结果，选取本次工作淀山湖研究区样点中最具有代表性(沉积物物最为稳定且所受扰动最小)的 C 样点柱样按 4 cm 间隔进行形态分析。应用修正的 BCR 连续提取法提取元素 As、Pb、Cd、Cu 的弱酸提取态、可还原态、可氧化态和残余态，测定含量并计算出各相态占痕量金属总量的百分比。其中痕量金属元素 Cd 的多数形态含量低于仪器检测限，这里将不进行讨论。

形态提取程序(1g 干燥沉积物样品)如下：

① 弱酸提取态：在样品中加入 40 mL 0.11 mol/L HOAc，20℃ 下震荡过夜；1 500 r/min 下离心 20 min 后取上清液。

② 可还原态：在上步提取残渣中加入 40 mL 0.1 mol/L $NH_2OH \cdot HCl$(用 HNO_3 调节 pH=2)，20℃ 下震荡过夜；1 500 r/mis 下离心 20 min 后取上清液。

③ 可氧化态：在上步提取残渣中加入 10 mL 8.8 mol/L H_2O_2(用 HNO_3 调节 pH=2)，室温震荡 1 h；再次加入 10 mL 8.8 mol/L H_2O_2(用 HNO_3 调节 pH=2)，85℃ 下震荡 1 h，使溶液蒸发至几 mL；最后加入 50 mL 1 mol/L NH_3OAc(用

HNO_3 调节 pH=2),20℃下震荡过夜;1 500 r/min 下离心 20 min 后取上清液。

④ 残余态:将上步提取后之残渣消解后取消解液。

(1) 痕量金属形态分布特征

淀山湖沉积物中 As、Pb、Cu 的形态分布特征如图 3-31 所示。图 3-31 表明,元素 As 在淀山湖沉积物中主要以残余态存在(85.46%),其次依次是可还原态(铁、锰氧化物结合态)、弱酸提取态(水溶态、可交换态和碳酸盐结合态)和可氧化态(有机物和硫化物结合态)。As 是一个迁移能力较强的元素,在沉积物和土壤中主要和有机物相结合,在酸性条件下易与 Fe 和 Al 结合形成化合物,在富含碳酸钙的土壤中易与 Ca 形成化合物[87]。淀山湖沉积物中的 As 主要存在于残余态中,这与刘晓端等人研究密云水库沉积物中 As 的形态分布得出的结论较一致[88]。

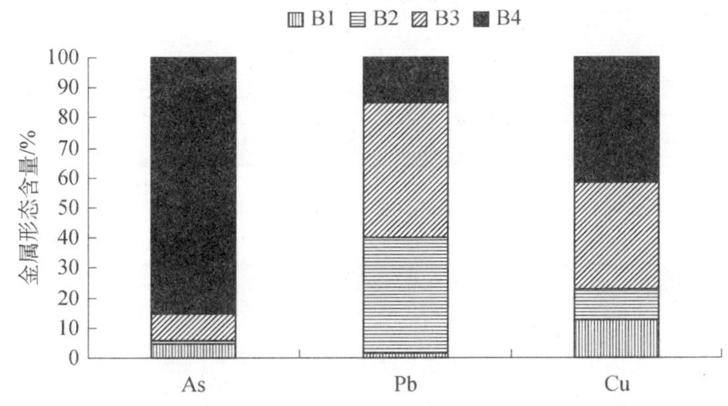

图 3-31 沉积物中痕量金属形态含量分布特征(B1—酸溶态,B2—可还原态,B3—可氧化态,B4—残渣态)

元素 Pb 以可氧化态为主(44.76%),其次依次是可还原态(38.51%)、残余态(14.92%)和弱酸提取态。沉积物中的 Pb 主要和有机络合物以及硫化物相结合,以可交换态和碳酸盐结合态存在的 Pb 浓度较低,这说明溶解态的 Pb 含量较低,这与国外有关文献的研究结果较一致[89、90]。Pb 的铁、锰氧化物结合态的含量也较高,仅次于可氧化态。Bilaia 认为,Pb 的铁、锰氧化物结合态的含量通常较低[91],但最近的研究表明,Pb 的铁、锰氧化物结合态的含量较高,这可能是与铁、锰氧化物含量高且具有很强的吸附 Pb 的能力有关[92、93]。

元素 Cu 主要以残余态形式(41.65%)存在,其次是可氧化态(35.26%),然后是弱酸提取态(12.72%)和可还原态。Cu 在自然界中主要与硫化物相结合,在还原条件下存在于蒙脱石和黏土矿物中[87]。本研究中 Cu 除了以残余态为主外,主要结合在有机物硫化物相中,有机铜化合物的高度稳定性使得 Cu 和有机物质形成了稳定的络合物[94]。Weisz 等人的研究同时也发现 Cu 的溶解度在氧化条件下增大[87],Tokalioğlu 等人也得出了相同的结论,Cu 在沉积物中通常主要以有机态存在[95]。

(2) 淀山湖沉积物中 As、Pb、Cu 形态的垂向变化特征

痕量金属元素不同的地球化学习性以及沉积物环境的变化都会导致沉积物中痕量金属元素的迁移转化。淀山湖沉积物中 As、Pb、Cu 的垂向形态变化特征如图 3－32 所示。

沉积物中痕量金属的可交换态和碳酸盐结合态容易受外界条件如盐度、温度、pH 值的变化而发生迁移转化。离子成分的变化会引起可交换态的变化，pH 值的变化会引起碳酸盐态的变化[96]。淀山湖沉积物中 As、Pb、Cu 元素的弱酸提取态均有随深度的减小而增加的趋势，如图 3－42 所示。

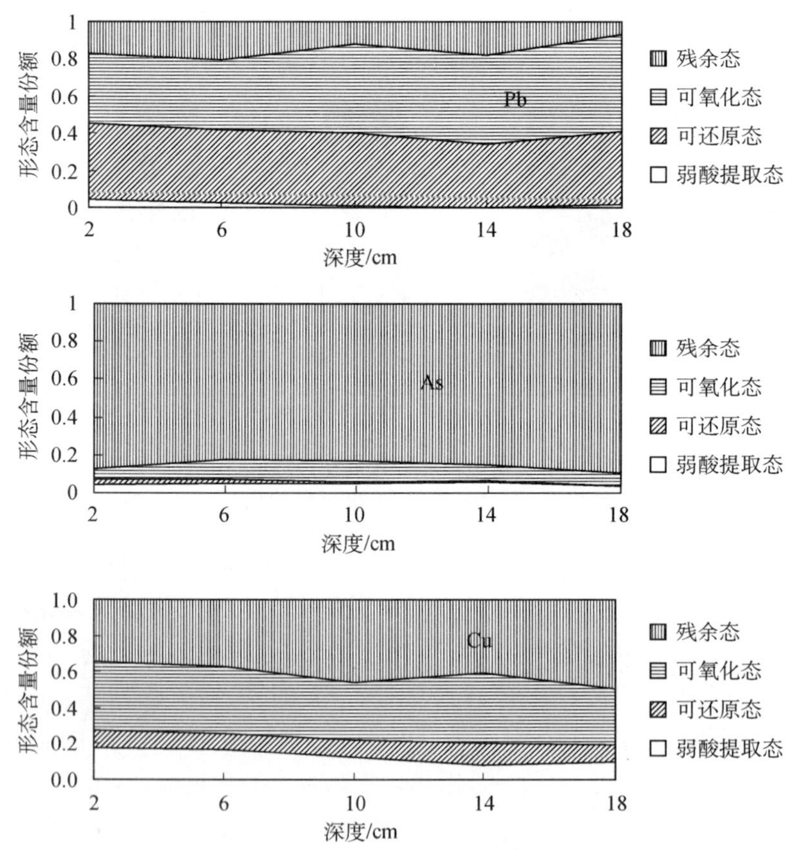

图 3－32 淀山湖沉积物中痕量金属的形态随深度的变化

各元素中弱酸提取态含量所占比例相对较小，残余态比例相对稳定，因此铁、锰氧化物和有机物及硫化物结合态的总量相对变化较小。以 Pb 元素为例，其铁、锰氧化物随深度的增加呈减少趋势，而有机物及硫化物结合态的含量则随深度的增加呈增加趋势。这可能是由于还原条件下氢氧化物发生溶解，吸附和共沉淀在

这些物质上的离子会进入沉积物的空隙水，进而转变成其他形态（有机物和硫化物结合态）或直接进入水体。在缺氧条件下，沉积物中存在硫化物阴离子能与释放出来的离子作用产生相应的金属硫化物。反之，如果沉积物发生氧化反应，硫化物被氧化成硫酸盐，原来结合在硫化物中的离子会被释放出来[97]。图 3 - 32 反映的事实说明，沉积物中铁、锰氧化物和有机物及硫化物结合态之间可能存在着相态之间的转化关系。

将铁、锰氧化物和有机物及硫化物结合态单独以百分比形式比较如图 3 - 33 所示。元素 Pb 在 14 cm 以下段铁、锰氧化物和有机物及硫化物结合态的总量有增加的趋势，这可能是由于外源污染导致的 Pb 总量的增加造成的。而元素 Cu 在 14 cm 以上段铁、锰氧化物和有机物及硫化物结合态的总量有减小的趋势，由于铜离子和有机物形成的络合物的稳定性较高，有机态铜和其他形态的铜之间的转化作用较弱。铜的弱酸提取态所占比例相对较大（12.72%），铁、锰氧化物及硫化物结合态的铜都有向更不稳定的酸可溶态铜转变的可能，元素 Cu 的弱酸提取态和可还原态之间的比例如图 3 - 34 所示。当 Cu 的弱酸提取态含量变小时，可还原态含量相对增大，反之亦然，两者之间存在较明显的消长关系，可能有相互转化作用发生。

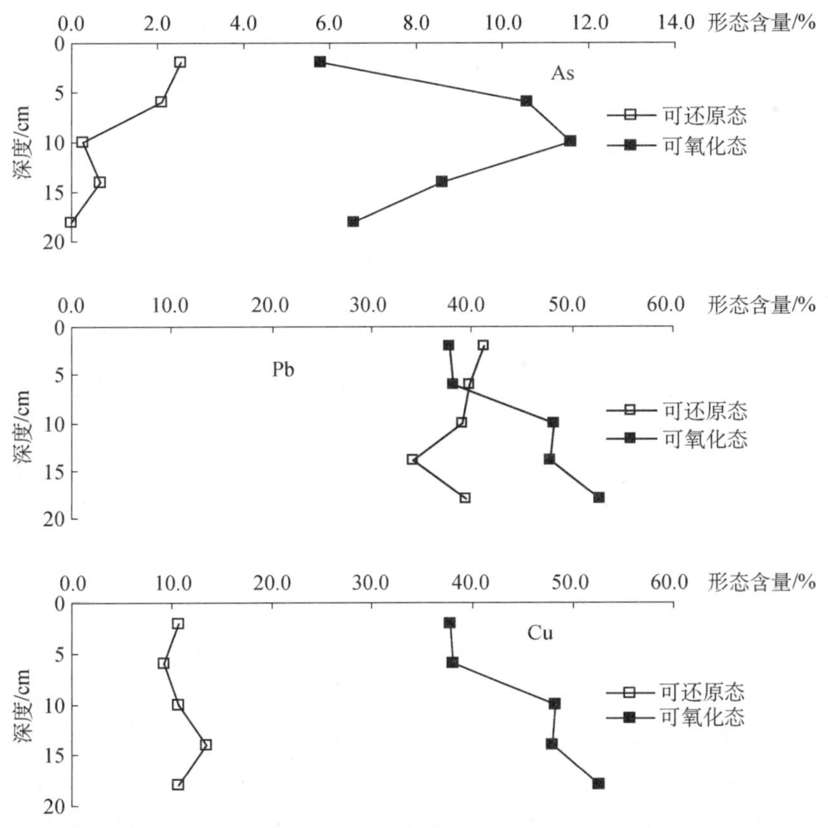

图 3 - 33　淀山湖沉积物中各金属可还原态和可氧化态的分布比例

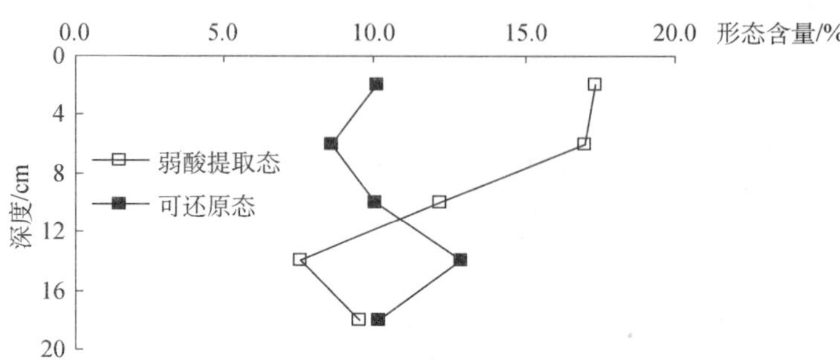

图 3-34 淀山湖沉积物中 Cu 的弱酸提取态和可还原态的分布

残余态是存在于矿物晶体中的金属，它比较稳定，在自然条件下不容易释放出来。元素 As 和 Pb 的残余态是随深度的减小呈增加趋势的，而元素 Cu 则出现了减小的趋势，这说明，如果外源因素影响相同，沉积物中存在残余态向不稳定态转化的现象，这种转化在不同元素情况不尽相同，情况较为复杂，可能与该元素地球化学习性有关。

沉积物氧化还原条件的变化会引起铁、锰氧化物的溶解或沉淀，与铁、锰氧化物结合的金属元素也会随之被释放或者吸附。沉积物在深度为 20 cm 左右处，氧化还原电位会迅速下降，同时，铁、锰在 10～15 cm 处有较强的富集[87]。随着沉积作用的发展，表层氧化物被掩埋在氧化还原界面以下而变得不稳定，若水合铁、锰氧化物发生还原，则原来共沉淀或吸附在这些组分上的痕量金属将被释放。释放出的痕量金属将进入沉积物孔隙水，当孔隙水中有微量硫离子或有机质存在时，这些金属离子将和它们结合。只要硫离子的浓度为 10^{-9} mol/L，就能将 Pb、Cu 等元素固定在孔隙中的还原性沉积物颗粒物上[97]。元素 Pb 的铁、锰氧化物结合态比例沿深度下降可能是由于氧化还原电位的降低使部分铁、锰氧化物被还原，与之结合的 Pb 离子被释放，而有机结合态及硫化物结合态 Pb 比例增加说明部分释放的 Pb 离子可能与有机质或者硫离子相结合。因而，氧化还原电位的降低使部分铁、锰氧化物结合态 Pb 向有机结合态及硫化物结合态转化。淀山湖沉积物中在 14 cm 深度处铁、锰氧化物结合态出现一个低值，推断此处可能位于氧化还原边界附近。元素 Cu 在 14 cm 以下，铁、锰氧化物结合态比例减少，有机物结合态、硫化物结合态以及碳酸盐结合态都有增加。当铁、锰氧化物被还原时，与之结合的 Cu 离子被释放出来，沉积物中的各种基质对 Cu 离子表面结合位进行竞争，当铜离子和碳酸盐结合时，碳酸盐态的含量增大，与有机质及硫化物结合时，可氧化态 Cu 的含量增大。在沉积物浅层氧化条件下，沉积物中 CuS 易被 Fe(Ⅲ)氧化，释放出的部分 Cu 离子会重新分配到其他相态中。元素 As 的铁、锰氧化物结合态沿着深度增加呈降低趋势，而有机结合态及硫化物结合态则相应呈增加趋势，符合上述可还原态和可氧化态之间的转化规律。但在14 cm深度以下，两态之和相对减少，其中有机结合态减少趋势明显，这可能与痕量金属总量的减少有关，但也不能排除其间存在其向更稳定的形态转变的可能性。

5）痕量金属在淀山湖沉积物中的潜在生态风险评价

（1）地质累积指数法评价

地质累积指数是利用痕量金属总浓度与背景值来确定污染程度的参数，能较直观地给出痕量金属污染级别。由于地质累积指数分析中不仅考虑了沉积成岩作用等自然地质过程造成的背景值的影响，也充分注意人为活动对痕量金属污染的影响，因此，该指数不仅反映了痕量金属分布的自然变化特征，而且可以判别人为活动对环境的影响，是区分人为活动影响的重要参数。淀山湖沉积物中痕量金属地质累积指数计算结果如表3-44所示。所研究元素中，Cu、Cr、Hg和As的污染指数均<0，表明这几个元素尚处于无污染水平。元素Pb和Cd则出现不同程度的污染。各元素的污染程度由重到轻依次为：Cd>Pb>Cu>As>Hg>Cr。

表3-44　淀山湖沉积物中各元素的平均地质污染指数

元素	Cu	Cd	Cr	Pb	Hg	As
I_{geo} 级别	−0.300 Ⅰ	3.177 Ⅴ	−2.007 Ⅰ	0.885 Ⅱ	−1.310 Ⅰ	−0.574 Ⅰ

图3-35是元素Cd和Pb的污染指数垂向分布，两个元素的污染指数呈现随深度减小而递增的趋势，表明近几十年来，沉积物中Cd和Pb的污染程度逐渐加重。并且在9 cm以上深度处，污染指数的增加趋势更为显著。

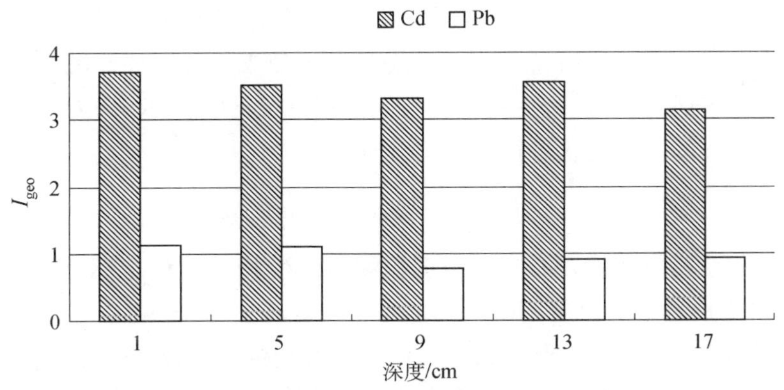

图3-35　淀山湖沉积物中Cd、Pb地质累积指数的垂向变化

（2）次生相与原生相比值法（RSP）评价

痕量金属形态中的水溶态和可交换态部分在中性条件下即可释放出来，最容易对环境造成影响。碳酸盐结合态对环境 pH 值敏感，在酸性条件下容易释放。天然水中的铁、锰氧化物以 Fe－Mn 结核或凝结物形式存在于颗粒上，也有的成胶膜覆盖在颗粒上，它们是痕量金属极好的吸附剂。可还原态（铁、锰氧化物结合态）就是金属与铁、锰氧化物联系在一起的被包裹或本身就成为氢氧化物沉淀的部分，所以不易释放。当水体氧化还原电位降低、即水体缺氧时，这种结合形态的痕量金属可能被还原。可氧化态（有机物及硫化物结合态）是以痕量金属离子为中心离子，以有机质活性基团为配位体的结合态，或是硫离子与痕量金属生成难溶于水的物质，该形态物质在强氧化条件下才可以分解[98]。

根据 Mao 提出的分类法对痕量金属元素各种形态的生物有效性进行分类，即将水溶态、离子交换态及碳酸盐结合态归为有效态，铁、锰氧化物态、有机态（腐殖酸结合态和强有机态）及硫化物结合态归为潜在有效态，残余态为不可利用态[99]。淀山湖沉积物中 As 主要以不可利用态存在（85.46%），有效态和潜在有效态所占比例较低，对环境的潜在危害较小。Pb 元素主要以潜在有效态（83.28%）存在，不可利用态和有效态的比例较小，Pb 的有效态比例随深度的减少呈现增大趋势，对环境存在着潜在的危害。Cu 元素也主要以潜在有效态（45.63%）存在，并且在 10 cm 以上存在明显的递增趋势，有效态的比例为 12.72%，也随深度的减少而递增，因而铜元素对环境存在的潜在危害较大，如图 3－36 所示。

在未受污染的条件下，大部分痕量金属分布于矿物晶格中和存在于作为颗粒物包裹膜的铁一锰氧化物中。而在污染条件下，人为源的痕量金属主要以被吸附的形态存在于颗粒物表面或颗粒物中的有机质结合，存在于各种弱结合相、碳酸盐相、有机质相等中[43]。Hakanson 等根据地球化学相自身的起源和其中痕量金属的来源，按传统地球化学观念把沉积物划分为原生相和次生相，并提出了用次生相与原生相分布比值来估计污染程度的方法，即用存在于各次生相中痕量金属的总质量分数与存在于原生相中金属的质量分数的比值来反映和评价沉积物中痕量金属的来源和污染水平[38]。运用次生相与原生相分布比值法（RSP）对淀山湖沉积物中 As、Pb、Cu 的污染现状进行评价，其计算公式为：

$$RSP = Msec/Mprim$$

式中，RSP 表示污染程度，$Msec$ 表示沉积物中次生相的痕量金属含量，$Mprim$ 表示原生相中的痕量金属含量。$RSP < 1$ 为无污染，$1 < RSP < 2$ 为轻度污染，$2 < RSP < 3$ 为中度污染，$3 < RSP$ 为重度污染。次生相以弱酸提取态、可还原态和可氧化态的和含量计算，原生相以残渣态的含量计算。淀山湖沉积物中 As、Pb、Cu 的次生相与原生相分布比例如图 3－37 所示。

元素 As 的次生相与原生相分布比值在各个深度都小于 0.3，从 RSP 值的垂向分布趋势来看，表层沉积物的 RSP 值大于底层沉积物，说明 As 元素虽然尚未达

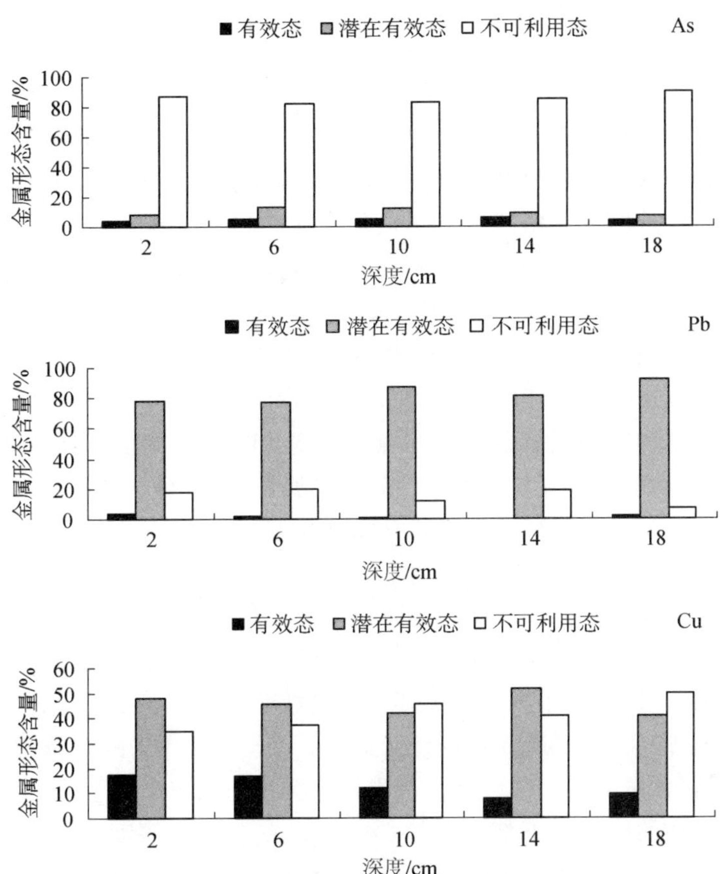

图 3-36　淀山湖沉积物中各痕量金属元素的有效形态含量比例

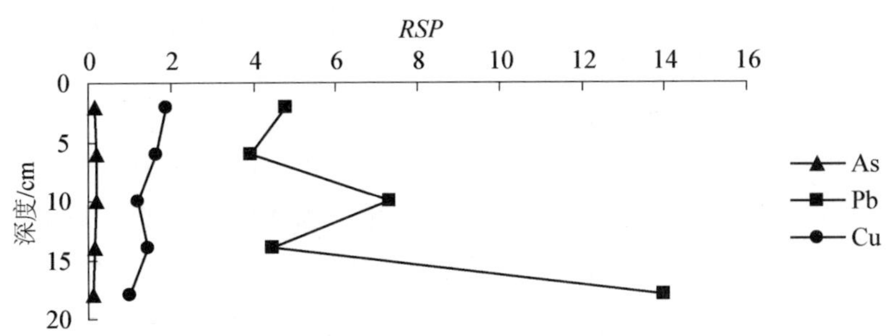

图 3-37　淀山湖沉积物中痕量金属元素的次生相与原生相分布比值(*RSP*)

到污染程度，但污染趋势是不断加重的；元素 Cu 的 *RSP* 值范围均值 1～2 之间，属于轻度污染，*RSP* 值由沉积物底层至表层的增加趋势明显，Cu 污染程度呈明显的加重趋势；元素 Pb 的 *RSP* 值均大于 3，属于重度污染，从底层到表层 *RSP* 值呈明显的减小趋势，表明 Pb 污染的趋势是减弱的。尽管如此，由于铅污染程度较重，在较长一段时间内，元素 Pb 仍将处于污染水平，存在着较大的潜在环境风险。

将基于形态的生态风险评价结果（*RSP*）与基于总量的生态风险评价结果（I_{geo}）比较，两种方法对于 As 和 Pb 的结果是一致的，对于 Cu 元素的评价结果稍有差异。两种方法在污染程度的界定上，次生相与原生相分布比值法的阀值更低，这是由于后者从地质成岩角度区分了痕量金属的自然来源和人为污染源，并综合考虑痕量金属的化学活性和生物可利用性。因此，基于总量的生态风险评价是对痕量金属污染程度的较直观评价，相对而言，基于形态的痕量金属生态风险评价则能较深入地评价痕量金属的迁移特性和生态危害。

城市湖泊沉积物是水体污染物的蓄积库，保存了城市不同历史时期对湖泊的污染记录。沉积物中的痕量金属在环境条件变化时还可能重新释放造成“二次污染”。上述基于湖泊沉积记录的痕量金属环境质量演化研究，对淀山湖及其周边环境痕量金属污染演化趋势的认识主要有以下几点：

① 淀山湖沉积物中痕量金属元素 Cu、Cd、Cr、Pb、Hg、As 的含量范围分别为 16.012～60.731 μg/g、0.119～4.532 μg/g、10.474～57.831 μg/g、33.972～83.710 μg/g、43.088～145.658 μg/kg、4.473～15.281 μg/g，其中 Cd 和 Pb 含量高于周边湖泊，分别超出了国家有关环境质量标准。

② 痕量金属垂向分布趋势显示，元素 Cu、Cr、Pb、Hg 的含量都随深度的减少而递增，元素含量的最大值大部分都出现在沉积柱的表层或上部，最小值则一般都分布在沉积柱的底部或下部。元素 Cd 和 As 的含量沿深度变化较大，不同样点的变化规律不尽一致。但几乎所有元素在沉积柱的 0～5 cm 段都呈现出明显随深度减小而含量递增的趋势。由此可以初步判断近几年淀山湖受到了外源污染的影响，痕量金属污染在加剧。各样点沉积物间痕量金属含量相关性分析结果表明，大部分样点的沉积物中 Cd 元素与其他元素之间无相关性，表明 Cd 元素在淀山湖可能存在不同于其他元素的来源。

③ 应用地质累积指数对淀山湖沉积物中的痕量金属进行潜在生态风险评价，结果显示元素 Cu、Cr、Hg 和 As 尚处于无污染水平，元素 Pb 和 Cd 则出现不同程度的污染。Cd 和 Pb 的污染指数呈现随深度减小而递增的趋势。表明近年来，沉积物中 Cd 和 Pb 的污染程度逐渐加重，这种趋势在 9 cm 以上的表层沉积物中尤为显著。

④ 次生相与原生相分布比值法分析结果显示，As 元素虽然尚未达到污染程度，但污染趋势是加重的；元素 Cu 属于轻度污染但污染程度呈明显的加重趋势；元素 Pb 属于重度污染，污染趋势逐渐减弱，由于铅污染程度较重，在较长一段时间内，元素 Pb 将对环境存在着较大的潜在危害。

⑤ 淀山湖沉积物各元素的形态分布比例分布为：As 元素：残余态＞可还原

态>弱酸提取态>可氧化态;Pb 元素:可氧化态>可还原态>残余态>弱酸提取态;Cu 元素:残余态>可氧化态>弱酸提取态>可还原态。淀山湖沉积物中 As、Pb、Cu 的弱酸提取态随深度的减小呈递增趋势,可还原态和可氧化态的和含量较为稳定。表明此两态之间可能存在着转化作用。As 和 Pb 的残余态随深度的减小呈增加趋势,而元素 Cu 则出现了减小的趋势。据此推断,沉积物中氧化还原电位的变化是导致痕量金属元素铁锰氧化物结合态、有机结合态硫化物结合态和碳酸盐结合态之间转化的可能原因。

⑥ 淀山湖沉积物中,As 主要以不可利用态存在(85.46%),有效态和潜在有效态所占比例较低,对环境的潜在危害较小。Pb 元素主要以潜在有效态(83.28%)存在,不可利用态和有效态的比例较小,Pb 的有效态比例随深度的减少呈现增大的变化趋势,对环境存在着较大的潜在危害。Cu 元素主要以潜在有效态(45.63%)存在,并且在 10 cm 以上段存在明显的随沉积深度变浅含量递增变化趋势,有效态的比例为 12.72%,这些情况表明铜元素对淀山湖的潜在危害可能亦较大。

3.2.2　痕量金属与 N、P、C 及农药等的含量耦合关系及意义

3.2.2.1　淀山湖 N 含量特征及演化趋势

随着近几十年经济建设步伐的加快,工业、农业废水的大量产生使排入长江中下游地区淡水湖泊中的污染物在日趋增多,造成富营养化现象也越来越多的出现,危害日趋严重。2006 年爆发的太湖蓝藻事件就是很好的例子与警示。处于太湖下游的淀山湖,是上海市的重要水源地,其重要性不言而喻。淀山湖水质状况关系着上海整个城市的经济、工业等多方面的发展,以及上海 2 400 万人口的饮水安全,对其水质演化趋势及影响因素的研究,是一个重要而紧迫的课题。

引起湖泊富营养化的重要因素——氮的含量以及行为,对水质演化至关重要。通过对沉积物中总氮、铵态氮及硝态氮含量和形态转化研究,可以了解近淀山湖水体氮素含量的变化规律,对了解淀山湖氮素的来源及行为转化都有重要意义。在对氮素含量、形态等的研究基础上,本次研究结合其他数据资料,如淀山湖沉积物中的磷、有机碳、痕量金属、农药等问题,对淀山湖的水质状况与演化趋势进行分析论证和对淀山湖水质演化方向与可能出现的问题进行预测,以为淀山湖水环境保护提供依据。

1) 样品及分析

(1) 样品

淀山湖换水周期为 29 天。因淀山湖湖区面积较大,主要进水口只有一个,所以每个点水质情况会有所不相同,本次工作选取特征区段进行了采样分析。由于淀山湖离下游河口(吴淞口)已较远(100 余 km),东海潮水对淀山湖的影响已不大。此次工作所取样品为图示 4 号和 5 号两个样点,如图 3-38 所示[100]。

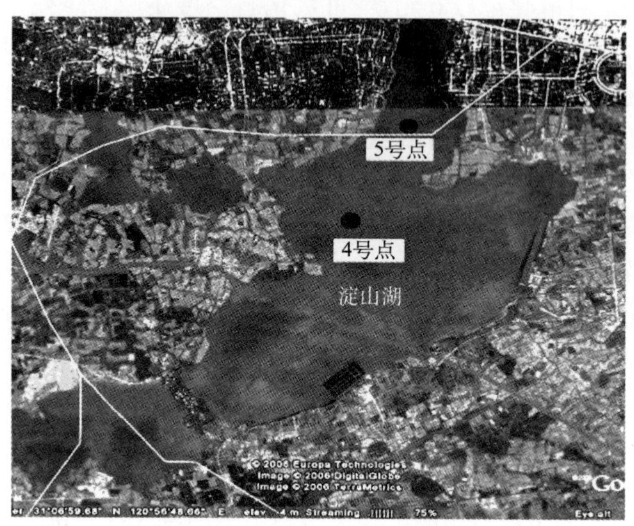

图 3-38　淀山湖 N 含量研究采样位置

4 号样点为湖中商塌汪洋荡东侧湖心，位于淀山湖湖中央，湖面开阔，没有渔业、航运影响，可代表淀山湖的正常水质。

5 号样点在淀山湖江苏境内，该处位于淀山湖北侧，系半封闭的湖湾，产业以围网养鱼业为主，水体交换较缓慢，可代表淀山湖北侧封闭水域水质。

沉积物采用直径 8 cm，长度 4m 的 PVC 管采集。取样时管壁上均匀打孔以方便排水，采样位置以指北针交汇法测向确定。采取时，将 PVC 管插入沉积物至坚硬底部后将含有沉积物的 PVC 管取出，锯下含有沉积物样的部分以内衬牛皮纸的胶带密封带回实验室供处理。

沉积物柱状样以 1 cm 间距切片进行分割，分割后样品经自然干燥后进行研磨、过筛（200＃）后置于冰箱在 4℃下保存备用。研磨前需剔除贝壳、碎石、树枝之类的杂物，研钵在使用前用二次蒸馏水进行清洗、擦净。

（2）分析测定

分析测定对象为湖泊沉积物，其性状与土壤相似，在选择测定方法时，均参考了土壤 N 素的分析测定方法。

a）总氮的测定

总氮测定的消化方法，主要有重铬酸钾-硫酸消化法，高氯酸-硫酸消化法，硒粉-硫酸铜-硫酸消解法。实践表明，众多的氧化剂，如高锰酸钾、高氯酸、过氧化氢、重铬酸钾等都能得到良好的效果。高氯酸-硫酸消化法，消化时间比通用的开氏法大大缩短，而且成本低，结果也比较满意[101]，本次研究实际操作时，选用高氯酸-硫酸消化法进行消化。

将沉积物样品消化完全后，选用碱性过硫酸钾法测定消化液中的总氮含量。

为避免沉积物中很多被同时消化出的金属离子如铁离子(Fe^{3+})等的干扰，加入了碱液 NaOH 调节消化液 pH 值至 4 左右，以保证溶液中硫酸铵($(NH_4)_2SO_4$)不溢出的情况下将铁离子(Fe^{3+})完全沉淀，排除干扰。

沉积物样品在强氧化剂高氯酸作用下，有机氮分解转化成氨，然后与浓硫酸结合成硫酸铵($(NH_4)_2SO_4$)，反应式如下：

$NH_2-CH_2COOH+6HClO_4 \longrightarrow NH_3+2CO_2+3Cl_2+9O_2+4H_2O$

$2NH_3+H_2SO_4 \longrightarrow (NH_4)_2SO_4$

在 60℃水溶液中，过硫酸钾可分解产生硫酸氢钾和原子态氧，硫酸氢钾在溶液中离解而产生氢离子，在氢氧化钠的碱性介质中可促使分解过程趋于完全。分解出的原子态氧在 120～124℃条件下，可使水样中含氮化合物的氮元素转化为硝酸盐。在此过程中有机物同时被氧化分解，可用紫外分光光度法于波长 220 和 275 nm 处，分别测出吸光度 A_{220} 及 A_{275}，并按下式求出校正吸光度 A[102]：

$$A=A_{220}-2\times A_{275}$$

实验步骤如下：

(a) 称取约 0.5 g 样品于 150 mL 锥形瓶中；

(b) 滴入 5～10 滴蒸馏水湿润，等待 1～2 min 后，加入 5～10 mL 浓硫酸，轻轻摇匀，并静置 30 min；

(c) 滴入 1 滴 70%高氯酸，瓶口上放一个小漏斗，轻轻摇动锥形瓶，使其充分作用；

(d) 将锥形瓶置于电炉上进行消煮(温度不宜过高)，消化 5～8 min(消化过程中不可使硫酸过多冒烟)后取下冷却，再滴入 1 滴高氯酸，继续消煮直至样品变成灰白色，此时样品已经消化完全。(若样品仍然呈黑色或棕色，可取下后再滴加 1 滴高氯酸继续消煮——高氯酸加入量不可过多，以避免引起氮损失)；

(e) 待消化液冷却后转入 50 mL 容量瓶中定容，静置。

(f) 待完全沉淀澄清后，取上清液 1～2 mL 于 50 mL 比色管中，加入无氨水至 10 mL 左右，后加入 5 mL 碱性过硫酸钾溶液，再用 NaOH 溶液调节 pH 至 4 左右(以除去 Fe 离子干扰)，塞紧磨口塞(用纱布及绳扎紧瓶塞，以防弹出)置于压力蒸汽灭菌锅中加热，温度达到 121℃(约 0.11 MPa)后开始计时，保持此温度加热 40 min；

(g) 冷却、开阀放气，待比色管冷至室温后，加入盐酸(10%)1 mL，用无氨水稀释定溶至 25 mL。

(h) 转移至干燥离心管中，以 3 500 r/min 的速度离心 10 min，将沉淀(氢氧化铁)去除。

(i) 取清液至 10 mm 石英比色皿中，在紫外分光光度计上，以无氨水作参比，分别在波长 220 与 275 nm 处测定吸光度。

沉积物样品中总氮浓度计算公式为：

$$C = m \div V_{样} \times V_{定} \div M$$

式中：C 为表层沉积物总氮 TN 浓度(mg/g)；m 为由标准曲线中读出的氮元素含量，$m = [A_{220} - 2 \times A_{275}]/10.99702$(mg)；$V_{样}$ 为测定时所取消化液的体积(mL)；$V_{定}$ 为样品消化后稀释定容的体积(mL)；M 为称取的沉积物样品的质量(g)。

b) 铵态氮的测定

沉积物中铵态氮呈交换性铵离子存在，选用氯化钠(或氯化钾)溶液提取样品中的铵离子。铵离子在碱性条件下与纳氏试剂络合生成黄色络合物，进行比色即可测定其中的铵离子浓度。交换作用与络合反应式如下[92]：

$$[土壤胶体]\begin{matrix} NH_4^+ \\ Mg^{2+} \\ Ca^{2+} \end{matrix} + n\mathrm{NaCl} \longrightarrow [土壤胶体]\begin{matrix} Na^+ \quad Na^+ \\ Na^+ \\ Na^+ \quad Na^+ \end{matrix} + NH_4Cl$$

$$+ MgCl_2 + CaCl_2 + (n-5)NaCl$$

$$NH_4Cl + NaOH \longrightarrow NaCl + NH_4OH$$

$$NH_4OH + 2K_2HgI_4 + 3KOH \longrightarrow HgOHgNH_2I + 7KI + 3H_2O$$

溶液中有钙、镁离子干扰时，加入 1～2 滴酒石酸钾钠络合剂，以使其与钙、镁离子作用生成难解离的无色络合物而消除干扰。其反应式如下[101]：

$$\begin{matrix} COOK \\ | \\ CHOH \\ | \\ CHOH \\ | \\ COONa \end{matrix} + Ca^{2+}/Mg^{2+} \longrightarrow \begin{matrix} COOK \\ | \\ CHO \\ | \\ CHO \\ | \\ COONa \end{matrix} \rangle\ Ca/Mg + 2H^+$$

具体步骤如下：

(a) 称取样品 1～2 g 于 150 mL 锥形瓶中，加入 20%氯化钠溶液 15 mL 振荡 30 min，用定性滤纸过滤；

(b) 取 5 mL 滤液于 50 mL 比色管中，加无氨水稀释至 20 mL，再加入 1 mL 50%酒石酸钾钠溶液摇匀，静置 5 min，使其与钙、镁离子络合；

(c) 加入 1.5 mL 纳氏试剂($HgCl_2$ - KI - KOH)，定溶至 50 mL，摇匀后放置 10 min 进行比色。

(d) 比色在 420 nm 下进行，用 10 mm 玻璃比色皿以无氨水作参比，测定吸光度。

c) 硝态氮的测定

硝酸根离子在 220 nm 波长处有吸收，测定水质硝态氮含量可以直接测定样品在 220 和 275 nm 下的吸光度，并计算得到其中的硝态氮的含量。

由于沉积物中各种干扰物质含量都较高，用紫外分光光度法测定沉积物中硝态氮时关键环节是选择适用于该分析用的提取液和排除有机质、亚硝态氮等的干扰影响。所用的提取液应能定量地提取出硝态氮，而且所得提取液既应清澈无色又不含对分析有干扰的物质。

在土壤硝态氮的测定中，一般认为硝态氮和亚硝态氮都是以 NO_3^-、NO_2^- 的离子形态存在的，其通常较少或不被土壤胶体所吸持，用水或水溶液经短时间（5～10 min）振荡就能从土壤中将它们定量地提取出来。但是，土壤的水提取液常常是混浊或有颜色的，而且有时还含有一些能干扰硝态氮比色测定的有机或无机物质。因此一般在制备分析硝态氮用的土壤提取液时，所用的水中应含有能凝絮土壤胶体和沉淀水溶性有机物及有色离子的试剂，以制得清亮无色的提取液。

分析硝态氮用的土壤提取液用得最广的是氧化钙、氢氧化钙、碳酸钙、硫酸钾铝以及硫酸铜、氢氧化钙和碳酸镁的混合物。有人对这些试剂的效能作了比较，认为硫酸钙最为有效。

除了有机之外，该方法还受到亚硝态氮的干扰。为了消除亚硝态氮的干扰，有人提出了两种方法。一种方法是用尿素、硫尿和氨基磺酸试剂把亚硝态氮转变为氮气；另一种方法是用过氧化氢或高锰酸钾试剂把亚硝态氮氧化成硝态氮，测定硝态氮和亚硝态氮的总量，再扣除另行测得的亚硝态氮的含量而得到硝态氮的含量。

本次研究样品为湖泊沉积物，参考土壤的测定方法，选用饱和硫酸钙溶液作为提取剂，并采用加入氨基磺酸溶液的方法排除亚硝态氮的干扰。借鉴前人的经验选择以硫酸钙溶液作为澄清剂和脱色剂，实验时观察其脱色后的性状，脱色效果良好，完全可达到澄清、无色状态。

浸出液中加入 1 mL 盐酸（10%）酸化样品，以消除样品浸出时带出的干扰离子 OH^-、CO_3^{2-}、HCO_3^- 并使浸出液保持酸性，避免空气中的 CO_2 溶入浸出液中再次生成 CO_3^{2-}、HCO_3^- 等干扰离子。为了消除亚硝态氮的干扰，浸出液中加入 0.1 mL 0.8%的氨基磺酸溶液，以把亚硝态氮转化为氮气而溢出至空气中。

在 220 nm 处吸光度与沉积物硝态氮含量有较强的相关性，所以可以以波长 220 nm 处的吸光度计算硝态氮含量。为了减小有机质的影响，需要测定 275 nm 处的吸光度，并最后进行校正计算得到最终的校正吸光度。

具体步骤如下：

(a) 称取沉积物样品 1.5 g 于 150 mL 锥形瓶中，加入饱和硫酸钙溶液 15 mL，振荡 15 min，用定性滤纸过滤；

(b) 取 5 mL 滤液于 50 mL 比色管中，加无氨水稀释至 15 mL，再加入 1 mL 盐酸（1+9）和 0.1 mL 0.8%氨基磺酸溶液，定溶至 25 mL 摇匀，放置 5 min 待测定；

(c) 用光程长 10 mm 石英比色皿，以无氨水作参比，在紫外分光光度计上波长 220 nm 与 275 nm 处测定吸光度[103]。

d) 仪器参数及分析质量

测定仪器为 UV－2102 型紫外/可见分光光度计。本研究中采用标准曲线法。

UV－2102 型紫外/可见分光光度计(UNICO 母公司设计、尤尼柯(上海)仪器有限公司制造)其主要技术参数如表 3－45 所示：

表 3－45　UV－2102 型紫外/可见分光光度计主要技术参数

项目	参　数
光学系统	单光束，1 200 条/mm 衍射光栅
波长范围	200～1 000 nm
波长精度	±0.5 nm
波长重复性	0.3 nm
光度范围	0～125%(透光率参数)，－0.097～2.5(吸光度参数)，0～1999(直续浓度参数)，0～1999(斜率参数)
光度精度	±0.5%(透光率参数)
光度重复性	±0.5%(透光率参数)
杂散光	≤0.2%(透光率参数)在 220 nm 和 340 nm 处
带宽	0.5 nm，1 nm，2 nm，4 nm
稳定性	±0.002 A/h 在 500 nm 处
基线平直度	±0.005A
数据输出	串行口
打印机接口	并行口
外形尺寸	580×450×200(mm)
质量	23 kg

(a) 总氮分析质量

在一组 50 mL 比色管中，分别加入 C_N＝10 mg/L 硝酸钾标准使用溶液 0.0、0.1、0.3、0.5、0.7、1.0、3.0、5.0、7.0、10.0 mL，加入无氨水稀释至 10.0 mL 左右。其余分析步骤、试剂用量均同上述总氮分析。

进行两组相同操作，取平均值用作最终工作曲线的制作计算参数，如表 3－46、图 3－39 所示。

表 3－46　碱性过硫酸钾法测定总氮的工作曲线数据

样品编号	1	2	3	4	5	6	7	8	9	10
V 氮标/mL	0.0	0.1	0.3	0.5	0.7	1.0	3.0	5.0	7.0	10.0
氮元素含量/mg	0.000	0.001	0.003	0.005	0.007	0.010	0.030	0.050	0.070	0.100
校正 $A_{220}-2\times A_{275}$	0.000	0.016	0.052	0.072	0.101	0.109	0.384	0.546	0.786	1.071

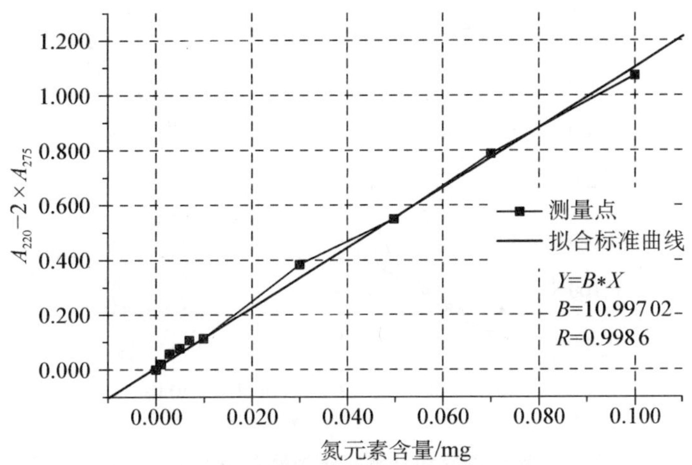

图 3-39　碱性过硫酸钾法测定总氮含量的标准曲线

拟合的校正吸光度 $A_{220}-2\times A_{275}$ 对硝酸钾标准溶液浓度的工作曲线方程为：

$$Y = 10.997\,02 \times X$$

相关系数 $R^2 = 0.997\,2$

式中：Y 为校正吸光度（$A_{220}-2\times A_{275}$）；X 为氮元素含量（mg）。

(b) 铵态氮分析质量

在一组 50 mL 比色管中，分别加入经过定性滤纸过滤的 $C_N=10\mu g/mL$ 氯化铵标准溶液 0.0、0.1、0.3、0.5、0.8、1.0、1.5、2.0、3.0、5.0、8.0、10.0 mL，加入无氨水稀释至 20.0 mL 左右。其余分析步骤、试剂用量均同上述铵态氮测定步骤。测定结果如表 3-47 所示，工作曲线如图 3-40 所示。

表 3-47　纳氏试剂比色法测定铵态氮的工作曲线数据

样品编号	1	2	3	4	5	6	7	8	9	10	11	12
V 氮标/mL	0.0	0.1	0.3	0.5	0.8	1.0	1.5	2.0	3.0	5.0	8.0	10.0
铵氮质量/μg	0.0	1.0	3.0	5.0	8.0	10.0	15.0	20.0	30.0	50.0	80.0	100.0
A_{420}	0.014	0.019	0.028	0.035	0.051	0.060	0.082	0.108	0.154	0.262	0.436	0.581

拟合的校正吸光度 A_{420} 对氯化铵标准溶液浓度的工作曲线方程为：

$$Y = 0.005\,38 \times X$$

相关系数 $R^2 = 0.995\,6$

式中：Y 为校正吸光度（A_{420}）；X 为铵氮质量/m_N（μg）。

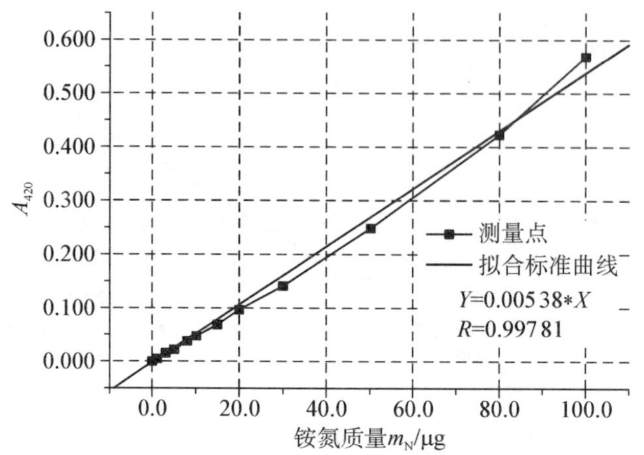

图 3-40 纳氏试剂比色法测定铵态氮含量的标准曲线示意图

沉积物样品中铵态氮浓度计算公式为

$$C = m \div V_{样} \times V_{总} \div M \div 10$$

式中：C 为表层沉积物中铵态氮浓度(mg/100 g)；m 为由标准曲线中读出的氮元素含量($m = A_{420}/0.005\ 38$)(μg)；$V_{样}$ 为测定时所取提取液的体积(mL)；$V_{总}$ 为样品中加入的总的提取液的体积(mL)；M 为称取的沉积物样品的质量(g)；10 为单位换算。

(c) 硝态氮分析质量

在一组 50 mL 比色管中，分别加入经过定性滤纸过滤的 C_N=10 mg/L 硝酸钾标准使用溶液 0.0、0.1、0.3、0.5、0.7、1.0、3.0、5.0、7.0、10.0、13.0、15.0 mL，加入无氨水稀释至 15.0 mL。其余分析步骤、试剂用量均同上述硝态氮测定步骤的 b、c 步。测试结果如表 3-48 所示，工作曲线见图 3-41。

表 3-48 测定硝态氮的工作曲线数据

样品编号	1	2	3	4	5	6	7	8	9	10	11	12
V 氮标/mL	0.0	0.1	0.3	0.5	0.7	1.0	3.0	5.0	7.0	10.0	13.0	15.0
硝态氮质量/μg	0.0	1.0	3.0	5.0	7.0	10.0	30.0	50.0	70.0	100.0	130.0	150.0
校正 $A_{220}-2\times A_{275}$	0.000	0.013	0.031	0.063	0.085	0.119	0.320	0.528	0.711	0.991	1.260	1.460

拟合的校正吸光度 $A_{220}-2\times A_{275}$ 对硝酸钾标准溶液浓度的工作曲线方程为：

$$Y = 0.009\ 85 \times X$$

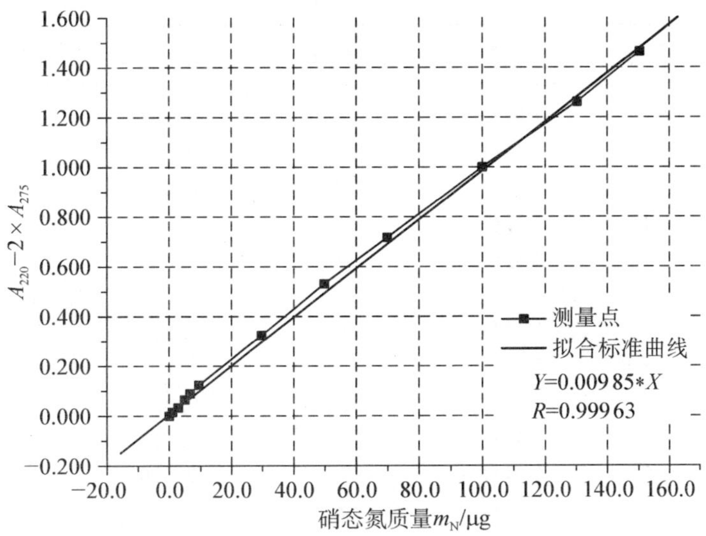

图 3-41　测定硝态氮的标准曲线

相关系数　　　　　　$R^2 = 0.999\,26$

式中：Y 为校正吸光度（$A_{220} - 2 \times A_{275}$）；$X$ 为硝态氮质量（m_N）（μg）。

沉积物样品中硝态氮浓度计算公式为：

$$C = m \div V_{样} \times V_{总} \div M \div 10$$

式中：C 为表层沉积物中硝态氮浓度（mg/100 g）；m 为由标准曲线中读出的氮元素含量（$m = [A_{220} - 2 \times A_{275}]/0.009\,85$）（$\mu$g）；$V_{样}$ 为测定时所取提取液的体积（mL）；$V_{总}$ 为样品中加入的总的提取液的体积（mL）；M 为称取的沉积物样品的质量（g）；10 为单位换算。

2）结果及讨论

（1）淀山湖表层沉积物中总氮含量分布

每个样品都测定 2～3 个平行样，取平均值进行计算后得出结果。淀山湖沉积物总氮（TN）分布如表 3-49 所示，总氮含量分布情况如图 3-42 所示。

表 3-49　淀山湖沉积物中总氮（*TN*）含量分布

序号	样品号	位置	深度/cm	取样量/g	TN/(mg/g)
1	4-2	4号柱	2	0.507	2.979
2	4-3	4号柱	3	0.509	3.168
3	4-4	4号柱	4	0.499	3.804
4	4-6	4号柱	6	0.501	2.924
5	4-8	4号柱	8	0.502	2.078

（续表）

序号	样品号	位置	深度/cm	取样量/g	TN/(mg/g)
6	4－10	4 号柱	10	0.497	1.469
7	4－12	4 号柱	12	0.507	1.463
8	4－14	4 号柱	14	0.493	2.585
9	4－16	4 号柱	16	0.51	1.316
10	4－18	4 号柱	18	0.513	1.141
11	4－19	4 号柱	19	0.506	1.165
12	5－1	5 号柱	1	0.519	2.753
13	5－2	5 号柱	2	0.606	1.694
14	5－3	5 号柱	3	0.498	1.799
15	5－5	5 号柱	5	0.527	1.323
16	5－7	5 号柱	7	0.516	1.048
17	5－9	5 号柱	9	0.516	0.823
18	5－11	5 号柱	11	0.489	0.573
19	5－13	5 号柱	13	0.508	0.725
20	5－15	5 号柱	15	0.609	1.238
21	5－17	5 号柱	17	0.598	0.657
22	5－19	5 号柱	19	0.631	0.585
23	5－21	5 号柱	21	0.606	0.487
24	5－23	5 号柱	23	0.701	0.437

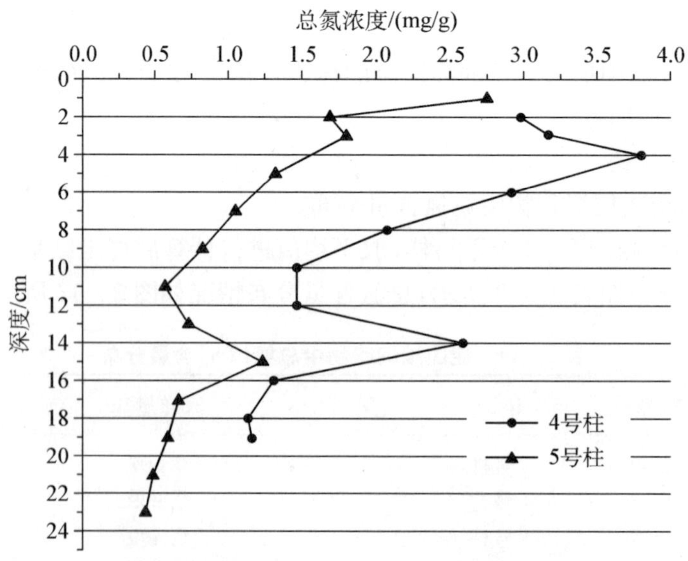

图 3－42　淀山湖 4、5 号柱样总氮浓度分布

图3-42表明，4号柱样由19～10 cm间，除14 cm处浓度异常高外，其余各点*TN*浓度增长缓慢，范围维持在1.0～1.5 mg/g之间；10～4 cm间，*TN*浓度迅速增大，由1.469 mg/g上升至了最高点3.804 mg/g，呈直线上升趋势，说明在此期间，淀山湖的氮元素输入量快速持续增大；在4～2 cm间，*TN*浓度有所下降。与4号柱样的14 cm处的异常值相应，5号柱样在15 cm处出现了异常高值，11 cm至3 cm段*TN*浓度迅速上升，之后又有所降低；5号柱样表层沉积物测得其*TN*浓度远远大于深层沉积物中的*TN*含量，达到了整个柱样的最大值2.753 mg/g。

两个取样点的*TN*浓度随深度变化的趋势吻合情况较好，走势相似。这说明淀山湖氮素含量随时间在增加，亦即目前淀山湖的氮素输入总体呈持续增长趋势。

另外，5号柱样*TN*含量均明显低于4号柱样，这可能与不同位置接纳氮素情况存在差异有关。4号柱样取样点靠近主航道，地表径流输入的氮元素对其影响较大；除了湖区不同位置沉积深度与时间受不完全同步影响外，外源输入总体趋势的一致性可能是导致两样点柱样中总氮含量变化走势几乎完全相同的原因。

淀山湖沉积物中总氮含量的总体走势随着沉积物深度的加深而降低，说明随着淀山湖周围城市化以及生产、生活的不断发展，输入淀山湖的营养物质、污染物质在不断加大。

有研究工作表明，淀山湖沉积物每年的沉积速率大约为4 mm/a，近年来稍有加快[104]。本次研究分析样品采集于2006年，按照图3-42，将分析的沉积物样具体分解至三个时间段可看出有如下变化情况：1960—1980年期间（18～10 cm段），淀山湖中氮元素含量整体情况呈缓慢降低状态，说明农业刚刚起步，发展速度并不迅速。其中，在1970年左右，湖体中总氮含量急剧增加，据此推测当时湖泊水体可能发生了重大影响事件，但持续时间较短，对之后的氮元素含量总体变化趋势影响并不明显。到了国家改革开放以后（10 cm以上段/1980年以后），湖区周边城市经济快速发展，沉积物记录表明的这段时期*TN*浓度呈直线上升势头的事实，说明周边工业、农业等迅猛发展造成了对淀山湖氮元素输入量的激增，其斜率大大超过之前的平稳状态。90年代末期及以后（约5 cm以上段）湖泊中总氮含量开始呈下降的趋势，原因可能为人们意识到环境问题的严重性之后，在发展经济的同时关注了环境保护，随着相关环保法规的逐步完善和实施，周边对淀山湖氮的排放量开始有所降低。

(2) 淀山湖沉积物中各形态（铵态、硝态、有机态）氮含量分布

沉积物中的氮素绝大部分是呈有机结合态存在的，无机形态的主要是铵态氮和硝态氮，亚硝态氮的含量极低，可以忽略。据此，用总氮含量扣除无机态氮的含量即可得到有机态氮的含量。淀山湖沉积物中各形态（铵态、硝态、有机态）氮分布如表3-50所示。

表 3-50 淀山湖沉积物中各形态氮(铵态、硝态、有机态)含量分布

样品号	取样位置	深度/cm	铵态氮浓度/(mg/100 g)	硝态氮浓度/(mg/100 g)	有机氮/(mg/g)
4-2	4 号柱	2	6.742	0.791	2.904
4-3	4 号柱	3	4.944		
4-4	4 号柱	4	5.309	0.589	3.745
4-6	4 号柱	6	5.253	0.590	2.866
4-8	4 号柱	8	4.129	0.559	2.031
4-10	4 号柱	10	4.916	0.535	1.414
4-12	4 号柱	12	5.309	0.530	1.405
4-14	4 号柱	14	4.129	0.636	2.537
4-16	4 号柱	16	4.719	0.627	1.263
4-18	4 号柱	18	4.804	0.674	1.086
4-19	4 号柱	19	3.961	0.672	1.119
5-1	5 号柱	1	14.158	0.928	2.602
5-3	5 号柱	3	13.681	0.688	1.655
5-5	5 号柱	5	14.102	0.676	1.175
5-7	5 号柱	7	14.664	0.697	0.894
5-9	5 号柱	9	13.653	0.554	0.681
5-11	5 号柱	11	13.709	0.527	0.431
5-13	5 号柱	13	7.500	0.573	0.644
5-15	5 号柱	15	7.051	0.619	1.161
5-17	5 号柱	17	6.405	0.688	0.586
5-19	5 号柱	19	9.017	0.580	0.489
5-21	5 号柱	21	8.708	0.675	0.393
5-23	5 号柱	23	10.225	0.593	0.329

各形态含量变化如图 3-43 所示。

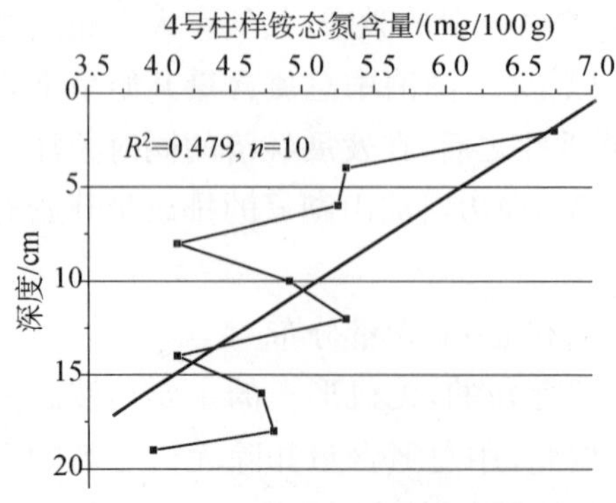

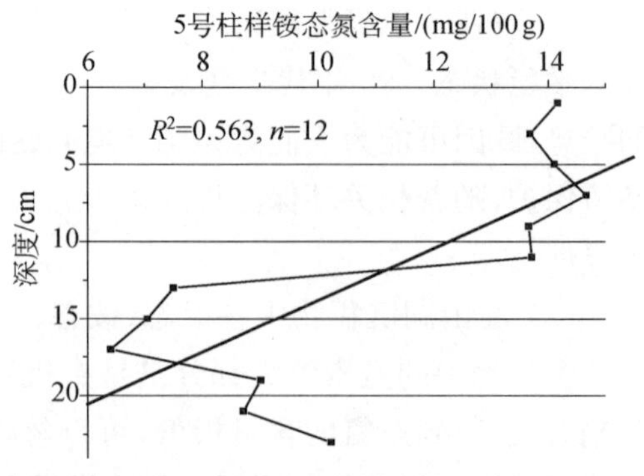

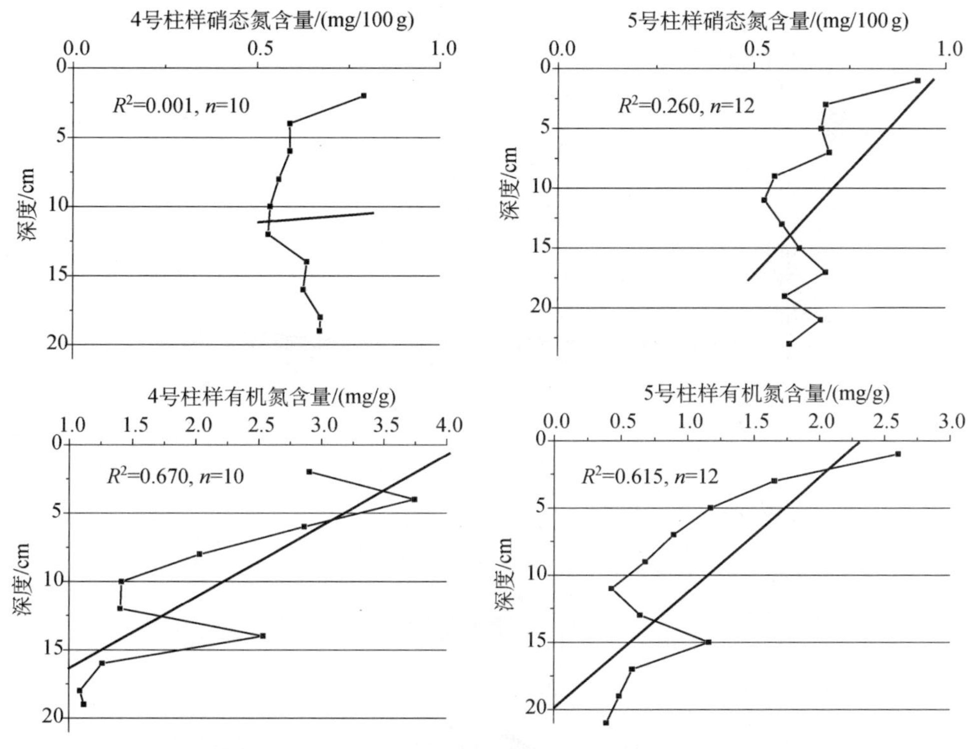

图 3－43　淀山湖沉积物中各形态氮含量变化

该结果表明，4 号沉积物柱样中无机态铵态氮和有机态氮的含量随着深度的加深呈逐渐下降趋势，与 4 号沉积样柱的总氮含量变化趋势基本相符。而硝态氮含量，除了在表层即沉积物-水体界面处含量较高外，其余全部保持在一定含量范围，无明显变化。说明淀山湖沉积物中总氮含量受铵态氮和无机态氮的影响较大，而受硝态氮含量的影响很弱。淀山湖 4 号柱样中，氮含量的绝大部分为有机氮形态，浓度在 1.086～3.745 mg/g 之间，占总氮比例为 95.2%～98.4%，平均 97.3%。铵态氮浓度在 3.961～6.742 mg/100 g 之间，占总氮比例的 1.40%～4.21%，平均 2.36%。硝态氮含量极低，且随沉积物深度加深无明显变化，平均占总氮比例仅为 0.30%。

5 号柱样中，有机态氮浓度在 0.329～2.602 mg/g 之间，占总氮比例为 75.22%～94.52%，平均 88.72%。铵态氮浓度在 6.405～14.664 mg/100 g 之间，占总氮比例的 5.14%～23.40%，平均 10.68%。与 4 号柱样的情况相似，硝态氮含量较低，且随沉积深度的加大无明显变化，平均占总氮比例为 0.63%。数据显示，两个样品的各形态氮元素含量比例存在一定差异。如图 3－44 所示。

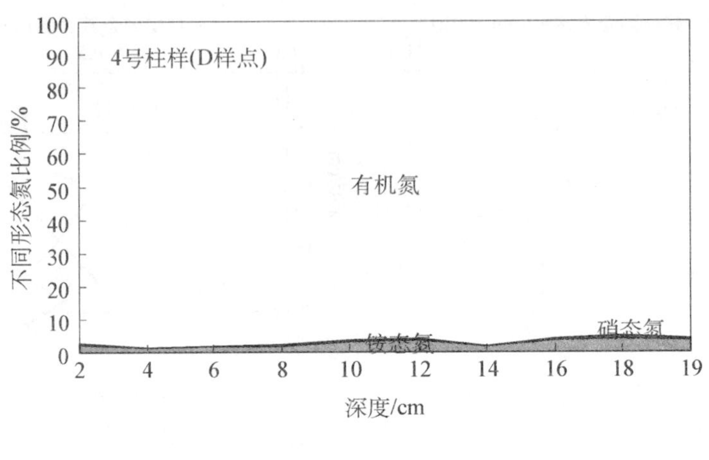

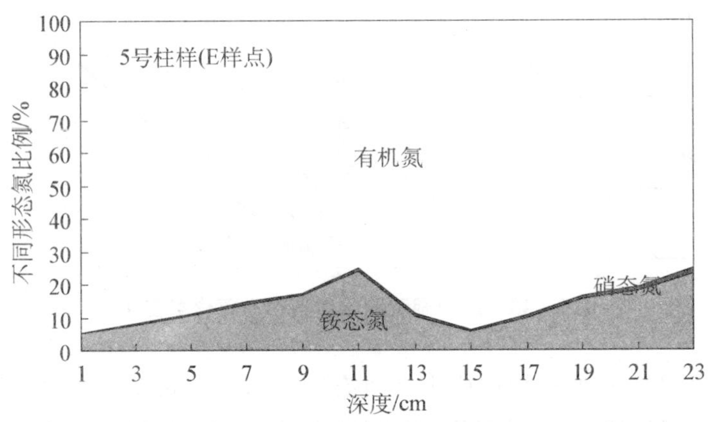

图 3-44　淀山湖沉积物中各形态氮的相对比例

大多数情况下，氮元素都富集在生物体内，这可能是有机态氮在淀山湖沉积物中占较大比例的主要原因。

无机态氮中，NH_4^+-N 可被体系中的胶体吸附，一般含量较高；相对的，NO_3^--N 由于以阴离子形态存在，被体系中胶体吸附的可能性小些，会随着水体流动而散失而不易在泥质中保存，这些可能是随着沉积物深度加大其含量较低且无明显变化趋势的原因。

淀山湖沉积物中总氮与各形态氮含量之间的相关性如图 3-45 所示。

如前述，沉积物中总氮含量受铵态氮和无机态氮的影响较大，受硝态氮含量的影响较小。而硝态氮被沉积物体系胶体吸附量通常情况下有限，本次工作结果表明其浓度并不随沉积物深度的变化而明显变化。

沉积柱样中总氮与铵态氮、有机氮含量之间的相关性在两个(4、5 号)柱样中，总氮与有机氮含量之间的相关系数(R^2)都大于 0.99，由此推断，淀山湖水体中氮

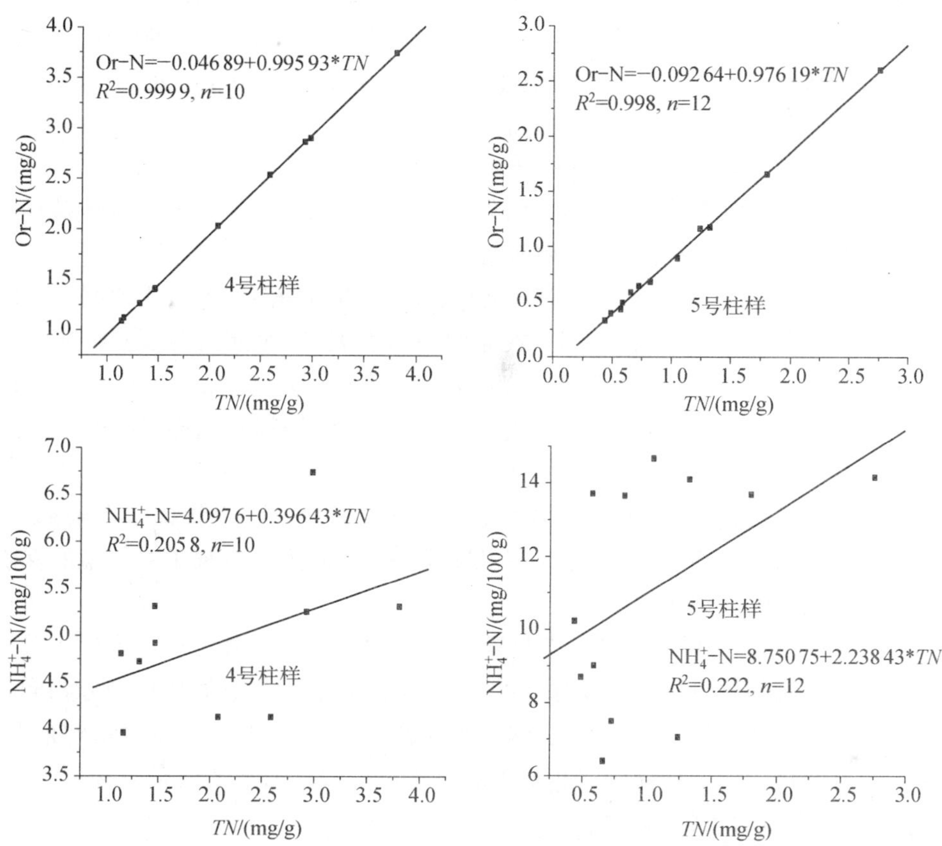

图 3－45　淀山湖沉积物中总氮与铵态氮、有机态氮的相关性

元素的积累主要是由有机态氮的积聚引起的。

（3）淀山湖沉积物中氮含量分布与周边人为活动的相关关系及水体富营养化问题讨论

“六五”期间，华东师范大学环境科学研究所在上海市科委、上海市环境保护局支持下，根据国家重点科研项目——“黄浦江污染综合防治规划研究”的要求，协同有关单位开展了“淀山湖水环境容量和规划方案研究”，对淀山湖的水文、水质、水生生物等进行了全面调查，曾得出了淀山湖已被污染、水质处于中-富营养水平，而且有继续恶化趋势的结论[105]。

大量研究工作表明，湖泊沉积物的成分通常反映湖泊及其周边水体在其积聚时的环境状态[106—113]。综上所述，湖泊沉积物中的污染物质，是水体中污染物质随颗粒物质沉积以及被沉积物吸附后的储蓄。因此，湖泊沉积物中成分的地球化学变化对于描述湖泊的历史生态系统营养状态演化很有价值。

本次工作通过对淀山湖沉积物中氮元素含量的研究，结合其他有关数据资料，在对淀山湖氮素历史状态进行分析讨论基础上，有以下几点认识：

① 淀山湖两个采样点柱样中总氮含量范围分别为 1.141～3.804 mg/g 以及 0.437～2.753 mg/g，两柱样总氮含量随沉积深度的变化趋势几乎完全相同。5 号柱样最大值出现在表层，达 2.753 mg/g。

② 5 号柱样处，*TN* 含量均整体低于 4 号柱样，原因可能与 4 号取样点靠近主航道受到地表径流输入的氮元素浓度影响较大有关，受外源氮素输入总体趋势制约，两点柱样中总氮含量变化趋势相似，含量有所差异。

③ 淀山湖沉积物中 *TN* 含量随着沉积物深度的加深而降低事实说明，近几十年来随着淀山湖边城市化以及工业、农业的快速发展，其对淀山湖营养物质、污染物质的输入在不断增多。按照淀山湖沉积速率（约为 4 mm/a）推算，大致在 1960—1980 年间，氮元素含量整体情况变化不大，呈缓慢增长状态，期间淀山湖周边经济发展速度并不迅速。改革开放以后（1980 年以后），随着城市经济、工业、农业等迅猛发展，导致对淀山湖氮素输入量的激增。其中，在 90 年代末期湖泊中总氮含量开始呈下降趋势，原因可能与在发展经济的同时人们重视了对环境的保护，减少了营养物质的直接排放。

④ 淀山湖沉积物样品中各形态氮素含量变化趋势与总氮含量走势相比较，铵态氮与有机态氮的含量随沉积物深度的加深而逐渐减少，与总氮变化趋势相同；而硝态氮含量比除在表层——沉积物-水体界面含量较高外，其余部位含量均很低且基本无明显变化。说明淀山湖沉积物中总氮含量受铵态氮和无机态氮含量的影响较大，而受硝态氮含量的影响微弱。

⑤ 各形态含量占总氮含量比例，总氮中的 95%以上都是以有机态氮形态存在的。无机态氮部分中，NH_4^+-N 占绝大部分，可能与阳离子易被沉积物体系的胶体吸附有关；相对而言，NO_3^--N 由于以阴离子形态存在，一般不易为沉积物体系的胶体所吸附，而易于随水体流失以至较少在泥质中保存，因而。其随着沉积物深度的加深其含量无明显变化且较低。从总氮与铵态氮、有机态氮的相关性推断，总氮与铵态氮、有机氮含量之间均相关性较好，与有机态氮含量的相关性比铵态氮的要高，可见淀山湖氮素的积聚主要与有机态氮的积聚有关。

⑥ 上述氮素在淀山湖沉积物中的变化情况表明，氮元素含量变化趋势与上海的经济变化形势相应，特别是随着农业的发展和化肥等用量的不断增多，淀山湖氮元素含量在同步增加。说明人类行为正在不断地改变着淀山湖的自然发展变化和正在加速淀山湖的富营养化进程。随着科学技术的发展以及国家对环境保护的工作的力度加大，近几年，淀山湖氮素含量急剧增长的势头有所放缓。淀山湖氮素增加和富营养化潜在风险的主要因素是其周边人类活动造成的，加强对淀山湖的环境保护并同时注意生产环节中的科学技术发展应用，加大抑制营养物质、污染物质排放力度和对已形成的污染进行即时合理治理是项关乎上海持续发展

的大事。

3.2.2.2　淀山湖 P、TOC 含量特征及演化趋势

湖泊富营养化与蓝藻暴发为我国目前湖泊面临的主要环境问题之一。而在主要的湖泊富营养化因子中，磷是蓝藻水华暴发的最常见的限制性营养盐因素。由于排污因素如金属污染、有机污染、氮磷污染等的成因关联性，研究湖泊磷元素的生物地球化学行为以及磷污染演化趋势，对揭示湖泊污染以及富营养化发生机制和预测治理都具有重要意义[114]。

在湖泊营养元素磷的生物地球化学行为研究中，沉积物的研究已逐渐成为国内外关注的热点之一。沉积物是流域营养物质的归宿，在湖泊的整个生态演化过程和地球化学物质循环中具有重要作用。水体中的磷进入沉积物后，通常要发生非常明显的形态转化和再迁移，并伴随沉积物有机质的矿化降解，在沉积埋藏过程中受早期成岩作用影响，沉积物磷的剖面分布特征将受到改造。沉积物中磷元素不同的赋存形态与含量，对沉积物-水界面磷的交换能力和上覆水磷含量水平以及对湖泊发生富营养化所起的作用也不同[115]。因此，研究湖泊沉积物中磷元素的赋存形态，有利于深入了解其污染来源、循环过程和埋藏特征，进而揭示富营养化机理和实际控制因素。同时，湖泊沉积物也是较水体更为稳定的污染时间和空间演化记录载体，研究表层沉积物不同深度的磷元素积累有助于了解和预测其演化趋势。

水体富营养化通常是多种因子共同作用的结果。大量研究表明，磷是湖泊富营养化的主要限制因子之一，磷的地球化学循环成为认识湖泊磷循环的关键所在[116、117]。根据研究者的假设，碳、氮、磷的临界比为 106∶16∶11，当磷的相对含量低于这一比值时，就成为湖泊藻类生长的限制因子。有人认为，80%的湖泊富营养化受磷元素的制约，磷的含量通常被作为湖泊富营养化的标志。在关国 Great Lake 地区对湖水进行的生物分析中发现，羊角月牙藻对外加的磷敏感，对氮却不敏感[118]。在安大略湖西北部的实验湖泊研究工作中[119]，整个湖泊磷营养丰富，用气态氮和碳供给藻类生长，其结果发现在没有氮的加入下，磷的加入促发了蓝细菌的爆发，使生态系统的初级生产力显著提高。因此，一般认为在地表淡水系统中磷酸盐是植物生长的限制因素。

通常，湖泊从自然环境中获得的营养物质在自然因素作用下引起的水质演变过程极为缓慢，往往需要几千年，甚至要以地质年代来描述湖泊富营养化的自然过程。然而，在人类现代文明社会中，在日益加剧的人类活动影响下湖泊由贫营养向富营养的演化进程大大加快。Ostrom 等人研究表明(1998)，北美的 Lake Erie 从 1950 年到 1975 年短短 25 年间在自然因素和人为因素共同作用下完成的富营养化进程，相当于过去 15 000 年的自然历史演变效果[120]。

我国的长江中下游地区湖泊多为浅水湖泊，在这些地区理论上不会发育贫营养型湖泊。在人类活动影响之前，这些营养充分的湖泊之所以没有出现富营养化

现象，主要得益于大量的湿地与水生植被的发育。正是由于水生植物的存在，一方面有效地削减了排入湖中的外源营养盐负荷，同时又大量地遏制沉积物中营养盐的释放。这些湖泊富营养化的原因同流域人类活动有较大的关系。湖泊富营养化的物质表现主要就是湖泊内 TN，TP 含量过高以至超过湖体的自净能力。人类常常出于经济发展需要，一方面以点、面源形式通过河渠、径流等水文过程向湖体排放生产、生活废水，另一方面又采取种种措施破坏水生植被(如水产养殖)、缩小湖体自净容量、在沿岸带进行各种工农业生产活动(如围垦、筑堤)，从而加剧富营养化进程。生活污水和化肥、食品等工业废水以及农田排水都含有大量的氮、磷及其他无机盐类。天然水体接纳这些废水后营养物质增多，促使自养型生物旺盛生长，特别是蓝藻和红藻的个体数量迅速增加，而其他藻类的种类则逐渐减少。水体中的藻类本来以硅藻和绿藻为主，蓝藻的大量出现即是富营养化的征兆。随着水体富营养化的不断发展，最后会变为以蓝藻为主。藻类繁殖迅速，生长周期短，藻类及其他浮游生物死亡后被需氧微生物分解，又不断消耗水中的溶解氧，或被厌氧微生物分解，不断产生硫化氢等气体，从两个方面使水质恶化，造成鱼类和其他水生生物大量死亡。藻类及其他浮游生物残体在腐烂过程中，又把聚集于体内的人量氮、磷等营养物质释放入水中，供新的一代藻类生物利用。因此，发生了富营养化的水体即使切断外界营养物质的来源也很难自净和恢复正常状态。

目前一般采用的评价水体富营养化的指标是水体中氮含量超过 0.2～0.3 mg/L、生化需氧量大于 10 mg/L、磷含量大于 0.01～0.02 mg/L，pH7～9 的淡水中细菌总数每毫升超过 10 万个、表征藻类数量的叶绿素- a 含量大于 10 μg/L。20 世纪 80 年代以前，长江中下游地区的浅水湖泊除一些城郊湖泊以外，普遍水质较好。80 年代后期至今，大部分湖泊已经呈现中营养或中富营养化以上水平[121、122]，有些湖泊已达超重富营养化，如安徽巢湖、武汉东湖[123、124]。一些原本处于中营养化水平的湖泊如固城湖，2000 年监测表明已经达中富营养化[125]。

如今，随着我国近几十年经济建设步伐的加快，在长江中下游地区的城郊湖泊中几乎都已经富营养化或出现富营养化势头。目前，排入淀山湖的污染物在日趋增多，其水质总体上有逐年变差趋势。而淀山湖作为上海市主要水源地之一，其水质变化关系到上海市 2 400 万人的生存和发展。因此，对其水质演化趋势及影响因素的研究，是一个重要而紧迫的环境课题。目前国内外已有不少关于湖泊沉积物总磷含量的研究，如沉积物总磷含量和上覆水体可溶性磷酸盐之间的关系、与沉积物间隙水中磷含量关系，以及沉积物总有机碳、总铁、pH 值等理化参数对其总磷含量的影响等。水体中的磷进入沉积物后，要发生形态转化和再迁移作用，沉积物磷的剖面分布特征将受到改造。磷在湖泊沉积物-水体之间的迁移转化是湖泊营养水平重要的控制因素，而磷的活性取决于它是以什么样的化学形式存在于沉积物中。因而，沉积物中磷的赋存形态特征研究对认识磷在沉积物-水体中的地球化学行为有重要意义。

已有有关淀山湖沉积物的研究较多地侧重于痕量金属方面，对于磷元素污染演化历史的研究相对较少。本研究对淀山湖沉积物总磷、各形态磷含量变化进行分析讨论，希望通过此项研究了解上海水源地淀山湖富营养化因子磷的演化规律，探讨淀山湖沉积物中磷元素的迁移转化行为特征，揭示城市发展过程中人类活动对湖泊磷循环的影响以及引起的 P 输入与淀山湖富营养化进程的关系，为科学预测淀山湖水质的变化趋势和促进上海水环境保护与管理规划提供参考。

1）*沉积物磷的形态分级及总磷、各形态磷提取*

沉积物磷形态的分级提取最早源于土壤学中相应的方法。研究者根据不同化学试剂对矿物的不同溶解能力提出了上壤磷最初的分级方案。1957 年，有人创造性地将土壤磷分为不稳性或松结态磷（labile or loosely-bound P），蓄态磷（occluded P）及有机磷（又称 C－J 法）。翁焕新将 C－J 法稍加修正用于提取美国华盛顿河流和湖泊沉积物中的磷，提出不同结合态磷主要包括无机磷（Fe－P，Ca－P，AI－P），固着态 Fe－P 和 Al－P[126]。有学者将该法改进，将沉积物磷分为磷灰岩磷（AP），非磷灰岩磷（NAP）及有机磷（称 W 法）。为克服 W 法中 NaOH 提取磷可能出现的重吸附问题，一些学者提出以 NH_4CI 作为提取剂，在提取不稳性磷的同时除去碳酸钙等碳酸盐（H－L 法），这对碱质沉积物而言尤为重要。H－L 法将沉积物分为不稳性磷（NH4CI－RP），铁铝结合态磷（NaOH－RP），钙结合态磷（HCI－RP）及残磷。H－L 法着重于沉积物磷化学性质，其有助于认识磷在沉积物-水界面的交换过程以及环境因子如 pH、氧化还原电位和离子强度对交换过程的影响。Psenner 等人于 1985 年提出了另一个沉积物磷分级分离的方法（P 法）用于奥地利的 Piburg Sea 沉积物磷的分级分析[127]。P 法将沉积物磷分为水溶态磷（WSP），可还原水溶态磷（RSP），铁铝结合态磷，Ca－P 以及惰性磷（refractory P），Peterson 等人曾分别用该法和 H－L 法对匈牙利 Balaton 湖的沉积物磷进行了提取[117]（Petterson et al.，1988），结果表明该湖的高碱度和 $CaCO_3$ 蓄积量对提取剂产生了干扰，P 法中 BD（碳酸氢钠——连三硫酸钠）提取 RSP 时误差大，H－L 法中 NH_4CI 两次提取不稳性磷后，HCI 提取的 Ca－P 不准确。

此后的研究中，以 Ruttenberg 等人提出的方法最具代表性。Ruttenberg 建设性的提出在提取步骤之间以 $MgCl_2$ 和 H_2O 分别洗涤沉积物，最大限度地降低了重吸附，由此发展了 SEDEX 提取法（R 法）[128]。R 法的主要程序是 $MgCl_2$ 提取可交换性磷，CBD（柠檬酸钠-碳酸氢钠-连二亚硫酸钠）提取易还原性 Fe－P，乙酸钠提取碳酸氟磷灰石有机磷（carbonate fluorapatite P，CFAP），HCl 提取磷灰岩磷，剩余残渣灰化并以 HCl 提取以估算有机磷。Baldwin 虑及提取剂的提取效率对 SEDEX 法做了改进，重复每一提取步骤直至提取液中的磷浓度小于某一阈值再进行下一步操作。R 法首次提出了区分原生碎屑磷和自生钙结合态磷的磷形态分离方法，但是该法对其他形态的磷分离不够理想[129]。李悦等人将土壤学中通用的铝结合磷、铁结合磷和闭蓄态磷的分级技术引入R法，使提取结果具有更清晰的环境地球化学意义[130]。Golterman指出用赘合物氨基三乙酸(NTA)提取Fe-P和Ca-P，不致破坏黏土结合态磷或有机磷(G法)[131、132]。与H-L法比较发现，G法提取了更多的Fe-P和较少的Ca-P，所得的有机磷比H-L法多[133、134]。原因在于H-L法中NaOH/HCl提取Fe-P/Ca-P时，由于OH^-/H^+的存在，部分有机磷水解使得Ca-P的实测值偏高许多。1996年，Golterman提出以Ca-EDTA(pH9.0)替换Ca-NTA提取Fe-P，以Na-EDTA(pH4.5)提取Ca-P的更为有效的EDTA提取法[131]，较好地减少了重复提取的次数。主要的沉积物磷的分级提取方法汇总如表3-51所示。

表3-51 沉积物磷元素连续提取方法

方法	提取剂	提取成分
C-J法(1957)	a. NH_4Cl 1.0 mol/L b. NH_4F 0.5 mol/L c. NaOH 0.1 mol/L d. HCl 0.5 mol/L e. CBD f. NaOH	不稳定磷(labile P) 铝结合态磷(Al-P) 铁结合态磷(Fe-P) 钙结合态磷(Ca-P) 可还原水溶性磷(RSP) 惰性磷(Refractory P)
W法(1976)	a. CBD 0.22/1.0/1.0 mol/L b. NaOH 0.1 mol/L c. HCl 0.5 mol/L	非磷灰石磷(NAP) 磷灰石磷(AP)
H-L法(1980)	a. NH_4Cl 1.0 mol/L b. NaOH 0.1 mol/L c. HCl 0.5 mol/L	不稳定磷(labile P) 铁铝结合态磷(Fe, Al-P) 钙结合态磷(Ca-P)
P法(1985)	a. H_2O b. BD 0.11 mol/L, 40℃ c. NaOH 1.0 mol/L d. HCl 0.5 mol/L e. NaOH 1.0 mol/L, 80℃	水溶性磷(WSP) 可还原性水溶性磷(RSP) 铁铝结合态磷(Fe, Al-P) 钙结合态磷(Ca-P) 惰性磷(Refractory P)
G法(1990)	a. Ca-NTA 0.02 mol/L + $Na_2S_2O_4$ 0.045 mol/L(Tris缓冲液，pH8.0) b. Na_2EDTA 0.05 mol/L, pH8.0	铁结合态磷(Fe-P) 钙结合态磷(Ca-P)
R法(1992)	a. $MgCl_2$ 1.0 mol/L pH8.0 b. CBD 0.3/1.0/0.144 mol/L c. NaAc-Na_2CO_3 1.0 mol/L, pH4.0 d. HCl 1.0 mol/L e. 550℃灰化，HCl 1.0 mol/L	可交换态(Exchangeable P) 碳酸氢磷灰岩磷(CFAP) 氟磷灰岩磷，钙磷(FAP, Ca-P) 氟磷灰岩磷(FAP) 有机磷(OP)

（续表）

方　法	提　取　剂	提 取 成 分
G 法(1996)	a. Ca - EDTA 0.05 mol/L + 1% $Na_2S_2O_4$ 0.045 mol/L(Tris 缓冲液，pH7.0～8.0) b. Na_2EDTA 0.1 mol/L，pH4.5 c. H_2SO_4 0.5 mol/L d. NaOH 2.0 mol/L，90℃	铁结合态磷(Fe - P) 钙结合态磷(Ca - P) 酸可溶性有机磷(ASOP) 残余有机磷(ROP)
连续提取法(1998)	a. $MgCl_2$ 1.0 mol/L pH8.0 b. NH_4F 0.5 mol/L，pH8.2 c. NaOH - $NaCO_3$ 0.1/0.05 mol/L d. CBD 0.3/1.0/1.125 g，pH7.6，搅拌 15 min e. NaOH 0.5 mol/L，8 h f. NaAc - Na_2CO_3 1.0 mol/L，pH4.0，振荡 6 h g. HCl 1.0 mol/L，振荡 16 h h. 550℃灰化，HCl 1.0 mol/L，振荡 16 h	易溶性和弱吸附性磷 铝结合态磷(Al - P) 铁结合态磷(Fe - P) 闭蓄态磷(O - P) 自生和生物磷灰石结合磷 碎屑磷灰石及其他无机磷 有机磷(OP)

本次工作在实地踏勘基础上，对淀山湖沉积物中总磷和各形态磷的垂向分布特征进行了研究，结合区域经济发展和人口增长等因素探讨淀山湖富营养化因子磷的污染历史和演化趋势。

重点开展了如下工作：

① 研究总磷在沉积物不同深度的含量分布、来源及演化趋势。

② 研究磷元素在沉积物不同深度的形态分布特征，探讨各形态磷(易溶态磷、铁铝结合态磷、闭蓄态磷、自生钙结合态磷、碎屑钙磷、有机态磷)之间的含量相关性以及沉积物有机质和磷之间的耦合关系与形态转化规律。

③ 综合上海地区经济发展史探讨淀山湖磷元素污染史及其富营养化进程。

(1) 样品

淀山湖隶属太湖流域，是以太湖为中心的蝶形洼地区域的组成部分，其形成是由江水冲积与古泻湖淤积所致。淀山湖的形成经历了湖面由淀淤缩小又经风浪冲坍扩大的变化过程。其成因从湖泊形态、湖底地形等方面特征及其演变情况看，基本上和太湖平原湖群的形成一致，均为因地层构造下沉而形成湖盆，随后为数十米厚的湖相沉积物充填，逐步形成今天的大型浅水湖泊形貌。

淀山湖属于软水类、富营养湖类型，磷是淀山湖水质富营养化的主要因子。其他主要的污染物为CODcr、痕量金属和石油类等。1985 年颁布的《上海市黄浦江上游水源保护条例》规定，淀山湖湖体是水源保护区重点水域，沿湖滨纵深 5 km 陆域亦划为水源保护区。

本次研究使用样品取自淀山湖西南部较封闭湖域——元荡湖中央。如图 3-46 所示。

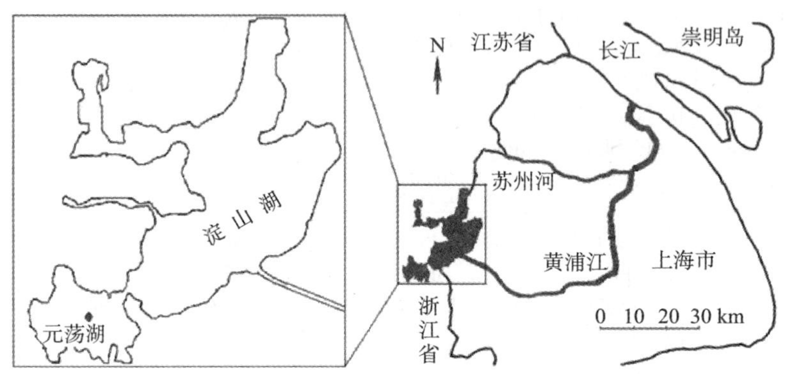

图 3-46 淀山湖 P 研究取样位置

使用直径为 8 cm、长度为 4 m 的 PCV 管采集柱状沉积物。将 PVC 管直接插入底部沉积物内，取出后锯掉管中空余部分，将其中柱状沉积物样以内衬牛皮纸的胶带密封后带回实验室。在实验室将柱状样从 PVC 管中完整地取出后，按 1 cm 长度用竹片进行分割。

野外采回的样品经过风干、磨碎、过筛、混匀、装瓶备用，具体过程如下：

将现场采回的样品，在阴凉通风处凉至半干。将半干的沉积物样品摊在清洁的塑料薄膜或纸上，用竹棒将其碾碎，挑出残留的动植物残骸及石块等杂物，摊开在阴凉通风处风干。风干后的样品，登记编号后用研钵碾碎后过 200 目筛，并充分混匀(以使分析时所称取的少量样品具有较高的代表性)后装瓶备用。

(2) 分析测试

风干样品含水量的测定是各项分析结果计算的基础，其原理是将风干沉积物放在 105～110℃的烘箱中烘干而使吸湿水和自由水全部气化逸出，而一般有机质等不被分解，由烘干沉积物失去的水分量来计算沉积物含水量。测定沉积物吸湿水时须控制烘干箱的温度不超过 110℃，温度过高时样品在烘干过程中失去的不仅是吸湿水，还包括部分物质的结晶水(如 $CaSO_4 \cdot 2H_2O$)和被颗粒吸附的气体(CO_2、NH_3)及有机质的分解产物等，进而影响测定结果的准确性，烘干时必须使沉积物样品烘干至恒重。实验仪器设备有：有盖称皿、101-A 型数字显示电热恒温干燥箱、干燥器(内盛无水 $CaCl_2$ 或变色硅胶)、JA1003N 型电子天平。操作方法和实验步骤如下：

(a) 将带盖称皿于 105～110℃烘干、冷却、称量至恒重(W_1)。

(b) 取风干样品 2 g 平铺在称皿中，称量($W2$)。

(c) 将盛有样品的称皿及盖放入烘箱中，于 105～110℃下烘干 6～8 h 后置于干燥器中冷却至室温，称量。再烘干 2 h，冷却，再称量。如此至恒重($W3$)，保证前后两次称量之差不得大于 0.02 g。

样品含水量按下式计算：

$$W\% = \frac{W_2 - W_3}{W_2 - W_1} \times 100$$

式中：W 为含水量(%)；W_1 为带盖称皿重(g)；W_2 为带盖称皿重＋样品重(g)；W_3 为带盖称皿重＋样品烘干重(g)。

pH 值是沉积物的重要性质，它直接影响沉积物磷的释放。在低 pH 时，沉积物磷容易释放，而且量大速率快，尤其钙磷受其影响更为明显。在高 pH 时，沉积物磷的释放比较困难。

本研究采用玻璃电极测定沉积物样品的 pH，具体步骤如下：

(a) 称取风干样品 2 g，放入 50 mL 玻璃烧杯中，加入 15 mL 蒸馏水，搅拌 1 min，使样品充分散开，放置 0.5 h，使其澄清。

(b) 将玻璃电极的球泡插入到下部悬浊液中，中心摇动或进行搅拌，使之均匀。反复读取 pH 值，至读数稳定为止。

(3) 总磷的提取及含量测定

沉积物样品采用高氯酸-硫酸法消解，该方法具有操作方便、提取量高(可占总磷的 97%～98%)等优点。高氯酸是一种强酸又是一种强氧化剂，在能氧化有机质、分解矿物质和有很强的脱水作用有助于胶状硅脱水的同时，又能与三价铁络合，在磷的比色中抑制了硅和铁的干扰；硫酸的作用是提高消化液的温度，同时防止消化过程中溶液蒸干。样品经消解后，沉积物中各种形态的磷元素均转化为可溶性正磷酸盐。

对消解液采用钼锑抗分光光度法测定磷含量。该方法的原理是在酸性条件下，正磷酸盐与钼酸铵、酒石酸锑氧钾反应，生成磷钼杂多酸，被还原剂抗坏血酸还原则变成蓝色络合物，称磷钼蓝。可用磷酸二氢钾溶液为标准液，用分光光度法(700 nm 波长处)进行测量。该方法的最低检测浓度为 0.01 mg/L；测定上限为 0.6 mg/L。

主要实验仪器设备有 100 mL 容量瓶、50 mL 锥形瓶、弯颈小漏斗、电磁炉、50 mL 比色管等；德国 MN 公司无磷过滤纸(phosphate-free filters，型号 MN619G)；日本岛津公司紫外可见光分光光度仪(UV - Visible Spectrophotometer，UV - 2450)。

实验试剂配制：

硫酸钼锑抗试剂——溶解 13 g 钼酸铵($(NH_4)_6Mo_7O_{24} \cdot 4H_2O$)于 100 mL 水中，溶解 0.35 g 酒石酸锑氧钾($K(SbO)C_4H_4O_6 \cdot 1/2H_2O$)于 100 mL 水中；在不断搅拌下将钼酸铵溶液徐徐加入 300 mL(1＋1)硫酸中，加酒石酸锑氧钾溶液并混

合均匀;此溶液贮存于棕色试剂瓶中备用。

10%抗坏血酸溶液——溶解 10 g 抗坏血酸于水中,并稀释至 100 mL;该溶液贮存于棕色玻璃瓶中,4℃下保存备用。

4 mol/L NaOH 溶液、浓硫酸(比重 1.84)——浓度为 2 mol/L H_2SO_4 溶液、50%～60%高氯酸、酚酞指示剂——取酚酞1 g,加乙醇 100 mL 溶解、磷标准溶液——吸取 50 mg/L 的磷酸盐贮备液于 250 mL 容量瓶中,用水稀释至标线,此溶液使用时当天配制,含磷 2 mg/L。

沉积物总磷具体测定步骤如下:

(a) 绘制磷的标准曲线:分别在比色管中加入磷酸盐标准使用液(2 mg/L)0, 0.50, 1.00, 1.50, 2.00, 2.50, 3.00, 3.50, 4.00, 5.00, 7.50, 10.0, 12.5, 15.0 mL 标准溶液,加显色剂后定容至 50 mL,得浓度分别为 0, 0.02, 0.04, 0.06, 0.08, 0.10, 0.12, 0.14, 0.16, 0.20, 0.30, 0.40, 0.50, 0.60 mg/L 的磷酸盐溶液。先向各待测液中加入 1 mL 10%抗坏血酸溶液混匀,30 s 后加入 2 mL 钼酸盐溶液,混匀显色 15 min 并于 700 nm 处测定其吸光度,绘制标准曲线。

(b) 准确称取样品 0.1～0.3 g 于 50 mL 锥形瓶里,以数滴蒸馏水润湿后滴加浓硫酸 3 mL,摇匀后加入高氯酸 20 滴,摇匀后在瓶口加放弯颈小漏斗,置于电炉上加热消解。当锥形瓶中溶液开始转为白或灰白色时继续消解 20 min 得消煮液。样品消解的同时作空白实验,即操作同上但不加样品。将冷却稀释后的消煮液移入 100 mL 容量瓶,冷却定容后用无磷滤纸过滤,滤液接收在干燥锥形瓶中待测。

(c) 取过滤液 10 mL 注入 50 mL 容量瓶中,用水稀释至约 30 mL 后加入酚酞指示剂 1 滴,滴加 4 mol/L 的 NaOH 溶液直至溶液转为红色,再加 $C(1/2H_2SO_4)$ 为 2 mol/L H_2SO_4 1 滴,使溶液红色刚刚褪去后再多加 1 滴,摇匀。

(d) 在调好酸度的待测液中加入抗坏血酸和钼酸盐溶液混合均匀,定容摇匀后显色 15 min,于 700 nm 处测吸光度。

实验质量控制如表 3-52、图 3-47 所示。

表 3-52 磷酸盐标准曲线数据

磷酸盐浓度/(mg/L)	吸光度 A^*	磷酸盐浓度/(mg/L)	吸光度 A^*
0	0	0.14	0.069
0.02	0.01	0.16	0.081
0.04	0.019	0.2	0.101
0.06	0.031	0.3	0.153
0.08	0.042	0.4	0.203
0.1	0.051	0.5	0.253
0.12	0.06	0.6	0.307

* 注:吸光度值已扣除空白。

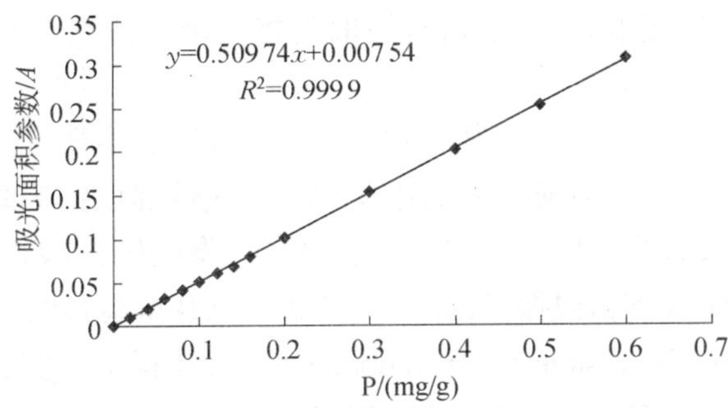

图 3－47　磷酸盐测试标准曲线

总磷含量测定精度如表 3－53 所示。

表 3－53　淀山湖沉积物总磷含量测定精度

样品(取样深度/cm)	6	11	15	20	25
平行 1	0.339 2	0.327 4	0.298 7	0.292 6	0.273 2
平行 2	0.344 3	0.321 3	0.306 9	0.298 1	0.278 3
平均值	0.341 8	0.324 4	0.302 8	0.295 4	0.275 8
相对平均偏差	0.007 5	0.009 4	0.013 5	0.009 3	0.009 2
标准偏差(s)	0.003 6	0.004 3	0.005 8	0.003 9	0.003 6
变异系数(CV)	0.010 6	0.013 3	0.019 1	0.013 2	0.013 1

(4) 磷各形态的提取及含量测定

本次研究按照前述李悦等人的分类，将沉积物磷分为无机磷和有机磷两大类。无机磷又分为易溶性磷、铁铝结合态磷、闭蓄态磷、自生钙结合态磷、碎屑钙结合态磷。本研究对磷形态的提取参考李悦等人改进后的连续提取方法，依次提取沉积物样品的易溶性磷、铁铝结合态磷、闭蓄态磷、自生钙结合态磷、碎屑钙结合态磷、有机磷。

样品首先用 Mg_2Cl 浸提，提出的部分为水溶性磷及断键的和其他基团结合松弛的磷。第二级用 NH_4F 浸提，在 pH8.2 的条件下，F^- 和 Al^{3+} 行成络合物，而与 Fe^{3+} 络合能力很弱，这样使与铝结合的磷酸盐和与铁结合的磷酸盐分离。第三级用氢氧化钠浸提，由于 Fe－P 与 NaOH 的水解反应，使 Fe－P 中的磷酸根释放。继而用柠檬酸钠和连二亚硫酸钠溶液浸提闭蓄态磷，这部分磷是被 Fe_2O_3 胶膜所包裹的磷酸铁和磷酸铝，被包裹的磷须在除去 Fe_2O_3 胶膜后才能溶解释放；闭蓄态的磷在非强烈还原条件下很难被释放，利用硫代硫酸钠强烈的还原作用使包蔽的氧化铁还原成亚铁，继而被柠檬酸钠络合，使氧化亚铁包裹不断剥离；在浸提液中，Fe_2O_3 和 Fe－P 是完全溶解的，但铝磷几乎是不溶的。因此继续用 NaOH 浸提，所得的应该是 Al－P 和剩余的 Fe－P，从而浸提出全部闭蓄态磷。以 NaAc－HAc (pH4)缓冲溶液提取碳酸钙结合磷、自生和生物磷灰石磷，即自生钙结合磷。碎屑钙结合磷由 HCl 溶液提取；有机态磷的提取先将剩余残渣在 550℃下灰化 5 h，再用 HCl 溶液提取。

实验过程中发现，NH_4F 对铝磷的提取并不明显，而本研究重点不在对铁、铝结合态磷的区分，因此在本次研究中，用 NaOH 一次性提取铁铝结合态磷。

主要实验仪器设备有不同型号 PVG 离心管、三脚烧杯、50 mL 比色皿、15mL 瓷坩埚、电磁炉、JA1003N 型恒温振荡器、Anke TDL－40B 型离心机、UV－2450 型紫外可见光分光光度仪（UV-Visible Spectrophotometer）、马福炉。实验试剂有 1 mol/L $MgCl_2$、0. 1 mol/L NaOH ＋ 0. 05 mol/L NaCO3、0. 3 mol/L 的 $NaCit_3$ 40 mL ＋1 mol/L 的 $NaHCO_3$ 5 mL＋1. 125 g $Na_2S_2O_4$ 配成的混合提取剂（pH7. 6）、4 mol/L NaOH、2 mol/L NaOH、30％ H_2O_2、1 mol/L HAc－NaAc 缓冲溶液（pH＝4）、1 mol/L HCl。各试剂均为分析纯及以上级别。形态提取步骤如图 3－48 所示。

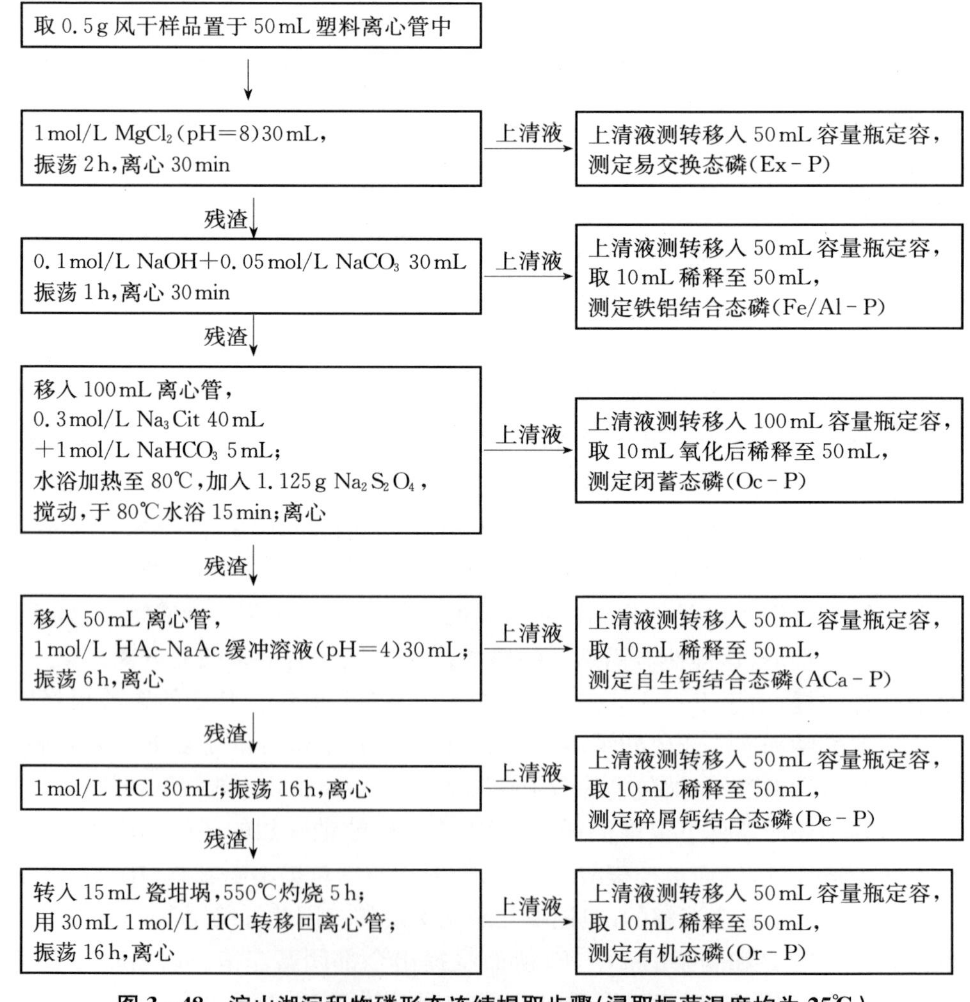

图 3－48　淀山湖沉积物磷形态连续提取步骤（浸取振荡温度均为 25℃）

由于提取过程使用了各种酸、碱性物质，每一步提取后离心所得上清液均需要稀释后调节其酸度以使溶液呈中性或弱酸性。酸度调节方法如下：

提取液呈酸性：加入酚酞指示剂 1 滴，滴加 4 mol/L 的 NaOH 溶液直至溶液转为红色，再加浓度（$1/2H_2SO_4$）为 2 mol/L H_2SO_4 1 滴，使溶液红色刚刚褪去后再多加 1 滴，摇匀；

提取液呈碱性：加入酚酞指示剂 1 滴使溶液转为红色，再滴加浓度（$1/2H_2SO_4$）为 2 mol/L H_2SO_4，使溶液红色刚刚褪去后再多加 1 滴，摇匀。

其中，第三步上清液由于含有剩余的硫代硫酸钠溶液呈强还原性，在实验过程中发现其干扰钼锑抗显色剂显色时，溶液不呈蓝色而是呈现出微红，因此应在显色前先将溶液氧化。具体操作方法为吸取待测液 10 mL 于 150 mL 锥形瓶中，加 20 mL 30%H_2O_2 用文火加热，以不使反应过猛。待氧化作用完成后（气泡发生停止）将溶液蒸至近干。加入 10 mL 2 mol/L NaOH 于水浴上煮沸 5 min，移入 50 mL 容量瓶，调节酸度。

调节酸度后的提取液按沉积物总磷含量的测定方法（硫酸钼锑抗显色法）测定其可溶性正磷酸盐含量。测定精度如表 3－54 所示。

表 3－54　淀山湖沉积物磷形态连续提取分析精度

样品	Ex－P /(μg/g)	Fe/Al－P /(mg/g)	Oc－P /(mg/g)	ACa－P /(mg/g)	De－P /(mg/g)	Or－P /(mg/g)
平行 1	0.729 6	0.056 37	0.108 4	0.016 96	0.045 58	0.063 00
平行 2	0.674 7	0.054 08	0.108 7	0.0174 5	0.053 10	0.066 04
平行 3	0.861 2		0.127 3			
平均值	0.755 2	0.055 23	0.114 8	0.017 21	0.049 34	0.064 52
相对平均偏差	0.093 60	0.020 73	0.072 59	0.014 24	0.076 21	0.023 56
标准偏差(s)	0.095 82	0.001 619	0.010 83	0.000 346 5	0.005 317	0.002 150
变异系数(CV)	0.126 9	0.029 32	0.094 31	0.020 14	0.107 8	0.033 32

2) 磷含量在淀山湖沉积物中的分布特征

(1) 总磷含量分布特征

淀山湖沉积物中总磷含量分布如图 3－49、图 3－50 所示。

该结果表明，淀山湖沉积物中总磷含量随深度变浅以逐渐增高趋势发展，目前已接近富营养化湖泊的沉积物含磷水平。

有研究表明[104]，太湖流域 210 Pb CIC 模式计年获得的平均沉积速率为 0.41 cm/a。作为太湖流域下泄湖泊，淀山湖沉积速率可以参考该数据进行粗略计算。据此沉积速率推算，淀山湖 25 cm 深度的沉积物大致代表了近 60 年来淀山湖的沉积情况。淀山湖 0～25 cm 柱状沉积物磷含量范围为 0.277 6～0.519 7 mg/g，平均值 0.333 5 mg/g，最表层沉积物已达到 0.519 7 mg/g。对比淀山湖和我国一些重要湖泊沉积物总磷含量如表 3－55 所示。

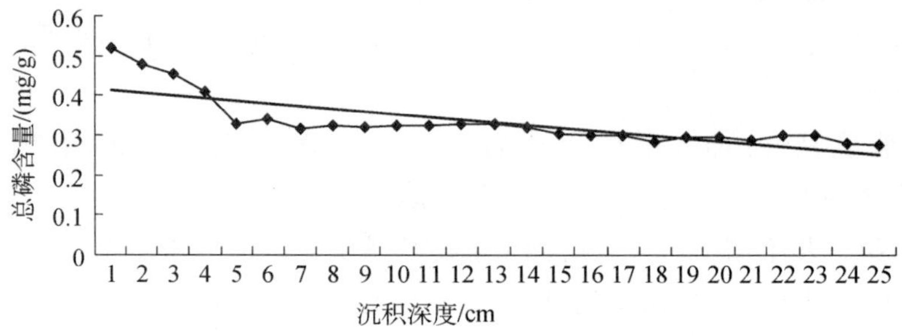

图 3－49　淀山湖沉积物中总磷的垂向分布

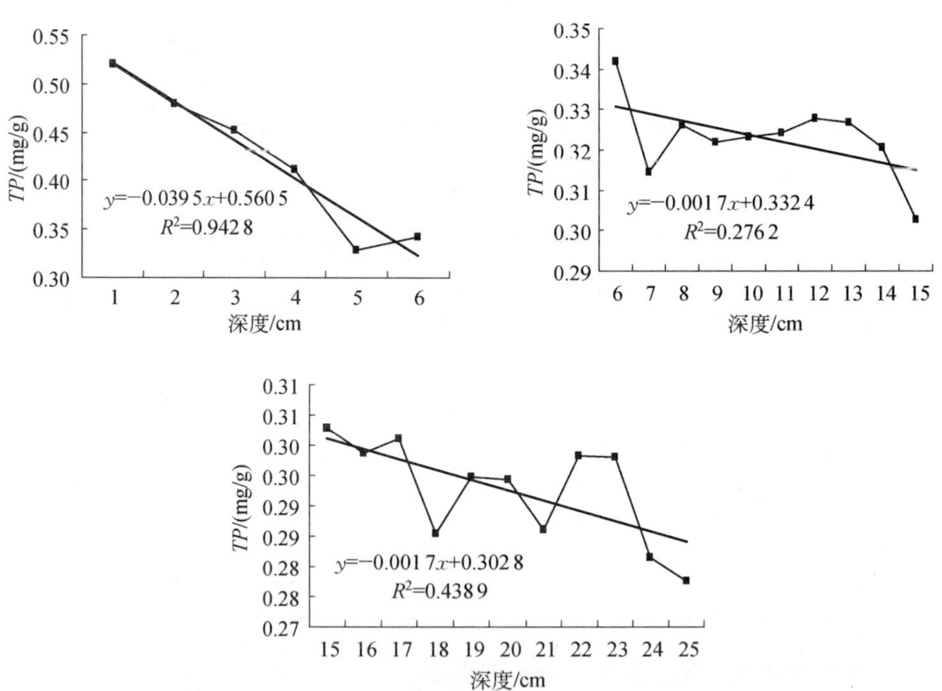

图 3－50　淀山湖沉积物中总磷分布情况

表 3－55　我国一些重要湖泊沉积物总磷含量

湖泊名称	沉积物总磷/(mg/g)	湖泊营养化程度
武汉墨水湖	4.505	异常营养
广州流花湖	1.793	重富营养
南京玄武湖	2.161	重富营养
云南滇池	1.716	重富营养

(续表)

湖泊名称	沉积物总磷/(mg/g)	湖泊营养化程度
贵州红枫湖	1.569	富营养
安徽巢湖	0.332	富营养
云南洱海	1.093	重富营养
江苏太湖	0.580	富营养
淀山湖	0.333 5	富营养

上述情况说明，淀山湖沉积物总磷含量由浅到深呈下降趋势，0～7 cm 段变化趋势较陡；7～25 cm 段下降变缓，其中 7～14 cm 出现稳定阶段，如图 3－50 所示。表明从解放初期至今淀山湖磷污染经历了一个先缓慢而有波动性地增加到逐渐稳定、最后在近十几年来急剧上升的历程。结合我国一些重要湖泊沉积物总磷含量对比(见表 3－55)情况，淀山湖沉积物总磷含量正逐渐接近富营养化湖泊的沉积物含磷水平，并在近年上升趋势加快。如不能即时采取相关措施减缓总磷含量的上升，在未来几十年甚至几年内，淀山湖有可能会出现较严重的富营养化现象。

(2) 磷各形态含量分布特征

淀山湖柱状沉积物磷形态含量分布如表 3－56、图 3－51 所示。

表 3－56　淀山湖沉积物中磷形态分布特征

深度/cm	Ex－P/(mg/g)	Fe/Al－P/(mg/g)	Oc－P/(mg/g)	ACa－P/(mg/g)	De－P/(mg/g)	Or－P/(mg/g)	TP/(mg/g)
1	0.003 229	0.067 16	0.127 4	0.044 07	0.181 7	0.090 70	0.514 6
5	0.003 028	0.049 40	0.100 0	0.025 90	0.064 68	0.085 59	0.328 6
9	0.002 936	0.050 48	0.097 3	0.025 79	0.057 00	0.082 49	0.315 9
13	0.002 641	0.050 48	0.111 7	0.021 87	0.060 42	0.081 05	0.328 1
17	0.002 338	0.055 23	0.114 8	0.017 21	0.045 58	0.080 38	0.315 5
21	0.002 041	0.053 10	0.119 7	0.015 30	0.046 28	0.077 18	0.313 6
25	0.000 755	0.043 44	0.117 7	0.016 31	0.046 37	0.064 52	0.289 1
平均	0.002 424	0.052 76	0.112 6	0.023 78	0.071 72	0.080 27	0.343 6

淀山湖沉积物易溶性磷含量范围为 0.000 755～0.003 229 mg/g，平均值为 0.002 424 mg/g，占总磷比例较小(约 1%)。由于这部分磷容易释放到水体中而直接被水生生物利用，对水体的营养状况有较强影响。物化条件变化，如温度、pH 值、水动力条件及生物扰动作用等因素都可导致这种形态的磷向上覆水体的释放扩散，进而对水体的营养状况造成影响。

铁铝结合态磷含量范围为 0.434 4～0.067 16 mg/g，平均值为 0.0527 6 mg/g，约占总磷含量的 15%。作为磷源重要组成部分的铁结合态磷对磷的循环起着重要

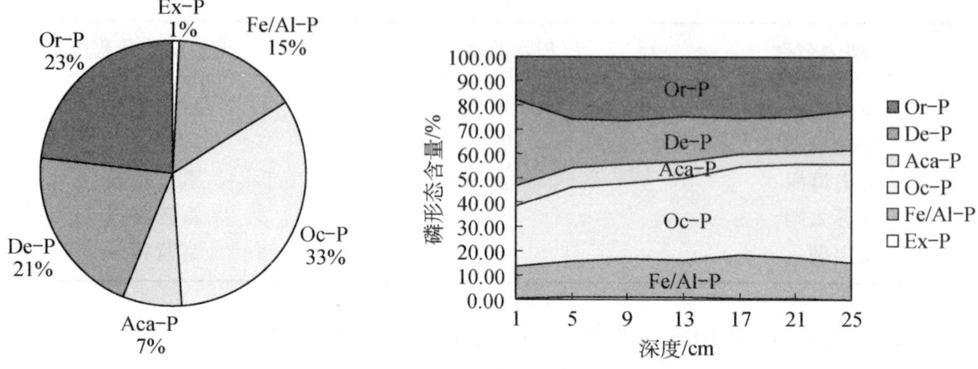

图 3-51　淀山湖沉积物中磷各形态含量份额(%)

的作用,如果氧化-还原条件发生变化这部分磷即可能由于铁的还原溶解而被释放到孔隙水中,并且能够通过扩散等方式经由沉积物-水体界面再次被释放进入湖水,这一过程对湖泊的营养状况和水体质量可能会有重要影响。

闭蓄态磷含量范围为 0.097 3～0.124 7 mg/g,平均值为 0.112 6 mg/g,约占总磷含量的 33%,是无机磷中所占比例最大的形态。由于被铁、铝等矿物颗粒紧密包裹而较难释放,沉积物中闭蓄态磷的含量百分比越大,则说明该沉积物磷越稳定而不易释放。

自生钙结合磷含量范围为 0.015 30～0.044 07 mg/g,平均值为 0.023 78 mg/g,约占总磷含量的 7%。自生钙磷一般被看作是永久性的磷汇,但在弱酸条件下可以发生一定程度的释放以至影响其他形态磷的含量。

与长江流域其他浅水湖泊沉积物中有机磷含量对比情况如表 3-57 所示。

表 3-57　长江中下游浅水湖泊沉积物中有机磷含量

湖泊	武昌湖	泊湖	东湖	鄱阳湖	黄湖	大官湖	鲁湖	淀山湖
Or-P/(μg/g)	106.2	155.5	202.1	34.5	106.6	122.4	153.6	80.3

碎屑钙结合磷含量范围为 0.045 58～0.181 7 mg/g,平均值为 0.071 72 mg/g,约占总磷含量的 21%。有机态磷含量范围为 0.645 2～0.907 0 mg/g,平均值为 0.080 27 mg/g,约占总磷含量的 23%。湖泊沉积物中的有机磷主要来自流域土壤有机质、水生生物的代谢产物和死亡残体、未及矿化降解的有机污染物等。

有机磷在沉积物中的含量受多种因素控制,如沉积物的类型、沉积速率以及黏土含量等都是影响有机磷含量的因素。有机质降解时有机磷被释放到水体中,外部条件如风浪、水动力因素的改变等会影响到这一过程。

淀山湖沉积物中有机磷含量平均值为 80.27 μg/g。可以看出,淀山湖沉积物有机磷含量明显低于长江流域其他浅水湖泊。Or-P 在湖泊沉积物中的含量在有些湖泊中甚至可以占到总磷的 80%，其含量在磷循环中的作用不可忽视，而淀山湖沉积物有机磷含量并不显著。

淀山湖沉积物中各形态磷的变化趋势如图 3－52 所示。图 3－52 表明，淀山湖沉积物中除闭蓄态磷含量随深度加深先变小后上升之外，其他形态磷均呈现出不同程度的随深度加深含量降低的趋势，和总磷变化趋势大体一致。其中，可交换态磷和有机磷变化较缓，而铁铝结合态磷，自生钙磷和碎屑钙磷在沉积物浅层阶段(0～5 cm)均呈现出随深度加深急剧减小的趋势。

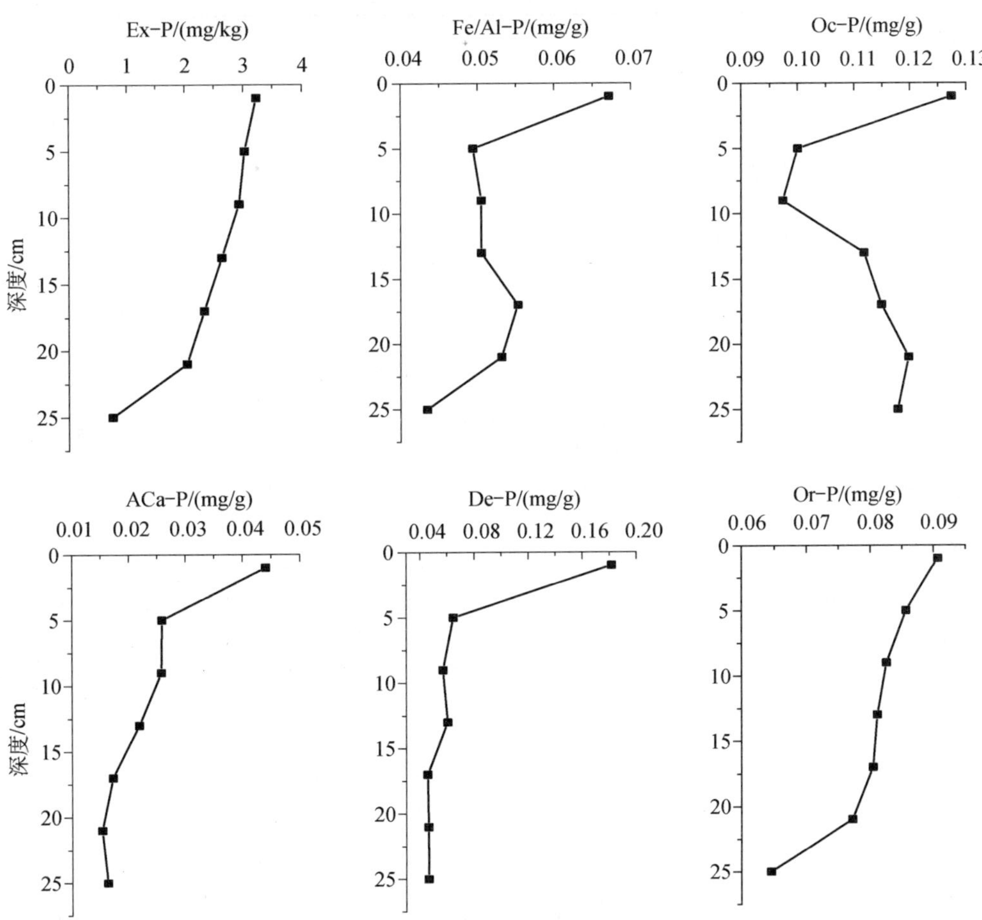

图 3－52　淀山湖沉积物中磷各形态垂向变化特征

沉积物各种形态磷的含量仅指示其绝对含量大小，而其百分含量则可指示丰度，可更好地说明随时间推移磷元素在沉积过程中的形态变化特征。

淀山湖沉积物中磷各形态占总磷百分数间的相关系数如表 3－58 所示，磷各形态百分含量垂向变化特征如图 3－53 所示。

表 3-58 淀山湖沉积物中磷各形态占总磷百分数间相关系数

	Ex-P	Fe/Al-P	Oc-P	ACa-P	De-P	Or-P
Ex-P	1					
Fe/Al-P	0.193 9	1				
Oc-P	−0.525 3	0.643 6	1			
Aca-P	0.474 7	−0.703 7	−0.915 2	1		
De-P	0.000 0	−0.864 8	−0.851 6	0.724 6	1	
Or-P	0.540 3	0.765 8	0.397 7	−0.282 3	−0.828 7	1

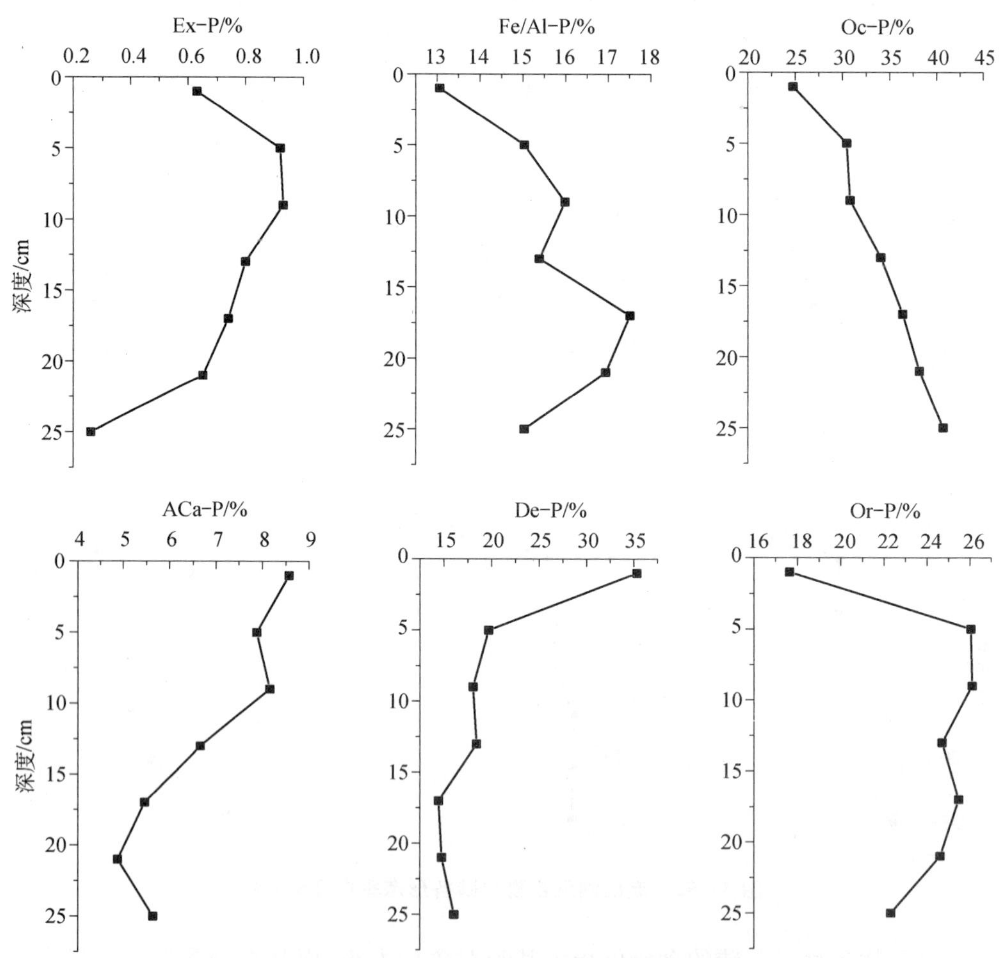

图 3-53 淀山湖沉积物中磷各形态百分含量垂向变化特征

由表 3-58、图 3-53 可看出，自生钙磷和碎屑钙磷百分含量变化趋势与其绝对含量变化趋势较一致，均呈现出随深度加深减小的变化特点。易交换态磷、铁铝结合态和有机态磷百分含量，则呈现出随深度加先增大后减小的趋势。易交换态磷和铁铝结合态磷均为活性磷，在浅层沉积物阶段百分含量较小，这可能与其受水体扰动影响释放成为水中可溶性磷有关。

闭蓄态磷绝对含量随深度变化趋势不明显，而其百分含量的变化则呈现出随深度加深增大的趋势。闭蓄态磷被 Fe_2O_3 胶膜所包蔽，是十分稳定的还原性磷酸铁以及磷酸铝，较难释放。其百分含量的变化趋势说明，随时间推移和磷沉积过程的发展，淀山湖沉积物中磷元素的外源输入在成分特征上可能在发生变化。

3）淀山湖沉积物中磷含量分布特征标志的地球化学行为过程和生态学意义

淀山湖沉积物中 pH 值变化情况如表 3－59 所示。

表 3－59　淀山湖沉积物不同深度 pH 值变化特征

深度/cm	0～1	4～5	8～9	12～13	16～17	20～21	24～25	平均值
pH 值	6.68	6.52	6.87	7.21	7.53	7.40	7.47	7.10

在淡水湖泊系统中，磷是影响湖泊富营养化的重要因素。大量研究工作说明，湖泊沉积物中磷的再次释放是影响湖泊富营养化的重要因素之一。在湖相环境中，各种形态的磷相互之间可以进行迁移和转化最终形成正磷酸盐。正磷酸盐可以进入有机体或与 Ca、Fe、Al 等金属离子结合形成难溶的磷酸盐，当体系的氧化还原条件或 pH 值发生变化时，金属磷酸盐即可能发生溶解释放磷酸根离子。另外，沉积物释放到孔隙水中的磷，可与其他颗粒结合或者被吸附形成松散无机或有机化合物，或通过水平扩散、离子交换以及生物扰动等作用释放到上覆水体中去，进而改变上覆水体的营养状况。因此，湖泊沉积物中磷的形态及分布对于湖泊体系中磷的循环及其富营养化进程机理研究和实际控制都具有十分重要的意义。

根据前述连续提取法，将沉积物中的磷形态分为有机磷（Or－P）和无机磷（IOr－P）。而无机磷可分为易溶性磷（Ex－P）、铁结合态磷（Fe－P）、铝结合态磷（Al－P）、自生钙磷（ACa－P）、碎屑钙磷（De－P）和闭蓄态磷（Oc－P）。从沉积物中提取的磷的总量称为总提取态磷（TP）[135]。

（1）各形态磷的变化特征及相关关系

前述情况表明，沉积物各种形态的磷按与总磷相关性大小排序依次为 De－P ＞ ACa－P ＞ Fe/Al－P ＞ Or－P ＞ Ex－P ＞ Oc－P（如图 3－54 所示）。由此可看出，淀山湖沉积物中磷的积累主要于无机磷的积累有关。其中钙结合磷所占比例最大，其次为铁铝结合态磷。有机磷也是影响沉积物磷积累不可忽视的因素之一。

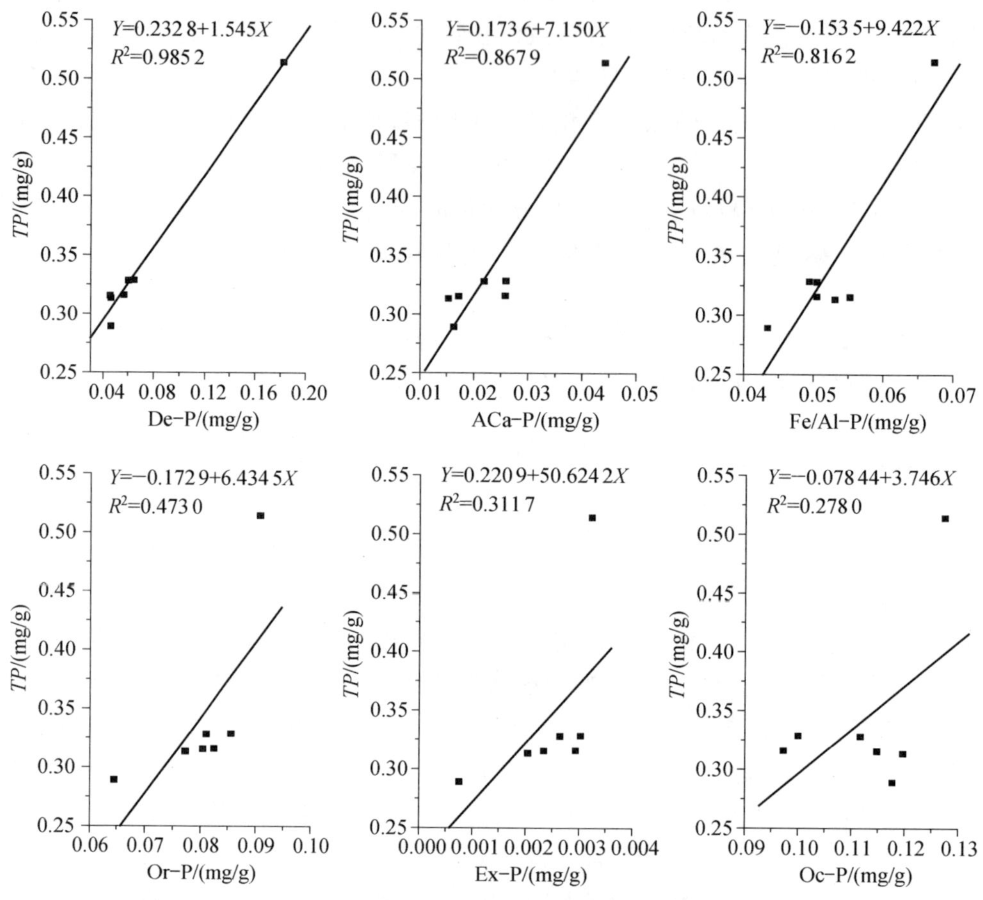

图 3-54　淀山湖沉积物中总磷与其他形态磷含量的相关性

图 3-54 的情况表明，淀山湖沉积物中总磷与易溶性磷和铁、铝钙结合态磷的均有一定的相关性，与有机态磷之间的相关性尤为明显。易溶性磷容易释放到水体中而直接被水生生物利用，对水体的营养状况有一定的影响。铝磷和铁磷在氧化还原条件发生变化时可能会由于铁的还原溶解而被释放到孔隙水中，吸附在沉积物中的氧化物、氢氧化物以及黏土矿物颗粒表面而转化为易溶性磷。淀山湖沉积物中易交换态磷与其他形态磷含量间的相关关系如图 3-55 所示。

(2) 各形态磷的成因习性及含量情况

a) 有机磷

一般而言，湖泊沉积物中的有机磷主要来自流域土壤有机质、水生生物的代谢产物和死亡残体以及未及矿化降解的有机污染物等，这部分磷只有在有机物矿化以后才能被释放出来，也相对较难被生物利用。如前所述，有机磷在沉积物中的含量是由多种因素控制的，沉积物的类型、沉积速率以及黏土含量都是影响有机磷含

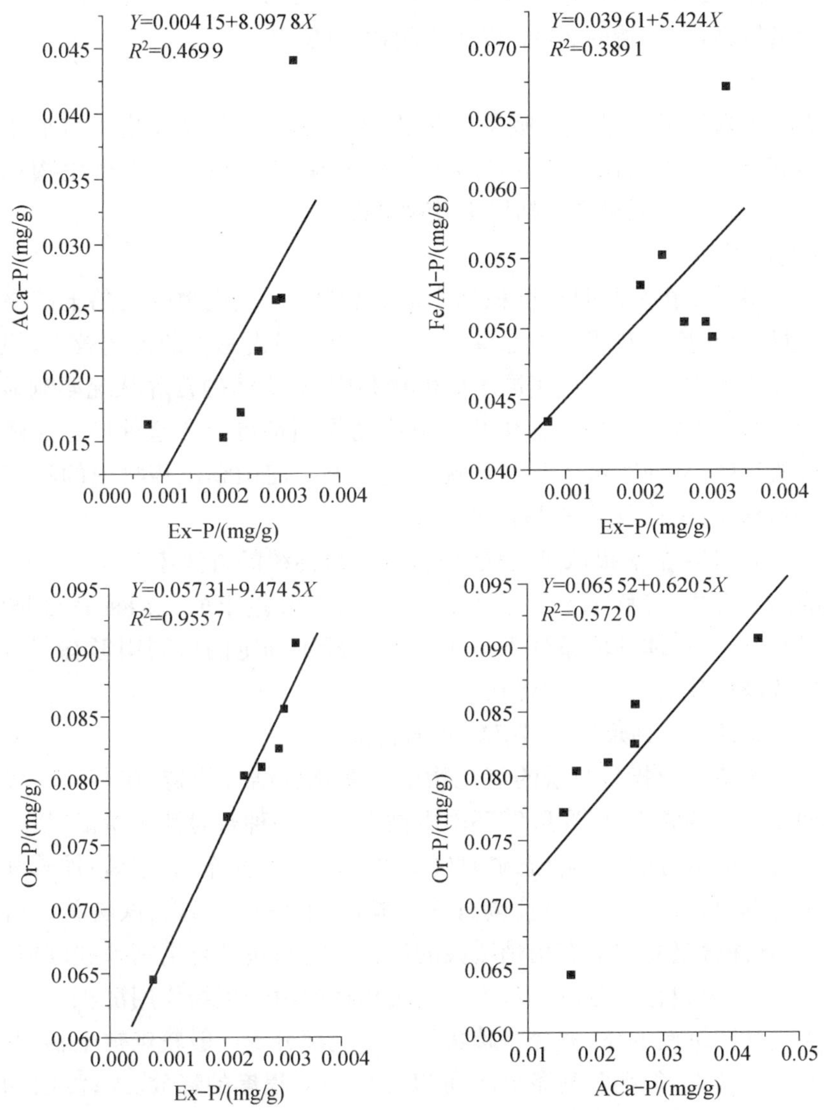

图 3-55 淀山湖沉积物中易交换态磷与其他形态磷含量间的相关性

量的原因。埋藏于湖泊沉积物中的有机磷多数以磷脂和膦酸脂化合物存在[136—138]。有机质降解时有机磷被释放到水体中，外部条件如风浪、水动力因素的改变等都会影响其释放过程。另外，沉积物中的一些细菌在有氧条件下可以吸收过量的磷并以有机聚磷酸盐的形态在其体内储存起来[139, 140]，在厌氧条件下，这些细菌能以这些有机磷为能量载体进行新陈代谢，这部分磷便可由此得到释放。这个过程也促进了沉积物中不同形态磷之间的迁移转化。Or-P 在湖泊沉积物中的含量在有的湖泊中甚至可以占到总磷的 80%。有机磷在湖泊磷循环中的作用如释放机制、对上覆水的影响等正越来越多地受到人们的关注。淀山湖沉积物中的有机磷含量较高，占总磷的23%，仅次于闭蓄态磷(33%)。

b) 无机磷

无机磷主要指沉积过程中吸附在沉积物上的溶解态磷酸盐和与水体中的与铁、钙、铝等金属离子结合而以不同形态存在的磷，有机磷也可在微生物和矿化作用下转化为无机磷。无机磷包括以下几种情况：

(a) 易溶性磷

易溶性磷主要指被吸附在沉积物中的氧化物、氢氧化物以及黏土矿物颗粒表面的磷，包括易交换态和弱吸附态磷。易溶性磷含量占总磷的比例较小，但这部分磷最容易释放到水体中，可直接被水生生物利用，对水体的营养状况影响显著。温度、pH值、水动力等物化条件变化及生物扰动作用都可导致这种形态的磷向上覆水体的释放扩散，从而对水体营养状况产生影响。淀山湖沉积物中的易溶性磷含量较低，占总磷的1%，为含量最低的形态。

除了用 $MgCl_2$ 溶液提取可交换性磷，目前最传统的方法还有以 NH_4Cl 溶液为提取剂的测定方法，又称H-L法[141]。而Froelich指出的无限稀释外推法(IDE法)表征的在正常水体环境条件下从可交换性磷中确定的可利用形态[142]，对于衡量沉积物的磷释放潜力具有重要意义。

(b) 铁磷、铝磷、钙磷(自生钙磷、碎屑钙磷)

铁结合态磷主要指易与铁的氧化物或氢氧化物结合的磷，在有氧环境下被认为是一种永久性的磷汇，而在厌氧环境中被看作是一种暂时性的磷汇[143]。因此作为磷源重要组成部分的铁结合态磷对磷的循环起着重要作用；铝磷、铁磷和易溶性磷相对较易释放，被统称为“活性磷”；淀山湖沉积物中的铝磷、铁磷总共占总磷的15%，由浅到深含量总体上有稍稍增大的趋势。钙磷包括自生钙磷和碎屑钙磷(原生磷)。自生钙磷(自生磷灰石磷)主要是沉积物中由于生物作用沉积、固结以及与自生碳酸钙共同沉淀的磷，如羟基磷灰石等。这部分磷一般较难被生物利用，也被看作是永久性磷汇，但在弱酸条件下可以发生一定程度的释放[144]；淀山湖沉积物中的钙磷占总磷的28%左右，呈由浅到深含量变小的变化趋势。

(c) 闭蓄态磷

闭蓄态磷是指 Fe_2O_3 胶膜所包蔽的还原性磷酸铁以及磷酸铝，由于被铁、铝等矿物颗粒紧密包裹而较难释放；淀山湖沉积物中的闭蓄态磷占总磷的33%左右，为含量最高的形态，呈明显由浅到深含量增大的变化趋势。

(3) 淀山湖沉积物中磷的变化特征及因素讨论

沉积物中的磷主要以无机态的正磷酸盐占较大比例。一旦出现有利于钙、铝、铁等不溶性磷酸盐沉淀物溶解的条件，磷就会从沉积物中释放出来。一般情况下，释放出的磷经沉积物间隙水扩散到沉积物水界面进而扩散进入沉积物上覆水。大量研究表明，沉积物中磷的释放受到多种因素影响，其中最主要的有溶解氧、pH值、氧化还原电位、温度、生物以及水体的扰动等。

钙的影响：在钙离子含量比较高的水中，会生成($Ca_3(PO_4)_2$)沉淀。但钙对磷的束缚力相对较弱，且水体中 CO_2 的存在对钙磷也有溶出作用。

铝的影响：在 pH5.4～6.2 范围内，正磷酸盐与铝盐反应可生成磷酸铝并处于动态平衡状态，任何物理化学变化都可改变反应方向。pH 值升高至 7 左右，生成 $AI(OH)_3$，它具有巨大比表面积并强烈吸附正磷酸盐，由于铝的价态不受氧化还原电位影响，还原也不会增强磷酸铝的溶解性。

铁的影响：磷酸盐的束缚被解释为铁氧化物微粒表面的羟基被磷酸盐基团取代而发生的配位体交换过程。在 pH5.5 附近，湖水恰好是磷酸铁的饱和溶液。在 pH5.5 以外的情况，磷酸铁倾向于溶解。在沉积物深处，由于存在还原环境，无论正磷酸盐浓度多高都不会生成磷酸铁沉淀。但由于受闭蓄机制影响，即磷酸铁在 pH>6 溶解时，$FePO_4-2H_2O+OH^- = Fe(OH)_3\downarrow +H_2PO_4^-$，而 $Fe(OH)_3$ 溶度积相对较高，对内部铁磷起了掩蔽作用，大大降低了磷酸铁的溶解和对磷的释放速度。

氧化还原电位的影响：当氧化还原电位降低时，会发生 $Fe^{3+}\rightarrow Fe^{2+}$ 的反应而使铁磷得以释放。不同 pH 条件下，发生这种反应的氧化还原电位是不同的，一般随着 pH 的升高而降低。

温度的影响：温度升高，有利于磷在沉积物中的吸附，因为沉积物吸附磷是吸热反应，而且温度升高，微生物活性增强，随着好氧微生物增多溶解氧减少从而使氧化还原电位降低，发生 $Fe^{3+}\rightarrow Fe^{2+}$ 的反应，使铁磷得以释放。另外微生物的活动可使沉积物中的有机磷转化成无机态的磷酸盐，不溶性磷化合物转化成可溶性磷。温度对含钙沉积物的影响最大，因为随着温度升高，有机质矿化加强伴随产生大量 CO_2，使含钙沉积物加速溶解，沉积物中磷的释放也相应加快。

有机质的影响：有机质对磷的影响是多方面的、复杂的。通常认为，有机质固磷的作用较弱，原因有以下几点：①有机质分解过程中形成的有机质胶体-腐殖质可形成胶膜覆盖在黏粒矿物氧化铁、铝以及碳酸钙等无机物表面，减少了这些无机物和磷酸盐离子的接触，从而防止或减轻了这些无机物对磷的固定；②有机物分解产生的有机酸和其他螯合剂将部分固定态磷释放为可溶态；③有机物分解产生的 CO_2 溶于水形成 H_2CO_3 增加了钙、镁磷酸盐的溶解度；④有机质中的富里酸聚阴离子和磷酸盐阴离子产生吸附竞争，并且有机聚阴离子能通过专性吸附进入矿物颗粒促进磷的释放[145]。但也有研究认为，由于有机质能和铁铝形成有机无机复合体，提供了重要的无机磷吸附点位从而增强了对磷的吸附。也有人认为有机质释放出 H^+ 可使矿物表面基团质子化而有利于磷的吸附[146]。

pH 的影响：沉积物磷的释放量随 pH 升高呈 U 形规律变化，在中性范围磷释放量最小。酸性条件下有助于磷的释放，碱性条件下大幅度提高磷的释放。一定条件时降低 pH 值，磷酸盐以溶解为主并铝磷最先释放；升高 pH 值，以离子交换为主，即 OH^- 与被束缚的磷酸盐阴离子产生竞争也会使磷的释放增强[146]。

溶解氧的影响：缺氧时会促进内源磷的释放，好氧对磷释放有一定的抑制作用。在缺氧条件下，稳定的 $Fe^{3+}-P$ 被还原为易溶解的 $Fe^{2+}-P$，引起沉积物磷释放；缺氧产生的酸性物质在沉积物中的积聚也会导致 Ca－P 的释放。好氧抑制沉积物磷释放的能力和 pH 值密切相关，在酸性至中偏碱性环境（pH5.0～8.5）中，沉积物磷的稳定性好，而在碱性环境中（pH＞8.5）沉积物中的磷处于不稳定状态[147]。

扰动的影响：从理论上说扰动可增加系统内的溶解氧，应不利于沉积物中磷的释放。但是扰动也促进了泥水之间的混合和交换，这种混合交换作用对沉积物释磷的影响要比单纯溶解氧的影响更显重要。尤其对浅水湖泊来说，由于水浅温度等理化性质分层不明显，风浪作用对水-沉积物界面的干扰较大。所以扰动是影响水一沉积物界面反应的重要物理因素。扰动能使沉积物中的颗粒磷再悬浮进而可加速了沉积物间隙水中磷的扩散和增加磷的释放。但当超过最大释磷量扰动时间后，动力学作用对磷释放影响已不大甚至会有所下降。这表明水动力条件对磷释放的影响仅是有限的、短期的效应[148、149]。

微生物的影响：微生物作用可以直接或间接影响磷的迁移转化。微生物可以通过代谢反应，胞外释放和细胞溶解等过程释放或结合磷，还可以通过改变沉积物的物理和化学条件激发不同的物理化学和生物学过程从而影响磷的行为。因此内源磷释放是一个与物理、化学、生物因素都有关的复杂过程。有微生物作用的沉积物，其内源磷释放明显高于没有微生物作用的沉积物磷释放。微生物加快了溶解氧的消耗，一切能降解有机物的微生物都能矿化释放有机磷并产酸释放无机磷。微生物能把沉积物中有机磷转化分解成无机磷并可将不溶性磷化物转化成可溶性磷，所以微生物作用可以促进沉积物磷的释放。有实验表明，在无微生物状态下，沉积物中磷的释放几乎为零；而由于微生物的参与，沉积物释放的磷比无菌状态下高出 50％～100％[150—153]。

上覆水中磷的浓度：湖泊沉积物与上覆水之间存在磷交换过程。当水中的磷含量高时，在一定条件下其会向沉积物中沉淀从而暂时离开水相；反之，磷又会从沉积物中释放出来重新进入水生态系统的磷循环中[154]。因此磷的释放与沉积物和上覆水之间的浓度差有关。由于在大风浪过后水中磷含量较高，这时沉积物的释放速率将偏小，甚至短时间内沉积物可能由源转变为汇。

沉积物的化学组成和机械组成：非钙质沉积物比钙质沉积物富含铁和有机碳。在好氧条件下，由于氧化铁对磷的吸附作用使得非钙质沉积物的释磷过程受到限制。同等条件下，钙质沉积物向上覆水中释放的磷要更多。沉积物释磷与其机械组成也有关系，吸附颗粒中黏粒含量高时，因表面积大则表面能强，对磷的吸附量就较大[155]。

光照的影响：藻类具有对营养盐的同化作用。藻类在生长过程中需要吸收大量营养盐，在上覆水营养盐浓度较低情况下，沉积物向上覆水释放的营养盐就成为藻类生长的营养物质来源。因此底栖藻类成了阻挡磷从沉积物向上覆水释放的一个生物“屏障”。也就是说，光照通过底栖藻类的生物作用，间接地限制了沉积物中的磷向上覆水中释放[156]。

由图 3-55 可见，淀山湖沉积物中自生钙磷与有机磷之间均存在较明显的相关关系。自生钙磷（自生磷灰石磷）主要是沉积物中的由于生物作用沉积、固结以及与自生碳酸钙共同沉淀的颗粒磷，可能是由水底的浮游动物的外壳风化形成。而有机磷则主要来自流域土壤有机质、水生生物的代谢产物和死亡残体、未及矿化降解的有机污染物等。自生钙磷与有机磷之间的显著相关在一定程度上说明了淀山湖沉积物中的有机磷主要来自湖泊自身的生命物质，人为输入的有机磷可能不明显。淀山湖和长江流域其他浅水湖泊沉积物中有机磷含量对比，淀山湖沉积物有机磷含量明显低于长江流域其他浅水湖泊。

一般情况下，湖泊沉积物中的有机磷相对较难被生物利用，但有机磷在外部条件变化比如 pH 值、氧化还原电位等发生变化时，有利于降解释放有机磷。因此有机磷的降解在一定程度上也决定着沉积物中其他形态磷的含量变化。自生钙磷（自生磷灰石磷）主要是沉积物中的由于生物作用沉积、固结以及与自生碳酸钙共同沉淀的颗粒磷，这部分磷一般较难被生物利用，但在弱酸条件下可以产生一定的释放[145]。本次研究表明，淀山湖沉积物由浅到深 pH 值从弱酸性向弱碱性变化（见表 3-59）。如在低 pH 值时，沉积物磷容易释放，而且释放量往往较大，释放速率亦较快。尤其钙磷的释放受其影响较为明显，这与在表层沉积物中往往易交换态磷含量较高的现象有关。

综上所述，湖泊沉积物中的磷行为是一个非常复杂的问题，许多因素都可影响到其向湖水的释放或向沉积物中的沉淀。结合上述淀山湖沉积物中磷形态变化特征分析，有如下几点认识：

① 淀山湖 0～25 cm 柱状沉积物磷含量范围 0.277 6～0.519 7 mg/g，平均值 0.333 5 mg/g，最表层沉积物已达到 0.519 7 mg/g。我国一些重要湖泊沉积物总磷含量及其富营养化程度对比，目前淀山湖沉积物总磷含量正逐渐接近富营养化湖泊的沉积物含磷水平。淀山湖沉积物总磷含量的垂向变化特征表明，从解放初期至今淀山湖磷污染经历了一个缓慢而波动性地增加到逐渐稳定、而后到最后近 10 年来又呈急剧上升的历程。若按此演化趋势发展，在未来几十年甚至几年内淀山湖可能会出现较严重的富营养化现象。

② 淀山湖沉积物各形态磷含量为：易溶性磷 0.001～0.003 mg/g，占总磷的比

例约 1%；铁铝结合态磷 0.434～0.067 6 mg/g，约占总磷含量的 15%；闭蓄态磷含量范围 0.097～0.125 mg/g，约占总磷含量的 33%，是无机磷中所占比例最大的形态；自生钙结合磷含量范围 0.015～0.044 mg/g，约占总磷含量的 7%；碎屑钙结合磷含量范围 0.045 58～0.181 7 mg/g，约占总磷含量的 21%；有机态磷含量范围 0.645 2～0.907 0 mg/g，约占总磷含量的 23%，相比我国长江流域其他浅水湖泊沉积物中有机磷含量较低。

③ 淀山湖柱状沉积物除闭蓄态磷含量随深度加深先变小后上升之外，其他形态磷均呈现出不同程度的随深度加深含量降低的趋势，和总磷变化趋势大体一致。其中，可交换态磷和有机磷变化较缓，而铁铝结合态磷，自生钙磷和碎屑钙磷在沉积物浅层阶段(0～5 cm)均呈现出随深度减少急剧增加的趋势。易交换态磷、铁铝结合态和有机态磷含量百分比在浅层沉积物阶段较小，可能与其受水体扰动影响释放成为水中可溶性磷有关。闭蓄态磷绝对含量随深度变化趋势不明显，而其百分含量的变化则呈现出随深度加深增大的趋势，说明了随时间推移和磷沉积过程的发展，淀山湖沉积物中稳定的闭蓄态磷有向其他形态转化的趋势。

④ 沉积物各种形态的磷按与总磷相关性大小排序依次为 De－P＞ACa－P＞Fe/Al－P＞Or－P＞Ex－P＞Oc－P。由此可看出，淀山湖沉积物中磷的积累主要与无机磷的积累有关。其中钙结合磷所占比例最大，其次为铁铝结合态磷。有机磷也是影响沉积物磷积累不可忽视的因素之一。易交换态磷和铁、铝、钙结合态磷的均有一定的相关性，易交换态磷与有机态磷之间的相关性也比较明显，闭蓄态磷和其他形态的磷之间相关性不明显。

⑤ 淀山湖沉积物在 pH6.68～7.53 范围，基本呈现中性，由浅到深 pH 从弱酸性向弱碱性变化(见表 3－59)。淀山湖沉积物中总磷含量总体上呈明显随时间递增变化趋势，其与钙磷(自生钙磷/ACa－P、碎屑钙磷/De－P)的增长呈明显正相关关系；铁铝磷(铁结合态磷/Fe－P、铝结合态磷/Al－P)与闭蓄态磷/Oc－P 的情况较特殊，以相对于总磷以随时间减少的情况存在，而其实际含量却体现出在沉积物顶部(5 cm 以上段)陡增的变化特点。这在说明磷在淀山湖的近期输入速率和量可能都显著较大事实的同时，也说明在淀山湖不同沉积深度上述影响因素对磷的释放有明显制约效果，体现出了随体系还原性增强铁铝磷与闭蓄态磷两种形态变化较显著的特征。

⑥ 淀山湖沉积物中，有机磷(Or－P)和易溶性磷(Ex－P)含量与总磷含量都随时间增长，但在顶部出现了其都在总磷比例中急剧降低的情况。有机磷和易溶性磷两者含量变化具明显相关关系。结合上述情况，说明当前淀山湖磷输入的主要贡献者为钙磷。

⑦ 淀山湖沉积物中的磷转化情况较复杂，在沉积物中体现出了以钙磷输入为

主的特征；由于自生钙磷（自生磷灰石磷）主要系由生物作用沉淀，其表明在淀山湖生物固磷作用有较显著效果；这些事实一方面可说明目前淀山湖处于生物地球化学作用较强阶段，另一方面说明淀山湖磷营养状态是在以钙磷为主情况下的效应，这是一种非常脆弱的形势。因为一旦体系物理化学条件发生变化，特别是 pH 值发生降低，会引起沉积物中的磷以生物有效形态向水体释放。这是一个非常值得注意的环境问题。

4）淀山湖总有机碳含量特征及演化趋势

本研究中，采用重铬酸钾容量法对沉积物中的总有机碳进行了测定。该方法的原理是在加热条件下用一定量标准重铬酸钾—硫酸溶液氧化样品中的有机碳，多余重铬酸钾用硫酸亚铁回滴，由消耗的重铬酸钾量计算出有机碳含量。

测定过程的化学反应式如下：

$$2K_2Cr_2O_7 + 3C + 8H_2SO_4 \longrightarrow 2K_2SO_4 + 2Cr_2(SO_4)_3 + 3CO_2 + 8H_2O$$

$$K_2Cr_2O_7 + 6FeSO_4 + 7H_2SO_4 \longrightarrow K_2SO_4 + Cr_2(SO_4)_3 + 3Fe_2(SO_4)_3 + 7H_2O$$

主要器具设备有硬质试管（18×180 mm）、漏斗、500 mL 大烧杯、酸式滴定管等。

主要试剂配制如下：

0.8 $molL^{-1}$（1/6 $K_2Cr_2O_7$）标准溶液：将 $K_2Cr_2O_7$（分析纯）先在 130℃烘干 3～4 h，称取 39.225 g，在烧杯中加蒸馏水 400 mL 溶解（必要时加热促进溶解），冷却后，稀释定容到 1 L；

0.2 mol/L $FeSO_4$ 溶液：称取化学纯 $FeSO_4 \cdot 7H_2$0.56 g 或 $(NH_4)_2SO_4 \cdot FeSO_4 \cdot 6H_2O$ 78.4 g，加 3 mol/L 硫酸 30 mL 溶解，加水稀释定容到 1 L，摇匀备用；

邻啡罗林指示剂：称取硫酸亚铁 0.695 g 和邻啡罗林 1.485 g 溶于 100 mL 水中，此时试剂与硫酸亚铁形成棕红色络合物 $(Fe(C_{12}H_8N_3)_3)^{2+}$。

具体实验步骤如下：

① 准确称取风干样 0.100～0.500 g 于硬质试管中，加入 0.800 mol/L（1/6 $K_2Cr_2O_7$）5.00 mL，浓硫酸 5 mL，摇匀；

② 先将石蜡加热至 185℃，然后将待测样品放入油浴，让溶液在 170～180℃条件下沸腾 5 min；

③ 取出试管，待其冷却后用蒸馏水冲洗入三角瓶，洗入液的总体积应控制在 50 mL 左右，然后加入邻啡罗林指示剂 3 滴，用 0.2 mol/L $FeSO_4$ 滴定，溶液先由黄变绿，再突变到棕红色时即为滴定终点；

④ 不加样品作两个空白实验。

根据下列公式计算有机碳含量：

$$样品有机碳(\%) = \frac{\frac{0.800 \times 5.00}{V_0} \times (V_0 - V) \times 0.003 \times 1.1}{样品重} \times 100$$

式中：V_0 为滴定空白时所用 $FeSO_4$ mL 数；V 为滴定土样时所用 $FeSO_4$ mL 数；5.00 为所用 $K_2Cr_2O_7$ mL 数；0.800 为 $1/6K_2Cr_2O_7$ 标准溶液的浓度；0.003 为碳 mmol 质量 0.012 被反应中电子得失数 4 除得 0.003；1.1 为校正系数。

经预实验了解淀山湖沉积物中总有机质含量一般小于 2%，考虑到节省样品和保证准确度，称取沉积物样品大于 0.5 g，因消化煮沸的时间、消解温度对测定结果影响都很大，测定中严格控制试管内溶液沸腾时间为 5 min，消解温度控制在 170～180℃。做空白实验和平行实验并取平均值参与计算。

分析精度如表 3-60。

表 3-60　淀山湖沉积物样品总有机碳分析精度

样　品	1*	3	10	18	24
平行 1	0.646 8	0.589 1	0.455 9	0.330 2	0.266 8
平行 2	0.671 9	0.575 6	0.518 8	0.355 3	0.275 8
平均值	0.659 4	0.582 4	0.487 3	0.342 8	0.271 3
相对平均偏差	0.019 0	0.011 5	0.064 5	0.036 6	0.016 6
标准偏差/s	0.017 7	0.009 48	0.044 5	0.017 7	0.006 37
变异系数/CV	0.026 9	0.016 3	0.091 2	0.051 8	0.023 5

* 数字 1、3、10、18、24 分别为样品采取深度，单位为 cm。

沉积物中有机质含量受多种因素影响，其来源主要分为内源输入和外源输入两种。内源有机质是土壤有机质的最早来源，主要是随着生物的进化和成土过程中水体生产力本身产生的动植物残体、浮游生物及微生物等的沉积形成。外源输入主要是通过外界水源补给过程中携带进来的颗粒态和溶解态有机质，包括有机肥料、工农业和生活废水、废渣、微生物制品、有机农药等有机物质，是湖泊为人为影响后自外源输入的有机物质[157]。

人类活动干扰较小的湖泊或在同一湖泊中人类活动影响较小的阶段，沉积物有机质以内源输入为主。人类活动会大大增加沉积物有机质的外源输入。

沉积物有机质的变化包括矿化和腐殖化两个过程。矿化是有机质中易降解部分经微生物分解为 CO_2、H_2O、NH_3 和其他无机成分的过程；另一部分生物大分子经微生物作用发生再降解和合成等，形成腐殖质，即腐殖化过程，这两个过程在沉积物中周而复始、同时存在[158]。

淀山湖沉积物中的总有机碳含量如图 3-56 所示。图 3-56 给出了淀山湖 0～25 cm 沉积物中总有机碳含量百分比的变化情况。该结果表明，淀山湖总有机碳含量在 0.221%～0.659%之间，随沉积深度的加深含量呈减少趋势。

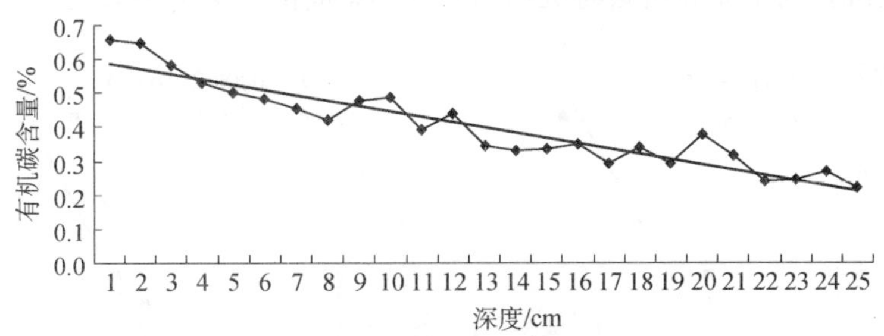

图 3-56　淀山湖沉积物中总有机碳含量垂向分布

图 3-56 说明，淀山湖柱状沉积物 8～25 cm 段总有机碳含量百分比波动较大，随深度增加整体呈下降趋势。有研究表明，沉积物中有机质的年输入强度主要受偶然发生的暴雨天气控制，在地表植被破坏和水土流失较严重的地区尤为明显[159]。0～8 cm 段沉积物总有机碳含量随深度增加也呈下降趋势，但含量曲线整体斜率相对较大且变化趋势稳定，说明近年淀山湖有机质输入在持续增长，其中人为因素影响可能较显著。

淀山湖沉积物中总有机碳、总磷及其各形态间相关关系如矩阵表 3-61 所示。淀山湖沉积物中总有机碳与磷形态含量间相关性如图 3-57。由表 3-61 和图 3-57 可知，淀山湖沉积物中总有机碳与自生钙磷、有机磷之间均存在较明显的相关关系，而自生钙磷与有机磷之间亦存在较好的相关关系(见图 3-55)。

表 3-61　淀山湖沉积物总有机碳和磷形态的相关系数矩阵

	Ex-P	Fe/Al-P	Oc-P	ACa-P	De-P	Or-P	Org-C	TP
Ex-P	1							
Fe/Al-P	0.623 8	1						
Oc-P	−0.278 5	0.534 5	1					
Aca-P	0.685 5	0.766 1	0.205 1	1				
De-P	0.518 0	0.847 7	0.500 1	0.949 7	1			
Or-P	0.977 6	0.756 1	−0.093 66	0.756 3	0.641 4	1		
Org-C	0.834	0.712 5	−0.029 09	0.941 5	0.827 9	0.87	1	
TP	0.588 3	0.903 5	0.527 2	0.931 6	0.992 6	0.687 8	0.866 4	1

从表 3-61 还可以看出，沉积物有机碳与铁铝结合态磷之间也有较好的相关性体现。有研究认为，因有机质能和铁铝形成有机无机复合体可提供无机磷吸附位点，从而会增强沉积物对磷的吸附，也有人认为有机质释放出 H^+ 可使矿物表面基团质子化而有利于磷的吸附[146]。据此推断，淀山湖沉积物中有机碳与铁铝结合态磷的相关关系可能与其有机质与铁铝结合有关。

淀山湖沉积物中总有机碳与沉积物磷各形态间的相关关系如图 3－57 所示。

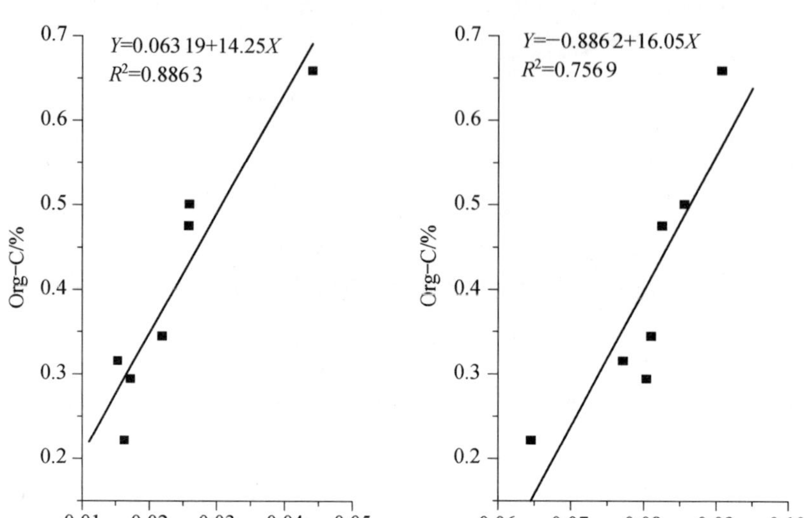

图 3－57　淀山湖沉积物中总有机碳与磷形态含量间相关性

淀山湖沉积物中总有机碳和有机磷含量呈正相关，随着沉积深度的增加总有机碳含量降低，有机磷含量也呈下降趋势。淀山湖沉积物中总有机碳和有机磷含量相关关系如图 3－58。有机磷和有机碳的比值 Or－P/OrgC 随沉积深度的变化如图 3－59 所示。其表明，随沉积深度的加深和有机碳含量减少，Or－P/OrgC 值随之增大。结合有机磷及有机碳在沉积物中的变化情况，该结果说明，在淀山湖沉积物中的有机质发生降解的同时，有机磷在发生相对较大幅度的积累。

城市湖泊沉积物是水体污染物的蓄积库，是研究城市不同历史时期的污染状况的重要根据。城市湖泊受经济建设的影响水质发生变化而加速湖泊的富营养化进程。上述基于沉积物对环境物质变化的记录，探讨污染的演化趋势和形态转化

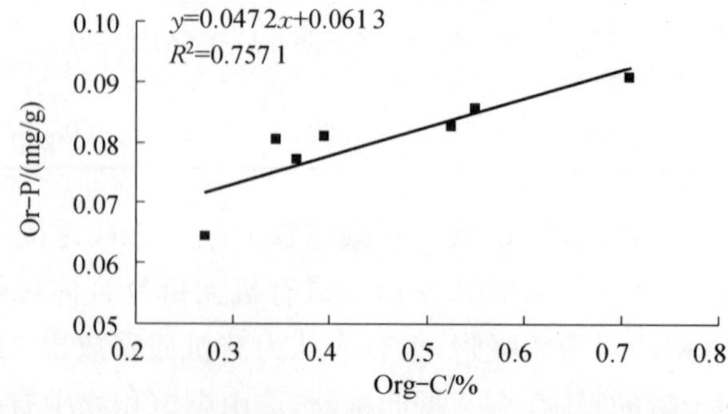

图 3－58　淀山湖沉积物中总有机碳和有机磷含量相关关系

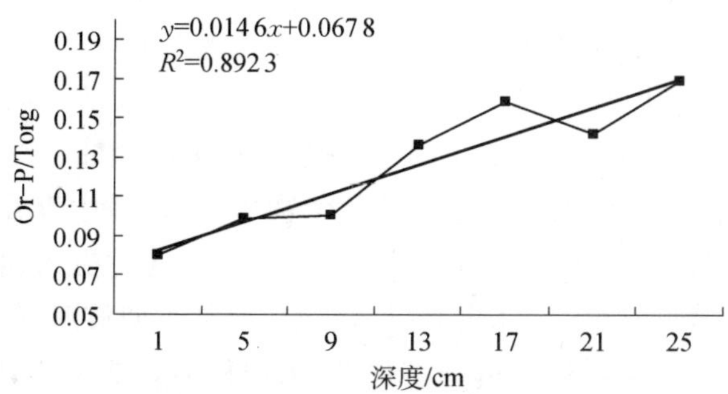

图3-59 淀山湖沉积物中有机磷与总有机碳比值随沉积深度的变化

的环境地球化学、生态学意义，从总有机碳的含量分布情况主要可有如下几点认识：

① 淀山湖柱状沉积物总有机碳含量在0.659%～0.221%之间，随沉积深度的加深总有机碳含量呈减少趋势。沉积物8～25 cm段总有机碳含量百分比波动较大，0～8 cm段沉积物总有机碳含量随深度平稳增加。这些可能与20世纪80年代前水土流失较严重时期的偶发暴雨天气频繁以至影响到沉积物中有机质的输入有关，而近20多年来随着淀山湖水源地植被保护力度加强、水土流失程度有所减缓，有机质输入出现持续增长势头且以人为因素贡献较大。

② 沉积物总有机碳与沉积物自生钙磷、有机磷之间均存在较明显的相关性。结合前述磷形态成因因素，自生钙磷与有机磷之间的显著相关在一定程度上说明了淀山湖沉积物中的有机磷主要来自湖泊自身的生命物质。总有机碳和有机磷含量呈正相关，说明随着沉积深度的增加，总有机碳含量降低，有机磷含量也呈下降趋势。从Org-Or-P相关性拟合直线和Or-P/Org随沉积深度的变化曲线均可以看出，在淀山湖沉积物中的有机质发生降解的同时，有机磷在发生相对较大幅度的积累。

③ 淀山湖沉积物中总有机碳和总磷含量变化趋势都与上海市经济发展趋势相一致。解放初期至改革开放前，上海工农业总产值增长速度均较为缓慢，改革开放以后，经济发展十分迅速，与之相应淀山湖沉积物中总有机碳和总磷含量的增长也呈现出先缓慢后急剧的趋势。说明淀山湖污染以及沉积物对碳、磷元素的积累、湖泊富营养化进程都和上海市工农业的发展存在一定的联系。

3.2.2.3 淀山湖沉积物中的有机氯农药残留特征及演化趋势

如前述，淀山湖作为上海的主要水源地之一，其水质直接影响到2 400万上海居民的健康。淀山湖周围农业发达，长期大量农药的使用必定会进入水体。水体中的农药经过生物富集以及泥沙吸附沉降进入沉积物，通过其在沉积物中的分布可大致得知不同时期水体中农药的含量输入情况。本研究旨在通过对淀山湖沉积物中有机氯农药(Organochlorine pesticides/OCPs)的含量变化,探索有机氯农药与痕量金属的耦合关系,为上海水环境保护提供参考依据。

人们使用的农药大约70%~80%属于内分泌干扰物质。内分泌干扰物(Endocrine Disrupting Chemicals,即 EDCs),也称为环境激素(Environmental hormone),是一种外源性干扰内分泌系统的化学物质,指环境中存在的能干扰人类或动物内分泌系统诸环节并导致异常效应的物质,它们通过摄入、积累等各种途径,并不直接作为有毒物质给生物体带来异常影响,而是类似雌激素对生物体起作用,即使数量极少,也能让生物体的内分泌失衡,出现种种异常现象。这类物质会导致动物体和人体生殖器障碍、行为异常、生殖能力下降、幼体死亡、甚至灭绝。内分泌干扰物多为有机污染物及痕量金属物质。人们所使用的塑料,其中大部分的稳定剂和增塑剂也属于内分泌干扰物,日常所食用的肉类、饮料、罐头等食品中的添加剂也都含有内分泌干扰物。一些有机化合物如烷基酚(AP)、烷基酚聚氧乙烯醚(APE)、双酚A、邻苯二甲酸酯(PAE)、多氯联苯类(PCB)、农药(如有机氯农药)等都属于内分泌干扰物。

近年来,内分泌干扰物质的研究受到科学界的广泛关注,成为环境科学研究的新热点。在一项关于在日本二噁英(PCDDs、PCDFs)和多氯联苯(PCBs)人体摄入量的研究中表明,污染物摄入量较多的是海边居民,其次是种植业居民,最少是城市居民。而海边居民中最易导致摄入污染物的是经常食用鱼类和贝类的人群。物质在沉积物中的富集情况直接反映不同时期污染物在水中的含量。有机氯农药主要来源于农业过程中的人为向环境的播散。尽管自20世纪80年代以来国家已陆续出台了相关政策文件禁用有机氯农药,但此禁用之前有机氯农药在我国农田中的大面积施用在土壤或沉积物中残留。这些残留经水圈、土壤圈和大气的循环进入到水体,有些被水体中的生物所富集或发生形态的相互转化,所有这些变化都会在水沉积物中留下记录。

有机氯农药是用于防治植物病虫害的、在其组成成分中含有氯元素的有机化合物。主要分为以苯为原料和以环戊二烯为原料的两大类。前者如使用最早、应用最广的杀虫剂滴滴涕(DDTs)和六六六(HCHs),以及杀螨剂三氯杀螨砜、三氯杀螨醇等,杀菌剂五氯硝基苯、百菌清、道丰宁等,此外,作为杀虫剂的氯丹、七氯、艾氏剂等也曾被较广泛地使用。以松节油为原料的莰烯类杀虫剂、毒杀芬和以萜烯为原料的冰片基氯也属于有机氯农药。其主要特征为:

① 蒸气压低,挥发性小,使用后消失缓慢。

② 脂溶性强,水中溶解度大多低于1 μg/g。

③ 氯苯结构稳定,不易为生物体内的酶降解,在生物体中消失缓慢。

④ 经土壤微生物作用的产物也能有残留毒性,如DDT经还原生成DDD,经脱氯化氢后生成DDE一样对生物具有毒性。

⑤ 有些有机氯农药，如 DDT 能悬浮于水面并可随水分子一起蒸发。环境中有机氯农药，通过生物富集和食物链作用可扩大其对生物的危害。

有机氯农药对人的急性毒性主要表现为刺激神经中枢，慢性中毒表现为食欲不振、体重减轻，有时也可产生小脑失调、造血器官障碍等。有些有机氯农药对实验动物有致癌性。中毒者有强烈的刺激症状，主要表现为头痛、头晕、眼红充血、流泪怕光、咳嗽、咽痛、乏力、出汗、流涎、恶心、食欲不振、失眠以及头面部感觉异常等；中度中毒者除有以上述症状外，还有呕吐、腹痛、四肢酸痛、抽搐、紫绀、呼吸困难、心动过速等；重度中毒者除上述症状明显加重外，尚有高热、多汗、肌肉收缩、癫痫发作、昏迷。甚至死亡。

就有机氯农药六六六、滴滴涕的主要类型分述如下。

(1) 六六六——六氯环己烷(俗称六六六，HCHs)

六氯环己烷的分子结构如图 3-60 所示。

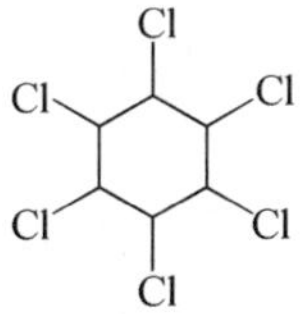

Cl
Cl　Cl
Cl　Cl
Cl

图 3-60　六氯环己烷(六六六)分子结构

六氯环己烷(六六六)是苯加成六个氯原子形成的饱和化合物。分子式为 $C_6H_6Cl_6$，结构式因分子中含碳、氢、氯原子各 6 个，是苯加成了六个氯原子的产物。为白色晶体，有 8 种同分异构体，分别称为 α、β、γ、δ、ε、η、θ 和 ξ。主要的几种特性如下：α 异构体为单斜棱晶，熔点 159～160℃，沸点 288℃；易溶于氯仿、苯等，随水蒸气挥发；具有持久的辛辣气味，蒸气压 0.06 mm Hg 柱(40℃)，沸腾时分解为 1,2,4-三氯苯(分子中脱除三分子氯化氢)。β 异构体熔点 314～315℃，密度 1.89 g/cm^3(19℃)，熔融后升华；微溶于氯仿和苯，不随水蒸气挥发，蒸气压 0.17 mm Hg 柱(40℃)柱，与氢氧化钾醇溶液作用生成 1,3,5-三氯苯。γ 异构体为针状晶体，熔点 112～113℃，沸点 323.4℃，溶于丙酮、苯和乙醚，易溶于氯仿和乙醇；具有霉烂气味和挥发性。

HCHs 对昆虫有触杀、熏杀和胃毒作用，其中 γ 异构体杀虫效力最高，α 异构体次之，δ 异构体又次之，β 异构体效率极低。六氯化苯对酸稳定，在碱性溶液中或锌、铁、锡等存在下易分解，长期受潮或日晒会失效。HCHs 由苯与氯气在紫外线照射下合成制得，曾主要用于防治蝗虫、稻螟虫、小麦吸浆虫和蚊、蝇、臭虫等。由于对人、畜都有一定毒性，中国 20 世纪 80 年代初停止生产和使用。

六六六急性毒性较小，各异构体毒性以 γ-六六六最大。六六六进入机体后主要蓄积于中枢神经和脂肪组织中，刺激动物的大脑及小脑运动，还能通过皮层影响植物神经系统及周围神经，在脏器中影响细胞磷酸化作用使脏器营养失调发生变性坏死；能诱导肝细胞微粒体氧化酶影响内分泌活动，抑制 ATP 酶活性。六六六可导致动物及人体急性毒性、慢性毒性、机体癌变和突变。在植物、昆虫、微生物及动物体内可代谢生成多种产物并作为硫和葡萄糖醛酸的共轭物而被排泄。在几乎所有情况下，六六六代谢的最初产物都是五氯环乙烯，它以几种异体的形式被分离出来。在温血动物体内生成的酚类以酸式硫酸盐或葡萄糖苷酸的形式随尿及粪便排出体外。在微生物影响下也能生成酚类，但它们在土壤中还要进一步分解而使整个分子被破坏。在动物(大鼠)体内，可生成二氯、三氯和四氯苯酚等各种异构体。在昆虫体内六六六及五氯环己烯首先与氨基酸的硫氢基发生反应，生成环己烷系、环己烯系和芳香系的衍生物，苯硫酚和它们的衍生物是这些反应的最终产物。

农药在环境中的分解，是通过生物学和化学两种途径进行的，农药的生物化学分解是农药消失的重要原因。环境中的六六六在微生物作用下会发生降解，一般认为六六六生物降解在厌氧条件下比有氧条件下进行得更快。不少微生物可分解六六六，如梭状芽胞杆菌、假单孢菌等。有机氯农药的化学分解是在各种理化因素作用下进行的，这些因素包括阳光、碱性环境、空气、湿度等，其中阳光对有机氯农药的分解有重要作用。一般情况下，六六六在土壤中消失时间大约为 6 年半左右。

环境中的六六六可以通过食物链而发生生物富集作用，水稻与一般水生植物都有富集六六六的特性。六六六和其他有机氯农药一样，进入环境后在各种物理、化学和生物学因素作用下，最终会逐渐消失。其在环境中的消失是通过扩散、分解和生物富集途径进行的。六六六在环境中的扩散有溶解、悬浮、挥发、沉降和渗透等几种形式；研究表明，在 25℃时 α-六六六在水中的溶解度为 1 630 μg/L，β-六六六为 700 μg/L，γ-六六六为 7 900 μg/L，δ-六六六为 21 300 μg/L，进入水环境中的农药还可被水中的悬浮物(包括泥沙、有机颗粒及浮游生物等)吸附；进入水体和土壤表面的农药也可通过挥发而进入大气，空气中的颗粒物或呈气态的农药又可随气流中的尘埃飘流携带运移一定距离，最终沉降于沉积物中；土壤中的农药也可通过渗透的形式从土壤上层渗透到土壤下层随水移动，进而对地表水或地下水造成污染。

(2) 滴滴涕——1,1,1-三氯 2,2-双(对氯苯基)乙烷(俗称滴滴涕/DDTs)

1,1,1-三氯-2,2-双(对氯苯基)乙烷的分子结构如图 3-61 所示。

DDT(1,1,1-三氯-2,2-双(对氯苯基)乙烷)，分子式 $C_{14}H_9Cl_5$。通常在使用中的主要形态为乳剂、可湿性粉剂、粉剂和气溶胶。熔点 107～109℃、沸点 260℃。相对密度(水=1)为 1.55(25℃)，饱和蒸气压为 2.53×10^{-8} kPa(20℃)。不溶于水，易溶于丙酮、苯、二氯乙烷。主要用作农用杀虫剂。DDTs 可导致动物及人体急性毒性、慢性毒性、机体癌变、畸变和突变。人体急性中毒症状有头痛、眩晕、恶心、呕吐、

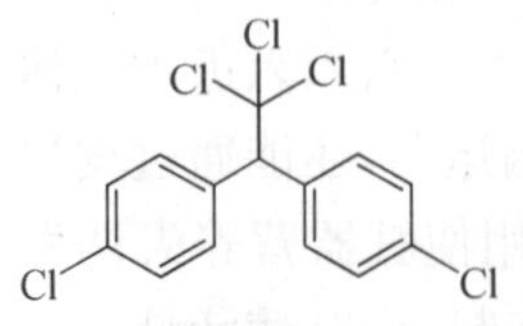

图 3-61 滴滴涕-1,1,1-三氯-2,2-双(对氯苯基)乙烷分子结构

四肢感觉异常或共济失调，重者体温升高、心动过速、呼吸困难、昏迷、甚至死亡。对皮肤有刺激作用。其半衰期长达2.5～5年，脂溶性很强，很容易蓄积在动物体脂肪中造成对环境、食品的污染和对人类健康的潜在威胁。目前认为，人体各器官内DDT残留量与该器官的脂肪含量正相关。从70年代初期先后为许多国家禁用，我国于1983年停止生产农用滴滴涕。

DDT在人体内的降解主要有两个方面，一是脱去氯化氢生成DDE。在人体内DDT转化成DDE相对较为缓慢，3年间转化成DDE的DDT一般不到20%。从1964年开始的对美国国民体内脂肪中贮存的DDT调查表明，DDT总量平均为10 μg/g，其中约70%为DDE，DDE从体内排放尤为缓慢，生物半衰期约为8年。DDT还可以通过一级还原作用生成DDD，同时可被转化成更易溶解于水的DDA而使其消除，它的生物半衰期只需约1年。

环境中的DDT可发生一系列较为复杂的生物学和化学降解变化，主要反应是脱去氯化氢生成DDE。DDE对昆虫和高等动物的毒性较低，几乎不为生物和化学作用所降解，因而DDE是贮存在组织中的主要残留物[160]。在生物系统中DDT也可被还原脱氯而生成DDD，DDD不如DDT或DDE稳定，而且是动物和环境中降解途径中的第一步生成物。DDD脱去氯化氢，生成DDMU(化学名称为2,2-双-(对氯苯基)-1-氯乙烯)，再还原成DDMS(化学名称为2,2-双-(对氯苯基)-1-氯乙烷)，再脱去氯化氢而生成DDNU(化学名称为2,2-双-(对氯苯基)-乙烷)，最终氧化为DDA(化学名称为双-(对氯苯基)乙酸)。此化合物在水中溶解度比DDT大，而且是高等动物和人体摄入及贮存的DDT的最终排泄产物。DDT也可被微粒氧化酶进行较小程度的降解，在α-H位置上发生反应生成开乐散。在环境中，DDT残留可被转化成对-二氯二苯甲酮。最近，已发现一个新的厌氧降解途径，尤其是在污泥中DDT可被细菌转化成DDCN(化学名称:双-(对氯苯基)乙腈)。

DDT在土壤环境中消失缓慢，一般情况下，约需10年。最近研究结果证明，DDT在类似高空大气层实验室条件下，可降解成二氧化碳和盐酸。由于DDT有较高的稳定性，用药6个月后的农田里仍可检测到DDT的蒸发。当今，DDT污染遍及世界各地，从漂移1 000 km以外的灰尘中以及南极溶化的雪水中仍可检测到微量的DDT。一般情况下，非农业区空气中的DDT的浓度范围为小于$1 \sim 2.36 \times 10^{-6}$ ng/m^3，农业居民区其浓度范围为$1 \sim 22 \times 10^{-6}$ ng/m^3。在使用过DDT灭蚊喷雾的居民室内DDT的浓度可高达8.5×10^{-3} mg/m^3。在农业区和边远的非农业区内，雨水中DDT的浓度往往都在同一数量级内($1.8 \times 10^{-5} \sim 6.6 \times 10^{-5}$ mg/L)，这表明该化合物在空气中的分布是相当均匀的。地表水中DDT的浓度与雨水和土壤中DDT含量水平有关。美国在1960年饮用水中检测出的最高浓度达0.02 mg/L。在未施撒DDT的土壤中发现的DDT浓度为$0.10 \sim 0.90$ μg/g，只比施撒DDT10年或10年以上的耕地土壤中的浓度($0.75 \sim 2.03$ μg/g)稍低。大部分DDT存在于地表层 2.5 cm 深的土壤层次内。

DDT 在环境中的转化途径包括光解转化、生物转化、土壤转化等。在生物转化中除哺乳动物体内的代谢转化外，还有鸟类、昆虫类、高等植物和微生物等不同的转化途径，转化物质（包括哺乳动物的代谢产物在内）中已作过鉴定的大约有 20 种，许多其他化合物的化学结构仍不清楚。除主要产物如 DDE 和 DDD 外，这些转化产物的毒理学特性人们尚几乎一无所知。对 DDT 及其同系物在整个环境中的循环及归趋问题的认识，目前还存在着相当大的研究空间。

1) 样品及有机氯农药的分析测定

(1) 样品采集

本次研究样品取自图 3－62 中 C、D 两点。C 点位于湖中央，沉积物相对稳定、受扰动较少，D 点位于淀山湖水上运动场附近[161]。

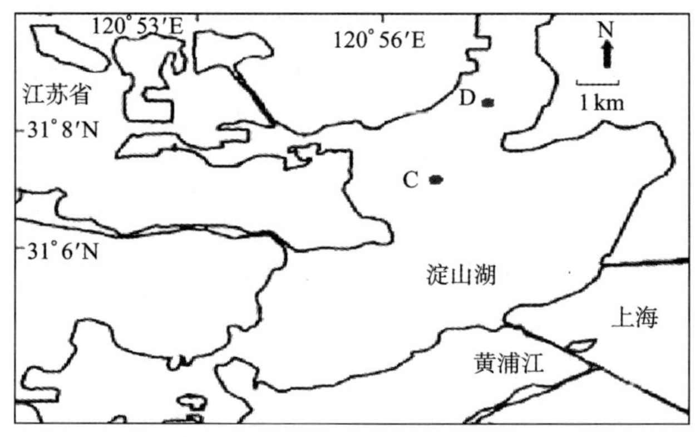

图 3－62　淀山湖有机氯农药研究采样位置

用直径为 8 cm、长度为 4 m 的 PVC 管在湖区上述两个样点采集了柱状沉积物，将 PVC 管直接插入底部沉积物内，取出后锯掉 PVC 管空余部分，将其中柱状沉积物样以内衬牛皮纸的胶带密封后带回实验室。在实验室里将柱样从 PVC 管中完整地取出后，按 1 cm 长度用竹片进行分割。分割后的沉积物样品在牛皮纸上以牛皮纸覆盖自然风干后用研钵研磨过 200 目筛，装入牛皮纸袋内置于 4℃冰箱保存备用。

(2) 有机氯农药的萃取和浓缩

目前常用的土壤、沉积物有机氯农药的萃取方法有四种，包括微波萃取法、超声波萃取法、加速溶剂萃取法和索氏提取法。

微波提取法：提取仪为美国 CEM 公司的微波消解仪（MARS－Xpress），取 5 g 样品装入提取罐，加入 25 mL 的正己烷丙酮混合溶剂（1 ∶ 1，*V/V*），微波功率 1 200 W，提取温度 110℃，升温时间 10 min，萃取时间 10 min[115]。该方法采用程序升温，毛细管色谱柱，微电子捕获检测器，分析时间短，分离效果好，灵敏度高。整个处理过程操作简单，加热均匀，对萃取物选择性高，有机溶剂用量少，能耗低，回收率高，重现性好，有很好的应用前景，是固体中半挥发性有机物定性定量测定的一种较好的前处理技术。

超声波提取法：超声波提取是利用超声波产生的强烈振动、高加速度、强烈的空化效应、搅拌作用等，加速被提取样品中的有效成分进入溶剂；也可理解为超声波的力学效应赋予溶剂对被萃取组分以更大的渗透力以相互作用。沉积物 OCPs 分析方法中的最优条件为色谱柱为 DB－1701，提取溶剂为正己烷/二氯甲烷（体积比为 1∶1），提取超声时间 60 min，提取 1 次[150]。该方法实验时间短，方法简便快速，适用面广，便于多个样品直接提取，适合大批量样品的测定。

加速溶剂萃取法（ASE）：ASE 是近年发展起来的样品前处理方法，该法是一种在提高温度和压力的条件下，用有机溶剂萃取的自动化方法。与前几种方法相比，其突出的优点是有机溶剂用量少、快速、回收率高。该法已被美国 EPA 选定为推荐的标准方法。

索氏提取法：索氏提取是一种液固萃取，利用在沸腾时冷凝下来的萃取溶剂对被萃取样品反复进行萃取，从而使萃取溶剂的用量大大减少。索氏提取装置可以防止萃取溶剂在加热到沸点时的蒸发损失。索氏提取法是美国环保署（EPA）的推荐方法，如 EPA3540 方法和 EPA3541 方法。虽然索氏提取比传统液固萃取节省溶剂，但仍是操作麻烦、耗时长[162]。该方法所用时间长，溶液回流速度也影响提取效果，但成本较低。

本次工作中运用了索氏提取法。具体方法步骤如图 3－63 所示。

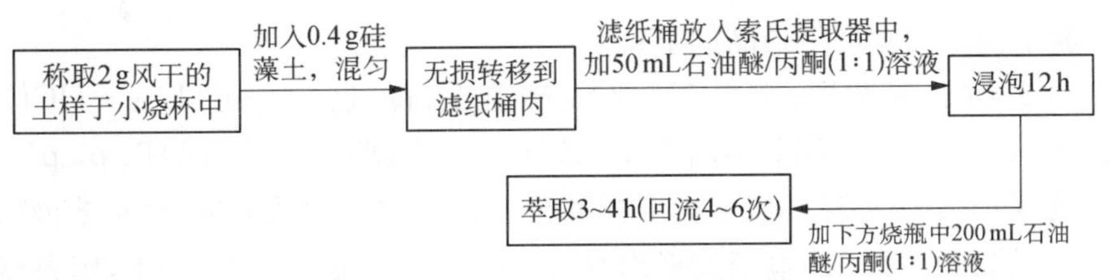

图 3－63　HCHs、DDTs 提取步骤

在上述步骤转移的过程中，理论上要求无损耗地转移至滤纸桶内，但实际操作中可能存在一定误差。沉积物样的浸泡时间为 12 h 以上，为浸泡完全。每一次回流的时间保持相近，一般回流 5 次作为萃取完全。目标物萃取后的净化过程如图 3－64 所示。

浓硫酸净化步骤是用来尽可能氧化萃取液中的其他有机物的。在净化过程中，牵涉到萃取液的转移、弃去水层的步骤，可能导致目标测定物的一定损失。

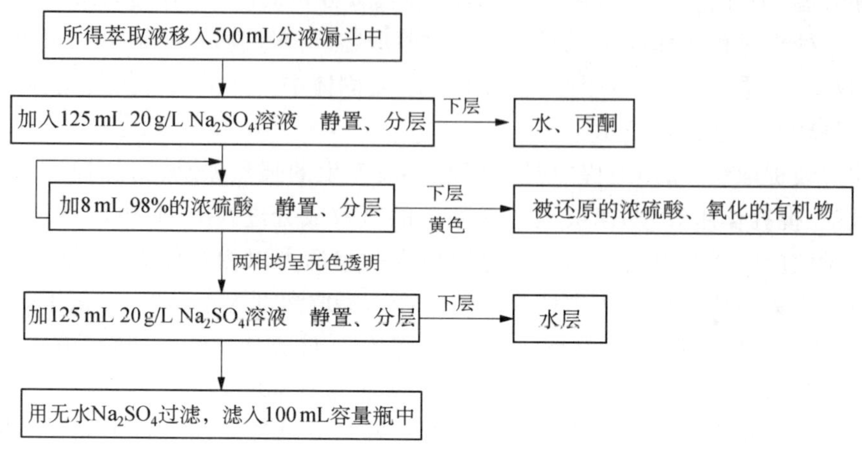

图 3-64 HCHs、DDTs 净化步骤

目标物质经萃取、净化后，尚需要浓缩。用自制氮吹仪(氮气瓶-解压阀-橡皮管-吹头)保持离液体表面 1 cm 的距离进行缓缓吹气。液体移入刻度试管内进行氮吹直到吹至剩液体 1 mL 为止。

(3) 有机氯农药的分析测定

HCHs、DDTs 都是水溶性差、脂溶性良好的物质。用石油醚和丙酮(1∶1)的共沸物在索氏提取器中反复抽提土壤中的此两种物质，然后用 Na_2SO_4 溶液萃出丙酮层，使 HCHs 和 DDTs 都溶解于石油醚中，接着用浓硫酸氧化萃取液中的有机物。由于此时 HCHs 和 DDTs 的浓度太低，用氮吹方法浓缩至 1 mL，最后用气相色谱仪对 HCHs 和 DDTs 进行定性与定量检测。

实验中使用的试剂与药品如下：

98%浓硫酸、异辛烷、无水 Na_2SO_4、硅藻土、普氮、100 mg/L α-HCH、β-HCH、γ-HCH、δ-HCH、p，p'-DDE、p，p'-DDD、o，p'-DDT、p，p'-DDT 标准溶液(购于中国环保部北京标准样品公司)、石油醚、丙酮、Na_2SO_4 溶液(20 g/L——用精确到0.001 g的电子天平称取 5.000±0.010 g 无水 Na_2SO_4，用去离子水定容到 250 mL 容量瓶中)。

使用仪器如下：

气相色谱仪(Aglient Technologies-6890)、电热恒温震荡水槽(上海精宏实验设备有限公司 DKZ-2 型)、氮气瓶、容量瓶(10 mL、100 mL、250 mL)、小烧杯(100 mL)、索氏提取器(300 mL)、刻度试管(10 mL)、犁形分液漏斗(500 mL)、三角漏斗、玻璃棒、胶头滴管、移液管(10 mL)、微量进样器(10 μL)、滤纸等。

所有试剂均为分析纯级，实验用水为高纯去离子水。

实验中有关仪器参数设置情况如下：

用水浴震荡槽作水浴锅加热，水温设定在 80℃。气相色谱仪温度（柱温采用二阶式程序升温）设置如图 3－65 所示。

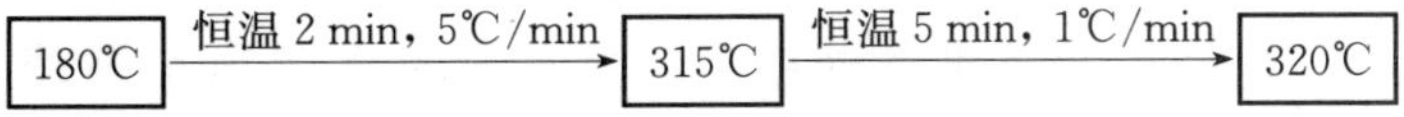

180℃ —恒温 2 min，5℃/min→ 315℃ —恒温 5 min，1℃/min→ 320℃

图 3－65　色谱仪升温程序

进样口 250℃、检测器 315℃、氮气流速为 1.3 mL/min、尾吹 21.4 mL/min。

按上述条件设定好色谱仪，用 10 μL 微量进样器注射 1 μL 进行检测。在检测样品前，对标液进行测定，以确定各组分的出峰时间以定性，如图 3－66 所示。

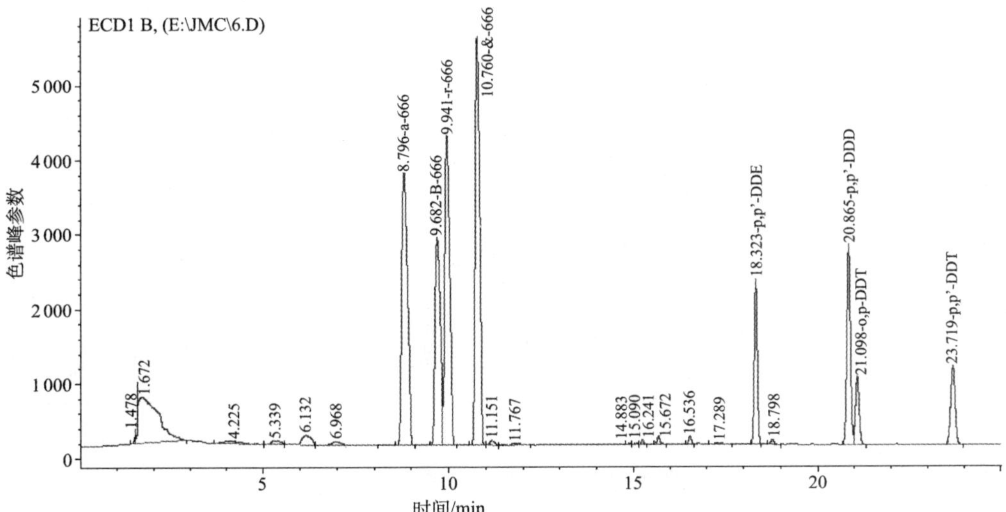

图 3－66　标液各组分的保留时间

所得标准曲线如下：

α－HCH：$Y=742.42666X$　　$R^2=0.996004$

β－HCH：$Y=524.96214X$　　$R^2=0.9902638144$

γ－HCH：$Y=714.55348X$　　$R^2=0.9951658564$

δ－HCH：$Y=879.39368X$　　$R^2=0.9870819904$

p，p'－DDE：$Y=237.77718X$　　$R^2=0.9933510889$

p，p'－DDD：$Y=347.7421X$　　$R^2=0.9855128529$

o，p'－DDT：$Y=123.65115X$　　$R^2=0.9774288225$

p，p'－DDT：$Y=170.64819X$　　$R^2=0.9688071184$

计算公式如下：

$$X=\frac{C_{is}\cdot V_{is}\cdot H_i(S_i)\cdot V}{V_i\cdot H_{is}(S_{is})\cdot m}$$

式中：X 为样本中农药残留量，单位为毫克每千克(mg/kg)；C_{is} 为标准溶液中 i 组分农药浓度，单位为微克每毫升(μg/mL)；V_{is} 为标准溶液中进样体积，单位为微升(μL)；V 为样本溶液最终定容体积，单位为毫升(mL)；V_i 为样本溶液进样体积，单位为微升(μL)；$H_{is}(S_{is})$ 为标准溶液中 i 组分农药的峰高(mm 或峰面积 mm^2)；$H_i(S_i)$ 为样本溶液中 i 组分农药的峰高(mm 或峰面积 mm^2)；m 为称样质量，单位为克(g)

分别配制了 2.75 μg/L、5.5 μg/L、11 μg/L、27.5 μg/L、55 μg/L 五个浓度的混标，用峰面积(area)-浓度(μg/L)做标准曲线以定量，如图 3-67 所示。

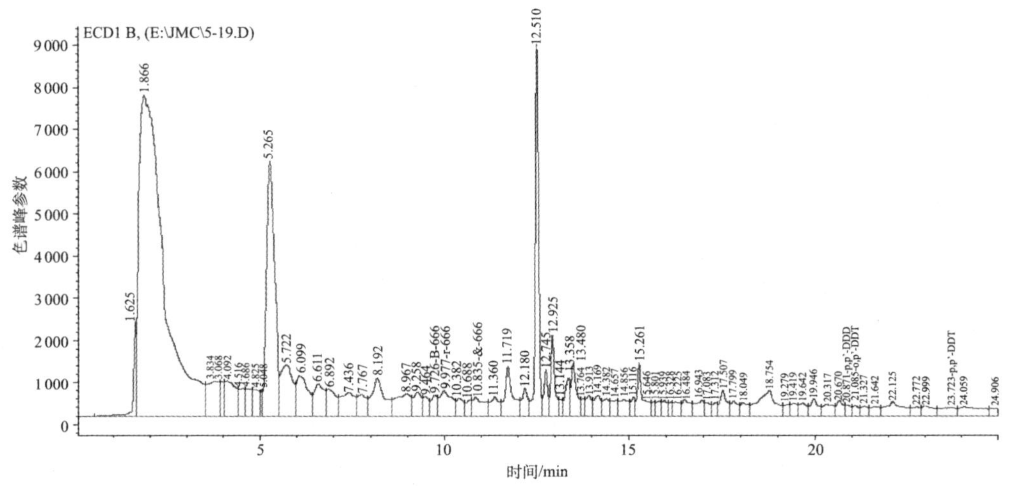

图 3-67　样品中成分的出峰情况

所得各组分标准曲线如图 3-68 所示。

本研究使用带电子捕获器的气相色谱仪，以氮气为载气，对农药的标准溶液进行单独测量。在本次工作的分析检测中，农药的回收率普遍较低，可能与氮吹方法有关。如果改用旋转蒸发仪浓缩到 3 mL 再用氮吹浓缩至 1 mL，回收率将会有一定程度提高。另一原可能为提取的溶剂太多，样品量较少，这样导致稀释与浓缩的倍数太大。研究发现，色谱柱的种类不同，农药的保留时间差异显著，甚至出现保留时间顺序前后颠倒的现象。在同一类型的色谱柱上，只是升温程序不同一般不会产生保留时间的顺序颠倒；程序升温越快，农药的出峰时间也越快。

以上现象说明，在对农药进行确证时，单纯改变色谱条件进行的确证没有通过改变色谱柱类型进行确证的可靠性高。因为在同一色谱条件下，在同一根色谱柱上，不同性质的化合物具有相同的保留时间概率比较大，造成定性不准确，特别是对于蔬菜水果等基质比较复杂的样品，容易出现假阳性，而不同性质的化合物在两根或以上的色谱柱上出现相同保留时间的概率很小。因此用两根以上的色谱柱能

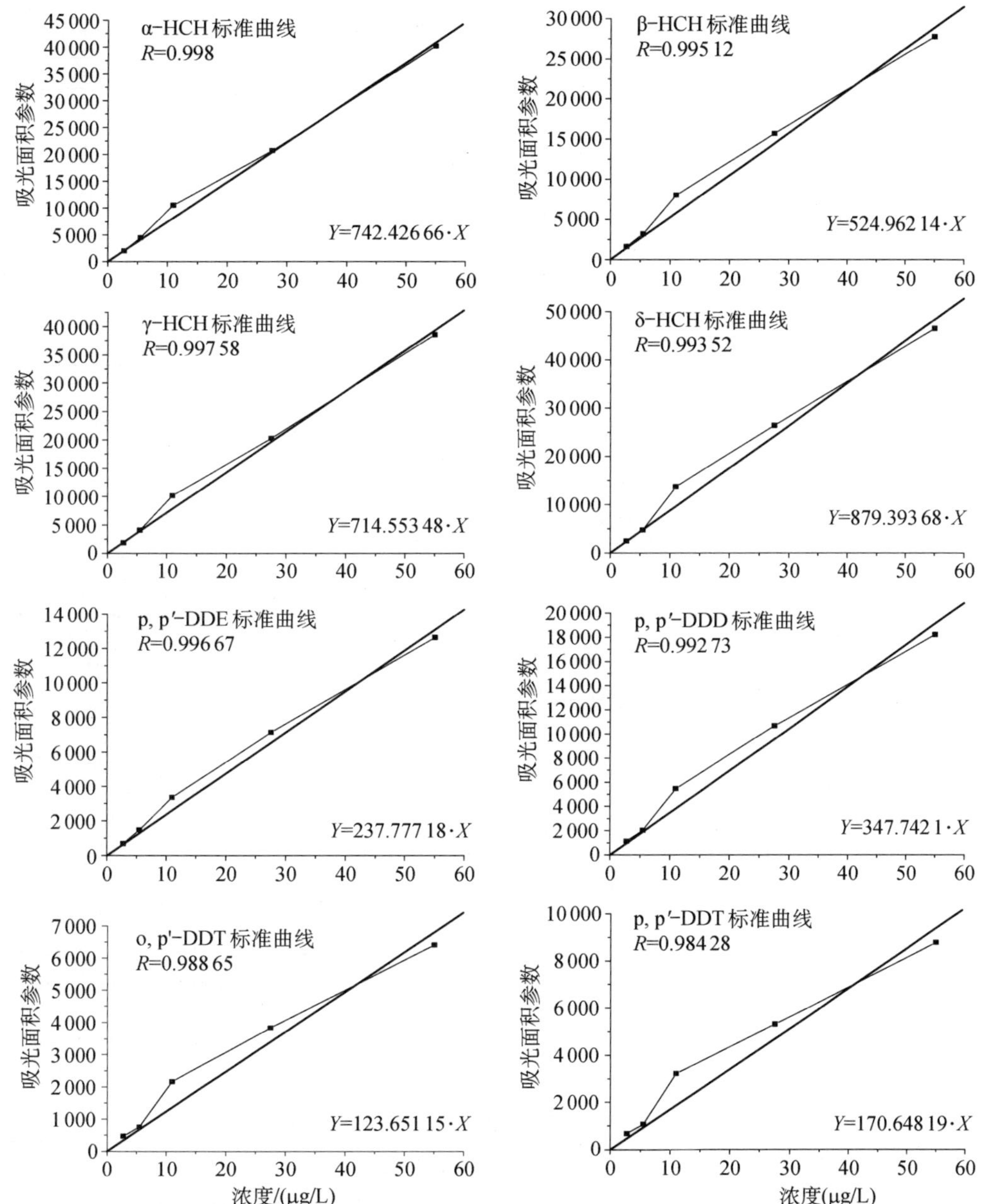

图 3-68　α-HCH、β-HCH、γ-HCH、δ-HCH、p, p'-DDE、p, p'-DDD、o, p'-DDT、p, p'-DDT 标准曲线

够准确地对残留农药进行定性。综上所述，本次工作选用 DB-1 弹性石英毛细管柱，在 20 min 内完成 12 种有机氯农药的分析，大部分农药达到基线分离[163]。本次工作所用的是毛细管柱。分析质量情况如表 3-62 所示：

表 3-62 实验检出限与回收率

农药	检出限/(ng/g)	回收率/%
α-HCH	0.64×10^{-3}	62.37
β-HCH	0.58×10^{-3}	68.53
γ-HCH	0.68×10^{-3}	59.22
δ-HCH	0.75×10^{-3}	53.51
p，p'-DDE	0.62×10^{-3}	64.71
p，p'-DDD	0.58×10^{-3}	71.76
o，p'-DDT	0.61×10^{-3}	65.62
p，p'-DDT	0.55×10^{-3}	72.42

2）结果及讨论

样品分析结果如表 3-63、表 3-64 所示。

表 3-63 C 柱样不同深度沉积物中 HCHs、DDTs 残留量(ng/g)

农药成分	C 沉积物柱样深度/cm									
	19	17	15	13	11	9	7	5	3	平均
α-HCH	14.33	—*	—	—	—	—	—	—	—	—
β-HCH	21.95	—	32.37	49.06	—	—	—	—	—	—
γ-HCH	—	—	—	—	—	—	—	—	—	—
δ-HCH	—	—	—	—	—	—	—	—	—	—
p，p'-DDE	—	—	1.84	0.58	—	0.59	0.39	0.38	0.51	—
p，p'-DDD	0.30	0.21	3.16	1.45	—	0.60	0.24	0.52	4.07	—
o，p'-DDT	—	—	4.34	9.11	—	1.60	—	—	—	—
p，p'-DDT	—	2.00	19.49	1.92	1.04	1.87	1.60	2.15	3.43	—
总 HCH	36.28	0.00	32.37	49.06	0.00	0.00	0.00	0.00	0.00	13.08
总 DDT	0.30	2.21	28.83	13.05	1.04	4.65	2.22	3.05	8.01	7.04
HCHs+DDTs	36.58	2.21	61.19	62.11	1.04	4.65	2.22	3.05	8.01	20.12

* "—"代表未检测出含量。

表 3-64 D 柱样不同深度沉积物中 HCHs、DDTs 残留量(ng/g)

农药成分	D 沉积物柱样深度/cm								
	23	19	16	13	10	7	4	2	平均
α-HCH	27.21	—*	—	—	—	—	—	—	—
β-HCH	32.79	7.91	—	—	—	—	—	—	—
γ-HCH	—	16.00	17.99	—	—	—	—	—	—
δ-HCH	—	—	18.01	—	—	—	—	—	—
p，p'-DDE	25.02	—	—	—	—	0.63	0.34	—	—
p，p'-DDD	5.73	5.44	—	22.25	6.68	0.20	—	—	—

（续表）

农药成分	D沉积物柱样深度/cm								
	23	19	16	13	10	7	4	2	平均
o，p'－DDT	50.50	18.76	15.80	—	—	—	—	—	—
p，p'－DDT	41.06	26.77	4.38	61.08	0.86	—	0.56	—	—
总 HCH	59.99	23.90	36.00	0.00	0.00	0.00	0.00	0.00	14.99
总 DDT	122.32	50.97	20.18	83.33	7.54	0.83	0.90	0.00	35.76
HCHs＋DDTs	182.31	74.87	56.18	83.33	7.54	0.83	0.90	0.00	50.75

＊“—”代表未检测出含量。

同位素计时研究资料表明，淀山湖沉积物沉积速率约为 0.4 cm/a[104、116]。据此推算的沉积物中 HCHs、DDTs 含量及其垂向分布特征如图 3－69 所示。

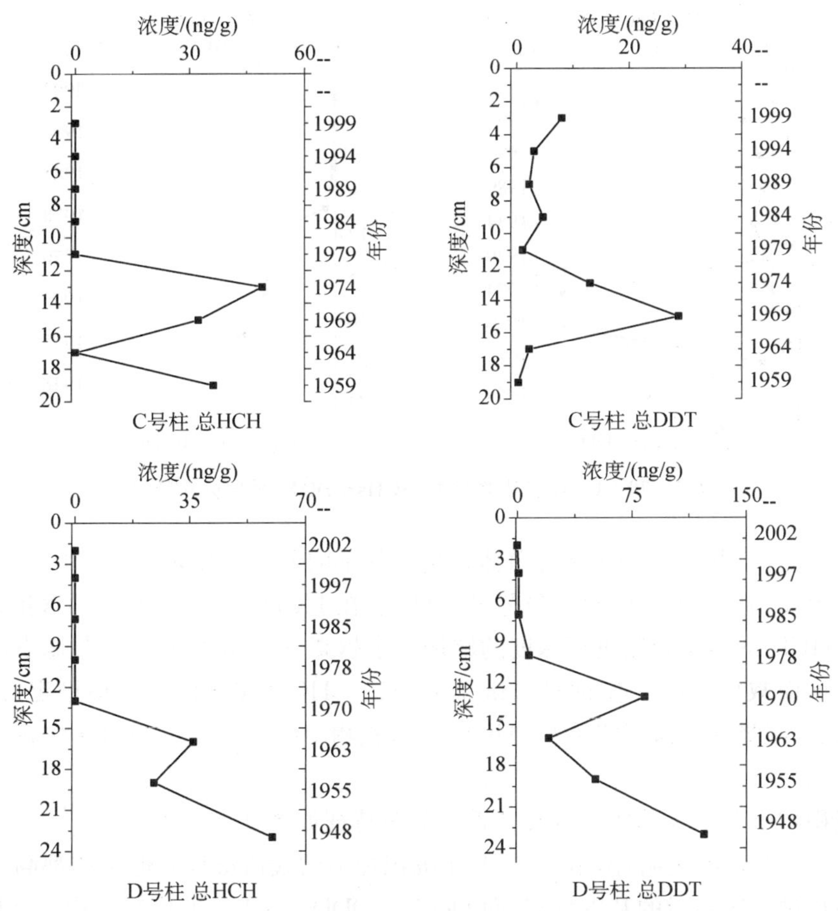

图 3－69　C、D 柱样 HCHs、DDTs 垂向分布特征

图 3-69 表明,C、D 号柱的 HCHs 在沉积物中残留量从 80 年代开始减少,80 年代以后 HCHs 残留量低于仪器检测限。C 号柱 HCHs 的残留量在 80 年代以前较高,在 1974 年是个峰值;D 号柱的 HCHs 残留量在 80 年代以前随年代的久远而递增。DDTs 在沉积物中的残留量趋势与 HCHs 相似,在 80 年代以后 DDTs 的残留量开始下降,C 号柱 DDTS 残留量在 80 年代以前残留量较高,在 1969 年附近出现峰值;D 号柱 DDTs 的残留量在 80 年代以前随年代久远亦呈递增趋势。

沉积物中 HCHs+DDTs 含量及垂向分布特征如图 3-70 所示。

图 3-70 表明,HCHs+DDTs 在沉积物中的残留量在 80 年代以后变化比较平稳且数值较低,C 号柱样的残留量较 D 号柱的高一些。C 号柱样中,在 70 年代末到其以前的一段时期内 HCHs+DDTs 残留量较高,1974 年左右出现峰值。而 D 号柱样 HCHs+DDTs 的残留量在 80 年代中期到以前的时间段内随年代距现今的久远程度呈明显递增趋势。

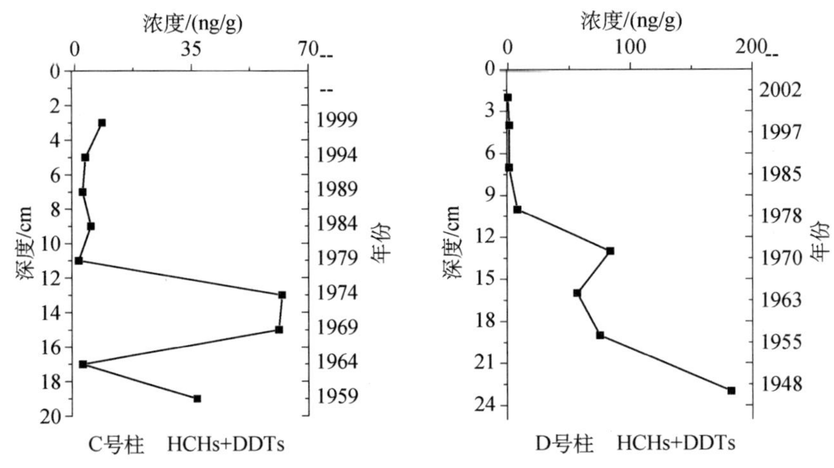

图 3-70 C、D 沉积物柱样 HCHs+DDTs 垂向分布特征

沉积物中 HCHs、DDTs 各单体含量及其垂向分布特征如图 3-71 所示。

从图 3-71 可见,综合 C、D 号柱的情况,在 HCHs 中 β-HCH 的含量相对较高,α-HCH 的残留量随沉积深度的增加越来越高,δ-HCH 的残留量随沉积物深度的增加而减少。在所有的 HCHs 单体中,β-HCH 单体的性质最稳定,饱和蒸汽压也低,耐降解。这可能是 β-HCH 在沉积物中的残留量在 HCHs 中占比例较大的原因。

沉积物中 DDTs 单体含量及其垂向分布特征如图 3-72 所示。

图 3-72 情况表明,p, p'-DDT 在沉积物中的残留量较其他单体都高。DDT 是其最初进入体系时的基本形态,而 DDE 与 DDD 是 DDT 的代谢产物。沉积物中的 DDT 主要是施于农田的农药通过空气、水等途径进入沉积物中后的残留,20 世

纪 80 年代后到 2000 年前沉积物中(DDD+DDE)/DDT<1，2000 年以后的时间段内(DDE+DDD)/DDT>1，结合 DDT 在土壤系统中完全消失的时间约为施药后 10 年的衰减变化速率估计，该情况说明在农药使用禁令颁布后淀山湖周围农田仍存在违规使用 DDT 的可能，随着时间推移往后用量在逐渐减少。

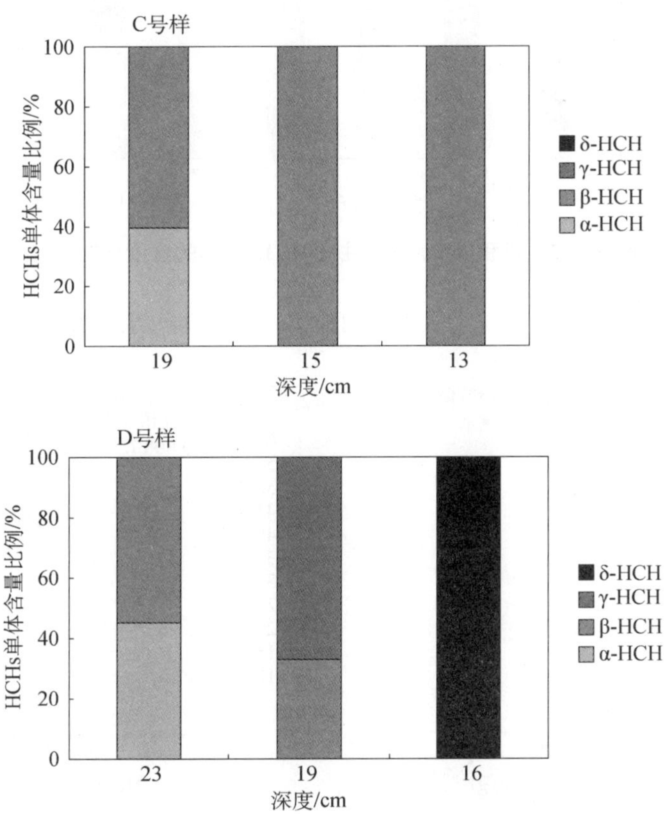

图 3-71 C、D 号柱样 HCHs 单体含量分布特征

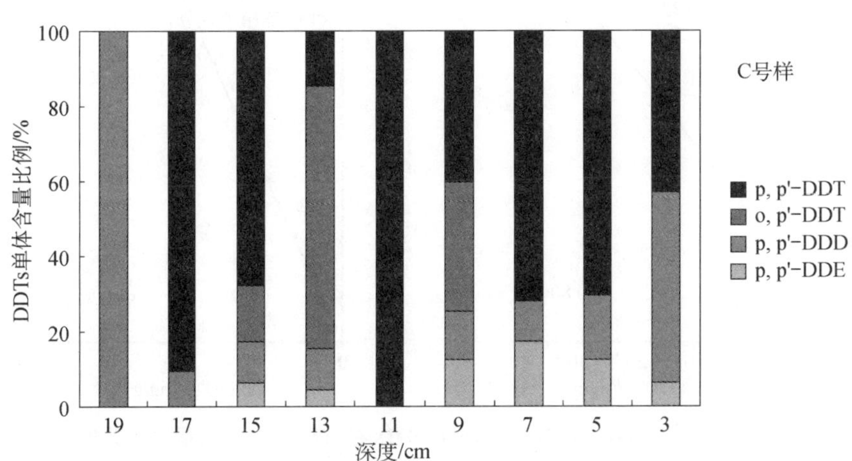

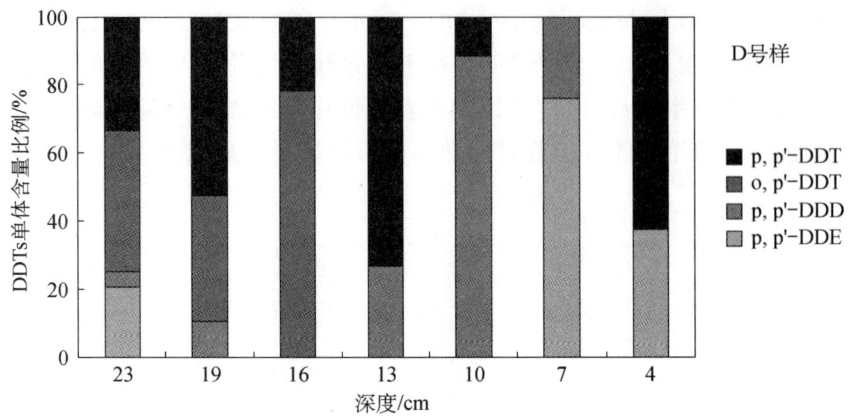

图 3-72 沉积物 C、D 号柱样 DDTs 单体的含量分布特征

沉积物中 HCHs、DDTs、HCHs+DDTs 含量耦合情况如图 3-73 所示。

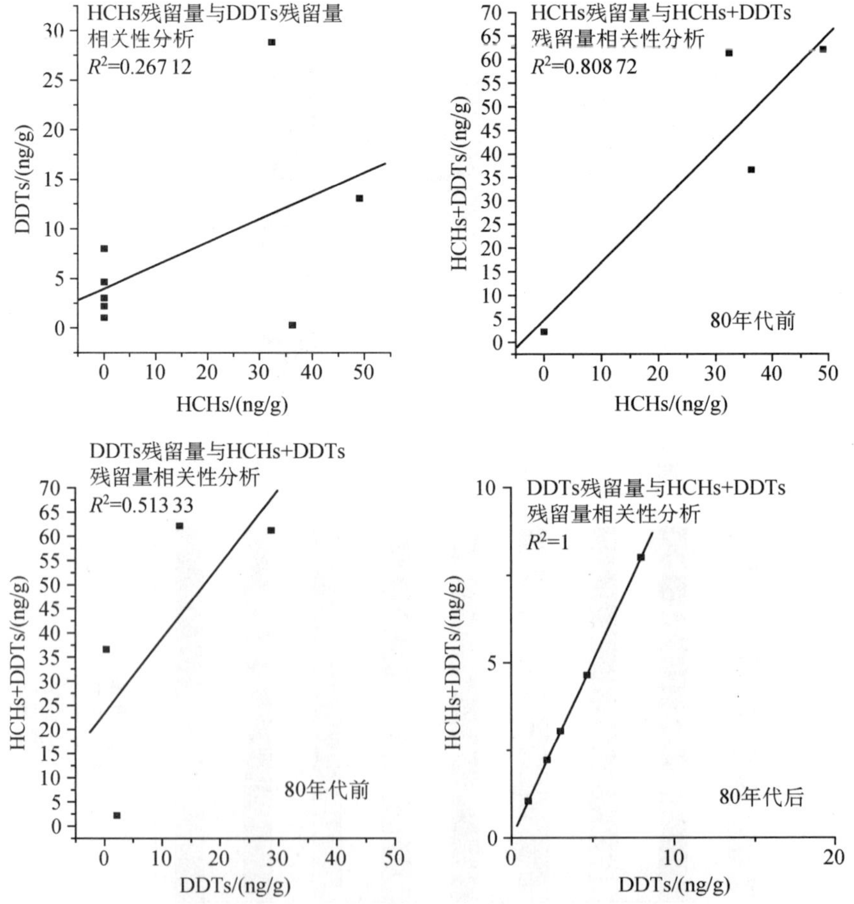

图 3-73 HCHs、DDTs、HCHs+DDTs 在沉积物中残留量的相关性

图 3-73 表明，HCHs、DDTs 含量间基本不想关（相关系数 $R^2 = 0.26712$）。结合残留分布情况（见图 3-69），该现象可大致说明 HCHs 与 DDTs 的降解过程可能存在显著差异。DDTs 与 HCHs+DDTs 在 80 年代后相关系数 $R^2 = 1$，高度相关；而 80 年代前两者相关系数 $R^2 = 0.51333$，较之此间 HCHs 与 HCHs+DDTs 相关系数 $R^2 = 0.80872$ 低；据此推断，在 80 年代前 HCHs+DDTs 残留量主要与 HCHs 残留量有关，80 年代淀山湖沉积物中的所研究有机氯农药残留主要与 DDTs 残留量的有关。

有机氯农药进入水体后，经过生物富集、循环、沉降等过程进入到沉积物中。沉积物中的有机氯农药残留量代表不同时期水体中有机氯农药污染状况。上述淀山湖沉积物中 HCHs 和 DDTs 两种主要有机氯农药残留量研究工作，可有如下认识：

① 淀山湖沉积物中 HCHs、DDTs、HCHs+DDTs 残留量范围分别为 0～59.993 95 ng/g、0～122.317 4 ng/g、0～182.3114 ng/g。其中 HCHs 的残留量在 80 年代以后低于仪器检测限，而 DDTs 的含量在 80 年代以后呈稳定的低值状态。这可能与 HCHs 的水溶性和微粒相的残留能力较 DDTs 差一些而生物降解能力较 DDTs 要强有关。

② 淀山湖沉积物中 HCHs、DDTs 残留随年代的分布特征有相似变化趋势，即以 80 年代初为分界线之前残留量较高，70 年代中期出现峰值；80 年代后含量开始骤然减少，呈低值稳定残留状态。

③ 淀山湖沉积物中 β-HCHs 单体的含量占 HCHs 含量的比重最高，与其为 HCHs 中最稳定、最难降解的单体属性有关。在有机氯农药合法使用的年代，δ-HCH 在沉积物中的残留量随沉积深度的增加而减少，这可能是其降解能力在 HCHs 单体中较强引起的现象。

④ 在有机氯农药禁用令颁布以后（1983 年），淀山湖沉积物中 2000 年前的 (DDD+DDE)/DDT<1，但到了 2000 年以后，(DDD+DDE)/DDT>1，说明当时周边还有农田在违规使用有机氯农药，往后违规使用的情况有所好转。

⑤ 淀山湖沉积物中有机氯农药之间的耦合关系明显分两个阶段，以 20 世纪 80 年代初为界以前 HCHs 与 HCHs+DDTs 的相性（$R^2 = 0.80872$）较 DDTs 与 HCHs+DDTs 的相关性（$R^2 = 0.51333$）高，而以后 DDTs 与 HCHs+DDTs 相关系数为 1；其说明在 80 年代以前淀山湖沉积物中 HCHs+DDTs 残留分布主要与 HCHs 含量相关，80 年代以后 HCHs+DDTs 的残留量分布主要与 DDTs 含量相关。而 HCHs 的残留量分布在淀山湖沉积物中与 DDTs 残留量基本不存在相关关系。这可能与两者在体系中的降解习性不同有关。

3.2.2.4 淀山湖沉积物中痕量金属与 N、P、TOC 及农药等的含量演化趋势耦合关系及意义

1) 淀山湖沉积物总体性状特征

总的看，淀山湖沉积物无明显分层，呈不同程度的黑灰色，随深度加深颜色

渐浅。底部夹杂少量贝壳等生物残骸。柱样顶部 1～3 cm 呈灰黑色絮凝状态，以黏土质和细粉砂质颗粒为主，以下部分以泥质沉积物为主，质地渐密实。图 3－74 为淀山湖沉积物(元荡湖样点)在 0～1 cm，4～5 cm，8～9 cm，12～13 cm，16～17 cm，20～21 cm，24～25 cm7 个深度位置 pH 值分布情况(测定方法见：3. 2. 2. 2. 1). (2)分析方法中的介绍)。该结果表明，淀山湖沉积物 pH 值在 6. 68～7. 53 范围，基本呈中性，由浅到深 pH 值从弱酸性向弱碱性变化：0～10 cm 沉积物基本呈弱酸性，10～25 cm 沉积物呈弱碱性。

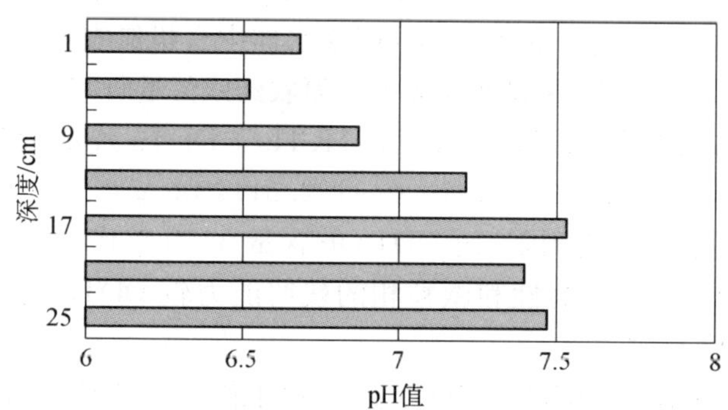

图 3－74 淀山湖沉积物不同深度 pH 值的变化

淀山湖沉积物中含水率等情况如表 3－65 所示(测定方法见：3. 2. 2－(2)－Ⅰ－B 分析方法中的介绍)。

表 3－65 淀山湖沉积物中含水量情况

深度/cm	含水量	深度/cm	含水量
1	0. 041 6	14	0. 050 9
2	0. 044 8	15	0. 048 4
3	0. 049 7	16	0. 051 7
4	0. 050 1	17	0. 047 4
5	0. 048 9	18	0. 045 2
6	0. 047 6	19	0. 045 9
7	0. 045 0	20	0. 048 4
8	0. 049 2	21	0. 046 8
9	0. 045 3	22	0. 046 6
10	0. 049 6	23	0. 044 5
11	0. 054 3	24	0. 044 4
12	0. 051 2	25	0. 042 4
13	0. 048 4	平均值	0. 047 5

表 3－65 给出了淀山湖 0～25 cm25 个深度层次上沉积物含水率的测得值。

从数据可看出，淀山湖沉积物风干样含水量变化范围不大，在 4.16%～5.43%间波动，平均值为 4.75%，在沉积深度上没有明显的变化规律。

2) 淀山湖沉积物中痕量金属含量总体变化与 N、P、TOC 及农药等污染物的耦合特征

前述情况表明，淀山湖沉积物的 pH 值、含水率大体上都属于现代沉积物的正常情况，而其中的有关物质成分——痕量金属含量、N、P、TOC 及农药却体现出了随深度较明显的变化规律。这些物质都是人们在生产或生活过程中直接或间接向环境释放的产物，其成因与人们对自然体系的干扰程度关联。记录在沉积物中的不同物质含量变化规律可反映人工活动对自然环境的影响，其耦合关系对深入认识污染的成因有重要意义。

过去几十年中，随着经济和城市建设的高速发展，上海已经成为中国金融、商业、航运和贸易中心。然而伴随着城市经济的发展，环境污染问题也日益凸显。淀山湖沉积物中不同层位痕量金属元素含量、N、P、有机碳、农药的变化特征与上海城市发展历史与现状结合考虑，从这些与生产密切相关的物质在沉积物中的含量变化及其耦合关系，可反演出上海城市发展中工业、农业以及环境污染实际历程与环境保护措施对污染削减的贡献与作用。

(1) 痕量金属含量的总体变化情况

用淀山湖 5 个取样样点相应层位的痕量金属含量平均值作含量分布图，并参考前述淀山湖沉积速率资料，淀山湖沉积物中痕量金属含量随深度变化的总体特征如图 3－75 所示。

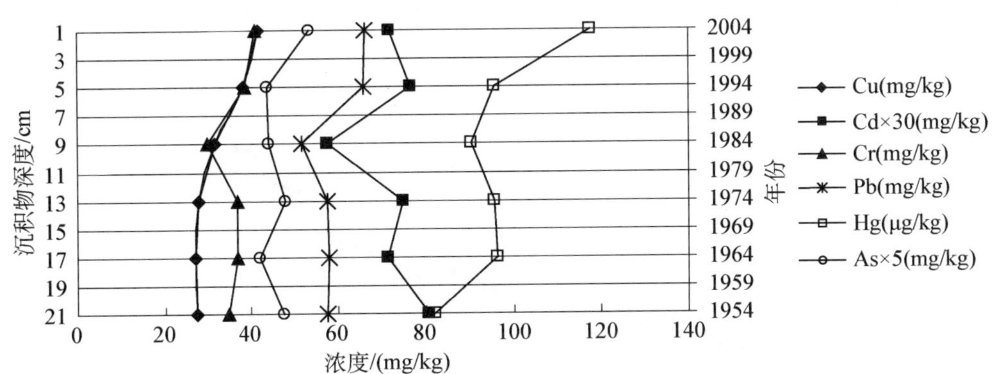

图 3－75　淀山湖沉积物中痕量金属含量垂向变化

图 3－75 表明，淀山湖沉积物中各元素的含量总体上呈现出表层较高，底层较低的趋势。由上到下可以分为 2 段，0～9 cm 段中各元素含量基本呈递增趋势且递增速度较快，说明这一时期进入水体并蓄积到沉积物中的外源污染物较多；9 cm 以下段各元素含量相对恒定或呈现缓慢递增趋势，表明这一时期进入沉积物的外

源污染物相对较少，增量较平缓、稳定。

长江中下游的几个主要湖泊中，巢湖^{210}Pb CIC 模式测算的平均沉积速率为 0.25 cm/a，^{137}Cs 剖面模式测算的平均沉积速率为 0.27 cm/a，洪湖^{137}Cs 剖面测算的平均沉积速率为 0.14～0.17 cm/a，太湖^{210}Pb CIC 模式测算的平均沉积速率为 0.41 cm/a，^{137}Cs 剖面测算的平均沉积速率为 0.34 cm/a[104]。淀山湖主要接受太湖上游来水，且均为我国东南近海湖泊，两者在气候、产业特征方面相对接近，因而，太湖的沉积速率对淀山湖具有一定参考价值。据此粗略估计淀山湖的沉积速率在 0.4 cm/a 左右，这一速率也符合有关文献讨论的我国湖泊的沉积速率(0.1 cm/a～0.5 cm/a)[164]。根据所采集柱样的长度，本次工作所研究的沉积柱大概反映了 50～60 年左右的沉积历史。上述痕量金属在淀山湖沉积物中的两段变化趋势中，第一段即相应于 80 年代初之后，其含量变化呈递增速率较快变化与这段上海及长三角地区社会经济高速发展的情况关联；第二段相应于建国初期到改革开放之前，其含量变化呈增量较平缓、稳定的情况与这期间生产在缓慢复苏的实际情况对应。这些表明，淀山湖痕量金属的输入与周边人工活动密切关联，沉积物中的金属含量相当部分是人类生产、生活活动将其叠加到正常含量中的含量。

(2) 氮含量的总体变化情况

在本次研究中，通过分析两个样点长度(19 cm、23 cm)湖泊沉积物的氮含量变化，以论证淀山湖氮演化与人为活动的关系。

淀山湖沉积物中氮元素含量以从沿岸农田经地表径流流失的氮素输入以及上游水系中携带的沿岸地表径流氮素为主要来源，其中以淀山湖周边农田氮肥流失输入为主。这些氮素的输入与农用氮肥的施用及农业发展密切关联。上海市农业发展状况如图 3-76[165]所示。

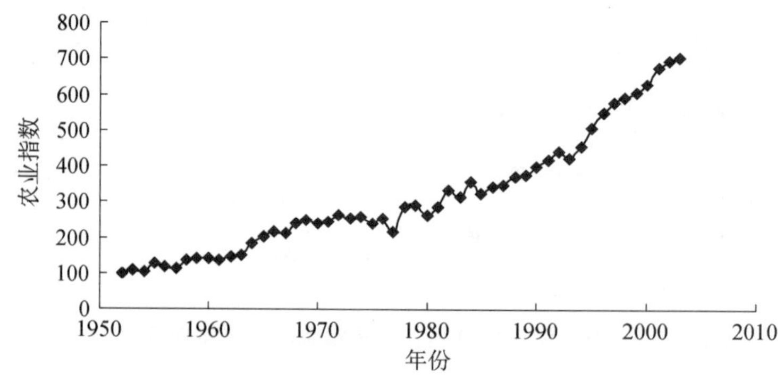

图 3-76　上海市农业总产值指数(以 1952 年为 100)

我国改革开放(80 年代初)前，农业总产值的增速较慢，1977 年的农业总产值为 1952 年的 2.1 倍。改革开放以后，农业总产值的增速度较快，2003 年的农业总产值是1952年的7.0倍。而农业对化肥的依赖性呈日趋明显的发展态势，在农田氮素利用率不能明显改善情况下，这种高速农业发展势必引起氮素向水系统输入量的快速增加。淀山湖沉积物中氮含量随时间变化情况如图3-77所示。

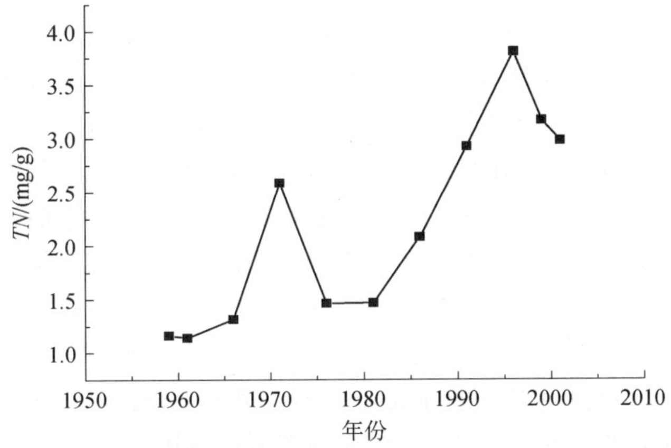

图3-77　淀山湖沉积物中总氮含量随时间变化趋势

该图表明，在农业迅速发展的时期，淀山湖沉积物中氮元素含量也在以较快的速度增长；在1970年左右，农业产值有一小高潮的出现，此时淀山湖沉积物中氮元素的含量也有一个异常的高值出现，70年代末到80年代初上海农业产值与淀山湖沉积物中氮素含量间也都出现了降低变化趋势，两者间的关联性非常明显。进入90年代后期，淀山湖沉积物中的氮含量出现了降低变化趋势，这可能与采取环保措施力度不断加大的效果体现有关，使得淀山湖沉积物中氮元素含量的持续增高得到了一定程度的控制。

有研究表明，湖水中的氮主要以N_2、NH_4^+、NO_3^-、NO_2^-和有机氮等几种形式存在。在有氧情况下水体中氮素发生硝化反应，由两群化能自养细菌进行，先是亚硝化单胞菌将铵氧化为亚硝酸，然后由硝化杆菌再将亚硝酸氧化为硝酸。在缺氧条件下，硝化过程不能进行，NO_3^-/NO_2^-在微生物作用下，发生反硝化作用，使硝酸盐又还原为N_2，这一过程一定程度上会减少湖泊中的氮素，这对限制富营养化是有利的。氮在湖水中的循环情况简单示意如图3-78所示。

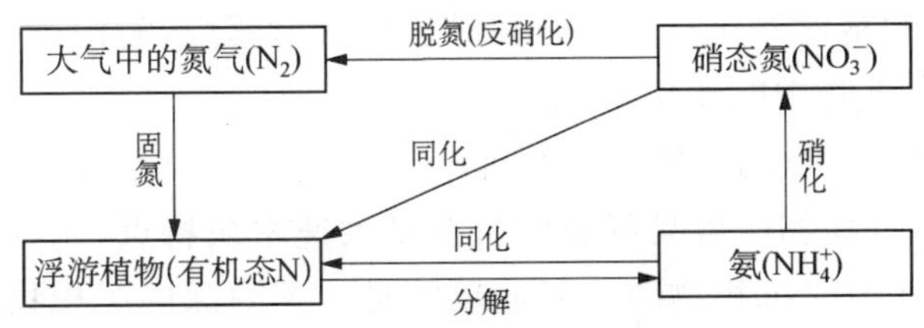

图3-78　湖水中氮素的循环

氮在集水域，主要是以硝态氮或者氨态被供给的。一部分浮游植物，特别是特定种类的蓝藻(如鱼腥藻)将大气中的氮气直接吸收发生氮气固化，浮游植物死亡后体内的有机氮会被细菌分解成氨，或者被浮游动物吃掉以氨态氮排入水中[166]。

在许多相关的研究报告中，都牵涉到了在水体中颗粒物的影响条件下不同形态的氮元素之间的转化规律。张学青、Pauer 等研究发现沉积物界面的硝化反应比水体中要快[167、168]。何洁等研究了沙粒、活性炭和沸石等 3 种载体上生物膜对有机氮的转化规律，认为沙粒上的反应速率最小，沸石相对最大[169]。徐星凯等研究了土壤中有机氮矿化方面的特性，认为吸附在固体颗粒物上的有机氮转化速度要比水中慢得多，泥沙对有机氮的吸附将使其在环境中的停留时间增长，使其潜在危害增加[170]。但余晖等有关水体颗粒物对氨氮硝化作用的影响研究表明，水体颗粒物的存在促进了氨氮的硝化作用[171]。王圣瑞等在研究中提到，氮在沉积物-水界面发生着剧烈的生物地球化学作用[172]。湖泊沉积物是氮的主要源与汇，它既可接收来自于上覆水沉降和颗粒物输运等途径所埋葬的氮，也可在合适条件下释放分解使氮进入水体参加再循环[173]。可交换态氮可直接被初级生产者吸收利用，是湖泊生物生存繁衍的重要氮素来源；固定态铵则是埋藏在沉积物矿物晶层中在特定环境条件下才可释放。湖泊沉积物氮的生物地球化学循环过程示意如图 3-79 所示。

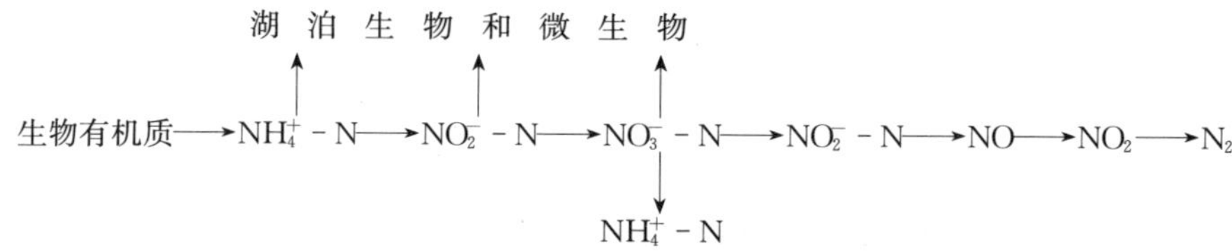

图 3-79 湖泊沉积物氮的迁移和转化过程

淀山湖是上海的水源地，近年来由于种种原因淀山湖的生态环境质量在变差。1985 年，淀山湖首次呈现富营养化征兆，该年 9 月淀山湖曾暴发大面积的“水华”，历时达 15 天之久，湖区面积的 90%水面出现绿色被膜，之后的每年均不同程度出现“水华”现象。淀山湖目前水体的透明度已较低，只有 36.6 cm，和 1994 年(透明度 0.9～1.1 m)、1951 年(1.3～2 m)相比，已有很大差别。据近期的水质监测资料，按照 GB3838—2002 标准评价，淀山湖总氮指标劣于Ⅴ类、总磷指标在Ⅳ—Ⅴ类水平。淀山湖的富营养化直接导致浮游生物大量繁殖，耐污染生物如螺类、水蚯蚓、摇蚊虫在水生生物中的比例增加[174]。

(3) 磷、有机碳含量的总体变化特征

在低 pH 时，沉积物磷容易释放而且有量大速率快特点，尤其钙磷受其影响更为明显。在高 pH 值时沉积物磷的释放较困难。湖泊深层沉积物可能因缺氧而导致酸性物质积聚，可促进 Ca-P 的释放。从前述淀山湖沉积物 pH 分布特征来看，这种由厌氧而导致的沉积物酸度积累并不明显。一般而言，在 5.5～8.5 的 pH 值范围内，沉积物磷的稳定性良好[147]，因而淀山湖 0～25 cm 深度间的沉积物磷稳定性受其 pH 值的影响应该较小。

湖泊水体中的磷来源于以下各个方面[175、176]，主要为流域岩石土壤的风化侵蚀产物、湖面降尘和大气降水、湖区地表径流和农田排水、湖面航行船只(包括游览、水上运动等)和湖区旅游活动等排入湖泊的废弃物、湖泊水产养殖投入的饵料以及直接或间接排入湖泊的工业废水和城市生活污水，特别是化肥、畜产品加工业等废水和城市生活污水等。本研究主要讨论人为因素的污染物排放带来的湖泊水体磷负荷问题。淀山湖属受人为影响较大的湖泊，由人工排污输入的磷要远远超过自然过程输入的磷，其对湖泊生态系统的危害较大。淀山湖磷、有机碳含量变化情况见图 3-80、图 3-81。

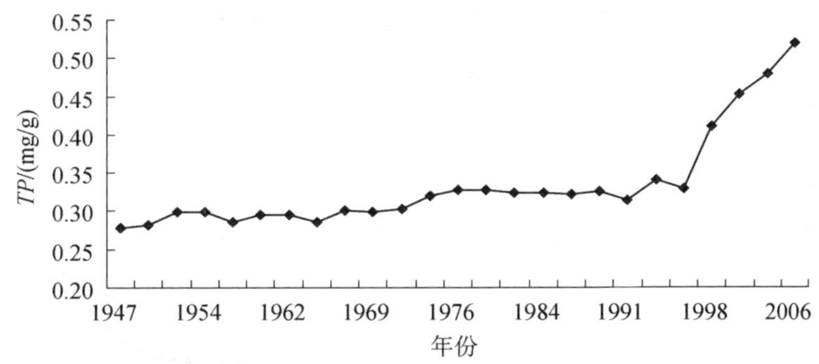

图 3-80　淀山湖沉积物中总磷含量随时间变化趋势(以 0.44 cm/a 沉积速率计算)

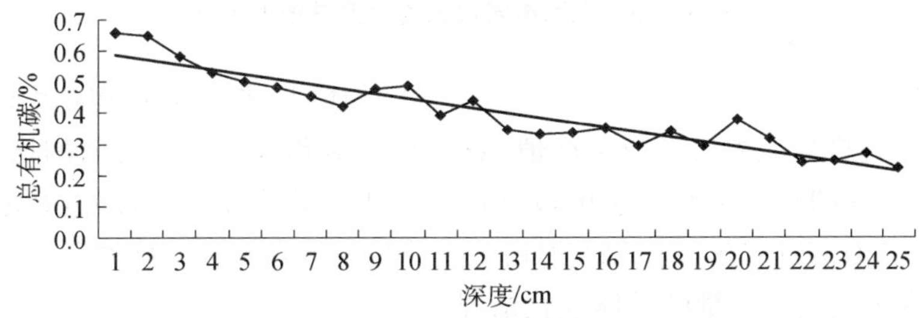

图 3-81　淀山湖沉积物中总有机碳含量变化

解放初期至改革开放前，上海工业总产值增长速度较为缓慢，1978 年的工业总产值是 1952 年的 12 倍；改革开放以后，工业总产值增长速度迅速，2003 年的工业总产值是 1978 年的 14 倍。研究表明，大量使用的工业和家用洗涤剂等洗卫用品是湖泊较大的磷污染源。

农业生产中的化肥、农药、地膜等农用物资是磷污染的主要来源之一。改革开放前，农业总产值的增速较慢，1977 年的农业总产值为 1952 年的 2.1 倍。80 年代改革开放以后，农业总产值的增速较快，2003 年的农业总产值是 1952 年的 7.0 倍。农业使用磷肥以种植业为主，而改革开放后种植业的发展也呈现出迅速上升趋势。上海市农业产值、居民人均产值情况如图 3－82、图 3－83[165]所示。

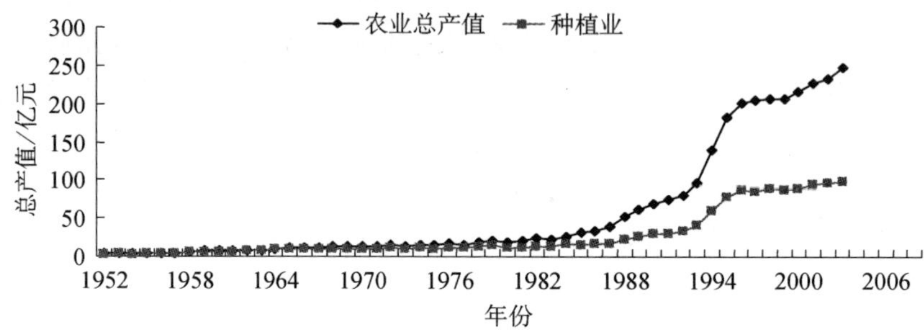

图 3－82　上海市农业总产值变化情况

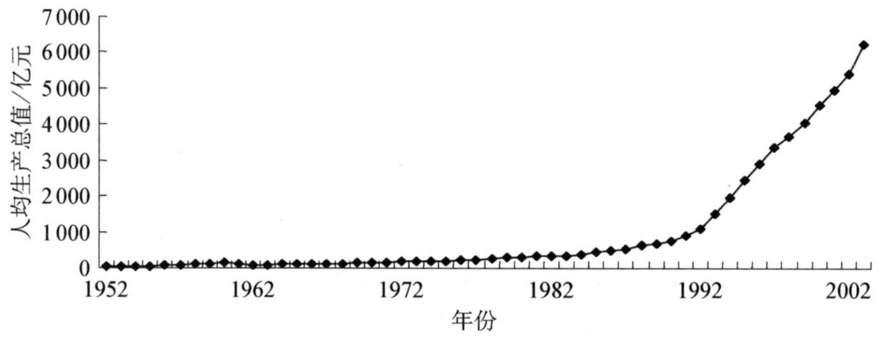

图 3－83　上海市居民人均生产总值的增长

对比图 3－80、图 3－81 和图 3－82、3－83 的情况，淀山湖沉积物中磷、碳含量随时间变化趋势与上海市工业总产值、农业总产值和人均生产总值的增长趋势较接近，存在明显的相关关系。这些耦合情况说明，淀山湖磷污染以及沉积物对磷元素的积累、湖泊富营养化进程和上海市工农业的发展存在较明确的联系[165]。

（4）有机氯农药含量的总体变化情况

上海大约在 20 世纪 50 年代开始施用有机氯农药，到 70 年代是使用量最多的时期；80 年代国家颁布了有机氯农药禁产、禁用令后开始停止使用；之后沉积物及水体中的有机氯农药含量均属于原来施用的残留输入。前述情况表明，HCHs、DDTs 随年代变化的趋势相同。在 50 年代开始施用有机氯农药到 80 年代禁用，沉积物中的 HCHs、DDTs 的残留量较高。由于其在沉积物中含量的滞后效应，70 年代开始大量使用的有机氯农药在 70 年代中期的沉积物中有了明显的反映。80 年代使用禁令颁布后残留量开始下降。目前沉积物中 HCHs、DDTs 的残留量已经较少。

在 HCHs 中，α - HCH 的残留量随沉积物深度的增加增长，δ - HCH 的残留量随沉积物深度的增加而减少，这与 α - HCH 的易降解性质有关。在所有的 HCHs 单体中，β - HCH 的含量相对较高，这与 β - HCH 单体的性质最稳定、饱和蒸汽压偏低且耐降解相应，这些特点导致 β - HCH 在沉积物中的残留量降低较慢。沉积物中有机氯农药与痕量金属含量变化的耦合情况（以 C 样点为例）如图 3 - 84 所示。

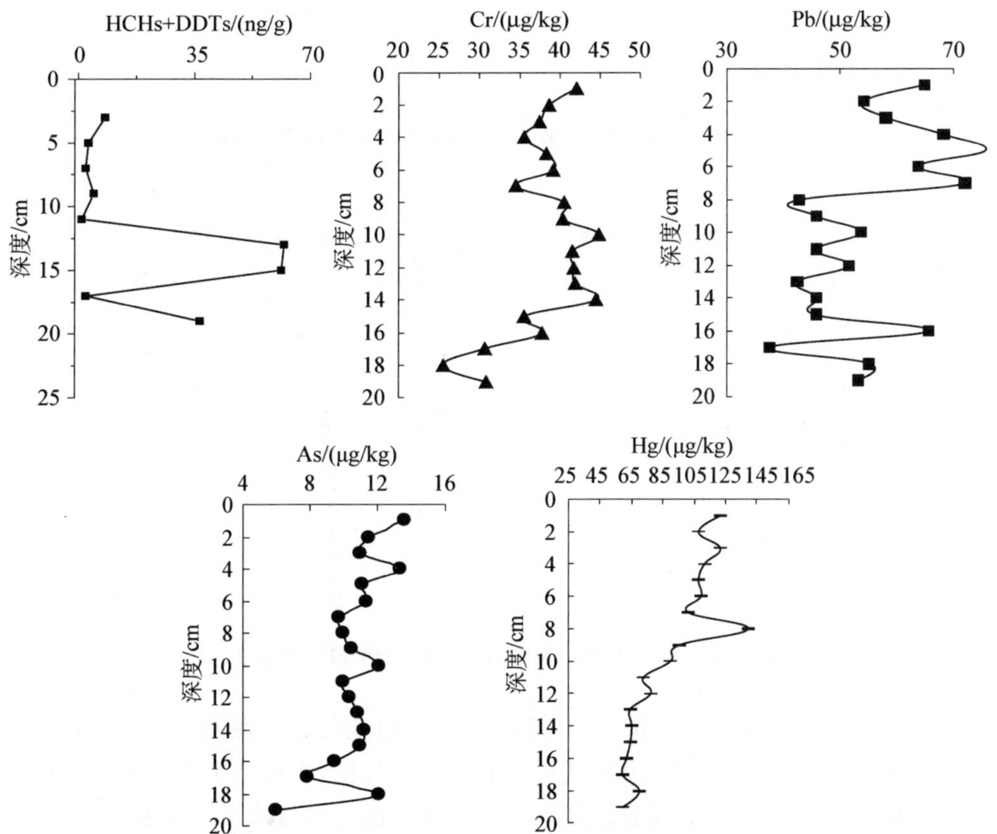

图 3 - 84　淀山湖沉积物中 HCHs+DDTs、Cu、Cd、Cr、Pb、Hg、As 含量变化

从图 3 - 84 的情况可以看出，HCHs+DDTs 的残留量变化趋势在 12 cm（与 1976 年相应）向下与 Cd、Cr、Pb、As 四种金属存在大致相似的变化趋势。由于 80 年代后有机氯农药被禁用，之后有机氯农药在沉积物中的残留量开始下降，而相应时期工农业的加速发展引起痕量金属在沉积物中的含量呈持续上升趋势。

HCHs+DDT 在沉积物中的残留量（C 取样点）变化趋势与氮、磷变化趋势的关系如图 3 - 85 和图 3 - 86 所示。

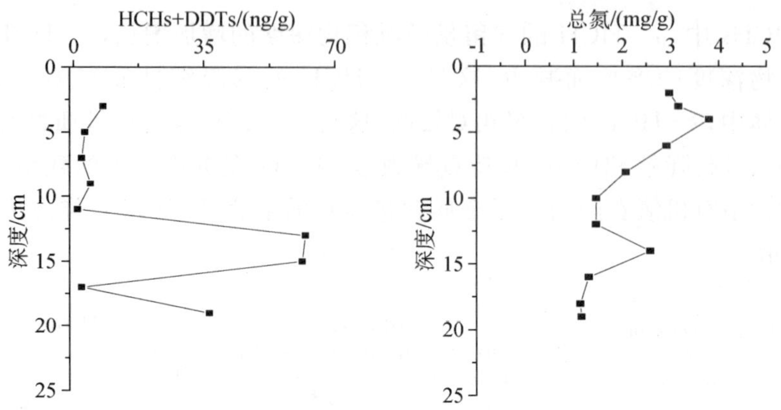

图 3-85　淀山湖沉积物中 HCHs＋DDTs、总氮含量变化

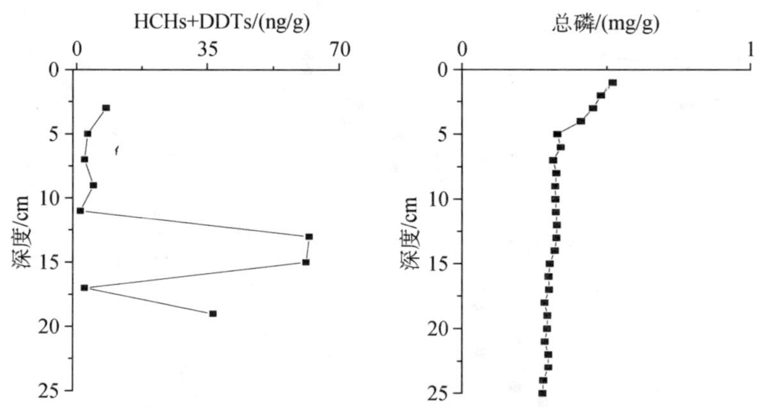

图 3-86　淀山湖沉积物中 HCHs＋DDTs、总磷含量变化

图 3-85、3-86 显示，HCHs＋DDT 的残留量变化趋势在 12 cm 向下与总氮含量变化趋势大致相似。在 70 年代后期农业发展加快，农药和肥料的大量使用使有机氯农药与总氮、总磷含量在沉积物中都出现较高的含量水平。随着 80 年代有机氯农药的禁用，其在沉积物中的残留量又开始下降，而总氮、总磷含量仍持续上升。其中，磷的含量在 5 cm 深度处出现转折，向上一改缓慢平稳增长的走势开始急剧增加。这可能与生产和居民生活方式与内容如养殖业比值加大、洗卫护理品的使用增多等的变化情况有关。

上述这些沉积记录的污染物含量耦合关系，揭示了淀山湖的污染历程以及污染成因。70 年代属我国“文化大革命”后期，当时 GDP 已经度过了初期下降的时期开始上升。农业的发展伴随着肥料和农药的大量施用，导致沉积物中有机氯农药和氮、磷含量增高。工业的快速发展使大量的金属元素经由工厂进入水体，这是

70年代后(12 cm向上)沉积物中痕量金属含量持续较高的原因。而在80年代后，整个社会经济的快速发展，湖泊水体与沉积物中的总氮和痕量金属含量都快速增长，有机氯农药含量却因禁用而呈现逐渐减少情况。

(5) 痕量金属、N、P、TOC及农药等污染物含量耦合关系之生态环境意义

农药无天然来源，全部来自于人类农业活动。氮、磷的来源较多，近年来急剧增加的原因与人类施肥以及生活排污等情况有关。痕量金属的来源主要是工业生产。湖泊水体中的污染主要来源于人类的生产与生活。痕量金属、氮、磷在淀山湖沉积物中的含量随着时间推移呈增长趋势，周边人类活动是淀山湖水体生态恶化的主要原因。与之相应，保存在淀山湖沉积物中的痕量金属、N、P、TOC及农药等污染物与上海各个阶段的产业发展、三废排放、人口增长以及环境保护措施等过程中这些物质的排放、播散特征关联；其中，环境保护措施与其他因素情况不同，其对污染物在沉积物中的含量增加起抑制作用。从上述淀山湖沉积物中污染物含量变化与诸多人类活动因素间的相互关系中，可得出对污染成因的较深入认识结论，其对污染防治有重要的启示意义。

上海工业一直较发达，国民党政府统治时期和1949年新中国成立后的计划经济时期，上海的工业发展水平在全国均处于领先地位。上海作为我国最大的工商业城市和经济中心，无论是工业、交通运输业，还是内外贸易、金融业，在全国所占有的比重及影响都是举足轻重的。新中国成立以来，上海的经济得到了全面快速发展。上海国内生产总值由1950年的20.28亿元发展到2006年的10 366.37亿元，增加了500多倍，如图3-87[165]所示。20世纪80年代改革开放以后，国内生产总值的增加尤为迅速。通过对比痕量金属、氮、磷、有机碳等含量在沉积物中的变化和国内生产总值增长情况，可以发现沉积物中痕量金属元素、氮、磷、有机碳含量的增加与国内生产总值的增加有密切的一致关系。在经济发展速度较缓慢的建国初期到改革开放以前，沉积物相应部位的痕量金属、氮、磷、有机碳含量增加较慢；在经济高速发展的20世纪80年代至今，沉积物相应部位的痕量金属、氮、磷、有机碳含量呈现出较快的增加趋势。

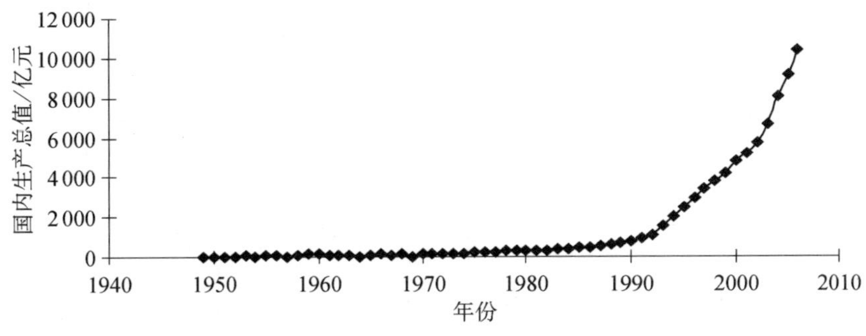

图3-87 上海国内生产总值的增长情况

上海的工业生产能力和产品产量在全国占很大比重，旧上海产业结构在历史上自发形成轻、纺、重的工业产业顺序。新中国成立后，特别是1953年以后，国家提出优先发展重工业的方针，要求上海在发展轻纺工业的同时，努力发展重工业。1953—1957年期间，上海的钢铁工业、机电工业、造船工业、化学工业、建筑材料等重工业都有较大增长。1957年上海轻工业的总产值比1952年增长105.5%，1958年到1965年期间，上海工业总产值由“大跃进”期间的巨幅增长进入相对稳定的增长期。1966—1976年之间，上海工业受当时政治运动的冲击和干扰损失巨大，但总体仍有进展。按当年物价计算，1966年上海工业产值为259.59亿元，1976年为423.45亿元，10年间增长了163.86亿元，增长率为63.12%；按工业总产值指数计算，增长率为103.0%。20世纪80年代初改革开放初期，由于中央政策原因，中国东南地区飞速发展，一度使上海的工业面临边缘化危机。自90年代中期以来，随着浦东开发以及财政转移支付比重减少等多方面原因，上海的工业又重新焕发了生机。上海工业总产值占全国的十分之一，主要以轻纺、重工业、冶金、石油化工、机械、电子工业为主，还有汽车、航空、航天等工业。进入90年代，由于土地、劳动力成本日益升高，加之经济政策导向等原因，纺织业、重污染行业等低端制造业、劳动密集型产业开始逐渐迁往郊区或关门停业，上海市整体产业结构调整进步明显，已形成并在逐渐巩固自己的核心竞争力。汽车制造业、通信设备制造业、电站成套设备制造业、石油化工与精细化工工业、钢铁工业以及家用电器制造业是上海90年代快速发展的工业支柱产业。上述发展历程从污染物角度在淀山湖沉积物中都留下了记录。环境中痕量金属的人为源主要为工业，上海各行业排放的痕量金属种类概括如表3-66所示。

表3-66　排放痕量金属污染物的典型工业[9]

工业类型	痕量金属元素						
	As	Cd	Cr	Cu	Hg	Pb	Zn
采矿、选矿	√	√			√	√	
冶金、电镀	√	√	√	√	√	√	√
化工	√	√	√	√	√	√	√
染料	√	√		√		√	
墨水制造				√	√		
陶瓷	√		√				
涂料			√			√	√
照相		√	√			√	
玻璃	√						
造纸			√	√	√	√	
制革	√		√	√	√		√

（续表）

工业类型	痕量金属元素						
	As	Cd	Cr	Cu	Hg	Pb	Zn
制药				√	√		
纺织	√	√		√	√	√	
肥料	√	√	√	√	√	√	√
氯碱制造	√	√	√	√	√	√	√
炼油	√	√	√	√		√	√

上海近几十年来工业产值情况如图 3－88 所示。图 3－88 表明，相应于上述上海社会经济发展特点，解放初期至改革开放前上海工业总产值增长速度较为缓慢，1978 年的工业总产值是 1949 年的 16 倍；改革开放以后，工业总产值增长速度迅速，2006 年的工业总产值是 1978 年的 36 倍[165]。这与淀山湖沉积物中痕量金属、氮、磷、有机碳含量的增长趋势是十分一致的。沉积柱 9 cm 以下（20 世纪 80 年代中期前）段痕量金属、氮、磷、有机碳等含量增长速度较慢，这与改革开放之前工业发展速度较慢，工业污染物排放量增加较慢有关；而 0～9 cm（20 世纪 80 年代中期后）痕量金属、氮、磷、有机碳等含量增长速度较快，这与改革开放以后工业迅猛发展，工农业污染物排放量增加较快有关[177、178]。淀山湖沉积物中污染物的含量变化规律与工业产值的变化规律相应奇迹般地一致，这即是淀山湖污染的人为成因最有力的佐证。

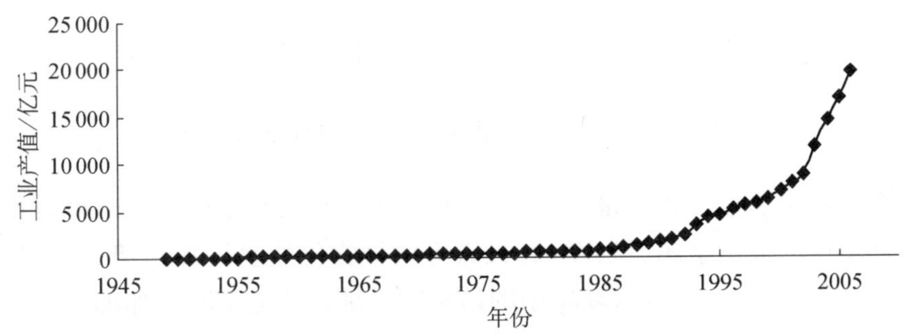

图 3－88　上海工业总产值增长图（亿元）

伴随着工业的迅速发展，工业“三废”的排放量相应增加，图 3－89、图 3－90、图 3－91 表述了 20 世纪 90 年代以来工业废水、废气和固体废弃物的排放情况[165]。1991 年工业排放废气达 4 000 亿 m^3，近十几年来排放量不断上升，至 2006 年已经到达了 9 428 亿 m^3。工业固体废弃物的排放量也呈现不断上升趋势，2001 年至 2006 年间的排放量由 1 354.74 万 t/a 增加到了 2 063.19 万 t/a。工业废水排放量从 90 年代开始逐渐降低，由 1991 年的 13.25 亿 t 下降至 2006 年的 4.83 亿 t；这明显与 90 年代以后产业结构的调整以及环境保护力度的加大有关[165]。

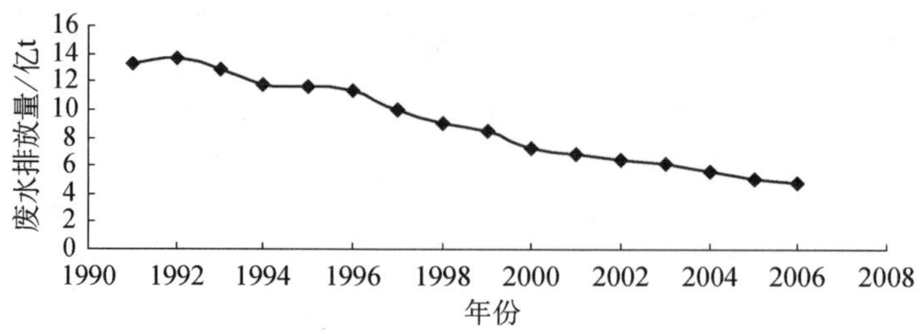

图 3-89　上海工业废水排放量(亿 t)

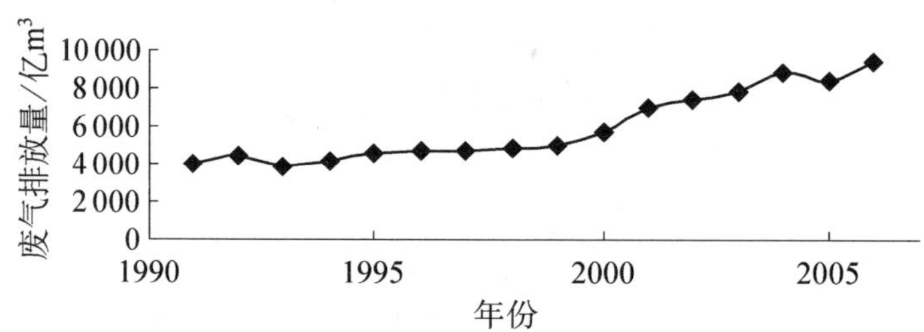

图 3-90　上海工业废气排放情况(亿 m^3)

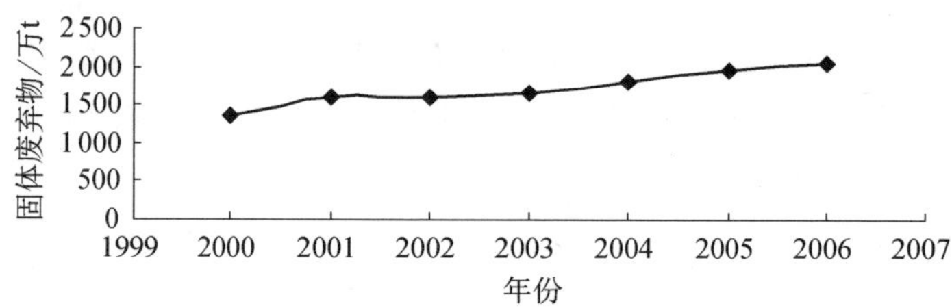

图 3-91　上海工业固体废弃物产生情况(万 t)

从沉积物中痕量金属含量在近 20 年来仍迅速增加(见图 3-75)可以推断,目前进入环境中的痕量金属、氮、磷、有机碳等污染物仍然呈增加趋势。虽然工业废水的排放量不断降低,但进入环境中的污染物总量仍然是不断增加的,这是当前非常值得重视的现象。

上海的城市化程度较高,第一产业所占的比例较低,但农业中的化肥、农药、地膜等农用物资的长期施用,均可以导致土壤的痕量金属、氮、磷、有机碳等污染。化学肥料的大量使用是氮、磷污染的主要原因。另外,有机肥料也是痕量金属的重要来源,其中的痕量金属主要源于饲料添加剂;随着现代畜牧业的发展饲料添加剂应用越来越广泛,添加剂中都含有一定量的痕量金属。研究表明,连续使用有机肥 16 年,土壤中铜、铬的变化幅度分别为 43.7～253.4 μg/g 和 2.7～104.0 μg/g。此外,有些农药在其组成中含有 Hg、As、Cu 等痕量金属,也是痕量金属的输入源。例如杀真菌农药常含有 Cu,被大量用于果树和温室作物长期施用会造成土壤 Cu

污染累积。而地膜在生产过程中加入了含有 Cd、Pb 的热稳定剂，大面积使用会增加土壤痕量金属以及氮、磷、有机碳污染[179]。另外，如前所述，上海的农业总产值呈逐年增长趋势，解放初期到改革开放前，农业总产值的增加速度相对较慢，1977年的农业总产值仅为 1952 年的 2.1 倍。改革开放以后，农业总产值的增加速度较快，2003 年的农业总产值是 1952 年的 7.0 倍。农业总产值增加速率的变化和沉积物中痕量金属、氮、磷、有机碳含量的分布趋势也相一致。

随着经济的不断发展和全国各地的人口不断流向上海，上海的人口呈现出逐年增长趋势，图 3－92 是上海近 20 年来的人口增长情况[165]。1978 年上海市户籍人数为 1 098.28 万人、常住人口 1 104 万人，2004 年户籍人口增加到 1 352.39 万人，增加了近 23%；2013 年常住人口为 2 415 万，35 年间增加了 1 311 万人，增长率118.8%。人口的不断增加必然带来资源消费的废弃物量的增加，进而加大污染负荷。就痕量金属、氮、磷、有机碳含量变化情况和人口增长情况对比可以发现，人口数量不断提高的趋势和沉积物中痕量金属、氮、磷、有机碳等含量的增加趋势是相一致的。

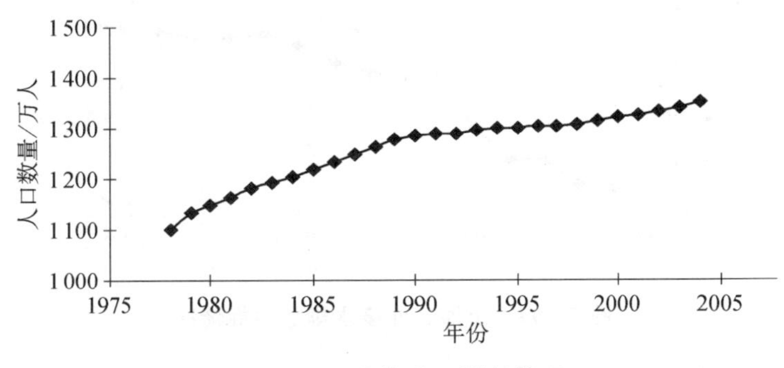

图 3－92　上海人口增长情况

为改善上海环境质量，上海市编制实施了《上海市环境保护“十五”计划》，分别对水环境、大气环境部署和实施了治理，对主要污染物实行排放总量控制计划管理。水环境治理方面以改善水质为中心兼顾区域排水，以截流直排重点整治河道、现有污染源为重点，完善地区排水收集系统，合理布局截污治污设施。大气环境治理方面以清洁能源替代、机动车污染控制、电厂烟气脱硫、重点工业区环境综合整治为重点，强化执法监督提高城市环境管理能力。根据国家有关政策和环境保护规划，上海市对农药、二氧化硫、烟尘、工业粉尘、化学需氧量、氨氮、工业固体废弃物等主要污染物实行排放总量控制计划管理。

1990 年以来上海的环保投入情况如图 3－93[165]所示。

1991 年上海市环保投入为 7.60 亿元，而到 2006 年已达到 310.85 亿元，环境保护投资占全市生产总值比例也由 1991 年的 0.90%上升到 2006 年的 3.00%。

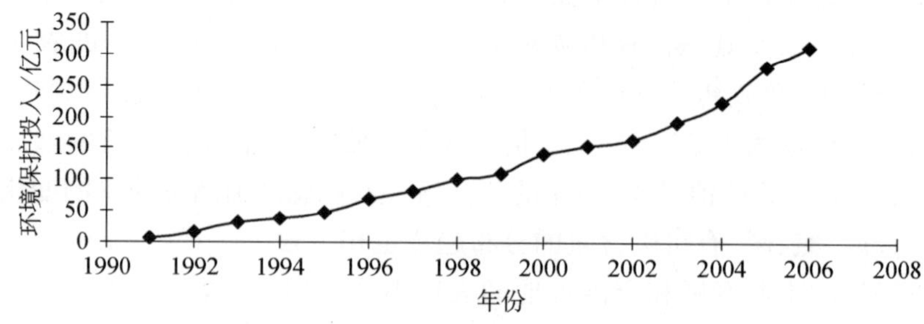

图 3-93　上海环境保护投入情况

随着环保力度的不断加大，工业废水的排放量明显呈逐年下降趋势(见图 3-89)，工业废水排放的达标率也迅速增加，到 2006 年工业废水的达标率已高达 97.61%，如图 3-94[165]所示。这些都应该是输入淀山湖的污染物降低的促进因素；但值得重视的情况是淀山湖沉积物中痕量金属、氮、磷、有机碳等在表层 5 cm 以上层位都表现为较快的含量增长趋势。

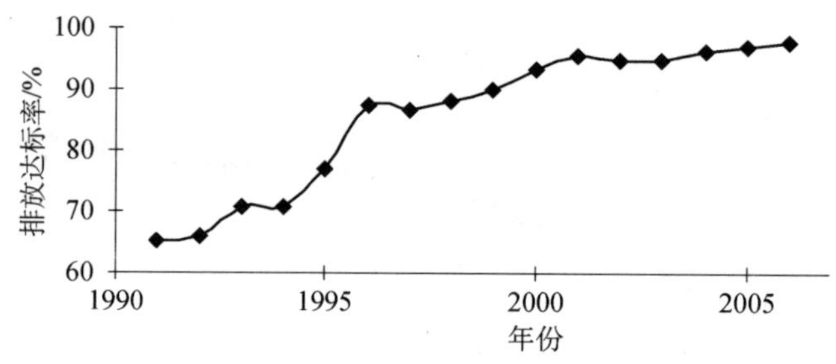

图 3-94　上海工业废水排放达标情况

这可能主要与如下两方面的原因有关，第一，通过废水排放途径进入沉积物的痕量金属、氮、磷、有机碳污染物含量虽然可能降低，但通过目前尚未顾及到的输入途径如大气传输、固体废弃物直接排放、零星点源排放等途径进入沉积物中的痕量金属、氮、磷、有机碳污染物含量未必也减少；第二，由于沉积物记录的滞后效应，即使污染排放削减使输入量降低，在水体或沉积物中的痕量金属、氮、磷、有机碳等污染物含量也不会及时减少。这样的情况世界上先例很多，如在汞污染源被关闭 30 多年后的日本 Yatsushiro 海沉积物中汞含量并没有显著降低[180]；意大利 Trieste 海湾由于受到世界第二大汞矿的污染以及工业和生活污水的严重影响水质恶化，在附近的汞矿关闭 10 年之后河流沉积物和河水中的汞含量仍然很高，并没有出现预期的下降[181]。同时，沉积相和水相之间复杂的物理化学作用可能会使沉积物中的痕量金属、氮、磷、有机碳等污染物发生某种迁移转化，甚至把沉积物中处于稳定态的污染物再释放出来发生使污染物重新进入水相的情况。基于上述这些事实，淀山湖水系统痕量金属、氮、磷、有机碳等污染趋势在短期内不会出现明显下降趋势。

综上所述，上海工业、农业和社会经济的发展以及人口增长，对淀山湖沉积物中痕量金属、氮、磷、有机碳等污染物的增长趋势是一致的。解放初期到改革开放以前，上海的工业、农业和社会经济的发展以及人口增长相对较为缓慢，与之相应时间段的沉积物中痕量金属含量的增加趋势也较缓慢；改革开放以后，工业、农业和社会经济的高速发展以及人口增长加快，与之相应时间段的沉积物中痕量金属、氮、磷、有机碳等污染物含量增加也较快。

这些事实说明，淀山湖沉积物中痕量金属的主要来源是人类的生产、生活活动。氮、磷、有机碳、有机氯农药等与痕量金属在淀山湖沉积物中含量变化的明显耦合关系是人为活动对自然环境影响的客观记录，这些物质的非正常输入已对自然界水、沉积物乃至其中的生物间的正常物质交换循环形成了干扰。人类为发展工业和改善生活大量使用金属、有机物和人造化学品，为提高作物产量持续大量施用农药和化肥，这些情况最终导致自然体系中有关物质的积累以至形成污染，严重影响生态系统的质量。上述淀山湖沉积物中氮、磷、有机碳、农药等由人类生产、生活输入自然环境中的物质的变化与痕量金属含量变化趋势明显相关的事实说明，痕量金属在淀山湖自然环境中的含量与人类活动密切相关。

近十几年来，上海的环境保护投入力度不断加大，工业废水达标排放率日益上升、直接排放量不断减少，但值得重视的是沉积物中痕量金属、氮、磷、有机碳等污染物含量并没有明显降低。这除了受水与沉积物之间复杂的交换作用影响外，可能与各种形式污染物排放总量的增加以及物质在水相中沉积过程的滞后效应有关。依据上述情况，有理由认为淀山湖水体痕量金属等污染物污染趋势在短期内不会出现明显下降趋势，其生态风险尚需要深入研究和应对。

3.3　城市道路痕量金属污染

3.3.1　宁杭线南京段痕量金属元素分布、污染及变化特征

研究区段位于南京市东郊，为宁—杭公路其林门段，如图 3-95 所示。

作为联结中国长江中下游政治、经济、文化重镇——南京、杭州的交通干线宁—杭公路一直车流如潮，交通繁忙。尤其近十几年来，随着经济建设的飞速发展，该干线之交通运输承载量更是以惊人的速度与日俱增。而公路作为痕量金属污染线源其污染强度、范围等特征与交通承载量直接相关。公路的承载量又与其所联结的城镇的交通位置和发达情况直接相关。南京市经济繁荣、交通发达，又为我国东南水陆交通枢纽，宁—杭线是其主要干线公路，因此，它的污染特征对城市公路痕量金属污染具有一定代表性，是公路痕量金属污染研究的较理想对象。

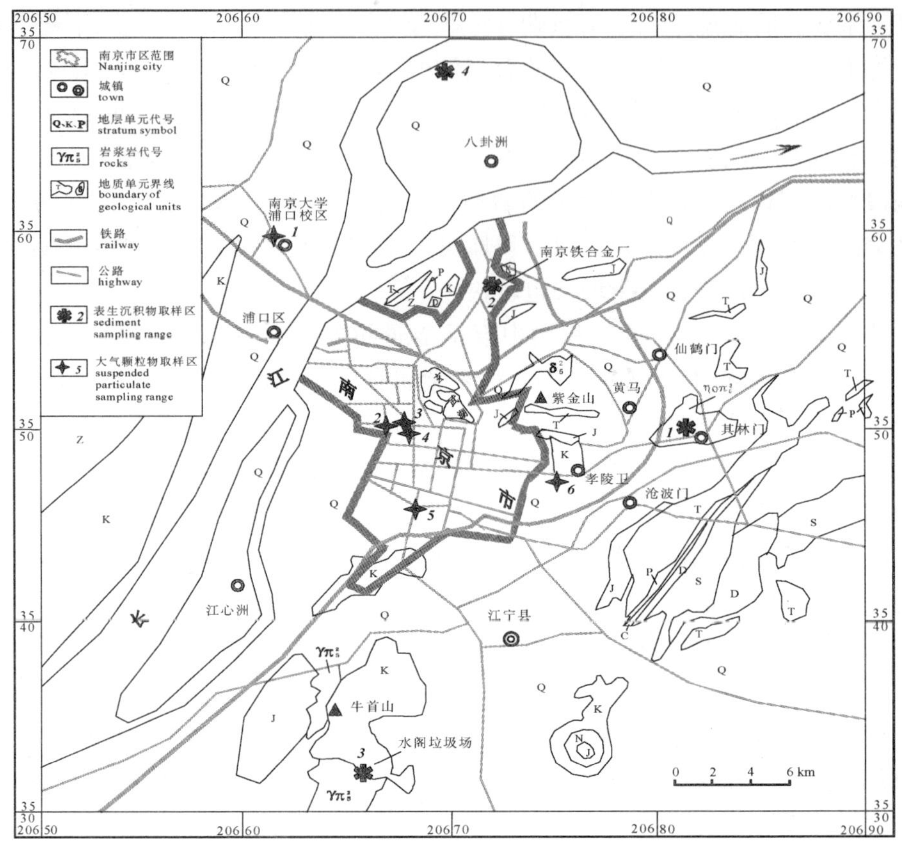

图 3-95 研究区地球化学背景及取样位置(图中❋1为公路研究点取样位置)

如图 3-95 所示，宁—杭公路从南京市东郊伸出，至句容转而南下，直至杭州。沿线多为植被较发育的丘陵地貌，局部为石质山地，土壤发育程度不均匀。采样区宁—杭公路其林门段地表主要为燕山期石英二长斑岩，局部发育中三叠统徐家山组砂页岩，两者为侵入接触。中三叠统受剥蚀较强，仅局部发育露头，而石英二长斑岩大面积出露。采样点及剖面线位于母岩为石英二长斑岩的土壤中。石英二长斑岩呈灰色，含斜长石 50%左右，石英 45%左右，角闪石$<5\%$。岩石地表风化强烈，呈疏松状。土壤发育不均匀，最厚处可达 1.8 m，局部基岩裸露。

以公路边为起点，分别垂直公路延伸方向沿两条剖面——其林门剖面与百水桥剖面系统取样，两条剖面间距 2 km。样品为 B 层土壤，采样深度在 30 cm±，样品为黄-棕黄色柱状或棱柱状结构的土壤，属黏壤组黄棕壤土类。样品经干燥、研磨、过筛，截取$\leqslant 50\ \mu m$ 部分进行有关项目研究。V、Cr、Mn、Co、Ni、Cu、Sb、Pb、Hg 分析方法为电感耦合等离子体原子光谱法，分析仪器为 JY-380 ICP-AES(法国制造)，检出限分别为($\mu g/g$)：8×10^{-4}(V)、5.7×10^{-4}(Cr)、2×10^{-4}(Mn)、4.2×10^{-4}(Co)、1×10^{-2}(Ni)、2×10^{-3}(Cu)、3.8×10^{-3}(Sb)、$3.4\times$

10^{-3}(Pb)、2×10^{-12}(Hg)。检出限分别为:2×10^{-3}(V)、5×10^{-3}(Cr)、1×10^{-3}(Mn)、3×10^{-3}(Co)、1×10^{-2}(Ni)、2×10^{-3}(Cu)、5×10^{-2}(Sb)、2.5×10^{-2}(Pb)。As、Cd分析仪器为AF-610原子荧光光谱仪(北京瑞利分析仪器公司制造),检出限分别为(μg/g):8×10^{-5}(As)、8×10^{-5}(Cd)。分析质量合格率按各方法分析相对偏差限(5%)统计(≥95%),合格率100%。痕量金属形态分析参照Tessier等人的连续提取法进行[2]。

3.3.1.1　痕量金属元素分布特征

土壤中痕量金属元素分布特征如图3-96、图3-97所示。

该结果表明,不同剖面上痕量金属含量分布特征基本一致,均具有自路边起随距公路距离的增大而锐减的变化规律。这一现象表明公路对其两侧土壤化学组分的影响程度和空间位置关系具有某种内在规律。与土壤样相应基岩中痕量金属含量分布特征(见图3-96、图3-97,与土壤样品同点位基岩样含量)表明,该区成土母质中痕量金属含量分布较稳定,与距公路距离无关。

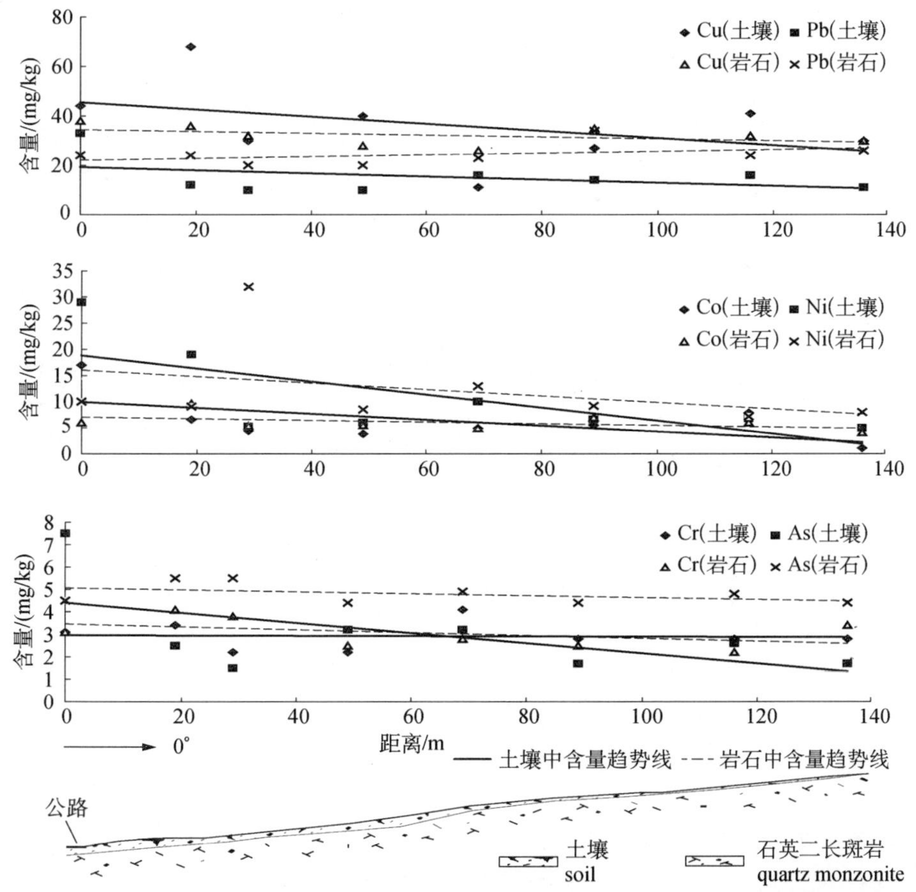

图3-96　宁—杭公路南京段白水桥剖面土壤和其基岩中痕量金属含量分布及其关系

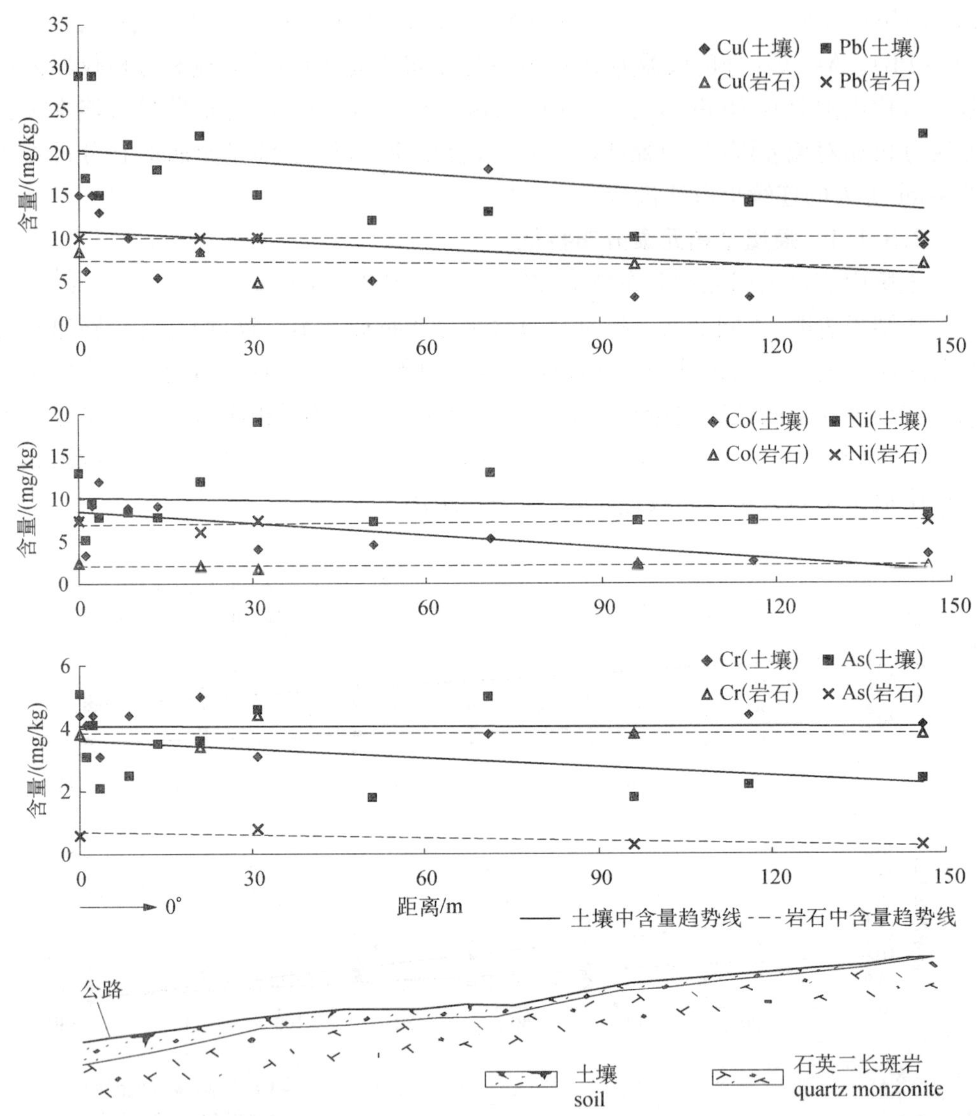

图 3-97 宁—杭公路南京段其林门剖面土壤和其基岩中痕量金属含量分布及其关系

上述事实表明，公路是影响其两侧土壤中痕量金属元素含量变化的主导因素。在土壤原生背景含量基础上，由于公路的影响，其痕量金属含量又有非自然因素的叠加。叠加量较大的元素为 Co、Cr、Pb、As 和 Sb，如图 3-96、图 3-97 所示。

3.3.1.2 痕量金属污染特征

宁—杭公路南京段土壤中地积累指数参数计算结果(the index of geoaccumulation)如表3-67所示。计算过程中,土壤背景值引用杨学义1982年总结南京地区土壤背景值与母质关系时提出的不同母质土壤中元素的含量比值[80],计算了以石英二长斑岩为母质的土壤背景含量。该表表明,研究区Pb、Co、Cr已经达到一级污染(即轻—中等程度污染)。

表3-67　宁杭公路南京段土壤中痕量金属含量及其污染指数(含量单位:mg/kg)

	V	Cr	Mn	Co	Ni	Cu	As	Cd	Sb	Hg	Pb
白水桥剖面平均含量(Cn)	53.00	37.00	314.00	8.60	20.00	31.00	7.00	0.20	0.75	0.07	27.00
其林门剖面平均含量(Cn)	34.00	37.00	78.00	6.70	10.00	9.60	3.10	0.13	0.40	0.03	17.40
南京地区区域背景含量(G)	102.90	60.70	508.00	14.90	30.50	37.30	8.43	0.44	1.03	0.07	20.00
研究区土壤富集系数(*r*)	1.00	0.27	0.15	0.21	0.26	0.34	0.43	0.98	1.00	0.35	0.53
研究区段背景含量(Bn)	102.90	16.40	76.20	3.10	7.90	9.60	3.60	0.43	1.03	0.09	10.70
白水桥剖面污染指数(*Igeo*)	−1.54	0.59	1.46	0.89	6.75	1.11	0.37	−1.69	−1.04	−0.89	0.75
其林门剖面污染指数(*Igeo*)	−2.18	0.59	−0.55	0.53	−0.24	−0.58	−0.80	−2.31	−0.69	−1.83	0.12
白水桥剖面污染分级		1.00	1.00	1.00	1.00	2.00	1.00	.			1.00
其林门剖面污染分级		1.00		1.00	0.00						1.00

注:*r*值为土壤中含量与背景含量的比值[80](杨学义,1982),$Igeo=\log_2(Cn/1.5Bn)$(Mnller, 1969),污染分级据Muller(1969)[35]。

综合分析公路痕量金属元素叠加和污染特征,可以看出,公路为线状污染源,其污染以公路为中心在其两侧呈带状顺公路延伸,由公路向两侧迅速减弱。

由图3-96、图3-97结合Muller污染指数为零的含量点估计,南京市公路污染自公路边起污染晕带扩散范围在140～150 m左右。

3.3.1.3 公路土壤痕量金属污染元素化学形态特征

各化学形态含量特征如表 3－68 所示。宁—杭公路其林门段土壤沉积物中痕量金属元素有效态部分主要以可交换态、铁锰氧化物态形式存在，有较强的生物致毒效应，尤其是已形成污染的 Co、Cr、Pb、As 对环境危害性较大。

3.3.1.4 污染成因讨论

上述污染特征表明，公路机动车辆的运行导致的痕量金属元素在公路两侧的叠加沉积，不同元素叠加程度存在差异。目前得到公认的是汽油或柴油燃烧后的废气扩散是公路 Pb 污染的主要来源，这是因为机动车辆燃料燃烧后，其中的防爆添加剂——四乙基铅（$Pb[C_2H_5]_4$）被认为绝大部分是从汽车尾气排出和散发到环境中去。事实上燃料中除 Pb 外尚含有多种其他微量的痕量金属元素，车辆轮胎成分中亦含有多种痕量金属元素。本研究分别分析了市售汽油、柴油和车辆轮胎样品，结果如表 3－69 所示。可见，车辆燃料燃烧、轮胎磨损都是痕量金属元素的重要物质来源。因此，公路痕量金属污染系由机动车辆运行引起，运行中燃料的消耗和构件的磨损伴随着痕量金属元素向环境的释放和沉积，日积月累，最终将导致污染[182]。因而，防治公路痕量金属污染的根本途径应主要从公路机动车辆的燃料及轮胎成分方面进行有关改进。

3.3.2 污染的成因及识别评价

上述研究表明，公路附近的土壤中痕量金属含量明显高于介质正常背景值。其中在研究区 Cr、Mn、Co、Ni、Cu、As 和 Pb 已达到污染水平，其形态以可交换态和铁锰氧化物态为主。痕量金属含量在垂直公路延伸方向呈现由高向低变化，延伸距离在 140～150 m 左右。

结合汽油、柴油、轮胎中痕量金属元素含量和土壤中的痕量金属形态特征分析，这些事实说明公里交通可引起公路两侧环境介质形成痕量金属污染，其污染呈沿公路两侧分布的与公路平行的带状，以公路为起点沿垂直公路延伸方向向远污染减弱。污染除了由通行车辆所运载金属货物途中播散有关外，主要与汽车构件、轮胎、燃油中所含金属成分有关。该污染类型的重要标志是介质中可交换态与铁、锰氧化物态痕量金属含量比例偏高。

3.4 城市工厂痕量金属污染

3.4.1 南京市铁合金厂痕量金属元素分布、污染及变化特征

选取南京铁合金厂为具体研究对象，地理位置如图 3－98 所示。

表 3-68　宁杭公路南京段土壤中痕量金属化学形态特征(含量单位:mg/kg)

元素	可交换态		碳酸盐态		Fe-Mn 氧化物态		有机态		残渣态		总含量	矿物成分
	含量	占总量/%	含量	占总量/%	含量	占总量/%	含量	占总量/%	含量	占总量/%		
V	0.60	0.70	0.06	0.10	7.99	9.00	0.50	0.60	79.80	89.70	88.95	
Cr	<D		1.14	1.80	0.93	1.50	<D		59.80	96.70	61.87	石英、长石
Mn	9.56	1.60	4.30	0.70	402.60	66.30	31.55	5.20	159.00	26.20	607.01	伊利石(90%)
Co	1.08	10.40	<D		5.07	50.00	<D		3.99	39.40	10.14	高岭石(10%)
Ni	<D		<D		1.44	5.30	<D		25.90	94.70	27.34	
Cu	1.44	4.80	0.28	0.90	1.80	6.00	5.30	17.70	21.10	70.50	29.92	
Pb	13.60	31.30	<D		5.90	13.60	<D		23.90	55.10	43.40	

注:D代表分析仪器检测限(mg/kg):Pb 为 0.025、Co 为 0.003、Ni 为 0.01、Cr 为 0.005。矿物成分后之数据为黏土矿物相对含量。

表 3-69　汽油、柴油、轮胎中痕量金属元素含量(单位:mg/kg)

	V	Cr	Mn	Co	Ni	Cu	As	Cd	Sb	Pb
汽油	<D	0.020	0.018	<D	<D	0.002	<D	<D	<D	11.0 g/L
柴油	<D	<D	0.009	<D	0.020	2.430	<D	<D	0.033	0.130
轮胎	1.464	16.480	3.896	0.545	11.820	16.480	8.153	0.951	<D	12.700

注:D代表分析仪器检测限:Cd 为 0.002、Sb 为 0.05、As 为 0.06、V 为 0.002、Co 为 0.003、Ni 为 0.01、Cr 为 0.005。汽油中 Pb 含量为铅化合物含量[183]。

该厂位于南京市北郊、长江南岸(见图 3-98),始建于 1960 年。以生产铬合金、钒铁等金属产品为主,占地面积 0.41 km^2,年产铁合金 6 097 t。厂区一侧临街,地势平坦;一侧靠山,为微微起伏的丘陵。周围分布有居民房舍、街道、农田、村落等;丘陵范围为灌木林或草地,低洼处为水塘,相邻工厂较少。这些环境特征能较好地保存铁合金厂对其环境土壤中痕量金属元素含量影响的记录,是较理想的工厂痕量金属污染研究对象,对客观认识和评价城市重工业工厂在其环境土壤中的痕量金属叠加及其污染特征是份难得的研究素材。铁合金厂厂区位置如图 3-99 所示。

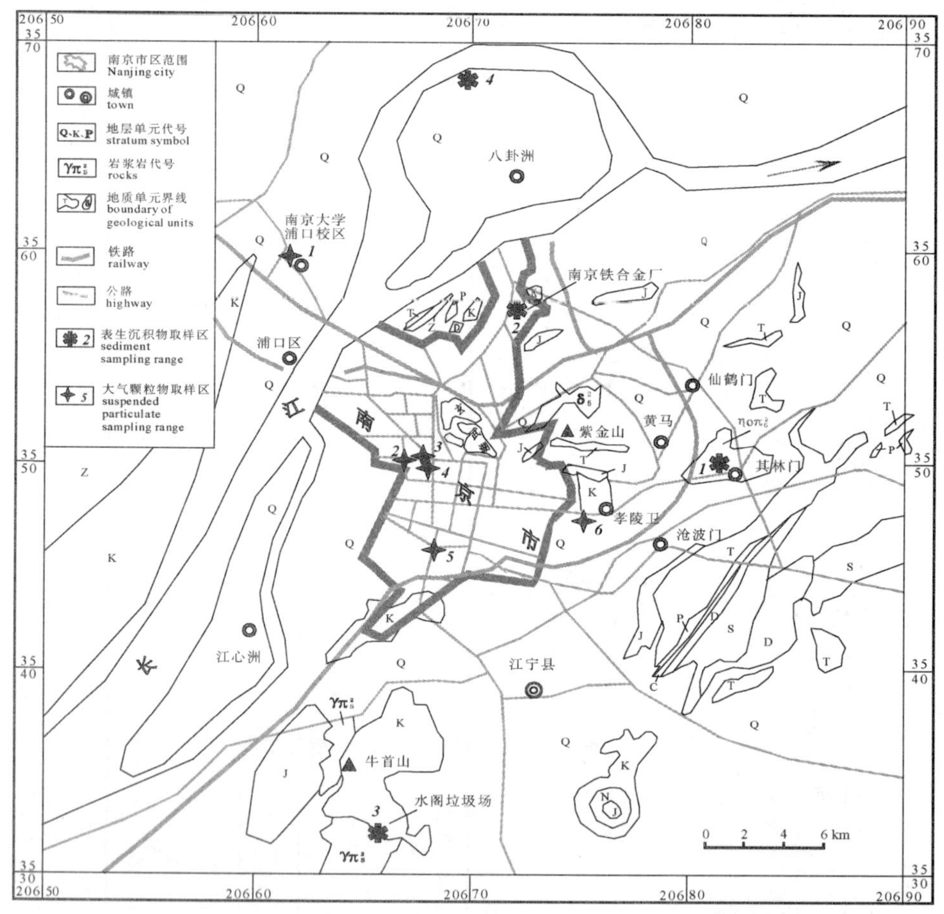

图 3-98 研究区地球化学背景及取样位置(图中❋2为工厂单元研究点取样位置)

该厂厂区岩性为白垩系下统葛村组含砾砂岩,仅在局部地段零星出露,大部分范围为第四系(残坡积、黄棕壤)覆盖。本次研究主要采取地表土壤样品,样点均匀分布于整个厂区及其外围约 3 km^2 范围内。采样深度为 15~30 cm,样品为 B 层棱柱状、团块状黄棕壤。样品经干燥、研磨、过筛,截取≤50 μm 部分进行有关项目研究。V、Cr、Mn、Co、Ni、Cu、Sb、Pb、Hg 分析方法为电感耦合等离子体原子

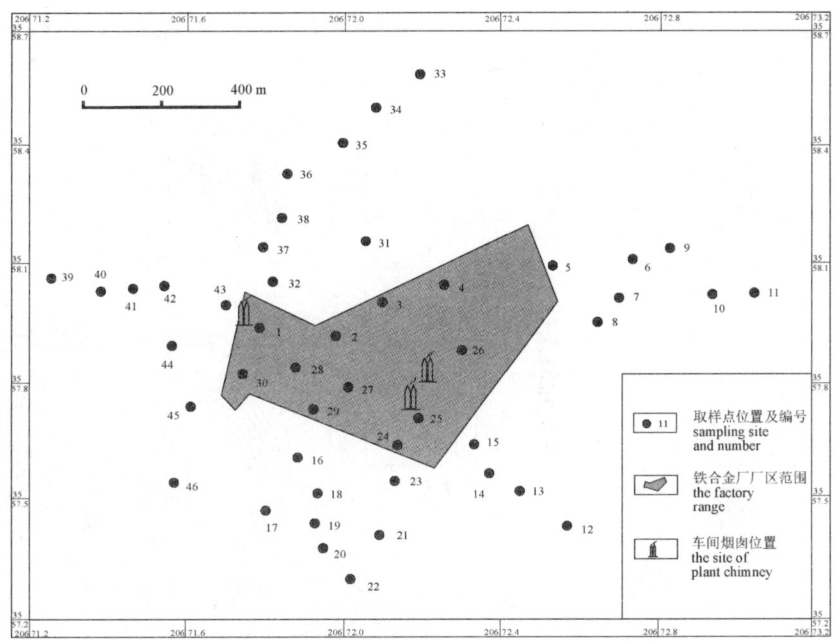

图 3-99　南京铁合金厂厂区范围及土壤取样位置

光谱法，分析仪器为 JY-380 ICP-AES(法国制造)，检出限分别为(μg/g)：8×10^{-4}(V)、5.7×10^{-4}(Cr)、2×10^{-4}(Mn)、4.2×10^{-4}(Co)、1×10^{-2}(Ni)、2×10^{-3}(Cu)、3.8×10^{-3}(Sb)、3.4×10^{-3}(Pb)、2×10^{-12}(Hg)。检出限分别为：2×10^{-3}(V)、5×10^{-3}(Cr)、1×10^{-3}(Mn)、3×10^{-3}(Co)、1×10^{-2}(Ni)、2×10^{-3}(Cu)、5×10^{-2}(Sb)、2.5×10^{-2}(Pb)。As、Cd 分析仪器为 AF-610 原子荧光光谱仪(北京瑞利分析仪器公司制造)，检出限分别为(μg/g)：8×10^{-5}(As)、8×10^{-5}(Cd)。分析质量合格率按各方法分析相对偏差限(5%)统计(≥95%)，合格率 100%。痕量金属形态分析参照 Tessier 等人的连续提取法进行[2]。

1) 痕量金属分布特征

V 等 11 个痕量金属元素在铁合金厂厂区土壤中分布特征如图 3-100 所示。

该结果表明，各元素含量均具明显的以车间烟囱位置为浓集中心的分布规律。这种现象表明，工厂对其环境土壤沉积物的面积性痕量金属叠加的主要扩散源为车间烟囱，痕量金属粒子由烟囱废气携带向空气中排放，然后沉降进入土壤。含量分布具一定取向特征，元素高含量带沿南东—北西方向延伸。这一分布特征的形成原因，除了受不同生产车间烟囱相对位置影响外，可能与当地优势风向(当地常年以南东向风为主)影响有关。

2) 痕量金属污染特征

南京铁合金厂厂区土壤中 V 等 11 个痕量金属元素含量特征及相应 Muller 地积累指数如表 3-70 所示。据杨学义的资料(1982)，砂砾岩母质的土壤与多种母

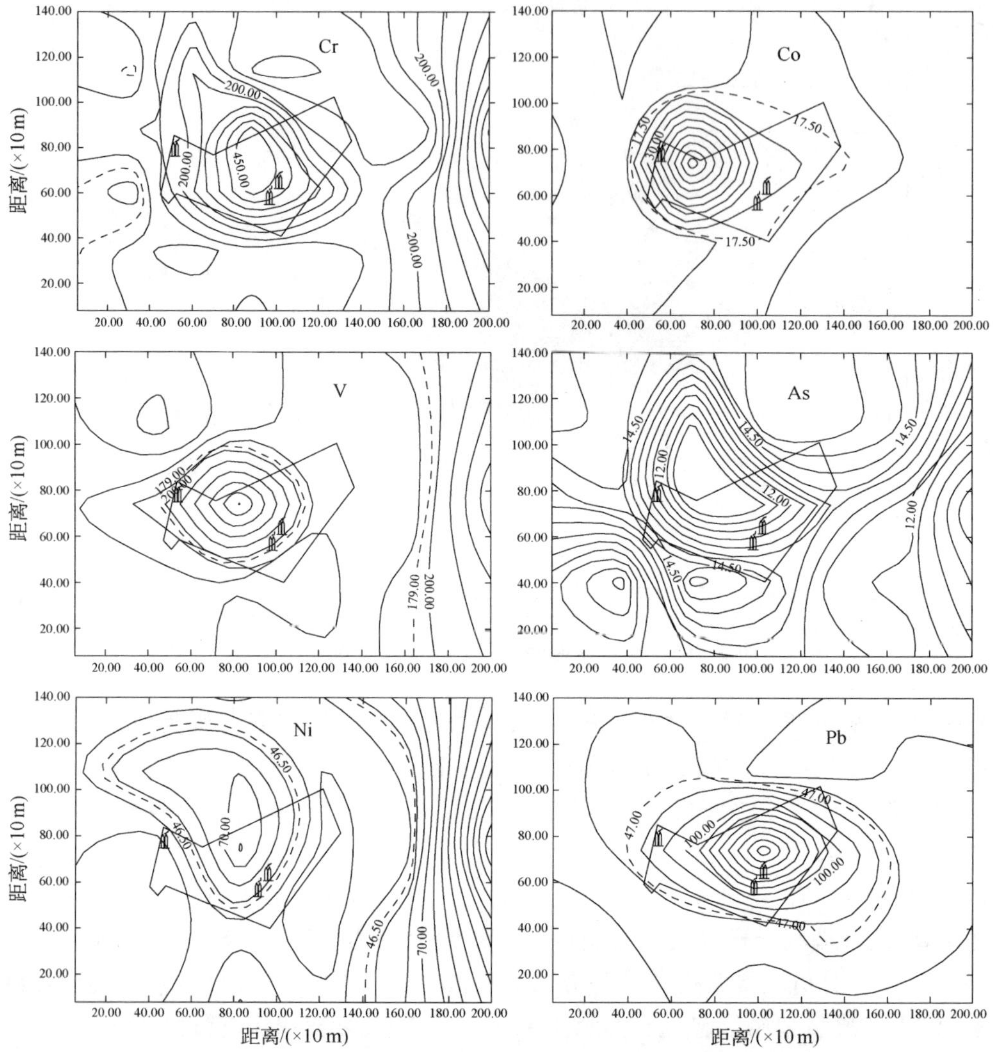

图 3－100　南京铁合金厂 Cr、Co、V、As、Ni、Pb 在土壤中含量分布等值线(含量单位为 mg/kg， —厂区范围， —车间烟囱，虚线轮廓为污染范围)

表 3－70　南京铁合金厂土壤中痕量金属元素含量及污染指数

	V	Cr	Mn	Co	Ni	Cu	As	Cd	Sb	Hg	Pb
平均含量/(mg/kg)	275.96	368.69	1 170.92	17.4	48.08	34.75	13.26	0.19	1.46	0.02	46.52
变异系数	3.3	3.8	2.54	0.82	1.05	0.74	0.26	0.64	0.98	0.39	1.58
污染指数/(I-geo)	0.73	0.98	0.06	0.12	0.14	−0.26	−0.28	−1.47	−0.06	−2.33	0.13
污染分级	1	1	0	1	1						1

注：污染指数的计算以及污染分级据 Muller(1969)[35]。

质土壤平均元素含量之比值接近 1(如 Cr 为 0.89，Co 为 0.93，Pb 为 0.89，As 为 0.80 等)[80]，所以，表中 Muller 地积累指数求算时土壤背景值直接引用南京地区土壤平均背景值进行计算。结果表明，该厂 Cr、V、Pb、Ni、Co 在厂区已形成 Muller 污染分级中的 1 级污染。污染晕呈面状分布，高浓度带具一定取向性，浓集中心与车间烟囱位置相应。按 Muller 污染指数 0.1 为污染下界计算和圈定的污染晕范围如图 3－100、污染晕特征如表 3－71 所示。

综上所述，从污染强度、污染范围综合考虑，南京铁合金厂厂区 Cr 是污染强度最高(I-geo＝0.98)、污染晕扩散面积最大的元素，这与该厂产品以铬合金为主有关，在优势风向(284°)方位 1.38 km 处土壤样品中 Cr 含量为 62.0 $\mu g \cdot g^{-1}$(据 2 件土壤样含量值)，开始降低到接近区域背景含量的水平。据此推断，该厂 Cr 污染叠加下限最大延伸距离大约为 1 380 m。

3) *痕量金属元素化学形态特征*

南京铁合金厂厂区土壤中痕量金属元素化学形态研究结果见表 3－72。已形成污染的 Cr、V、Pb、Ni、Co 5 个元素中，有效态含量 Cr、V 以铁、锰氧化物态、有机质为主，Pb、Co 以可交换态、铁、锰氧化物态为主，Ni 几乎全部集中于铁、锰氧化物态中。这些形态都是在地表土壤环境中活性较大的存在形式，都是目前认为属于有较强生物致毒效应的形态类型。

就污染强度和面积最大的 Cr 来看，在土壤中可有四种存在形式：Cr^{3+}、CrO_2^-、CrO_4^{2-} 和 $Cr_2O_7^{2-}$，其中以三价铬形式为主[185、186]，有实验证明，土壤不但对铬有很强的吸附作用，而且一定条件下(pH＝6.5～8.5)被吸附的三价铬都可转化为六价铬(可溶性铬)，而六价铬是公认的对生物具有很强毒性的价态形式[186]。近年来大量的实验研究表明，土壤中六价铬含量达 80 μg/g 时，对作物生长即有显著的抑制作用，而且还影响其生长过程中对其他营养元素的吸收。动物实验也表明，铬化合物有致突变作用与细胞遗传毒性，资料表明，铬化合物侵入呼吸道具刺激腐蚀作用，可致癌症(肺癌)，对皮肤也有腐蚀性反应和变态反应。据南京铁合金厂职工口头反映，该厂职工癌症患病率很高，仅 20 世纪 1984—1994 年间就曾有 6 例，均为肺癌，患者年龄在 30～45 岁间。因而该厂职工把 45 岁称之为安全年龄，意指过了 45 岁即不会有患肺癌危险。由此可见，南京铁合金厂痕量金属污染对环境有较严重的生态风险，是一个不容忽视的环境问题。

3.4.2　污染的成因及识别评价

南京铁合金厂厂区土壤沉积物中痕量金属元素主要有两个来源，一为基岩中原始含量经表生地球化学作用重新组合分配后在土壤中形成的含量，即原生背景含量；另一个来源便是生产活动中人类带给环境土壤中的痕量金属含量，即污染叠加含量。这种带给方式，由前述厂区痕量金属元素分布特征可知，主要是通过工厂

表 3-71　南京铁合金厂土壤痕量金属污染特征

元素	污染晕特征						
	污染分级	形状	长轴走向	面积/(km^2)	下限含量/(mg/kg)	最高含量/(mg/kg)	背景含量/(mg/kg)
V	1	葫芦形	275°	0.91	178.70	6 400.00	102.90
Cr	1	椭圆形	284°	>3	225.00	9 800.00	79.00
Co	1	椭圆形	270°	0.78	17.50	102.00	10.71
Ni	1	纺槌形	320°	0.63	46.50	296.00	29.19
Pb	1	葫芦形	330°	0.67	47.00	510.00	28.28

注：污染下限的计算据 Muller(1969)[35]。污染下限含量的确定按：$I\text{-geo}_V = 0.2$、$I\text{-geo}_{Cr} = 0.9$、$I\text{-geo}_{Co} = 0.1$、$I\text{-geo}_{Ni} = 0.1$、$I\text{-geo}_{Pb} = 0.15$。表中背景含量数据 Cr 据 Hizen 概率格纸区分法确定(参见第六章)，其他元素据江苏省农林厅、环保局数据(1990)[184]。

表 3-72　南京铁合金厂环境土壤中痕量金属元素化学形态特征(含量单位：mg/kg)

元素	可交换态		碳酸盐态		Fe-Mn 氧化物态		有机态		残渣态		总含量	矿物成分
	含量	占总量/%	含量	占总量/%	含量	占总量/%	含量	占总量/%	含量	占总量/%		
V	0.76	0.7	<D		17.90	16.5	2.25	2.1	87.60	80.7	108.51	石英、长石
Cr	<D		0.74	0.5	36.52	22.9	9.50	6.0	113.00	70.7	159.76	伊利石(61%)
Mn	1.48	0.2	0.56	0.1	616.40	69.3	68.15	7.7	203.00	22.8	889.59	蛭石(18%)
Co	0.12	1.1	<D		6.40	57.7	<D		4.58	41.3	11.10	高岭石(9%)
Ni	<D		<D		6.04	16.9	<D		29.80	83.2	35.84	绿泥石(6%)
Cu	1.44	4.9	0.38	1.3	5.41	18.5	4.20	14.3	17.90	61.0	29.33	蒙脱石(5%)
Pb	14.64	32.3	<D		5.89	13.0	1.00	2.2	23.80	52.5	45.33	

注：D 代表分析仪器检测限(mg/kg)：V 为 0.002、Pb 为 0.025、Co 为 0.003、Ni 为 0.01、Cr 为 0.005。矿物成分后之数据为黏土矿物相对含量。

车间烟囱废气将生产过程中的痕量金属粒子带入大气，而后沉降进入土壤[182]。因而，由之带入环境中的痕量金属元素的种类、强度均受生产过程中矿石组分、燃料及冶炼添加剂等组分影响。从该厂情况分析，在所研究的 11 个元素中，除 Hg 和 As 外，其他 9 个元素均有明显的带入，形成面积性污染的元素有 Cr、V、Pb、Ni、Co 5 个，另外 4 个元素(Cu、Sb、Cd、Mn)污染范围较小，目前仅局限于烟囱附近的较小范围内，目前对环境影响不大。所以，防治工厂痕量金属在土壤中的面积性污染，应主要从生产车间废气排放环节上进行工艺改进研究，采取相应有效技术措施，这应该是工厂土壤最根本的环境保护和污染防治对策。

3.5　城市垃圾场痕量金属污染

3.5.1　南京水阁垃圾场痕量金属元素分布、污染及变化特征

选取南京市南郊东善桥乡水阁垃圾场为研究对象，地理位置如图 3－101 所示。

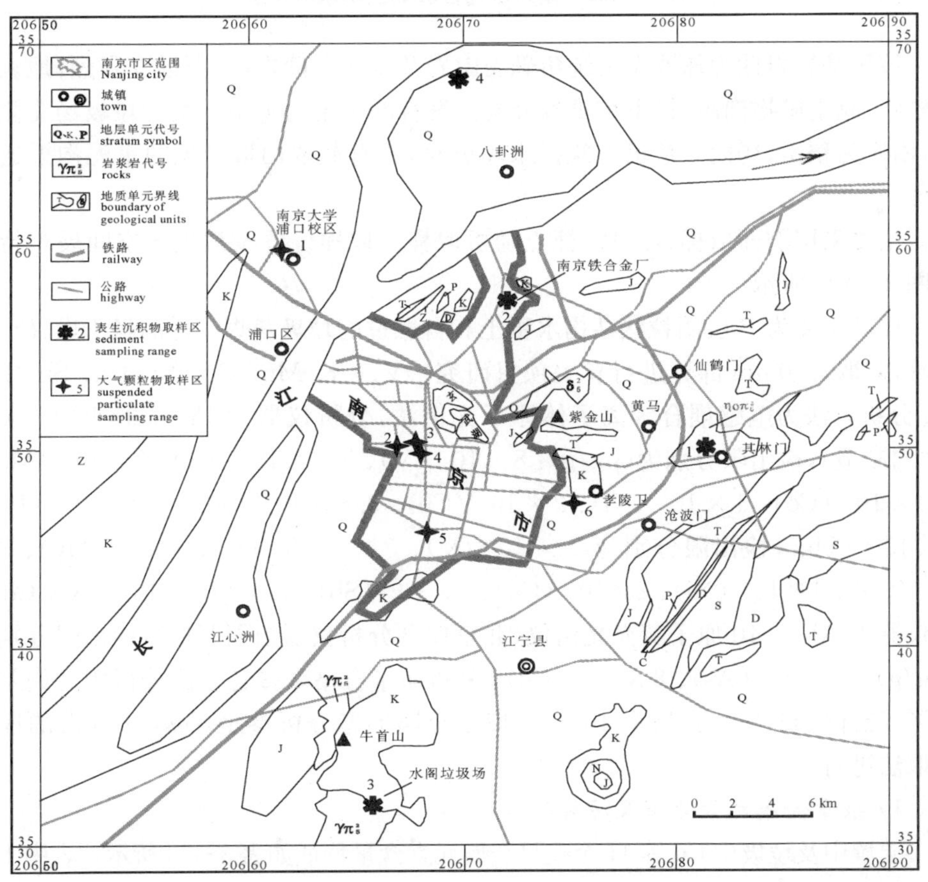

图 3－101　研究区地球化学背景及取样位置(图中✱ 3 为生活垃圾场研究点取样位置)

该垃圾场位于牛首山下，面积约 0.7 km^2，于 1987 年正式建成启用，主要承纳南京市鼓楼、秦淮、下关、白下四个区的生活垃圾，是目前南京市最大的生活垃圾场，如图 3－102 所示。

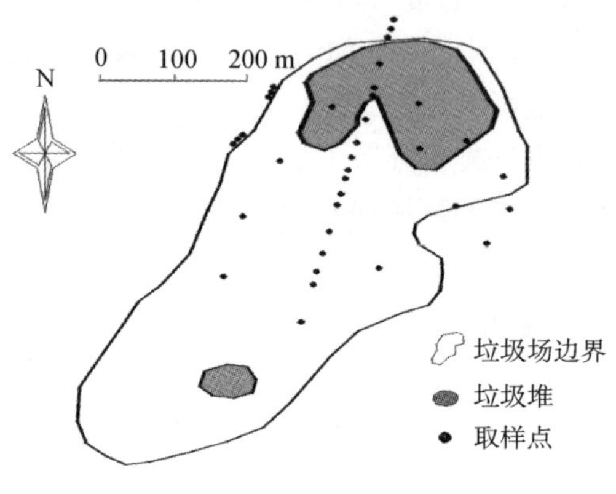

图 3－102　南京水阁垃圾场土壤取样位置

该区基岩岩性为侏罗系上统角砾安山岩及凝灰质砂岩，岩石蚀变强烈，地表呈疏松状，原生矿物肉眼、镜下均难以分辨。发育的土壤为水稻土类。垃圾场北侧环山，南侧为稻田，场内有数道土筑拦水坝分隔，并有截取山坡径流的水泥沟渠通出场外。

主要采用剖面取样，辅以特征点随机取样。取样位置及垃圾场空间展布特征如图 3－102 所示。

样品主要为 B 层团粒状结构水稻土和自燃过的垃圾灰烬。样品经干燥、研磨、过筛，截取≤50 μm 部分进行有关项目研究。V、Cr、Mn、Co、Ni、Cu、Sb、Pb、Hg 分析方法为电感耦合等离子体原子光谱法，分析仪器为 JY－380 ICP－AES（法国制造），检出限分别为(μg/g)：8×10^{-4}(V)、5.7×10^{-4}(Cr)、2×10^{-4}(Mn)、4.2×10^{-4}(Co)、1×10^{-2}(Ni)、2×10^{-3}(Cu)、3.8×10^{-3}(Sb)、3.4×10^{-3}(Pb)、2×10^{-12}(Hg)。检出限分别为：2×10^{-3}(V)、5×10^{-3}(Cr)、1×10^{-3}(Mn)、3×10^{-3}(Co)、1×10^{-2}(Ni)、2×10^{-3}(Cu)、5×10^{-2}(Sb)、2.5×10^{-2}(Pb)。As、Cd 分析仪器为 AF－610 原子荧光光谱仪（北京瑞利分析仪器公司制造），检出限分别为(μg/g)：8×10^{-5}(As)、8×10^{-5}(Cd)。分析质量合格率按各方法分析相对偏差限(5%)统计(≥95%)，合格率 100%。痕量金属形态分析参照 Tessier 等人的连续提取法进行[2]。

1) 痕量金属元素分布及污染特征

土壤中及垃圾中 Cu 等 11 个痕量金属元素含量特征如表 3－73 所示。表中土壤背景含量为本次工作实测数据。地积累指数、污染分级据 Muller 提出的方法计算[35]。

表 3－73 南京市水阁垃圾场土壤及垃圾中金属含量及污染特征
(单位 Hg 为 μg·kg⁻¹,其他元素为 μg·g⁻¹)

	Cu	Pb	Cd	As	Sb	Hg	V	Co	Ni	Cr	Mn
垃圾中含量(7)	97.43	74	0.53	18.07	4.92	183.86	126.43	25.14	36.43	74.71	733.43
垃圾场土壤中含量(18)[a]	38.72	30.08	0.11	10.98	1.78	53.64	137.5	24.93	33.93	69.57	716.21
研究区土壤中之背景含量(18)	20.15	28	0.1	10.8	1	43.57	91.29	16.74	22.29	50.14	481.14
自垃圾向土壤的释放率	19.1%	3.9%	1.9%	1.0%	15.9%	54.8%	36.6%	32.6%	32.0%	26.0%	32.1%
污染指数[b]	0.36	−0.03	−1.32	−0.14	0.79	−1.19	−0.3	0.75	−0.39	−0.39	−0.71
污染分级[c]	1				1			1			

注:a 圆括号中数据为样品数;b 据 $I_{geo}=\log_2$[实测含量/(1.5×背景含量]计算;c 污染分级据 Muller (1969)[35]。

表 3－73 数据说明,垃圾中各元素含量均显著高于当地土壤中的含量,垃圾场土壤中 Cu 等 11 个元素含量均高于其相应背景含量、即垃圾场外围与垃圾场类似地段样品中痕量金属平均值,而小于其在垃圾中的含量。由此可以推断,所研究的 11 个元素在土壤中的含量均与垃圾释放有关,土壤中高出其背景含量部分为自垃圾中迁移和叠加进入土壤的部分。其中 Cu、Sb、V、Co、Ni、Mn、Cr 在土壤中的含量高于其背景含量 38%以上(38.8%～92.2%),Pb、Cd、As、Hg 在土壤中的含量高于其背景含量不到 30%(1.7%～23.1%)。地积累指数计算结果表明,该区土壤中 Co、Cu、Sb 3 个元素已达到了 1 级污染程度。由于土壤中痕量金属元素超出其背景含量部分主要为垃圾中释放加入环境的部分,据此按下式计算垃圾中痕量金属元素在当地自然条件下向土壤中之释放率如下:

$$\text{痕量金属释放率} = (\text{从垃圾释放至土壤中的含量} / \text{在垃圾中的含量}) \times 100\%$$

依据上式计算的结果如表 3－73 所示。各元素在当地自然条件下之释放率以次如下:Hg 为 54.8%,V 为 36.6%,Co 为 32.6%,Mn 为 32.1%,Ni 为 32.0%,Cr 为 26.0%,Cu 为 19.1%,Sb 为 15.9%,Pb 为 3.9%,Cd 为 1.9%,As 为 1.0%。

2) 痕量金属元素化学形态特征

形态分析及样品矿物成分分析结果如表 3－74 所示。

该结果表明,垃圾场土壤中 Co、Mn 的有效态含量比例较大(70.8%～75.5%),而 Cr、Ni、V、Cu 主要以硅酸盐形态存在(有效态含量为 0～25.5%)。有效态中 Cu、Mn、V 以有机态和铁、锰氧化物态为主,Co、Pb 以可交换态和铁、锰氧化物态为主,Cr 以碳酸盐态为主,而 Ni 在有效态中含量几乎为零。上述各元素有效态含量部分在土壤溶液作用下都易于为植物吸收而产生生物毒害效果。垃圾场下游采样剖面线尾端已为稻田范围，其中生长的水稻或其他作物必定会受到高浓度 Cu、Co、Sb 等的影响，这些元素可由之向人体迁移，最终危害人体健康。这种情况是非常值得重视的[182]。

痕量金属元素由垃圾中释放加入土壤主要经由自然风化和降水淋洗、溶解进入土壤，进而随潜水迁移和在土壤中扩散，因此，释放加入土壤中之部分主要是其有效态部分，这即是所研究土壤中 Co、Mn 等痕量金属元素有效态含量较高（见表 3-74）的主要原因之一。在表生条件下以有效态形式存在的金属元素一般很难再结合到硅酸盐矿物（残渣态）中去，即通常很难影响其残渣态含量变化，所以，垃圾向土壤环境释放痕量金属元素的释放率是影响其环境土壤中痕量金属总体形态特征的重要因素。

模拟当地自然降水条件的土壤痕量金属元素解吸实验（实验程序详见第 4 章）。元素解吸率由大到小的顺序是：V > Co > Mn > Pb > Cu（详见第 4 章第 2 节）。在实验条件下最易解吸出的首先是元素的可交换态部分，而经解吸后仍残留在样品中的含量首先应该是其残渣态即硅酸盐态含量。结合元素从垃圾中的释放情况考虑，元素淋出率的顺序应与元素从垃圾中的释放率顺序相应。将上述土壤解吸实验结果中元素解吸率大小顺序与前述元素从垃圾中之释放率顺序相对照，两者的元素顺序是相应的。因此，结合形态特征分析，前述痕量金属元素从生活垃圾中的释放率是痕量金属元素在表生条件下化学形态和地球化学行为的综合反映，是影响和支配元素在受其影响的土壤中地球化学行为和环境效应的关键参量。

对所研究的 11 个痕量金属元素在垃圾场 18 件样品中各自含量做聚类分析（Statistica 软件，V. 5. 0），以欧氏距离衡量，Hg、Cd、Pb、Cu、As、Cr、Ni、Sb 明显聚为一类，而 V、Co、Mn 明显聚为另一类（见图 3-103）。结合形态特征、释放率特征及解吸实验结果分析，V、Co、Mn 为一类是由于其相对于另一类从垃圾中释放率较大、在土壤中有效态含量较高和解吸率较高等共同特征的体现。生活垃圾释放于其周围土壤环境中的痕量金属元素总含量特征及其化学形态与垃圾向土壤中的释放率以及释放机制模拟实验结果相对应，都一致地反映了痕量金属元素在表生条件下迁移特征、总含量特征和各形态含量特征间的内在联系和规律（个别元素的某些特征，如 Hg 释放率高可能与其特殊的具挥发性、流动性和在环境中性状多变等地球化学习性有关），而其中起主导作用的关键因素是元素的化学形态。垃圾中痕量金属元素被降水淋出量大、向环境的释放率高即有在受其影响的土壤中有效态含量高的环境效果，如图 3-104 所示。相应地，其在环境中迁移能力强，影响的范围就广，所引起的生态效应也大。因而，垃圾向土壤中的痕量金属元素释放率是评价有关元素对环境污染强度和生物效应的重要指标。

表 3-74　南京市水阁垃圾场土壤中痕量金属元素化学形态特征(μg/g)

元素	可交换态		碳酸盐态		Fe-Mn氧化物态		有机态		残渣态		总含量	样品矿物成分
	含量	占总量/%	含量	占总量/%	含量	占总量/%	含量	占总量/%	含量	占总量/%		
Cu	1.32	1.8	1.18	1.6	2.61	3.5	14.05	18.7	55.90	74.5	75.06	石英、长石、
Pb	8.52	17.9	6.34	13.3	4.90	10.3			27.90	58.5	47.66	伊利石(33)[b]
V	0.84	0.4	0.36	0.2	21.70	10.0	10.30	4.8	183.00	84.6	216.21	蛭石(2)
Co	2.28	11.2	0.14	0.7	12.58	61.7	0.40	2.0	4.99	24.5	20.39	蒙脱石(20)
Ni	<D[a]		<D		<D		<D		17.90	100	17.90	绿泥石(13)
Cr	<D		1.98	6.6	<D		<D		27.90	93.4	29.88	高岭石(12)
Mn	36.60	3.3	4.00	0.4	572.50	52.1	126.30	11.5	321.00	29.2	1 160.40	

注：aD代表分析仪器检测限。b括号中数字为矿物相对百分含量。

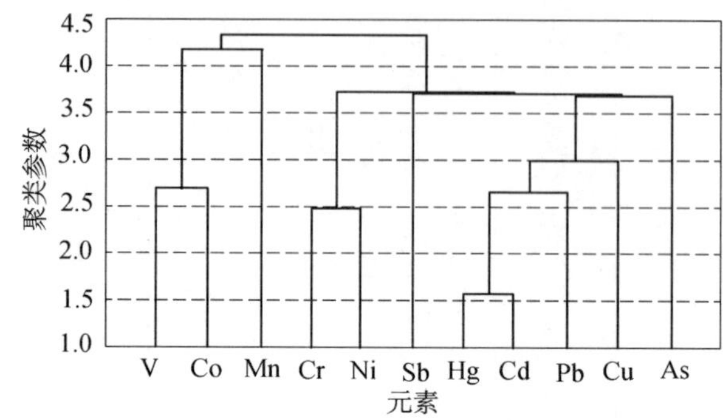

图 3-103 南京市水阁垃圾场痕量金属元素聚类分析结果(18 件样品)

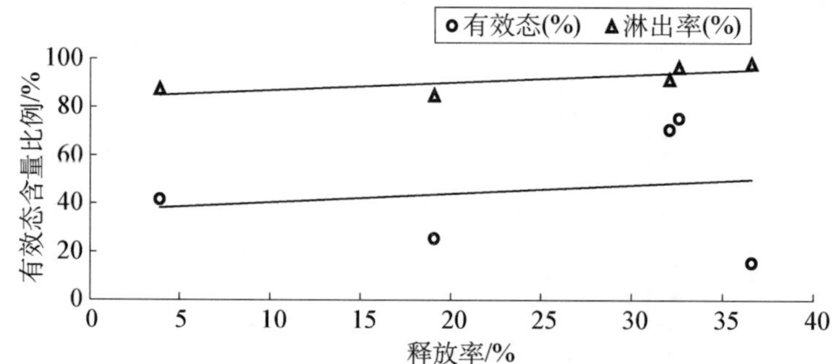

图 3-104 南京市水阁垃圾场土壤中痕量金属元素有效态与淋出率间的相关性

3.5.2 污染的成因及识别评价

综上所述,城市生活垃圾释放于土壤环境中痕量金属元素的量与其在环境中的化学形态有关。痕量金属元素自垃圾向环境中的释放量与受其影响的土壤中的痕量金属元素的有效态含量正相关,是制约痕量金属在土壤中有效态含量的重要因素。所研究元素在当地自然条件下释放率顺序为:(Hg) > V > Co > Mn > Ni >Cr > Cu > Sb > Pb > Cd > As。南京市水阁垃圾场土壤环境 Co、Cu、Sb 3 个元素已达到了 1 级污染程度。在地貌特征与垃圾场类似,土壤母质岩性与垃圾场一致而未受垃圾影响的垃圾场外围样品(取样位置位于垃圾场南东侧,参见图 3-102)中的含量(表 3-73 中的背景含量)明显低于垃圾下游土壤中的含量。由此推断,地表水是垃圾中痕量金属元素向下游传输、迁移的最主要介质。大气降水淋溶垃圾中的痕量金属粒子,使其首先进入地表水,再进入潜水,通过水的运动痕量金属元素进入土壤并在其中扩散蔓延,进而导致污染。所以,土壤中痕量金属元素的扩散和污染范围要受到地表径流和潜水流动的制约。水阁垃圾场目前痕量金属元素的分布和污染状况仅是十余年(1987 年以来)时间积累的结果,随着时间的延续,其污染范围和程度势必会不断扩大。因而,垃圾场土壤污染的防治对水阁垃圾场乃至所有城市生活垃圾场来说都是紧迫的任务,应从将流经垃圾堆的降水和地表径流与土壤,尤其是耕种土地相隔离并加以处理方面深入研究和采取措施。

3.6 城市大气颗粒物中的痕量金属

3.6.1 南京市城区大气颗粒物中痕量金属元素分布、污染及变化特征

大气颗粒物是大气中痕量金属的主要载体,是评价空气质量的重要参考因素,同时也是环境科学界大气环境研究中的一个重要研究方向。近年来该领域研究工作已从早先的单位时间或单位体积空气中颗粒物总量、颗粒物粒径变化等物理指标的监测研究深化到化学成分及其转化和影响制约因素方面,代表性工作如 Michael 等人对新西兰 Fiordland 地区气溶胶痕量金属沉降特征的研究[187]、Massimo 等人运用 Pb 同位素示踪原理对日内瓦大气物质的物源研究[188]、Briant 等人对中国东部东营、青岛、上海等城市气溶胶粒度、成分、相互间的化学作用以及物源研究[189]、Var Figen 等人对日本大气颗粒物中金属元素含量、时空变化特征和物质来源的研究[190]、Nilgun 等人对地中海东部空气中矿物颗粒沉降和远移传输的动力学机制及描述空气颗粒物空间变化的模型研究[191]、Kazuhiko 等人对日本 Higashi-Hiroshima 地区空气中湿沉降微粒特征及金属物源的研究[192]、Zhu Bingquan 等人为揭示环境中 Pb 污染物的来源对我国广东珍珠河三角洲地区风积尘、气溶胶和土壤中铅同位素组成进行的研究[193]、L. John 等人用铅同位素比值对美国新泽西州 Jersey 市家庭居室灰尘中铅来源进行的定量估计研究[194]等等。这些工作目前主要在西方国家开展得相对较多,在我国该领域开展较多的是颗粒物量方面的研究监测工作,大气颗粒物的化学成分、特别是无机成分以及其转化机制和规律方面的工作进行得相对较少。本研究结合对南京市土壤沉积物,河流现代沉积物痕量金属污染研究工作,首次对大气环境痕量金属元素的分布和污染以及对土壤中痕量金属分布及污染的作用与影响从地球化学角度进行探索性研究,试图通过这些工作能较全面地评价南京市痕量金属污染特征,探索和揭示现代城市痕量金属污染的相关机制和规律。

1) 取样及样品处理

(1) 取样

在不同时段、不同点位分别采取了总尘和降尘样品。取样时间、地点、样品类型、数量、取样方法及相应降沉量具体情况如表 3-75 所示,取样位置如图 3-105 所示。

表 3－75　南京市大气颗粒物取样情况及其沉降量

	南大鼓楼校区		南大浦口校区	南农大	草场门		
样品类型	降尘	降尘	降尘	降尘	降尘	总尘	降尘
取样方法	直接接取	直接接取	直接接取	直接接取	直接接取	滤料法	直接接取
样品数量	1	1	1	1	1	12	1
样品代表的时间范围	2000.1 月	2000.4 月	2000.4 月	2000.4 月	2000.1 月	1998.1 月	2000.7—10
降尘沉降量/(kg/km^2·h)	86.90	52.40	24.40	19.10	12.73	0.25	43.37

	山西路				中华门			
样品类型	降尘	总尘	降尘	总尘	降尘	总尘	降尘	总尘
取样方法	直接接取	滤料法	直接接取	滤料法	直接接取	滤料法	直接接取	滤料法
样品数量	1	12	1	11	1	11	1	12
样品代表的时间范围	2000.1 月	1998.1 月	2000.7—10	1998.8 月	2000.1 月	1998.1 月	2000.7—10	1998.8 月
降尘沉降量/(kg/km^2·h)	17.36	0.32	52.82	0.25	22.74	0.31	48.79	0.23

注：总尘为粒径<100 μm 的颗粒，降尘为 10 μm<粒径<100 μm 的颗粒。

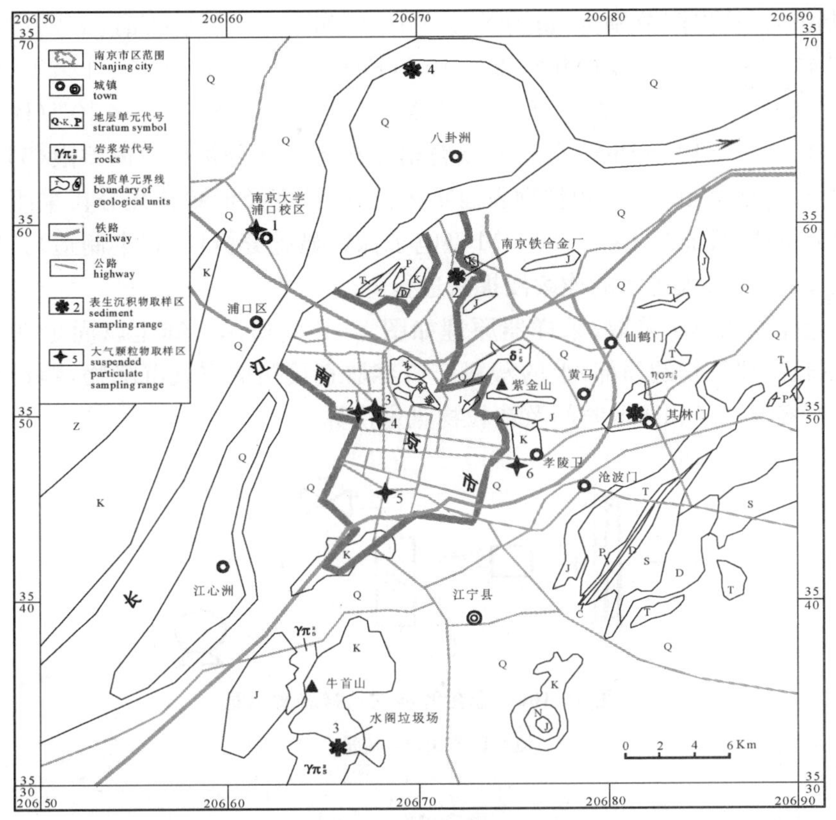

图 3-105 研究区地球化学背景及取样位置(图中✦为大气颗粒物取样点:1—浦口、2—草场门、3—山西路、4—鼓楼、5—中华门、6—孝陵卫)

(2) 样品处理及分析

以滤膜法采取的总尘样分别在去离子水中浸泡 24 h 后,以玻璃棒轻轻搅动使颗粒物从滤膜上溶下,然后将滤膜除弃并将溶液在离心机上分离,将上清液直接移送痕量金属成分分析测试(ICP - AES 法);溶下的固体物质经干燥筛分后进行扫描电镜、电子探针及 X 射线颗粒形貌、物相分析和痕量金属元素成分分析(ICP - AES 法)。用上清液和沉淀物中痕量金属元素含量经换算求出元素在颗粒物中的总含量。处理过程中所用玻璃器皿都以 10%分析纯盐酸浸泡 8 h 后使用,使用试剂为分析纯和优级纯级,离心分离设备为 Beckmen J_2 - MC 型(10 000 r/min,USA 制造)高速离心机。

降尘样在放大镜下将植物碎屑及毛发等物质挑去后筛分,然后进行扫描电镜、电子探针及 X 射线颗粒形貌、物相分析和痕量金属元素 ICP—AES 法成分分析等相关测试分析。

主要分析元素为 Al、Ca、V、Cr、Mn、Fe、Co、Ni、Cu、Zn、Ba、Sn、Mo、Be 和 Pb,分析方法为电感耦合等离子体原子光谱法,分析仪器为 JY - 380 ICP - AES

(法国制造)。检出限分别为($\mu g/g$):1×10^{-4}(Al)、2×10^{-4}(Ca)、8×10^{-4}(V)、5.7×10^{-4}(Cr)、2×10^{-4}(Mn)、2×10^{-4}(Fe)、4.2×10^{-4}(Co)、1×10^{-2}(Ni)、2×10^{-3}(Cu)、4×10^{-3}(Zn)、1×10^{-3}(Mo)、4×10^{-3}(Sn)、2×10^{-4}(Ba)、1×10^{-4}(Be)、3.4×10^{-3}(Pb)。分析质量合格率按各方法分析相对偏差限(5%)统计(≥95%),合格率 100%。颗粒物表面物相成分、粒度及形貌特征分析采用电子探针显微分析法,仪器为 JXA-8800M 型电子探针显微分析仪(日本制造)。形态分析参照 Tessier 等人提出的连续浸提法进行[2]。

总尘样用滤膜法采取,采样器原理如图 3-106 所示。降尘以固定在取样点(在周围较高建筑物的顶部)上的塑料广口容器直接接取空气沉降物,颗粒物沉降量按取样容器口径和接取时间及颗粒物重量换算。

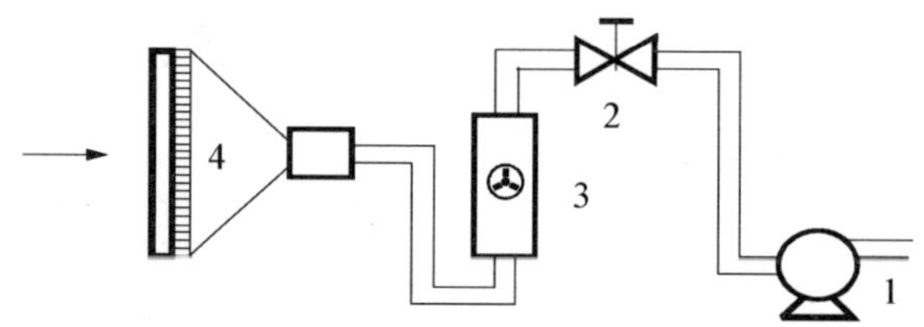

图 3-106 总尘滤料法采样装置示意

1—泵;2—流量调节阀;3—流量计;4—采样夹

2) 总尘

样品分别于 1998 年 1 月份和 8 月份采自南京市区草场门、山西路和中华门 3 个取样点。草场门一带是江苏省政府机关及文教部门、住宅小区聚集区,分布有江苏省委、省政府及所属厅局、河海大学、江苏省电大、省教育学院、南京艺术学院、南京师范大学和南京龙江住宅小区等,是典型的非生产型日常活动排放源。山西路取样点一带是南京市商业影院、酒店、宾馆集中区,分布有山西路百货大楼、鼓楼百货大楼、湖南路商场、和平影院、曙光影院、玄武饭店等大型商业、消费服务机构,此外尚有密集的小型商业摊点,是较典型的休闲、娱乐、购物等市井型排放源。中华门取样点一带较集中地分布有晨光机械厂、南京铝制品总厂、南京制药厂、南京电线电缆厂、宝钢集团南京轧钢总厂和金芭蕾化妆品公司生产基地等南京市著名的大型工业企业,是典型的生产型排放源。该 3 个样点的样品均有较好的代表性,本研究试图通过对这些样点样品的解剖了解和概括南京市大气颗粒物形貌、痕量金属含量、化学形态及对地表沉积物痕量金属污染的影响和作用等特征。1 月份样品用以代表冬春季节的情况,8 月份样品用以代表夏秋季节的情况。在取样月内隔天取样,按取样实际时间进行沉降量测量;从每月上、中、下旬各选一件样品进行成分分析,以 3 个样品的平均值代表全月的情况,3 个样点全年全部样品用以代表全年的情况。南京市大气中总尘含量如表 3-76 所示。

表 3-76　南京市大气中总尘含量

	草场门	山西路		中华门		全市平均		
样品代表的时间范围	1998.1 月	1998.1 月	1998.8 月	1998.1 月	1998.8 月	1 月	8 月	全年
样品数	12	12	11	11	12	35	23	58
总尘含量/(mg/m^3)	0.254	0.316	0.254	0.31	0.225	0.293	0.24	0.272

(1) 形貌及物相特征

总尘颗粒按物相大体可分为矿物相和生产生活碎屑两类(以南京市山西路样点样品为依据)。矿物相主要有石英、方解石、白云石、长石和黏土矿物;生产、生活碎屑包括纸屑、骨屑、玻璃碎片和锅炉熔渣。电镜下,纸屑、骨屑一般都具整齐的外形和规整的纹理,矿物相颗粒及玻璃碎片一般呈不规则棱角状,大小不一;锅炉熔渣呈球形,有的在中心部位有圆形气孔,颗粒一般较细(绝大多数颗粒直径<28 μm),含量占总体比例较大,镜下估计在±15%。总尘形貌特征如图 3-107 所示。相应颗粒物物相成分及物相特征如表 3-77 所示。

表 3-77　南京市大气总尘物相特征

照片编号	取样位置	取样时间	沉降量/(mg/m^3)	样品特征及物相(据 X 射线物相分析结果)
No. 2300	山西路样点	1998 年 7 月	0.254	为粒径≤28 μm 的部分。以石英、方解石、白云石、长石伊利石、高岭石、绿泥石为主,少量非晶质相
No. 2301	山西路样点	1998 年 7 月	0.254	为粒径≤28 μm 的部分。以石英、方解石、白云石、长石伊利石、高岭石、绿泥石为主,少量非晶质相
No. 2304	山西路样点	1998 年 7 月	0.254	为粒径≤28 μm 的部分。以石英、方解石、白云石、长石伊利石、高岭石、绿泥石为主,少量非晶质相
No. 2306	山西路样点	1998 年 7 月	0.254	为粒径≤28 μm 的部分。以石英、方解石、白云石、长石伊利石、高岭石、绿泥石为主,少量非晶质相
No. 2297	山西路样点	1998 年 7 月	0.254	为粒径在 28～45 μm 间的部分。物相为石英、方解石、白云石长石、伊利石、高岭石、绿泥石和滑石
No. 2299	山西路样点	1998 年 7 月	0.254	为粒径在 28～45 μm 间的部分。物相为石英、方解石、白云石长石、伊利石、高岭石、绿泥石和滑石

注:表中照片号与图 5-10 中的电子探针显微分析照片相对应。

(2) 痕量金属元素含量特征

总尘痕量金属元素含量特征如表 3-78 所示。

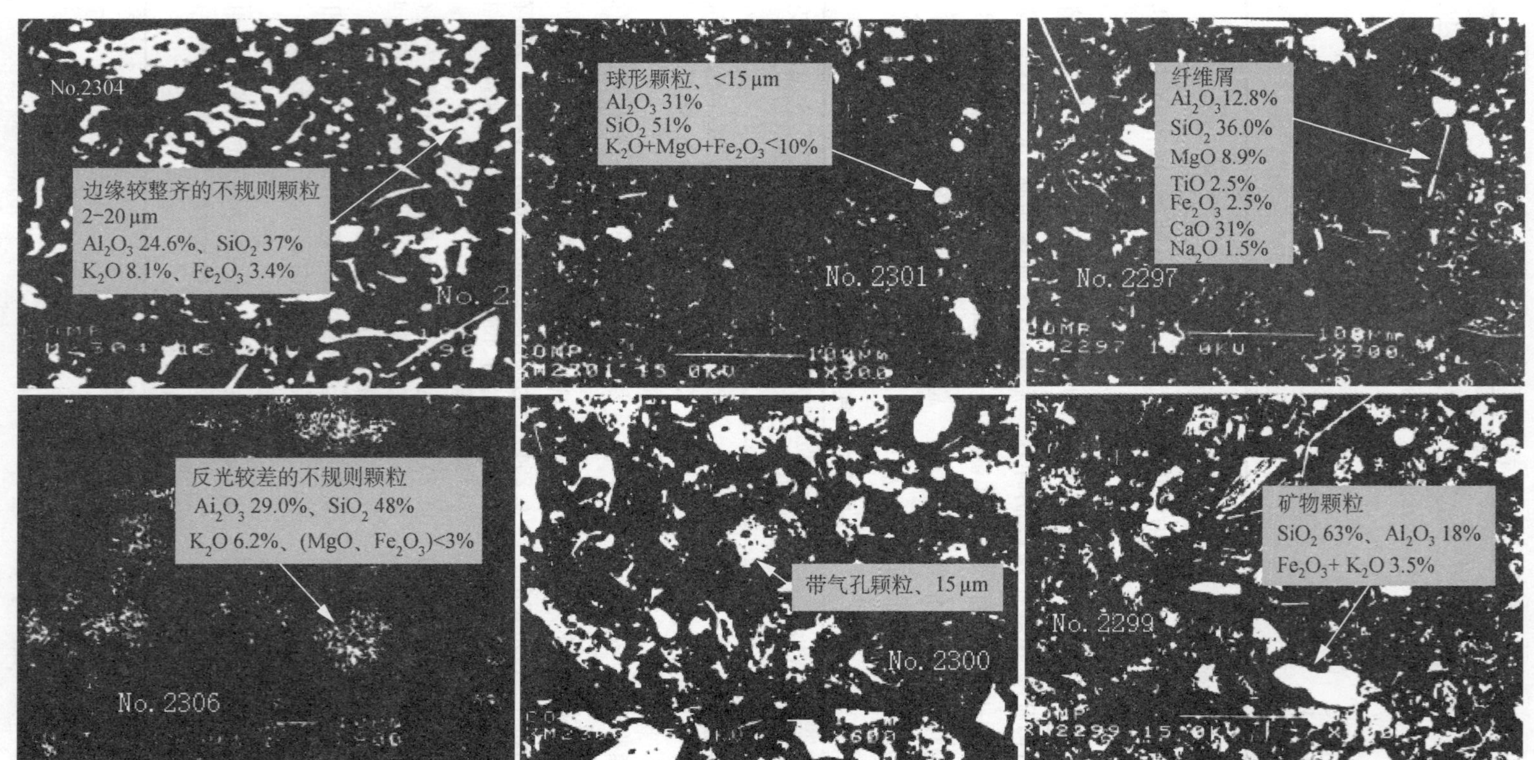

图 3-107　南京市大气总尘形貌(样品取自山西路样点，No. 2300、No. 2301、No. 2304、No. 2306 为粒径≤28 μm 部分，No. 2297、No. 2299 为粒径在 28～45 μm 间部分)

表 3 - 78　南京市大气总尘中痕量金属元素含量(Al、Fe、Ca 含量单位为 mg/g,其他元素为 μg/g)

取样点	代表时间	样品数	取样时间	Al	Ca	V	Cr	Mn	Fe	Co	Ni	Cu	Zn	Ba	Pb
草场门	1998 年 1 月	3	1 月 3 日	83.96	142.02	111.25	84.90	1 395.70	26.62	23.00	98.20	2 396.00	3 318.50	928.05	1 143.50
			19 日	74.60	224.84	159.09	115.77	1 504.18	53.72	23.00	88.75	4 550.91	4 368.18	924.91	1 400.00
			30 日	71.00	346.03	138.61	106.02	967.89	24.48	15.00	103.24	5 986.67	2 379.22	763.22	638.00
			月平均	76.52	237.63	136.32	102.23	1 289.26	34.94	20.33	96.73	4 311.19	3 355.30	872.06	1 060.50
山西路	1998 年 1 月	3	1 月 20 日	73.27	195.79	148.48	206.59	1 141.13	32.89	32.86	104.88	1 820.71	2 845.35	852.18	1 666.35
			23 日	114.48	372.90	446.40	172.00	2 372.60	60.83	28.30	186.00	3 148.00	2 726.00	1 234.40	1 100.00
			30 日	108.11	436.88	305.18	168.91	1 521.36	43.52	88.70	146.91	2 466.36	2 048.18	1 669.36	1 262.73
			月平均	98.62	335.19	300.02	182.50	1 678.36	45.75	49.95	145.93	2 478.36	2 539.84	1 251.98	1 343.03
	8 月	3	8 月 6 日	68.89	496.36	143.67	126.23	1 723.33	41.90	17.90	92.83	2 792.00	5 090.00	817.40	1 488.00
			27 日	100.03	460.48	340.98	192.40	2 465.42	35.09	59.20	360.40	11 577.40	5 738.40	1 092.56	1 400.00
			31 日	51.48	219.29	134.24	96.90	1 253.90	50.19	16.70	85.80	11 995.60	5 036.80	615.22	1 200.00
			月平均	73.47	392.04	206.30	138.51	1 814.22	42.39	31.27	179.68	8 788.33	5 288.40	841.73	1 362.67
中华门	1998 年 1 月	3	1 月 4 日	78.68	250.99	101.00	72.10	928.87	45.36	21.60	56.15	676.48	979.29	709.27	809.94
			17 日	63.18	103.81	138.37	119.23	720.63	31.71	17.00	85.82	3 012.11	1 732.05	793.37	584.63
			19 日	83.90	170.95	369.49	161.04	1 463.76	39.83	26.69	114.40	1 640.13	1 614.63	876.00	1 265.19
			月平均	75.25	175.25	202.95	117.46	1 037.75	38.97	21.76	85.46	1 776.24	1 441.99	792.88	886.59
	8 月	3	8 月 8 日	102.60	872.29	282.00	230.00	3 360.80	101.68	31.60	171.80	3 804.00	5 720.00	1 210.00	3 112.00
			20 日	93.47	467.27	143.04	159.60	1 685.56	37.23	20.30	188.50	23 601.6	9 860.00	1 233.12	1 400.00
			31 日	95.06	1 603.13	273.20	333.00	8 381.00	84.67	27.60	481.00	43 416.0	30 448.0	1 139.60	2 100.00
			月平均	97.04	980.89	232.75	240.87	4 475.79	74.53	26.50	280.43	23 607.2	15 342.7	1 194.24	2 204.00
1998 年 1 月全市平均		9		83.46	249.36	213.10	134.06	1 335.12	39.88	30.68	109.37	2 855.26	2 445.71	972.31	1 096.70
1998 年 8 月全市平均		6		85.26	686.47	219.52	189.69	3 145.00	58.46	28.88	230.06	16 197.8	10 315.5	1 017.98	1 783.33
1998 年全市全年平均		15		84.18	424.20	215.67	156.31	2 059.08	47.31	29.96	157.65	8 192.26	5 593.64	990.58	1 371.36

注:月平均含量为本月本样点 3 个样品含量的平均值,全市月平均含量为本月全部样品含量的平均值,全市年平均含量为全年全部样品含量平均值。

该表数据表明，所研究主要元素（Al、Ca、V、Cr、Mn、Fe、Co、Ni、Cu、Zn、Ba、Pb）中，不同取样点、不同时间含量体现出明显的差异，山西路样点 1 月份元素含量与 8 月份元素含量差别较小，没有明显的变化规律，中华门样点 1 月份元素含量明显低于 8 月份元素含量，如图 3－108 所示。Cu、Zn 含量无论 1 月份、8 月份在各个取样点上都是较高的，最高含量可达 4.3×10^4 μg/g（中华门样点 8 月 31 日样 Cu 含量）。相同时间不同地段总尘痕量金属含量亦存在明显差异，1 月份总尘中山西路的含量最高，草场门与中华门大多数元素含量接近。草场门多数元素含量为山西路相应元素含量的 70%±，个别的仅为 40%（Co）。总尘中痕量金属元素含量均大于其在当地土壤中的含量，如表 3－79 所示。

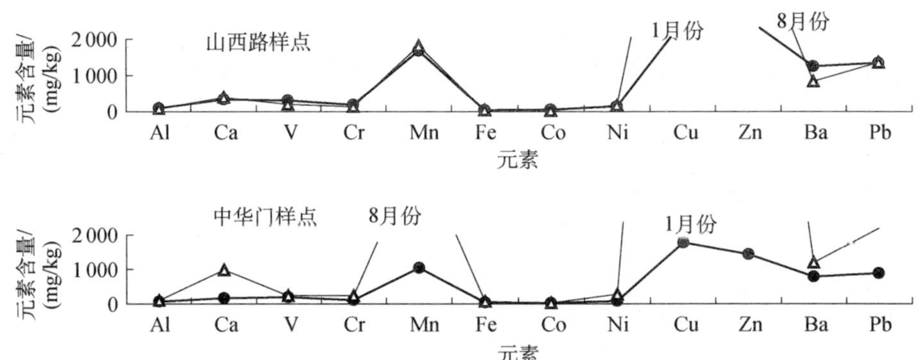

图 3－108 南京市不同季节的大气总尘中痕量金属元素含量变化比较（Al、Fe、Ca 含量单位为 mg/g，其他元素为 mg/kg）

表 3－79 南京市大气总尘中痕量金属含量与土壤中含量比较（单位：mg/kg）

	V	Cr	Mn	Co	Ni	Cu	Pb
总尘中含量	215.67	156.31	2 059.08	29.96	157.65	8 192.26	1 371.36
南京地区土壤中平均含量	102.90	60.70	508.00	14.90	30.50	37.30	20.20
土壤克拉克值	90.00	70.00	1 000.00	8.00	50.00	30.00	35.00

注：南京地区土壤中痕量金属含量据唐诵六（1982）的资料[71]；土壤克拉克值据 Bowen 1997 年的资料（转引自勒斯勒，1985）[195]。

综上所述，南京市总尘中痕量金属元素含量及其随时间、空间变化体现出如下几条规律性事实：

① 元素在总尘中的含量均大于其在土壤中的全球平均含量（土壤克拉克值）及当地平均含量。在所研究元素中，总尘中的含量是土壤平均含量的 2～220 倍（见表 3－79），这是一个值得重视的重要事实，总尘对地面环境介质中痕量金属的量影响有着较大的权重，其会是长距离环境效应体现方面的重要因素。

② 工业企业生产排放源（中华门样点）夏季总尘中的痕量金属含量大于冬季

总尘中的含量，这可能与在夏季总尘中生产过程排放的颗粒物占总尘比例较大，而冬季总尘中地面尘土相对比例较大因素有关。这一规律可作为城市大气颗粒物生产型排放源痕量金属含量特征季节性分布标志。

③ 市井型排放源(山西路样点)总尘中的痕量金属含量随季节变化不明显；非生产型日常活动排放源(草场门样点)总尘中的痕量金属元素含量在城市大气颗粒物中痕量金属含量属最低的一类。

将总尘中痕量金属元素含量按总尘含量换算成痕量金属元素含量如表3-80所示。该表数据表明，南京市城市大气环境中悬浮固体颗粒物载带的金属有关元素已超过国家标准(见表3-80)，其数量有的是惊人的。

(3) 痕量金属元素的化学形态特征

选取山西路样点1998年7月9日总尘样品进行了痕量金属化学形态研究。

总尘中痕量金属形态特征如表3-81所示。数据表明，总尘中痕量金属元素形态含量具有的一个特别明显的特征是在其Fe-Mn氧化物态中几乎不含Cu和Co，Mo在其残渣态中的比例较低，仅为1%。此外Be、Ca、V、Mn、Sn、Ba的残渣态含量都小于50%，有机态含量相对较均匀，多数元素为±10%～15%，如图3-109、110所示。与南京市土壤、河流沉积物中痕量金属元素化学形态含量相比，总尘中形态特征多数元素与土壤、沉积物中的含量具大致相同的变化规律，Al、Mn、Co、Ni、Cu体现出了特殊性，其中Mn、Co、Cu有效态明显偏低，Al、Ni明显偏高；有机态含量多数元素偏高。如表3-82、83，图3-111、112所示。

综上所述，南京市大气总尘中痕量金属元素化学形态与土壤相比，以有机态含量多数元素偏高并较均匀并有效态含量Co明显偏低、Ni明显偏高为特征。本次研究获得的大量数据表明，上述这些特点很可能是大气颗粒物痕量金属化学形态的特征性标志，其成因和机理是元素地球化学循环研究中又一个很有意义的课题，可作为本研究后续工作的努力方向。

3) 降尘

降尘样分别于1999年12月—2000年10月期间取自南京市南京大学浦口校区、草场门、山西路、南京大学鼓楼校区、中华门和南京农业大学(卫岗)等6个样点，如图3-105所示。

与总尘情况类似，据取样点所处环境单元功能大体可分为三类：第一类为非生产型日常活动排放源，主要为院校、机关和居民住宅区，包括南京大学浦口校区、南京大学鼓楼校区、草场门、南京农业大学四个样点；第二类为市井型排放源，主要为商业街道及娱乐服务营业场馆，为山西路样点；第三类为工业企业生产型排放源，主要为大型工业企业分布区，为中华门样点。取样时间分1—4月和7—10月两个时段，1—4月份时段代表冬春干燥气候条件下的沉降情况，7—10月份时段代表夏秋湿热气候条件下的沉降情况。将两个时段的情况综合，代表全年的情况。三类排放源大气降尘沉降量如表3-84所示。

表 3-80　南京市大气中总尘携带的金属量

元素	样品中金属含量平均值			大气总尘中金属含量平均值/(mg/m^3)			背景值/(ng/m^3)		国家标准（居住区）
	1998.1 月	1998.8 月	全年	1998.1 月	1998.8 月	全年	北半球	南半球	
Al	83.46	85.26	84.18	19.780 0	20.462 4	21.550 1	121.00	12.00	
Ca	249.36	686.47	424.40	59.098 3	164.752 8	108.646 4			
V	213.10	219.52	215.67	0.050 5	0.052 7	0.055 2			
Cr	134.06	189.69	156.31	0.031 8	0.045 5	0.040 0	7.20	0.23	0.001 5(6 价铬)
Mn	1 335.12	3 145.00	2 059.08	0.316 4	0.754 8	0.527 1	7.90	0.24	0.006 3
Fe	39.88	58.46	47.31	9.451 6	14.030 4	12.111 4	180.00	7.00	
Co	30.68	28.88	29.96	0.007 3	0.006 9	0.007 7			
Ni	109.37	230.06	157.65	0.025 9	0.055 2	0.040 4	2.90	0.35	
Cu	2 855.26	16 197.80	8 192.26	0.676 7	3.887 5	2.097 2	12.00	12.00	
Zn	2 445.71	10 315.50	5 593.64	0.579 6	2.475 7	1.432 0			
Ba	972.31	1 017.98	990.58	0.230 4	0.244 3	0.253 6			
Pb	1 096.70	1 783.33	1 371.36	0.259 9	0.428 0	0.351 1	4.40	1.00	0.000 7

注：总尘含量(mg/m^3)1998 年 1 月为 0.237，1998 年 8 月为 0.24，全年平均为 0.256。样品中元素含量单位 Al、Ca、Fe 为 mg/g，其他元素为 mg/kg。国家标准的单位为 mg/m^3，据 GB3095—82 号文件。

表 3－81　南京市大气总尘中痕量金属元素形态(mg/kg)

元素	可交换态		碳酸盐态		Fe－Mn 氧化物态		有机态		残渣态		有效态	
	含量	占总量/%	含量	占总量/%	含量	占总量/%	含量	占总量/%	含量	占总量/%	占总量/%	总含量
Be	0.001	0.04	0.001	0.04	1.08	44.96	0.4	16.65	0.92	38.30	61.70	2.402
Al	49.3	0.07	8.24	0.01	8 208	11.91	6 240	9.05	54 428	78.96	21.04	68 933.14
Ca	25 462	23.83	4 400	4.12	60 000	56.15	3 000	2.81	13 992	13.09	86.91	106 853.71
V	0.502	0.52	0.64	0.66	33.6	34.49	17.4	17.86	45.29	46.48	53.52	97.432
Cr	1.62	1.69	1.68	1.75	10.2	10.62	10.6	11.04	71.94	74.91	25.09	96.04
Mn	42.71	4.71	18.8	2.07	382	42.13	73	8.05	390.23	43.04	56.96	906.74
Fe	16.31	0.04	0.015	0.00	724	1.84	3 040	7.71	35 632	90.41	9.59	39 412.585
Co	0.088	0.56	0.003	0.02	0.003	0.02	1.24	7.90	14.37	91.51	8.49	15.704
Ni	2.29	5.51	0.006 4	0.02	8.4	20.21	5	12.03	25.86	62.23	37.77	41.556 4
Cu	41.676	3.86	1.84	0.17	0.002	0.00	218	20.21	817.34	75.76	24.24	1 078.858
Zn	14.59	0.53	52.88	1.91	606	21.91	264	9.55	1 828.2	66.10	33.90	2 765.71
Mo	0.08	1.08	0.64	8.65	3.8	51.35	2.8	37.84	0.08	1.08	98.92	7.4
Sn	0.015	0.01	20.16	11.93	114	67.47	26	15.39	8.8	5.21	94.79	168.975
Ba	18.83	3.40	43.68	7.88	160.2	28.89	141	25.50	190.4	34.34	65.66	554.51
Pb	0.24	0.04	0.025	0.00	151.8	23.43	119	18.30	377.36	58.23	41.77	648.025

注:实验样品为南京市山西路样点(市井型排放源)1998 年 7 月 9 日—8 月 1 日的大气总尘。

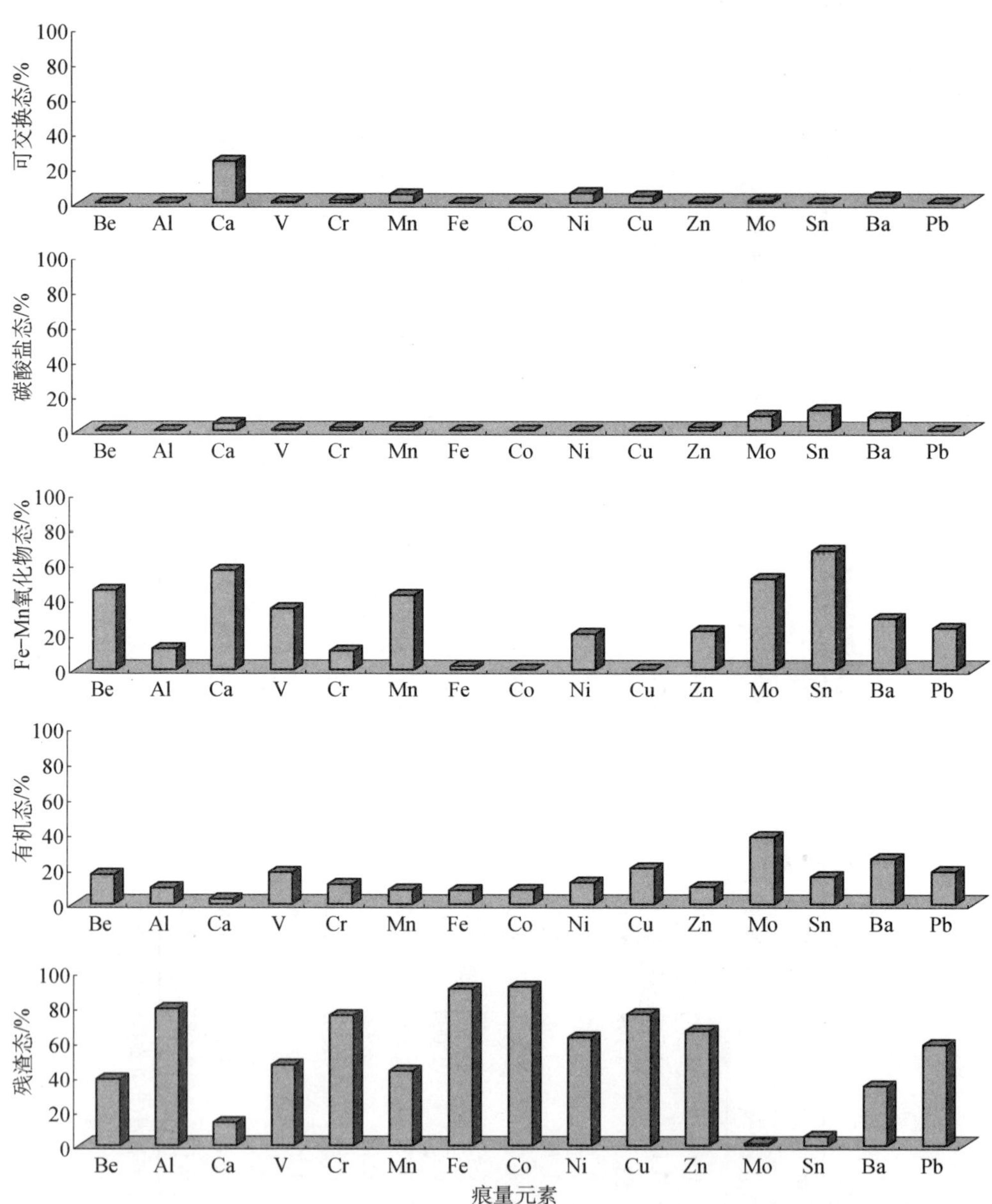

图 3-109　南京市大气总尘中不同金属元素化学形态含量比较(图中形态含量指各形态含量占总含量的百分比,实验样品为山西路样点 1998 年 7 月 9 日—8 月 1 日总尘样)

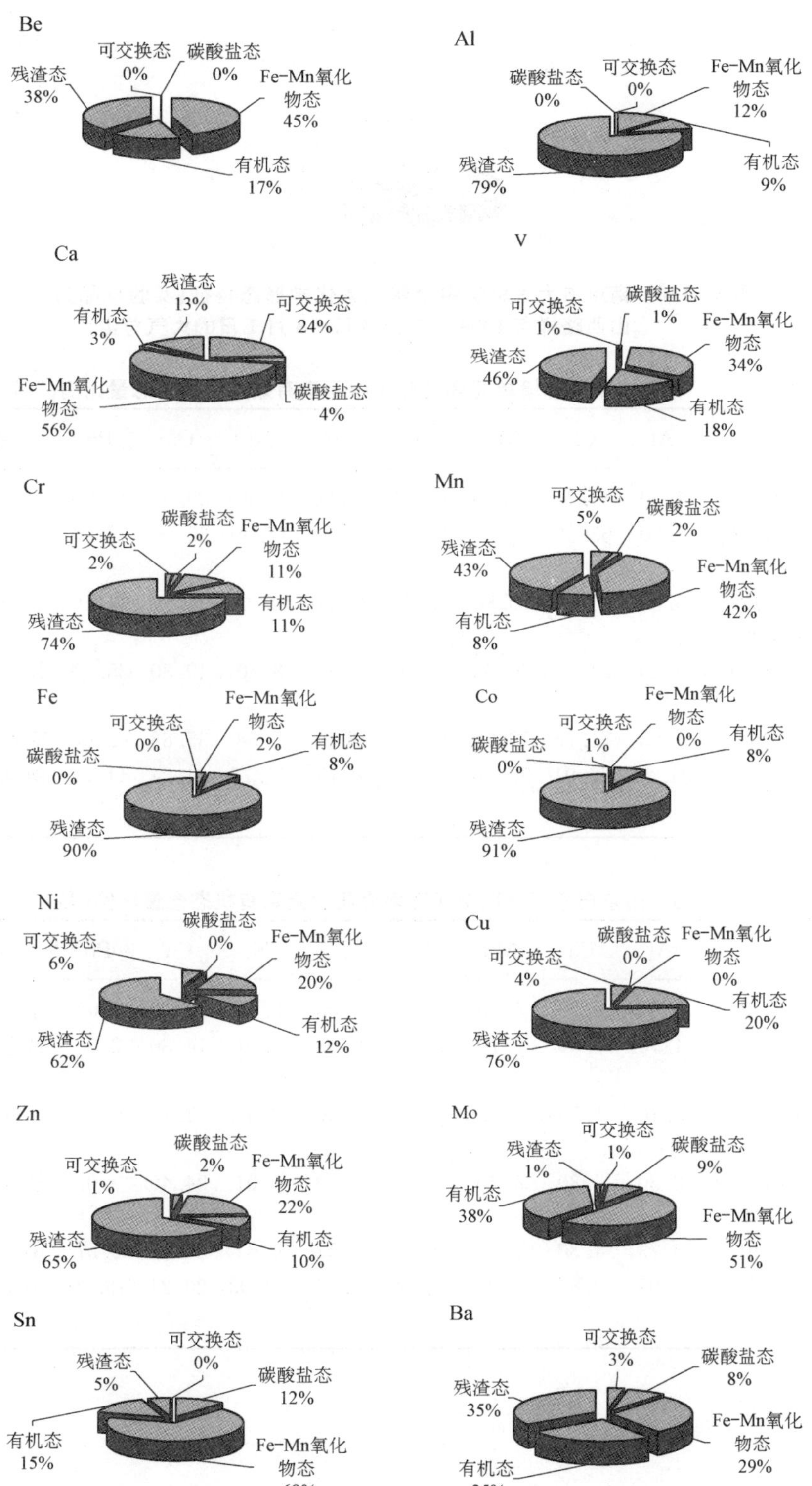
Be
可交换态 0%
碳酸盐态 0%
Fe-Mn氧化物态 45%
有机态 17%
残渣态 38%
Al
碳酸盐态 0%
可交换态 0%
Fe-Mn氧化物态 12%
有机态 9%
残渣态 79%
Ca
残渣态 13%
可交换态 24%
有机态 3%
碳酸盐态 4%
Fe-Mn氧化物态 56%
V
可交换态 1%
碳酸盐态 1%
Fe-Mn氧化物态 34%
残渣态 46%
有机态 18%
Cr
碳酸盐态 2%
Fe-Mn氧化物态 11%
可交换态 2%
有机态 11%
残渣态 74%
Mn
可交换态 5%
碳酸盐态 2%
残渣态 43%
Fe-Mn氧化物态 42%
有机态 8%
Fe
Fe-Mn氧化物态 2%
可交换态 0%
有机态 8%
碳酸盐态 0%
残渣态 90%
Co
Fe-Mn氧化物态 0%
可交换态 1%
有机态 8%
碳酸盐态 0%
残渣态 91%
Ni
碳酸盐态 0%
可交换态 6%
Fe-Mn氧化物态 20%
有机态 12%
残渣态 62%
Cu
碳酸盐态 0%
Fe-Mn氧化物态 0%
可交换态 4%
有机态 20%
残渣态 76%
Zn
碳酸盐态 2%
可交换态 1%
Fe-Mn氧化物态 22%
残渣态 65%
有机态 10%
Mo
可交换态 1%
残渣态 1%
碳酸盐态 9%
有机态 38%
Fe-Mn氧化物态 51%
Sn
可交换态 0%
残渣态 5%
碳酸盐态 12%
有机态 15%
Fe-Mn氧化物态 68%
Ba
可交换态 3%
碳酸盐态 8%
残渣态 35%
Fe-Mn氧化物态 29%
有机态 25%

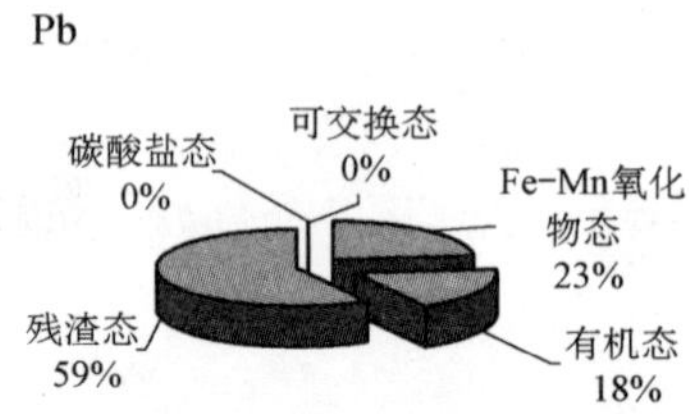

图 3-110 南京市大气总尘中金属元素化学形态特征(实验样品为山西路样点 1998 年 7 月 3 日—8 月 1 日的大气总尘)

表 3-82 南京市不同环境单元环境介质中元素有效态含量占总量比例(%)

		Al	Ca	Mn	Fe	Co	Ni	Cu	Pb	备注
土壤环境	公路单元	4.00	84.70	73.80	12.40	60.60	5.30	29.50	45.90	宁—杭线
	金属冶炼厂单元	5.90	63.90	77.20	18.80	58.70	16.80	39.00	47.50	铁合金厂
	生活垃圾场单元	6.20	53.80	70.80	17.70	75.50	0.00	25.50	41.50	水阁垃圾场
	河流沉积物单元	3.20	84.60	66.60	13.60	32.90	8.60	49.30	35.50	长江滩涂
	平均值	4.83	71.75	72.10	15.63	56.93	7.68	35.83	42.60	南京市土壤
大气环境	大气总尘	21.04	86.91	56.96	9.59	8.49	37.77	24.24	41.77	南京市区

表 3-83 南京市不同环境单元环境介质中元素有机态含量比例(%)

		Al	Ca	Mn	Fe	Co	Ni	Cu	Pb	备注
土壤环境	公路单元	3.00	5.90	5.20	4.00	0.03	0.01	17.70	0.03	宁—杭线
	金属冶炼厂单元	4.50	4.30	7.70	5.90	0.03	0.01	14.30	2.20	铁合金厂
	生活垃圾场单元	5.10	1.70	11.50	8.90	2.00	0.01	18.70	0.03	水阁垃圾场
	河流沉积物单元	2.30	5.30	3.70	4.10	0.03	0.01	34.40	0.03	长江滩涂
	平均值	3.73	4.30	7.03	5.73	0.52	0.01	21.28	0.57	南京市土壤
大气环境	大气总尘	9.05	2.81	8.05	7.71	7.90	12.03	20.21	18.30	南京市区

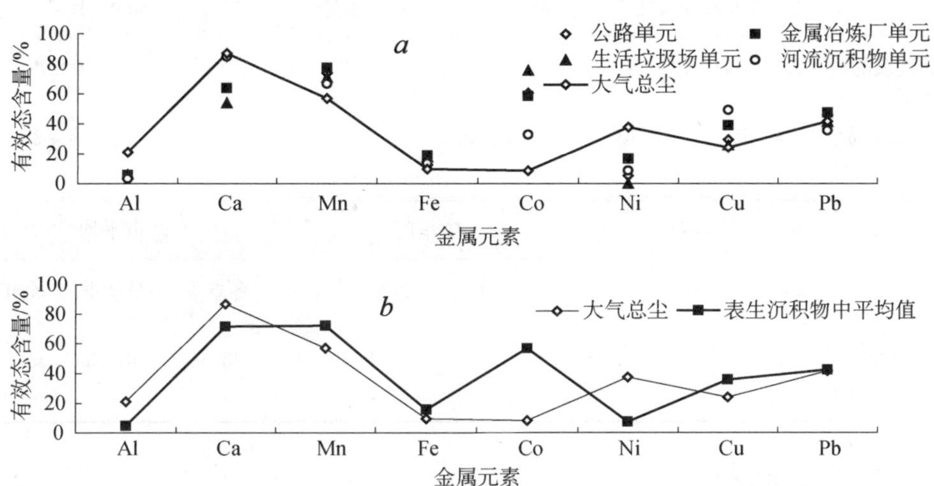

图3-111 南京市大气总尘与表生沉积物中金属有效态含量比较（*a* 总尘中与各类环境单元土壤、沉积物中金属有效态含量、*b* 总尘中金属有效态含量与土壤、沉积物中有效态含量平均值）

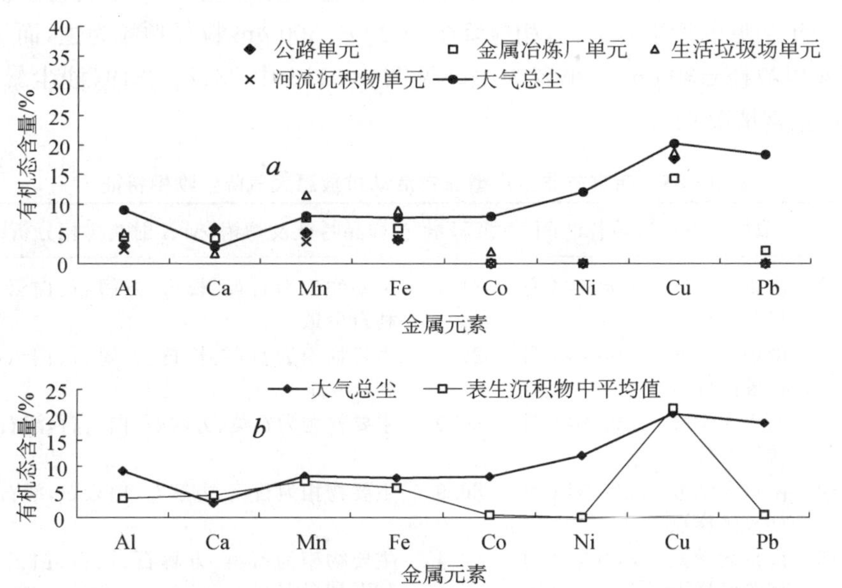

图3-112 南京市大气总尘与土壤、沉积物中金属有机态含量比较（*a* 总尘中与各单元沉积物中金属有机态含量比较、*b* 总尘中金属有机态含量与土壤、沉积物中有机态含量平均值比较）

表 3-84 南京市大气降尘沉降量

	南大鼓楼校区		南大浦口校区	南农大	草场门	
样品代表的时间范围	2000.1月	2000.4月	2000.4月	2000.4月	2000.1月	2000.7—10
降尘沉降量/($kg/km^2 \cdot h$)	86.90	52.40	24.40	19.10	12.73	43.37

	山西路		中华门		全市平均		
样品代表的时间范围	2000.1月	2000.7—10	2000.1月	2000.7—10	冬春季	夏秋季	全年
降尘沉降量/($kg/km^2 \cdot h$)	17.36	52.82	22.74	48.79	33.66	48.33	38.55

(1) 形貌特征及物相

非生产型日常排放源(南大浦口校区、鼓楼校区及南农大卫岗校区)降尘电镜下鉴定主要为玻璃质熔渣、水泥、生物颗粒和矿物颗粒,矿物相有石英、长石、方解石、白云石、伊利石、绿泥石等。颗粒从十几 μm 到数百 μm,最大颗粒直径可达 500 μm,如图 3-113、表 3-85 所示。显微分析结果表明,不同粒径颗粒在降尘中所占比例受气候影响非常明显。本次取样工作期间的 2000 年 4 月上旬正值南京一带几十年罕见的沙尘暴天气,相应降尘以 200~500 μm 粒径颗粒为主,而 1 月份降尘颗粒以粒径±30 μm 大小者为主。见图 3-113 中 2317、2319(沙尘暴情况)和 2287(正常情况)。

表 3-85 南京市非生产型日常活动排放源大气降尘物相特征

照片编号	取样位置	取样时间	沉降量	样品特征及物相(据 X 射线物相分析结果)
No.2309	南京大学浦口校区样点	2000年4月	24.4	主要物相为石英、长石、方解石、白云石,伊利石少量
No.2312	南京大学浦口校区样点	2000年4月	24.4	主要物相为石英、长石、方解石、白云石,伊利石少量
No.2287	南京大学鼓楼校区样点	2000年1月	86.9	主要物相为石英、方解石、白云石,滑石
No.2289	南京大学鼓楼校区样点	2000年1月	86.9	主要物相为石英、方解石、白云石,滑石
No.2315	南京大学鼓楼校区样点	2000年4月	52.4	主要物相为石英、方解石、长石、白云石、伊利石和绿泥石
No.2317	南京大学鼓楼校区样点	2000年4月	52.4	主要物相为石英、方解石、长石、白云石、伊利石和绿泥石

注:表中照片号与图 5-16 中的电子探针显微分析照片号相对应,降尘沉降量单位为 $kg/km^2 \cdot h$。

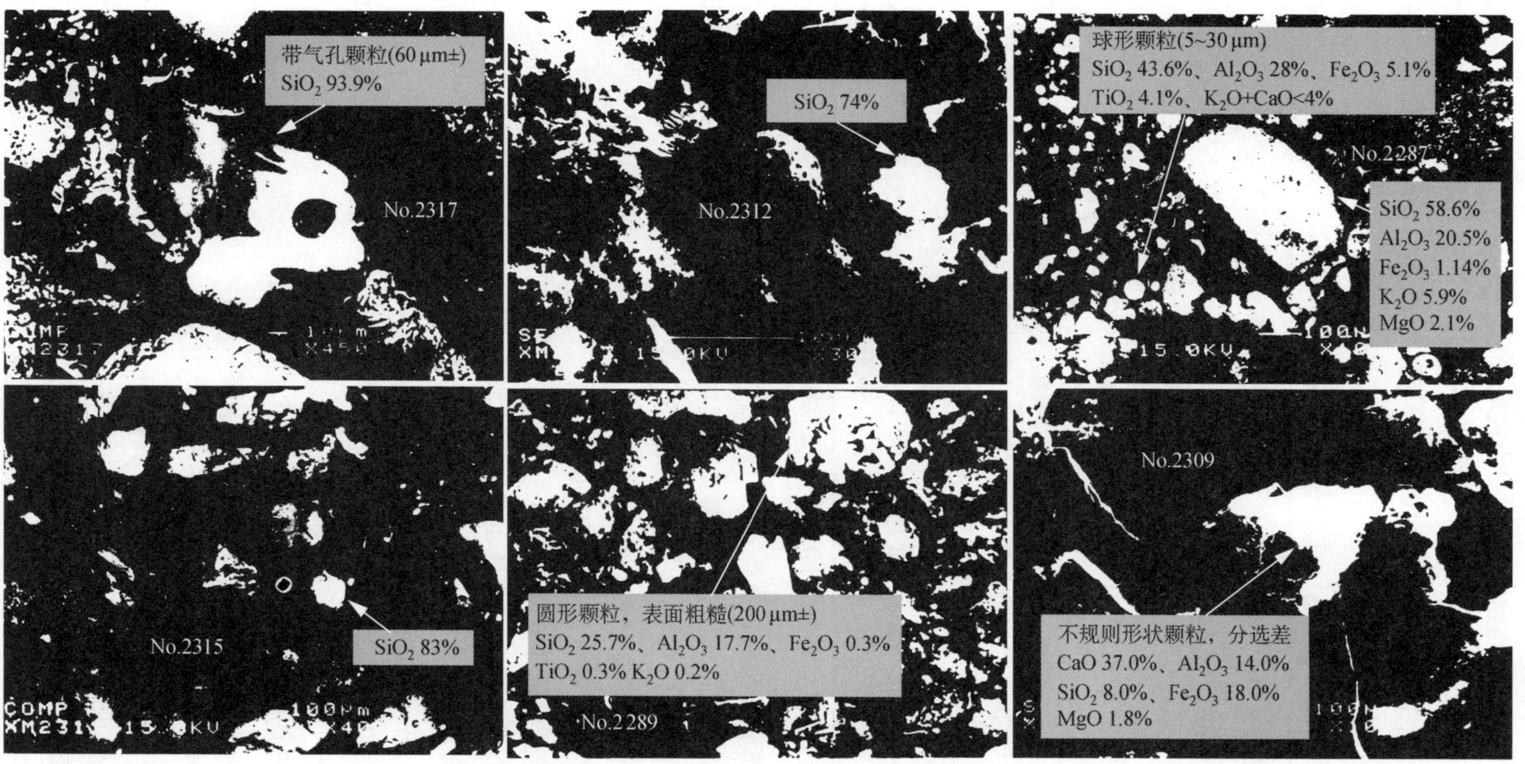

图 3－113　南京市非生产型日常活动排放源大气降尘颗粒形貌（样品 No. 2309、No. 2312 取自南京大学浦口校区，其他均取自鼓楼校区）

市井型排放源(山西路)降尘主要为玻璃碎片、建筑碎片、锅炉熔渣和少量矿物相(石英、长石、白云石和高岭石等),如图 3-113、表 3-86 所示。工业生产型排放源(中华门)降尘主要为球形锅炉熔渣和石英、长石、白云石等矿物相,颗粒小于 100 μm,熔渣占比例较大,如图 3-114(No. 2278)、表 3-86 所示。

表 3-86 南京市大气降尘物相特征

照片编号	取样位置	取样时间	沉降量	样品特征及物相(据 X 射线物相分析结果)
No. 2269	山西路样点	2000 年 1 月	17.36	主要物相为石英、白云石、长石、伊利石,少量高岭石和非晶质相
No. 2270	山西路样点	2000 年 1 月	17.36	主要物相为石英、白云石、长石、伊利石,少量高岭石和非晶质相
No. 2271	山西路样点	2000 年 1 月	17.36	主要物相为石英、白云石、长石、伊利石,少量高岭石和非晶质相
No. 2278	中华门样点	2000 年 1 月	22.74	主要物相为石英、长石和白云石
No. 2279	南京农业大学	2000 年 4 月	19.1	主要物相为石英、方解石、长石、白云石、伊利石,绿泥石少量
No. 2308	南京大学浦口校区	2000 年 4 月	24.4	主要物相为石英、长石、方解石、白云石,伊利石少量

注:表中照片号与图 3-124 中的电子探针显微分析照片号相对应,沉降量单位为 $kg/km^2 \cdot h$。

综合上述形态及物相特征,南京市降尘大体体现出如下一些规律:

非生产型日常排放源排放的降尘中有生物颗粒出现;市井型排放源的降尘含相对较多的非晶质体;工业生产型排放源的降尘中含较多的锅炉熔渣(>8%)。此外,沙尘暴天气的降尘中会出现平时正常情况下很少见的大颗粒(300 μm 以上),并且降尘中以较大颗粒(一般>40 μm)为主。

(2) 痕量金属元素含量特征

降尘中痕量金属元素含量如表 3-87 所示。该表数据表明,相同样品中粗颗粒降尘痕量金属元素含量除 Pb 外其他元素明显大于细颗粒(粒径<45 μm)降尘中的含量,这是一个很有意思的现象。不同样品间除 Cu、Pb、Zn 外,其他元素含量在夏秋季样品中明显低于冬春季样品中的含量。不同排放源间元素含量没有规律性区别。

在本次研究工作进行期间的 2000 年 4 月中下旬(15 日—23 日),我国大陆的绝大部分地区出现了罕见的沙尘暴天气,南京一带沙尘暴气候持续约有一周时间,最严重时(2000 年 4 月 17 日)曾导致交通受阻、断电和街道临建房屋倒塌等破坏性现象。将在这次沙尘暴天气中(4 月份)采取的降尘样品与正常天气(2000 年 1 月份)相同样点上采取的降尘样品的有关元素含量进行比较(见表 3-88),降尘中元素含量在两种气候条件下的变化规律具有非常明显的区别。S、Cl、Ca 在沙尘暴天气降尘中含量明显较高,其他元素 Al、P、V、Cr、Fe、Cu、Zn、Pb 均

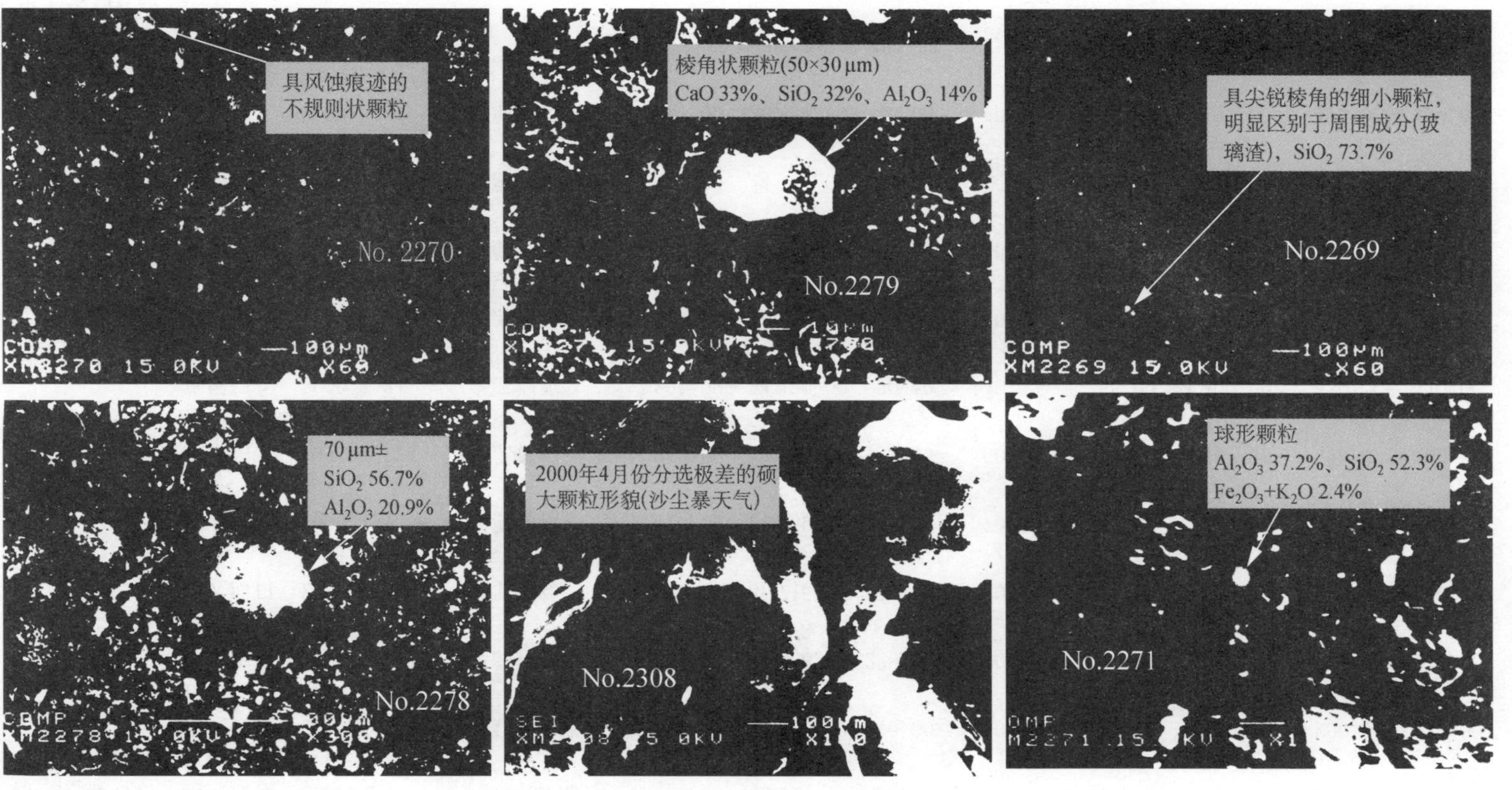

图 3 - 114　南京市大气降尘形貌(样品 No. 2308 取自南京大学浦口校区、No. 2279 取自孝陵卫南京农业大学、No. 2269、No. 2270、No. 2271 取自山西路、No. 2278 取自中华门样点)

表 3-87　南京市大气降尘中金属含量(单位:mg/kg)

排放源	取样点	代表时间	样品特征	Al	Ca	V	Cr	Fe	Cu	Zn	Pb
非生产型日常活动排放源	南大鼓楼校区	2000.4.16—5.6	≤45 μm 部分	7 412.00	53 144.00	80.00	50.00	13 125.00	70.00	150.00	350.00
	南大鼓楼校区	2000.4.16—5.6	>45 μm 部分	22 764.00	71 287.00	140.00	50.00	16 520.00	120.00	200.00	0.00
	南大鼓楼校区	1999.12.24—2000.1.24	全部颗粒	44 205.00	20 358.00	220.00	120.00	20 440.00	650.00	750.00	270.00
	南大浦口校区	2000.4.6—4.24	全部颗粒	19 323.00	35 715.00	90.00	50.00	22 645.00	40.00	160.00	70.00
	南京农业大学	2000.4.16—5.6	全部颗粒	26 470.00	92 859.00	100.00	70.00	15 960.00	30.00	190.00	160.00
	草场门	1999.12.24—2000.1.24	全部颗粒	34 940.00	17 786.00	130.00	60.00	20 160.00	3 500.00	550.00	300.00
	草场门	2000.7.24—10.24	全部颗粒	7 200.00	54 430.00	90.00	40.00	8 365.00	21 400.00	630.00	170.00
市井型排放源	山西路	1999.12.24—2000.1.24	全部颗粒	39 710.00	18 715.00	210.00	140.00	21 525.00	7 300.00	930.00	320.00
	山西路	2000.7.24—10.24	全部颗粒	5 823.00	54 644.00	90.00	40.00	8 750.00	25 300.00	1 040.00	240.00
工业生产型排放源	中华门	1999.12.24—2000.1.24	全部颗粒	13 900.00	4 564.00	11.00		9 800.00	113.00	200.60	117.70
	中华门	2000.7.24—10.24	全部颗粒	3 971.00	30 358.00	40.00	40.00	5 740.00	13 100.00	470.00	190.00
1—4 月份全市平均(含 12 月)		冬春季		26 090.50	39 303.50	122.63	67.50	17 521.88	1 477.88	391.33	198.46

（续表）

排放源	取样点	代表时间	样品特征	Al	Ca	V	Cr	Fe	Cu	Zn	Pb
7—10月份全市平均	夏秋季			5 664.67	46 477.33	73.33	40.00	7 618.33	19 933.33	713.33	200.00
全年全市平均	全年			20 519.82	41 260.00	109.18	66.00	14 820.91	6 511.18	479.15	198.88

注：中华门样点1999.12.24—2000.1.24日降尘样因样品量太少(0.018 g)，表中所列各元素测试数据仅供参考。

表3-88 南京市沙尘暴天气和正常天气大气降尘中元素含量比较(mg/kg)

排放源	取样点	代表时间	样品代表的气候条件	Al	P	S	Cl	Ca	V	Cr	Fe	Cu	Zn	Pb
非生产型日常活动排放源	南大鼓楼校区	2000.4.16—5.6	沙尘暴天气	15 088	392	29 400	565	62 216	110	50	14 823	95	175	175
	南大鼓楼校区	1999.12.24—2000.1.24	正常天气	44 205	720	2 800.0	430	20 358	220	120	20 440	650	750	270
	南大浦口校区	2000.4.6—4.24	沙尘暴天气	19 323	306	1 700.0	1 900	35 715	90	50	22 645	40	160	70
	南京农业大学	2000.4.16—5.6	沙尘暴天气	26 470	415	8 900.0	450	92 859	100	70	15 960	30	190	160
	草场门	1999.12.24—2000.1.24	正常天气	34 940	677	2 700.0	350	17 786	130	60	20 160	3 500	550	300
市井型排放源	山西路	1999.12.24—2000.1.24	正常天气	39 710	568	3 000.0	350	18 715	210	140	21 525	7 300	930	320
工业生产型排放源	中华门	1999.12.24—2000.1.24	正常天气	13 900	600	554.9		4 564	11		9 800	113	200.6	1.170 7
4月份全市平均		春季	沙尘暴天气	20 293.667	371	13 333.333	971.67	63 596.5	100	56.667	17 809.167	55	175	135
1月份全市平均(含12月)		冬季	正常天气	39 618.333	655	2 833.333 3	376.67	18 953	186.67	106.67	20 708.333	3 816.7	743.33	296.67

注：中华门样点1999.12.24—2000.1.24日降尘样因样品量太少(0.018 g)，表中所列测试数据仅供参考。

在正常天气降尘中含量明显较高，如图 3－115 所示。如前述，降尘中元素含量存在季节性变化规律（如图 3－116、图 3－117 所示），为排除这种现象造成的对沙尘暴天气降尘与正常天气降尘元素含量间差异的影响，将正常天气不同季节降尘中元素含量变化（见图 3－117）与沙河尘暴天气元素含量变化（见图 3－118）比较，从该两幅图比较中可以看出，沙尘暴天气对降尘元素含量的净影响是 Cu 含量显著降低，这是南京市沙尘暴天气大气降尘中微量元素含量的一项非常明显的特征。

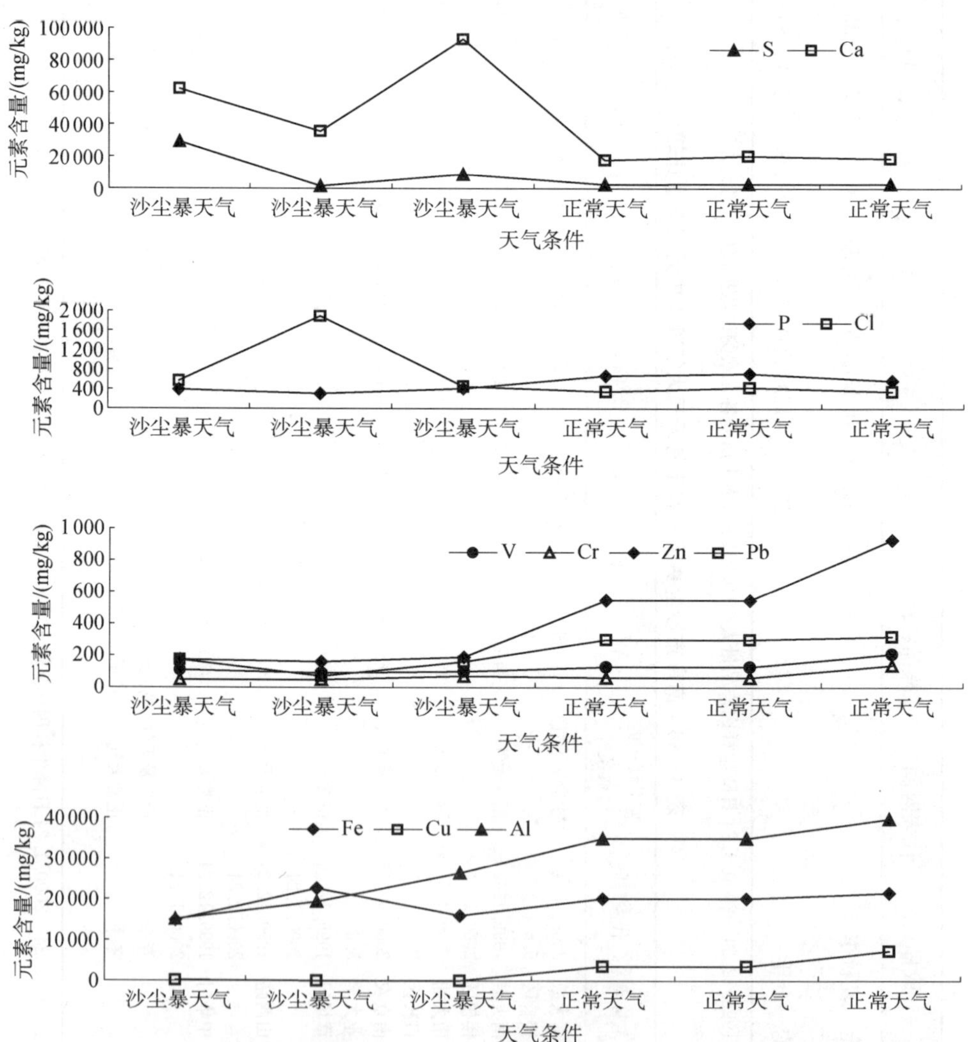

图 3－115　南京市沙尘暴天气和正常天气降尘中元素含量比较（沙尘暴天气取样时间为 2000 年 4 月份，正常天气取样时间为 1 月份）

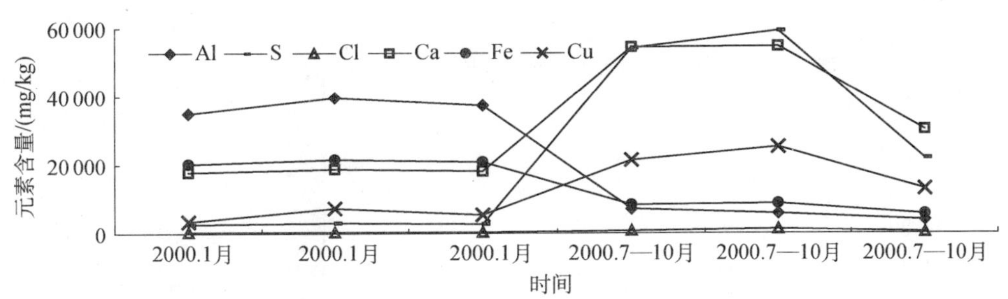

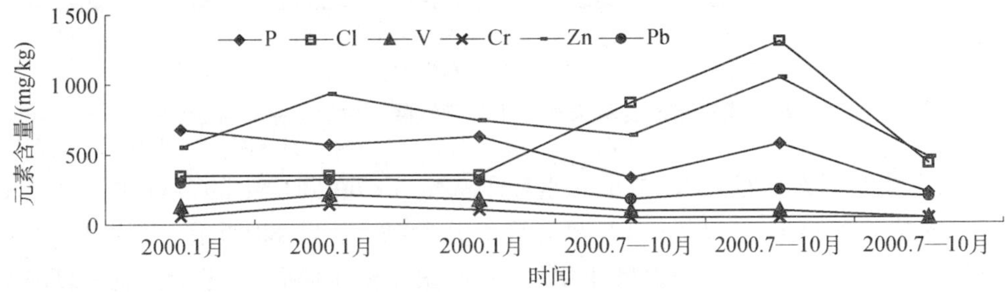

图 3－116　南京市降尘中元素含量随季节的变化

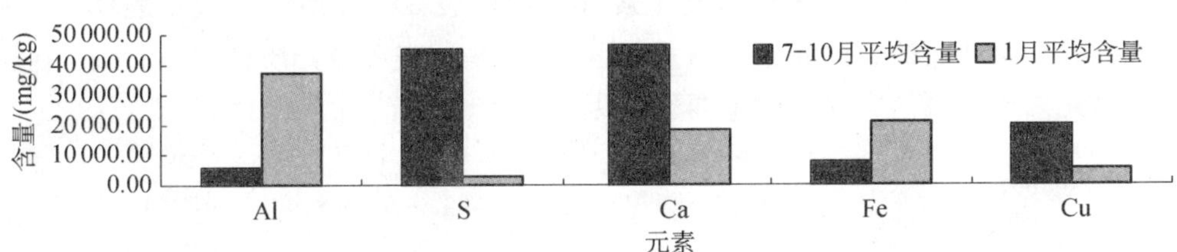

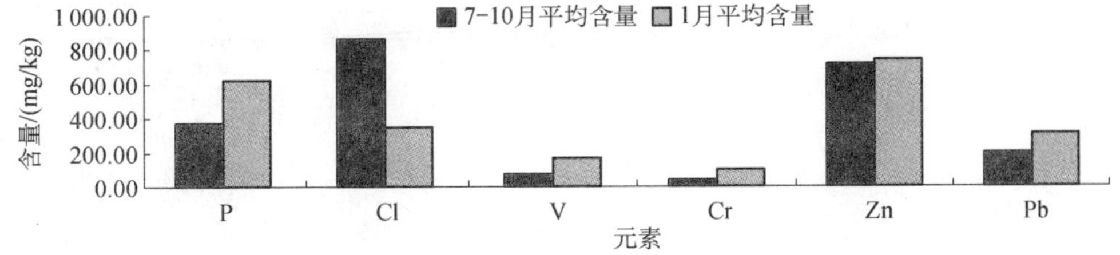

图 3－117　南京市不同季节降尘中元素平均含量比较

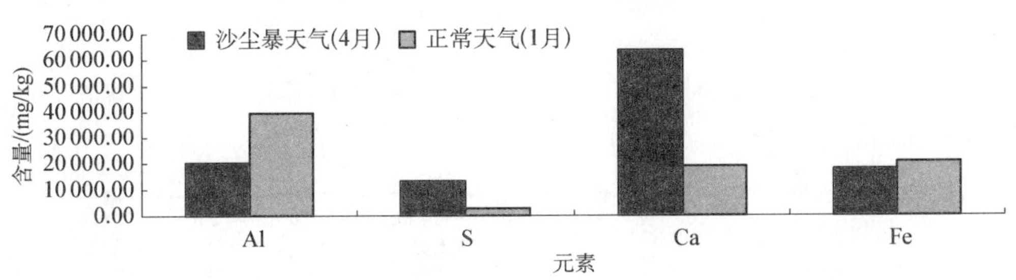

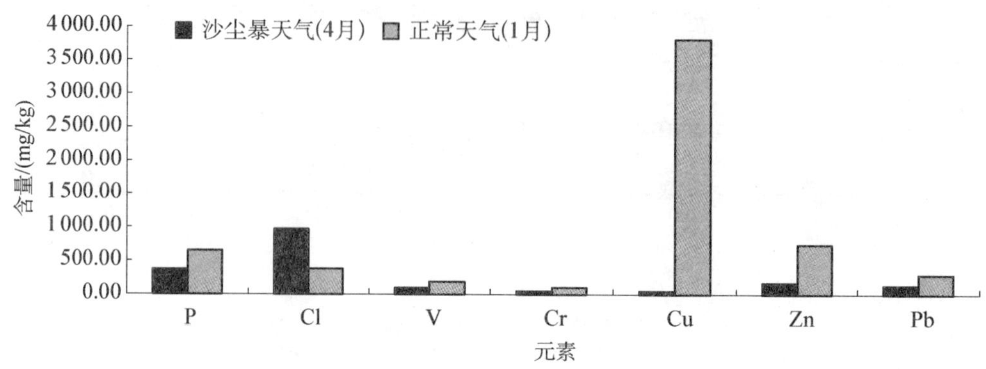

图 3－118　南京市沙尘暴天气与正常天气降尘中元素平均含量比较

与总尘中元素含量相比，常量元素（Al、Ca、Fe）在降尘中的含量明显高于总尘，微量元素 V、Cr、Cu、Zn、Pb 明显低于总尘，如表 3－89 所示。不同排放源、不同季节样品中都具有这种含量变化趋势，如图 3－119 所示。据此，地表环境介质中来源于大气沉降的常量元素的主要贡献者是粗颗粒部分。将表 3－84 中降尘沉降量据表 3－87 中的含量换算成元素沉降量如表 3－90 所示。数据表明，由城市大气叠加给地面的金属元素的数量是巨大的，是地表环境介质如土壤、水体中金属营养元素或金属污染成分的重要影响因素。

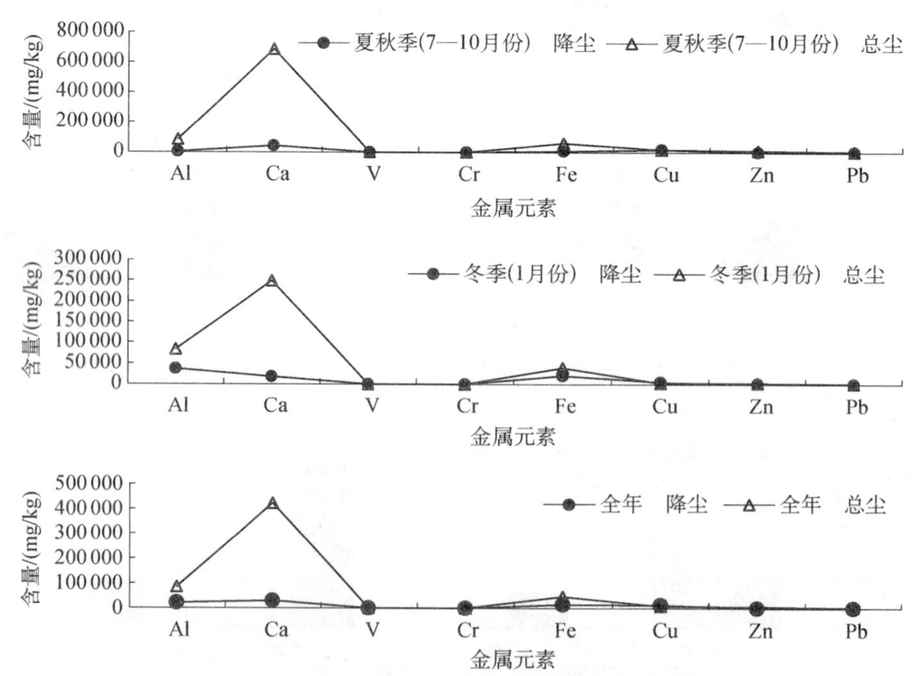

图 3－119　南京市大气降尘与总尘中金属元素平均含量比较

表3-89　南京市大气降尘与总尘中金属含量比较(mg/kg)

排放源	取样点	代表时间	样品特征	Al	Ca	V	Cr	Fe	Cu	Zn	Pb
非生产型日常活动排放源	草场门	1999.12.24—2000.1.24	降尘	34 940.0	17 786.0	130.0	60.0	20 160.0	3 500.0	550.0	300.0
		1998.1.3—1.30	总尘	76 520.0	237 630	136.3	102.2	34 939.0	4 311.2	3 355.3	1 060.5
市井型排放源	山西路	1999.12.24—2000.1.24	降尘	39 710.0	18 715.0	210.0	140.0	21 525.0	7 300.0	930.0	320.0
			总尘	98 620.0	335 190	300.0	182.5	45 750.0	2 478.4	2 539.8	1 343.0
		2000.7.24—10.24	降尘	5 823.0	54 644	90.0	40.0	8 750.0	25 300.0	1 040.0	240.0
			总尘	73 470.0	392 040	206.3	138.5	42 390.0	8 788.3	5 288.4	1 362.7
工业生产型排放源	中华门	1999.12.24—2000.1.24	降尘	13 900.0	4 564	11.0		9 800.0	113.0	200.6	117.7
			总尘	75 250.0	175 250	203.0	117.5	38 970.0	1 776.2	1 442.0	886.6
		2000.7.24—10.24	降尘	3 971.0	30 358	40.0	40.0	5 740.0	13 100.0	470.0	190.0
			总尘	97 040.0	980 890	232.7	240.9	74 530.0	23 607.2	15 342.7	2 204.0
1月份全市平均(含12月)		冬季(1月份)	降尘	37 325.0	18 250.5	170.0	100.0	20 842.5	5 400.0	7 40.0	310.0
			总尘	83 463.3	249 356.67	213.1	134.1	39 886.3	2 855.3	2 445.7	1 096.7
7—10月份全市平均		夏秋季(7—10月份)	降尘	4 897.0	42 501	65.0	40.0	7 245.0	19 200.0	755.0	215.0
			总尘	85 255.0	686 465	219.5	189.7	58 460.0	16 197.8	10 315.5	1 783.3
全市全年平均		全年	降尘	21 111.0	30 375.75	117.5	70.0	14 043.8	12 300.0	747.5	262.5
			总尘	84 180.0	424 200	215.7	156.3	47 315.8	8 192.3	5 593.6	1 371.4

注:中华门样点1999.12.24—2000.1.24日降尘样因样品量太少(0.018 g),表中所列各元素测试数据仅供参考。

表 3-90 南京市大气降尘中携带的金属含量

	样品中金属含量平均值/(mg/kg)			折合金属沉降量/(kg/km² · h)		
	冬春季	夏秋季	全年	冬春季	夏秋季	全年
Al	26 090.50	5 664.67	20 519.80	878.21	273.77	791.04
Ca	39 303.50	46 477.30	41 260.00	1 322.96	2 246.25	1 590.57
V	122.63	73.33	109.18	4.13	3.54	4.21
Cr	67.50	40.00	66.00	2.27	1.93	2.54
Fe	17 521.90	7 618.33	14 820.90	589.79	368.19	571.35
Cu	1 477.88	19 933.30	6 511.18	49.75	963.38	251.01
Zn	391.33	713.33	479.15	13.17	34.48	18.47
Pb	198.46	200.00	198.88	6.68	9.67	7.67

(3) 痕量金属元素的化学形态

以南大鼓楼校区样点 2000 年 1 月份降尘为代表样品，对南京市降尘中元素化学形态进行了研究，分析结果如表 3-91 所示。数据表明，降尘中 Ca、Mn 的可交换态部分含量较高（2%～3%），Be、Cu、Zn 的有机态部分含量较多（26%～40%），残渣态中 Ca、Sn 含量较少，都不足 10%，如图 3-120 所示。降尘中元素形态的这些特征性含量相对于土壤中痕量金属元素形态特征存在明显的区别，如图 3-121 所示。

降尘中元素有效态含量与总尘中的有效态含量相比，除 Zn 在降尘中显著高于、Cu 略高于总尘中含量外，其他元素含量都低于或接近（Ca、Sn）总尘中的含量，如图 3-122 所示。结合前述降尘中常量元素 Al、Ca、Fe 含量高于总尘，而微量元素含量低于总尘的含量变化规律可以推断，降尘中元素以矿物相存在的比例远大于总尘。因此城市大气中金属元素的活性部分主要存在于通常呈悬浮状态存在的细颗粒中（悬浮颗粒）中，其加入地表环境介质尚需雨、雪等天气现象配合完成。因而，可以认为大气降水是大气中主要活性金属物质进入地表环境介质的必要条件。

由上述总尘、降尘的各种特征和含量变化规律可见，金属元素在大气颗粒物中的含量比土壤中的含量要高得多。其中常量元素 Al、Ca、Fe 等主要集中在降尘中，V、Cr、Cu、Zn、Pb 等微量元素主要集中在细颗粒或飘尘中，而且细颗粒中的含量是金属元素环境活性部分（有效态部分）的主体。大气中的常量元素主要来源于地壳表层，是地壳背景含量在大气中的体现，属自然成因；微量元素含量则来源于人类活动的排放，主要由人类活动引起，属人为因素成因[188-190、192]。因而，靠自然沉降过程（降尘）加入到地面环境介质中的主要是呈矿物相形式存在的地壳背景含量引起的含量，而活性部分的主要含量亦即由人类活动排入大气的金属含量通常是呈悬浮状态存留在大气中，可以长时间长距离地迁移。只有遇到出现降水情况时，才可能进入地表。这一机制可能是远洋深海营养元素的重要来源，同时也是

表 3-91 南京市大气降尘中金属元素化学形态特征(mg/kg)

元素	可交换态		碳酸盐态		Fe-Mn 氧化物态		有机态		残渣态		有效态	
	含量	占总量/%	含量	占总量/%	含量	占总量/%	含量	占总量/%	含量	占总量/%	占总量/%	总含量
Be	0.001	0.06	0.001	0.06	0.24	15.36	0.4	25.61	0.92	58.90	41.10	1.562
Al	9.04	0.01	5.04	0.01	1 626	2.27	1 206	1.68	68 822	96.03	3.97	71 668.08
Ca	2 424	3.32	2 584	3.54	60 000	82.16	1 418	1.94	6 600	9.04	90.96	73 026
V	0.712	0.27	0.64	0.24	8.4	3.17	7.6	2.86	248	93.46	6.54	265.352
Cr	0.005	0.01	0.005	0.01	0.8	0.93	1.2	1.40	83.6	97.65	2.35	85.61
Mn	3.28	1.52	6.88	3.19	46.8	21.67	12	5.56	147	68.07	31.93	215.96
Fe	0.176	0.00	0.015	0.00	1 260	4.27	810	2.74	27 440	92.98	7.02	29 510.191
Co	0.001	0.00	0.001	0.00	1.6	4.45	0.54	1.50	33.8	94.04	5.96	35.942
Ni	0.24	0.46	0.01	0.02	0.8	1.53	1.4	2.68	49.7	95.30	4.70	52.15
Cu	0.264	0.20	0.002	0.00	0.002	0.00	52	38.84	81.6	60.96	39.04	133.868
Zn	0.16	0.04	7.52	2.05	160.2	43.67	148	40.34	51	13.90	86.10	366.88
Mo	0.005	0.07	0.005	0.07	2.6	34.17	1.6	21.02	3.4	44.68	55.32	7.61
Sn	0.015	0.01	0.015	0.01	108	78.13	22	15.92	8.2	5.93	94.07	138.23
Ba	12.8	0.49	26.88	1.03	70.2	2.69	272	10.42	2 229	85.37	14.63	2 610.88
Pb	0.025	0.05	0.025	0.05	15.6	29.86	4.6	8.80	32	61.24	38.76	52.25

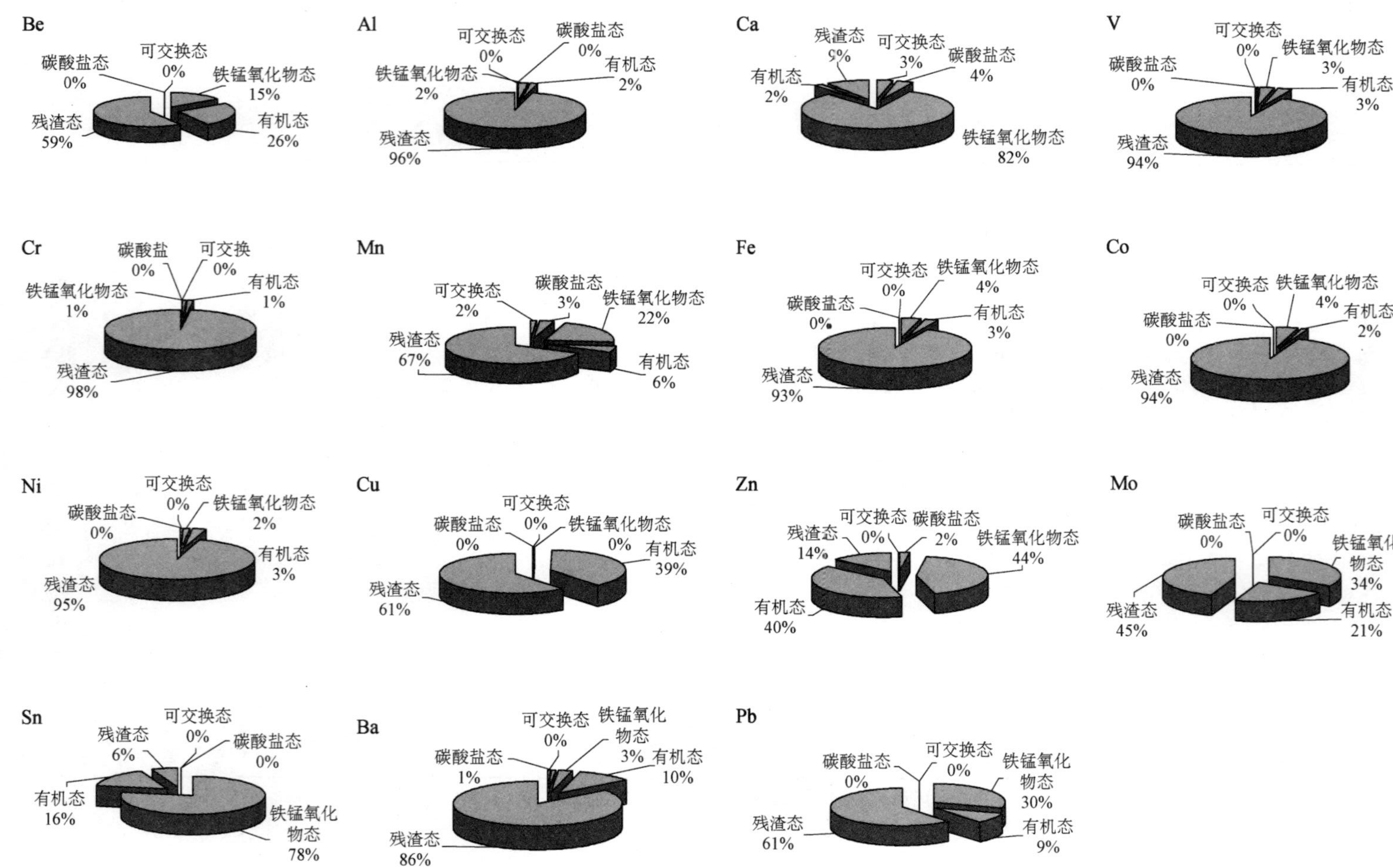

图 3-120 南京市大气降尘中元素化学形态含量(实验样品为南京大学鼓楼校区样点 2000 年 1 月份样品)

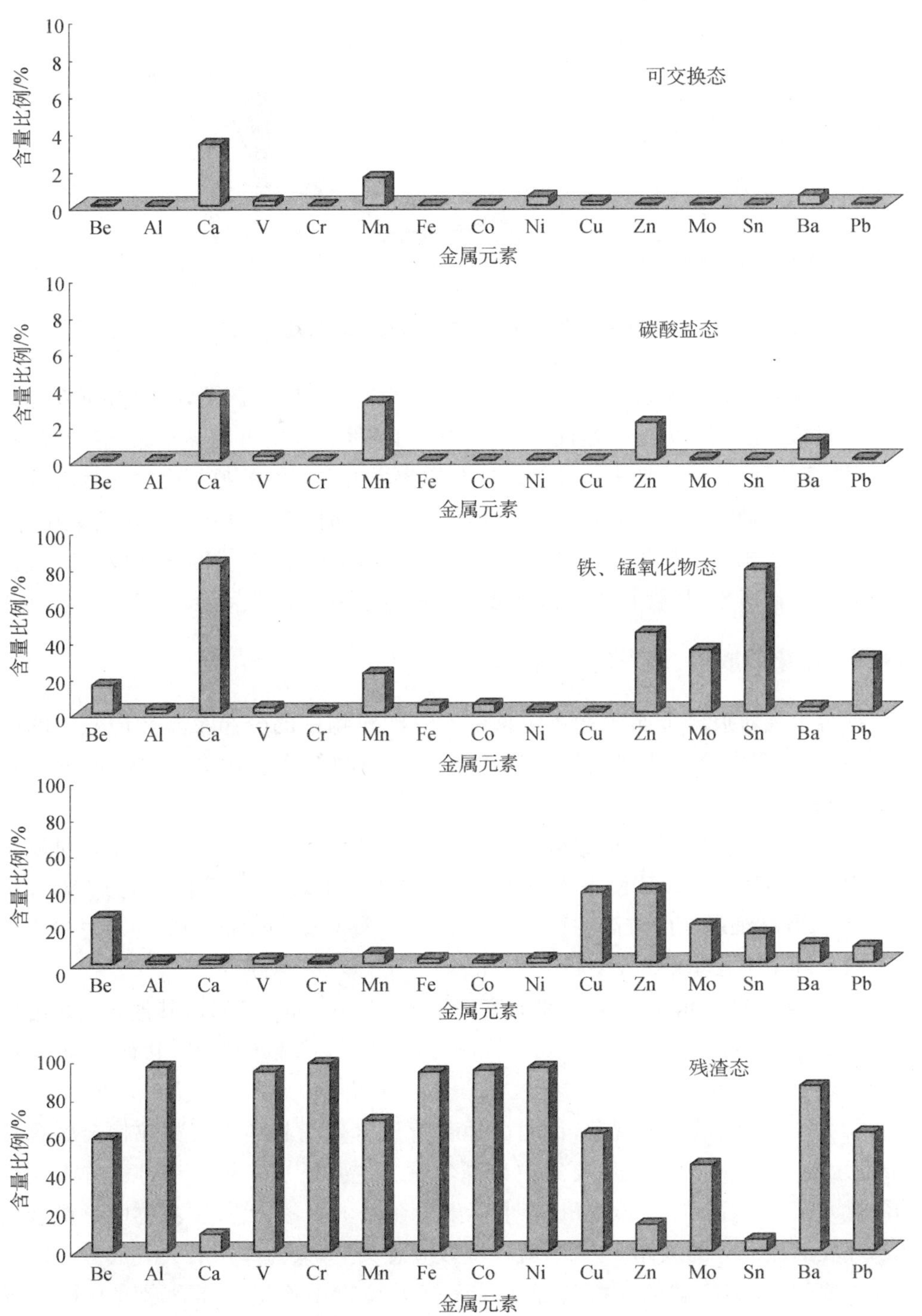

图3-121　南京市大气降尘中金属元素化学形态含量比较

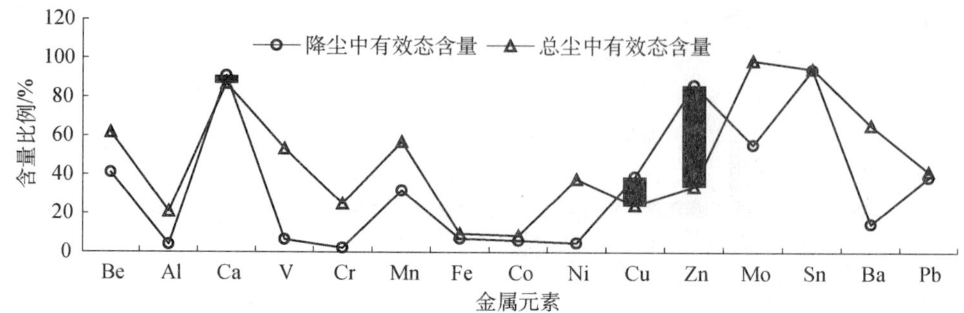

图 3-122　南京市大气降尘中金属有效态含量与总尘中有效态含量比较

数量巨大的城市大气金属含量得以稀释、扩散的重要原因。因此，大气湿沉降是大气中金属粒子活性部分进入地面环境介质中的条件。在雨雪等降水天气频繁的区域，其城市及周边土壤、地表水体等环境介质中由大气来源的痕量金属对环境痕量金属叠加或污染将是一个非常重要的影响因素。同时，在大气污染物源研究中，降尘成分仅具有相对近源指示意义，飘尘才是较理想的指示人为因素造成的大气污染物源的工作对象，尽管其物源有时可能是相当远距离的[196]。

3.6.2　污染的成因、识别及环境意义

综合上述对痕量金属元素在南京市大气颗粒物中的分布及其环境效应的研究，从本次工作中对城市大气颗粒物中痕量金属的行为及污染可得出如下几点认识：

① 城市大气颗粒物中的金属元素含量具有常量金属元素 Al、Fe 在相对较粗颗粒中(降尘)较高并以残渣态含量为主(92.98%～96.03%)和微量元素 V、Cr、Cu、Zn、Pb 在细颗粒中较高的规律。微量元素 V、Cr、Cu、Zn、Pb 等在总尘中含量一般是降尘中含量的 1.5～11 倍。如表 3-80，表 3-90 所示。

② 本次所研究元素中，除个别元素(Ca、Cu、Zn、Sn、Pb)外，其他元素在南京市大气总尘中的有效态含量(8.49%～98.92%)都高于降尘中有效态含量(3.97%～55.32%)。

③ 综合①、②的两种现象，说明由地壳背景含量引起的大气颗粒物金属含量(常量元素 Al、Ca、Fe 等)主要集中在降尘中。主要通过人类活动排放进入大气的微量元素 V、Cr、Cu、Zn、Pb 等主要集中在飘尘中，是大气颗粒物中痕量金属元素环境活性部分的主体。因此，就环境效应意义上，人为作用对大气成分的影响是最主要的，人类活动的规模与强度是大气颗粒物中痕量金属含量变化的主导因素。

④ 南京市大气总悬浮颗粒中痕量金属含量是该区土壤平均含量的 2～200

倍，其中可直接沉降到地表的颗粒（降尘）中的含量最高可高出土壤中含量的 190 倍（如 Cu 土壤中平均含量为 37.3 μg/g，降尘中含量为 6 511.18 μg/g）。

⑤ 工业企业生产排放源（中华门样点）在夏季（7—10 月）总尘中的痕量金属含量大于冬季（1 月份）总尘中的含量，这一规律可作为城市大气颗粒物生产型排放源痕量金属含量特征的标志。市井型排放源（山西路样点）总尘中的痕量金属含量随季节变化不明显；非生产型日常活动排放源（草场门样点）总尘中的痕量金属元素含量在城市大气颗粒物痕量金属含量中属最低的一类。如表 3-78、图 3-117 所示。

⑥ 如①中的情况，与降尘中的金属含量相比，微量元素主要集中在总尘中（见表 3-89）；而大气降尘中的金属元素在不同粒级颗粒中相比，有明显在较粗颗粒中较富的特征（见表 3-87）。综合分析这两种情况，大气颗粒物中可能存在微量金属元素富集的某种粒度界限。这是一个需要进一步研究的问题。

3.7　城市痕量金属污染分类与演化趋势

3.7.1　污染的传输、时空分布规律及分类

本研究按环境功能单元分别选取了上海、南京地区较典型污染单元作为研究对象，试图通过对这些单元的研究加深对城市污染问题的认识。重点选择了上海和南京的河流、湖泊、道路、工厂、垃圾场、江河滩涂等环境单元开展了工作。其中在南京市以公路、工厂、生活垃圾场、江河滩涂和大气环境的代表性地段作为具体工作对象；在上海以苏州河、黄浦江和淀山湖等江河湖泊环境为工作对象；通过对这些典型对象的解剖研究，探索和揭示在城市发展过程中引起的痕量金属污染机制与规律。研究中主要对上海、南京地区上述各环境单元固体介质或污染记录载体——大气颗粒物或土壤、水沉积物中痕量金属含量及污染特征进行了研究，通过这些代表性单元环境介质中痕量金属含量在城市化和城市发展中的变化来概括抽象城市痕量金属污染的一般行为规律。

就土壤痕量金属污染而言，交通干线污染主要是机动车辆排放的废气及车辆构件磨损物通过大气传播扩散，最后进入土壤导致污染；工厂污染主要是车间排放的废气或粉尘等通过大气传播扩散进入土壤导致污染；生活垃圾场对其环境土壤的污染主要通过自然风化和降水对垃圾中痕量金属粒子淋溶作用，使其进入地表水或地下水进而导致污染；长江滩涂、苏州河、黄浦江和淀山湖污染主要是水中携带痕量金属粒子沉淀所致，抑或有船舶排放废气通过大气传播最后沉积于水体底质中导致污染。因此，土壤和沉积物中公路、工厂痕量金属污染以及大气颗粒物痕量金属污染是主要由气介质传输的污染类型，垃圾场、江河滩涂、河流和湖泊沉积

物痕量金属污染主要是水介质传输的污染类型。城市土壤、水沉积物及大气颗粒物痕量金属污染在不同具体环境单元中情况可能千差万别，但从其实质成因角度考察，最主要的便是上述两种类型。因而，由气介质传输和由水介质传输的污染类型可粗略概括城市痕量金属污染的总貌。通过对具典型代表意义的城市土壤、沉积物和大气环境痕量金属污染的代表性单元污染特征的重点解剖研究，即可概略了解和认识整个城市痕量金属污染行为的一般特征与规律。

上述各单元痕量金属污染中的由气媒介传输的污染中，包括工厂污染、公路污染和大气污染；另一类由水媒介传输的污染中，包括生活垃圾污染、江河污染与湖泊污染。两类污染的区别除了在成因、污染物含量等方面外，最本质的区别在于气传输污染元素的形态含量具铁、锰氧化物态含量偏高（最高可达 70%左右或更高）、可交换态含量多数元素偏低和变化范围较大（一般在 0～30%间变化）的特征；水传输的污染其 Fe - Mn 氧化物态含量一般偏低，可交换态含量一般较稳定（多数元素常在百分之几到 10%间变化）；如表 3 - 68、表 3 - 72、表 3 - 74、表 3 - 81 和表 3 - 91 所示。

这些具标志意义的含量特征，是被本次研究大量实验工作所证实的事实，其可能是对复杂的城市痕量金属污染形成机制的一种抽象表征。气介质传输成因的痕量金属污染，污染物原始形成主要是在相对富氧条件下发生，如冶炼、取暖、发动机燃料燃烧等过程，又经大气氧化环境条件下传输，这是典型的氧化条件成因因素。在该条件下可分解的物相最易转化为氧化物形态。而由水介质传输成因的痕量金属污染，整个污染过程的第一步、也是过程发生的前提，便主要是由水溶液将痕量金属源体物质中的成分溶解使其以溶质形式进入水体（潜水、地表水），而能够实现这一过程的痕量金属存在形式首先是含量中的可交换态部分。因此，由该种机制成因的痕量金属污染其污染物的可交换态含量一般要相对较高。上述这些特征都受形成机制的制约，而且与污染的整个形成和发展演化过程间存在着直接的内在联系，在结合具体问题分析基础上可作为城市痕量金属污染成因的判别标志对污染进行粗略判断。

3.7.2 污染演化趋势及研究中的特殊问题

上述污染问题，无论从城市各功能单元的情况还是各介质中的情况看，痕量金属的含量变化都与人类活动密切相关。

一方面，是在人类活动干扰下自然介质中的痕量金属含量出现了不正常分布情况；另一方面，在人类活动干扰下出现的痕量金属含量是呈随着生产、生活对自然介质中物质量干扰程度的增强而在介质中不断增加的。所研究单元中，无论是河流、湖泊、道路、工厂、垃圾场以及大气环境，其土壤或沉积物中的痕量金属都以随受人类干扰程度加大而增多，特别是这种增加趋势与和生产、生活关联的人造化学品如农药、化肥、生活洗卫用品等物质在时间、空间上的耦合，以及痕量金属形态的空间分布特征，都从物质记录角度揭示了目前广泛存在的痕量金属向自然介质的叠加播散问题。这一问题在所研究案例中，虽然局部由于环境保护措施所起作用痕量金属含量增加势头出现变缓情况，但有的污染物质(如有机物)仍然呈增加趋势。

上述结果表明，这些问题有普遍性。即使是局部出现污染增长变缓或停止情况，由于环境问题的最小限制律特殊性，这样一种趋势其最终演化结果是使环境质量变差，进而影响人体健康和社会持续发展。因此，上述研究工作所述物质记录显示的痕量金属含量在介质中的累积趋势是人们面临的一个严重的隐性生态环境命题，是给人们的一种警示。遏止这种趋势是人类面临的课题，也是一项繁重的任务。

城市是地球上生产力高度集中的人居空间范围，这一根本属性决定了其污染的高强度持续性、污染源的复杂性和问题的重要性等几个特点。因此，从研究角度看，城市痕量金属污染研究存在两个方面的特殊性；第一，污染形形色色，千头万绪，几乎无处不在又相互关联和干扰；第二，研究中难以得到清洁的自然介质背景含量参数；这主要因为如下几个方面的原因：首先，痕量金属背景含量在自然介质中是客观存在的，但人们对各类介质的痕量金属背景数据资料并不是都了解和掌握；其次，在有过背景研究工作的地域，可认为痕量金属背景含量是已知的，但由于痕量金属背景含量本身有着复杂的成因属性，导致这些一定程度上往往是宏观意义上的数据资料，对解决具体环境问题显得不够确切；再者，在已经出现或发现污染的地区往往经人工干扰、改造严重的区位，特别是现代城市，单靠简单的取样、测试等工作已难以取得痕量金属背景含量数据；而这些都是研究中必须面对和解决的基本问题。

在本次研究中，对第一个问题的解决方法是基于一种有侧重的分类、有选择的代表思路，将纷繁复杂的城市痕量金属污染从成因角度进行分类，有侧重地重视污染物污染强度、影响与空间分布规律，从上述分类、侧重中选择出能涵盖所有分类并具典型意义和相对受周边其他因素影响较小的较“独立”环境单元进行解剖研究，最后以这些解剖研究结果代表城市各类型痕量金属污染进行归纳讨论，以此来探索城市痕量金属污染问题中的一些现象和规律。对第二个问题的解决方法是基于地球化学研究中的一种经验性事实依据，即自然介质中由某一连续过程形成的物质分布其含量在样品中服从正态分布规律；基于此，借鉴地球化学研究中 Hazen 概率格纸作图法区分元素成因分布数据集中不同子集的数据处理方法思路，将研究区介质中元素背景含量和污染叠加含量分别看作两种成因数据集，提出利用存在于含量数据间的内在规律运用该法对土壤中的背景含量与污染叠加含量进行区分的方法。这种方法在没有背景含量数据的地区，不失为一种有意义尝试。本项研究中，通过在一些没有背景含量数据的城市环境单元含量数据处理中的具体应用，说明其效果是好的，是一种很有意义的方法思路。有关这种方法的具体应用以及有关问题，在后面的有关章节中做专门阐释和介绍。

城市痕量金属污染问题的复杂性与特殊性远不是几个人花几年时间便可以认识得清楚和解决得完善的。本项研究总结的仅是就遇到的问题的一些有限的尝试与探索，这些认识一定是阶段性的。希望其能够对环境科学工作有益。

主要参考文献

[1] 陈颖. 城市河流重金属与多氯联苯的污染特征——以上海市苏州河为例[D]. 上海：上海交通大学环境科学与工程学院，2007.

[2] Tessier A., Campbell P. G. C., Bisson M. Sequential Extraction Procedure for the Speciation of Particulate Trace Metals [J]. Analitical Chemistry, 1979, 51(7): 843-850.

[3] 张立成. 长江河源区水环境地球化学[M]. 北京：中国环境科学出版社，1992.

[4] 倪倩，蒋敬业，马振东，等. 城市工业区湖泊重金属污染状况——以武汉墨水湖为例[J]. 安全与环境工程，2005，12(1)：13-16.

[5] 刘成，王兆印，何耘，等. 环渤海湾诸河口水质现状的分析[J]. 环境污染与防治，2003，25(4)：222-225.

[6] 裘祖楠，张仲燕，漆德瑶. 苏州河底泥中污染物分布特征及相关性[J]. 上海环境科学，1998，17(2)：10-14.

[7] 朱圣清，臧小平. 长江主要城市江段重金属污染状况及特征[J]，人民长江，2001，7：23-26.

[8] Bevtley G. E. Aanlytical methods and problems Boca Raton [M]. USA: CRC Press, 1989.

[9] 陈静生，邓宝山，程承旗，等. 环境地球化学[M]. 北京：海洋出版社，1990.

[10] 计维浓，张松彪，邓月娥，等. 太湖流域主要粮食作物中19种元素的背景值及其特征[J]. 环境科学学报，1987，1：86-92.

[11] 中华人民共和国城乡建设环境保护部. 农用污泥中污染物控制标准(GB4284—84)，1984.

[12] 张朝生，章申，张立成，等. 长江水系河流沉积物重金属元素含量的计算方法研究[J]. 环境科学学报，1995，15(3)：257-264.

[13] 何江，王新伟，李朝生，等. 黄河包头段水-沉积物系统中重金属的污染特征[J]. 环境科学学报，2003，23(1)：53-57.

[14] 朱广伟，陈英旭，周根娣，等. 运河(杭州段)沉积物中重金属分布特征及变化[J]. 中国环境科学，2001，21(1)：65-69.

[15] Qu W. C., Kelderman P. Heavy metal contents in the Delft canal sediments and sus-

pended solids of the River Rhine: multibariate analysis for source tracing [J]. Chemosphere, 2001,45:919 - 925.

[16] 贾振邦,梁涛,林健枝. 香港河流重金属污染及潜在生态危害研究[J]. 北京大学学报(自然科学版),1997,33(4):485 - 492.

[17] Ramesh R., Ramanathan A. L., Ramesh S., et al. Distribution of rare earth elements and heavy metals in the surficial sediments of the Himalayan river system [J]. Geochemical Journal, 2000,34:295 - 319.

[18] Awadallah R. M., Soltan M. E. Relationship between heavy metals in mud sediments and beach soil of the River Nile [J]. Environment International, 1996,22(2):253 - 258.

[19] Osman A. G. M., Kloas W. Water Quality and Heavy Metal Monitoring in Water, Sediments, and Tissues of the African Catfish Clarias gariepinus (Burchell, 1822) from the River Nile, Egypt [J]. Journal of Environmental Protection, 2010,1:389 - 400.

[20] Daifullah A. A. M., Elewa A. A., Shehata M. B. Evaluation of some heavy metals in water, sediment and fish samples from River Nile (Kafr El-Zyat city), Egypt: A Treatment approach [J]. African Journal of Environmental Assessment and Management, 2003,6:16 - 31.

[21] 许世远,陈振楼,俞生中,等. 苏州河底泥污染与政治[M]. 北京:科学出版社,2003.

[22] 张炳臣. 某些重要污染元素通过伊洛河向黄河输送量的估算[J]. 环境科学,1985,6(4):34 - 39.

[23] 薛含斌. 水环境重金属的化学稳定性及其吸附模式[J]. 环境化学,1985,4(3):9 - 20.

[24] Sims J. T., Kline J. S. Chemical fractionation and plant uptake of heavy metals in soils amended with co-composted sewage sludge [J]. Environ Qual, 1991,20:387 - 395.

[25] Lamy I., Bourgeviset S., Bermond A. Soil cadmium mobility as a consequence of sewage sludge disposal [J]. EnvironQual 22:731 - 737. Müller G 1969. Index of geoaccumulation in sediments of the Rhine River [J]. Geojournal, 1993,2:108 - 118.

[26] Allen H. E., Hansen D. J. The importance of trace metal speciation to water quality criteria [J]. Water Environmental Research, 1996,68(1):42 - 54.

[27] STM. Annual Book of ASTM [M]. 1983,11(1).

[28] 赵健,郑祥民,毕春鹃,等. 苏州河市郊段底泥重金属污染特征及对河道疏浚的影响[J]. 农业环境保护,2001,20(1):27 - 30.

[29] 上海市环境保护局. 2005年度上海市环境状况公报[M]. 2006.

[30] 牟保垒. 元素地球化学[M],北京:北京大学出版社,1999.

[31] 陈瑞生,黄玉凯,高兴斋,等. 河流重金属污染研究[M]. 北京:中国环境科学出版社,1988.

[32] Balistrirei L. S. , Murry J. W. , Paul B. The cycling of iron and manganese in the water column of Lake Sammamish , Washiongtion [J]. Limnology and Oceanography, 1992a,37(3):510 - 528.

[33] Balistrirei L. S. , Murry J. W. , Paul B. The biogeochemical cycling of trace metals in the water column of Lake Sammamish, Washiongtion: Response to seasonally anoxic condition [J]. Limnology and Oceanography, 1992b,37(3):529 - 548.

[34] Davison W. Iron and manganese in lakes [J]. Earth-Science Reviews, 1993,34(2): 119 - 163.

[35] Muller G. Index of geoaccumulation in sediments of the Rhine Rive [J]. Geo Journal, 1969,2(3):108 - 118.

[36] Forstner U. , Muller G. Concentrations of heavy metals and polycyclic aromatic hycarbons in river sediments: geochemical background, man's influence and environmental impact [J]. Geojournal, 1981,5:417 - 432.

[37] Forstner U. , Ahlf W. , Calmano W. et al. Sediment criteria development-contributions from environmental geochemistry to water quality managenment. In: Heling D. , Rothe P. , Forstner U. , et. al(eds) Sediments and environmental geochenistry: selected aspects and case histories [M]. Berlin Heidelberg: Springer-Verlag, 1990,311 - 338.

[38] Hakanson L. An ecological risk index for aquatic pollution control-A sedimentological approach [J]. Water Research, 1980,14:975 - 1001.

[39] 丘耀文,王肇鼎. 大亚湾海域重金属潜在生态危害评价田[J]. 热带海洋,1997,16(4): 49 - 53.

[40] 陈华林,陈英旭. 污染底泥修复技术进展[J]. 农业环境保护,2002,21(2):179 - 182.

[41] 贺宝根,周乃晟,袁宣民. 底泥对合流的二次污染浅析[J]. 环境污染与防治,1999,21(3):41 - 43

[42] 刘志强. 合流(一期)工程竣工后对苏州河水质影响的研究[J]. 上海市政工程,1996,39(3):34 - 38

[43] 陈静生,周加义. 中国水环境重金属研究[M]. 北京:中国环境科学出版社,1992.

[44] Long E. R. , Macdonald D. D. , Smith S. L. , et al. Incidence of adverse biological effects within ranges of chemical concentration in marine and esturine sediment [J]. Environ Management, 1995,19(1):81 - 97.

[45] Macdonald D. D. , Dipinto L. M. , Field J. et al. Decelopment and ecaluation of consensus-based sediment effect concentrations for polychlorinated biphenyls [J]. Environmental toxicology and chemistry, 2000,19(5):1403 - 1413.

[46] 周传光,徐恒振,马永安等. 毛细管 GC - ECD 测定环境样品中的 PCBs[J]. 海洋环境科学,2000,19(4):57 - 61.

[47] 康越惠,盛国英,傅家谟. 珠江三角洲一些表层沉积物中多氯联苯的初步研究[J]. 环境

化学,2000,19(3):262-269.

[48] Hong H., Xu L. L. et al. Environmental Fate and Chemistry of Organic Pollutants in the Sediment of Xiamen and Victoria Harbours [J]. Marine Pollution Bulletin, 1995, 31(4-12):229-236.

[49] Camacho-Ibar V. F., McEvoy J. Total PCBs in Liverpool Bay Sediments [J]. Marine Environmentsl Research, 1996,41:241-263.

[50] Iwata H., Tanabe S., Sakai N. et al. Geographical distribution of persistent organochlorines in air, water and sediments from Asia and Ocean and their implication for global redistribution from lower latitudes [J]. Environmental Pollution, 1994,85:15-33.

[51] Derek C. G. M., Alex O., Norbert P. G. et al.. Spatial Trends and Historical Deposition of Polychlorinated Biphenyls in Canadian Midlatitude and Arctic Lake Sediments [J]. Environ Sci Techno, 1996,30(12):3609-3617.

[52] 康跃惠,林峥,张干,等.珠江三角洲河口及邻近海区沉积物中含氯有机污染物的分布特征[J].中国环境科学,2000,20(3):245-249.

[53] 刘季昂,王文华,王子健.第二松花江水体沉积物中难降解污染物的种类和含量[J].中国环境科学,1998,18(6):518-520.

[54] Wu Y., Zhang J., Zhou Q. Persistent organochlorine residues in sediments from Chinese river Pestuary systems [J]. Environmental Pollution, 1999,105:143-150.

[55] 陈一申,吴国豪,黄解田.苏州河水环境污染现状分析[J].上海环境科学,1997,16(1):1-14.

[56] IVL Swedish Environmental Research Institute. HCB, PCB, PCDD and PCDF emissions from ships [J]. Atmospheric Environment, 2005,39:4901-4912.

[57] 余刚,牛军峰,黄俊.持久性有机污染物[M].北京:科学出版社,2005.

[58] 上海地方志办公室.上海年鉴 2006[M].上海:上海年鉴编撰委员会,2006.

[59] 徐祖信,尹海龙.黄浦江水环境模拟计算边界条件影响分析[J].同济大学学报,2006,34(1):74-79

[60] 丁振华,王文华.几个典型环境中汞的分布特征及生态影响[D].上海:上海交通大学环境科学与工程学院,2003,5.

[61] 朱懿.上海淀山湖、黄浦江水体中 Hg 含量分布规律及其环境效应[D].上海交通大学环境科学与工程学院,2007.

[62] 上海市防汛信息中心.上海防汛潮位预报(http://service.shanghai.gov.cn/Weibo/WeiboIndex_1776324.html),2006.

[63] 中国环境保护部.地表水环境质量标准—GB3838—2002,2002.

[64] US EPA. Current National Recommended Water Quality Criteria. (http://www.epa.gov/waterscience/criteria /wqcriteria.html), 2006.

[65] Tay K. L., The S. J., Doe K., Lee K., Jackman P. Histopathological and histo-

chemical biomarker responses of Baltic clam, Macoma balthica, to contaminated Sydney Harbor, Nova Scotia, Canada [J]. Environmental Health Perspectives, 2003,111(3): 273-280.

[66] Ollivon D., Garban B., Blanchard M., Teil M., Carru J. A. M., Chesterikoff C., Chevreuil M. Vertical distribution and fate of trace metals and persistent organic pollutants in sediments of the Seine and Marne Rivers (France) [J]. Water, Air, and Soil Pollution, 2002,134:57-79.

[67] 尚英男,倪师军,张成江,黄艺,尹观.成都市河流表层沉积物重金属污染及潜在生态风险评价[J].生态环境,2005,14(6):827-829.

[68] Meng Y., Liu C., Cheng J. Geochemical characteristics of heavy metal elements in the surface sediments in the Yangtse River estuarine area and evaluations of the bed materials [J]. Marine Geology & Quaternary Geology, 2003,23(3):37-43.

[69] US Geological Surve. Sediment Quality Chemical Criteria. (http://www.ecy.wa.gov/programs/tcp/smu/sed chem.htm), 2006.

[70] Liu G. L. L., Jin Q. X., Zhang D. N., et al.. Characterization of size-fractionated particulate mercury in Shanghai ambient air [J]. Atmospheric Environment, 2005,39(3):419-427.

[71] Jaffe D., Prestbo E., Swartzendruber P., et al., Hatakeyama S., Kajii Y. Export of atmospheric mercury from Asia [J]. Atmospheric Environment, 2005, 39(17): 3029-3038.

[72] 上海市环境保护局.2003年度上海市环境状况公报[EB/OL]http://www.envir.gov.cn/law/bulletin/b2004/d3.htm. 2004.

[73] Stuer-Lauridsen F. Review of passive accumulation devices for monitoring organic micropollutants in the aquatic environment [J]. Environmental Pollution, 2005,136(3): 503-524.

[74] Van Metre P. C., Mahler B. J. Trends in hydrophobic organic contaminants in urban and reference lake sediments across the United States, 1970-2001 [J]. Environmental Science & Technology, 2005,39(15):5567-5574.

[75] White J. C., Triplett T. Polycyclic aromatic hydrocarbons (PAHs) in the sediments and fish of the Mill River, New Haven, Connecticut, USA [J]. Bull Environ Contam Toxicol, 2002,68:104-110.

[76] Fung C. N., Zheng G. J., Connell D. W., Zhang X.,Wong H. L., Giesy J. P., Fang Z., Lam P. K. S. Risks posed by trace organic contaminants in coastal sediments in the Pearl River Delta, China [J]. Marine Pollution Bulletin, 2005,50:1036-1049.

[77] 罗孝俊,陈社军,麦碧娴,等.珠江及南海北部海域表层沉积物中多环芳烃分布及来源[J].环境科学,2005,26(4):129-134.

[78] Zhang H. The Orientation of Water Quality Variation from the Metropolis River —

Huangpu River, Shanghai [J]. Environmental Monitoring and Assessment, 2007,127(1-3):429-434.

[79] 唐诵六. 环境中若干元素地自然背景值及研究方法:南京地区土壤重金属浓度的概率分布[C]. 中国科学院环境背景值学术交流会论文文集,1982,9-15.

[80] 杨学义. 环境中若干元素地自然背景值及研究方法:南京地区土壤背景值与母质的关系[C]. 中科院环境背景值学术交流会论文文集,1982.16-20.

[81] 王立军,章申,张朝生. 长江中游稀土元素的水环境地球化学特征. 环境科学学报,1995,15(1):57-65.

[82] 钟丽娜. 痕量金属在上海淀山湖的沉积记录及意义[D]. 上海交通大学环境科学与工程学院,2007.

[83] 袁旭音,王爱华,许乃政. 太湖沉积物中重金属的地球化学形态及特征分析[J]. 地球化学,2004,33(11):611-619

[84] 姚志刚,鲍征宇,高璞. 洞庭湖沉积物重金属地球环境化学[J]. 地球化学,2006,35(6):629-638.

[85] 陈洁,李升峰. 巢湖表层沉积物中重金属总量及形态分析[J]. 河南科学,2007,25(4):303-308.

[86] 中华人民共和国环境保护部. 土壤环境质量标准- GB15618—1995,1995.

[87] Weisz M., Polyak K., Hlavay J. Fractionation of elements in sediment samples collected in rivers and harbors at Lake Balaton and its catchment area [J]. Microchem J, 2000,67:207-217.

[88] 刘晓端,徐清,葛晓立. 密云水库沉积物中金属元素形态分析研究[J]. 中国科学 D 辑(地球科学),2005,35:288-295.

[89] Hlavay J., Polyak K. Chemical speciation of elements in sediment samples collected at lake balaton [J]. Microchem J, 1998,58:281-290.

[90] Polyak K., Hlavay J. Environmental mobility of trace metals in sediments collected in the Lake Balaton [J]. Fresenius J Anal Chem, 1999,363:587-593.

[91] Bilai L. E., Rasmussen P. E., Hall C. E. et al. Role of sediment composition in trace metal distribution in lake sediments [J]. Applied Geochemistry, 2002,17:1171-1181.

[92] 张立,袁旭音,邓旭. 南京玄武湖底泥重金属形态与环境意义[J]. 湖泊科学,2007,19(1):63-69.

[93] 罗金发,孟维奇,夏增禄. 土壤重金属(镉、铅、铜)化学形态的地理分异研究[J]. 地理研究,1998,17(3):265-272.

[94] Morillo J., Usero J., Gracia I. Heavy metal distribution in marine sediments from the southwest coast of Spain [J]. Chemosphere, 2005,55:431-442.

[95] Tokalioğlu S., Kartal S., Elçi L. Determination of heavy metals and their speciation in lake sediments by flame atomic absorption spectrometry after a four-stage sequential extraction procedure [J]. Anal Chim Acta, 2000,413:33-40.

[96] Álvarez-Iglesias P., Rubio B., Vilas F. Pollution in intertidal sediments of San Simon Bay (Inner Ria de Vigo, NW of Spain): total heavy metal concentrations and speciation [J]. Marine Pollution Bulletin, 2003,46:491 - 521.

[97] Tessenow U., Baynes Y. Redox-dependent accumulation of Fe and Mn in a littoral sediment supporting Isoetes Iacustris [J]. Naturwissenschaften, 1975,62:342 - 356.

[98] 王海,王春霞,王子健.太湖表层沉积物中重金属的形态分析[J],环境化学,2002,21(5):430 - 435.

[99] Mao M. Z. Speciation of metals in sediments along the Le An River [J]. CERP Final Report, France. Imprimerie Jouve Mayenne, 1996,55 - 571.

[100] 贺晨敏.湖泊富营养化演化特征的沉积标志[D].上海交通大学环境科学与工程学院,2009.

[101] 中国科学院南京土壤研究所.土壤理化分析[M].上海:上海科学技术出版社,1978,81 - 82.

[102] 国家环境保护总局.水质总氮的测定碱性过硫酸钾消解紫外分光光度法.中华人民共和国国家标准- GB11894—89,1990.

[103] 国家环境保护总局.水和废水监测分析方法编委会.水和废水监测分析方法(第四版)[M].北京:中国环境科学出版社,2002:266 - 267.

[104] 姚书春,薛滨,李世杰.长江中下游湖泊沉积速率的测定及环境意——以洪湖、巢湖、太湖为例[J].长江流域资源与环境,2006,15(9):569 - 573.

[105] 宋永昌,王云,戚仁海.淀山湖富营养化及其防治研究[M].上海:华东师范大学出版社,1992,23 - 156.

[106] Schelske C. L., Hodell D. A. Recent changes in productivity and climate of Lake Ontario detected by isotopic analysis of sediments [J]. Limnol Oceanogr, 1991,36:961 - 975.

[107] Bernasconi S. M., Barbieri A., Simona M. Carbon and nitrogen isotope variations in sedimenting organic matter in Lake Lugano [J]. Limnol Oceanogr, 1997, 42: 1755 - 1765.

[108] Kaushal S., Binford M. W. Relationship between C:N ratios of lake sediments, organic matter sources, and historical deforestation of Lake Pleasant, Massachusetts, USA [J]. J Paleolimnol, 1999,22:439 - 442.

[109] Meyers P. A., Teranes J. L. Sediment organic matter [M]. In: Last WM, Smol JL (eds) Tracking environmental changes using lake sediments [M]. Physical and geochemical methods, vol. 2. Dordrecht, Netherlands: Kluwer-Academic, 2001, 239 - 269.

[110] Meyers P. A. Applications of organic geochemistry to paleolimnological reconstructions: a summary of examples from the Laurentian Great Lakes [J]. Org Geochem, 2003,34:261 - 289.

[111] Routh J., Meyers A., Gustafsson O., Baskaran M., Hallberg R., Scholdstrom A. Sedimentary geochemical record of human-induced environmental changes in the Lake Brunnsviken watershed, Sweden [J]. Limnol Oceanogr, 2004,49:1560 - 1569

[112] Wu J. L., Gagan M. K., Jiang X., Xia W., Wang S. Sedimentary geochemical evidence for recent eutrophication of Lake Chenghai, Yunnan, China [J]. J Paleolimnol, 2004,32:85 - 94

[113] Schettler G., Qiang L., Mingram J., Negendank J. F. W. Palaeovariations in the East-Asian Monsoon regime geochemically recorded in varved sediments of Lake Sihailongwan (NE-China Jilin province), Part 1: hydrological condition and dust flux [J]. J Paleolimnol, 2006,35:239 - 270.

[114] 黎吉映. 上海淀山湖富营养化因子磷的含量演化[D]. 上海交通大学环境科学与工程学院,2008.

[115] Sondergaard M., Windolf J,. Jeppesen E. Phosphorus fraction and profiles in the sediment of shallow Danish lakes as related to phosphorus load, sediment composition and lake chemistry [J]. Wat Res, 1996,30(4):992 - 1002.

[116] Reddy K. R., Fisher M. M., Ivanoff D. Re-suspension and diffusive flux of nitrogen and phosphorus in a hypereutrophic lake [J]. J. Environ. Qua, 1996,25:363 - 371.

[117] Petterson K., Fstvonavics V. Sediment phosphorus in Lake Balaton: forms and mobility [J]. Arch Hydrobiol Beilh Ergenbn Limnol, 1988,30:25 - 41.

[118] 林泽新. 太湖流域水环境变化及缘由分析[J]. 湖泊科学,2002,14(2):97 - 103.

[119] Pettersson K., Amiard J., Kouzic B. et al. Mechanisms for internal loading of Phosphorus in lakes [J]. Hydrobiologia, 1998,373 - 374:21 - 25.

[120] Ostrom P. H., Ostrom N. E., Henry J. Change in the tropic state of Lake Eric: discordance between molecular δ13C and bulk δ13C sedimentary records [J]. Chemical Geology, 1998,152(1 - 2):162 - 179.

[121] 舒金华,黄文钰,吴延根. 中国湖泊营养类型的分类研究[J]. 湖泊科学,1996,8(3):193 - 200.

[122] 金相灿,屠清瑛. 湖泊富营养化调查规范(第二版)[M]. 北京:中国环境科学出版社,1990,10 - 14.

[123] 国家环境保护总局. "三河""三湖"水污染防治计划及规划[M]. 北京:中国环境科学出版社,2000.

[124] 刘建康. 东湖生态学研究(一)[M]. 北京:科学出版社,1990.

[125] 谷孝鸿,范成新,杨龙元等. 固城湖冬季生物资源现状及环境质量与资源利益评价[J]. 湖泊科学,2002,14(3):285 - 288.

[126] 翁焕新. 河流沉积物中磷的结合状态及其环境地球化学意义[J]. 水利学通报,1993,38(3):1219 - 1222.

[127] Psenner R., Pucskso M. Sager. Fraktionierung organoishcher and anorganischer

Phosphorverbindungen von Sedimenten [J]. Versucheiner Definition Okologschwichtiger Fractionen, Arch Hydrobiol/Suppl, 1985,70:111 - 115.

[128] Ruttenburg K. Development of a sequential extraction method for different forms of P in marine sediments [J]. Limnol. Oceanogr, 1992,37:1460 - 1482.

[129] Baldwin D. S. The phosphorus composition of a diverse of Australian sediments [J]. Hydrobiologia, 1996,335:63 - 73.

[130] 李悦,乌大年,薛永先. 沉积物中不同形态磷提取方法的改进及其环境地球化学意义[J]. 海洋环境科学,1998,17(1):15 - 20.

[131] Golterman H. L. Fractionation of sediment phosphate with chelating compounds: a simplication and comparison with other methods [J]. Hydrobiologia, 1996, 335: 87 - 95.

[132] Golterman H. L. Sediments as a source of phosphorus for algal growth. In: Golterman H. L. Interaction between sediments and fresh water [J]. The Hague: Dr W Junk, 1997,286 - 293.

[133] Golterman H. L, Booman A. The sequential extraction of Ca-and Fe-bound phosphates [J]. Verh lnt Ver Limnol, 1988,23:904 - 909.

[134] De G. C. , Golterman H. L. Sequential fractionation of sediment phosphate. Hydrobiologia, 1990,192:143 - 148.

[135] 潘成荣,李凌,叶琳琳,张之源. 瓦埠湖沉积物中氮与磷赋存形态分析[J]. 水资源保护,2007,23(4):10 - 14.

[136] Rutenberg K. C. R. , Berner A. Authigenic apatite formation and burial in sediments from non-upwelling, continental margin environments [J]. Geochim Cosmochim Acta, 1993,57:991 - 1007.

[137] Berner R. A. , Rao J. L. Phosphorus in sediments of the Amazon River and estuary: Implication for the global flux of phosphorus to the sea [J]. Geochim Cosmochim Acta, 1994,58:2333 - 2430.

[138] Berner R. A. , Ruttenberg K. C. , Ingall E. D. , Rao J. L. The nature of phosphorus burial in modern marine sediments: Interactions of C, N, P and S biogeochemical cycles and global change [M]. Wollast R. , Mackenzie F. T. and Chou L. eds. Springer-Verlag, 1993,14:521.

[139] Khoshmanesh A. , Hart B. T. , Duncan A. Luxury uptake of phosphorus by sediment bacteria [J]. War Res, 2002,36:774 - 778.

[140] Han S. H. , Zhuang Y. H. , Zhang H. X. et al. Phosphine and methane generation by the addition of organic compounds containing carbon-phosphorus bonds into incubated soil [J]. Chemosphere, 2002,49:651 - 657.

[141] 付永清,周易勇. 沉积物磷形态的分级分离及其生态学意义[J]. 湖泊科学,1999,11(4):376 - 3811.

[142] Aminot A., Andrieux F. Concept and determination of exchangeable phosphate in aquatic sediment [J]. Water Res, 1996,30 (11):2805 - 2811.

[143] Jensen H. S., Kristensen P., Jeppesen E., et al. Iron: phosphorus ratio in surface sediment as an indicator of phosphate release from aerobic sediments in shallow lakes [J]. Hydrobiology, 1992,235:731 - 743.

[144] 李军,刘丛强,王仕禄,等. 太湖五里湖表层沉积物中不同形态磷的分布特征[J]. 矿物学报,2004,24(4):405 - 411.

[145] Kastelan-macan M., Petrovic M. The role of fulvic acids in phosphorus sorption and release from mineral particles [J]. Wat Sci Tech, 1996,34:259 - 265.

[146] 徐轶群. 底泥磷的吸附与释放研究进展[J]. 重庆环境科学,2003,25:11.

[147] 李晖. 周庄水体内源磷负荷释放规律及其稳定性研究[J]. 上海环境科学,2003,22(12):943 - 947.

[148] 汪家权. 巢湖底泥磷的释放模拟实验研究[J]. 环境科学学报,2002,22:6.

[149] 朱广伟. 浅水湖泊沉积物磷释放的重要因子——铁和水动力[J]. 农业环境科学学报,2003,22(8):762 - 764.

[150] 尹大强. 环境因子对五里湖沉积物磷释放的影响[J]. 湖泊科学,1994,6(3):241 - 244.

[151] 翁酥. 环境微生物学[M]. 北京:科学出版社,1985,64 - 68.

[152] Macia H., Bates N., Neafus J. E. Phosohorus release from sediments from Lake Carl Black well, Oklahoma [J], Water Res, 1980,14:1477 - 1481.

[153] Pomeroy L. R., Smith E. E., Grant C. M. The exchange of phosphorus between estuarine water and sediments [J], Limnol. Oceanogr, 1965,10(7):167 - 172.

[154] 廖文根. 太湖水体的磷负荷分析[J]. 水利学报,1994,11:77 - 81.

[155] 周孝德. 环境因素对滇池底泥磷吸附的影响[J]. 水利学报,1998,12 - 17.

[156] 姚扬. 光照对湖泊沉积物磷释放及磷形态变化的影响研究[J]. 环境科学研究(增刊),2004,17.

[157] James L. P. The Role of Nutrient Loading and Eutrophication in Estuarine Ecology [J]. Environmental Health Perspectives, 2001,109:699 - 706.

[158] Schlesinger W. H. Evidence from chronosequence studies for a low carbon-storage potential of soils [J]. Nature, 1990,348:232 - 234.

[159] 范成新. 太湖底泥蓄积量估算及分布特征探讨[J]. 上海环境科学,2000,19(2):72 - 75.

[160] 张辉. 污染生态学[M]. 呼和浩特:内蒙古大学出版社,2000:180.

[161] 蒋梦婵. 湖泊污染的污染物耦合特征及机制[D]. 上海:上海交通大学环境科学与工程学院,2009.

[162] 李文朝. 浅水湖泊生态系统的多稳态理沦及其应[J]. 湖泊科学,1997,9(2):97 - 104.

[163] 秦伯强. 长江中下游浅水湖泊富营养化发生机制与控制途径初探[J]. 湖泊科学,

2002,14(3):194 - 197.

[164] 金相灿. 沉积物污染化学[M]. 北京:中国环境科学出版社,1992.

[165] 上海市统计局,国家统计局上海调查总队. 上海统计年鉴[M]. 北京:中国统计出版社,2006.

[166] 吉良龙夫(日)(刘鸿亮,曹凤中译). 水资源的保护——琵琶湖的环境问题[M]. 北京:中国环境科学出版社,1989:130 - 133.

[167] 张学青,夏星辉,杨志峰. 水体颗粒物对有机氮转化的影响[J]. 环境科学,2007,28(9):1954 - 1959.

[168] Pauer J. J. , Auer M. T. Nitrification in the water column and sediment of a hypereutrophic lake and adjoining river system [J]. Water Research, 2000,34(4):1247 - 1254.

[169] 何洁,刘长发,吴铤. 三种载体上生物膜硝化作用动力学初步研究[J]. 应用与环境生物学报,2003,9(5):546 - 548.

[170] 徐星凯,周礼恺,Oswald V C. 脲酶抑制剂/硝化抑制剂对土壤中尿素氮转化及形态分布的影响[J]. 土壤学报,2000,37(3):339 - 345.

[171] 余晖,张学青,夏星辉,等. 黄河水体颗粒物对硝化过程的影响研究[J]. 环境科学学报,2004,24(4):601 - 606.

[172] 王圣瑞,焦立新,金相灿,等. 长江中下游浅水湖泊沉积物总氮、可交换态氮与固定态铵的赋存特征[J]. 环境科学学报,2008,28(1):37 - 43.

[173] 吕晓霞,宋金明. 南黄海表层沉积物中氮的区域地球化学特征[J],海洋科学进展,2003,21(2):174 - 180.

[174] Ryding S. O. , Rast W. (朱萱等译). 湖泊与水库寓营养化控制[M]. 北京:中国环境科学出版社,1992,1 - 265.

[175] 蒙飞,袁秀顺. 天然水中磷的状态分析[J]. 环境化学,1987,6(3):29 - 32.

[176] 王雨春. 湖泊现代化沉积物中磷的地球化学作用及环境效应[J]. 重庆环境科学,2000,22(4):39 - 41.

[177] Zhang H. A 1955 - 2004 record of Hg contamination in Dianshan Lake sediments, Shanghai [J]. Environ Chem Lett, 2011,9(4):479 - 484.

[178] Zhang H. , Zhang N. , Yang Q. , et al. The impact of anthropogenic activities recorded by mercury in the sediment from Dianshan Lake [J]. American Journal of Environmental Science, 2012,8(4),473 - 478.

[179] 王静雅. 成都市湖塘沉积物重金属元素地球化学研究[D]. 成都理工大学,2005.

[180] Tomiyasu T. , Nagano A. , Yonehara N. , et al. Mercury contamination in t he Yat sushiro Sea, Southwestern Japan: spatial variations of mercury in sediment [J]. The Science of the Total Environment, 2000,257:121 - 132.

[181] Horvat M. , Covelli S. , Faganeli J. , et al. Mercury in contaminated coastal environments; a case study: the Gulf of Trieste [J]. The Science of the Total Environment,

1999,237(238):43－56.

[182] Zhang H., Ma D. et al. An approach to studying heavy metal pollution caused by modern city development in Nanjing, China [J]. Environmental Geology, 1999,38(3):223－228.

[183] 方品贤.“八五”环境统计手册[M].成都:四川科学技术出版社,1992.

[184] 江苏省农业厅.江苏省农业环境质量报告书[M].南京:江苏省农业厅出版,1990.

[185] 樊邦棠.环境化学[M].杭州:浙江大学出版社,1991.

[186] 廖自基.微量元素的环境化学及生物效应[M].北京:中国环境科学出版社,1992.

[187] Michael J. R. Halstead, Robert G. Cunninghame, Keith A. Hunter. Wet deposition of trace metals to a remote site in Fiordland, New Zealand [J]. Atmospheric Environment, 2000,34:665－676.

[188] Massimo Chiaradia, Francois Cupelin. Behaviour of airborne lead and temporal variation of its source effects in Geneva (Switzerland): comparison of anthropogenic versus natural processes [J]. Atmospheric Environment, 2000,34:959－971.

[189] Briant L. Davis, Guo Jixiang. Airborne particulate study in five cities of China [J]. Atmospheric Environment, 2000,34:2703－2711.

[190] Figen Var, Yasushi Narita, Shigeru Tanaka. The concentration, trend and seasonal variation of metals in the atmosphere in 16 Japanese cities shown by the results of National Air Surveillance Network (NASN) [J]. Atmospheric Environment, 2000,34:2755－2770.

[191] Nilgun K., Slobodan N., Cyril M., et al.. An illustration of the transport and the eastern Mediterranean [J]. Atmospheric Environment, 2000,34:1293－1303.

[192] Kazuhiko T., Kouji M., Tommi M., et al.. Three-year determination of trace metals and the lead isotope ratio in rain and snow deposition collected in Higashi-Hiroshima, Japan [J]. Atmospheric Environment 2000,34:4525－4535.

[193] Zhu B. Q., Chen Y. W., Peng J. H. Lead isotope geochemistry of the urban environment in the Pearl River Delta [J]. Applied geochemistry, 2001,16:409－417.

[194] John L. A., George G. R., Paul J. L. The use of isotope ratios to apportion sources of lead in Jersey City, NJ, house dust wipe sample [J]. The Science of Total Environment, 1998,221:171－180.

[195] 勒斯勒 K. H.,郎格 H. 地球化学表[M].北京:北京地质出版社,1985.

[196] Zhang H. An assessment of heavy metals contributed by industry in urban atmosphere from Nanjing, China [J]. Environmental Monitoring and Assessment, 2009,154:451－458.

第 4 章　痕量金属元素环境行为实验研究

本章研究讨论了痕量金属在几种介质中的行为规律。包括基于模拟实验的痕量金属在城市与区域土壤中的解吸吸持行为研究、在城市大气颗粒物中的解吸行为以及自地表固体颗粒(岩石、矿物)的释放行为等内容。

基于实验数据,结合形态特征分析论证了痕量金属在不同介质中的吸附、解吸行为和影响因素;提出了痕量金属元素在水溶液作用下从土壤中和降尘中解吸的数学模型;估算了痕量金属元素在地表通常条件下自土壤中的释放(解吸)量和自大气颗粒物中的释放(解吸)量;提出了痕量金属元素自固体颗粒(岩石、矿物)表面释放的有关粗略参数;提出了痕量金属自载体解吸量随时间的变化率相近并可能是常温常压和自然降水条件下元素解吸作用的固有属性认识;论证了地表自然条件下岩石、矿物向环境释放金属粒子的释放量与颗粒中该元素含量、环境温度以及体系酸性增强程度间的正相关现象。

4.1　针对的主要问题、研究思路及实验设计

4.1.1　针对的主要问题

设计研究区有关介质中痕量金属元素在当地自然条件下解吸、吸持模拟实验的目的是了解有关元素在环境介质中活性部分自介质中的释放特征、在介质中的容纳持留特征和随时间、环境条件改变的作用情况,以揭示痕量金属元素在地表有关介质中的迁移转化规律和制约因素,进而深入认识和评价痕量金属污染的环境效应。

本研究分别对河套地区土壤和南京市土壤进行了痕量金属元素解吸模拟实验研究,对河套地区土壤进行了痕量金属元素吸持模拟实验研究,对南京市大气颗粒物进行了痕量金属元素解吸模拟实验研究,对地表固体颗粒(岩石、矿物)进行了痕量金属元素释放机制模拟实验研究。

4.1.2　实验思路及实验设计

基于自然界痕量金属污染的基本情况，结合本项研究主要针对的问题以及研究工作的具体实验条件，在实验室对土壤、岩石和大气颗粒物等介质中的自然过程进行模拟。

主要遵循如下几个原则：

① 实验对象为分别取自城市、区域研究案例中的自然介质（土壤、岩石、大气降尘）。

② 实验条件的设置依据研究区的实际情况，以可能或主要出现的具体条件因素为参考依据，探索有关因素发生变化情况下痕量金属的行为规律。

③ 作为探索研究，对本次实验数据的分析、解释和与数学模型的拟合处理以揭示规律的重现和高拟合度（相关性）为侧重，不受有关理论模型的束缚。

④ 实验试图了解介质体系中痕量金属在自然条件作用下最可能出现的转化情况。主要研究变量为研究体系对痕量金属环境行为最基本、最常见、最直接的影响因素，即 pH 值和作用时间、温度等。对诸如介质成分、不同元素相互间对各自行为的影响、土壤及大气颗粒物实验的温度条件等采取了如下抽象简化：(a)体系介质成分假定与实验样品的情况一致；(b)区域土壤及大气颗粒物实验的环境温度假定在 13～16℃间恒定；(c)痕量元素含量间的相互影响贡献假定与实验样品的情况一致。

此外，根据各实验针对的问题以及具体实验条件，在研究元素的选择上不同实验不完全一致。

上述假定条件是在以研究区最常见自然条件为参考基础上确定的，从对自然规律实验探索角度看，其涵盖面较局限，但从所研究体系的最可能出现情况考虑，其是比较接近实际情况的。希望实验结果说明的问题或不同因素对效果的作用贡献，对在地表自然介质体系中痕量金属元素的环境行为规律的揭示能有意义。

在上述总体思路、原则指导下，主要设计如下三组模拟实验：

(1) 痕量金属元素在土壤中解吸、吸持行为模拟实验（包括城市土壤和区域土壤）。

(2) 城市大气颗粒物中痕量金属元素释放机制模拟实验。

(3) 地表固体颗粒（岩石、矿物）痕量金属元素释放机制模拟实验。

以此三组实验对痕量金属在地表主要的固体自然介质土壤、大气颗粒物以及岩石（矿物）中的迁移转化行为进行探索。研究工作强调测量到的实际结果数据的重要性，试图在对痕量金属在自然介质中的可能行为、影响因素、污染及其生态效应从成因到归趋的认识、评价方面获得启示。

4.2 痕量金属元素在土壤中解吸、吸持行为模拟实验

4.2.1 区域性污染土壤中痕量金属元素解吸、吸持模拟实验

4.2.1.1 痕量金属元素解吸模拟实验

以模拟当地降水成分的溶液动态流经样品，定时收取流经样品的溶液测试其中的元素含量，当元素含量达到溶液中原始含量并保持稳定时即表明试验样品已达到了溶解平衡，在实验条件下的解析量也达到了其极限值。由于在地表条件一定时段内温度变化幅度相对较小，其对土壤中物质的溶解影响较之酸碱条件(pH)变化的影响要小得多，本次工作仅对恒温条件的 pH 值变化进行了模拟。

1) 模拟条件、实验及结果

模拟当地降水成分[1]，配制实验溶液如下：

含 Cl^- 0.1μg/mL、SO_4^{2-} 10.0 μg/mL、NO_3^- 2.0 μg/mL、HCO_3^- 1.0 μg/mL。

实验温度为 13～16℃。实验在常压(1 atm)下进行。

实验样品为河套地区土壤取样 A 剖面 11 号样。实验溶液以醋酸、氨水调酸碱度分别为 pH = 4、pH = 5.6 和 pH = 7 三种情况，以该三种溶液分别浸淋样品(每种情况的实验所用样品均为 2.0 g、样品 pH = 7.0)，按前述取样规则定时取样测试。实验所用溶液输导管为聚四氟乙烯细管(ϕ = 0.7 cm)，所用玻璃器皿在使用前以 10%HCl 浸泡 24 小时，所用试剂均为优级纯级。实验溶液阴离子含量测试仪器为 Diorex－300 型离子色谱仪(美国制造)，pH 值检测仪器为 pHS－3C 精密 pH 计(上海雷磁仪器厂制)。痕量金属元素含量测试所用仪器为 JY380 型 ICP－AES(法国制造)，元素检出限分别为(mg/kg)：8×10^{-4}(V)、5.7×10^{-4}(Cr)、2×10^{-4}(Mn)、4.2×10^{-4}(Co)、1×10^{-2}(Ni)、2×10^{-3}(Cu)、3.4×10^{-3}(Pb)、3×10^{-3}(Fe)。全部实验在南京大学地球科学系元素地球化学实验室完成；As、Cd 含量测试在南京大学现代分析中心完成，其他成分测试工作在南京大学内生金属矿床成矿研究国家重点实验室完成。实验结果如表 4－1、表 4－2、表 4－3 所示。

2) 实验结果讨论

所模拟的 pH = 4、pH = 5.6 和 pH = 7 酸碱条件是表生环境中自然降水或地表径流水最常见的几种情况。实验结果表明，pH 值对元素解吸速率(单位时间内解吸量)影响很小，仅对初始解吸量(实验中开始两小时内的元素解吸量)有显著影响，而且影响程度因元素不同而异。如图 4－1、图 4－2、图 4－3 所示。不同 pH 值条件下，各元素的解吸曲线变化趋势(代表单位时间内的元素解吸量变化即解吸速率变化趋势)相近，仅在解吸曲线图 Y 轴上的截距(代表初始解吸量)有明显差异，而且这种差异不同元素不尽一致。

表 4-1　河套地区土壤中痕量金属元素解吸模拟(pH = 4)实验结果

元素	含量	解吸时间										
		after 2 h	4 h	6 h	10 h	14 h	22 h	30 h	46 h	62 h	94 h	126 h
V	溶液中含量	0.022 6	0.020 4	0.020 1	0.015 7	0.016 1	0.014 6	0.012 8	0.014 2	0.008 9	0.005 8	0.003 5
	空白中含量	0	0	0	0	0	0	0	0	0	0	0
Cr	溶液中含量	0.038 5	0.037 7	0.032 8	0.029 9	0.029 4	0.024 4	0.021 7	0.020 2	0.015 9	0.01	0.007
	空白中含量	0.005 6	0.005 6	0.005 6	0.005 6	0.005 6	0.005 6	0.005 6	0.005 6	0.005 6	0.005 6	0.005 6
Mn	溶液中含量	0.148 9	0.193 2	0.167	0.154 2	0.138 1	0.131 6	0.112 8	0.135 8	0.068	0.054 7	0.027 8
	空白中含量	0	0	0	0	0	0	0	0	0	0	0
Co	溶液中含量	0.028	0.026 4	0.024 9	0.019 3	0.019 8	0.018	0.013 7	0.012 9	0.009 1	0.006 9	0.003 1
	空白中含量	0	0	0	0	0	0	0	0	0	0	0
Ni	溶液中含量	0.041 1	0.038 9	0.034 6	0.035 5	0.034 6	0.028 2	0.023 9	0.027 7	0.011 3	0.008 5	0.003 2
	空白中含量	0.003 5	0.003 5	0.003 5	0.003 5	0.003 5	0.003 5	0.003 5	0.003 5	0.003 5	0.003 5	0.003 5

注：实验样品 2.0 g，实验溶液模拟降水成分阴离子含量(mg/kg)：Cl^-=0.1，SO_4^{2-}=10.0，NO_3^-=2.0，HCO_3^-=1.0；溶液 pH=4，实验温度为 13～16℃；元素含量单位为 mg/kg。

表 4-2　河套地区土壤中痕量金属元素解吸模拟(pH = 5.6)实验结果

元素	含量	解吸时间										
		after 2 h	4 h	6 h	10 h	14 h	22 h	30 h	46 h	62 h	94 h	126 h
V	溶液中含量	0.014 6	0.011 3	0.01	0.009 5	0.008 9	0.007 9	0.008 2	0.006 8	0.004 7	0.003 9	0.004 2
	空白中含量	0	0	0	0	0	0	0	0	0	0	0
Cr	溶液中含量	0.039 3	0.037 5	0.035 2	0.030 9	0.029	0.024 9	0.024 8	0.023 4	0.018 4	0.014 3	0.009 3
	空白中含量	0.005 6	0.005 6	0.005 6	0.005 6	0.005 6	0.005 6	0.005 6	0.005 6	0.005 6	0.005 6	0.005 6
Mn	溶液中含量	0.023 8	0.011 3	0.011 1	0.011	0.013 9	0.013	0.016 7	0.011 4	0.010 5	0.010 7	0.010 7
	空白中含量	0	0	0	0	0	0	0	0	0	0	0

(续表)

元素	含量	解吸时间										
		after 2 h	4 h	6 h	10 h	14 h	22 h	30 h	46 h	62 h	94 h	126 h
Co	溶液中含量	0.026 6	0.025 5	0.022 1	0.022 8	0.021 2	0.020 8	0.016 5	0.015 2	0.011 5	0.006	0.004 5
	空白中含量	0	0	0	0	0	0	0	0	0	0	0
Ni	溶液中含量	0.038 5	0.036 1	0.033 8	0.029 3	0.024 4	0.021 4	0.023 5	0.020 2	0.013 4	0.008 3	0.003 2
	空白中含量	0.003 5	0.003 5	0.003 5	0.003 5	0.003 5	0.003 5	0.003 5	0.003 5	0.003 5	0.003 5	0.003 5
Cu	溶液中含量	0.002 8	0.002 5	0.001 6	0.000 3	0.001 2	0.000 4	0.002 6	0.000 9	0.002 1	0.000 8	0.000 8
	空白中含量	0	0	0	0	0	0	0	0	0	0	0
Pb	溶液中含量	0.112 3	0.098 2	0.094 7	0.093 3	0.087 4	0.067 3	0.067 4	0.050 1	0.057	0.030 2	0.018 4
	空白中含量	0	0	0	0	0	0	0	0	0	0	0
Fe	溶液中含量	0.314 3	0.078 3	0.067 7	0.053 7	0.045 5	0.037 4	0.057 2	0.026 8	0.037 4	0.022 2	0.024 5
	空白中含量	0	0	0	0	0	0	0	0	0	0	0

注：实验样品 2.0 g，实验溶液模拟降水成分阴离子含量(mg/kg)：$Cl^- = 0.1$，$SO_4^{2-} = 10.0$，$NO_3^- = 2.0$，$HCO_3^- = 1.0$。实验溶液 pH=5.6，实验温度为 13～16℃；元素含量单位为 mg/kg。

表 4-3　河套地区土壤中痕量金属元素解吸模拟(pH = 7)实验结果

元素	含量	解吸时间										
		after 2 h	4 h	6 h	10 h	14 h	22 h	30 h	46 h	62 h	94 h	126 h
V	溶液中含量	0.013 5	0.012 2	0.012 7	0.012 2	0.012 3	0.007 9	0.007 4	0.006	0.006 5	0.005 4	0.004 5
	空白中含量	0	0	0	0	0	0	0	0	0	0	0
Cr	溶液中含量	0.041 2	0.036 1	0.033 5	0.032 3	0.028 5	0.026 1	0.025 1	0.021	0.016 9	0.014 5	0.008 6
	空白中含量	0.005 6	0.005 6	0.005 6	0.005 6	0.005 6	0.005 6	0.005 6	0.005 6	0.005 6	0.005 6	0.005 6
Mn	溶液中含量	0.014	0.009 5	0.029 5	0.009 2	0.01	0.006 6	0.006 9	0.006	0.008 3	0.007 8	0.009
	空白中含量	0	0	0	0	0	0	0	0	0	0	0

（续表）

元素	含量	解吸时间										
		after 2 h	4 h	6 h	10 h	14 h	22 h	30 h	46 h	62 h	94 h	126 h
Co	溶液中含量	0.027 9	0.027 9	0.032	0.022 3	0.021 1	0.019 5	0.016 9	0.014 4	0.009 6	0.007 1	0.006 8
	空白中含量	0	0	0	0	0	0	0	0	0	0	0
Ni	溶液中含量	0.037 2	0.039 2	0.032 5	0.029 5	0.023 8	0.023 5	0.023 3	0.022	0.012 7	0.008 7	0.005 3
	空白中含量	0.003 5	0.003 5	0.003 5	0.003 5	0.003 5	0.003 5	0.003 5	0.003 5	0.003 5	0.003 5	0.003 5
Cu	溶液中含量	0.004 8	0.003 6	0.005 2	0.002 6	0.002 3	0.001 3	0.004	0.002 9	0.002 9	0.001 1	0.001 7
	空白中含量	0	0	0	0	0	0	0	0	0	0	0
Pb	溶液中含量	0.111	0.108 3	0.109 3	0.080 8	0.076 4	0.069 3	0.062 6	0.064 8	0.046 2	0.036 9	0.038 4
	空白中含量	0	0	0	0	0	0	0	0	0	0	0
Fe	溶液中含量	0.212 7	0.109 8	0.158 9	0.082 9	0.092 3	0.035	0.037 4	0.033 9	0.050 2	0.032 7	0.025 7
	空白中含量	0	0	0	0	0	0	0	0	0	0	0

注：实验样品 2.0 g，实验溶液模拟降水成分阴离子含量（mg/kg）：Cl^- = 0.1，SO_4^{2-} = 10.0，NO_3^- = 2.0，HCO_3^- = 1.0。实验溶液 pH = 7，实验温度为 13～16℃；元素含量单位为 mg/kg。

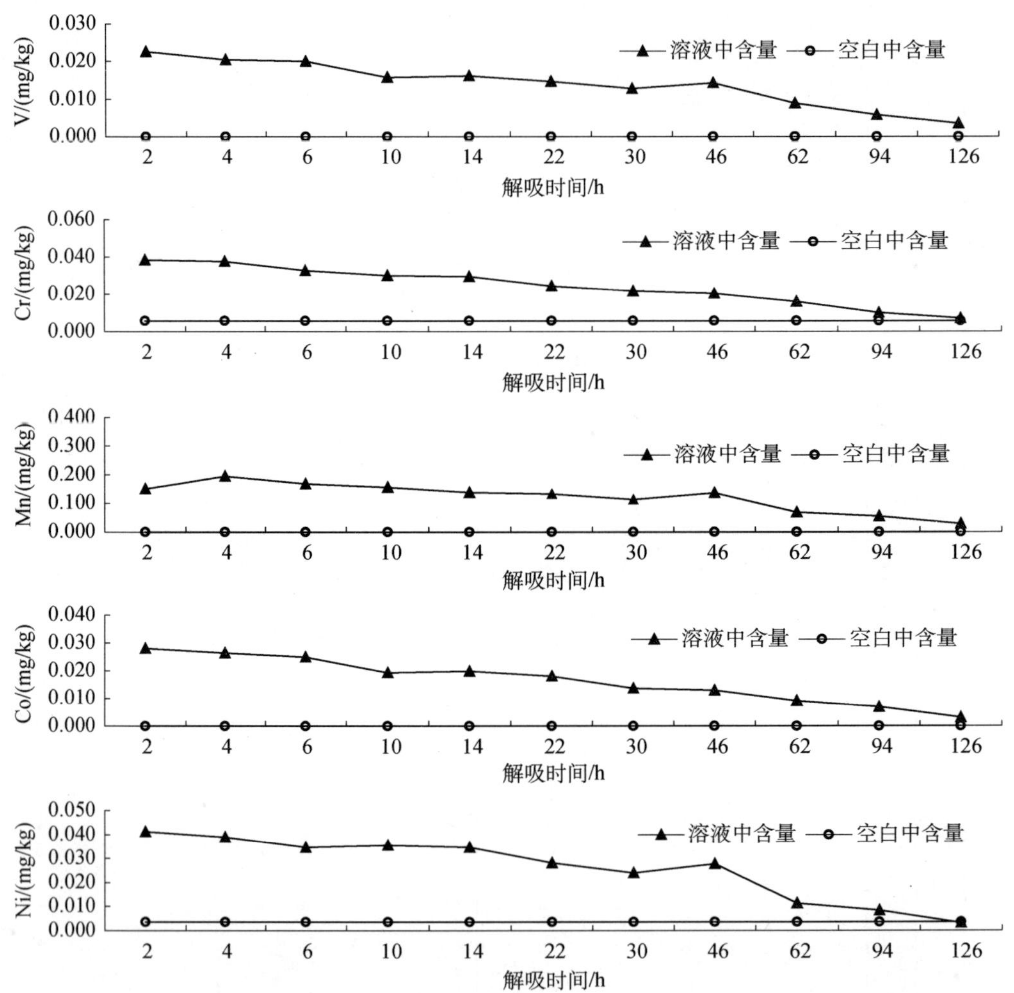

图 4-1 痕量金属元素在 pH4 和常温(13～16℃)条件下从土壤中解吸实验结果

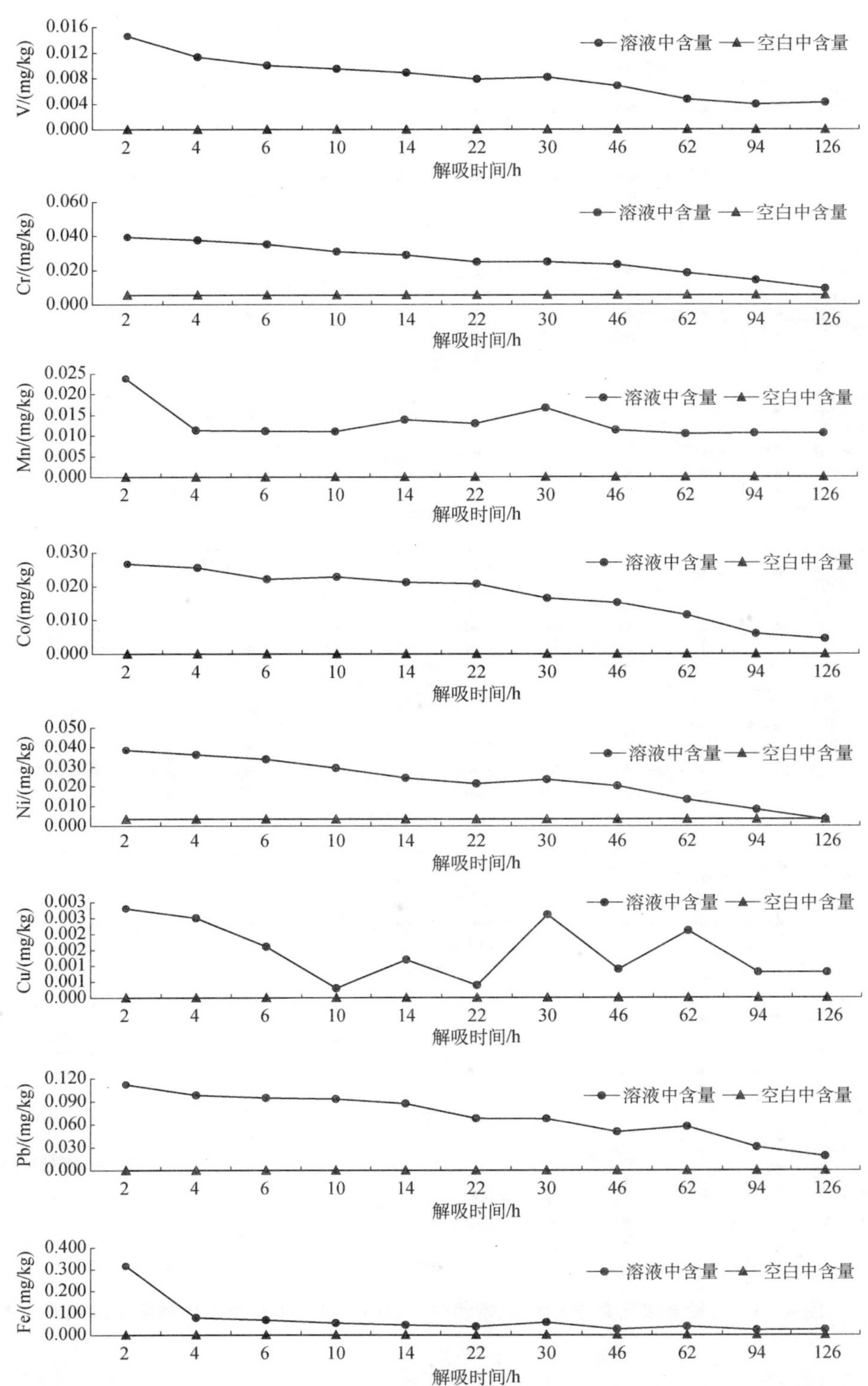

图4-2　痕量金属元素在pH5.6和常温(13～16℃)条件下从土壤中解吸实验结果

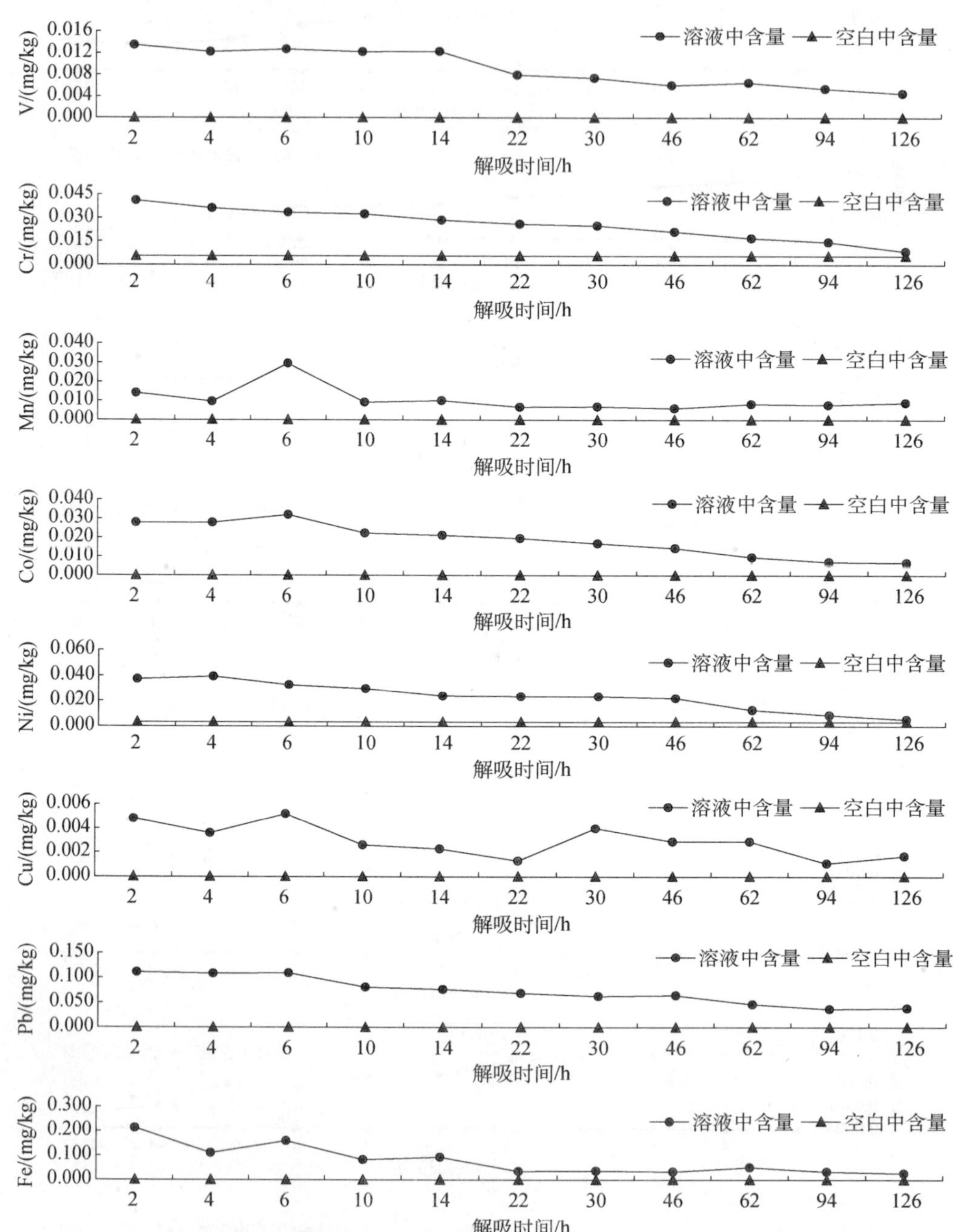

图 4-3　痕量金属元素在 pH7 和常温(13～16℃)条件下从土壤中解吸实验结果

基于上述数据，将解吸曲线的解吸时间进行标准化处理并相对于元素在反应溶液中的溶出量(解吸量)进行拟合处理后可得有关元素的标准解吸曲线，如图 4-4 所示。据此可求得土壤痕量金属元素拟合解吸方程(土壤中金属元素在水溶液作用下在溶液中含量随时间的变化规律)如下：

$$\boldsymbol{Y} = \boldsymbol{C}_{\mathrm{pH}}\mathbf{e}^{-ax}$$

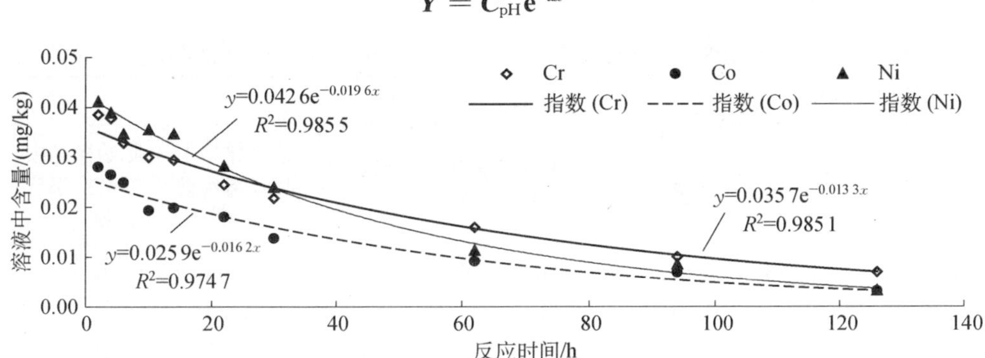

(1) Cr、Co、Ni 在 pH4 和常温(13～16℃)条件下解吸曲线及方程

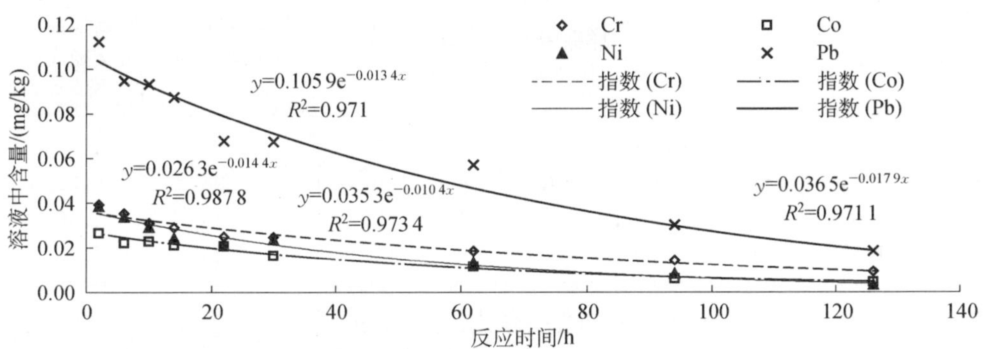

(2) Cr、Co、Ni、Pb 在 pH5.6 和常温(13～16℃)条件下解吸曲线及方程

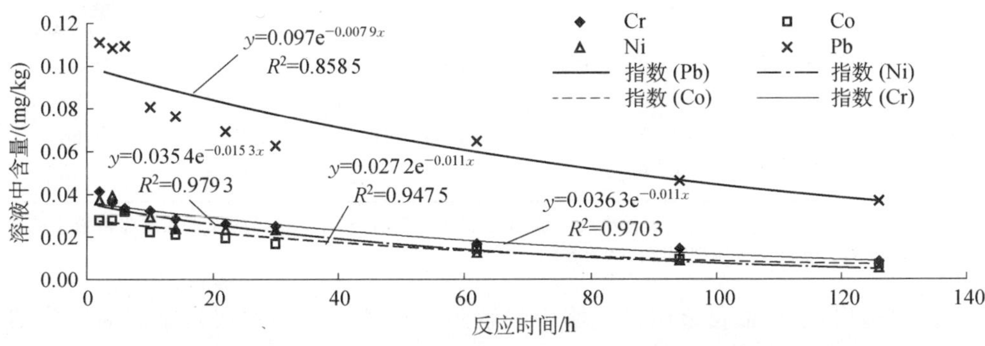

(3) Cr、Co、Ni、Pb 在 pH7 和常温(13～16℃)条件下解吸曲线及方程

图 4-4　土壤中的痕量金属元素常温常压(1atm)和不同 pH 条件下在水溶液中解吸作用的反应曲线及其方程(1)、(2)、(3)

式中:C_{pH}为解吸作用起始时刻元素在解吸溶液中的含量,是元素的解吸量表征,是pH值与元素的函数,可据实验测得。a为单位时间内元素的解吸量属性,是金属元素(阳离子)在水溶液中一定pH值条件下游离迁移的固有特性,亦即是元素解吸性质的体现,可据解吸曲线(见图4-4)拟合求得。Y代表元素在溶液中的含量。x代表解吸时间。据实验数据求得各元素有关参数如表4-4所示。

表4-4 河套地区土壤中痕量金属元素表生条件下解吸参数(元素含量单位:mg/kg)

	pH4							
	C_{pH}	C_0	a	样品中原始含量	解吸后含量	解吸率/%	原始样品中有效态含量/%	原始样品中可交换态含量/%
Cr	0.035 7	0.005 6	0.013 3	61.56	6.06	90.156	29.00	9.35
Co	0.025 9	0	0.016 2	10.65	7.85	26.291	1.28	0.32
Ni	0.042 6	0.003 5	0.019 6	34.37			20.36	0.66
	pH5.6							
	C_{pH}	C_0	a	样品中原始含量	解吸后含量	解吸率/%	原始样品中有效态含量/%	原始样品中可交换态含量/%
Cr	0.035 3	0.005 6	0.010 4	61.56	55.72	9.587	29.00	9.35
Co	0.026 3	0	0.014 4	10.65	9.55	10.329	1.28	0.32
Ni	0.036 5	0.003 5	0.017 9	34.37	29.79	13.262	20.36	0.66
Pb	0.105 9	0	0.013 4				15.25	1.13
	pH7							
	C_{pH}	C_0	a	样品中原始含量	解吸后含量	解吸率/%	原始样品中有效态含量/%	原始样品中可交换态含量/%
Cr	0.036 3	0.005 6	0.011 0	61.56	53.93	12.394	29.00	9.35
Co	0.027 2	0	0.011 0	10.65	9.14	14.178	1.28	0.32
Ni	0.035 4	0.003 5	0.015 3	34.37	28.09	18.272	20.36	0.66
Pb	0.097	0	0.007 9				15.25	1.13

注:C_0为本次模拟实验解吸溶液中元素的本底含量,据公式$Y=C_{pH}e^{-ax}$计算得出的元素在解吸溶液中的含量应减去C_0值才是实际从土壤中解吸出的元素的含量。

需要指出,上述痕量金属自土壤中的解吸方程和有关参数仅是本次研究实验的抽象结果,其普遍意义尚需要通过大量系统工作进一步证实。

3) 解吸量讨论

实验结果表明,在地表自然条件下,元素从土壤中解吸进入溶液中的比例(解吸率)在低 pH 值条件下与元素在土壤中的可交换态含量、有效态含量有很好的相关性，pH 值增高时这种相关性逐渐减弱，直至出现反相关。因此，元素在土壤中的可交换态含量、作用溶液的 pH 值是土壤向环境释放元素的制约因素，其中最主要的是 pH 值。如图 4-5、图 4-6、图 4-7 所示。不同 pH 值条件下，和相同 pH 值条件不同元素间其解吸率(元素解吸量与样品中总含量间的比值)变化较大；低 pH 值时解吸率较高，中性溶液比弱酸性溶液解吸率高；弱酸性溶液(pH＝5.6)中，元素的解吸率在本次实验模拟的三种 pH 值条件(pH ＝ 4、pH ＝ 5.6、pH ＝ 7)中为最低。这是一个非常有意思的现象，它给出了对这一问题进一步深入研究的方向。

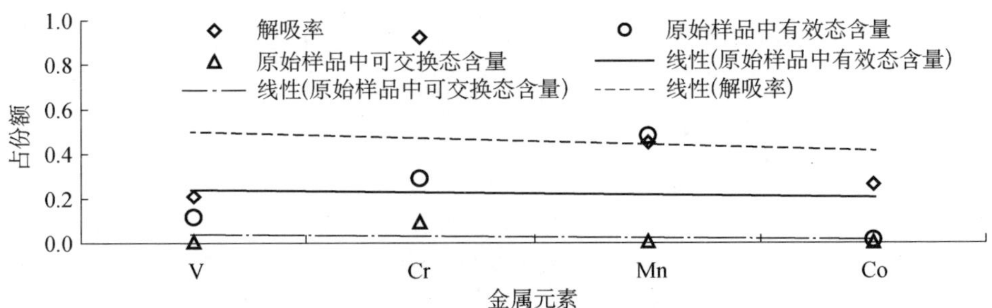

图 4-5　pH ＝ 4 时土壤中金属元素释放率与化学形态含量的相关性

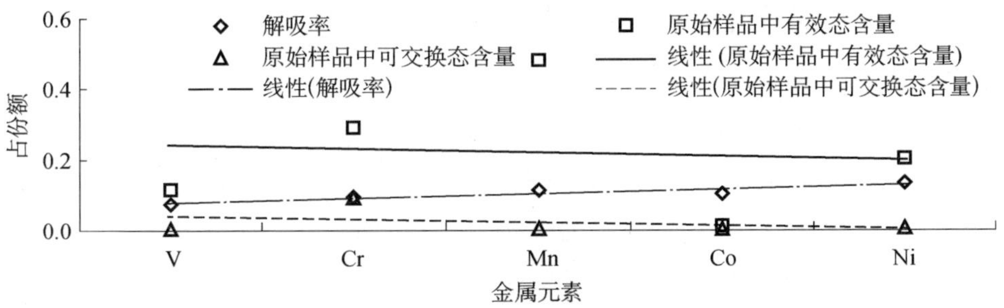

图 4-6　pH ＝ 5.6 时土壤中金属元素释放率与化学形态含量的相关性

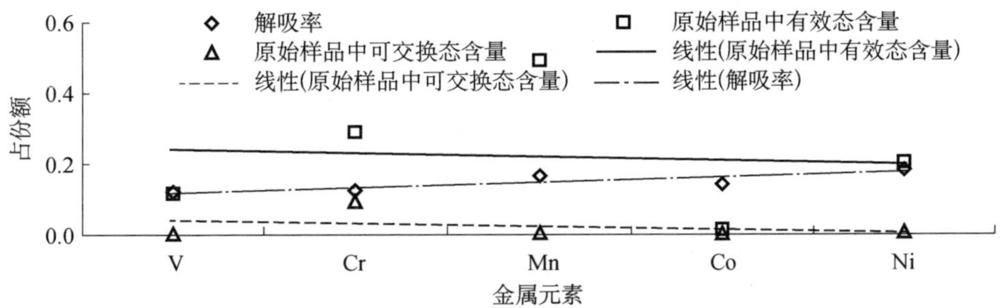

图 4-7　pH ＝ 7 时土壤中金属元素释放率与化学形态含量的相关性

上述情况表明，在本次实验所研究的元素中，自土壤中的解吸率(亦即释放率)变化最大的元素是Cr，其最大释放率可达其总含量的90%±(pH = 4时)；其释放率最低时仅占总含量的不足10%(pH = 5.6时)，仅相当于可交换态含量。其他元素的变化介于两者之间。如表4-4所示。

4.2.1.2 土壤吸持痕量金属元素模拟实验

选河套地区土壤取样A剖面上11号样点样品作为模拟实验样品，分别对其进行pH = 3、pH = 4和pH = 5.6条件下对含Cu^{2+}等多元素离子溶液中元素的吸附作用和pH = 5.6时对含Pb^{2+}单元素溶液中Pb^{2+}离子的吸附作用进行模拟。每个实验所用样品均为2.0 g，样品pH值均为7.0。

分别以配制的含金属离子溶液动态(可调节开关和滤纸控制)缓慢流经样品，定时测试经过样品后的溶液中金属离子的含量，观测其变化情况；当所测试溶液中金属离子含量等于原溶液(未流经样品溶液)中含量时，即认为吸附反应达到了平衡；分别测量、测试和计算其有关参数。

1) 模拟条件

参考研究区金属元素高背景区段地下水中金属元素含量(本次研究中的潜水、地表水测试数据、汤洁等人1996年的水质分析数据)[2]、孟加拉国砷中毒区地下水中有关元素含量[3, 4]，配制实验溶液如下(溶液中金属含量为实测值，单位为$\mu g \cdot g^{-1}$)：

含Cu^{2+}等多元素溶液中：

$V^{5+} = 0.043$　$Cr^{6+} = 0.084$　$Fe^{2+} = 0.115$　$Co^{2+} = 0.069$　$Ni^{2+} = 0.074$

$Cu^{2+} = 0.038$　$Zn^{2+} = 0.229$　$As^{5+} = 0.340$　$Pb^{2+} = 0.140$

含Pb^{2+}单元素溶液中：

$Pb^{2+} = 0.462 \mu g \cdot g^{-1}$。

配制实验溶液所用金属原液为国家钢铁材料测试中心研制的国家标准溶液(GSB962071—90)。实验温度范围为13～16℃(室温)，压力为常压(1 atm)。溶液pH值分别为pH = 3、pH = 4和pH = 5.6三种情况。

溶液pH值以醋酸和氨水调，测量使用仪器为pHS-3C精密pH计(上海雷磁仪器厂)。As元素含量分析仪器为AF-610原子荧光光谱仪(北京瑞利分析仪器公司制造)，检出限为8×10^{-5} mg/kg，其他金属含量测试使用仪器为JY380型ICP-AES(法国制造)，元素检出限分别为(mg/kg)：8×10^{-4}(V)、5.7×10^{-4}(Cr)、4.2×10^{-4}(Co)、1×10^{-2}(Ni)、2×10^{-3}(Cu)、4×10^{-3}(Zn)、3.4×10^{-3}(Pb)。全部实验工作均在南京大学地球科学系元素地球化学实验室、南京大学内生金属矿床成矿研究国家重点试验室完成。

2) 实验结果讨论

实验数据如表4-5、表4-6、表4-7和表4-8所示。

表 4-5　河套地区土壤表生条件下吸附 Cu^{2+} 等痕量金属离子模拟实验结果(pH3)

元素	含量	吸附时间												
		after 0 h	0.5 h	1 h	2 h	3 h	5 h	7 h	11 h	15 h	23 h	31 h	47 h	63 h
V	溶液中含量	0.043 6	0.045 3	0.038 4	0.047 2	0.044 7	0.048 4	0.032 0	0.019 3	0.024 0	0.038 8	0.029 5	0.020 9	0.016 4
	母液中含量	0.043 6	0.043 6	0.043 6	0.043 6	0.043 6	0.043 6	0.043 6	0.043 6	0.043 6	0.043 6	0.043 6	0.043 6	0.043 6
Cr	溶液中含量	0.087 9	0.049 2	0.050 1	0.044 7	0.042 5	0.036 5	0.035 2	0.045 5	0.041 3	0.036 4	0.034 5	0.031 9	0.032 0
	母液中含量	0.087 9	0.087 9	0.087 9	0.087 9	0.087 9	0.087 9	0.087 9	0.087 9	0.087 9	0.087 9	0.087 9	0.087 9	0.087 9
Co	溶液中含量	0.068 1	0.058 9	0.060 0	0.058 9	0.053 8	0.041 4	0.028 2	0.057 5	0.054 1	0.045 2	0.049 9	0.045 8	0.044 9
	母液中含量	0.068 1	0.068 1	0.068 1	0.068 1	0.068 1	0.068 1	0.068 1	0.068 1	0.068 1	0.068 1	0.068 1	0.068 1	0.068 1
Ni	溶液中含量	0.074 2	0.068 2	0.069 5	0.069 0	0.057 2	0.065 9	0.044 0	0.068 5	0.060 8	0.053 7	0.055 7	0.052 5	0.048 2
	母液中含量	0.074 2	0.074 2	0.074 2	0.074 2	0.074 2	0.074 2	0.074 2	0.074 2	0.074 2	0.074 2	0.074 2	0.074 2	0.074 2
Cu	溶液中含量	0.044 8	0.017 4	0.021 3	0.021 4	0.016 5	0.013 8	0.059 1	0.031 0	0.028 2	0.020 4	0.024 5	0.026 8	0.031 6
	母液中含量	0.044 8	0.044 8	0.044 8	0.044 8	0.044 8	0.044 8	0.044 8	0.044 8	0.044 8	0.044 8	0.044 8	0.044 8	0.044 8
Zn	溶液中含量	0.145 6	0.135 7	0.103 4	0.142 9	0.372 8	0.622 9	1.022 0	0.088 2	0.108 6	0.060 6	0.059 6	0.059 2	0.185 8
	母液中含量	0.145 6	0.145 6	0.145 6	0.145 6	0.145 6	0.145 6	0.145 6	0.145 6	0.145 6	0.145 6	0.145 6	0.145 6	0.145 6
As	溶液中含量	0.356 2	0.339 7	0.327 5	0.330 0	0.281 0	0.224 0	0.107 6	0.335 7	0.348 0	0.289 2	0.350 5	0.344 8	0.350 0
	母液中含量	0.356 2	0.356 2	0.356 2	0.356 2	0.356 2	0.356 2	0.356 2	0.356 2	0.356 2	0.356 2	0.356 2	0.356 2	0.356 2
Pb	溶液中含量	0.183 3	0.108 3	0.120 2	0.148 8	0.115 2	0.097 0	0.106 8	0.102 7	0.085 2	0.078 5	0.074 6	0.073 6	0.054 7
	母液中含量	0.183 3	0.183 3	0.183 3	0.183 3	0.183 3	0.183 3	0.183 3	0.183 3	0.183 3	0.183 3	0.183 3	0.183 3	0.183 3

注:实验样品 2.0 g,实验溶液 pH = 3，实验温度为 13～16℃;元素含量单位为 mg/kg。

表 4-6　河套地区土壤表生条件下吸附 Cu^{2+} 等痕量金属离子模拟实验结果(pH4)

元素	含量	吸附时间												
		after 0 h	0.5 h	1 h	2 h	3 h	5 h	7 h	11 h	15 h	23 h	31 h	47 h	63 h
V	溶液中含量	0.042 2	0.076 8	0.042 8	0.061 3	0.050 0	0.061 6	0.051 9	0.037 7	0.021 0	0.035 0	0.014 9	0.027 8	0.018 4
	母液中含量	0.042 2	0.042 2	0.042 2	0.042 2	0.042 2	0.042 2	0.042 2	0.042 2	0.042 2	0.042 2	0.042 2	0.042 2	0.042 2
Cr	溶液中含量	0.083 6	0.043 3	0.043 9	0.038 8	0.038 3	0.040 3	0.034 3	0.030 8	0.031 3	0.027 5	0.024 9	0.024 8	0.027 1
	母液中含量	0.083 6	0.083 6	0.083 6	0.083 6	0.083 6	0.083 6	0.083 6	0.083 6	0.083 6	0.083 6	0.083 6	0.083 6	0.083 6
Co	溶液中含量	0.073 3	0.053 8	0.053 3	0.056 9	0.055 9	0.056 0	0.051 8	0.038 7	0.054 2	0.040 7	0.047 8	0.048 5	0.041 4
	母液中含量	0.073 3	0.073 3	0.073 3	0.073 3	0.073 3	0.073 3	0.073 3	0.073 3	0.073 3	0.073 3	0.073 3	0.073 3	0.073 3
Ni	溶液中含量	0.073 3	0.066 3	0.071 1	0.064 2	0.063 1	0.065 4	0.058 2	0.048 3	0.058 5	0.045 3	0.051 6	0.054 6	0.044 7
	母液中含量	0.073 3	0.073 3	0.073 3	0.073 3	0.073 3	0.073 3	0.073 3	0.073 3	0.073 3	0.073 3	0.073 3	0.073 3	0.073 3
Cu	溶液中含量	0.041 0	0.008 9	0.009 9	0.010 2	0.015 2	0.012 6	0.011 7	0.022 1	0.022 6	0.014 8	0.023 2	0.016 8	0.022 9
	母液中含量	0.041 0	0.041 0	0.041 0	0.041 0	0.041 0	0.041 0	0.041 0	0.041 0	0.041 0	0.041 0	0.041 0	0.041 0	0.041 0
Zn	溶液中含量	0.123 6	0.145 8	0.117 1	0.102 0	0.188 6	0.095 9	0.080 0	0.131 3	0.073 7	0.114 1	0.060 4	0.108 2	0.114 8
	母液中含量	0.123 6	0.123 6	0.123 6	0.123 6	0.123 6	0.123 6	0.123 6	0.123 6	0.123 6	0.123 6	0.123 6	0.123 6	0.123 6
As	溶液中含量	0.363 1	0.324 4	0.310 6	0.324 9	0.317 1	0.328 4	0.294 5	0.185 4	0.361 7	0.251 3	0.357 3	0.354 4	0.354 0
	母液中含量	0.363 1	0.363 1	0.363 1	0.363 1	0.363 1	0.363 1	0.363 1	0.363 1	0.363 1	0.363 1	0.363 1	0.363 1	0.363 1
Pb	溶液中含量	0.145.7	0.120 2	0.107 4	0.116 2	0.130 7	0.098 8	0.094 5	0.089 7	0.069 9	0.067 2	0.060 7	0.04 5	0.046 8
	母液中含量	0.145 7	0.145 7	0.145 7	0.145 7	0.145 7	0.145 7	0.145 7	0.145 7	0.145 7	0.145 7	0.145 7	0.145 7	0.145 7

注:实验样品 2.0 g,实验溶液 pH = 4,实验温度为 13～16℃;元素含量单位为 mg/kg。

表 4-7　河套地区土壤表生条件下吸附 Cu^{2+} 等痕量金属离子模拟实验结果(pH5.6)

元素	含量	吸附时间												
		after 0 h	0.5 h	1 h	2 h	3 h	5 h	7 h	11 h	15 h	23 h	31 h	47 h	63 h
V	溶液中含量	0.042 7	0.048 8	0.025 8	0.029 4	0.024 0	0.026 8	0.024 0	0.026 1	0.015 8	0.026 6	0.017 3	0.021 5	0.013 0
	母液中含量	0.042 7	0.042 7	0.042 7	0.042 7	0.042 7	0.042 7	0.042 7	0.042 7	0.042 7	0.042 7	0.042 7	0.042 7	0.042 7
Cr	溶液中含量	0.083 6	0.037 0	0.034 2	0.033 5	0.032 3	0.031 2	0.028 8	0.024 9	0.025 0	0.019 4	0.019 4	0.014 4	0.015 4
	母液中含量	0.083 6	0.083 6	0.083 6	0.083 6	0.083 6	0.083 6	0.083 6	0.083 6	0.083 6	0.083 6	0.083 6	0.083 6	0.083 6
Co	溶液中含量	0.068 5	0.036 2	0.037 4	0.048 7	0.043 4	0.037 5	0.039 8	0.032 4	0.051 9	0.030 5	0.045 8	0.035 4	0.045 8
	母液中含量	0.068 5	0.068 5	0.068 5	0.068 5	0.068 5	0.068 5	0.068 5	0.068 5	0.068 5	0.068 5	0.068 5	0.068 5	0.068 5
Ni	溶液中含量	0.073 6	0.046 9	0.043 7	0.052 8	0.047 4	0.046 0	0.045 9	0.035 1	0.056 2	0.033 5	0.046 3	0.040 4	0.049 9
	母液中含量	0.073 6	0.073 6	0.073 6	0.073 6	0.073 6	0.073 6	0.073 6	0.073 6	0.073 6	0.073 6	0.073 6	0.073 6	0.073 6
Cu	溶液中含量	0.038 4	0.006 6	0.005 7	0.006 1	0.004 8	0.004 8	0.003 0	0.003 7	0.004 9	0.005 1	0.006 2	0.005 6	0.028 6
	母液中含量	0.038 4	0.038 4	0.038 4	0.038 4	0.038 4	0.038 4	0.038 4	0.038 4	0.038 4	0.038 4	0.038 4	0.038 4	0.038 4
Zn	溶液中含量	0.228 6	0.049 9	0.093 9	0.095 5	0.205 5	0.208 6	0.056 1	0.093 0	0.000 5	0.113 4	0.045 2	0.052 1	0.052 0
	母液中含量	0.228 6	0.228 6	0.228 6	0.228 6	0.228 6	0.228 6	0.228 6	0.228 6	0.228 6	0.228 6	0.228 6	0.228 6	0.228 6
As	溶液中含量	0.340 0	0.287 4	0.247 5	0.304 5	0.245 5	0.220 1	0.242 1	0.208 4	0.299 6	0.215 2	0.301 7	0.274 3	0.324 8
	母液中含量	0.340 0	0.340 0	0.340 0	0.340 0	0.340 0	0.340 0	0.340 0	0.340 0	0.340 0	0.340 0	0.340 0	0.340 0	0.340 0
Pb	溶液中含量	0.134 8	0.097 5	0.100 7	0.1 3	0.089 1	0.093 5	0.074 3	0.069 8	0.068 1	0.064 8	0.047 8	0.045 4	0.023 7
	母液中含量	0.134 8	0.134 8	0.134 8	0.134 8	0.134 8	0.134 8	0.134 8	0.134 8	0.134 8	0.134 8	0.134 8	0.134 8	0.134 8

注:实验样品 2.0 g,实验溶液 pH = 5.6,实验温度为 13～16℃;元素含量单位为 mg/kg。

表 4-8　河套地区土壤表生条件下吸附 Pb^{2+} 离子模拟实验结果(pH5.6)

元素	含量	吸附时间												
		after 0 h	0.5 h	1 h	2 h	3 h	5 h	7 h	11 h	15 h	23 h	31 h	47 h	63 h
Pb	溶液中含量	0.461 9	0.214 9	0.206 6	0.214 1	0.250 2	0.093 5	0.232 1	0.077 8	0.304 6	0.382 6	0.247 3	0.235 6	0.274
	母液中含量	0.461 9	0.461 9	0.461 9	0.461 9	0.461 9	0.461 9	0.461 9	0.461 9	0.461 9	0.461 9	0.461 9	0.461 9	0.461 9

注:实验样品 2.0 g,实验溶液 pH = 5.6,实验温度为 13～16℃;元素含量单位为 mg/kg。

该结果表明，本次实验时间段(63 h)内，除 As、Zn 二元素外，土壤对溶液中金属离子的吸附多数元素未达到吸附平衡。未达到吸附平衡的元素(V、Cr、Co、Ni、Cu 和 Pb)中 V、Co、Ni、Cu 表现为高 pH 值条件下吸附能力较低 pH 值条件要强，如图 4－8、图 4－9、图 4－10 所示。地表条件下土壤对痕量金属元素的吸附参数见表 4－9。结合上述吸附曲线图结果，其表明达到吸附平衡的元素达到平衡所需时间在低 pH 值条件下较之高 pH 值条件下要短。这些现象说明，偏酸性环境中土壤对金属离子的吸附持留能力是较弱的。

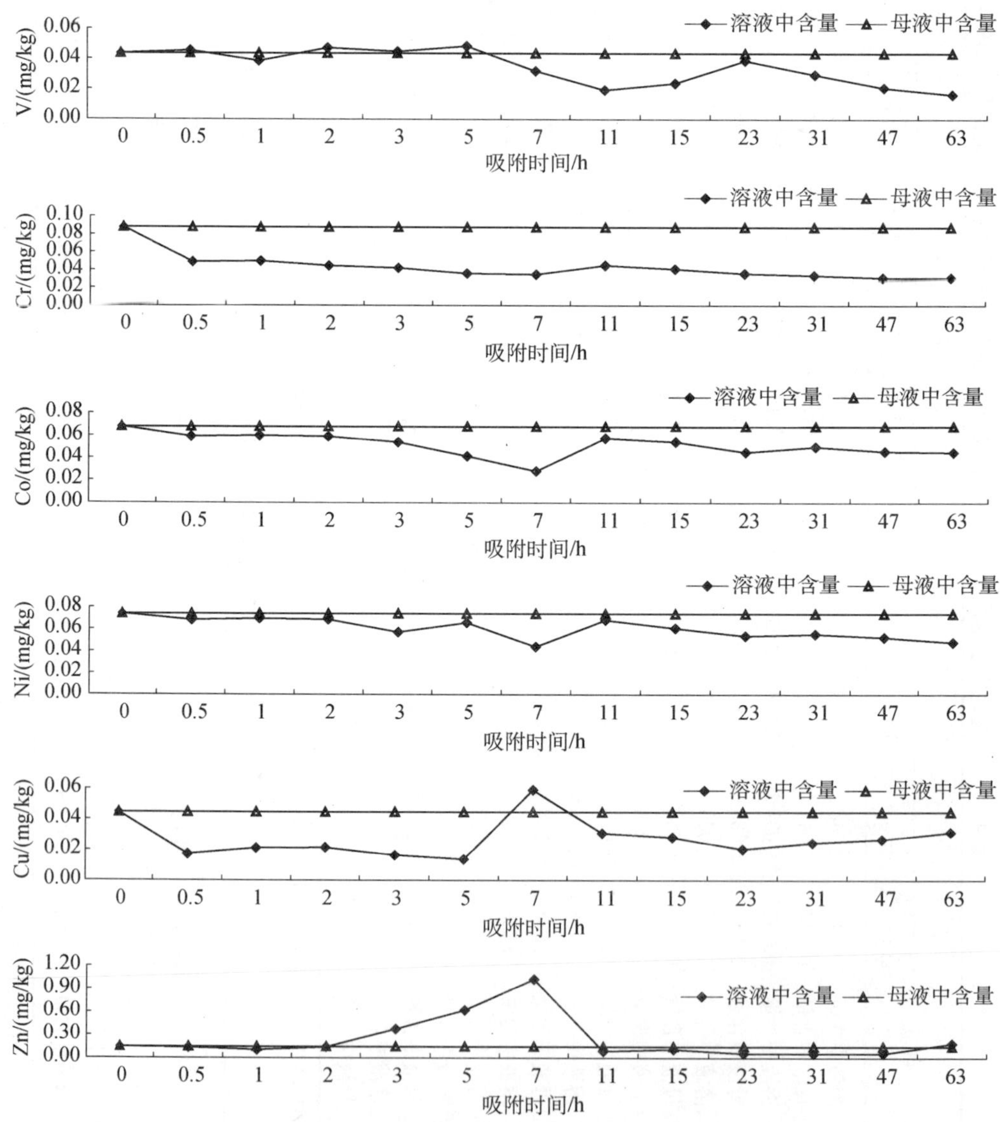

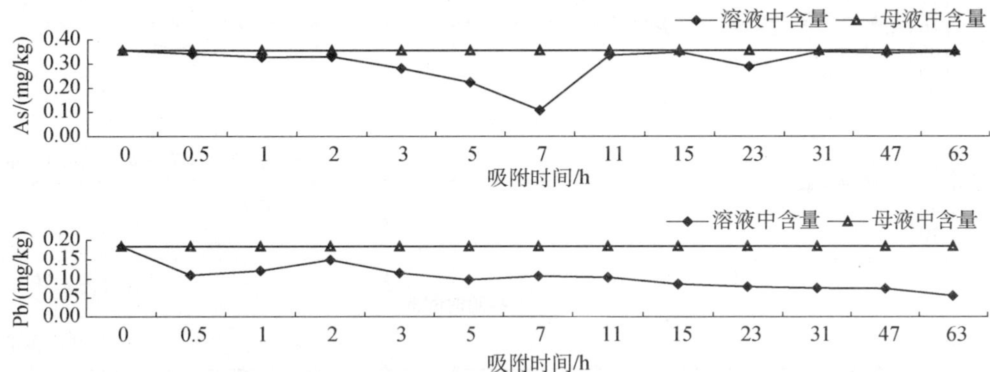

图 4-8　河套地区土壤对 Cu^{2+} 等痕量金属离子吸附模拟实验结果(pH3、13～16℃)

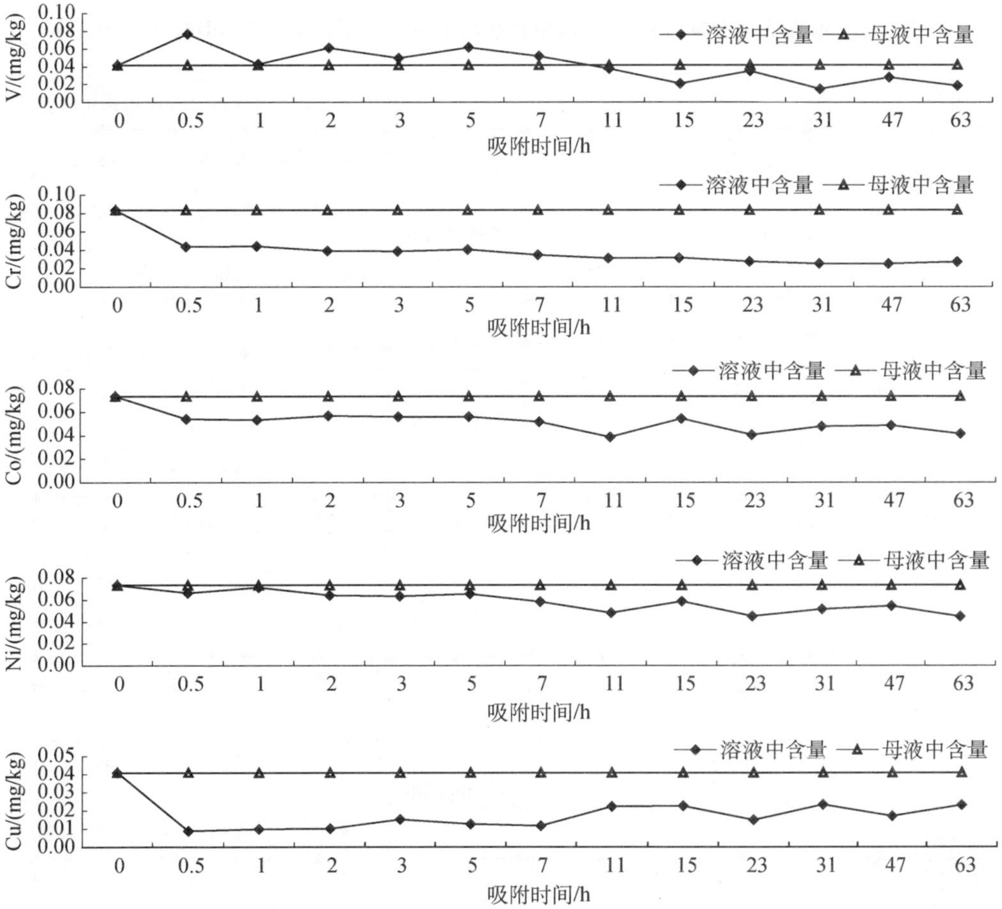

V/(mg/kg)　0.10　0.08　0.06　0.04　0.02　0.00
溶液中含量　母液中含量
0 0.5 1 2 3 5 7 11 15 23 31 47 63
吸附时间/h

Cr/(mg/kg)　0.10　0.08　0.06　0.04　0.02　0.00
溶液中含量　母液中含量
0 0.5 1 2 3 5 7 11 15 23 31 47 63
吸附时间/h

Co/(mg/kg)　0.08　0.06　0.04　0.02　0.00
溶液中含量　母液中含量
0 0.5 1 2 3 5 7 11 15 23 31 47 63
吸附时间/h

Ni/(mg/kg)　0.08　0.06　0.04　0.02　0.00
溶液中含量　母液中含量
0 0.5 1 2 3 5 7 11 15 23 31 47 63
吸附时间/h

Cu/(mg/kg)　0.05　0.04　0.03　0.02　0.01　0.00
溶液中含量　母液中含量
0 0.5 1 2 3 5 7 11 15 23 31 47 63
吸附时间/h

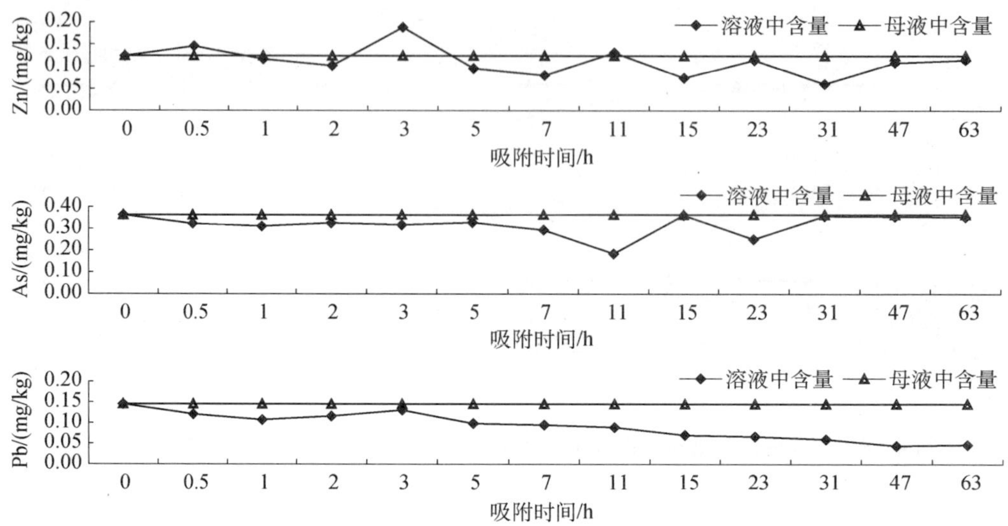

图 4－9　河套地区土壤对 Cu^{2+} 等痕量金属离子吸附模拟实验结果(pH4、13～16℃)

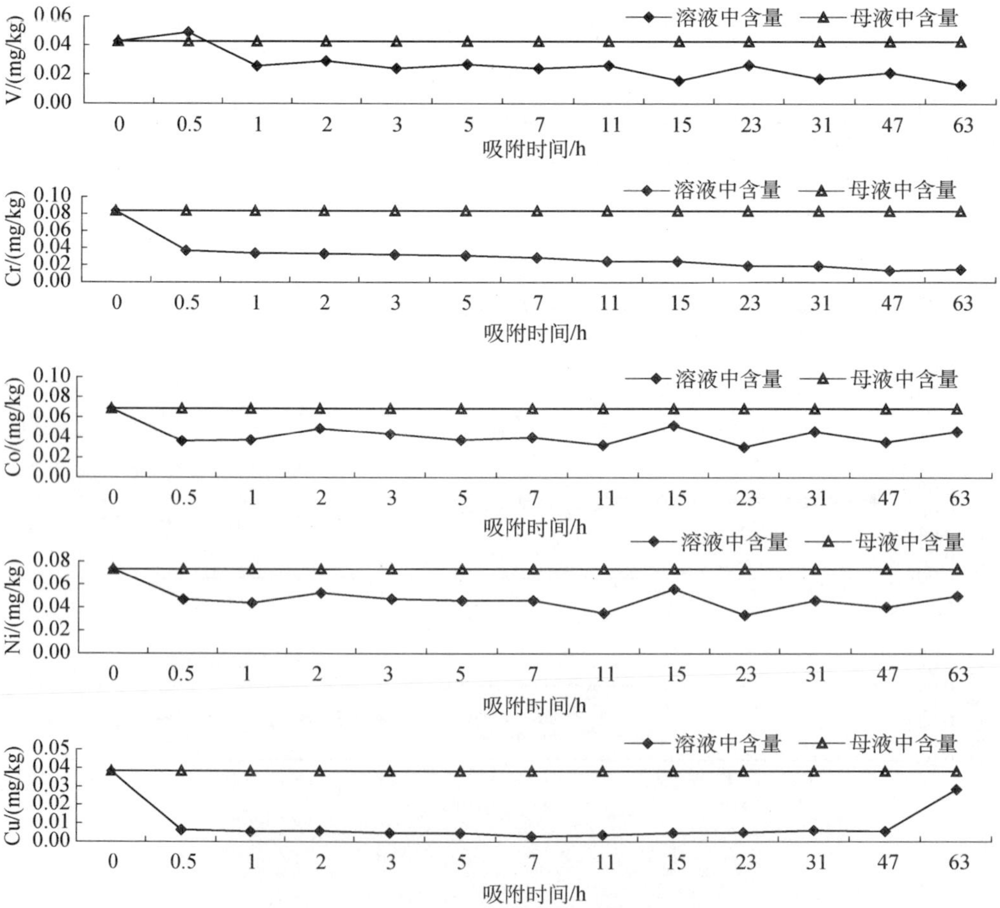

溶液中含量　母液中含量
V/(mg/kg)
0.06 0.04 0.02 0.00
0 0.5 1 2 3 5 7 11 15 23 31 47 63
吸附时间/h

溶液中含量　母液中含量
Cr/(mg/kg)
0.10 0.08 0.06 0.04 0.02 0.00
0 0.5 1 2 3 5 7 11 15 23 31 47 63
吸附时间/h

溶液中含量　母液中含量
Co/(mg/kg)
0.10 0.08 0.06 0.04 0.02 0.00
0 0.5 1 2 3 5 7 11 15 23 31 47 63
吸附时间/h

溶液中含量　母液中含量
Ni/(mg/kg)
0.08 0.06 0.04 0.02 0.00
0 0.5 1 2 3 5 7 11 15 23 31 47 63
吸附时间/h

溶液中含量　母液中含量
Cu/(mg/kg)
0.05 0.04 0.03 0.02 0.01 0.00
0 0.5 1 2 3 5 7 11 15 23 31 47 63
吸附时间/h

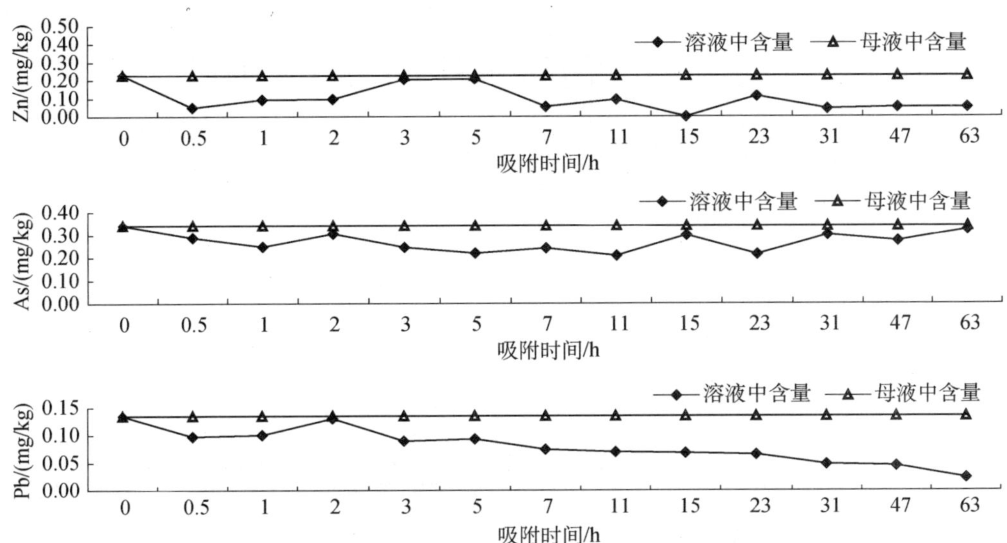

图 4－10　河套地区土壤对 Cu^{2+} 等痕量金属离子吸附模拟实验结果(pH5.6、13～16℃)

表 4－9　表生条件下土壤对痕量金属元素的吸附参数(元素含量单位:mg/kg)

元素	pH3，Cu^{2+} 等多元素溶液					
	实验时间	吸附平衡时间/h	样品中原始含量	吸附后含量	达平衡后含量	反应 63 h 时吸附率/(mg/kg)
V	63	>63	46.199 9	52.079 9	>52.08	5.880 1
Cr	63	>63	61.559 8	74.933 1	>74.933	13.373 2
Co	63	>63	10.653 3	11.293 3	>11.293	0.640 0
Ni	63	>63	34.373 2	35.570 0	>35.57	1.196 8
Cu	63	>63				
Zn	63	≈63				
As	63	31	7.239 3	9.800 0	9.800 0	2.560 7
Pb	63	>63				

元素	pH4，Cu^{2+} 等多元素溶液					
	实验时间	吸附平衡时间/h	样品中原始含量	吸附后含量	达平衡后含量	反应 63 h 时吸附率/(mg/kg)
V	63	>63	46.199 9	49.466 5	>49.466 5	3.266 7
Cr	63	>63	61.559 8	108.000 0	>108.000 0	46.440 2
Co	63	>63	10.653 3	11.666 6	>11.667 0	1.013 3
Ni	63	>63	34.373 2	38.013 2	>38.013 0	3.640 0
Cu	63	>63				
Zn	63	≈63				
As	63	31	7.239 3	10.100 0	10.100 0	2.860 7
Pb	63	>63				

（续表）

元素	pH5.6，Cu^{2+}等多元素溶液					
	实验时间	吸附平衡时间/h	样品中原始含量	吸附后含量	达平衡后含量	反应63 h时吸附率/(mg/kg)
V	63	>63	46.199 9	103.200 0	>103.200 0	57.000 1
Cr	63	>63	61.559 8	98.630 0	>98.630 0	37.070 2
Ni	63	>63	34.373 2	38.190 0	>38.190 0	3.816 8
Cu	63	≈63				
Zn	63	>63				
As	63	≈63	7.239 3	7.700 0	7.700 0	0.460 7
Pb	63	>63				
元素	pH5.6，Pb^{2+}单元素溶液					
	实验时间	吸附平衡时间/h	样品中原始含量	吸附后含量	达平衡后含量	反应63 h时吸附率/(mg/kg)
Pb	63	>63	122.000 0	129.573 0	>129.573 0	7.573 0

单元素吸附与多元素吸附的情况相比，单位时间内的吸附量单元素吸附的情况大于多元素吸附，如图4－10、图4－11所示。由于两种情况实验中的母液Pb^{2+}含量不同，而且在两个实验中也均未达到吸附平衡，土壤在两种情况下的吸附能力（吸附最大极限、吸附作用随时间变化规律）尚较难估计。但是，本次实验已获得的数据揭示出土壤对金属离子的吸附能力随溶液中金属离子种类的多少和含量的变化，在几十小时时间尺度内亦可随之变化这样一个事实。溶液中金属离子种类少、含量高时，土壤对其相应吸附能力即增强。土壤对金属离子的吸附能力是随溶液中金属种类的多少及浓度变化而变化的。这即意味着土壤对金属离子的吸附是条件弹性的，一定条件下吸附潜力会是相当大的。

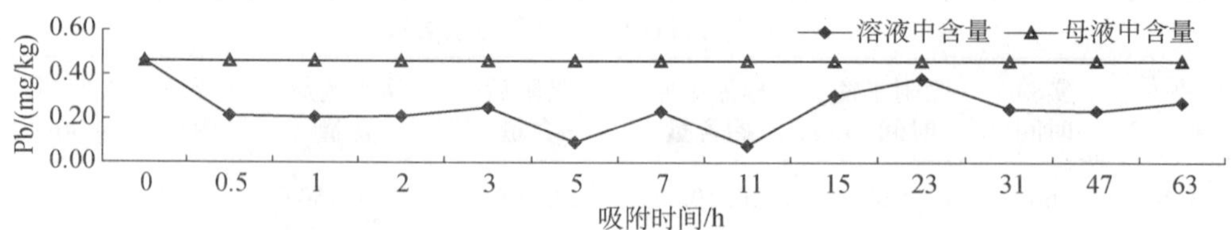

图4－11 河套地区土壤对痕量金属离子Pb^{2+}吸附模拟实验结果（pH5.6、13～16℃）

4.2.2 城市污染土壤中痕量金属元素解吸模拟实验

城市土壤中痕量金属元素在地表条件下经大气降水淋溶，使其进入土壤溶液或潜水，从而在其中随水的运动迁移扩散，这是城市环境表生条件下元素地球化学迁移的最重要形式之一。然而，这种作用对元素迁移的影响程度和随时间怎样变化等问题，目前尚未见到过专门研究报道，而这些参数对正确认识城市土壤体系中痕量金属元素迁移规律和制约因素以致污染的形成机理均具有至关重要的作用与意义，对之进行深入研究是环境科学研究中一项必要的基础性工作。

1）实验条件、程序及结果

实验采用高压釜循环系统，反应容器为玻璃管（高压釜内玻璃衬套），解吸溶液为模拟当地降水成分的水溶液[1]：含 SO_4^{2-} 0.025%、HCO_3^- 0.024%，pH 值为 6（HCl、NaOH 调），实验温度为 50℃，压力为常压。与高压釜循环系统配套的压力泵驱动溶液流动，筒式电炉恒温加热。溶液与样品（1.0 g）每反应 20 h 后，取反应溶液测试，并将反应过的溶液放出，同时再注入未反应溶液反应 20 h 后取样。如此重复直至反应溶液中元素含量接近或达到未反应溶液中含量为止。实验溶液阴离子含量测试仪器为 Diorex－300 型离子色谱仪（美国制造），pH 值检测仪器为 pHS－3C 精密 pH 计（上海雷磁仪器厂制）。痕量金属元素测试采用 ICP－AES（仪器为 TJA－1100 型，美国制造）法，元素检出限分别为（mg/kg）：2×10^{-3}（V）、3×10^{-3}（Co）、2.5×10^{-2}（Pb）。实验及成分测试工作分别在南京大学地球科学系高温高压实验室及南京大学现代分析中心 ICP 室完成。

样品中痕量金属元素（Pb、Co、V 等）解吸量和解吸时间关系如图 4－12 所示。该图表明，在实验条件下 Pb、Co、V 三元素在溶液中达到溶出最大极限即达到溶解平衡的时间大致相等，为 80～100 h，其解吸率（解吸量/样品中原始含量）如表 4－10 所示。

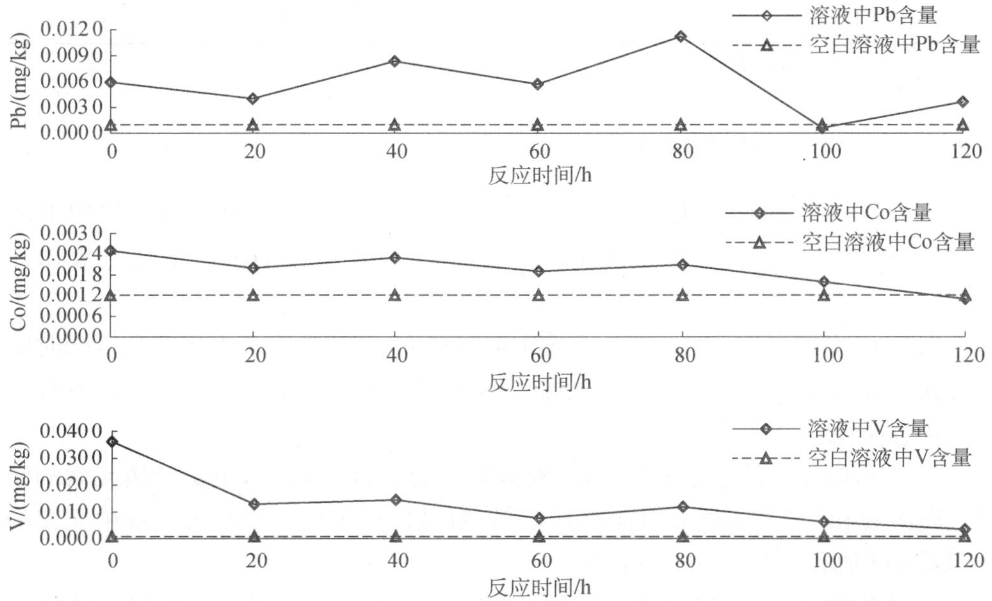

图 4－12　南京市土壤沉积物痕量金属元素解吸实验结果（宁—杭公路其林门段土壤样品）

2）实验结果讨论

综合分析实验结果，在自然界达到上述溶解平衡的时间可能要稍长于实验时间，但就元素解吸率而言，在介质相同、条件相同前提下是不会有很大变化的。因为这一参数主要由元素在土壤中的化学形态（或赋存形式）和其固有的吸持解吸特性所决定。地表条件下，土壤中被降水溶出的金属主要是其有效态部分，与相应样品化学形态实验结果相比，其林门样品 Pb、Co、V 在实验中被解吸的量远小于其有效态部分（见表 4－10）。从这些结果中可以看出，城市表生沉积物中 Pb、Co、V 被降水溶出的部分最大可达其有效态部分的三分之一左右。上述实验结果表明，在被淋滤物质大量存在的情况下，即使是解吸率很低的痕量金属元素，在环境介质中的含量也会有不容忽视的积累效应。

表 4－10　南京地区土壤中痕量金属元素解吸实验结果（元素含量单位：mg/kg）

	V	Co	Pb
样品中原始含量	110.20	16.77	25.91
解吸后样品中含量	106.30	15.72	24.88
解吸量	3.90	1.05	1.03
解吸量/原始含量/%	3.50	6.30	4.00
原始样品中有效态含量	9.15	6.15	19.50
原始样品中可交换态含量	0.60	1.08	13.60
解吸量占有效态含量比例/%	42.60	17.10	5.30
实验温度/℃	50	50	50
实验时间/h	100	80	80
实验溶液 pH 值	5.0～5.5	5.0～5.5	5.0～5.5

注：淋滤液为模拟当地自然降水的溶液，其含 SO_4^{2-} 0.025%、含 HCO_3^- 0.024%。

4.2.3　实验揭示现象归纳讨论

综上所述，区域与城市土壤中痕量金属元素在地表条件自然降水作用下的解吸、土壤对痕量金属元素吸持模拟实验结果，可从中归纳出如下几点规律性事实：

① 在降水作用下不同元素从土壤中解吸速率，即解吸溶液中元素含量随时间的变化率是大致相近的，这一参数可能是常温常压和自然降水条件下元素解吸作用的固有属性。

② 在解吸作用的起始阶段（本次模拟实验的开始 2 h 内），痕量金属元素的解吸量随溶液 pH 值和不同元素而存在差异，解吸作用起始阶段解吸溶液中元素的含量是 pH 值和元素种类的函数。

③ 本次研究工作实验条件下，元素解吸反应平衡时间因元素不同、pH 值不

同、环境温度不同而不同。pH 值愈低反应达平衡所需时间愈短，环境温度愈高反应达平衡所需时间愈短，酸性介质中和较高温度下元素容易从土壤中解吸。

④ 土壤对金属离子的吸附能力随溶液中金属离子种类的多少和含量的变化在几十小时时间尺度内可随之变化。溶液中金属离子种类少、含量高时，土壤对其相应吸附能力即增强。偏酸性条件下土壤对金属离子的吸附能力低于偏碱性条件下的吸附能力。偏酸性条件下土壤对金属离子的吸附作用比偏碱性条件较早达到吸附平衡。

元素在土壤中的可交换态含量、作用溶液的 pH 值是土壤向环境释放元素的制约因素，其中最主要的是 pH 值，如图 4 - 5、图 4 - 6、图 4 - 7 所示。不同 pH 值条件下，和相同 pH 值条件不同元素间其解吸率(元素解吸量与样品中总含量间的比值)变化较大，低 pH 值时解吸率较高，中性溶液比弱酸性中溶液解吸率高，弱酸性溶液(pH = 5.6)中，元素的解吸率在本次实验模拟的三种 pH 值条件(pH = 4、pH = 5.6、pH = 7)中为最低。地表条件下，土壤中痕量金属元素在水溶液作用下的解吸作用服从如下规律：

$$\boldsymbol{Y} = \boldsymbol{C}_{\mathrm{pH}} \mathbf{e}^{-ax}$$

式中：$\boldsymbol{Y}$ 为元素在解吸溶液中的含量；x 为解吸作用时间；$\boldsymbol{C}_{\mathrm{pH}}$ 为在一定条件(pH 值、温度)下元素的初始解吸量(可据实验测得)；$\boldsymbol{a}$ 为元素在一定条件(pH 值、温度)下的解吸系数，是元素在溶液中自土壤解吸之解吸性质的固有属性，可据实验拟合曲线求得。

⑤ 河套地区土壤中 Cr、Co 的解吸率大于其有效态含量，是个非常有趣和需要深入研究探讨的问题。

4.3　城市大气颗粒物中痕量金属元素释放机制模拟实验

4.3.1　南京市大气颗粒物痕量金属元素释放模拟实验

实验样品为南京市南京大学鼓楼校区 2000 年元月份降尘样。通过实验试图了解大气中悬浮颗粒物在地表或近地表条件下(地表常温、常压和降水参与)向环境(大气环境、土壤环境、水环境)释放痕量金属元素的量值、影响因素和作用机理。

以模拟当地地表条件自然降水成分(阴离子)和 pH 值的水溶液与样品作用，溶液以缓慢流动的形式动态浸泡样品，定时测定流经样品的溶液中痕量金属元素含量，当溶液中金属元素含量出现最小值，即达到或接近未与样品作用过的空白溶液样中含量时，样品与溶液达到了解吸平衡，所经历的时间即为解吸作用平衡时间。表明此时样品中在地表通常条件下能够解吸的金属元素全部解吸。

具体模拟条件如下：

pH = 5.6 (HOAc 和 NH_4OH 调)，

$T = 13 \sim 16°$ (室温)，

常压(1 atm)，

实验样品为 0.17 g，pH = 6。

实验溶液成分(mg/kg)：$Cl^- = 0.1$　$SO_4^{2-} = 10.0$　$NO_3^- = 2.0$　$HCO_3^- = 1.0$。

溶液阴离子测试、pH 值测量及使用各类试剂级别、器皿预处理程序和要求、测试仪器均同河套地区土壤解吸模拟实验。样品痕量金属元素测试采用 ICP - AES 法(JY380 型 ICP - AES，法国制造)，检出限分别为(mg/kg)：8×10^{-4}(V)、5.7×10^{-4}(Cr)、2×10^{-4}(Mn)、4.2×10^{-4}(Co)、1×10^{-2}(Ni)、2×10^{-3}(Cu)、3.4×10^{-3}(Pb)、3×10^{-3}(Fe)。全部实验工作在南京大学地球科学系元素地球化学实验室和南京大学内生金属矿床成矿研究国家重点实验室完成。

4.3.2 结果讨论

实验结果如表 4 - 11 所示。

降尘中金属元素解吸特征与土壤中解吸特征相近(如图 4 - 13 所示)，即痕量金属元素从降尘中解吸亦服从前述土壤中金属元素解吸方程：

$$\boldsymbol{Y} = \boldsymbol{C}_{\mathrm{pH}}\mathbf{e}^{-ax}$$

式中：$\boldsymbol{Y}$ 为元素在解吸溶液中的含量；x 为解吸作用时间；$\boldsymbol{C}_{\mathrm{pH}}$ 为在一定 pH 条件下元素的初始解吸量；a 为解吸系数，是元素解吸量随时间变化规律的体现，与 pH 值及元素种类有关。

据实验数据(见表 4 - 11、图 4 - 13)求得南京市大气降尘金属解吸曲线及有关参数如图 4 - 14、表 4 - 12 所示。数据表明，在地表通常条件下，痕量金属元素从大气沉降颗粒物中的解吸量一般接近或高于样品中有效态含量。在所研究元素中，自然条件下其自降尘向环境的释放率在 18.18%～58.33%间，因元素不同差异较大。

分析自然条件下南京市大气降尘释放痕量金属元素模拟实验结果有如下两点认识：

① 大气降尘自然条件下释放痕量金属元素具有与土壤相近的规律(即服从指数规律)，pH 值和温度是元素从颗粒中的释放的主要影响因素。pH 值低、温度高时，元素解吸量较高。

② V、Cr 二元素从降尘中的解吸量大于其有效态含量，是个需要进一步研究探讨的问题。

表 4-11　南京市大气降尘中痕量金属元素解吸模拟实验结果(元素含量单位:mg/kg)

元素	含量	解吸时间										
		after 2 h	4 h	6 h	10 h	14 h	22 h	30 h	46 h	62 h	94 h	126 h
V	溶液中含量	0.009 4	0.008 6	0.007 7	0.007 9	0.00 7	0.006 1	0.005 6	0.005 1	0.004 4	0.003 1	0.002 3
	空白中含量	0	0	0	0	0	0	0	0	0	0	0
Cr	溶液中含量	0.039 9	0.046 2	0.037 9	0.033 3	0.030 5	0.026 4	0.024 4	0.022 9	0.016 5	0.014 4	0.010 3
	空白中含量	0.005 6	0.005 6	0.005 6	0.005 6	0.005 6	0.005 6	0.005 6	0.005 6	0.005 6	0.005 6	0.005 6
Mn	溶液中含量	0.003 8	0.005 1	0.00 4	0.00 3	0.002 7	0.002 3	0.002 3	0.002	0.002 8	0.001 3	0.001 3
	空白中含量	0	0	0	0	0	0	0	0	0	0	0
Co	溶液中含量	0.028 3	0.025 7	0.024 3	0.022 7	0.022 6	0.019 5	0.018 9	0.014 6	0.010 4	0.009 6	0.006 1
	空白中含量	0	0	0	0	0	0	0	0	0	0	0
Ni	溶液中含量	0.039 5	0.045 4	0.034 1	0.033	0.028 5	0.026 2	0.022 7	0.020 2	0.014 6	0.010 3	0.007 8
	空白中含量	0.003 5	0.003 5	0.003 5	0.003 5	0.003 5	0.003 5	0.003 5	0.003 5	0.003 5	0.003 5	0.0035
Cu	溶液中含量	0.001 3	0.002 8	0.001 3	0.001 2	0.000 9	0.000 3	0.000 5	0.000 3	0.001 2	0.000 5	
	空白中含量	0	0	0	0	0	0	0	0	0	0	0
Pb	溶液中含量	0.111 7	0.110 7	0.098 8	0.095 2	0.093 4	0.078 4	0.067 8	0.056 9	0.053 3	0.029 4	0.034 5
	空白中含量	0	0	0	0	0	0	0	0	0	0	0
Fe	溶液中含量	0.035 0	0.029 2	0.017 5	0.040 9	0.012 8	0.014 0	0.014 0	0.012 8	0.016 3	0.015 2	
	空白中含量	0	0	0	0	0	0	0	0	0	0	0

注:实验样品 0.17 g,实验溶液 pH = 5.6,实验温度为 13～16℃。实验溶液模拟降水成分阴离子含量(mg/kg):$Cl^- = 0.1$,$SO_4^{2-} = 10.0$,$NO_3^- = 2.0$,$HCO_3^- = 1.0$。

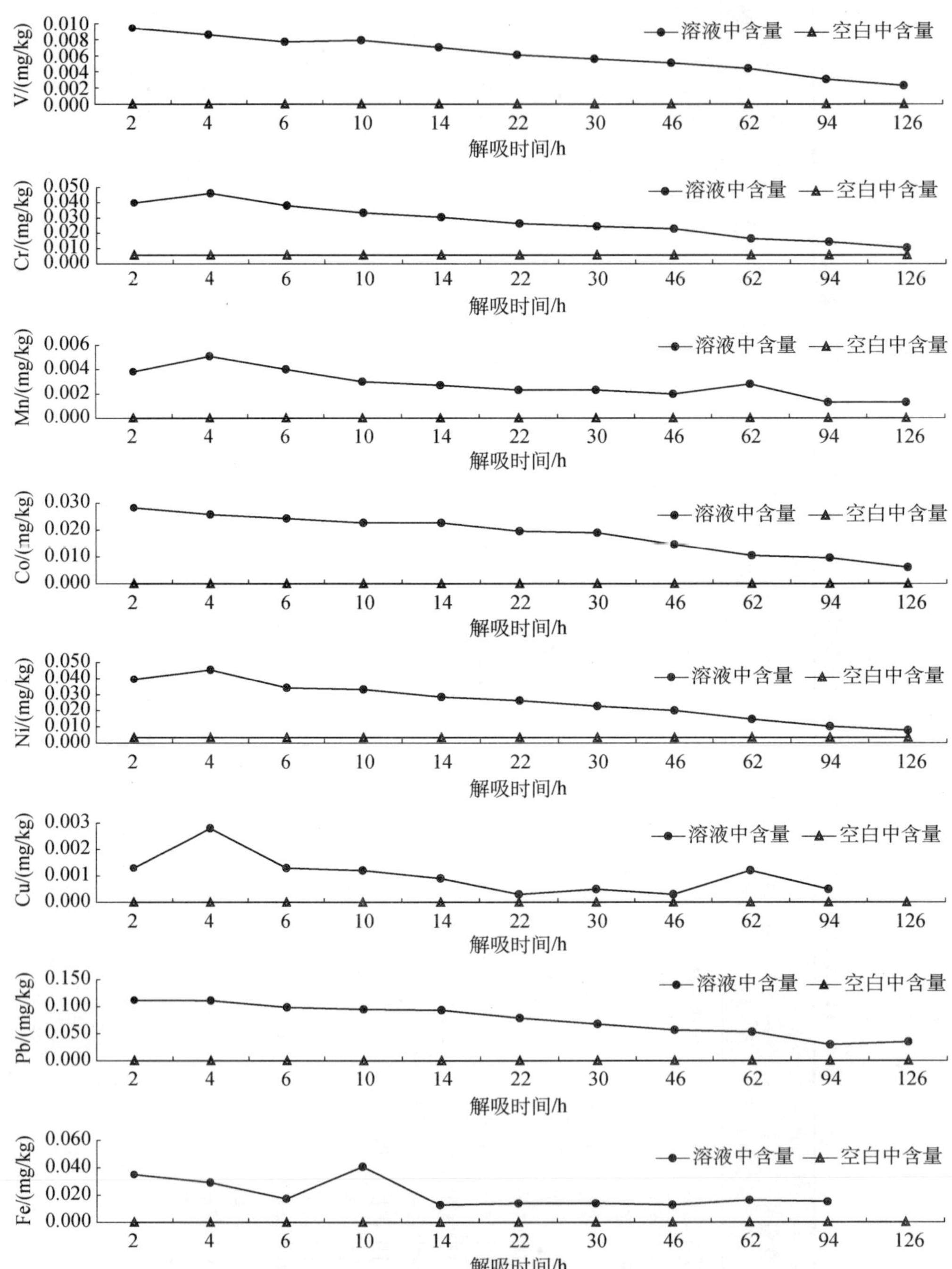

图 4-13 南京市大气降尘中痕量金属元素解吸模拟实验(pH5.6、13～16℃)结果

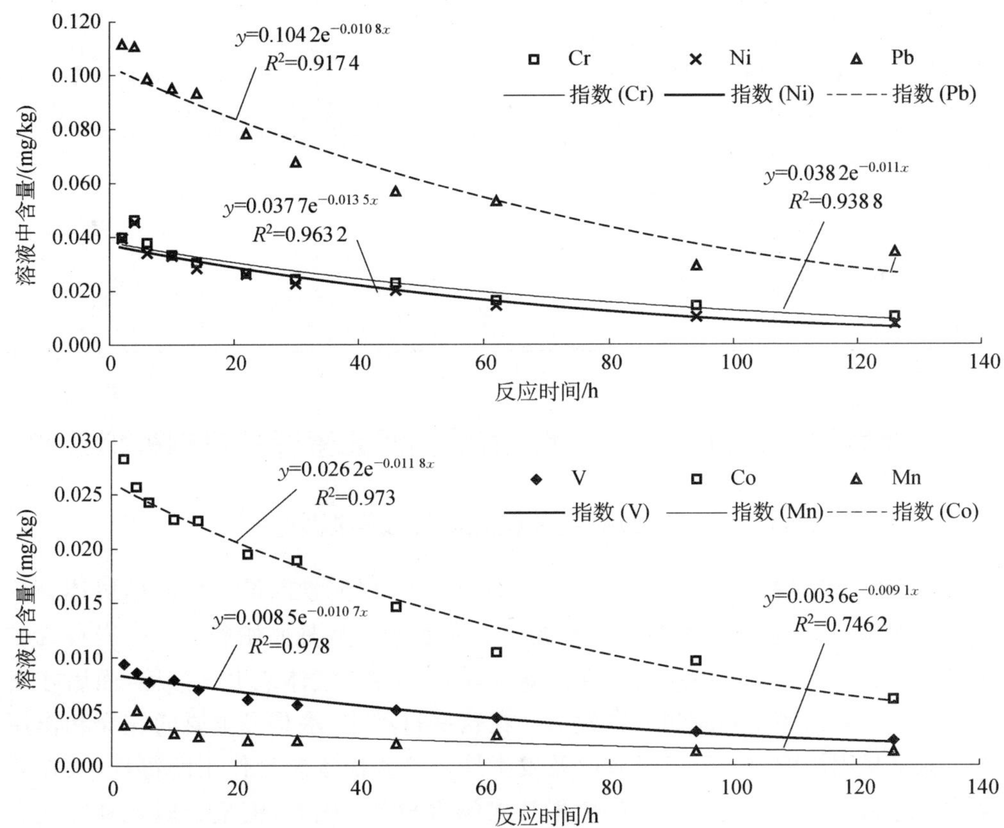

图 4-14　大气降尘中痕量金属元素常温(13～16℃)、常压(1 atm)和 pH 值为 5.6 条件下在水溶液中解吸作用的反应曲线及其方程

表 4-12　南京市大气降尘中痕量金属元素表生条件下解吸参数(元素含量单位:mg/kg)

	pH5.6，T=13～16℃;实验溶液中含/(mg/kg) Cl^-= 0.1，SO_4^{2-}= 10.0，NO_3^-= 2.0，HCO_3^-= 1.0					
	C_{pH}	C_0	a	样品中原始含量	解吸后含量	解吸率/%
V	0.008 5	0	0.010 7	220.000	180.000	18.180
Cr	0.038 2	0.005 6	0.011	120.000	50.000	58.330
Mn	0.003 6	0	0.009 1	215.960		
Co	0.026 2	0	0.118	35.94 2		
Ni	0.104 2	0.003 5	0.010 8	52.150		
Pb	0.037 7	0	0.013 5	270.000	190.000	29.630

（续表）

	原始样品中		
	有效态含量/%	可交换态含量/%	Fe-Mn 氧化物态含量/%
V	6.54	0.27	3.17
Cr	2.35	0.01	0.93
Mn	31.93	1.52	21.67
Co	66.20	0.00	4.45
Ni	50.30	0.46	1.53
Pb	38.76	0.05	29.86

4.4 地表固体颗粒(岩石、矿物)痕量金属元素释放机制模拟实验

4.4.1 固体颗粒(岩石、矿物)痕量金属元素释放模拟实验

地表固体(岩石、矿物)颗粒是地球表面痕量金属元素的最主要原始载体。从环境科学角度看，它是元素的初始释放源。元素经过从其原始载体——岩石或矿物颗粒释放进入环境或体系的其他形式介质，如溶液、气体或生物体等，而后才发生和引起一系列环境效应和生物效应。在这些过程中，水是最重要的媒介和作用剂。元素从固体颗粒向环境释放以及发生作用要经由水与之作用的过程，其在体系中的迁移转化和生物吸收也都离不开水的参与[5]。因此，痕量金属元素在地表自然条件下(常温、常压、降水、大气、生物参与)从固体颗粒中释放机制模拟实验是了解元素从其原始载体进入环境的起始阶段的过程和现象的钥匙。这是设计和进行本次研究工作模拟实验的基本思想和理论依据。

1) 实验样品、模拟条件及实验步骤

试样选自内蒙古河套地区东升庙 Pb、Zn、S 矿区矿石(选矿物分布较均匀的矿石)，选物相最均匀部位切制成 1 cm×1 cm×0.2 cm 的规则块体，并按样品实际大小计算出其表面积。

实验溶液为模拟降水成分的水溶液，含(μg/mL)：Cl^-=0.1、SO_4^{2-}=10.0、NO_3^-=2.0、HCO_3^-=1.0。

溶液 pH 值分别模拟 pH = 3、pH = 4、pH = 5.6 和 pH = 7 四种情况。

实验温度为 13～16℃(室温)和 50℃(仅 pH = 5.6 情况下模拟)。

实验时间为 1 030 h。

将试样洗涤干净和晾干后置入装有实验溶液的烧杯中，以最小的面与烧杯底接触，样品保持直立。定时取出烧杯中溶液测试元素含量。

实验所用器皿均预先以 10% HCl 浸泡 24 h 后冲洗、烘干使用，各类试剂均为

优级纯级，水为二次去离子水。实验具体条件如表4－13所示。

表4－13　地表固体颗粒释放金属粒子模拟实验模拟条件

实验编号	试样特征			实验溶液中阴离子含量/(mg/kg)				实验溶液特征	
	名称	重量/g	表面积/cm^2	Cl^{1-}	SO_4^{2-}	NO_3^-	HCO_3^-	pH	温度/℃
1	铅锌矿石	0.72	2.80	0.10	10.80	2.00	1.00	3	13～16
2	铅锌矿石	0.87	2.87	0.10	10.80	2.00	1.00	4	13～16
3	铅锌矿石	0.74	2.80	0.10	10.80	2.00	1.00	5.6	13～16
4	铅锌矿石	0.73	2.80	0.10	10.80	2.00	1.00	7	13～16
5	铅锌矿石	0.74	2.61	0.10	10.80	2.00	1.00	5.6	50

实验编号	试样中有关元素含量/(mg/kg)										
	V	Cr	Mn	Co	Ni	Cu	Zn	As	Sb	Pb	Bi
1	124.4	42.42	12140	24.66	48.42	1729	5713	104.3	40.36	244.2	53.54
2	124.4	42.42	12140	24.66	48.42	1729	5713	104.3	40.36	244.2	53.54
3	124.4	42.42	12140	24.66	48.42	1729	5713	104.3	40.36	244.2	53.54
4	124.4	42.42	12140	24.66	48.42	1729	5713	104.3	40.36	244.2	53.54
5	124.4	42.42	12140	24.66	48.42	1729	5713	104.3	40.36	244.2	53.54

2）*元素分析测试*

实验溶液阴离子含量测试仪器为Diorex－300型离子色谱仪(美国制造)。pH值测量仪器为pHS－3C精密pH计(上海雷磁仪器厂制)。元素含量分析除As、Cd外，其他元素使用仪器为ElementⅡ型ICP－MS(Finnigan MAT公司制造)，As含量分析使用AF－610A型原子荧光光谱仪(北京瑞利分析仪器公司制造)。ElementⅡ型ICP－MS元素检出限(mg/kg)：1×10^{-7}(V)、1×10^{-6}(Cr)、1×10^{-6}(Mn)、5×10^{-6}(Co)、1×10^{-6}(Ni)、1×10^{-6}(Cu)、1×10^{-6}(Zn)、1×10^{-7}(Sb)、1×10^{-7}(Pb)、1×10^{-8}(Bi)、1×10^{-6}(Fe)、1×10^{-6}(Al)；AF－610A型原子荧光光谱仪As元素检出限为8×10^{-5} mg/kg。全部实验在南京大学地球科学系元素地球化学实验室完成，As、Cd含量测试在南京大学现代分析中心完成，其他成分测试工作在南京大学内生金属矿床成矿研究国家重点实验室完成。

4.4.2　结果讨论

实验结果如表4－13、表4－14、表4－15、表4－6、表4－17、表4－18所示。

数据表明，pH值和温度对元素释放量(颗粒的单位面积溶出金属量)都有明显的影响。如图4－15、图4－16、图4－17、图4－18和图4－19所示。相同pH值时，多数元素表现出高温下释放量高于低温时释放量。如图4－17所示实验结果，pH＝5.6、T＝13℃与图4－19所示pH＝5.6、T＝50℃时的结果存在明显差异。

表 4-14　地表固体颗粒释放痕量金属粒子模拟实验结果(pH3)

元素	after 120 h		360 h			840 h			1 030 h		
	溶出金属量	释放量	溶出金属量	本次释放量	累加释放量	溶出金属量	本次释放量	累加释放量	溶出金属量	本次释放量	累加释放量
V	0. 220 0	0. 078 6	0. 445 6	0. 080 6	0. 159 1	0. 940 8	0. 176 9	0. 336 0	0. 813 3	−0. 045 5	0. 290 5
Cr	0. 570 0	0. 203 6	0. 291 8	−0. 099 4	0. 104 2	1. 191	0. 321 1	0. 425 4	0. 998 4	−0. 068 8	0. 356 6
Mn	18. 030 0	6. 439 3	40. 039 2	7. 860 4	14. 299 7	66. 732 15	9. 533 2	23. 832 9	75. 079 15	2. 981 1	26. 814 0
Co	0. 315 0	0. 112 5	0. 184 5	−0. 046 6	0. 065 9						
Ni	1. 205 0	0. 430 4	0. 803 7	−0. 143 3	0. 287 0	1. 892 7	0. 388 9	0. 676 0	1. 891 55	−0. 000 4	0. 675 6
Cu	0. 910 0	0. 325 0	0. 661 8	−0. 088 6	0. 236 4	0. 513 75	−0. 052 9	0. 183 5	0. 372 2	−0. 050 6	0. 132 9
Zn	47. 535 0	16. 976 8	37. 434 9	−3. 607 2	13. 369 6	23. 493 9	−4. 978 9	8. 390 7	23. 199 4	−0. 105 2	8. 285 5
As	3. 335 0	1. 191 1	2. 941 7	−0. 140 5	1. 050 6	0. 898 5	−0. 729 7	0. 320 9	0. 119 3	−0. 278 3	0. 042 6
Sb	0. 665 0	0. 237 5	0. 536 7	−0. 045 8	0. 191 7	1. 948 35	0. 504 2	0. 695 8	1. 103 7	0. 302 0	0. 394 2
Pb	2. 160 0	0. 771 4	3. 625 6	0. 523 4	1. 294 9	9. 061 05	1. 941 2	3. 236 1	7. 224 2	−0. 656 0	2. 580 1
Bi	0. 060 0	0. 021 4	0. 293 4	0. 083 4	0. 104 8	1. 209 3	0. 327 1	0. 431 9	1. 460 8	0. 089 8	0. 521 7
Fe	623. 000 0	222. 500 0	1 632. 20	360. 428 6	582. 928 6	59 945. 385	20 826. 14	21 409. 07	70 762. 385	3 863. 21	25 272. 28
Al	17. 560 0	6. 271 4	22. 968 0	1. 931 4	8. 202 9	1. 768 2	−7. 571 4	0. 631 5	1. 768 2	0	0. 631 5

注:溶出金属量指累加量,单位为 μg;释放量单位为 $\mu g \cdot cm^{-2}$;试样表面积=2. 8 cm^{-2},实验溶液 pH = 3,实验温度=13℃,常压。

表 4-15　地表固体颗粒释放痕量金属粒子模拟实验结果(pH4)

元素	after 120 h		360 h			840 h			1 030 h		
	溶出金属量	释放量	溶出金属量	本次释放量	累加释放量	溶出金属量	本次释放量	累加释放量	溶出金属量	本次释放量	累加释放量
V	0.135	0.047 0	0.491 1	0.124 1	0.171 1	0.446 8	−0.015 4	0.155 7	0.433 8	−0.004 5	0.151 1
Cr	0.555	0.193 4	0.461 1	−0.032 7	0.160 7	1.313 7	0.297 1	0.457 7	1.502 8	0.065 9	0.523 6
Mn	0.175	0.061 0	6.671 3	2.263 5	2.324 5	10.350 9	1.282 1	3.606 6	10.795 5	0.154 9	3.761 5
Co	0.405	0.141 1	0.268 1	−0.047 7	0.093 4	0.123 3	−0.050 5	0.042 9	0.182 4	0.020 6	0.063 5
Ni	0.555	0.193 4	0.488 7	−0.023 1	0.170 3	1.952 1	0.509 9	0.680 2	1.678 1	−0.095 5	0.584 7
Cu	0.325	0.113 2	1.289 1	0.335 9	0.449 2	0.845 4	−0.154 6	0.294 6	0.283 5	−0.195 8	0.098 8
Zn	28.965	10.092 3	63.607 9	12.070 7	22.163 0	20.436 8	−15.042 2	7.120 8	19.469 7	−0.337 0	6.783 9
As	4.585	1.597 6	4.152 9	−0.150 6	1.447 0	−0.398 8	−1.586 0	−0.139 0	−1.279 4	−0.306 8	−0.445 8
Sb	0.455	0.158 5	0.202 1	−0.088 1	0.070 4	1.485 1	0.447 0	0.517 4	1.384 5	−0.035 1	0.482 4
Pb	2.265	0.789 2	0.756 9	−0.525 5	0.263 7	3.280 3	0.879 2	1.143 0	6.202 1	1.018 0	2.161 0
Bi	0.07	0.024 4	0.367 6	0.103 7	0.128 1	1.698 0	0.463 5	0.591 6	1.004 0	−0.241 8	0.349 8
Fe	492.6	171.637 6	1 071.916	201.852 3	373.489 9	36 566.24	12 367.36	12 740.85	33 197.54	−1 173.76	11 567.09
Al	13.28	4.627 2	16.147	0.999 0	5.626 1	1.130 5	−5.232 2	0.393 9	1.130 5	0	0.393 9

注：溶出金属量指累加量，单位为 μg；释放量单位为 $\mu g \cdot cm^{-2}$；试样表面积 = 2.87 cm^{-2}，实验溶液 pH = 4，实验温度 = 13℃，常压。

表 4-16　地表固体颗粒释放痕量金属粒子模拟实验结果(13℃、pH5.6)

元素	after 120 h		360 h			840 h			1 030 h		
	溶出金属量	释放量	溶出金属量	本次释放量	累加释放量	溶出金属量	本次释放量	累加释放量	溶出金属量	本次释放量	累加释放量
V	0.125 0	0.044 6	0.338 7	0.076 3	0.121 0	0.425 0	0.030 8	0.151 8	0.513 6	0.031 6	0.183 4
Cr	0.455 0	0.162 5	0.349 3	−0.037 8	0.124 8	1.510 6	0.414 7	0.539 5	1.494 0	−0.005 9	0.533 6
Mn	1.065 0	0.380 4	3.352 9	0.817 1	1.197 5	5.995 8	0.943 9	2.141 4	5.245 7	−0.267 9	1.873 5
Co	0.140 0	0.050 0	0.169 4	0.010 5	0.060 5	0.395 5	0.080 7	0.141 2	0.326 4	−0.024 7	0.116 6
Ni	0.940 0	0.335 7	0.268 0	−0.240 0	0.095 7	1.662 1	0.497 9	0.593 6	1.385 0	−0.099 0	0.494 6
Cu	0.800 0	0.285 7	1.129 0	0.117 5	0.403 2	0.513 0	−0.220 0	0.183 2	0.208 39	−0.108 8	0.074 4
Zn	100.450 0	35.875 0	43.342 2	−20.395 6	15.479 4	18.773 2	−8.774 7	6.704 7	8.611 56	−3.629 1	3.075 6
As	3.835 0	1.369 6	3.946 9	0.040 0	1.409 6						
Sb	0.245 0	0.087 5	0.534 5	0.103 4	0.190 9	1.747 6	0.433 2	0.624 1	1.546 0	−0.072 0	0.552 1
Pb	1.805 0	0.644 6									
Bi	0.160 0	0.057 1									
Fe	5.875 0	2.098 2	20.459 1	5.208 6	7.306 8	247.427 6	81.060 2	88.367 0	117.006 6	−46.578 9	41.788 1
Al	14.380 0	5.135 7	18.637 2	1.520 4	6.656 1	1.249 2	−6.210 0	0.446 1	1.249 2	0	0.446 1

注:溶出金属量指累加量,单位为 μg;释放量单位为 $\mu g \cdot cm^{-2}$;试样表面积=2.8 cm^{-2},实验溶液 pH = 5.6,实验温度=13℃,常压。

表 4-17　地表固体颗粒释放痕量金属粒子模拟实验结果(pH7)

元素	after 120 h		360 h			840 h			1 030 h		
	溶出金属量	释放量	溶出金属量	本次释放量	累加释放量	溶出金属量	本次释放量	累加释放量	溶出金属量	本次释放量	累加释放量
V	0.145 0	0.051 8	0.247 9	0.036 8	0.088 5	0.460 9	0.076 1	0.164 6	0.431 85	−0.010 4	0.154 2
Cr	0.330 0	0.117 9	0.272 8	−0.020 4	0.097 4	0.965 3	0.247 3	0.344 7	1.882 6	0.327 6	0.672 4
Mn	1.855 0	0.662 5	1.486 7	−0.131 5	0.531 0	2.488 2	0.357 7	0.888 6	1.477 65	−0.360 9	0.527 7
Co	0.185 0	0.066 1	0.227 3	0.015 1	0.081 2	0.216 2	−0.004 0	0.077 2	0.169 9	−0.016 5	0.060 7
Ni	49.335 0	17.619 6	3.295 9	−16.442 5	1.177 1	4.383 5	0.388 4	1.565 5	4.295 4	−0.031 4	1.534 1
Cu	0.745 0	0.266 1	1.019 9	0.098 2	0.364 3	0.820 1	−0.071 4	0.292 9	0.255 65	−0.201 6	0.091 3
Zn	49.335 0	17.619 6	30.831 5	−6.608 4	11.011 3	10.055 4	−7.420 1	3.591 2	4.585 05	−1.953 7	1.637 5
As	3.220 0	1.150 0	2.534 6	−0.244 8							
Sb	0.465 0	0.166 1	0.184 3	−0.100 3	0.065 8	1.357 4	0.419 0	0.484 8	1.878 4	0.186 1	0.670 8
Pb	0.075 0	0.026 8									
Bi	0.065 0	0.023 2									
Fe	7.705 0	2.751 8	12.643 1	1.763 6	4.515 4	150.371 5	49.188 7	53.704 1	25.768 5	−44.501 1	9.203 0
Al	14.160 0	5.057 1	14.686 4	0.188 0	5.245 1	1.300 8	−4.780 6	0.464 6	1.300 8	0	0.464 6

注:溶出金属量指累加量,单位为 μg;释放量单位为 $\mu g \cdot cm^{-2}$;试样表面积=2.8 cm^{-2},实验溶液 pH = 7 ,实验温度=13℃,常压。

表 4-18　地表固体颗粒释放痕量金属粒子模拟实验结果(50℃、pH5.6)

元素	after 120 h		360 h			840 h			1 030 h		
	溶出金属量	释放量	溶出金属量	本次释放量	累加释放量	溶出金属量	本次释放量	累加释放量	溶出金属量	本次释放量	累加释放量
V	0.292 3	0.112 0	0.826 1	0.204 5	0.316 5	0.973 3	0.056 4	0.372 9	0.894 3	−0.030 3	0.342 6
Cr	0.144 3	0.055 3	0.042 9	−0.038 9	0.016 4	0.314 9	0.104 2	0.120 7	1.119 9	0.308 4	0.429 1
Mn	5.217 0	1.998 9	9.724 2	1.726 9	3.725 7	10.761 4	0.397 4	4.123 1	6.042 1	−1.808 2	2.315 0
Co	0.170 2	0.065 2									
Ni	0.299 7	0.114 8	2.088 3	0.685 3	0.800 1	2.957 0	0.332 8	1.133 0	1.698 3	−0.482 3	0.650 7
Cu	0.836 2	0.320 4	1.181 0	0.132 1	0.452 5	2.130 9	0.363 9	0.816 4	0.739 2	−0.533 2	0.283 2
Zn	7.736 7	2.964 3	9.020 1	0.491 7	3.456 0	24.385 6	5.887 2	9.343 1	5.696 6	−7.160 5	2.182 6
As	3.207 9	1.229 1	−1.725 9	−1.890 3	−0.661 3	1.047 0	1.062 4	0.401 1	2.296 9	0.478 9	0.880 0
Sb	0.074 0	0.028 4	2.987 2	1.116 2	1.144 5	2.420 9	−0.217 0	0.927 5	2.070 6	−0.134 2	0.793 3
Bi	0.303 4	0.116 2	2.030 6	0.661 8	0.778 0	1.677 5	−0.135 3	0.642 7	2.076 8	0.153 0	0.795 7
Fe	7.559 1	2.896 2	276.591 3	103.077 5	105.973 7	386.565 3	42.135 6	148.109 3	177.069 3	−80.266 7	67.842 6
Al	6.415 8	2.458 2	1.907 4	−1.727 4	0.730 8	1.907 4	0	0.730 8	1.907 4	0	0.730 8

注：溶出金属量指累加量，单位为 μg；释放量单位为 $\mu g \cdot cm^{-2}$；试样表面积＝2.61 cm^{-2}，实验溶液 pH＝5.6，实验温度＝50℃，常压。

这些差异主要体现在初始释放量或溶出量的差别上，相当于本次实验试样与溶液作用 120 h 后的测量值。而溶出量或释放量随时间的变化率不同温度下多数元素是大致一致的。这些特征对于 V、Cr、Mn、Ni、Cu、Sb、Fe 等元素在实验结果图上体现得都较明显。Zn、Al 两个元素的情况出现例外，高温条件下其释放量反而降低。Al 的溶出量曲线变化趋势不同温度下基本一致，温度较高时释放量低但比低温时提前达到溶解平衡。Zn 除了在较低温度时释放量较高外，其初始释放量即达到释放极大值(即本实验中 120 h 时的测量值)，在 240 h 左右达到溶解平衡；在较高温度(50℃)时，在反应 840 h 后才达到释放量极大值，如图 4 - 17、图 4 - 19 所示。存在于上述现象中深入的化学和物理化学机理可作为本研究在这一方向上今后进一步深化的具体内容。

相同温度、不同 pH 值条件时，元素释放量 V、Cr、Sb、Fe 明显具有低 pH 值时有较高的释放量、相对高 pH 值时有较低的释放量的变化规律。释放量随时间的变化率(释放量趋势线斜率)在不同 pH 值条件下基本一致，溶解反应达平衡所需时间亦相近。pH 值对释放量的影响主要体现在初始释放量(本实验中反应 120 h后的测量值)的差异上，如图 4 - 15、图 4 - 16、图 4 - 17 和图 4 - 18 所示。

Mn、Cu、As、Pb、Bi、Al 的情况较特殊。

Mn 在低 pH 值条件下，释放量明显大于高 pH 值时的情况，本次实验中 pH = 3 时在相同作用时间的溶出量是 pH = 5.6 时相应量的近 10 倍，见表 4 - 14、表 4 - 16；随着 pH 值的增高其释放量逐渐降低，当 pH 值分别为 7 和 6 时，840 h 后其溶出量达到最大值，pH ≤ 4 时(本实验的 pH = 4、pH = 3 两种情形)其溶出量达最大值时间>130 h，如图 4 - 15、图 4 - 16 所示。

Cu 在低 pH(pH = 3)值条件下初始释放量(120 h 测量值)即是其释放量最大值，当 pH ≥ 4 时，反应 360 h 后释放量达最大值，达到最大值后不同 pH 值条件下其随时间的变化率是基本一致的。pH 值对 Cu 从固体颗粒中释放的影响主要表现为对反应达平衡的速度的差异上，低 pH 值时反应速度加快，反之变慢。

As 只有在低 pH 条件时(本实验中 pH = 3 时)才有可测量的释放量，而且初始释放量(120 h 值)即为其最大值。当 pH ≥ 4 时，As 从本次实验的固体颗粒中无可测量释放量。

Pb 在 pH 值低(pH = 3)时较 pH 高(pH = 4)时较早达到释放量最大值，pH = 3 时达最大值时间为 840 h，pH = 4 时达最大值时间大于 1 030 h，释放量和释放曲线斜率(释放量随时间的变化率)不同 pH 值条件下没有明显变化。如图 4 - 16 所示。

Bi 和 Al 的释放情况对 pH 值变化不太敏感，本实验中不同 pH 值时该两元素的释放情况基本一致，如图 4 - 15、图 4 - 16 所示。说明 Bi 和 Al 在实验条件下的释放受 pH 值影响较小。

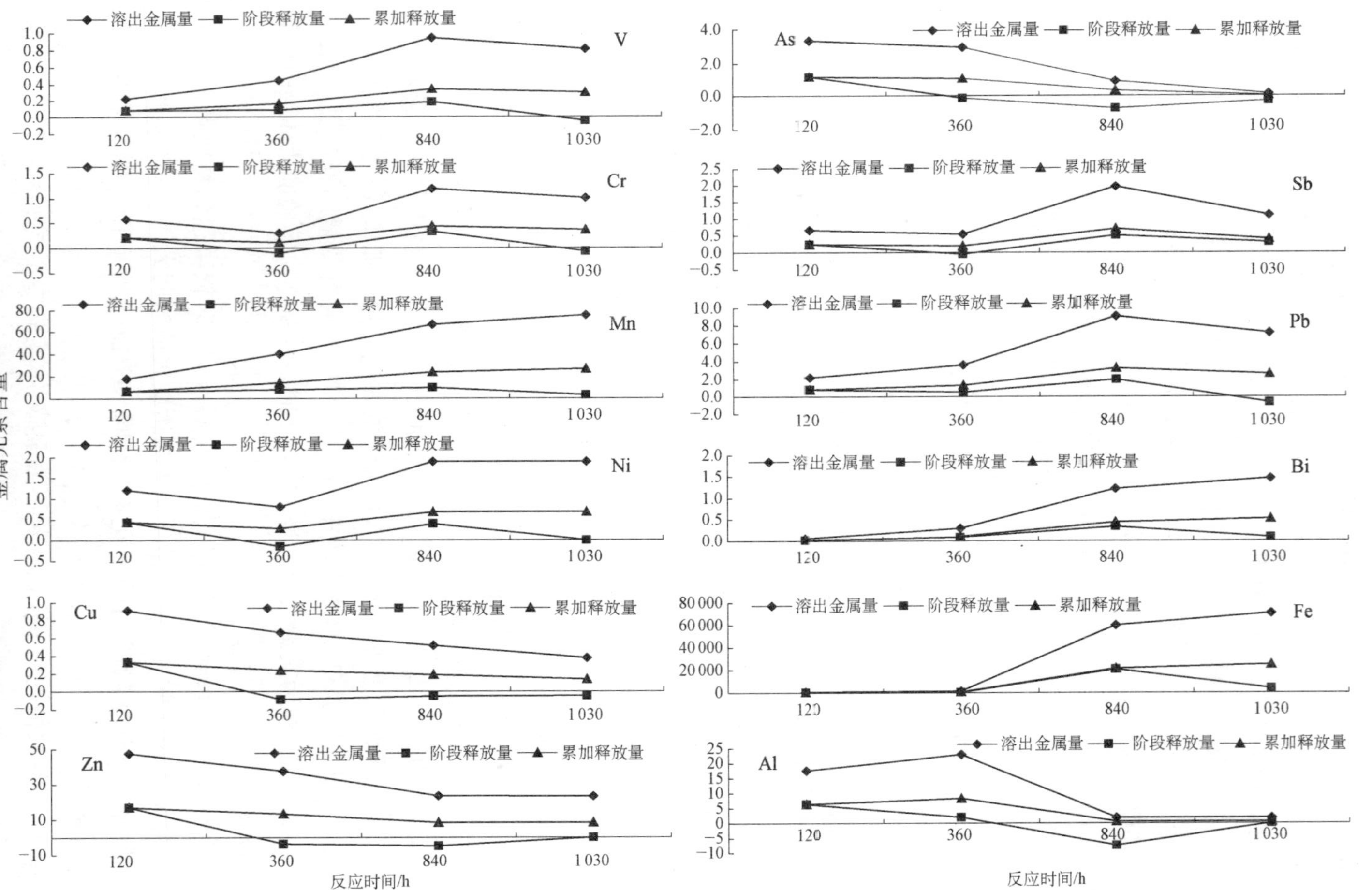

图 4－15 固体颗粒向水溶液释放金属粒子模拟实验结果（实验溶液 pH = 3、13℃，溶出金属量指累加量 μg；释放量单位 μg · cm^{-2}；试样表面积=2. 8 cm^2）

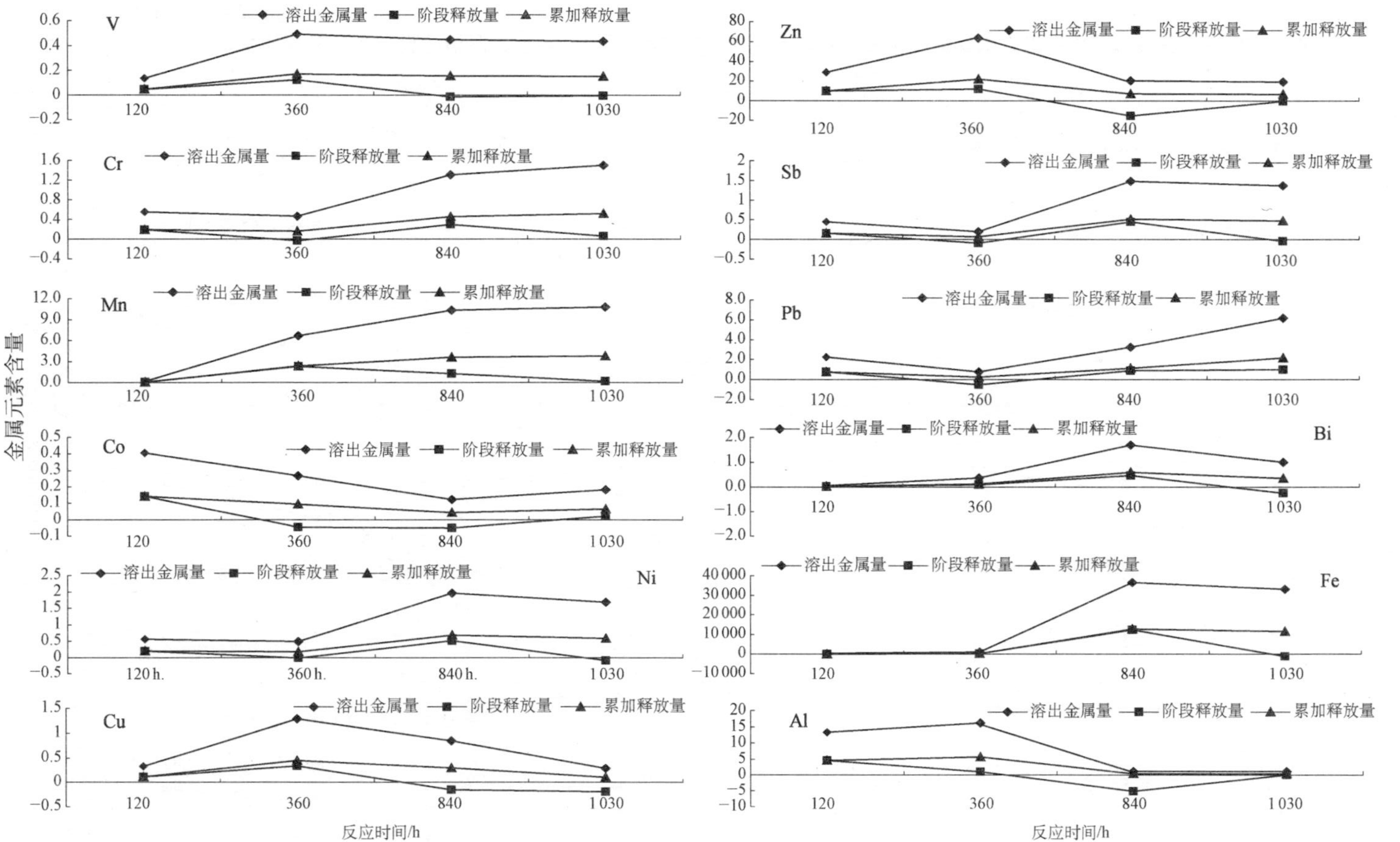

图 4－16　固体颗粒向水溶液释放金属粒子模拟实验结果(实验溶液 pH＝4、13℃,溶出金属量指累加量 μg;释放量单位 μg·cm^{-2};试样表面积＝2.8 cm^{2})

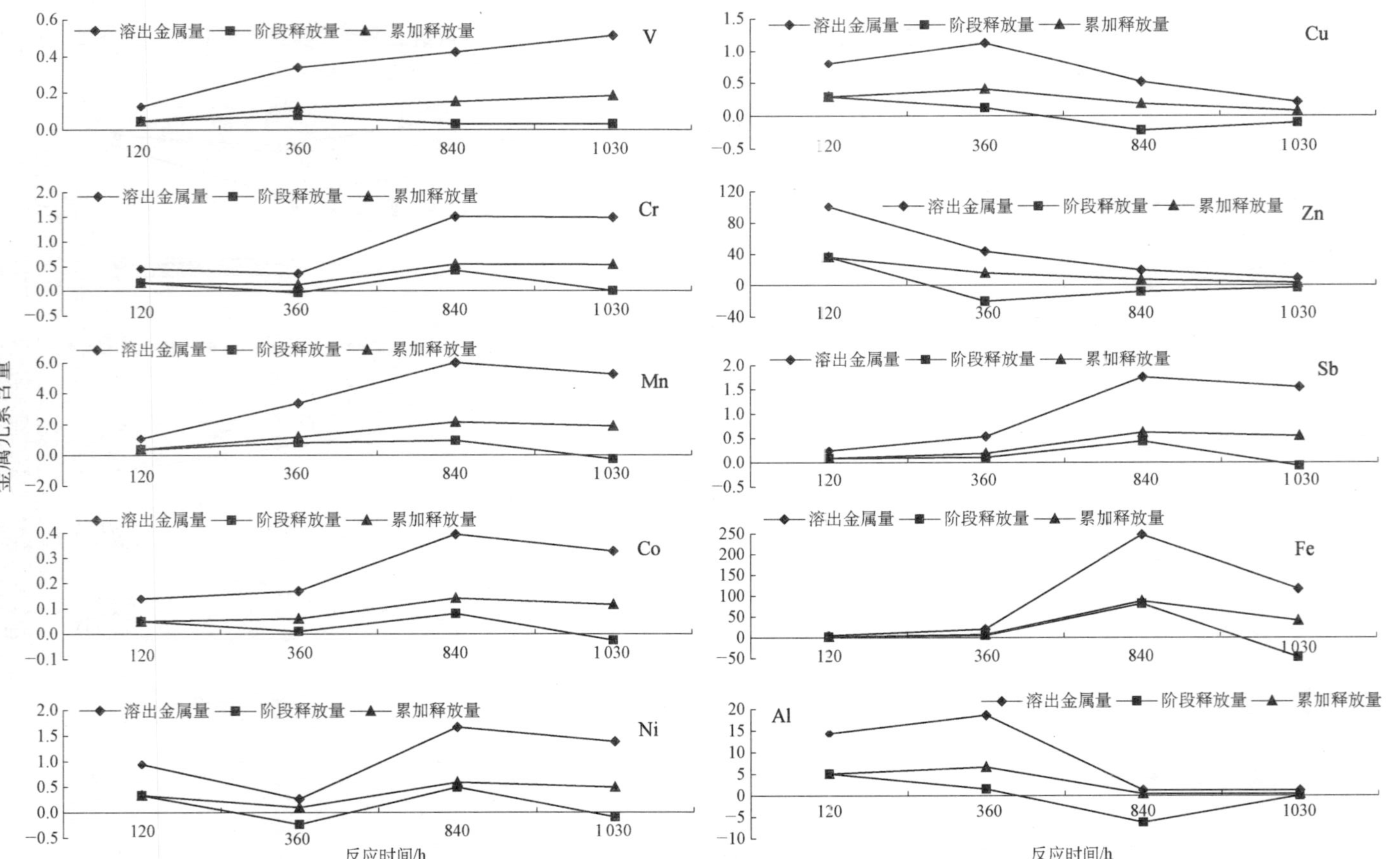

图 4-17　固体颗粒向水溶液释放金属粒子模拟实验结果(实验溶液 pH = 5.6、13℃，溶出金属量指累加量 μg；释放量单位 $\mu g \cdot cm^{-2}$；试样表面积=2.8 cm^2)

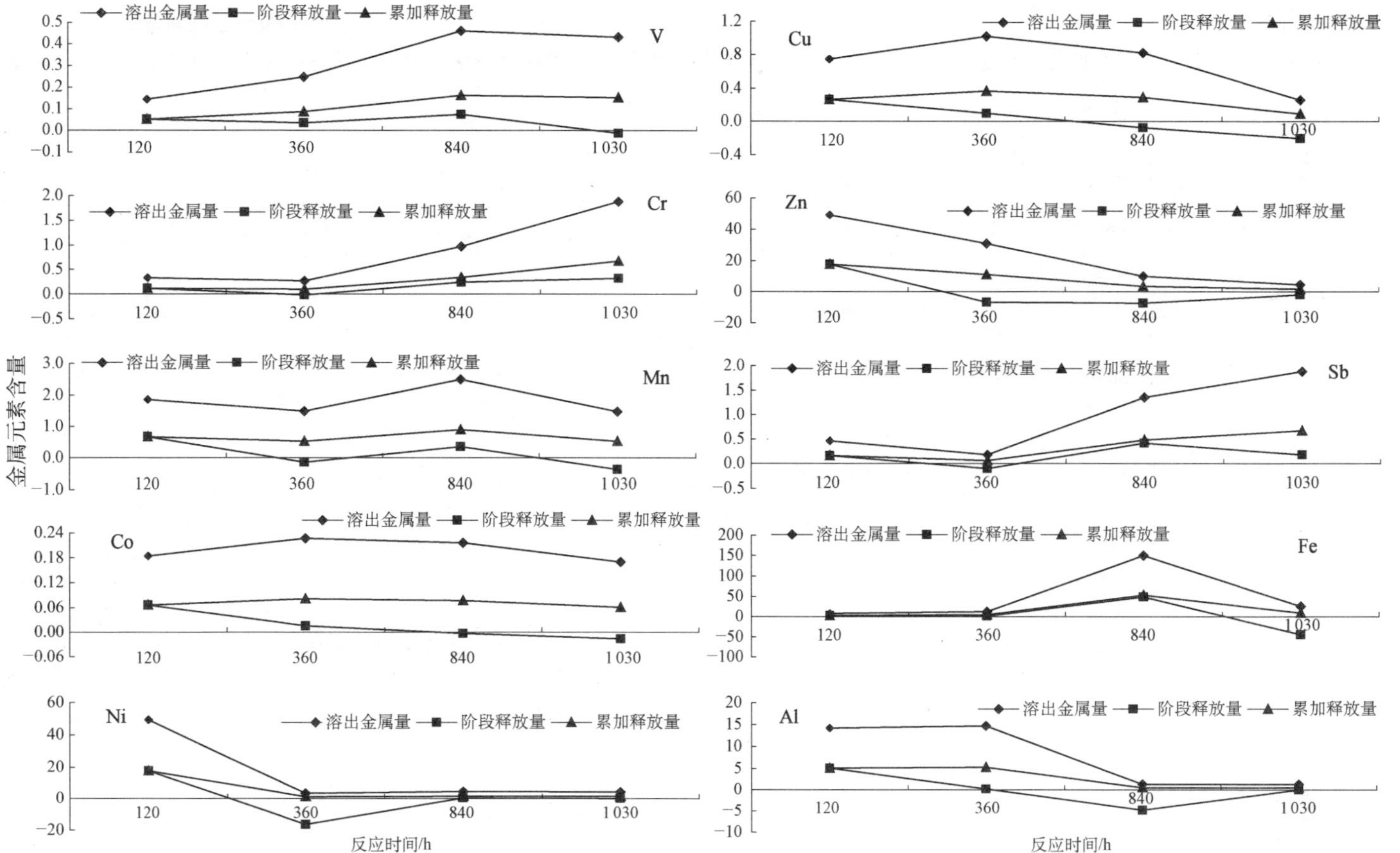

图 4-18　固体颗粒向水溶液释放金属粒子模拟实验结果(实验溶液 pH = 7、13℃,溶出金属量指累加量 μg;释放量单位 $\mu g \cdot cm^{-2}$;试样表面积=2.8 cm^2)

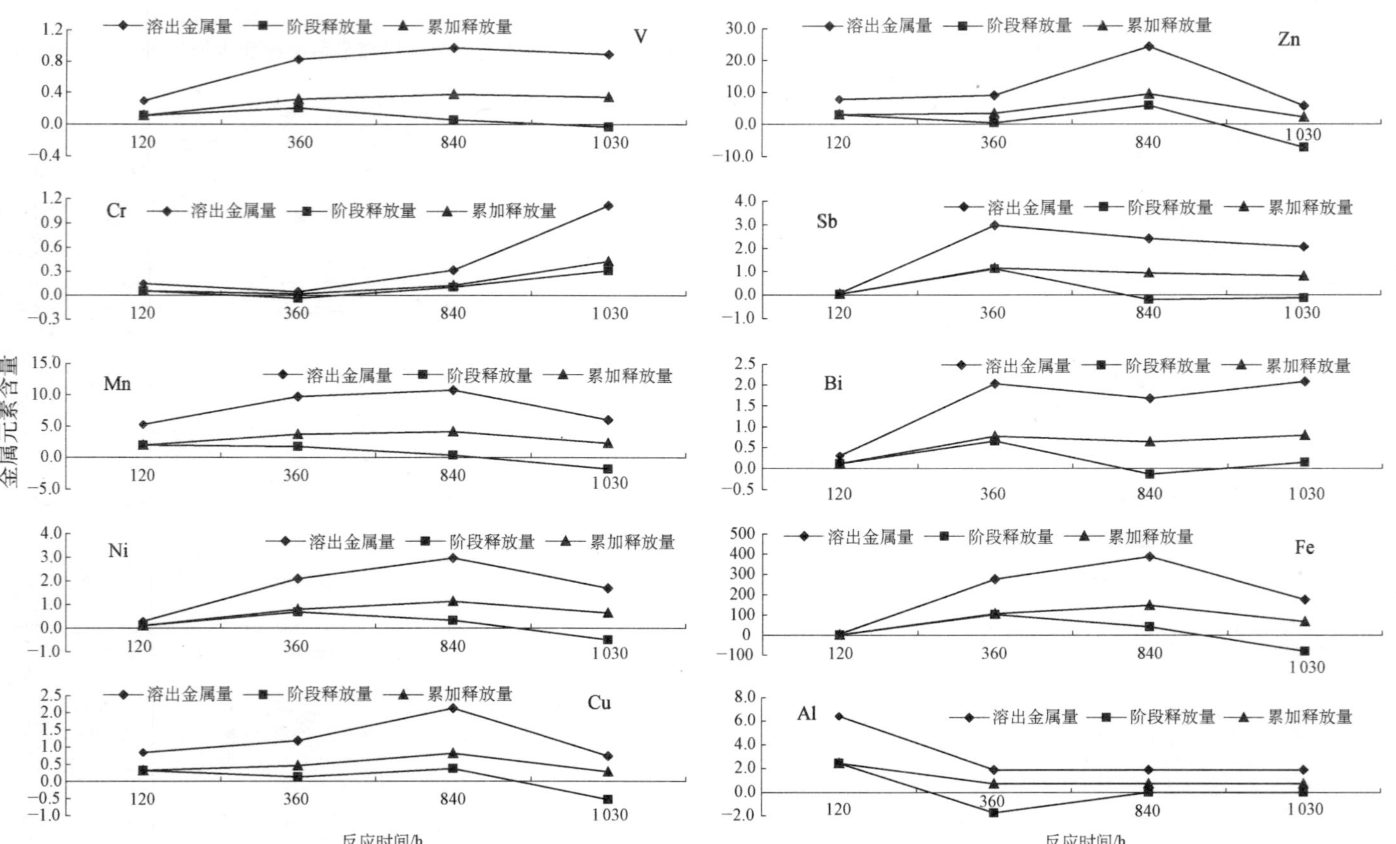

图 4-19 固体颗粒向水溶液释放金属粒子模拟实验结果(实验溶液 pH = 5.6、50℃，溶出金属量指累加量 μg；释放量单位 $\mu g \cdot cm^{-2}$；试样表面积 = 2.8 cm^2)

实验数据表明，在实验条件下，相同作用时间内金属元素从颗粒中单位表面积上溶出的量与颗粒中元素含量正相关，而且这种相关关系不受环境 pH 值变化影响，如图 4-20、图 4-21、图 4-22 和图 4-23 所示。这种现象说明，地表水溶液中金属元素含量总是与和溶液直接接触的岩石、矿物中该元素的含量相应，环境条件

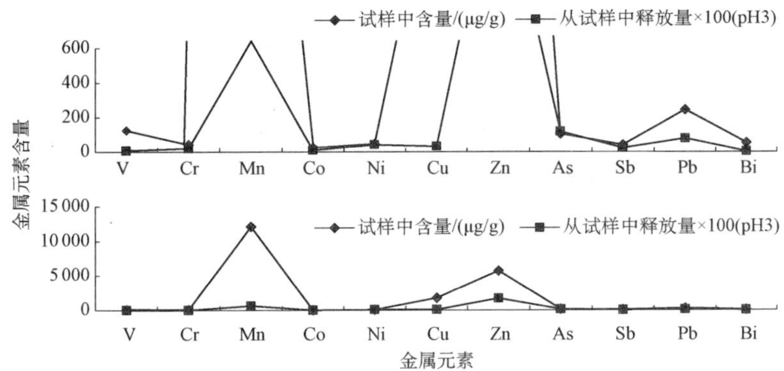

图 4-20　试样中金属含量与 pH = 3 时释放量的相关性(t = 120 h)

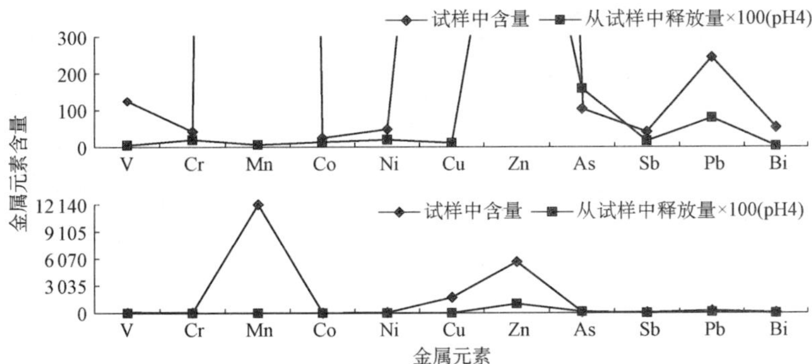

图 4-21　试样中金属含量与 pH = 4 时释放量的相关性(t = 120 h)

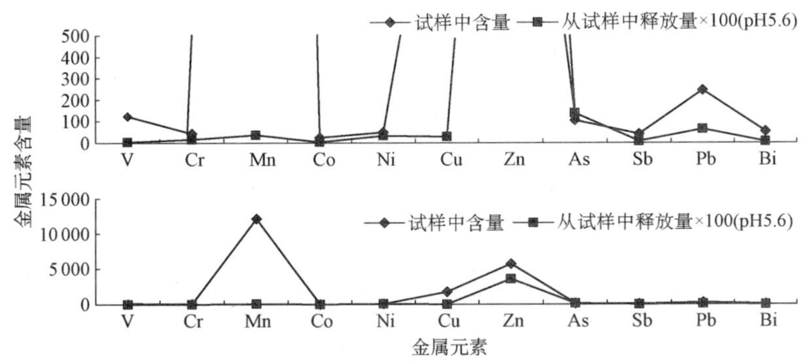

图 4-22　试样中金属含量与 pH = 5.6 时释放量的相关性(t = 120 h)

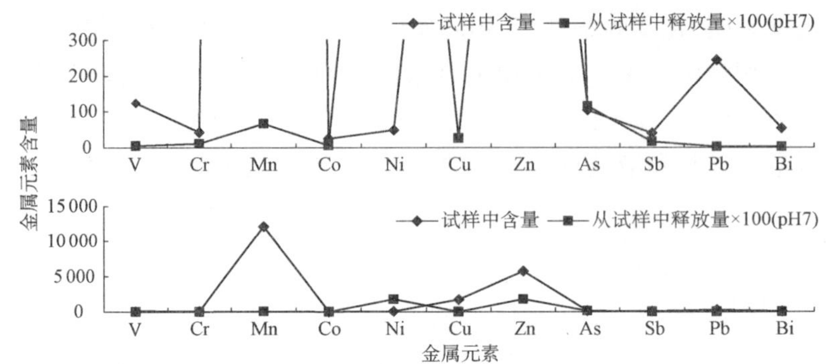

图 4-23　试样中金属含量与 pH = 7 时释放量的相关性(t = 120 h)

一定时，金属元素含量较高的颗粒其向环境的释放量都高于较低含量颗粒的释放量。在所研究的 13 个金属元素中，本次实验不同 pH 值条件下(表生条件下可能出现的几种情况)的初始释放量(反应 120 h 的释放量)在 0.05～222.5 $\mu g \cdot cm^{-2}$ 间，如表 4-19 所示。其中最低的为 pH = 5.6 时 Co 的释放量(0.05 $\mu g \cdot cm^{-2}$)，最高的是 pH = 3 时 Fe 的释放量，为 222.5 $\mu g \cdot cm^{-2}$。

表 4-19　固体颗粒释放金属模拟实验试样中金属含量与在溶液中释放量比较(单位:μg/cm²)

元素	试样中含量/(μg/g)	从试样中释放量×100/(pH3)	从试样中释放量×100/pH4
V	124.400 0	7.857 1	4.703 8
Cr	42.420 0	20.357 0	19.338 0
Mn	12 140.000 0	643.929 0	6.097 6
Co	24.660 0	11.250 0	14.111 5
Ni	48.420 0	43.036 0	19.338 0
Cu	1 729.000 0	32.500 0	11.324 0
Zn	5 713.000 0	1 697.680 0	1 009.233 4
As	104.300 0	119.107 0	159.756 1
Sb	40.360 0	23.750 0	15.853 7
Pb	244.200 0	77.143 0	78.919 9
Bi	53.540 0	2.143 0	2.439 0
Fe	310 200.000 0	22 250.000 0	17 163.763 1
Al	43 050.000 0	627.143 0	462.717 8

元素	从试样中释放量×100/pH5.6	从试样中释放量×100/pH7
V	4.464 3	5.178 6
Cr	16.250 0	11.785 7
Mn	38.035 7	66.250 0
Co	5.000 0	6.607 1

（续表）

元素	从试样中释放量×100/pH5.6	从试样中释放量×100/pH7
Ni	33.571 4	1 761.964 3
Cu	28.571 4	26.607 1
Zn	3 587.500 0	1 761.964 3
As	136.964 3	115.000 0
Sb	8.750 0	16.607 1
Pb	64.464 3	2.678 6
Bi	5.714 3	2.321 4
Fe	209.821 4	275.178 6
Al	513.571 4	505.714 3

注：释放量为溶液与试样作用 120 h 后测量数据

综上所述，金属元素在地表自然条件下自固体（岩石、矿物）颗粒向环境的释放，因元素的不同，环境物理化学条件对其的影响和制约不尽一致。

归纳本次实验所获数据，金属元素自固体颗粒向环境的释放可有如下几点认识：

① 除 Al、Zn 外，实验所研究元素中多数金属元素自固体颗粒自然条件下在水溶液中的溶出量随着环境酸性增强和温度升高而增大。

② 达到溶解平衡所需时间因元素不同、环境 pH 值不同和温度不同而异。

③ 环境酸碱度和温度对固体颗粒释放金属粒子的影响或制约主要表现为在溶解反应开始的一小段时间内（本实验为 120 h）的溶出量变化和达到溶解平衡所需时间的长短上。

④ 地表自然条件下，岩石、矿物颗粒向环境释放金属粒子的释放量与颗粒中该元素含量正相关，这种相关性不论环境条件（pH 值）如何变化，都是存在的。这说明，地表通常状态下金属元素高地球化学背景地区或地段地表水溶液中该元素含量一般都会高于低背景区地表水中的含量。

上述认识是基于对试样成分在实验固体表面为均匀分布假定条件的，因而所得结论仅仅是大致意义上的判断。另外，从实验过程看本次实验也存在诸多不完善的方面，如有的元素在实验中未达到溶解平衡，有的元素仪器检测限不能满足要求（如 As）等，这些都影响到对规律的认识和总结。因而，以上结论仅是初步的、大略的。有必要说明，关于自然界固体颗粒中元素向环境的释放机制的深入研究是环境科学研究的一个重要方向，希望此次研究能够起到对今后工作的某些启示或数据积累作用，以使人们在对痕量金属从自然体的原始释放早日有更深入的认识，并促进保护环境保护人体健康工作向更深入更好的方向发展。

主要参考文献

[1] 李健,郑春江,等. 环境背景值数据手册(降水化学成分资料)[M]. 北京:中国环境科学出版社,1989.

[2] 汤洁,林年丰,卞建民,等. 内蒙河套平原砷中毒病区砷的环境地球化学研究[J]. 水文地质工程地质,1996,1:49-53.

[3] Nickson R., Mcarthur J. M., Burgess W. G., et al. Arsenic poisoning of Bangladesh groundwater [J]. Nature, 1998, 395:338.

[4] Nickson R., McArthur J. M., Ravenscroft P., et al.. Mechanism of arsenic release to groundwater, Bangladesh and West Bengal [J]. Applied Geochemistry, 2000, 15: 403-413.

[5] Zhang H. A comparison between heavy metals released from soil and Its efficient speciation extracted by sequential extraction procedure [J]. Chinese Journal of Geochemistry, 2008, 27:36-40.

第5章　痕量金属元素的化学习性、行为效应以及影响因素讨论

本章讨论了一些痕量金属元素的化学习性、环境行为效应及污染问题。分别对其各自的自然属性、在自然界的分布情况以及对人体健康的影响进行了介绍；对痕量金属区域与城市污染的行为效应和污染特征进行了分析讨论，对污染的影响因素进行了论证归纳，分析讨论了区域与城市痕量金属元素环境行为、污染的共性与区别。

从环境科学角度对痕量金属的研究是基于其对人体健康的危害或体现的影响效应为出发点的，归结到最后也就是其生物效应或生物有效性问题。这些问题在生命科学、医学以及营养学等学科研究中有关生命体中物质的生物化学行为作用的研究内容中也涉及。人们希望通过对痕量金属与健康相关性及其内在联系的探索，在某些疾病，特别是痕量金属元素缺乏、过量及失控等造成的疾病（包括某些地方病）的防治方面有所发现以对其作用效果有所改善。

从污染物特征属性角度考察，痕量金属区别于其他污染物的最主要特征之一是其在环境系统（大气、水、土壤、生物系统）中均无一例外地存在背景含量。造成这种现象的根本原因在于痕量金属本身即是组成地壳的基本物质成分。因而，自然界物质循环过程中，痕量金属元素自然会依照元素本身各自的化学、地球化学习性和所处系统的环境物理化学条件进行迁移、组合和分配。这是地球化学规律的体现，而且这种体现往往具有强大的自然惯性。

与上述情况相应，环境系统或环境单元中痕量金属元素的含量范围超过生物正常健康发育、生长所能允许的界限的原因，也不外乎是背景含量和人为叠加两种情况或这两种情况的组合。本项研究的具体研究对象——河套地区、上海、南京等区域与城市土壤、水及其沉积物、大气颗粒物中的痕量金属行为与污染（河套地区土壤与地下水的痕量金属污染，南京市公路、工厂、垃圾场、江河、大气颗粒物的痕量金属污染，上海市河流、湖泊的痕量金属污染）问题，既包括由于背景含量因素引起的痕量金属污染和人为因素（城市发展）引起的环境痕量金属污染，也包括自然因素与人工活动影响叠加干扰的痕量金属污染。由于现代痕量金属污染成因与人

工活动密切相关，而人工活动的主要方面是生产与生活，在这些各种各样的活动过程中，就其对物质成分干扰而言相互间存在成因联系。因而在对痕量金属含量变化的影响方面，在污染物的诸多种类间是存在关联的。也就是说，当今的痕量金属在自然介质中的污染现象与其他诸如有机物、氮、磷、碳、农药的含量变化或污染现象存在一定相关关系。探讨归纳这种关联对揭示污染成因、确定防治措施都有重要指导意义。这些不同成因的污染现象，既存在共同的方面，也有各自的特殊性。

下面结合痕量金属元素的化学习性与行为效应分别予以介绍和归纳讨论。

5.1 主要痕量金属元素的化学习性与行为效应

生命科学与医学的研究成果表明，有些痕量金属是生命体所必需的。目前认为，大致有 10 种痕量金属是动物和人类所必需的，它们分别是钒、铬、锰、铁、钴、镍、铜、锌、硒、钼、锡，其中有的元素尚存在争议。这些痕量金属元素即属于迄今已知的生命元素家族中的成员。其余的痕量金属元素有的是生命不必需元素，有的则是目前对其功能作用还没有认识清楚的元素。实际上，无论是必需元素还是不必需元素，生命体中一定的量都是容许的。但是，它们各有一段最佳健康浓度，有的具有较大的体内恒定值，如锌、锰；有的在最佳浓度和中毒浓度之间只有一个狭窄、甚至是非常狭窄的安全限度。另外，这些元素的浓度在生物体内是不断变化的，它们的生物效应和作用目前尚远未为人们所认识。就是那些对其生物效应已有一定认识的元素，对其认识的深入程度对于不同的元素也不尽相同。

就一些目前有研究积累的痕量金属元素的一些生物效应列述如下：

5.1.1 钒(Vanadium)

1830 年，瑞典科学家 N. G. Sefstrom 发现了化学元素钒。鉴于钒的衍生物色泽绚丽，他以维娜丽斯(Vanadis)的名字将该元素命名为钒(Vanadium)。钒是生命必需痕量金属元素，地壳丰度 135×10^{-6}[1、2、3]。

钒是周期表中第四周期、第ⅤB族的元素，其基本属性如下：

元素符号——V；

原子序数——23；

原子量——50.941 5；

价电子层结构——$3d^3 4s^3$；

主要氧化数——+2，+3，+4，+5；

共价半径(pm)——122，离子半径(pm，M^{5+})——59；

电负性——1.63；

密度(g/cm^3)(20℃)——6.1；

熔点(℃)——1 919，沸点(℃)——3 400。

自然界中钒有两个同位素：^{50}V(丰度 0.25%)、^{51}V(丰度为 99.75%)。其中，^{51}V 是稳定同位素，而^{50}V 是钒自然与人工放射性同位素中半衰期最长($T_{1/2}=6\times10^{15}$ a)的核素。钒的人工放射核素有：$^{46}V(T_{1/2}=0.426$ s)，$^{47}V(T_{1/2}=31.2$ min)、$^{48}V(T_{1/2}=15.97$ d)、$^{49}V(T_{1/2}=330$ d)、$^{52}V(T_{1/2}=3.760$ min)、$^{53}V(T_{1/2}=1.55$ min)、$^{54}V(T_{1/2}=43$ s)。^{48}V 适用于一般生物示踪研究，而实验周期长的生物研究宜用^{49}V，^{52}V 却是痕量钒中子活化分析测量的核素[2, 3](南京大学地质系，1977；White，1998)。

钒是一种过渡金属，其各价态中有生物学意义的是+3，+4，+5。由于钒具有多种化合物且能水解和形成多聚体，因此钒的水溶液化学性质比较复杂。各种价态的钒离子在水中的总浓度与 pH 值有关。当钒的浓度在 10～3 mol/L 左右时，将溶液 pH 值调至中性，则各种价态的钒离子均水解并产生沉淀。在强碱性条件下，有些沉淀可以溶解并以阴离子形式存在。亚钒离子 V^{2+} 能缓慢将水还原为 H_2，因此 V^{2+} 没有生物学意义。钒离子 V^{3+} 在 $pH=2.2$ 时水解生成 $V(OH)^{2+}$；$pH<2$ 时 V^{3+} 在无氧存在时是稳定的；$pH>2.2$ 时，V^{3+} 发生二聚并产生沉淀。由于溶于中性和碱性溶液中的三价钒极易被氧化而不稳定，因此三价钒曾被认为是没有生物学意义的，但有些问题目前尚不清楚。+4 价的钒由于电荷较高，在溶液中没有 V^{4+} 存在，通常以 VO^{2+} 形式存在，其性质与过渡元素和碱土金属二价阳离子的性质相似。氧钒离子的酸性溶液在空气中是稳定的，但在中性及碱性条件下会与空气发生氧化反应，其行为与 V^{3+} 相似。在被囊类动物血细胞中也有钒氧离子存在。四价钒具有的顺磁性是一种很有用的性质，可用于研究钒元素在生物体内的价态、浓度及运输情况[1]。

由于钒的电子结构可形成多种价态，故生理条件下的钒以多种氧化态形式存在，各种氧化态均可发生氧化还原反应。通常细胞外面的钒是钒酸根 V(Ⅴ)，而细胞内的钒是 V(Ⅳ)，在某些物种的细胞内已发现钒酸根可被还原为四价钒。

钒在自然界的分布很广，其平均浓度(135 μg/g)大大超过铜、锌、钴等元素的平均浓度。但大部分钒的分布较分散，因此钒广泛分布在自然界并参与生物圈循环。土壤、大气及地球水圈是生物体同环境进行钒交换的主要场所。土壤中的钒常以难溶盐的形式存在，其中的钒常是三价的。钒是土壤中某些固氮菌的必需元素，它具有加强农作物固定氮的作用，可以提高农作物的总含氮量，促进农作物生长。钒对豌豆的增产最为明显。在无生命的环境中，钒元素主要以 V(Ⅲ)和 V(Ⅴ)氧化态存在于矿石中，现已发现有五十多种矿石含有钒。V^{3+} 的离子半径(74 pm)和 Fe^{3+} 的离子半径(64 pm)相近，因此 V(Ⅲ)几乎不生成自己的矿物而分散在铁矿物或铝矿物中，钒钛铁矿中的钒就是以这种形态存在的。V(Ⅴ)能形成独立的矿物——钒酸盐，常与磷、铀共生。钒最重要的矿物有绿硫钒矿 VS_2 或 V_2S_5、铅钒矿或褐钒矿/$Pb_5(VO_4)_3Cl$、钒云母/$KV_2(AlSi_3O_{10})(OH)_2$、钒酸钾铀矿/$K_2(UO_2)_2(VO_4)_2 \cdot 3H_2O$ 等。此外，在某些沉积物如石油、页岩、沥青和煤中也含有钒。钒在这些沉积物中的含量非常高，如煤中钒的浓度为 6 000 μg/g，且主要以 V(Ⅳ)-卟啉形式存在，而卟啉是来自生物体的，这说明生物体提供了能与钒结合的配体[3、4]。

淡水和海水中都含有钒。淡水中的钒一般是 5 价的，含量为 0.3～720 ng/g，但已发现其含量最高达 220 ng/g(美国西部某地区)。海洋中钒的来源主要有富含钒的海洋沉积物、可富集钒的浮游生物以及溶于海水中的钒。由于海水中钒盐的沉积，使得海洋沉积物和海洋淤泥中的钒浓度很高，约在 10～100 μg/g 范围，而且高浓度的钒总是伴随着高含量的有机物出现，这一现象证明在这些有机物中存在着能与钒结合的配位体。正是由于这种络合作用使得海洋表层、石油和煤中钒的浓度较高。生活在海水中的海洋动物如海鞘、海鼠、海参等从海水中摄取钒的能力较强，在它们的灰分中钒含量可达 15%。如在海鞘动物血液中钒的浓度就高达 14 500 μg/g，以致其血细胞呈绿色。其中，钒主要以钒蛋白-血钒的形式存在，这可能是由于海洋中的浮游生物富集了钒，然后这些浮游生物被海鞘摄入，使浮游生物中的钒在海鞘肠道内被吸收和消化而导致的。

钒主要通过石油、煤的燃烧进入大气，其中用于取暖和发电的残油含钒量是煤的 300 倍。大量的钒是由于残油燃烧而进入大气的。大气污染严重的地区，大气中钒的含量一般较高，工业社会将大量钒送入大气圈，从而改变了大气的原始分布，使人类与钒的接触机会和数量都大大增加，这是有待人们解决的问题。海洋中的钒可通过海洋表面的泡沫产生气溶胶而进入大气。陆地的钒可通过风力将风化的岩石和土壤带入天空进入大气，也有部分钒是由火山爆发过程而直接进入大气层的。通过自然过程进入大气的钒在整个大气钒中所占的比重并不很大，仅为总钒量的 3%。而海洋对大气中钒的贡献则相当少。对大气及土壤中钒与铁、锰、铝、钪及镧的比例的分析发现，大气中钒的大部分是人为引入的。大气钒含量在人类活动密集的地区较高，在远离人群而未受污染的地区则要低些。南极的大气(可能是地球上最“干净”的大气)中钒的浓度为 0.000 7 $\mu g/g/cm^3$，比起较“干净”的夏威夷和太平洋东部的大气来，钒含量要低 100 倍。

钒有着广泛的工业用途，只需在钢中加入百分之几的钒，就能使钢的弹性、强度大大增强，并且抗磨损和抗爆裂性极好，又有极好的耐温性。钒的这些性能使其在汽车、航空、铁路、电子技术、国防工业等部门，得到广泛应用。此外，钒的氧化物已成为化学工业中最佳催化剂之一，有“化学面包”之称。钒的盐类的颜色可谓五光十色，有绿的、红的、黑的、黄的，绿的碧如翡翠。如二价钒盐常呈紫色；三价钒盐呈绿色，四价钒盐呈浅蓝色，四价钒的碱性衍生物常是棕色或黑色，而五氧化二钒则呈红色。这些色彩缤纷的钒化合物,被制成鲜艳的颜料,加到玻璃中可制成各种彩色玻璃,也可以用来制造墨水等等。

5.1.1.1　生物体内的 V

在自然条件下,尚未发现有缺钒症状的生物。生物界各种生物体内的钒含量目前还不完全清楚,这主要是由于大自然的可变性使不同地区、不同种属的动、植物含钒量不同。植物含钒一般为 1～2 μg/g(干重),其含量与土壤中钒的含量有关,不同种类、不同地区的植物中钒含量不同。分析上的困难和地理变化使同种植物含钒量有差异,豆科植物比其他植物含钒量要高。一些海参类和软体动物富含钒,水生贝壳类和被囊类动物含钒量随产地而异,几种鱼含钒量都比多数水生贝壳类动物低,大概范围在 20～112 ng/g。鱼类从水中吸收^{48}V 后,发现钒主要在鱼磷、鳍、肠和骨中积累,而大脑、眼睛和肌肉含钒量较低。在生物界,只有少数几种动、植物具有富集钒的本领。如果认为生物干组织的钒浓度为 50 μg/g 方能称动、植物具有富集钒的本领的话,那么迄今还只发现蕈及海鞘具有富集钒的本领。蕈具有异乎寻常富集钒的本领,其干重含钒 61～181 μg/g,是普通植物和菌类含钒量的 100 倍。

近年的研究进一步发现,钒在生物体内可能与蛋白质、一些酶类等生物大分子形成络合物,如相继报道的钒酸盐-运铁蛋白络合物以及钒与核糖核酸酶、固氮酶等形成的络合物乃至构成其活性部位。海鞘能把海水中的钒(2 ng/g)富集起来,浓缩达 100 000～1 000 000 倍,堪称动物世界中富集金属的能手。海鞘富集钒的能力与海鞘种类有关,有的海鞘能同时富集钒、铁,有的则只能富集铁。海鞘主要靠它们的“肺”(实际上是露在海水中的鳃状物)来吸收钒,积累的钒不是游离态的,而是以与蛋白质结合成血钒的形式存在。血钒位于钒细胞液胞中,海水中钒以钒酸根的形态存在,但空泡膜只允许阳离子通过,而将阴离子阻挡在外,V(Ⅴ)得还原为 V(Ⅳ),甚至是 V(Ⅲ)而进入泡内。前人在一种海鞘中鉴定出 V(Ⅳ)/V(Ⅲ)电对,证明确实存在 V(Ⅲ)。

研究证实,钒是鸡生长、发育的必需痕量金属元素。与其他高等动物相比,鸡体内各组织钒的浓度相对较高。有关人体组织中钒浓度的报道目前并不一致,但一般来说比其他动物相应组织的含钒量低,正常成年人体内总含钒量为 17～43 μg,其 90%贮存在脂肪组织中,骨、肝、肾中也有少量贮存。人血清中的含钒量为 0.1～1 ng/mL。人体脂肪及血清脂类是钒的主要贮存场所。人体各器官中钒的分布特征表明,肺部钒的含量要比其他器官为高,这可能与石油、化工、纺织、染料等工业用钒增多造成环境污染有关。随着钒在工业上的广泛应用,当前人体含钒量在逐渐增高。原始人为 0.1 μg/g,现代人为 0.3 μg/g,而用钒的化合物治疗贫血、结核、神经衰弱、风湿热等多种疾病也可能是人类体内含钒量增多原因之一。

5.1.1.2 V的生理功能

研究发现,在由低等动物向高等动物进化的过程中,钒在一些主要器官中的含量呈递减趋势。人的心脏、肝、肾中钒的浓度低于狗、猪、鼠和鸡中相应器官中的浓度。至于生物进化与痕量金属元素间的关系尚未有深入报道,是不是由于生物进化的缘故使钒在人体内的生物学功能消退,从而引起人体钒的浓度低于其他动物的钒含量,这一点尚有待进一步研究。

从钒具有的化学性质可以得知,钒主要有下面三个方面的生物化学功能:首先,钒以钒酸根的形式与磷酸根竞争磷酸盐传递蛋白、磷酸水解酶和磷酸转移酶的活性位点;其次,以氧钒离子的形式同其他过渡金属离子竞争在金属蛋白上的结合位点,争夺小的配位体如ATP;第三,钒还参加细胞内的氧化还原反应,特别是与能把钒酸根通过非酶反应还原的小分子如谷胱甘肽反应。钒作为一个氧化还原体系的接触剂能阻滞电子传递系统,并对许多酶产生抑制作用,最常见的是对Na、K-ATP酶的抑制作用。

必需痕量金属元素钒在生物体内含量虽然不高,却起着十分重要而又非常复杂的生物学作用。钒可刺激造血功能、抑制胆固醇的合成,对心血管疾病的发生以及动物肾功能有着重要的影响。其主要作用列举如下:

1) 造血作用

钒对哺乳动物和人类的造血过程有积极作用。动物实验证明,给动物施用葡萄糖酸钒后,可使实验动物的血红蛋白、网织红细胞和红细胞的数量增多。钒可增强铁对红细胞的再生作用,每天给予家兔0.3~0.5 mg/kg的钒,40天后发现网织红细胞明显增多。停用钒以后,网织红细胞迅速恢复正常,红细胞也慢慢增加,最后达到红细胞增多症;但钒对血红蛋白的影响较小,用偏钒酸钠喂养的大鼠其血红蛋白的反应不明显,因此,可用钒治疗贫血大鼠。出血性贫血、败血症患者的贫血用钒治疗后,红细胞数目增多,但恶性肿瘤、再生障碍性贫血用钒治疗则没有什么效果。目前还不太清楚钒对造血的刺激作用究竟是一种特异作用还是与其他金属如钴、铜、锰等相似,属于催化作用。不过,有人认为钒与钛、铬、锗的造血作用一样,都是属于阻碍体内氧化还原系统、引起缺氧,从而刺激骨髓的造血功能。

2) 胆固醇代谢

钒有抑制胆固醇合成的作用。不少研究表明,动物缺钒可引起体内胆固醇含量增加、生长迟缓等。给老鼠喂一定量的钒,可降低其肝脏内、外合成胆固醇的作用,并可清除大鼠主动脉中的胆固醇。家兔饲料中添加100 μg/g的五氧化二钒后,肝内胆固醇和磷脂含量有所下降,但血浆中胆固醇含量变化不大。若在饲料中加入50 μg/g钒,即使饲料中含有1%的胆固醇,血浆胆固醇含量也不升高,肝脏内磷脂明显降低,加适量钒饲料对大鼠和家兔肝脏内胆固醇合成有明显的抑制作用,并可降低肝脏内磷脂和胆固醇含量。实验还发现,用含胆固醇饲料喂养的家兔,给予痕量金属钒后可降低主动脉内增高的胆固醇。

3) 心血管系统作用

动物实验证明钒有类似强心甙的作用，较高浓度的钒酸盐对心肌的收缩力有影响。钒酸钠(50～1 000 μmol/L)能使离体心脏心室收缩力增强，从而使心房收缩力有所降低。在某些生理效应上，钒酸盐与具有阳性收缩效应的洋地黄相似；但钒酸盐对心脏产生的收缩作用比洋地黄要强。产生心肌收缩作用的钒酸盐是通过 NADH - VO_3^- 氧化还原酶来调节的，NADH - VO_3^- 氧化还原酶将 VO_3^- 还原为 VO_2^+，VO_2^+ 对 Na、K - ATP 酶的抑制作用比 VO_3^- 的弱，NADH -氧化还原酶通过调节 VO_3^- 的浓度而改变了那些对 VO_3^- 敏感的酶(如 Na、K - ATP 酶)的功效。高浓度的钒酸盐($>10^{-4}$ mol/L)既可像乌本(箭毒)苷一样抑制离体心脏对 K^+ 的吸收，又可像胰岛素刺激游离心肌对 K^+ 的吸收，两种类型的效应均与阳性受力效应有关。钒酸盐对葡萄糖的氧化和运输作用也与胰岛素相似，钒可能因此而调节细胞内 Ca^{2+} 的浓度。实验发现，钒酸盐可通过增强钙池(Ca^{2+} Pool)对 Mn^{2+} 的表观灵敏度而增加离体鼠前房肌的收缩力，另一方面，钒酸盐可通过抑制 Ca^{2+} 的慢通道而降低豚鼠前房肌的收缩力。

4) 对肾脏的影响

生物摄入的钒酸盐主要经尿液排出，也可在肾小管细胞内积累，因此钒酸盐对动物肾功能有一定的影响。研究表明，肾小球滤过率、尿流量、肾血管阻力以及对钠重吸收的抑制，均随钒酸盐浓度的增大而增大。有关钒酸盐引起多尿现象的研究表明，钒酸盐实际上抑制了全段近曲小管的重吸收作用。正钒酸钠也增加了大鼠对钙、磷、硫、镁、氯的排出。实验发现，钒酸盐对大鼠肾脏的腺苷酸环化酶没有刺激作用，说明钒酸盐不是通过改变腺苷环化酶的活性而改变肾小管功能的。有人用实验进一步证明，钒酸盐是通过对 Na、K - ATP 酶的抑制而影响肾小管效应的。钙的重吸收减少则是由于钒酸盐对 Ca - ATP 酶的抑制，并与钠钙的交换机理有关。

给猫和狗灌注钒酸盐主要会引起这些动物的血管收缩，而不像大鼠会出现明显的多尿现象。实验发现，给这些动物灌注钒酸盐会导致肾血管阻力增加，并且其程度与钒酸盐剂量有关；随后产生肾小球滤过率、肾血流、尿排出和电解质排出降低，这说明，在猫和狗体内钒酸盐的肾血管效应比肾小管效应强。由于钒酸盐在肾脏内吸收、积累的程度大，且主要经尿道排泄，钒可能有肾功能调节作用。

5) 其他生理作用

钒酸盐除了上面讨论的生理作用外，对动物的耳、眼、大脑等器官的生理过程也有影响。给家兔和猴子局部施用钒酸盐，会使其内部眼压下降。这可能是由于钒酸盐抑制了睫状体内 Na、K - ATP 酶的活性，由此阻碍了眼内体液的形成，这一现象可旁证钒对人类眼睛高血压的影响。实验还发现，浓度大于 10^{-4} mol/L 的钒亦可抑制离体蛙角膜内活性 Na^{+}、Cl^{-} 的转运。此外，蟾蜍视网膜杆状体上有一种 ATP 酶对钒酸盐也很敏感。钒酸盐还能减少大鼠纹状体匀浆中蝇蕈碱的成键位置。此外，动物实验还发现，喂饲高纯度钒的动物的龋齿率降低，钒离子在牙釉质和牙质内可增加羟基磷灰石的硬度，同时还可增强有机物质和无机物质的黏合性。

从上面的讨论可知，钒的生理作用是很复杂的。尽管许多研究不断会有进展，但因涉及各种复杂的机理而对钒的作用的认识目前还不能完全清楚。由于转运情况、氧化还原电位以及酶活性的不同，钒在生物机体内的行为不同的机体组织反应也不相同，显然，在体外用纯化酶进行的研究不能直接推广到体内的情形。不过，对体外钒的作用进行分析对于解释有关酶作用机制却是非常有用的。

钒是动物必需的一种痕量金属，在生物进化的过程中，钒在某些生物物种进化中有着重要作用。动物实验表明，动物缺钒可引起体内胆固醇含量增加、生长迟缓等。缺钒的家禽羽毛生长不全，体重下降，骨骼发育异常。大鼠缺钒则产仔数减少，且幼鼠的死亡率明显增高。如前述，钒是人体必需的痕量金属元素，在正常的生物学浓度下，它能促进脂质代谢、抑制胆固醇合成，对心血管功能有利。钒存在于各种食物中，一般情况下，人类从食物摄入的钒即可维持正常需要，因此尚未发现人类有缺钒症状。但是，当体内钒含量异常时，也会引起代谢紊乱和抑制一些酶的活性、阻碍脂质代谢，导致某些疾病，主要的有：

(1) 心血管疾病

钒在人体内含量虽然不高，却具有重要的生物学功能。由于钒在脂质代谢中的独特效应，使钒对心血管疾病的发生有着重要的影响。有人曾报道，对 211 例心血管疾病患者头发钒分析的结果表明，心血管疾病患者头发钒含量高于正常人，并且患者头发钒含量随疾病严重程度增加而升高，即头发钒含量随高血脂、高血压、早搏、冠心病及脑血管硬化的程度加重而升高。由此认为，心血管疾病可能与患者体内痕量金属钒含量过高有关，体内钒的增加可能是引起心血管疾病的重要原因之一，这应该是环境科学工作者需要高度关注的问题。心血管疾病主要是动脉粥样硬化引起的，由于动脉内膜脂质(胆固醇、胆固醇脂及磷脂等)的沉积，并伴有平滑肌细胞及纤维成分的增生，逐渐发展为局部性斑块。斑块内部组织坏死、崩解，与沉积的脂质结合形成“粥样”物质，导致动脉血管增厚、变硬。动脉粥样硬化使动脉的功能受到损害，进而引起心血管疾病。因为钒对 Na、K－ATP 酶有强烈的抑制作用，当酶作用时，不断地将 Na^{+} 从细胞内带到细胞外，又将 K^{+} 从细胞外带到细胞内，进行 Na^{+}、K^{+} 的主动运输，以维持正常的细胞代谢功能。体内钒含量增大时，降低了酶的活性，使细胞内 Na^{+} 浓度增大，细胞外 K^{+} 增加；而 K^{+} 含量太大时，会引起心脏功能紊乱，心律失常。体内钒含量增加到一定浓度后，可引起心肌收缩、心脏功能紊乱等，从而产生心血管疾病。钒在体内的代谢作用是一个复杂的过程，上述情况表明，钒在一定浓度时能阻止动脉粥样硬化的发生；当浓度过高时，它又刺激形成动脉粥样硬化。

（2）躁狂抑郁症

英国学者 G. J. Naylor 认为，钒是躁狂抑郁症的原因，他发现躁狂抑郁症患者的血浆中钒的含量是正常人的两倍，红细胞中钒的含量也异常。研究发现，患者红细胞的 Na、K－ATP 酶的活性与血浆钒浓度成反比，当细胞内钒酸盐浓度增大时，则钠泵活性降低。躁狂抑郁症患者的遗传缺陷正是其细胞不能产生新的钠泵（Na、K－ATP 酶）位点，破坏了 Na^+、K^+ 进、出细胞的平衡，细胞内 Na^+ 含量增高，因而导致代谢紊乱。

（3）龋齿

有关钒与龋齿的关系还不是很清楚。不过，有流行病报告报道，龋齿低发区的饮用水中钒浓度较大。动物实验时长期给予大鼠喂适量的高纯度钒能减少龋齿。但有人发现，无论小孩还是成人，其龋齿中钒的浓度均比正常值（1～8 ng/g）高，且初发性的（4.3 μg/g）比永久性的（3.9 μg/g）高。因而有人认为，补充钒对龋齿并无治疗作用，反而有损牙的健康。

（4）胆石症

胆石症是中、老年人的常见病和多发疾病。对胆石症患者头发钒含量的测定发现，患者头发钒含量明显高于正常人，这可能与体内代谢失调有关，可能与心血管疾病有共同的根源。

事实表明，大量接触五氧化二钒粉末会影响人体健康，甚至会出现中毒症状。钒中毒的程度取决于钒的化学形态、中毒途径以及接触剂量等因素。金属钒的毒性很低，但钒的化合物对人和动物有中度到高度的毒性。钒化合物的毒性随钒化合物中钒的价态增加和溶解度的增大而增强，五价钒化合物的毒性比三价钒化合物的毒性要大几倍，其中 V_2O_5 和它的盐类是最毒的。食物中锌含量增大可加重钒的毒性。动物实验表明，钒中毒程度随侵入途径不同而不同，注射钒化合物时毒性最大，而口服毒性最低，由呼吸道摄入居中。此外，钒盐注射液的 pH 值对钒的毒性也有影响，pH 增大毒性增强。

迄今为止，在人体和动物实验中接触钒及钒化合物尚未发现有致癌、致畸作用。

5.1.2　铬(Chromium)

1797 年，法国化学家沃克兰（Vauquelin N. L.，1763—1829）在研究西伯利亚红铅矿时发现了铬。当时沃克兰在著名化学家孚克劳（Fourcroy A. F.，1755—1809）的实验室工作。他把西伯利亚红铅矿石和碳酸钾一起煮，得到意料之中的碳酸铅沉淀和一种性质不明的鲜黄色溶液。他在该黄色溶液里加入高汞盐溶液，就出现了美丽的红色溶液;加入铅盐溶液,出现灼灼夺目的黄色沉淀物;加入氯化亚锡,则溶液又变为可爱的绿色。由于这种新元素能够形成各种颜色不同的化合物,所以沃克兰的老师孚克劳就命名这种元素为“hromium”。这个字的希腊文原意是“色彩艳丽”。两年后即1799年,沃克兰终于制得了纯净的金属铬。中文按其译音命名为铬。铬的英文名称Chromium,是从希腊字“Chroma”衍生而来,意思是“颜色”,因为铬元素的各种离子和化合物具有鲜艳的颜色,是色彩艳丽的金属。铬是动物和人体必需的微量元素,在地壳中的丰度为 100×10^{-6} [1、2]。

铬是元素周期表中第4周期ⅥB族的元素,其基本属性如下:

元素符号——Cr;

原子序数——24;

原子量——51.996;

价电子层结构——$3d^5 4s^1$;

氧化数——−2、−1、0、1、2、3、4、5、6(最常见的是0、2、3和6);

电负性——2.4(+6)、1.6(+3);

原子半径(pm)——124.9(12配位);

共价半径(pm)——118;

离子半径(pm,6配位)——63(+3)、52(+6);

熔点(℃)——1 890;

沸点(℃)——2 482;

密度——7.20 g/cm^{-3}。

铬有四种稳定的同位素:^{53}Cr,4.355%;^{54}Cr,83.779%;^{51}Cr,9.501%和^{53}Cr,2.365%。此外,铬有5种放射性同位素,但只有^{51}Cr的半衰期为27.8天,并广泛应用于生命科学中作为示踪原子;其他几种放射性同位素的半衰期都小于1天[4、5]。

铬原子中的6个价电子都可以参加成键,Cr(Ⅱ)离子是强还原剂,在空气中,二价铬相当不稳定,能迅速地氧化成三价铬,因此,Cr(Ⅱ)在生物体内极少可能存在。不过,也有人认为生物体内含有大量还原能力较强的有机化合物,在这种环境中有可能使得微量Cr(Ⅱ)在体内存在,并有可能在体内生成Cr(Ⅱ)的中间产物,它对具有生物活性的Cr(Ⅲ)配合物有催化作用。六价铬离子具有较高的正电荷和较小的半径(52 pm),因此,不论在晶体中还是在溶液中都不存在简单的Cr(Ⅵ)离子,而总是以阴离子酸根的形式存在。其中,六价铬主要是与氧结合成铬酸盐(CrO_4^{2-})或重铬酸盐($Cr_2O_4^{2-}$),都是强氧化剂。在酸性溶液中,这些离子很容易还原为Cr(Ⅲ)。三价铬是最稳定的氧化态,也是生物体内最常见的。但是,Cr(Ⅲ)在碱性溶液中却有较强的还原性,易被氧化[1]。

三价铬形成配位化合物的能力很强,并且在所形成的配位化合物中,最主要的是六配位的化合物，其单核配位化合物的空间构型为八面体，Cr(Ⅲ)离子提供6个空轨道，形成6个d^2sp^3杂化轨道。Cr(Ⅲ)配位的化合物是常见的，它可形成配阴离子或配阳离子或中性配合分子。在水溶液中，这些配合物具有动力学相对惰性的特征。例如，在配体取代反应中，反应的半衰期仅在几小时范围内。因此，铬不可能处于酶的活性部位作为金属酶的催化中心，因为在酶的活性部位交换的速度必须迅速，像这样的动力学相对惰性的铬配合物只可能作为结构成分来发挥作用。例如，在酶或者在蛋白质或核酸的三级结构中，键合的配体仅以适当的排列取向起催化作用。

在水溶液中，Cr(Ⅲ)和H_2O配位形成正八面体的六配位水合离子，即$[Cr(H_2O)_6]^{3+}$。这种六配位的水合离子也存在于盐(如$[Cr(H_2O)_6]Cl_3$)以及矾(如$MCr(SO_4)_2 \cdot 12H_2O$)中，其中的M可代表锂以外的所有一价阳离子。

在生物组织中，pH值为中性时，铬的水合配合物会发生水解降低酸度，其结果会通过羟桥合作用形成桥，产生多核的铬配位化合物，最后沉积下来成为生物学惰性成分。如果加入强碱，同时加热到120℃，羟桥合作用增强。强配位体(例如草酸根离子)能预防甚至逆转羟桥合作用；但是，较弱的配位体只能预防反应发生。在生物体内，铬能起作用是由于它能与较弱的有机配体或无机配体结合，形成易溶解的配合物。铬化合物与其他配体如硫氰酸根或氨基之间，也可能形成桥。例如，现有研究中已发现下列天然存在的配体：焦磷酸、蛋氨酸、丝氨酸、甘氨酸、亮氨酸、赖氨酸和脯氨酸，在生理条件下，它们往往会抑制Cr(Ⅲ)的羟桥合作用。

铬是地壳的组成元素之一，占地壳总量的0.02%，广泛地存在于土壤、大气、水和动植物体内。铬在自然界的行为受氧化还原作用制约较大。自然界中的铬主要有两种价态，其中正三价最稳定。有学者曾指出，在自然界的强酸性环境中不存在六价铬化合物，因为存在这种化合物必须具有很高的氧化还原电位(>1.2 V)，而这样高的电位在自然界的弱酸性与碱性条件下可以存在六价铬化合物。这样的条件可以保证三价铬向六价铬转化。如在pH＝8、E＝0.4 V的某些干旱荒漠土壤中，曾发现有可溶性的铬钾石(K_2CrO_4)及其他矿物存在。在pH＝6.5～8.5的环境中，三价铬转化为六价铬的反应为：

$$2Cr(OH)^{2+} + 1.5O_2 + H_2O \longrightarrow 2CrO_4^{2-} + 6H^+$$

例如，正常pH的天然水中，三价铬和六价铬可以相互转化。在自然界中，含铬体系氧化环境和还原环境交界处的物理化学条件对其行为具有重要地球化学意义。由于这里的氧化还原电位发生剧变，使铬在环境中的行为也发生剧变，在这些部位常可形成铬的富集带。如有六价铬的电镀废水排入富含有机污染物的水中时，$Cr_2O_7^{2-}$被迅速地还原为Cr(Ⅲ)并被吸附生成沉淀，因而不能迁移。在氧化环境即富含游离氧的环境中，碱性条件下，*Eh*值略高于零，通常大于+0.15 V，最高达 0.6～0.7 V；在酸性条件下，*Eh* 值＞＋0.4～0.5 V，这类环境具有强氧化能力，铬处于高氧化态，形成可溶性的铬酸盐，具有高的迁移能力。

在正常的土壤 pH 值和 *Eh* 值范围内，铬常以四种形态存在——两种三价离子，即 Cr(Ⅲ)和 CrO^{2-}；两种六价离子，即 $Cr_2O_7^{2-}$ 和 CrO_4^{2-}。上述四种离子态铬在土壤中的迁移转化情况与土壤 pH、*Eh* 值、有机质含量、无机胶体组成、土壤质地及其他化合物的存在有关。我国南方红壤的黏粒矿物组成以高岭石为主，并含有大量带正电荷的铁、铝氧化物凝胶，所以对六价铬的吸附能力较强；而北方地区的垆土以伊利石为主，这些土壤对六价铬的吸附能力相对较弱。土壤有机质可使六价铬还原成三价铬，pH 值和 Eh 值是影响铬离子迁移转化的条件。不同的有机物质对六价铬的还原能力随着 pH 值的提高而降低。因而增施有机肥、调节土壤酸碱度，可减轻六价铬的危害。

Cr(Ⅲ)在地下水中极不稳定，易以沉淀和吸附两种形式积累到土壤中，其量的多少取决于水-土体系中的 pH 值。自然土壤环境中氧化锰是 Cr(Ⅲ)氧化的主要电子接受体，土壤对 Cr(Ⅲ)氧化能力与易还原性氧化锰含量显著相关。由于土壤的组成非常复杂，同时含有固相、液相(土壤溶液)和气相(土壤空气)，同时还含有生命体，因此土壤圈中铬元素含量的水平存在较大变化范围，通常在 5～100 μg/g 间，平均含量为 200 μg/g，也有更高浓度情况的报道。

由于海洋水占水圈总水量的 93%左右，因此可以认为海洋水的铬含量决定了整个水圈的铬含量。铬在海水中通常是以 Cr(Ⅲ)和 Cr(Ⅵ)的状态同时存在，在环境变化条件下，两者可相互转化。其在海水中具有各种不同的存在形式，常见的有：

(1) 无机态的离子

在 25℃、1atm、35‰盐度、pH＝8 的环境中，Cr(Ⅲ)的主要形态为 $Cr(OH)_2^+$ 约占 85%、CrO_2^- 约占 14%；Cr(Ⅵ)的主要形态为 CrO_4^{2-}，约占 94%、$HCrO_4^-$ 约占 2%、$KCrO_4^-$ 约占 2%、$Cr_2O_7^{2-}$ 约占 2%；

(2) 与无机和有机的配位基团形成配合物，如 H_2O、NH_3、Cl^- 等无机基团形成配合物

Cr(Ⅲ)最常见的配位离子是$[Cr(H_2O)_6]^{3+}$，它存在于水溶液中，也存在于很多盐的晶体中；同时，也可能与胺、有机酸、腐殖质等有机基团形成配合物，有研究表明，在天然水 pH 值范围内存在腐殖质和有机酸时，Cr(Ⅲ)会组成不带电或带负电的具有各种分子量的有机配合物，而 Cr(Ⅵ)则不会。

(3) 颗粒型铬

与矿质颗粒结合在一起的离子，较粗的颗粒主要集中在靠近河口部分和陆地边缘，而胶体、亚胶体微粒经常以微细悬浮物形式存在于海水中。

有人测定了海水中的溶解态铬和颗粒铬，结果表明，河流排污控制着渤海湾铬

的分布，大气降尘也是影响海水中铬含量的因素。英国沿岸铬含量为 0.31～0.65 μg/L；地中海海水中铬含量为 0.20～0.4 μg/L，利古利亚海铬含量为 0.23～0.43 μg/L；摩纳哥沿岸表层海水的铬含量为 0.36～0.43 μg/L。我国渤海湾海水中总铬含量范围在痕量至 9 μg/L 之间，含量分布趋势是河口区高，随着离岸距离的增加而降低，反映出铬的分布规律与河口排污状况密切相关。海水中溶解铬的含量为 0.2～2.0 μg/L；波士顿港海水中溶解铬含量为 0.27～3.96 μg/L；我国胶州湾溶解铬含量比较高，在 0.9～298 μg/L 间；渤海湾海水中溶解铬含量范围从痕量至 1.6 μg/L 之间，平均约为 0.4 μg/L，随离河口距离的增加而降低。挪威的弗雷姆费伦湾的颗粒铬含量为 0.26 ng/g，占总铬的 56.5%；哥伦亚河口颗粒铬为 2.3 nmol，占总铬的 48.9%。波士顿港的颗粒铬为 0.59～5.4 ng/g，占总铬的 57.3%～72.0%。胶州湾测得颗粒铬占总铬的 0～56%。渤海湾河口区颗粒铬大约占铬的 80%以上，高于其他海湾，因此提出颗粒铬是渤海湾铬存在的主要形态，也是铬转移的主要因素。

大陆上空与海洋上空铬的含量和分布是不同的，陆地上空近地层中的浓度明显高于海洋上空，最新研究认为，在不受工、矿企业影响的空旷地区近地大气层中，铬在元素的浓度序列中位置如下：Zn > Cu > Mn > Cr > Ph > V > Ni > As；每一 km^2 地面上部 1 km 高的空气柱中，铬的含量应等于 1 到数十克，这个数值虽然不大，但整个陆地的总面积有 1.5 亿 km^2，这样，在大陆上部空气中就会有较大数量的铬。海洋表面上空的铬浓度要比陆地上空低约 10 倍，但是，世界海洋的总面积比陆地大两倍，所以海洋上空同样含有不少数量的铬。大气圈中同时包含有固态和液态物质的分散颗粒，它们在大气圈中所起的作用并不亚于世界海洋中固态物质的分散悬浮物。对于铬在大气中的存在和转移，气悬胶体具有特殊意义。大气中铬的主要载体是气溶胶，即悬浮在空气中的固体颗粒，也是水蒸气的凝结核。大陆产生的颗粒相对粗大些，其平均粒径约为 2～3 μm 左右；海洋上空的颗粒较细，其粒径平均值约为 0.25 μm。有数据资料表明，大陆上空固相气溶胶中铬的浓度比海洋上空高几倍。印度洋和大西洋上空的气溶胶中铬浓度分别为 98 和 78 μg/g，而东西伯利亚和中亚的大陆气溶胶中铬浓度分别为 310 和 240 μg/g。日本、美国和前苏联的地球化学家详细研究了气溶胶的组成，发现 1～3 μm 大小的颗粒是铬的主要携带者，它们常常可以携带气溶胶由 90%以上的铬随风飘浮，经过沉降，落到大地或海洋表面；较大颗粒的粉尘沉降在 10 km 范围内。

由于人类的生产与生活活动，铬元素不断地从它们的母岩中迁移出来并在整个环境中循环，并通过物质循环进入生命有机体，广泛地分布在生命物质中。其含量和分布随着生物体的组织部位与营养介质、环境条件、生物的发育阶段等不同而不同。

铬元素含量在海洋和陆地植物之间存在明显的差异。种属、产地都会引起铬浓度的显著差异；即使是在同一生物的不同组织部位铬浓度也会不同。铬在植物体中的一般含量是0.05～0.5 mg/kg(或0.2～1 mg/kg)。植物中铬的含量不仅反映其生长环境的状况，而且也反映该植物富集铬的能力。典型的富集可形成地方性植物种类。超基性岩的风化产物含有非常丰富的铬，在这些岩石中发育着特殊的蜿蜒植物区系，如某些松属、杜鹃花属、草本植物，它们的铬含量都很高，常常超过1 mg/kg。铬在植物细胞中的选择性积累有赖于铬的配合物的形成过程。如铬在水稻根细胞原生质中显示出活性，并能与从原生质中分离出的多种蛋白质结合。Cr(Ⅲ)是土壤中是最稳定的铬形态，它能被植物吸收；而植物Cr(Ⅵ)吸收更迅速、更广泛。有人提出六价铬进入细胞之前，在根表面或在根细胞中可与有机物质反应后生成三价铬，植株体内以三价铬化合物的形式存在。大麦幼苗对六价铬的吸收是主动的，对三价铬的吸收是被动的。研究表明，Cr(Ⅲ)吸收产生的配合物，其中氧供体的配体(如羰基配体)在根里参与Cr(Ⅲ)的键合，部分固定在根里。Cr(Ⅵ)的吸收首先产生游离的五价铬物质。金属离子被键合到低分子量的配体上，然后同样形成Cr(Ⅲ)物质。研究证实，植物的根具有使铬还原的特性，植物吸收的Cr(Ⅵ)仍然倾向于在根部经历还原过程，糖、苯酚和简单的有机酸在植物根里也起还原作用。根细胞具有较强的贮存能力和还原能力，它能将较高浓度铬离子保留在细胞壁上和液泡中，并对铬的进一步向上部运输作选择性调节。在正常土壤中的植物铬中毒现象一般是罕见的。但过量的铬会使植物出现中毒或低产现象。

有关Cr在生物机体内的生物化学作用，目前认识水平的结论分述如下：

(1) 人体内的Cr

人体内的含铬量甚微，各学者工作报道间也有差异。一般认为成人体内含三价铬的总量仅为5～10 mg，它广泛地分布在体内的各个组织器官和体液中，并且是唯一随年龄增加而体内含量下降的金属，主要是在糖代谢和脂代谢中起重要作用。铬主要经肠道吸收，无机铬的吸收率较低，大约为0.4%～3%。天然的有机铬配合物较易吸收，吸收率为10%～25%；葡萄糖耐量因子形式的铬的吸收效力为无机铬的100倍。因此，推测铬很可能是以小分子量的有机铬配合物通过肠黏膜进入体内。人体内的铬主要经尿排泄，少量的丢失在毛发、汗水和胆汁中。人尿铬浓度的报告值随样品分析方法的改进及仪器设备的先进化而降低。美国和西方国家的研究结果表明，正常人尿铬浓度小于1 ng/g。人体对铬的日需量为50～110 ng/d，主要来源于食物，饮水和空气也提供一小部分。人体内铬与蛋白质、核酸以及各种低分子量的配体结合，参与机体的糖、脂肪等代谢，促进身体的生长发育。正常人体内只含有6～7 mg的铬，且分布很广。

微量的铬对人体很重要，也很灵敏。据报道，每kg体重只要给予1 μg的铬，就足以显示其生物功能。然而，尽管铬的需要量如此少，缺铬的问题仍然存在。这主要是由于当今人们的饮食倾向于更多的精加工食品，而在精加工过程中丧失了大量的铬从而减少了铬的摄入量；另一方面，这些精制食品还促进体内贮存铬的大量排泄。因此，伴随人体摄取低铬饮食可能使得存在的问题更加严重。人们发现，人类缺铬是一个慢性过程，并且可能与老年性糖尿病有关；同时，铬也参与动脉粥样硬化过程。缺铬是引起动脉粥样硬化的致病因子之一，人的正常饮食铬摄入量常常低于建议的摄入量。蛋白质热量营养不良的儿童及老年人通常都缺铬。糖尿病人以及中、老年人都已经表明需要补铬。目前，对生物体内铬存在的状态还不清楚，许多问题有待研究。因此，痕量元素铬生物效应研究有着广阔的前景。

1980 年美国国家研究会(National Research Council)推荐，成人安全和适当的铬摄入量为 50～200 μg/d，根据成人体内铬的排出和膳食铬的平均利用率计算，每天供给量能达到 20～50 μg 即能满足生理需要。许多研究表明，铬的生物化学功能主要是作为胰岛素的加强剂作用。在与胰岛素相关的作用方面，例如葡萄糖摄入量、葡萄糖氧化到二氧化碳和葡萄糖转化到脂肪等，铬加强胰岛的作用。对胰岛素而言，并不是作为它的取代物。在依赖胰岛素的糖、蛋白质和脂代谢中，已观察到铬的生物效应，认为体内铬是与蛋白质、核酸及各种低分子的配体结合，参与机体的糖、脂代谢等，促进人体的生长发育。但是，目前对铬的生物化学功能有待进一步的研究来提高认识。

所有铬化合物浓度过高时都有毒性，但各种铬化合物毒性的强弱不同。金属铬很不活泼，二价铬化合物一般认为是无毒的。三价铬进入人体过多时，可对人体健康带来危害，但三价铬的毒性较小，而六价铬毒性较大。铬酸盐毒性大，由于溶解度大且易被迅速吸收，对生物组织有刺激性和毒性。Cr(Ⅲ)也有毒害作用。

(2) Cr 对生理功能及毒性

海洋水生生物对铬有强的富集能力，其浓缩系数为：海藻 60～120 000；无脊椎动物 2～900；鱼类 2 000。有人提出，铬浓度 5 mg/L 时，鱼类出现中毒，铬浓度 20 mg/L 可使鱼类死亡，Cr(Ⅵ)0.05 mg/L 可使水蚤致死。无论是三价或六价铬，对水生生物都能产生毒害作用。

土壤中过量的铬将抑制水稻、玉米、棉花、油菜、萝卜等作物的生长，这些作物由于铬的毒害而发生不同程度的减产，其具体表现为：降低作物的发芽率；引起作物叶片失绿；阻碍作物根的延伸，减少作物根的数量。六价铬比三价铬毒性更强。铬酸钠浓度达 0.1 mg/L 时，对小麦、玉米等有毒害作用。由于作物吸收的铬大部分累积在根里，根细胞体积小，数量少，因此作物根部受害最严重。大量实验证明，铬对作物的养分吸收和代谢具有重要的影响。铬的污染使菜豆中过氧化氢酶、过氧化物酶、吲哚乙酸氧化酶、抗坏血酸氧化酶、脱氢酶、向日葵中多酚氧化酶、玉米和小麦中的过氧化氢酶和蛋白酶的活性发生明显的变化。有学者认为，铬抑制作物吸收铁、锌而引起失绿；铬抑制矮菜豆、黄豆等对锌的摄取，增加水稻对锰以及水稻、黄豆等对镁的摄取。植物体内的铬、镍水平高度相关。研究发现，铬减少水生蕨类植物以及被子植物中的叶绿素含量、希尔反应活性、蛋白质含量、干物质重量，增加细胞组织的通透性。通过对这些衰老变量的综合考察，他们作出了铬污染促进植物衰老的结论。

铬的毒害作用很可能涉及氧自由基机制。在通常情况下，需氧生物在还原 O_2 到 H_2O 的过程中会产生带有单个电子的氧自由基(O^{2-})，它本身具有毒性并能诱生其他毒物，如过氧化氢和羟基自由基等，积累的自由基将对植物细胞造成伤害。最易受攻击的是膜系统，膜内脂质双分子层中的不饱和脂肪酸链容易因过氧化作用而分解，造成整体膜的破坏，致使膜透性增大，离子漏失，色素解体甚至植株死亡。

动物喂饲中毒量的铬酸盐，出现生长障碍，家兔 2 h 内的致死量是 1.9 g。给予大剂量铬酸以后，尿中往往有蛋白和脱落细胞，肾充血，脂肪变性、坏死。豚鼠用较小剂量，如 0.2%～0.5%铬酸钾溶液 0.25 mL，只出现轻微损害。长期重复较小剂量，不引起病变，铬酸盐对肾小管的亲和力比肾小球强。最早阶段有血管损害，以后迅速影响肾小管，不久后即以肾小管为主要临床表现。

铬对人体的毒害主要是偶然吸入极限量的铬酸或铬酸盐后，引起肾脏、肝脏、神经系统和血液的广泛病变，导致死亡，有报道口服重铬酸钾(口服致死量约为 6～8 g)和铬酸钠灼伤经创面吸收引起严重急性中毒的事例。长期接触 Cr(Ⅵ)化合物，致皮肤过敏和溃疡、鼻中隔穿孔和支气管哮喘；而 Cr(Ⅲ)在皮肤表层与蛋白质结合，形成稳定的配合物，因此不引起皮炎和铬溃疡。目前尚无二价、三价铬化合物引起毒性效应的确切证据。

Cr(Ⅵ)具有强氧化性，易穿入生物膜，其毒理作用在于干扰人体内的正常氧化还原和水解过程。美国、英国、德国和日本均有报道，铬厂工人易患肺癌、鼻癌、咽癌、鼻窦癌等。动物实验结果表明，在给药部位发现有致癌性的物质有铬酸钙、铬酸铅等 10 种化合物，但现阶段不能肯定对在远距离给药部位的致癌性。有人认为铬的致癌性似乎取决于铬的氧化态及其化合物的溶解性，以水溶性较低的铬衍生物活性较高，它能长期沉积在肺部，不断地向细胞渗透。这一点也说明铬致肿瘤的易发部位在肺部。Cr(Ⅵ)为致癌物，但进入体内可转变为 Cr(Ⅲ)。因此，长期潴留肺部内的是 Cr(Ⅲ)，美国学者认为，Cr(Ⅲ)是人体和动物必需痕量金属元素。Cr(Ⅵ)为强致癌物，是强氧化剂，并且具有穿透生物膜的性质。Cr(Ⅵ)易与有机物反应还原为 Cr(Ⅲ)。因此认为，铬酸盐全部生物学作用在于还原成三价形式和与有机分子形成配合物。经研究证实，聚集在细胞核内的 Cr(Ⅲ)与染色体结合，且对 DNA 复制起某种影响。DNA 的变化取决于 Cr(Ⅵ)的氧化性及其 Cr(Ⅲ)所形成的配合物。铬离子可与人体某些蛋白质结合。但是，Cr(Ⅲ)和 Cr(Ⅵ)在致癌作用中的影响程度、相互关系、反应和剂量(浓度)关系等问题有待进一步研究。

研究已证实 Cr(Ⅵ)有致突变性。铬酸钙诱发 g12 细胞株肝功能特异性指标丙氨酸氨基转移酶(GTP)位点突变，并呈明显的剂量-反应关系。以 0.15 μg $CaCrO_4/cm^2$ 剂量接触 24 h，可观察到清楚的细胞毒效应，存活率约为 28%和 GTP 突变频率约高达本底的 40 倍以上。一般认为，铬化合物需于体液才能进入细胞和致癌。$CaCrO_4$ 虽难溶于水，却是一种较强的致癌剂和诱变剂。林慰慈和 T. G. Rossman 认为，$CaCrO_4$ 的遗传毒性可能与其氧化性能有关。一般认为，Cr(Ⅵ)在细胞内能被还原成短时存在的、具有高反应活性的 Cr(Ⅲ)化合物，Cr(Ⅲ)可引起 DNA 损伤。$CaCrO_4$ 致 g12 细胞的较强致突变作用或许与 GTP 位点对其还原所产生的高反应活性铬化合物特别敏感有关。但是，不溶和难溶的铬化合物如何进入细胞及其致突变作用有待进一步研究。

此外，自发现 Cr(Ⅲ)是耐糖因子的重要组成成分以来，人们对 Cr(Ⅲ)在糖、脂代谢等方面的作用进行了研究，发现铬与糖尿病和动脉粥样硬化密切相关。缺铬现象严重的地区，糖尿病的发病率高，糖尿病患者容易罹患其他致死的疾病。据估计，有一半的冠心病死者和 3/4 的猝死者是由于糖尿病长期未能很好得到控制的条件下而死的。动脉粥样硬化和糖尿病之间的共同环节是缺铬。

铬的功能是通过增加胰岛素活性、减少胰岛素的量去控制血糖和有关的过程，保持正常水平的胰岛素，预防糖尿病的继发症发生。例如，动脉斑块形成是一个胰岛素敏感的过程，而初始的成年型糖尿病在起病时常有循环胰岛素水平的增加，这种增加常常促进斑块形成增快，导致动脉粥样硬化。因此，铬在糖尿病中的主要作用应该是预防成年型糖尿病的发生而不是治愈或治疗糖尿病。已有非常足够的证据表明，饮食铬不足引起糖耐量异常，补铬能得到改善。铬缺乏引起糖耐量异常的人越来越多，并发现绝大部分最终发生糖尿病的人都从糖耐量异常开始，预防糖耐量异常起着预防糖尿病的作用。

5.1.3　钴(Cobalt)

1753 年，瑞典化学家格・波朗特(G. Brandt)从辉钴矿中分离出了一种灰色金属并制出了金属钴。1780 年瑞典化学家伯格曼(T. Bergman)确定钴为元素。单质钴是一种坚硬的、具有银白色光泽的金属，有明显的磁性。钴是生命必需元素，地壳丰度 25×10^{-6} [1、2、3]。

钴属于元素周期表中第 4 周期ⅧB 族的铁系元素，其基本属性如下：

元素符号——Co；

原子序数——27；

原子量——58.93；

价电子层构型——$3d^7 4s^2$；

氧化数——−1、0、1、2、3、4；

电负性——1.7；
原子半径(pm)——125.3(12配位)；
共价半径(pm)——116；
离子半径(pm)——72(+2)；
熔点(℃)——1 495；
沸点(℃)——2 900；
居里温度(℃)——1 121；
密度(g/cm^3)——8.92。

自然界常见的化合物形态有(Co，Ni，Fe)As_{3-x}(辉钴矿)、Co_3S_4(硫钴矿)、CoAsS(辉砷钴矿)等，在地表条件下常形成钴的氧化物、碳酸盐和砷酸盐等次生矿物。

钴属于中等活泼的金属，常温下对水和空气都是稳定的，和氧、硫、氯等非金属单质不起反应。但在加热时，它们都将发生反应。在稀酸中，钴缓慢溶解：

$$Co^{2+} + 2e \rightleftharpoons Co \quad Eh^0 = -0.277\ eV$$

钴的6种氧化态中，只有Co(Ⅱ)和Co(Ⅲ)在溶液中能够存在。维生素B12中的Co为Co(Ⅲ)，它对生命活动极为重要。在一定条件下，各种价态的钴可以相互转换。水配位的Co(Ⅱ)在溶液中比Co(Ⅲ)稳定得多。当Co(Ⅲ)形成氨配合物后，则能在溶液中稳定存在。例如：

$$[Co(H_2O)_6]^{3+} + e \rightleftharpoons [Co(H_2O)_6]^{2+} \quad Eh^0 = 1.84\ eV$$
$$[Co(NH_3)_6]^{3+} + e \rightleftharpoons [Co(NH_3)_6]^{2+} \quad Eh^0 = 0.1\ eV$$

当存在各种配体，特别是含氮原子配体时，Co(Ⅱ)很容易被氧化成Co(Ⅲ)配合物。三价钴是抗磁的，具有很强的氧化性。在酸性溶液中，它迅速将水氧化：

$$Co^{3+} + 2H_2O \longrightarrow Co^{2+} + O_2 + 4H^+$$

因此，Co(Ⅲ)的简单盐类不多，相反，其配合物则是广泛存在的。Co(Ⅲ)对含氮配体具有很强的亲和性，因此大多数配合物含有氨、胺、硝基和异氰根等。此外，卤素离子和水分子也是较为常见的配体。Co(Ⅲ)的六配位化合物常为八面体型，与Co(Ⅱ)化合物所不同的是，它们具有很大的化学稳定性。Co(Ⅱ)是唯一常见的d^7离子，它既能形成简单的盐，又能形成配合物。由钴形成的配合物立体结构种类很多，最常见的结构是八面体和四面体，其中的Co(Ⅱ)处于高自旋态。钴也存在相当数量的平面正方形、三角双锥形和六配位的配合物，其中的Co(Ⅱ)通常处于低自旋态。与其他任何过渡金属离子相比，Co(Ⅱ)更易形成四面体配合物，这种现象可以根据配位场稳定化能理论进行解释[3、4、5]。

在生物体内，钴和蛋白质反应几乎全部生成高自旋钴的衍生物，只有当配位原子处于平面结构如咕啉和卟啉，或者有一个以上的氰根 CN—与 Co(Ⅱ)离子作用时，才出现低自旋钴衍生物结构。

人们对于钴对动物营养作用的认识可以说是从1934年开始的。当时，研究人员认识到世界各地引起牛、羊患一种奇症的病因竟然是动物饲料中缺乏钴，这是人们第一次懂得钴在生物学和生物化学上具有重要作用。由于钴在反刍动物营养成分中的重要性。之后，全世界的研究人员对各地土壤、植物、饮料、牧草、水和肥料中钴含量的测定做了大量工作。特别是在维生素 B12 发现后，研究范围进一步扩展到钴在动物、人体、微生物中的生物化学行为方面。

有人对地球火成岩中钴的含量作了估算，结果为0.001%、0.002%和0.004%等。钴在地球外壳层所有元素的丰度序列中排在第33位。在岩石中，钴的含量通常在0.2～250 mg/kg 范围内，不同岩石中，钴的浓度数据可以查阅有关的地球化学资料。钴通常与镍和砷共生，最主要的含钴矿石是砷钴矿(CoAs)和硫砷钴矿(CoAsS)。有时，工业上也从含镍、钴、铅的砷矿冶炼残渣中提取钴。陨石中既有金属钴也存在氧化钴。以硅酸盐形式存在于某些陨石中的钴含量与许多岩石中钴的含量大致相当；已发表的数据有 40 mg/kg，200 mg/kg 和 700 mg/kg 等。以金属形式存在于陨石和陨铁中的钴其含量较高，大约为0.37%～1.63%。

钴的基本来源是岩石和陨石，分布于土壤、植物、动物、人体、微生物、水等介质中的痕量金属钴还可源于工业含钴产品，并且随着社会生产水平的不断提高，这种途径越来越受到重视。例如，不锈钢餐具、罐头食品、各种含钴器具、陶瓷、含钴化肥以及制造高温合金、高速钢、磁铁、催化剂等工业排放的污水和尘雾，都是不容忽视的钴的来源。

钴在大多数土壤中浓度范围在0.1～50 mg/kg 之间，如此低含量的钴起初并没有引起广大土壤研究人员的注意。如上述，直到1934年，人们发现各种反刍动物的某种症状与缺乏钴有关，从此开始了较系统的研究。研究结果表明，全世界许多地区的土壤含钴量太低，难以维持以这些地区生产的饲料为食的牛、羊的健康。现在，在饲料、草料、饮水、盐渍地、化肥或石灰石中加入少量钴，已成为许多地区防止动物缺钴的常用手段。近年来，对世界各地不同土壤中总钴和有效钴的含量已有许多报道。各地不同土壤是从不同原始物质演化而来，并经受了不同的物理、化学和生物作用，土壤中钴的含量变化很大。土壤中总钴的含量范围可以从严重缺钴地区的0.3 mg/kg 到富矿区的1 000 mg/kg；大多数土壤含钴量为2～20 mg/kg，有效钴为0.01～6.8 mg/kg，但通常在0.1～2 mg/kg 之间。

这里所指的总钴是指将样品用酸处理或熔化方法完全分解后所能检测到的含量，有效钴是用稀酸或盐溶液从土壤样品中萃取出来的部分。尽管有人报道植物中钴的含量与土壤总钴的相关性大于与有效钴的相关性，但是，大多数人仍认为有效钴更容易改变植物中该元素的缺乏状况。如把土壤有效钴表示为总钴的百分数形式，则它的范围较广(1%～93%)，但通常在3%～20%之间。为了防止牛、羊患钴缺乏症，对土壤中所需要的总钴或有效钴的最低含量报道不一。有些学者认为，要维持动物的良好营养状态，土壤应高于0.3 mg/kg有效钴；有人把最低值定得较高，如1.35、1.84和<2 mg/kg等。还有人发现，要防止反刍动物缺钴，土壤中总钴的最低值应为2.5 mg/kg。葡萄园中的土壤正常总钴含量为1.6 mg/kg，低于0.3 mg/kg时，植物就会表现出缺钴症状。土质较好的土壤含钴较多，熟土比同类型但未开垦的土壤含钴要多。有意思的是，常常遭受洪水泛滥地区的土壤含钴较高，与早期测定尼罗河淤泥钴含量达100～130 mg/kg相吻合。

钴的放射性同位素已用于研究植被对土壤中钴迁移的影响，钴的垂直迁移受植被的影响很小。由于沥滤和植物吸收所引起的钴损失很小，几乎所有被吸收的钴都聚集在与土壤颗粒接触的根部。同样，植被对钴的水平迁移也无影响，因为植物总停留在它们所植根的土壤中。

关于土壤中钴的含量与甲状腺肿发生的相关性也有报道。土壤中有效钴的含量较低与发生甲状腺肿呈正相关；高钴地区即使碘的含量很低，似乎也比较不易患甲状腺肿。有人报道，在含有有机质的土壤中加钴可以加速有机质的分解，导致固氮作用的增强并改善磷的利用率。有人甚至认为，测量土壤所含有的钴就可测定这种土壤中可交换的碱基数量以及总体阳离子交换的能力。在意识到世界上许多地区都缺乏钴后，有人就在化肥或土壤中施加添加剂，如石灰石中混加钴盐。一般说来，大多数肥料钴的含量是相当低的，当然，也有一些像农家肥和石灰石由于可以大量施用(例如每公顷可以施用几吨甚至更多)，因而对土壤中钴的增加作用也很明显。在新西兰，有人报道在石灰石中加入4 mg/kg钴后施用可大大提高草原钴含量。在美国，有人计算每5年谷物从土壤中所带出的钴大约为0.635 g/hm^2，如果在此期间每顷土地施0.5 t石灰石，就可以补偿给土壤钴3.6～22.7 g/hm^2。

海水、各种天然水和污水中都存在钴。海水中钴的浓度变化很大，约在0.01～4.6 μg/L，这是由于各种因素如江河排放、河床的岩石组成污染情况、浮游植物和海洋生物以及其他因素都会导致世界不同地方海水样品的特殊性。海水钴的含量还随深度的增加而增加，这可能是由于越到底层浮游植物越少；从中央到海岸附近区域海水中，钴的浓度也不断增加。在深海里，许多钴可能由于与锰的氧化物发生共沉淀而转移。天然水中钴的浓度变化范围更大，大多数落在0.1～10 μg/L之间，但也有一些深山溪水和矿泉水中钴的含量较高。酸性泉水钴浓度较高，而矿泉水中钴的含量随硫酸盐的含量增加而增加。有人发现煤矿中水含有大量钴，它是从天然存在于煤岩中的矿物质中转移出来的。

有人发现，地下水钴的含量比地表水要高，甲状腺肿地区水中钴的浓度较低；而那些水中含有正常量钴的地区，即使碘的含量低于下限，甲状腺肿也并不流行。但是，也有人认为水中钴的含量与甲状腺肿发生之间没有任何关系。钴在水库中的行为也被研究过，研究指出全年水库中钴的含量变化很小。平均有 0.086%钴与浮游植物结合，大约 12.9%钴基本上以维生素 B12 形式存在于水生生物中，人为提高水库中钴的浓度，则钴主要贮存于淤泥中。有意思的是，深海海底有许多铁锰结核，这些结核中含有多种金属元素，其中钴含量约为 0.01%～2.3%，并与锰以氧化物形式共存。据估计，海洋结核中钴的贮存量每年以 31.5×10^6 kg 的速度增加，这相当于现在全世界钴消耗量的两倍，现在已有许多研究转向这个有趣的问题。

放射性同位素^{60}Co 已广泛用于研究植物各部分中钴的分布。对大多数植物而言，钴主要在根部积累。有人报道，苜蓿中钴的积累在根部，而谷物和棉花则在种子中。许多蔬菜和水果种子中，钴的含量比其他食用部分高 2～3 倍。树皮钴的含量比木组织高 5～7 倍；白桦叶子中钴的含量比树干高 2～3 倍；树嫩枝顶端的钴与中间部分相比含量要低一些。

尽管我们还不能确定钴是否是植物营养的必需元素，但是至少有大量证据表明在土壤或其他生长介质中加入少量钴，通常会导致多数作物的增产。近年来，不同国家的大量研究都表明加少量钴对作物产量有积极作用。在设计测定钴对谷物产量作用的实验里，通过如下四条途径加钴有不错的效果：

① 在土壤、沙土或水培养液中加入钴的水溶性化合物；

② 在播种前，将种子或块茎在水溶性钴化合物的稀溶液中浸泡一定时间；

③ 在植物生长早期，对叶子喷洒水溶性钴的化合物；

④ 在播种前，先将种子与水溶性钴化合物的固体细末搅拌。

用上述四种方法给作物或种子加钴肥，已证实都能显著提高各种谷物、豆科植物、蔬菜以及棉花、甜菜等经济作物的产量。用钴溶液浸泡种子可以改善橡树和落花生的生长，还能提高胡萝卜和黑麦对工业污染例如含硫废气的抵抗能力。各种不同的加钴方法对不同植物的增产效果是不一样的，甜菜用钴溶液浸泡效果最佳。

钴是人体必需的痕量金属元素之一，它主要以维生素 B12 及 B12 辅酶形式发挥其生物学作用及其生理功能。人体正常代谢所需要的钴主要从每天的饮食中获得。钴对人体的营养作用主要体现在如下几个方面：

（1）人类食物中的钴

钴是从土壤和水中进入植物和动物体内的，并最终供给人体。人类食物中含钴量较高（大约为 0.2 mg/kg）的植物有甜菜、荞麦、卷心菜、无花果、洋葱、梨、萝卜、菠菜以及西红柿等。含钴量低于 0.05 mg/kg 的食物有苹果、香蕉、杏、胡萝卜、木薯、樱桃、咖啡、小麦、茄子、燕麦、胡椒、土豆、稻谷、红薯以及玉米等。钴含量介于两者之间的有大麦、辣椒、豌豆、黑麦、草莓、胡桃、水田芥和西瓜等。值得注意的是，木薯、玉米、土豆、稻谷和小麦这些往往为多数人作为主食的作物含钴量通常较低。可供人类食用的各种动物各组织的钴含量也有许多报道，其中牛、鸡、鳕鱼、羊和猪的肝中钴的含量远较家畜、鸟和鱼类的其他部位为高。对同种食物中钴的含量各家报道不一，这与世界各地的土壤、气候条件等环境因素相差较大有关。

（2）人体对钴的吸收

人体每天平均从外界吸收的钴为 0.02～0.03 mg。有人估计成人每天吸收 0.03 mg 钴，并且认为当我们每天从食物中得到 0.03 mg 钴时，就能维持人体钴的平衡。2～6 岁儿童每天的食物含有 0.064～0.072 mg 钴。2/3 生活在城市的日本成人每天摄入的钴约为 0.028 mg，而农村儿童只是这个数目的一半甚至更少。对青春期前的少女，有人认为每天的需要量应为 0.015 mg。

（3）人体血液和组织中的钴

钴广泛分布于人体的各个部位，并不在某一特定的组织或器官中积累，肝、肾和骨骼中钴的含量通常较高。正常人的钴含量一般为 1.1～1.5 mg，其 14%分布于骨骼，43%分布于肌肉组织中，其余 43%分布于其他软组织中。红细胞中钴的含量为 0.059～0.13 mg/kg，血清为 0.005 5～0.40 mg/kg，全血平均为 0.238 mg/kg 左右。健康学龄儿童血液中钴与镍的比值通常为 1∶3.7，50～100 岁老年人血液中钴的含量低于 20～50 岁的中、青年人。在人体生长的各个阶段，男人血液中钴的含量总是高于女子的钴含量水平。正常人血液中钴的含量 8 月最高，1 月最低，这与 5～7 月间人体从蔬菜和奶制品中摄入的钴较多而 1～2 月较少的情况相对应。6～7 岁健康儿童正常食量下平均含钴 0.000 75 mg/kg(体重)，平均每天摄入 0.040～0.042 mg 钴，其中 0.002～0.003 mg 从尿中排出，0.035～0.038 mg 随粪便排出。成人组织中钴的含量从血清中平均值的 0.000 3 mg/kg 到肝脏中 0.07 mg/kg（湿重）；新生儿肝脏中钴的浓度比成人低得多。不同年龄妇女经血中钴的含量介于 0.237 5～0.556 5 mg/kg 之间；未孕妇女静脉血中钴的含量为 0.08～0.16 mg/kg。有人发现，未孕妇女血液中钴含量最高，而生产时钴的含量最低；在哺乳期间，血钴约为 0.074 9 mg/kg。正常人牙质中钴含量为 0.000 34 mg/kg，女子头发中钴的含量明显高于男子，其含量并不随年龄增加而减少。人体眼睛各部分灰样中钴的含量在 0.167%～0.362%之间。人体皮肤中钴含量在 0.092～0.114 mg/kg 之间，并随年龄增加而降低并与性别无关。人奶中钴的含量为 0.006～0.023 mg/L。

值得注意的是，体内所有的钴只有一小部分以维生素 B12 形式存在，非 B12 中的钴以何种形式贮存于体内目前尚不清楚。有人认为，它们与不同的肽链和蛋白质结合在一起，例如，人体心肌中的钴是与心肌蛋白结合在一起的，用乙酸在 pH = 4 时可将它们萃取出来。

（4）人体中钴的生理功能

人体中钴的吸收发生在蛋白质消化区域以上的胃、肠吸收阶段，注射抗生素或者食物中铜的含量增加时，钴的保留时间就会增加。在胰岛组织中，β 细胞（可能还有 α2 细胞）能浓缩钴，而 α1 细胞对钴没有亲和性，这可能与钴具有很强的使胰岛素结晶的能力有关。通过研究钴盐在组织培养液中对人体细胞的作用发现，核糖核酸、脱氧核糖核酸和硫酸软骨素能与钴盐发生复杂的反应。营养性贫血已确证与钴和铜的缺乏有关；钴能极大地影响红细胞的数目，而铜则对血红蛋白的浓度产生影响。每天给 10 个人口服 150 mg $CoCl_2$，过 8～10 天发现钴似乎有刺激造血的功能。氯化钴能增加人体唾液中淀粉酶的活性，而钴的硝酸盐或硫酸盐都没有明显的作用。大剂量的 $CoCl_2$、$Co(NO_3)_2$ 和 $CoSO_4$ 能增加胰淀粉酶和脂肪酶的活性。在人体红细胞的悬浮液中加入 $CoCl_2$，血红蛋白对一氧化碳的亲和力有所下降。

许多年前，发现地方性甲状腺肿与该地区生产的粮食中钴的含量较低有关。施用钴后，即使没有碘，似乎对甲状腺肿的发生也有良好的预防效果。钴能拮抗碘缺乏所产生的影响而不改变腺体的重量；并且当碘缺乏时钴还能激活甲状腺的活性，钴和碘联合使用效果最佳。关于钴对某些毒物的解毒功能，在实验性苯胺和铅中毒中钴的解毒性能最大，钴具有一种与氢氰酸形成不同配合物如 $K_3[Co(CN)_6]$ 的明显倾向，因而能解除氰化物的毒性，钴的 EDTA 配合物对解除氰化物中毒的效果比亚硝酸-硫代硫酸钴复合物更好。

钴可以治疗多种贫血症，维生素 B12 对高色素巨细胞性贫血疗效显著。钴在胚胎时期已参与造血过程。施用放射性钴也证明，进入体内的^{57}Co 主要聚集在骨髓里，同时肠黏膜细胞内的铁蛋白和血清铁的含量减少，血红蛋白和红细胞的数目增加，说明骨髓造血机能增强，此时铁被利用了。此外，钴还参与蛋白质的合成、叶酸的贮存、硫醇酶的活化以及骨髓磷脂的形成。维生素 B12 还可以改善锌的生物活性，使锌易于为机体吸收。

长期以来，人们总以为缺钴只对牛、羊生长产生影响。但是，有大量文献表明许多动物和鸟类的饲料里添加少量钴时，可以极大地改善动物的生长状况。

1926 年，Minot 与 Murphy 发现用生肝可治疗恶性贫血症，这在当时是一种不治之症。为此，他们获得了 1934 年诺贝尔生理学和医学奖，但当时他们还不了解生肝中起作用的维生素 B12。1948 年，第一次从肝提取物中分离出 B12 的结晶，它是深红色的晶体，具有抗磁性。于是，化学家们对 B12 结晶的组成、结构进行了许多研究。直到 1956 年，英国女化学家 Hodgkin 用 X 射线结晶分析确定了它的结构，这是当时所研究的最复杂的大分子。为此，1964 年 Hodgkin 获得了诺贝尔化学奖。晶体结构测定后，人们就开始了对 B12 的全合成的研究。1972 年，Woodward 和 Es-chenmoser 完成了 B12 的全合成，这个结果对合成化学产生了深刻的影响。在此基础上，提出了 Woodward-Hoffman 分子轨道对称守恒原则。Woodward 因为在合成化学工作中的巨大成就，也获得了诺贝尔化学奖。化学家们对 B12 的研究工作一方面使维生素 B12 为人类所认识，为医学、生物学的研究提供了理论基础；另一方面通过对 B12 的研究也总结出了新的化学理论和研究方法，促进了化学的发展，回顾这段历史至今仍对我们有很大的启示[5]。

对于钴的生物化学作用，由于世界范围内对维生素 B12 作了大量的研究和积累了丰富的资料，人们往往把注意力集中在维生素 B12 和 B12 辅酶的生物化学性质及它们的构-效关系，对离子钴的直接生物化学作用所知尚较少。钴很容易与氨基酸反应。通常认为这种结合是通过氮原子或 SH 进行的。前者的例子如钴与组氨酸的咪唑环反应，产生一种非常稳定的配合物。在二氢硫辛酸中，钴能和 SH 基不可逆地结合形成配合物。钴也能与半胱氨酸和胱氨酸形成配合物。

一般人每天从食物中摄入无机钴的量为 140～580 μg。有人认为，一般人从食物中获得的钴为 290 μg/d，饮水摄入 10 μg/d，呼吸空气吸入 0.1 μg/d，通常只要每天摄入钴 300 μg 就能维持代谢的正常平衡。较早报道为 5～25 μg，这种差别可能与测定方法和地区不同有关。摄入消化道的钴主要在小肠上端被吸收，尿液是排泄的主要途径，也有少量钴由肠道、汗腺、头发等途径排出。尿、粪、汗及毛发的钴的排泄量每天分别为 200、94、4 及 0.04 μg。钴一般不在人体内积累。给大鼠注射放射性 Co，24 h 由尿内收回 30%，6 天内收回 63%，而粪便内收回的钴仅为 12%。平衡研究表明，钴的吸收率在 20%～95%之间，吸收是否受组织中钴浓度的影响还不清楚。

与其他痕量金属元素一样，当土壤、植物、动物饲料以及人类食物中添加极少量钴时，通常有营养作用。但是，如果加入量太多，则有可能抑制机体的生长，甚至导致严重的中毒事故。由于生物个体因素的差异，钴在机体中营养浓度与毒性浓度存在着巨大差别。

5.1.4 镍(Nickel)

化学元素镍是瑞典矿物学家 Gronstedt 于 1751 年发现的。镍是具韧性的银白色金属，具有良好的导电性和导热性。单质金属镍强度和硬度属于中等，能拉伸、弯曲和锻打。它可与铁、铜、铝、铬、锌和钼等形成多种合金，含镍的钢有较强的耐腐蚀性。它也用于生产耐热钢和铸铁，锻镍的钢用于制造某些食品加工的容器和其他设备。镍是铁磁性物质，但不如铁强，也是重要的磁性材料。镍是生命必需元素，地壳丰度 75×10^{-6} [1、2、3]。

镍是周期表中第 4 周期ⅧB 族的元素，其基本属性如下：

元素符号——Ni；

原子序数——28；

原子量——58.71；

价电子层构型——$3d^84s^2$；

氧化数——1、2(主要)、3、4、6；

电负性——1.8；

原子半径(pm)——124.6(12 配位)；

共价半径(pm)——115；

离子半径(pm)——69(Ni^{2+})、62(Ni^{3+})；

熔点——1 453℃；

沸点——2 732℃；

密度(g/cm^3，20℃)——8.90。

天然镍同位素组成——^{56}Ni(68.3%)、^{60}Ni(26.1%)、^{61}Ni(1.1%)、^{62}Ni(3.6%)，天然存在的镍只有稳定同位素。已知镍的放射性(人工)同位素有^{56}Ni、^{57}Ni、^{59}Ni、^{63}Ni、^{65}Ni、^{66}Ni、^{67}Ni 等 7 个，其中^{59}Ni 半衰期最长($T_{1/2}=8\times10^4$ 年)，最短的是^{67}Ni($T_{1/2}=50$ s)。^{63}Ni 的半衰期为 92 年，常用于镍的生物及医学示踪研究。镍与铁、钴比较，只是次外层 $3d$ 电子数不同，所以它们的性质十分相似。

1826 年，人们发现兔和狗口服了镍即引起中毒，镍的研究便进入了生命科学这个新的领域。到 1853—1912 年间，就有了许多关于研究不同镍化合物的药理和毒理的报道。1936 年，有人提出镍可能是一种必需的元素，但直到 1970—1975 年间才公认镍是一些高等动物(包括人)的必需痕量金属元素[3、5]。

1965 年，Bartha 和 Drdal 在研究化学自养的氢氧化细菌时，发现它的生长需要镍。这一发现及以后的研究表明，对于许多微生物来说，镍离子是必需的痕量金属元素。在这些生物中至少包括有四种镍酶参与尿素分解、氢代谢、产甲烷和产醋酸等系统的作用。1980 年前后，已知利用镍的微生物的数目迅速增长。从 20 世纪 70 年代至今，人们对镍在环境中的状况、动物和植物对镍的需求及镍的毒理作用等方面进行了广泛的研究。目前，研究镍在生命过程中的作用主要活跃在两个方面：一是从分子水平上研究生理生化过程，深入剖析镍的生物化学功能；另一方面是用宏观的分析统计方法研究缺镍饮食引起的动物缺镍症，研究环境中镍对健康的威胁以及镍中毒和致癌因素。人体对镍的需求量少，而环境中镍的来源充足，目前还未发现在正常饮食情况下因镍缺乏而导致人体健康受影响的案例。镍及其化合物有毒，工业中镍的使用极为广泛，故人类面临过量摄入镍的威胁。国内、外有关流行病学调查及动物实验结果均认为镍及其化合物有致癌作用，从事镍作业工人的肺癌、鼻癌和喉癌等发病率都较高[5]。

镍在常温下能完全抵抗空气或水的化学侵蚀，因此往往在金属表面镀镍作为保护层。金属块状镍在空气中不燃烧，细镍丝则可在空气中燃烧。镍属于中等活性的金属，能抗碱性腐蚀。镍易溶于稀硝酸中生成绿色的正二价镍离子，并置换出氢，但与其他较强的酸只缓慢反应。加热时，镍与氧、硫、氯、溴等发生激烈反应，生成相应的化合物。

镍通常为 NiO，遇到强氧化剂时，也会以+3 价和+4 价存在。0、+1 和+2 是镍较稳定的价态，+1 和+3 价态的镍是顺磁性的。Ni(Ⅲ)化合物中，以膦和胂的衍生物为配体的络合物有多种，而 Ni(Ⅳ)的化合物则很少。虽未制得化学计量的 NiO_2，但它可能是组成确定的化合物。镍酸铬盐和氟络合物(K_2NiF_6)中镍的氧化数都为 4。在碱性溶液中，强氧化剂可将镍氧化成四价化合物如镍酸钡($BaNiO_3$)；但以过硫酸铵为氧化剂时，则形成正四价的镍盐：

$$Ni(NO_3)_2 + (NH_4)_2SO_4 = Ni(SO_4)_2 + 2NH_4NO_3$$

这个反应常部用于镍的丁二酮肟光度分析中。

碱金属的氢氧化物与 Ni^{2+} 反应，生成胶凝状的 $Ni(OH)_2$，在 pH = 7 时沉淀，不溶于过量的碱，但易溶于酸和氨水。与锰、铁、钴的氢氧化物不同，$Ni(OH)_2$ 即使在沸点温度亦不为空气中的氧或过氧化氢氧化，但氯、溴或次氯酸盐则能把它氧化成致密的黑色 $Ni(OH)_3$ 沉淀。硫化铵与中性或碱性的 Ni^{2+} 溶液生成黑色无定形的 NiS，它可在 pH=4 的条件下沉淀，不溶于碱性氢氧化物、醋酸和硫化物。在稀硝酸中可以缓慢反应，但易溶于稀盐酸和稀硝酸的混合液，亦能溶于热的浓硝酸及王水中并析出硫，这与硫化钴相似。同时，NiS 和所有的金属硫化物一样，很易被空气中的氧气氧化为硫酸盐。碱金属的碳酸盐与 Ni^{2+} 溶液反应生成绿色碳酸镍(Ⅱ)沉淀，它易溶于酸，且加热后易水解。

镍是地球上含量较高的元素，居第六位，且分布较广。生物中的镍与自然环境——岩石、土壤、水和大气有关。地球上的镍来源于一次宇宙大爆炸。当温度降到 106℃后，在凝聚成的恒星中开始进行一系列由较轻元素到较重元素的合成，一直到平均结合能最大的铁族元素，由此形成的镍从恒星抛射到宇宙空间，形成了我们所观测到的丰度分布。地球平均含镍量为 2.43%，镍在地壳中的含量为 0.000 8%。地球上的镍主要集中在地核，其含量占 8.5%。镍是亲铁元素，地表壳层中的镍多与铁共生。自然界中的镍主要以与硫、砷和锑结合的方式存在，最重要的矿物是镍黄铁矿、硅镁铁(镍)矿(镁镍硅酸盐)，含镍量都在 5%以上。在一些陨石中，镍元素与铁熔合。铁陨石一般含镍 7%～11%，最高达 62%。在石油和大部分煤中也含有痕量金属镍，煤灰最高含镍量可达 1.6%，而泥质沉积物一般含镍量为 0.002 4%。岩石经过长期的风化作用，最后变成土壤。岩石中的镍部分地被转移到土壤中，大多数的镍被淋溶而消失，所以土壤中镍的含量比地壳含量低，约为 40 μg/g(干土样)。生物吸收土壤中的镍，其中部分镍又随生物排泄物或遗体回归土壤。

岩石风化进入土壤中的镍部分被雨水淋溶进入江河、海洋，动、植物吸收的镍又经排泄物或动、植物死亡回到土壤或水中。海水中含镍量为 3 ng/g，而镍在江、河水中的浓度约为 0.3 μg/g，进入海洋中的镍部分地沉降在海底。排入水中的镍还包括工业生产和人类生活排放的镍，主要是 $NiSO_4$ 和 $NiCl_2$ 等可溶性镍盐，另外也有少量的 NiO 等不溶性镍化合物。进入海洋的镍一般以 $Ni(H_2O)_6Cl_2$ 或

$Ni(OH)_2$等形式存在。海洋中的镍通过简单的物理、化学吸附等过程向生物体迁移。海洋中有一些浮游生物吸收镍后，进一步向高级的生物体中转移。在海洋中，有许多生物都能富集镍，它们体内镍的浓度要比海水高出1～5个数量级，如海藻的浓缩系数为500左右。动物食用的浮游生物如磷虾属、虾等的浓缩系数为100左右。一些海洋动物如贝类等，对镍的富集系数为$3\times10^3\sim7\times10^4$之间。所有这些生物的遗体及分解生成的固态物沉降到海底，沉降过程中也会溶出部分镍。

大气中的镍来自岩石风化、烟尘的污染及海水的蒸发等。因为香烟的有害气体中便含有镍，吸烟也是造成空气镍污染的一个重要原因，而且对人体的损害更为直接。目前，排入空气的镍中以Ni_3S_2和$NiCO_4$的毒性最大，其次为镍粉尘和镍氧化物。近年来，已有许多研究报告认为，空气中镍及其化合物的污染与呼吸道癌症的高发有关。从岩石、土壤、水、烟尘等进入大气中的镍，部分又被动、植物及微生物吸收，部分随降雨和沉降作用又回到地表土壤和水中。目前只知道一些微生物中含有许多种含镍酶，参与催化(尿素的)水解、氢化等多种生化反应。随着人类对自然界改造能力的提高，镍矿的开采越来越广，人们利用镍的范围越来越大。全世界每年镍的迁移大致情况是岩石风化量为320 000 t，河流输送量为19 000 t，开采量为560 000 t，燃料燃烧排放量56 000 t。目前，镍的使用量和排放量都呈上升趋势，已在世界范围内出现了“镍污染”问题，并引起了人们对镍在自然界合理循环问题的关注。

自然界中的镍有多种价态。在生物体内存在Ni(Ⅱ)、Ni(Ⅲ)；另外，由于职业接触或受环境镍污染，动物和人体内也会存在非生理需要的0价态镍。但在生物体内，Ni(Ⅱ)是主要的存在形式。关于三价形态镍的存在，只有极少的报道。二价态的镍可以形成许多配位数为4、5和6的络合物，然而复杂的平衡中，络合物的结构常常是处于各种结构之间，Ni(Ⅱ)能与许多与生物有关的物质络合配位或键合，因此，毫无疑义在生物材料中镍是普遍存在的元素。Ni(Ⅱ)在体外与许多从细胞材料中分离得到的分子键合配位，这与体内的十分相似。有人曾指出，能与Ni^{2+}键合的配体，在细胞外镍的传递、细胞内镍的键合以及胆汁和尿中镍的排泄等方面都起着重要的作用。在人体血清中，发现氨基酸主要是与Ni(Ⅱ)键合的氨基酸。在体液pH值条件下，镍在咪唑氮存在时能与组氨酸配位络合。在兔血清中，半胱氨酸、组氨酸和天冬氨酸可以与Ni^{2+}键合或配位。镍还存在于细胞膜及细胞核中。已有证据表明，RNA和DNA中含有Ni(Ⅱ)，其主要作用可能是使核酸处于稳定状态。对于某些生物来说，Ni(Ⅱ)不仅仅是键合体，而且是它们的必不可少的成分。镍存在于一些微生物及酶中，参与一些酶的组成或是作为酶的辅助因子。对于生物体内Ni(Ⅲ)的存在，目前研究得较少。人们常通过研究体外Ni(Ⅱ)的存在性质去预期生物体内Ni(Ⅲ)的存在情况。目前，除了在一些微生物中发现有Ni(Ⅲ)外，还缺乏Ni(Ⅲ)在其他生物体内存在的直接证据。

5.1.4.1 动植物体内的 Ni

镍在植物中的含量不高，不同种类、不同地区的植物中镍的含量不同，植物镍的含量一般为 15～55 μg/g，接近镍在土壤中的平均含量(40 μg/g)。陆地植物对镍的浓缩系数有很大的差异，多数植物的浓缩系数都小于 1，如镍在地壳中的丰度是 80 μg/g，浓缩系数仅为 0.006，有些植物异常富含镍，例如生长在新西兰的灌木树叶(干样)中镍的最高含量为 10%。镍能在海洋生物中不同程度地富集，如海藻的浓缩系数约为 500；海带中含镍量较高，为 131 μg/g(干重)。植物中镍的含量水平与地理环境有关，植物若处在富镍的环境中，则会积累一定程度的镍，在富镍的超基性岩上部的土壤中，经常生长嗜镍的植物，如蛇纹岩上部土壤中生长的灌木、苔藓、地衣类、紫草类等，可以忍受高含量的镍。Manfred、Anke 等分析了匈牙利和德国的一些作物中镍的含量，发现同一种作物在两地的含镍量不同，有的相差好几倍。镍冶炼厂邻近的植物中，镍含量要比同地区但未接触镍的植物大 4 倍左右，因此，人们可有选择地分析一些对镍“敏感”的植物中镍含量，作为指示植物，监测环境中镍污染的情况。在植物中，有机酸是镍的重要的生物配体，它有助于镍在植物中的摄取、吸收和易位。Ni(Ⅱ)是以一种稳定的阴离子有机络合物的形式在植物中易位的。起初人们认为这些络阴离子是由氨基酸配位形成的，对富集 Ni(Ⅱ)的植物的研究表明，这些络合物是镍与柠檬酸或苹果酸阴离子配位形式的阴离子配合体。

关于镍在动物中的存在，研究得较多的是老鼠、兔、山羊等；而对这些动物的组织器官研究得较多的是血液、肝、肾、心、肺、脑等。现代人和原始人的含镍量均为 0.1 μg/g，说明镍在人体内的贮存并不明显。但由于世界镍排放量的增加，人体通过各种途径吸收的镍也在增加。镍在人体内分布均匀，肾及肺中镍的含量稍高。不同年龄的人体镍含量差异不大，但镍在某些器官中的含量与性别有一定的关系：男性肝内含镍量高于女性；女性毛发、肋骨镍含量高于男性。

有人曾提出了这样一种观点：具有相同价电子壳层结构的离子在生物系统中具有竞争性的相互作用。按照这种理论，镍可能与铜或铁在生物体内发生作用。因为镍具有与这些元素相似的化学性质，因而可形成相似的络合物，在生物体内存在着互相竞争的络合平衡。在动物、植物、微生物内，镍至少与 13 种必需元素发生作用，它们是：钙、铬、钴、铜、碘、铁、镁、锰、钼、磷、钾、钠和锌。在这些相互作用中，有重要生物学意义的是镍与铁、铜和锌之间的作用。

1) 镍与铜

已经知道，镍与铜在生物系统内相互作用，既有协同的一面，又有相互拮抗的一面，但后者是最主要的。一价铜和二价铜的络合物配位数都为 4，如镍以配位数为 4 的络合物存在于生物体内，则镍和铜可能具有相同的化学参数，并且镍、铜之间的作用可能是竞争性的。需要指出的是，镍和铜在生物体内也都可形成配位数为 5 的相类似的络合物。镍在一种或多种代谢器官中起着拮抗铜的作用这种拮抗作用与从饮食中摄入的镍、铜和铁的量相关。这种拮抗作用在不严重缺铜时，添加镍则变得更显著；如果补充的镍更多，则缺铜的症状更严重。心脏是镍与铜相互作用的主要器官，镍或镍与铜的联合作用主要影响到心脏中铜的含量。补充镍一般增加了心脏中的铜，但这并不是说心脏中所需求的那种活性铜的含量增加了。

2）镍与铁

镍和铁在生物体内的相互作用既是协同性的又是拮抗性的。镍和 Fe(Ⅲ)的作用是协同性的。在动物试验中，当补充的铁是＋3 价态的硫酸铁时，Fe^{3+} 与镍之间的作用会影响到红细胞的生成作用。当食物中硫酸铁的含量较低时，缺镍的大鼠体内的血蛋白和血球比率都比补充了镍的大鼠低。当食物中铁是以 $FeSO_4$ 和 $Fe_2(SO_4)_3$ 的混合物形式补充时，则没有镍-铁相互作用的迹象。当镍和铁之间的作用影响到其他生命元素（如肝脏中铜）的含量时，其作用的情形相似，也就是说，当食物中的铁是三价的 $Fe_2(SO_4)_3$ 形式而且其含量低时，缺镍的病症则会相当严重；当食物中镍不足时，也会出现较严重的缺铁症状。

镍和＋2 价态的铁(Fe^{2+})之间的相互作用是拮抗性的，其表现为：严重缺铁对补充了镍的大鼠比对缺镍的大鼠更有害；在补充了镍的大鼠中，生长更缓慢，死亡率较高。这说明镍削弱了饮食中小量 Fe^{2+} 的利用。食物中镍的形态也明显影响缺镍的病症。当食物仅仅补充 $Fe_2(SO_4)_3$ 时，缺镍的大鼠体内血浆和肝脏中总类脂化合物量升高，并且肝脏中铁的含量下降。另一方面，当以 Fe^{2+} 和 Fe^{3+} 的混合物补充到食物中时，镍的缺乏会降低血浆中的总类脂化合物量，而对肝脏中类脂化合物总量没有影响，另外还提高了肝脏中铁的含量。镍和铁之间的竞争作用可能是因为它们形成相类似的络合物。

镍离子(Ni^{2+})利用外轨道成键时，配位数为 6，并且形成八面体络合物。不论是内轨型还是外轨型的 Fe^{2+} 和 Fe^{3+}，具有的配位数都可以是 6，并且形成八面体络合物。因此，当它们形成外轨型的络合物时，同一配位轨道可用于同镍或铁结合。

3）镍与锌

镍与锌在生物体内相互作用机理还不明确。Zn^{2+} 倾向于具有配位数为 4 并且形成四面体络合物。如果在生物体中镍形成四面体络合物，则镍和锌之间也会发生竞争性的作用。但是，到目前为止，大部分的实验现象都表明镍与锌之间的反应是非竞争性的。缺镍和镍中毒并不直接影响到锌的功能区，而只是明显地改变体内锌的分布。例如，缺镍会降低小猪和羊的肝脏、毛发、肋骨和脑中锌的含量。因为缺镍的症状和缺锌症状相似，因而有人提出缺镍可能干扰锌的代谢。如果每克食物中添加 30 μg 的镍，则不会改变生长迟缓等缺锌症状。镍的添加可降低血锌含量而提高肝脏中锌的含量。此外，最近的研究还发现在铁、镍、铜三者之间存在着复杂的作用。依靠进食，镍能通过生理、药理和毒理的作用影响铁的代谢。铁的营养作用也影响到大鼠中镍和铜的相互作用。有人报道，如果大鼠不是严重贫血，则缺铁会加剧镍与铜的拮抗作用。当铁及铜的营养合宜时，口服镍或毒性较低的镍盐，通常大鼠能忍受比 200 μg/g 剂量更大的饮食性镍达数周之久而不显中毒症状。如果饮食中铜营养失宜，则饮食镍远低于 200 μg/g 剂量就可能有害于大鼠的生长。在上面的事例中，有可能是铜抵消了部分镍的毒性。其中，铁也会影响了镍或镍与铜之间的作用。从上面也可看出，镍明显与铜、Fe(Ⅱ)发生竞争性的作用，但明显地不与锌竞争；如果从络合物化学的角度来考虑，可以认为镍在生物体内可能形成平面四边形或八面体的络合物，而通常不形成四面体构型的络合物。

5.1.4.2 人体内的 Ni

镍是人体必需的痕量金属元素。健康的成年人每日从饮食中摄入 0.3～0.5 mg 的镍，主要是来自蔬菜和谷类。镍的生理需要量目前各国的报道有很大的出入。有人认为，每日摄入 0.4 mg 的镍可满足体内代谢的平衡，也有人报道每日的生理需要量为 2～5 mg；而世界卫生组织报道的成年人每日生理需要量是 0.02 mg。摄入人体内的镍只有不到 5%留存在体内或被人体组织吸收利用，其他一般随粪便和尿排出体外。镍的排出主要是通过肠道，尿和汗液中也排出一定量的镍。我国健康成人的尿镍量平均为 4 μg/L。人除了从饮食中摄入一定量的镍外，也通过皮肤和呼吸道吸收极少量的镍；同样，也有少量的镍从皮腺和头发中排出。健康的成年人含镍总量约为 10 mg。镍在人体内的生物学半衰期为 667 天。由于人体新陈代谢所需的镍量极微，而周围环境中镍的来源丰富，到目前为止，没有发现正常饮食会导致饮食性缺镍。相反，镍摄入量过多，导致癌变或其他病变却成为主要的研究课题，并推动了癌变的防治工作。

Ni 与一些疾病的相关情况及作用机理列述如下：

早在 1933 年就已发现镍对人类的致癌作用。1982 年国际癌症研究机构确认，镍开采和镍精炼作业对人有致癌危害。

1) 镍的致癌作用

镍及其化合物的细胞转化活性在多种体外致癌试验中，细胞转化试验被认为是体内化学致癌过程最直接的体外模拟；发生形态学转化的细胞在敏感宿主体内具有成瘤性。业已证实，Ni_3S_2、结晶型 NiS、NiO、$NiSO_4$、$NiCl_2$、醋酸镍以及金属镍和镍尘皆可诱发培养的细胞发生形态学转化。颗粒状镍化合物的细胞转化活性与其毒性和吞噬活性有关；而水溶性镍化合物的细胞转化活性则与其生物利用度有关。颗粒状镍化合物被吞噬的比例越大，其转化活性越强。在体外培养系统中镍化合物与多种物质联合作用可引起细胞转化作用增强，如硫酸镍和苯并(a)芘同时或先后处理细胞均可见到两者在引起形态学转化方面具有协同作用。$NiSO_4$ 与阳性致癌物 N-羟基-2-乙酰氨基芴或 4-硝基氧杂萘联合作用时使细胞转化频率升高。相反，某些金属如锰、镁可抑制镍的致癌作用。锰尘在抑制 Ni_3S_2 吞噬活性的同时，抑制其所诱发的形态学转化，过量的镁离子可使 $NiCl_2$ 所诱发的 SHE 细胞转化率降低。

（1）镍与癌关系的流行病学调查

一般情况 20 世纪 30 年代，人们已注意到镍精炼工人易患鼻癌和肺癌。1933 年，有人报道在澳大利亚南威尔士一个大型镍精炼工厂作业人员中有 10 例鼻癌；到 1950 年，那里的镍厂已有 52 例鼻癌和 93 例肺癌。当时，这些已被认为是职业病。对 845 名在精炼厂至少工作 5 年、且在 1944 年前参加工作的工人作调研，发现 1925 年前参加工作的工人死于肺癌的人数比全国死亡率预期数字高 5～6 倍，而死于鼻癌的工人数比预期数字大 100～900 倍。在 1938—1956 年，全部镍工人死亡数的 35.5％都是由于患了肺癌或鼻癌。1958 年总结威尔士镍精炼厂所有工人情况，共发生肺癌 131 例，鼻癌 62 例。欧美和日本的镍矿工人中，肺癌发病率比一般居民高 2.6～16 倍，鼻腔癌高 37～196 倍。根据美国国家科学院有关研究小组 1975 年的报告。在镍作业中发生肺癌已有 384 例，鼻腔癌有 116 例。加拿大安大略两个精炼镍厂 1948—1968 年间发现肺癌 92 例，鼻腔癌 24 例。在德国，1932—1953 年间精炼镍工人中有肺癌 45 例，1972 年肺癌有 3 例。日本 1977 年报道，因接触镍而诱发肺癌 447 例，鼻癌和鼻窦癌 143 例。从 1921—1977 年间，世界各地记载的接触镍致肺癌和鼻腔癌的病例达 1 100 例以上。

鼻咽癌在我国南方人群中发病率较高。广东省是世界上突出的鼻咽癌高发中心，而广东的鼻咽癌死亡率分布又以广东中部珠江上游的四会县最高，为 17.60 人/10 万人口；珠江中、下游的中山县次之，为 11.24 人/10 万人口；东部半山区的五华县最低，为 1.67 人/10 万人口，形成了一个高、中、低发的三角地带，它的分布有非常明显的地区性。

白血病是我国常见的恶性肿瘤之一。据广东省 1970—1972 年死亡率回顾调查，全省年平均死亡率为 2.34/10 万人口。白血病的病因目前尚未阐明。据我国对痕量金属元素与白血病关系的研究报告，镍与白血病有一定的关系。急性白血病病人血清中镍含量（0.25 ± 0.14）$\mu g/mL$ 高于健康人（0.12 ± 0.10）$\mu g/mL$，其差异有非常的显著性意义（$P < 0.001$）。慢性白血病病人血清中镍含量（0.23 ± 0.20）$\mu g/mL$ 高于健康人（0.12 ± 0.10）$\mu g/mL$，其差异有显著性意义（$P < 0.05$）。急性白血病病人起病初期即有血清镍明显升高，而且随着病情的恶化仍持续增高，呈现正相关；在病情缓解时，则明显下降，呈现负相关。血清镍含量与慢性白血病病情变化则始终呈现正相关。

中国医学科学院卫生研究所曾发现，食管癌高发区的食物中镍含量比低发区稍高，江苏启东肝癌高发区的土壤中，镍含量最高，并与肝癌发病率有正相关。由于受环境中镍及其他化合物的污染，除了呼吸系统癌症的发生率增高外，其他癌变如胃癌、肾癌等有增加的趋势。

(2) 镍致癌机理

由于实验中镍与细胞成分结合后有作用减弱或出现反作用现象，镍及其某些化合物的致癌机制目前仍未肯定。有人提出镍的作用机制是镍直接加合到DNA分子，加合的DNA分子若不能正确修复，将使DNA断裂和/或突变。体外研究表明，镍能减弱DNA、RNA多聚酶活性，减少DNA复制。体内外研究结果表明，镍与DNA、蛋白质相互作用，可引起DNA-蛋白质交联和DNA单链断裂，导致DNA损伤和细胞中毒作用，改变存活细胞的基因表达。有人提出，镍特别易诱发我国地鼠卵巢细胞X染色体长臂解裂和断裂形成碎片。DNA-蛋白质交联的后果也会引起不可逆回复突变和中间丝的损伤，干扰细胞正常生长的调节过程。Stinson等采用雌性SD大鼠皮下注射不同剂量的氯化镍后，在30 min至24 h内处死鼠并作肝中镍含量、脂质过氧化、DNA断裂的检测，发现低剂量不会诱导脂质过氧化和DNA链断裂，而高剂量时镍可蓄积于肝细胞核中；DNA受来自H_2O_2的羟基作用，其过程遵循Fen-ton反应；羟自由基引起脂质过氧化，并可诱导DNA链断裂，从而致癌。

也有人提出，镍与DNA相互作用是镍致癌作用的一种机理。该学说认为，Zn^{2+}与DNA(与蛋白质结合的)连接部位称为指环区(finger-loopdomains)(此区在某些原癌基因中得到证实)，该区可能是金属毒性的分子靶，因为Ni^{2+}与Zn^{2+}有一种类似的离子辐射，Ni^{2+}可能取代Zn^{2+}，结果干扰基因表达的调节。在指环区Zn^{2+}被Ni^{2+}取代，可能影响DNA结构的组成和稳定性，干扰基因表达和诱发特定部位的自由基反应，导致DNA分解、DNA-蛋白质交联形成和有丝分裂的混乱。

2) 镍与其他疾病

镍对于人体健康的有益作用目前知道得还很少，仅仅知道镍具有刺激生血的机能、对心血管系统有保护作用以及能使胰岛素增加和血糖降低等作用。然而，镍也与多种疾病有关。早在19世纪后半叶，镍被用作治疗贫血和中枢神经兴奋的药物，那时就已发现有恶心、呕吐和眩晕等副反应。发生心肌梗塞、中风、烧伤、慢性肝炎和尿毒症病人血清中镍的浓度较正常情况增高，这种情况表明当正常组织受到损伤(外伤或病变)会释放出镍。有人详细研究了心肌梗死前、后病人血液中痕量金属元素的变化，发现患者死前血液中镍和锰的含量急剧上升，大约比正常人高出一倍；化验心肌梗死者的心脏，镍的含量只相当于正常心脏的10%。这说明，心肌坏死就释放出镍。有学者为此对急性心肌梗塞(AMI)患者进行血清镍浓度动态观察，发现AMI发病后血清镍立即升高，与正常对照组和冠心病组比较均有极显著意义($P<0.001$)；第二天后开始逐渐下降，但观察至30天仍高于正常组和冠心病($P<0.05$)的情况。目前人们认为，镍接触性皮炎主要是皮肤吸收镍引起的。镍皮炎的基本损害是在暴露部位皮肤出现红斑、丘疹、丘疱疹，并伴有剧痒，脱离接触后一般在1～2月内自愈。在停止接触和皮炎愈后，仍然长期保持皮肤的敏

感性。在初次皮炎发作后，2～17 年后再进行皮肤试验，仍有 90%的人对镍过敏。

镍及其化合物有致畸作用。文献报道，在妊娠期人对镍的吸收增加，镍有在胎儿中积蓄的趋势。因此，在妊娠期应避免接触镍。镍对生殖系统也有复杂的生物学作用及毒性作用。镍能降低血清催乳素水平；注射氯化镍可使胎体减少并使每个母体生存的婴儿平均数减少；不同剂量氯化镍能降低人离体子宫肌条的收缩强度、张力和子宫活动能力，并随剂量加大抑制作用增强。但不同剂量、不同时间氯化镍对睾丸的各种酶未见显著影响。

5.1.4.3　Ni 的生理功能及毒性

镍进入高等动物体内有四条途径：口腔吞食吸收、呼吸道、表皮和胃肠外给药。口腔吞食吸收是首要的，应特别强调；镍的胃肠外给药目前只用于研究镍的分布、代谢和毒性。在镍的中毒研究中，表皮吸收和呼吸道吸收都具有重要意义。大部分摄入的镍经胃肠处理后仍不能吸收，而是随粪便排出。有研究表明，通常情况下镍的吸收最高不会超过摄入量的 10%。但是妊娠期吸收的比率会较高。尽管粪便中镍的排出量是尿液排出的 10～100 倍，但是从小肠吸收并被传输到血液及细胞中的那一部分镍经生物代谢后，主要是通过尿液以小分子络合物(包含组氨酸和天冬氨酸络合物)的形式排出体外，在镍的排泄过程中，汗液的排泄也是重要的。因为健康成年人汗液中镍的浓度是血液中的几倍，这就意味着汗腺是镍排泄的重要组织。然而，汗液中镍的排出量与口服镍剂量的急剧增加并没有关系，因此，测量血清和尿中镍的变化可以判断镍的口腔吸收量的变化。血液中镍的传递是通过血清蛋白和可滤过的血清胺基配体来完成的，除胚胎组织外，其他组织都不能有效地积累镍。研究表明，镍很容易通过胎盘，当胃肠外给药后，胚胎组织中保留的镍量比母体中的大；同样，羊水中保留了大量的口服镍。进入胎儿的镍量不会很快地下降，而有些组织(如肾)虽可能暂时积存镍，但外给镍量减少时，肾中含镍水平很快降低。

在体内存在某种镍平衡机制。如上述，某些痕量金属元素的存在对镍的毒性影响不容忽视，当体系富含元素锌、铬、锰时，通过口腔摄入的镍的致命毒性就小些。铜和其他几种离子缺乏时，低含量的镍就有一定的毒性。这些也正是镍与其他离子相互作用的一些表征。

目前，关于镍与 DNA 及 RNA 中作用而致癌机制的报道较多，但未完全取得一致的意见。一般认为，镍离子进入体内有相当一部分进入细胞核内，与 DNA 及 RNA 聚合酶结合。与 DNA 结合的镍分为两个作用不同的部分，一部分与磷酸酯结合，它对 DNA 的结构起稳定作用；另一部分是与碱性受体结合，这很可能导致某些变性作用(denaturation)，如核酸的突变复位作用是由 Ni(Ⅱ)与嘌呤或嘧啶碱类结合引起的。然而，Ni(Ⅱ)- DNA 作用的细节仍不清楚，镍致癌的详细机理正在研究中。

5.1.5 锌(Zinc)

锌也是人类自远古时代就知道其化合物的元素之一。锌矿石和铜熔化制得合金——黄铜,早为古代人们所利用。但金属锌的获得比铜、铁、锡、铅要晚得多,一般认为这是由于碳和锌矿共热时,温度很快高达1 000℃以上,而金属锌的沸点是906℃,故锌即成为蒸气状态随烟散失,不易为古代人们所察觉,只有当人们掌握了冷凝气体的方法后,单质锌才有可能被获得。世界上最早发现并使用锌的是中国,在10~11世纪中国是首先大规模生产锌的国家。明朝末年宋应星所著的《天工开物》一书中有世界上最早的关于炼锌技术的记载。1750—1850年人们已开始用氧化锌和硫化锌来治病。1869年法国细菌学家Raulin发现锌存在于生物机体中,并为机体所必需。1963年报告了人体的锌缺乏病,于是锌开始列为人体必需营养元素。另外,我国化学史和分析化学研究的开拓者王链(1888—1966)在1956年分析了唐、宋、明、清等古钱后,发现宋朝的绍圣钱中含锌量高,得出中国用锌开始于明朝嘉靖年间的科学结论。锌的实际应用可能比《天工开物》成书年代还早。锌的名称zinc来源于拉丁文Zincum,意为“白色薄层”或“白色沉积物”。锌的地壳丰度为75×10^{-6}[1, 3]。

锌是元素周期表中第4周期ⅡB族的元素,其基本属性如下:

元素符号——Zn;

原子序数——30;

原子量——65.39;

价电子层构型——$3d^{10}4s^2$;

氧化数——1、2(主要);

电负性——1.6;

原子半径(pm)——153;

原子半径(pm)——133.3(12配位);

共价半径(pm)——125;

离子半径(pm)——74;

熔点(℃)——419.73;

沸点(℃)——907;

密度(g/cm^3, 25℃)——7.13。

锌在自然界有五种稳定同位素:64Zn(48.98%)、66Zn(27.81%)、67Zn(4.14%)、68Zn(18.56%)、70Zn(0.62%)。主要的矿物为闪锌矿和菱锌矿。

人类对锌生物学功能的认识,已经有100多年的历史。早在1869年当时的细菌学家Raulin首先证明黑曲霉的生长需要锌,20世纪20年代也发现植物缺锌可导致生长迟缓,枝叶畸形,果实稀少。柑橘、葡萄、豆类、洋葱对锌特别敏感,据研究

pH>7.4 的碱性土壤，或土壤中含磷过高均可阻碍锌的吸收，缺锌是影响美国农业生产最为严重的问题之一，因此至少有 24 个州规定在人工肥料中添加锌剂以提高农作物的产量。30 年代起由于实验生物学的发展，不断有动物缺锌的报道，尽管动物品种不同，但缺锌的症状十分相似，以纳呆、生长迟缓、皮炎、免疫功能低下为主要表现，最后常死于继发感染。1955 年有人证明猪的皮肤角化不全与饲料缺锌有关。1961 年美国学者 Ananda S. Prasad 在伊朗首次发现了人类缺锌侏儒症并首先报道因缺锌而导致的人类疾病病例，从而开创了锌对人体健康研究的新纪元[3、4、5]。

锌是生物体内必需的痕量金属元素之一，参与酶的催化、结构和调节、诱导金属硫蛋白的合成，影响激素受体效能和靶器官的反应，以及激素的生成和分泌，维持生物膜的完整性。麻疹是由麻疹病毒所引起的急性传染病，易感人群为小儿。发病时较易出现肺、心、脑不适并发症，严重影响儿童的健康。近年来通过深入的临床观察和实验研究，发现痕量金属元素锌与人体的生长发育、免疫功能、创伤愈合、生殖生育以及某些疾病的发生、发展都有着密切的关系，因此锌与人体健康的关系已日益引起环境科学与医学界的广泛重视。锌参与谷胱甘肽的合成，消除脂类过氧化物的过程中需要谷胱甘肽，缺锌时谷胱甘肽的合成量减少。锌能保护细胞正常生化反应，减少自由基的攻击。有些研究发现锌对维持血浆维生素 A 的水平有一定作用，维生素 A 就是抗氧化剂之一。机体缺锌时，许多酶如 DNA 聚合酶的活性减弱，DNA 的复制和修复功能也随之下降。反之，锌充足时遭受自由基反应产物损害的 DNA 能及时得以修复。锌是超氧化物歧化酶（SOD）的重要成分。该酶具有抗氧化作用。Cu，Zn—SOD 可使两个超氧阴离子自由基与两个氢离子发生反应转变成氧和 H_2O_2 从而消除自由基。

1）人体内的 Zn

人体含锌酶大约 100 种。锌主要参与这些酶活性中心的构成，将锌去除后将使酶的活性下降甚至消失，但一般不会造成酶蛋白的变构或变性，故再加入适当的锌离子便可迅速恢复其催化功能。动物缺锌后体重减轻、胸腺、脾脏萎缩。痕量金属元素锌不足或过多都会引起机体免疫功能的改变，机体抵抗力下降，导致感染性疾患。锌是膜结构成分，锌含量降低会引起生物膜稳定性下降及特异性改变。关于锌在预防感冒、治疗感冒方面的应用还在进行中，有的研究认为锌在治疗感冒中有一定的效果，但也有的研究未得出同样的结论。缺锌患儿二硝基氯苯（DNCB）皮试阴性，淋巴细胞转化率低下，给锌剂 3 周后均恢复正常。缺锌可显著降低 T 细胞功能，从而削弱机体的防御能力。最新研究成果表明，补锌对提高反复呼吸道感染患儿的免疫功能有一定的作用。

人体含锌的总量约占体重的 0.003%，相当于成人体内约有 2 g 锌。90%的锌都存在于肌肉与骨骼中，其余 10%在血中并扮演举足轻重的角色。锌是人体内海马体(hippocampus)的重要构成元素。海马体位于人脑控制学习和记忆活动的中枢,其是主要负责形成和储存长期记忆的重要痕量金属元素,与记忆和智力有关。儿童缺锌会形成缺锌—厌食—蛋白质摄入不足—赖氨酸缺乏—大脑发育受损—海马体缺锌—记忆力智力下降—情绪失控—心理素质差等系列健康问题。1977 年美国《Science》杂志的一篇论文曾谈及人乳与牛乳的不同营养效果,其中就涉及锌的服用形式。人乳中的锌系与小分子量配体如氨基酸结合,它有利于锌的吸收;牛乳中锌含量虽较人乳高,但大部分与高分子蛋白质配体结合而不易吸收。所以,母乳可能更有利于婴儿的长高、智力发展及心理素质的改善,这与锌的吸收有关。

2) Zn 的生理功能及中毒

研究表明,锌的主要生理功能有:

(a) 维持免疫功能:人体锌不足会出现淋巴球数量低落、血中免疫球蛋白降低、自然杀手功能减弱、皮肤免疫测试反应降低等状况,临床的结果就是肺炎、念珠球菌感染,甚至伤风感冒。

(b) 促进生长与发育:促进生长、性器官的发育和伤口愈合,促进毛发、指甲以及口腔黏膜等多处位置的修补作用。

(c) 是保养品控油类型物质的典型成分。

(d) 在蛋白质转录因子中负责与 DNA 结合,在改变基因的表现功能中起重要的调控作用。

(e) 已知的含锌酵素超过 300 多种,锌位于这些物质的催化中心,起稳定酶蛋白质立体结构的作用,失去锌会使酵素失去活性。

(f) 维持味觉功能与促进食欲。

(g) 促进胰岛素分泌。

锌的最佳吸收部位是十二指肠。基本排泄途径是经消化道由粪便排出。肾脏具有调节功能,会将锌离子进行再吸收。锌缺乏会导致免疫力低下、食欲不振、生长减缓、下痢、掉发、夜盲、前列腺肥大、男性生殖功能减退、动脉硬化、贫血等问题。锌缺乏导致腹泻的过程包括:肠细胞绒毛结构破坏、含锌消化酵素减少、发炎造成肠壁水肿、消化道免疫力变差等。缺锌与腹泻容易形成恶性循环,腹泻既减少锌吸收又增加锌的流失,造成双重原因缺锌,常发生在老人、婴幼儿、胰脏功能不全者、肠病变或肠手术者中。此外,有肾脏病变者很容易有高尿锌症与低血锌症。糖尿病、肝病或慢性发炎性疾病如风湿性关节炎患者,都会因肾病变导致体内锌慢性缺乏,免疫力会变差,形成恶性循环。

但摄入过量的锌会引起中毒,主要的锌急性中毒症状如下:

(a) 食入过量锌会引起恶心、呕吐、腹痛、血便、发烧、常自行恢复;

(b) 吸入氯化锌(Zinc Chloride)的烟雾微粒会引起咳嗽、呼吸困难,严重者会变成呼吸窘迫症,急性肾衰竭,甚至死亡;

(c) 皮肤接触锌化合物会引起皮肤炎，有些人会溃疡，眼睛喷到氯化锌及硫酸锌溶液会引起伤害；

(d) 吸入氧化锌的粉尘及烟雾时发生咳嗽、呼吸短促、疲劳、肌痛、发烧，流汗，化学性肺炎，肺水肿等。

长期大量锌暴露会引起慢性锌中毒，如长期吃雄性动物生殖器、服用大量锌药片等会引起血铜浓度大幅下降，贫血、白细胞稀少症、免疫力受损、体重减轻等症状。

5.1.6　钼(Molybdenum)

1778 年，瑞典化学家舍勒(Scheele K. W.，1742—1786)用硝酸分解辉钼矿制得钼酸，并认为辉钼矿和石墨是两种完全不同的物质。他断定辉钼矿是一种新金属的氧化物，并继而发现了钼。1782 年，瑞典化并家埃尔姆(Hjelm P. J.，1746—1813)用亚麻子油调和的木炭和钼酸密闭灼烧，首次制备出金属钼，并将该元素命名为 Molybdenum，其中文译名为“钼”。钼是生命必需元素，地壳丰度—— 1.5×10^{-6} [1、3]。

钼是元素周期表第五周期ⅥB 族元素，其基本属性如下：

元素符号——Mo；

原子序数——42；

原子量——95.94；

价电子层构型——$4d^5 5s^1$；

氧化数——2、3、4、5、6(最稳定形态 6)；

电负性——2.16；

原子半径(pm)——136；

离子半径(pm)——66(+4)、62(+6 价)；

共价半径(pm)——130；

熔点(℃)——2 617；

沸点(℃)——4 612；

密度——10.22 g/cm^3。

自然界 Mo 有七种稳定同位素——^{92}Mo(15.86%)、^{94}Mo(9.12%)、^{95}Mo(15.70%)、^{96}Mo(16.50%)、^{97}Mo(9.45%)、^{98}Mo(23.75%)、^{100}Mo(9.62%)，主要化合物(矿物)形态——MoS_2(辉钼矿)[4、6]。

钼极易改变其氧化状态，在氧化环境中，钼很可能是处于+6 价状态。虽然在电子转移期间它也很可能首先还原为+5 价状态，但是在还原后的物质中也曾发现过钼的其他氧化状态。Mo 在动物体内的氧化还原反应中起着传递电子的作用，钼是黄嘌呤氧化酶/脱氢酶、醛氧化酶和亚硫酸盐氧化酶的组成成分，其为人体及动植物必需的痕量金属元素。

钼在地壳中多存在于辉钼矿、钼铅矿、水钼铁矿中。矿物燃料中有的也含钼。天然水体中钼浓度很低,海水中钼的平均浓度为 14 μg/L。钼在大气中主要以钼酸盐和氧化钼状态存在,浓度很低,钼化物通常低于 1 $\mu g/m^3$。

环境中的钼有两个来源,一为风化作用使钼从岩石中释放出来,估计每年有 1 000 t 进入水体和土壤并在其中发生迁移,钼分布的不均匀性,造成某些地区缺钼而出现“水土病”,也造成某些地区含钼偏高而出现“痛风病”(如前苏联时期的亚美尼亚);第二个来源是人类应用钼以及燃烧含钼矿物燃料(如煤)使 Mo 由地下深处向地表环境转移,加大了钼在地表环境中的循环量。据估计,全世界钼产量每年为 10 万 t,燃烧排入环境的钼每年为 800 t。人类活动加入的循环量超过天然循环量。用钼最多的是冶金、电子、导弹和航天、原子能、化学等工业以及农业。目前对钼污染的研究还很不够。

钼在环境中的迁移同环境中的氧化还原条件、酸碱度以及其他介质存在的影响有关,这些因素直接影响植物对其的吸收。在海洋中,深海的还原环境使钼被有机物质吸附后包裹于含锰的胶体中,最终形成结核沉于海底,脱离生物圈循环。

1) 人体内的 Mo

越来越多的资料证明,钼是人体必需的痕量金属元素。在人体内钼的含量极少,仅占体重的千万分之一。虽然钼的含量极少但它对人的生命有着不可忽视的重要作用。现已知人的心脏肌肉中含有较高比例的钼,钼和一些酶共同维持着心肌的能量代谢。有人分析了几十例因心肌梗塞而死亡者的心脏,发现它们的含钼量均低于健康人。这说明钼在人体内含量的多少,直接影响着心血管系统的功能,也说明钼对维护心脏正常机能,有着特殊的作用。

近几年来的研究发现,钼还可以中断亚硝胺类强致癌物质在人体内的合成,从而防止癌变。对一些食管癌高发区进行的调查发现,这些地区土壤中缺少钼,硝酸盐和亚硝酸盐类等致癌物质在农作物内积聚很高,因此这里的居民容易得食管癌。后来经使用钼酸铵肥料后,粮食、蔬菜中钼的含量增高,居民食管癌发病率明显下降。土壤中缺钼会使硝酸盐聚积在植物体内,在一定条件下,硝酸盐能还原成亚硝酸盐继而生成亚硝胺。亚硝胺是一种强烈的致癌物质,很容易诱发食道癌和结肠癌等消化道癌变。研究表明,适当增加人体内钼的含量,不仅可以减少或杜绝消化道癌症,还可以改善血液循环,预防低色素性贫血。

人们还发现,钼具有明显的防龋作用。在一些缺钼的地区或钼吸收障碍的人群中,儿童中龋齿的发病率很高,一旦增加钼的摄入量后,就能起到明显的防龋作用。为此有人建议生产含钼牙膏,以开辟防治龋齿的新途径。成年人每天一般需要约 0.15～0.3 mg 的钼。由于钼在食物中比较广泛地存在,例如小麦、豆类、牛奶、蛋类、猪肉和蜂蜜等食物中都含有钼,再加上人体对钼的需要量极低,因此一般不会缺钼。因而,如有些人缺钼,除了要考虑环境或饮食因素外,可能与人体本身对钼的吸收和利用有关。

2) Mo 的生理功能及毒性

钼酶可催化一些底物的羟化反应。黄嘌呤氧化酶催化次黄嘌呤转化为黄嘌呤,然后转化成尿酸。醛氧化酶催化各种嘧啶、嘌呤、蝶啶及有关化合物的氧化和解毒。亚硫酸盐氧化酶催化亚硫酸盐向硫酸盐的转化。有研究发现,在体外实验中钼酸盐可保护肾上腺皮质激素受体,使之保留活性。据此推测,它在体内可能也有类似作用。有人推测,钼酸盐之所以能够影响糖皮质激素受体是因为它是一种称为“调节素”的内源性化合物。2000 年中国营养学会制订了中国居民膳食钼参考摄入量,成人适宜摄入量为 60 μg/d;最高可耐受摄入量为 350 μg/d。

吸入、食入钼对眼睛、皮肤有刺激作用。部分接触者出现尘肺病变,有呼吸困难、全身疲倦、头晕、胸痛、咳嗽等症状。

5.1.7 铜(Copper)

铜的发现可以追溯到公元前 4 000 年—5 000 年。在新石器时代晚期,人类最先使用的金属就是“红铜”(即纯铜)。红铜起初多来源于天然铜。在石器作为主要工具的时代,人们在拣取石器材料时,偶而遇到天然铜。当人们有了长期用火、特别是制陶的丰富经验后,为铜的冶铸准备了条件。在发掘出的公元前 5 000 年的中东遗迹中,就有铜打制成的铜器。公元前 4 000 年左右,铜的铸造技术已普及。公元前 3 000 年左右传到印度,后来传到中国。到公元前 1 600 年左右的殷朝,青铜(Cu、Sn 合金)器制造业已很发达。古代人们把铜取名为 Copper,该词源自拉丁语 Cuprum,其是“塞浦路斯”的古名,与从前在该地找到铜矿有关。铜是人类用于生产的第一种金属,同时也是人类发现最早的金属之一。铜是生命必需痕量金属元素,地壳丰度为 55×10^{-6} [1、3]。

铜是第 4 周期 Ⅰ B 族元素,其基本属性如下:

元素符号——Cu;

原子序数——29;

原子量——63.546;

价电子层构型——$3d^{10}4s^{1}$;

主要氧化数—0、1、2;

电负性——1.8(+1)、2.0(+2);

原子半径(pm)——157;

离子半径(pm)——73;

共价半径(pm)——117;

沸点(℃)——2 595;

熔点(℃)——1 083；

密度(g/cm^3，27℃)——8.96。

自然界常见的 Cu 及其化合物有自然铜(Cu)、Cu_2S(辉铜矿)、$Cu_3(CO_3)_2(OH)_2$(蓝铜矿)、$Cu_2(CO_3)(OH)_2$(孔雀石)、Cu_5FeS_4(斑铜矿)，$CuFeS_2$(黄铜矿)、CuS(铜蓝)、Cu_2O(赤铜矿)等[2]。

铜是一个亲有机质金属元素，自然介质里其有机态含量往往较显著。由于铜最外层与次外层电子的能量相差不大，使其氧化数可变，在生物条件下，有铜 Cu(Ⅰ)和 Cu(Ⅱ)两种价态存在，Cu(Ⅲ)化合物亦存在，它在机体内主要作用是进行氧化还原反应。铜在体系中很容易形成共价化合物和络合物。

1) 人体内的 Cu 及毒性

铜的主要食物来源、按等级可分类于下：

含铜丰富的食物：口蘑、海米、红茶、花茶、砖茶、榛子、葵花籽、芝麻酱、西瓜籽、绿茶、核桃、黑胡椒、可可及肝等；

含铜较多的食品：蟹肉、蚕豆、蘑菇(鲜)、青豆、小茴香、黑芝麻、大豆制品、松子、龙虾、绿豆、花生米、黄豆、马铃薯粉、紫菜、豆腐粉、莲子、芸面、香菇、毛豆、面筋、果丹皮、八角茴香、豌豆、黄酱、金针菜、燕麦片、栗子、坚果、黄豆粉和小麦胚芽；

含铜较少的食品：杏脯、绿豆糕、酸枣、番茄酱、青梅果脯、海米、米花糖、香蕉、牛肉、面包、黄油、蛋、鱼、花生酱、花生、猪肉、禽肉等；

含铜量微小的食品：巧克力、豌豆黄、木耳、麦乳精、豆腐花、稻米、动物脂肪、植物油、水果、蔬菜、奶及奶制品及糖等。

虽说铁是人体造血的重要原料，但铁元素要成为红细胞的一部分，离不开铜元素的协助。奥妙在于血红蛋白中的铁是三价铁，而来源于食物中的铁是二价铁，二价铁要转化成为三价铁，有赖于含铜的活性物质——血浆铜蓝蛋白的氧化作用。在人的血液中铜与铁有协同作用，是铁的“好助手”。铜在肠中被吸收后进入血液中，80%的铜结合成血浆铜蓝蛋白。铜在血红蛋白形成中的作用，一般认为是促进肠道铁的吸收和从肝及网状内皮系统的储藏中使它得以释放，故铜对血红蛋白的形成起着重要的作用。如果体内缺铜，血浆铜蓝蛋白的浓度势必降低，从而导致铁的转化困难进而诱发贫血症。育龄女子要想怀孕也离不开铜，美国医学研究证实，女性体内铜元素缺乏会影响卵泡的生长、成熟，抑制输卵管的蠕动，不利于卵子的发育与运行，有导致不孕的可能。即使已经怀孕，也可能因铜含量不足而发生畸胎或早产。研究人员观察到，母体缺铜会使羊膜的韧性与弹性降低、脆性增加，容易造成胎膜早破而流产或早产；同时，还影响胚胎的正常分化与胎儿的正常发育，有可能造成胎儿畸形或先天性发育不足，并引起新生儿体重减轻、智力低下或患上缺铜性贫血。因此，育龄女性补铜有促进优生的重大意义。

研究表明，铜缺乏可引起如下疾病：

(a) 贫血:一般最常见的临床表现为头晕、乏力、易倦、耳鸣、眼花。皮肤黏膜及指甲等颜色苍白,体力活动后感觉气促、心悸。严重贫血时,即使在休息时也出现气短和心悸,在心尖和心底部可听到柔和的收缩期杂音。

(b) 骨骼改变:临床表现为骨质疏松,易发生骨折。此外,还可引起冠心病、白癜风病、和女性不孕症等。

世界卫生组织(WHO)推荐成人每天应摄入 2～3 mg 的铜。由于人体所需的铜不能从体内合成,人们必须保证通过日常膳食和饮用水摄入足够的铜。许多天然植物中含有丰富的铜,如坚果类(核桃、腰果)、豆类(蚕豆、豌豆)、谷类(汪麦、黑麦)、蔬菜、动物的肝脏、肉类及鱼类等。通常 10 片全麦面包约含铜 1 mg。一般肉类食物平均含铜 2.5 mg/kg,动物肝脏以及贝类含铜量高,平均超过 20 mg/kg。

尽管铜是重要的生命必需痕量金属元素,超量时也易引起中毒反应。当超量的铜进入体内会引起严重的恶心、含绿蓝物的呕吐、腹痛、腹泻、吐血、变性血红素症、血尿等症状。严重者会有肝炎、低血压、昏迷、溶血、急性肾衰竭、抽搐等并发症。甚至死亡也可能发生。

人长期大量的吸入含铜的气体或摄入含铜的食物,X 射线胸透时可出现条索状纤维化,有的可出现结节影,都与铜尘慢性刺激引起肺部感染有关。神经系统的临床表现有记忆力减退、注意力不集中、容易激动,还可以出现多发性神经炎、神经衰弱综合征,脑电图显示脑电波节律障碍,出现弥漫性慢波节律等。消化系统方面可出现食欲不振、恶心呕吐、腹痛腹泻黄疸,部分病人出现肝肿大、肝功能异常等。在心血管方面可出现心前区疼痛、心悸、高血压或低血压;在内分泌方面,少部分病人出现阳痿,还可能出现蝶鞍扩大、非分泌性脑垂体腺瘤,病人常常表现为肥胖、面部潮红及高血压等症状。

2) Cu 的生理功能

铜是过氧化物歧化酶(SOD/Superoxide Dismutase/别名肝蛋白)的组分,它具有抗脂质过氧化作用。动物饲料中加铜盐可延缓偶氮染料诱发肝癌的作用。同样饲料中含铜盐时,肾癌的发病率也降低,其抑癌的机制认为是铜离子可明显降低去甲基化酶的活性,进而抑制了多种亚硝胺的代谢活化能力。除此之外,铜还可以在预防或削除自由基的损伤过程中发挥相辅相成的作用。当体内含有适量的铜时,则由铜元素为组分的 SOD 可催化 O_2 生成 H_2O_2,再通过过氧化氢酶及含硒的 GSH - px(谷胱甘肽过氧化物酶)催化 H_2O_2 生成 H_2O,从而削除了自由基的氧化损伤。

缺乏铜会影响结缔组织和弹性组织的结构。赖氨酸氧化酶也是一种铜酶,是胶原交联时不可缺少的物质,而胶原与结缔组织的形成以及弹性组织有密切的关系。另一种铜酶是超氧化物歧化酶,它存在于红细胞、肝脏及脑组织中,机体内的超氧化物是催化反应的产物,对机体有毒害,而超氧化物歧化酶可使此物迅速分解,故对机体有解毒作用。赖氨酰氧化酶通过催化赖氨酰或赖氨酰的氨基氧化脱氨等一系列生化过程影响胶原组织的正常交联。缺乏铜可引起赖氨酸酰氧化酶活性降低,导致结缔组织弹性蛋白和胶原纤维交联障碍,引起成熟迟缓,血管、骨骼等组织脆性增加和容易出血等。如羊膜早破的孕妇及其胎儿皆有缺铜现象。羊膜早破可能正是由于缺铜和通过上述机制影响羊膜韧性和厚度变化之故。铜缺乏时络氨酸酶形成困难,络氨酸酶是一种单加氧酶,络氨酸经该酶单氧合作用转变为多巴(3,4-二羟苯丙氨酸)的过程受阻,因而由多巴转变的黑色素减少。缺铜病人由于黑色素不足,常发生毛发脱色症,不能耐受阳光照射,若体内严重缺乏络氨酸酶则发生白化病。因此适量的补充含铜较高的食品对增加肌体组织的柔韧性、防止毛发脱色及白化病的发生具有积极意义。

正常人自肠道吸收的铜在血清中与白蛋白疏松结合并进入肝脏,大部分铜再与 α2 球蛋白结合形成铜蓝蛋白(称为间接反应铜)。一部分铜由胆管排泄,少量由尿中排出,仅有一小部分继续留在血循环中(称为直接反应铜)。当摄入体内的铜超过肝脏的处理能力,铜(直接反应铜)就释放进入血液。已知红细胞内主要还原作用是在磷酸戊糖旁路过程中完成的,戊糖代谢途径提供还原型谷胱甘肽(GSH)和还原型辅酶 2(NADPH),两者有保护红细胞内巯基和血红蛋白免受氧化损伤的作用。

如果体内缺铜,血浆铜蓝蛋白的氧化活性降低,必然导致铁的价位转变发生困难而引起贫血。临床上也经常可以发现有些缺铁性贫血的病人在单纯补充铁剂时效果并不明显,而加用含铜制剂后,贫血很快得到纠正。另外在肿瘤疾病后期,患者贫血也常常与体内的铜大量消耗有关。在给贫血患者补铁时最好适当补铜,往往可以收到较好效果。此外,铜元素在人体内参与多种金属酶的合成,其中氧化酶是构成心脏血管的基质胶原和弹性硬蛋白形成中必不可少的物质,而胶原又是将心血管的肌细胞牢固地连接起来的纤维成分,弹性蛋白则具有促使心脏和血管壁保持弹性功能。因此,铜元素一旦不足,此类酶的合成量会减少,心血管就无法维持正常的形态与功能,从而给冠心病的发生造成了机会。

5.1.8 汞(Mercury)

最早知道汞的是中国人和印度人。在公元前 1 500 年的埃及墓中也找到了汞。大约在公元前 500 年左右汞和其他金属一起被用来生产汞合金(汞齐)。古希腊人用它制作墨水,古罗马人曾在化妆品中加入汞。在西方,炼金术士用罗马神使墨丘利(Mercurius)来命名它,它的化学符号 Hg 来自拉丁词 hydrargyrum,这是一个人造的拉丁词,其词根来自希腊文 hydrargyros,这个词两个词根分别表示“水”(Hydro)和“银”(argyros)。汞被认为是生命有毒元素,地壳丰度为 0.08×10^{-6} [1、2、3]。

汞是周期表中第6周期ⅡB族元素，其基本属性如下：

元素符号——Hg；

原子序数——80；

原子量——200.59；

价电子层构型——$5d^{10}6s^2$；

主要氧化数——2、1、0；

电负性——1.8；

原子半径(pm)——150.3(12配位)；

离子半径(pm)——110(+2)、127(+1)；

共价半径(pm)——149；

沸点(℃)——356.73；

熔点(℃)——−38.83；

密度(g/cm³，27℃)——13.59。

汞有7种稳定同位素——^{196}Hg(0.15%)、^{198}Hg(9.97%)、^{199}Hg(16.87%)、^{200}Hg(23.1%)、^{201}Hg(13.18%)、^{202}Hg(29.86%)、^{204}Hg(6.87%)，自然界常见化合物为辰砂(HgS，也称朱砂)(White，1998)。汞是地壳中较稀少的一种元素。少数情况下汞在自然中以纯金属的状态存在。大约世界上50%的汞来自西班牙和意大利，其他主要产地是斯洛文尼亚、俄罗斯和北美。辰砂在流动的空气中加热时汞可以还原，温度降低后汞凝结，这是生产汞的最主要的方式。

汞为银白色的液态金属，导热性能差，而导电性能良好。汞很容易与几乎所有的普通金属形成合金，包括金和银，但不包括铁。这些合金统称汞合金(或汞齐)。该金属同样有恒定的体积膨胀系数，其金属活跃性低于锌和镉，且不能从酸溶液中置换出氢。通常的汞化合物中，它常见的化合价是+1或者+2。

汞的常见化合物有氯化亚汞(HgCl)、氯化汞($HgCl_2$)、雷汞($Hg(CNO)_2 \cdot 1/2H_2O$)、辰砂(HgS)等。氯化亚汞又称甘汞，有时还在医学中被应用；氯化汞是一种腐蚀性极强的剧毒物品。雷酸汞经常被用在爆炸品中。辰砂(硫化汞)是一种很高质素的颜料，常用于印泥。辰砂也是一种矿石中药材，是古代道士炼丹的一种常用材料。雷汞($Hg(CNO)_2 \cdot 1/2H_2O$)常用于制造雷管等。汞的有机化合物应用很多，同时其生物毒性往往也很强。甲基汞是一种经常在河流或湖泊中被发现的生物毒性很强的污染物。实验发现在电弧中惰性气体可与汞蒸气反应，这些化合物(HgNe、HgAr、HgKr和HgXe)以范德华力相结合。汞的无机化合物如硝酸汞($Hg(NO_3)_2$)、氯化汞($HgCl_2$)、甘汞(HgCl)、溴化汞($HgBr_2$)、砷酸汞($HgAsO_4$)、硫化汞(HgS)、硫酸汞($HgSO_4$)、氧化汞(HgO)、氰化汞($Hg(CN)_2$)等常被用于汞化合物的合成，或作为催化剂、颜料、涂料等，有的还作为药物。口服、过量吸入这些化合物或其粉尘以及皮肤接触时均可引起中毒[5]。

1) 人体内的 Hg

虽然汞被认为是对人体有毒的元素，实际上纯汞是无毒的，而它的化合物和盐类毒性非常高，其经口服、吸入或接触后可以导致脑和肝的损伤。因此，今天的温度计大多数使用酒精取代汞。一些医用温度计仍然使用汞是因为它的精确度高。

汞最广泛的应用是制造工业用化学药物以及在电子或电器产品中的使用。汞常被用在温度计中，尤其是在测量高温的温度计中。汞可以将金从其矿物中分解出来，因此经常被用在金矿选矿工艺中。汞也被用于气压计和扩散泵等仪器中，气态汞常被用于制造汞蒸气灯。

有关金属汞的产品很多且很容易引起污染，例如汞矿的开采与汞的冶炼，尤其是土法火式炼汞，常导致空气、土壤和水污染。此外，制造、使用、校验和维修含汞产品时如汞温度计、血压计、流量仪、液面计、控制仪、气压表、汞整流器等都容易引起汞污染或中毒，制造荧光灯、紫外光灯、电影放映灯、X线球管，化学工业中作为生产汞化合物的原料或作为催化剂如食盐电解用汞阴极制造氯气、烧碱，以汞齐方式提取金银等贵金属以及镀金、镏金工艺，医院口腔科以银汞齐填补龋齿，钚反应堆的冷却剂使用和处理等等环节都容易引起汞污染。

在日常生活中，有不少用品与水银有关。比如，各类荧光灯中都含有水银；一些暖水瓶为了减少热辐射，外壁涂有水银；早期的镜子背面涂有水银；计算机显示器等电子产品中也含有一定量的水银；氧化汞还被用作电池的阳极，如果长时间不使用，电池里所含的酸、碱等腐蚀性物质就会破坏外壁，导致汞泄漏。水银进入水体、土壤中，通过食物链，最终会危害到人类健康。

汞及其化合物可通过呼吸道、皮肤或消化道等不同途径侵入人体(皮肤完好时短暂接触不会中毒)。

2) Hg 的生理功能及毒性

汞的毒性是积累性的，需要很长时间才能表现出来。食物链对于汞有极强的富集能力，淡水鱼和浮游植物对汞的富集倍数为 1 000，淡水无脊椎动物为 100 000，海洋动物为 200 000。汞中毒以慢性为多见，主要发生在生产活动中，常见的为长期吸入汞蒸气和汞化合物粉尘所致。汞中毒以精神-神经异常、齿龈炎、震颤为主要症状。当大剂量汞蒸气吸入或汞化合物摄入时可发生急性汞中毒。对汞过敏者，即使局部涂抹汞基质制剂，亦可发生中毒。有机汞化合物以往主要用作农业杀菌剂，由于毒性大，我国目前已不再生产和使用。在标准气压和温度下，纯汞最大的危险是它很容易氧化而生成氧化汞，氧化汞容易形成小颗粒从而有大的比表面积。虽然纯汞比其化合物对人体的直接危害要低，但它依然是一种很危险的物质，原因是它在生物体内很容易形成有机化合物。最危险的汞有机化合物是甲基汞(C_2H_6Hg)，仅数微升接触到皮肤就可以致死。

汞是一种可以在生物体内积累的毒物，它很容易被皮肤以及呼吸和消化道吸收。著名的水俣病即是汞中毒的一种。汞可破坏中枢神经组织，对口、黏膜和牙齿都有不利影响。长时间暴露在高汞环境中可以导致脑损伤和死亡。尽管汞的沸点很高，但在室内温度下饱和的汞蒸气已可达中毒剂量的数倍。水银是唯一在常温下呈液态的金属，含有它的用品一旦破碎，水银就会蒸发。而且，它的吸附性特别好，水银蒸气易被墙壁和衣物等吸附，成为不断污染空气的源头。此外，有些汞的化合物会自动还原为纯汞，而纯汞在常温下便会蒸发，这一情况往往会被忽视。纯汞一般在 0℃时即可发生蒸发，气温愈高，蒸发愈快、愈多。每增加 10℃，蒸发速度约增加 1.2～1.5 倍，空气流动时蒸发会加剧。汞不溶于水，可通过表面的水封层蒸发到空气中。此外，纯汞黏度小而流动性大，很易碎成小汞珠，无孔不入地留存于工作台、地面等处的缝隙中，既难清除又使其表面面积增加而易于蒸发形成污染。地面、工作台、墙壁、天花板等的表面都可吸附汞蒸气，有时汞作业车间移作他用时仍有汞残留危害的问题。甚至，暴露工人衣着及皮肤上的污染可带到家庭中引起危害。

虽然少量吸入不会对身体造成太大的危害，但长期大量吸入，则会造成汞中毒。汞中毒分急性和慢性两种，急性中毒有腹痛、腹泻、血尿等症状；慢性中毒主要表现为口腔发炎、肌肉震颤和精神失常等。由于汞特殊的物理化学属性及生物毒性特点，在环境科学领域有关汞的研究工作较多。特别是气环境研究和水环境研究中，汞常常受到很高程度的重视，报道成果较多。

5.1.9　铅(Lead)

铅的发现最早大约在公元前 4 000 年左右(依据我国出土新石器时代晚期的一些铜制工具和装饰品中含有铅元素)。铅是银白色的金属(与锡比较，铅略带一点浅蓝色)，十分柔软，用指甲便能在它的表面划出痕迹。用铅在纸上一划，会留下一条黑印。在古代人们曾用铅作笔，这便是“铅笔”名字的由来。值得指出的是金属铅有一个奇妙的本领——它能很好地阻挡放射性射线。铅的名称沿用古英文字“lead”，其元素符号“Pb”源自于拉丁语“铅”(Plumbum)。铅是生命潜在毒性元素，铅的地壳丰度为 12.5×10^{-6} [1、2、3、4]。

铅是周期表中第 6 周期ⅣA 族元素，其基本属性如下：

元素符号——Pb；

原子序数——82；

原子量——07.2；

价电子层构型——$6s^2p^2$；

主要氧化数——0、2、4；

电负性——1.6(+2)、1.8(+4)；

原子半径(pm)——175(12 配位)；

离子半径(pm)——120(+2)、84(+4);

共价半径(pm)——147;

沸点(℃)——1 744,熔点(℃)——327.3;

密度(g/cm^3,27℃)——11.34。

自然界铅有4个稳定同位素——^{204}Pb(1.7%)、^{206}Pb(23.7%)、^{207}Pb(22.6%)、^{208}Pb(52.5%),此外铅还有4个放射性同位素——^{210}Pb、^{214}Pb(^{238}U衰变子体)、^{211}Pb(^{235}U衰变子体)和^{212}Pb(^{232}Th衰变子体)。自然界常见化合物为方铅矿(PbS),其含铅量达86.6%,其他常见的含铅的矿物有白铅矿($PbCO_3$)和铅矾($PbSO_4$),纯的金属铅较少见。截至2008年,世界上最大的产铅国是澳大利亚,其次是中国、美国、秘鲁、加拿大、墨西哥、瑞典、摩洛哥、南非和朝鲜。

铅为灰白色金属,其重要用途之一是制造蓄电池。据不完全统计,1971年,铅的世界年产量达308.3万t,其中大部分被用来制造蓄电池。在蓄电池里,一块块灰黑色的负极都是用金属铅做的。正极上红棕色的粉末,也是铅的化合物——二氧化铅。一个蓄电池需用掉几十斤的铅。飞机、汽车、拖拉机、坦克,都是用蓄电池作为照明光源的。工厂、码头、车站所用的“电瓶车”的“电瓶”都是蓄电池。广播站也要用到许多蓄电池。

铅的许多化合物色彩缤纷,常用作颜料,如铬酸铅是黄色颜料,碘化铅是金色颜料(与硫化锡齐名)。至于碳酸铅,早在古代就被用作白色颜料。考古工作者发掘出的古代壁画或泥俑,其中人脸常是黑色的,经过化学分析和考证,这黑色的颜料是铅的化合物——硫化铅。其实,古代涂上去的并不是黑色的硫化铅,而是白色的碳酸铅,只不过由于长期受空气中微量硫化氢或墓中尸体腐烂产生的硫化氢的作用,才逐渐变成了黑色的硫化铅。这件事一方面说明碳酸铅作为白色颜料的历史很悠久,另一方面也说明碳酸铅作白色颜料有很大的缺点——会变黑。现在,我国已不大用碳酸铅作白色颜料,而是用白色的二氧化钛——俗称“钛白”替代。铅的最重要的有机化合物是四乙基铅,常用作汽油的防爆剂。

1) 人体内的Pb

铅和其化合物对人体各组织均有毒性,中毒途径主要为由呼吸道吸入其蒸气或粉尘,然后呼吸道中的吞噬细胞将其迅速带至血液或经消化道吸收,进而进入血循环系统发生中毒。口服2~3 g铅即可中毒,50 g可致死。铅及其化合物的蒸气、烟和粉尘主要经呼吸道侵入人体,这是职业性铅中毒的主要侵入途径。铅中毒以无机铅中毒为多见,主要损害神经系统、消化系统、造血系统和肾脏。近年来,铅接触对内分泌、生殖系统、子代的影响也已引起重视。铅矿开采、铅冶炼、铸件、浇板、焊接、喷涂、蓄电池制造、油彩等工艺的铅烟、铅尘,以及服用含铅的中药,如黑锡丹、樟丹、红丹和长期饮含铅锡壶中的酒,均可导致铅中毒。由人类活动产生的含铅废气、废水、废渣常常污染大气、水源和农作物,并危及人体健康。四乙基铅系铅的有机化合物，是一种无色油状液体，挥发性强，主要用做汽油抗爆剂。可经呼吸道、皮肤、消化道吸收引起中毒，主要引起神经系统的一系列症状。

2) Pb的生理功能

铅吸收后进入血液主要以磷酸氢铅（$PbHPO_4$）、甘油磷酸化合物、蛋白复合物或铅离子状态分布于全身各组织，主要在细胞核和浆的可溶性部分以及线粒体、溶酶体、微粒体中存在。这些铅最后约有95%以不溶性的正磷酸铅（$Pb_3(PO_4)_2$）稳定地沉积于骨骼系统，其中以长骨小梁中为最多。仅5%左右的铅存留于肝、肾、脑、心、脾、基底核、皮质灰白质等器官及其血液中。血液中的铅约95%分布在红细胞内。骨铅与血铅之间处于一种动态平衡状态，当血铅含量达到一定程度可引起急性中毒症状。人体吸收的铅主要通过肾脏排出，部分经粪便、乳汁、胆汁、月经、汗液、唾液、头发、指甲等排出。沉积在骨骼中的铅的半衰期约20余年。其对神经、血液、消化、血管和肾脏均有毒性。人口服铅的最小致死量为5 mg/kg。目前铅中毒机制尚不完全清楚，对其作用有比较清晰认识的有如下几个方面：

(a) 引起血红蛋白合成障碍。

(b) 损害神经系统。

(c) 损害肾脏。

(d) 损害生殖器官。

(e) 可影响到子代。

铅中毒的危害主要表现在对神经系统、血液系统、心血管系统、骨骼系统等终生性的伤害上。铅对多个中枢和外围神经系统中的特定神经结构有直接的毒害作用。在中枢神经系统中，大脑皮层和小脑是铅毒性作用的主要靶组织；而在周围神经系统中，运动神经轴突是铅毒害的主要靶组织。铅对神经系统的毒害主要表现为以下4种：

(a) 会使中毒者的心理发生变化，例如成人铅中毒后会出现忧郁、烦躁、性格改变等症状，而儿童则表现为多动。

(b) 会导致智力下降，尤其是儿童会出现学习障碍，据报道高铅儿童的逻辑思考能力（IQ值）平均比低铅儿童低4～6分。

(c) 会导致感觉功能障碍，例如很多铅中毒病人会出现视觉功能障碍，如视网膜水肿、球后视神经炎、盲点、眼外展肌麻痹、视神经萎缩、眼球运动障碍、瞳孔调节异常、弱视或视野改变等，或嗅觉、味觉障碍等。

(d) 对神经系统的主要影响是降低运动功能和神经传导速度，肌肉损害是严重铅中毒的典型症状之一。

铅对血液系统的主要作用表现在2个方面，一是抑制血红蛋白的合成，二是缩短循环中的红细胞寿命，这些影响，最终会导致贫血。铅对心血管系统的伤害主要表现在：

(a) 心血管病死亡率与动脉中铅过量密切相关,心血管病患者血铅和 24 h 尿铅水平明显高于非心血管病患者。

(b) 铅暴露会引起高血压。

(c) 铅暴露会引起心脏病变和心脏功能变化。

骨骼是铅毒性的重要靶系统,铅一方面通过损伤内分泌器官而间接影响骨功能和骨矿物代谢的调节能力,另一方面通过毒化细胞、干扰基本细胞过程和酶功能改变成骨细胞——破骨细胞耦联关系,从而影响到钙的行为以至直接干扰骨细胞的代谢。

成年人铅中毒后经常会出现疲劳、情绪消沉、心脏衰竭、腹部疼痛、肾虚、高血压、关节疼痛、生殖障碍、贫血等症状。孕妇铅中毒后会出现流产、新生儿体重过轻、死婴、婴儿发育不良等严重后果。而儿童经常会出现食欲不振、胃疼、失眠、学习障碍、便秘、恶心、腹泻、疲劳、智商低下、贫血等症状。铅中毒对机体的影响是多器官、多系统、全身性的,临床表现复杂且缺乏特异性。常见表现有下面几种:

(a) 神经系统症状

神经系统最易受铅的损害。铅可以使形象化智力、视觉运动功能、记忆、反应时间受损,还可使语言和空间抽象能力、感觉和行为功能改变,出现疲劳、失眠、烦躁、头痛及多动等症状。由于儿童血脑屏障成熟较晚,中枢神经系统相对脆弱,加之排泄功能不够完善,容易受到铅的损害。儿童一次或短期内摄入大量铅化合物时,脑组织产生细胞水肿、出血、脱髓鞘变性、海马结构萎缩等。临床出现急性中毒症状,如呆滞、厌食、呕吐、腹痛、腹泻、谵妄、抽搐、昏迷等前性脑病症状,严重者出现癫痫、死亡或留下严重后遗症。当儿童处于低水平的铅环境中,可引起脑细胞突触密度降低、树突分枝减少、突触可塑性范围减少、运动神经的传导速度减慢以及脑电图状态改变。由于铅在脑内分部不均一,造成其慢性中毒症状往往并不典型,如患儿爱动、运动失调、反应迟钝、智力发育落后等。

(b) 造血系统症状

铅可以抑制血红素的合成并与铁、锌、钙等元素拮抗诱发贫血,其程度往往随铅中毒程度加重而加重,尤其是本身患有缺铁性贫血的儿童。

(c) 心血管系统症状

经过统计调查发现,人群中的血管疾病与机体铅负荷增加有关。铅中毒患者的主动脉、冠状动脉、肾动脉及脑动脉有变性改变,在因铅中毒死亡的儿童中亦发现有心肌变性。此外,研究发现铅中毒时能导致细胞内钙离子的过量聚集,使血管平滑肌的张力增加,进而引起高血压与心律失常。

(d) 消化系统症状

铅直接作用于平滑肌,抑制其自主运动并使其张力增高引起腹痛、腹泻、便秘、消化不良等胃肠机能紊乱。完整肝细胞对铅毒性有一定保护作用,但急性铅中毒时肝混合功能氧化酶及细胞色素 P450(CytochromeP450)水平下降，以致肝脏解毒功能受损，出现病变。

(e) 泌尿生殖系统症状

长期接触铅可致儿童及成人慢性肾炎。铅能使肾脏清除作用降低，进而加重铅在肾脏及其他组织中的潴留，影响正常生理功能，如产生肾性高血压及中枢神经系统疾病，随着时间的延长肾脏损害加重并导致肾小管的排泄及重吸收功能受损，出现氨基酸尿、糖尿、痛风，晚期出现肾功能衰竭。由于肾脏代偿功能较大，导致对铅的肾脏毒性作用常估计不足。

铅具有生殖毒性、胚胎毒性和致畸作用。铅对人类生殖功能影响与剂量有关，血铅 250～400 μg/L 已可影响男性生殖功能，使精子发生畸形改变。即使低水平暴露，仍可影响宫内胎儿的生长发育过程和造成畸形、早产或低出生体重等危害。铅与钙在体内的代谢途径极其相似，在妊娠期为了满足胎儿发育和骨骼钙化的需要，铅由母体向胎儿转运的机会增加。孕妇体内的铅可以顺利地通过胎盘，作用于胚胎。孕妇头 3 个月如处于较大剂量铅暴露中可引起死胎、流产、胎儿畸形。头 3 个月为胎儿神经系统发育的关键期，而此时血脑屏障尚未成熟，长期低水平的铅暴露会损害神经网络的早期形成和后期的成熟，这种影响往往发生在中枢神经系统发育的三个环节，即脑细胞的增殖、神经纤维的延伸和突触的形成。而突触的形成模式与学习能力有关。

(f) 免疫系统症状

铅能结合抗体，饮水中铅含量增加使循环抗体降低。铅可作用于淋巴细胞使补体滴度下降，使机体对内毒素的易感性增加和抵抗力降低，常引起呼吸道、肠道反复感染。

(g) 内分泌系统症状

铅可抑制维生素 D 活化酶、肾上腺皮质激素与生长激素的分泌，导致儿童体格发育障碍。

(h) 骨骼症状

体内铅大部分沉积于骨骼中，通过影响维生素 D3 的合成抑制钙的吸收，作用于成骨细胞和破骨细胞引起骨代谢紊乱，发生骨质疏松。流行病学研究表明，发生骨丢失时铅从骨中释放进入血液，并对各大系统造成长期持久的毒害作用。

此外，铅还可以引起各类营养素、痕量金属元素丢失造成酶系统紊乱，继而引发相关生理功能低下病症。

5.1.10　镉(Cadmium)

镉是种柔软，蓝白色金属，化学性质类似于锌，并常常以极少量形式被包含在锌矿物中。镉是德国哥廷根大学化学兼药学教授斯特罗迈尔(Fridrich Stromeyer,

1776—1835)于1817年发现的。由于发现的新金属存在于锌中，就以含锌的矿石——菱锌矿的名称Calamine命名它为Cadmium，定元素符号为Cd，中文译作镉。

镉与它的同族元素汞和锌相比，被发现的时间要晚的多。镉在地壳中含量比汞还多一些，但比锌少得多，常常以包含于锌矿物中的形式存在，很少单独成矿。金属镉比锌更易挥发，因此在用高温炼锌时，它比锌更早逸出而逃避了人们的觉察，这就注定了镉不可能先于锌而被人们发现。镉是生命潜在毒性元素，地壳丰度为0.2×10^{-6}[1、2、3]。

镉是周期表中第5周期ⅡB族元素，其基本属性如下：

元素符号——Cd；

原子序数——48；

原子量——112.41；

价电子层构型——$4d^{10}5s^2$；

主要氧化数——1、2；

电负性——1.7；

原子半径(pm)——149(12配位)；

离子半径(pm，6配位)——97(+2)、114(+1)；

共价半径(pm)——148；

沸点(℃)——765，熔点(℃)——321.03；

密度(g/cm^3，27℃)——8.642。

自然界镉有3个稳定同位素——^{110}Cd(12.49%)、^{111}Cd(12.8%)、^{112}Cd(24.13%)，此外镉还有5个放射性同位素——^{106}Cd(1.25%)、^{108}Cd(0.89%)、^{113}Cd(12.22%)、^{114}Cd(28.73%)、^{116}Cd(7.49%)。自然界常见化合物有硫镉矿(CdS)，菱镉矿($CdCO_3$)、方镉矿(CdO)和硒镉矿(CdSe)[1、3]。

镉在潮湿空气中缓慢氧化并失去金属光泽，加热时表面形成棕色的氧化物层。高温下镉与卤素反应激烈，形成卤化镉。也可与硫直接化合生成硫化镉。镉可溶于酸，但不溶于碱。镉的氧化态为+1、+2。氧化镉和氢氧化镉的溶解度都很小，它们溶于酸但不溶于碱。镉可形成多种配离子，如$Cd(NH_3)^{2+}$、$Cd(CN)^+$、$CdCl^+$等。镉的毒性较大，被镉污染的空气和食物对人体危害严重。可用多种方法从含镉的烟尘或镉渣(如煤或炭还原或硫酸浸出法和锌粉置换)中获得金属镉。进一步提纯可用电解精炼和真空蒸馏。镉主要用于钢、铁、铜、黄铜和其他金属的电镀，对碱性物质的防腐蚀能力强。很长一段时间它被用来作为颜料，而镉化合物被用于塑料制品的稳定剂。镉在电池工业中也有较广泛的使用，如市场上常见的体积小和电容量大的镍镉电池和碲化镉太阳能电池板等。

在自然界镉主要以硫镉矿存在，也有少量存在于锌矿中。镉的主要矿物有硫镉矿(CdS),赋存于锌矿、铅锌矿和铜铅锌矿石中。镉的世界储量估计为 900 万 t。镉作为锌矿石的次要组成部分,常常是锌生产过程中的副产品。

镉没有对已知高等生物的有益作用,但已发现海洋矽藻生命过程中镉执行与锌相同的功能。人吸入含镉烟雾可导致金属烟热,进而发展为肺炎、肺水肿直至死亡。镉对健康有不良的影响,被列为可致癌物。20 世纪 30—60 年代,日本富山县神通川流域炼锌厂排放的含镉废水污染了周围的耕地和水源,人群食用受污染的稻米以及长期接触镉污染的食物和水引起痛痛病和肾功能异常——即著名的环境公害"痛痛病"事件。

欧盟将镉列为高危害有毒物质和可致癌物质予以规划管理,美国环境保护署限制排入湖、河、弃置场地和农田的镉含量,并禁止杀虫剂中含有镉。目前美国饮用水镉含量允许值为 10×10^{-9},并打算把限制减到 5×10^{-9}。美国职业安全卫生署规定工作环境空气中镉含量在烟雾中限值为 100 $\mu g/m^3$,在镉尘中为 200 $\mu g/m^3$。美国职业安全卫生署计划将空气中所有镉化合物含量限制在 1～5 $\mu g/m^3$。

镉作为合金组元能配成很多合金,如含镉 0.5%～1.0%的硬铜合金,有较高的抗拉强度和耐磨性。镉(98.65%)镍(1.35%)合金是飞机发动机的轴承材料。很多低熔点合金中含有镉,著名的伍德易熔合金中含有镉达 12.5%。镍-镉和银-镉电池具有体积小、容量大等优点。镉具有较大的热中子俘获截面,因此含银(80%)铟(15%)镉(5%)的合金可作原子反应堆的控制棒。镉的化合物曾广泛用于制造颜料、塑料稳定剂、荧光粉等。镉还用于钢件镀层防腐,但因其毒性大,这项用途有减缩趋势。镉还常被用于电镀、制造合金等;并可做成原子反应堆中的中子吸收棒。镉氧化电位高,故可用作铁、钢、铜之保护膜,被广泛用于电镀工艺中和充电电池、电视映像管、黄色颜料制作及作为塑料之安定剂使用。镉化合物可用于杀虫剂、杀菌剂、颜料、油漆等制造业。

镉的工业规模生产是在 20 世纪 30 年代和 40 年代期间开始的。镉的主要应用是钢铁防腐蚀涂料、颜料、稳定剂、合金和。电池。2006 年,美国用于电池的镉占其镉用量的 81%。氧化镉被用于彩色电视显像管的蓝色和绿色荧光粉、硫化镉(CdS)用于作为复印机部件光敏材料表面涂层。油漆颜料中,镉形成各种盐类,是最常见的硫化镉常被用来作为黄色色素。硒化镉可作为红色颜料,通常被称为镉红。这些物质对人体都具有潜在毒性。

1) 人体内的 Cd

人体内的镉是出生后从外界环境中吸取的,主要通过食物、水和空气而进入体内并蓄积。镉的烟雾和灰尘可经呼吸道吸入。肺内镉的吸收量约占总进入量的 25%～40%。每日吸 20 支香烟,可吸入镉 2～4 μg。从肺部吸收的镉远远超过从肠道吸收的毒害效果,据估计从肺部可吸收高达 50%香烟烟雾中的镉。吸入氧化镉的烟雾常常可产生急性中毒。中毒早期表现咽痛、咳嗽、胸闷、气短、头晕、恶心、全身酸痛、无力、发热等症状，严重者可出现中毒性肺水肿或化学性肺炎，有明显的呼吸困难、胸痛、咯大量泡沫血色痰，并可因急性呼吸衰竭而死亡。镉经消化道的吸收率与镉化合物的种类、摄入量及是否同时摄入其他金属有关。例如钙、铁摄入量低时，镉吸收可明显增加，而摄入锌时，镉的吸收可被抑制。用镀镉的器皿调制或存放酸性食物或饮料，饮食中可以含镉，误食后也可引起急性镉中毒。镉中毒潜伏期短，通常经 10～20 min 后，即可发生恶心、呕吐、腹痛、腹泻等症状。严重者伴有眩晕、大汗、虚脱、上肢感觉迟钝、甚至出现抽搐、休克。一般需经 3～5 天才可恢复。吸收入血液的镉，主要与红细胞结合。肝脏和肾脏是体内贮存镉的两大器官，两者所含的镉约占体内镉总量的 60%。据估计，40～60 岁的正常人体内含镉总量约 30 mg，其中 10 mg 存于肾，4 mg 存于肝，其余分布于肺、胰、甲状腺、睾丸、毛发等处。器官组织中镉的含量可因地区、环境污染情况的不同而有很大差异，并随年龄的增加而增加。进入体内的镉主要通过肾脏经尿排出，但也有相当数量由肝脏经胆汁随粪便排出。镉的排出速度很慢，人肾皮质镉的生物学半衰期是 10～30 年。

长期吸入镉可产生慢性中毒，引起肾脏损害。主要表现为尿中含大量低分子量蛋白质，肾小球的滤过功能虽多属正常，但会引起肾小管的回收功能减退。环境中人类的镉暴露主要为化石燃料燃烧、磷肥、钢铁生产、水泥生产以及相关活动，如有色金属生产和城市生活垃圾焚烧等。

2) Cd 的生理功能及毒性

据研究，镉能使体内有益金属元素效能降低、内分泌失调、肝脏受损、骨骼软化、衰老，还会引起慢性支气管炎、肺气肿、蛋白尿、肾炎、肾结石、毒血症、癌症等疾病，是早期动脉粥样硬化、高血压的一个危险因素，并可以同时导致心血管疾病。镉会对呼吸道产生刺激，长期暴露会造成嗅觉丧失症、牙龈黄斑或渐成黄圈。镉化合物不易被肠道吸收，但可经呼吸吸收和积存于肝或肾脏造成危害，尤以对肾脏损害最为明显。此外，还可导致人体骨质疏松和软化。

Cd 的生理毒性主要表现为镉可抑制各种氨基酸脱羧酶、组氨酸酶、淀粉酶、过氧化物酶等的活性。有致癌、致畸胎、致突变作用。急性中毒表现为口内有金属味、流涕、咽痛、头痛、乏力、寒战、发热、呕吐、腹泻、中毒性肺水肿、急性肝坏死或肾衰竭。慢性中毒表现为肺水肿和肾损害。早期有无力、消瘦、失眠多梦、鼻出血、嗅觉减退或消失、齿颈釉质呈黄色环(镉环)现象。全身疼痛是镉中毒的特点之一。

5.1.11 砷(Arsenic)

砷是一个颇为著名的化学元素。关于砷的发现西方化学史学家都认为是 1250 年，当时一位德国学者阿尔伯特马格耐斯(Albertus Magnus)在由雄黄与肥皂共热时得到了砷。近年来中国学者通过研究发现，实际上中国古代炼丹家才是砷的最早发现者。据史书记载，约在317年，我国的炼丹家葛洪用雄黄、松脂、硝石三种物质炼制得到砷。因此，我国古代炼丹家葛洪应是砷的最早发现者。砷的拉丁名称Arsenicum和元素符号As来自希腊文Arsenikos，原意是“强有力的”、“男子气概”，用以表明砷化合物在医药中的作用。砷是一种以有毒著名的类金属，并有许多的同素异构体。但实际上，砷是生命必需元素，地壳丰度为1.8×10^{-6}[1、2、3]。

砷是周期表中第4周期ⅤA族元素，其基本属性如下：

元素符号——As；

原子序数——33；

原子量——74.95；

价电子层构型——$4s^2p^3$；

主要氧化数——−3、0、3、5；

电负性——2.0；

原子半径(pm)——124.8(12配位)；

离子半径(pm，6配位)——222(−3)、0.46(+5)；

共价半径(pm)——120；

沸点(℃)——613(升华)；

熔点(℃)——817；

密度(g/cm^3，27℃)——5.727。

因为砷在化学上属半金属元素，在体系介质中其既可以形成简单的阳离子和阴离子，又能和氧、硫、硒、碲形成络阴离子，甚至还可以形成络合的阳离子。砷有黄、灰、黑褐三种同素异构体。其中灰色晶体具有金属性，脆而硬，具有金属般的光泽并善于传热导电，易被捣成粉末。加热到613℃便可不经液态直接升华成为蒸气。砷蒸气具有一股难闻的大蒜臭味。游离的砷相当活泼，在空气中加热至约200℃时有荧光出现，于400℃时会有一种带蓝色的火焰燃烧并形成白色的氧化砷烟雾。游离砷元素易与氟和氮化合，在加热情况亦可与大多数金属和非金属发生反应。不溶于水，溶于硝酸和王水，也能溶解于强碱生成砷酸盐。

砷化合物呈非金属分子结构，黄色和黑灰色是其常见的色泽特征。自然界主要以硫化物矿形式存在，常见的有雄黄(AsS)、雌黄(As_2S_3)、砷黄铁矿(FeAsS)等。最常见的化合物为砷的氢化物AsH_3或称胂(刘英俊等，1984；南京大学地质系，1977)。砷以三价和五价状态存在于生物体中，三价砷在体内可以转化为甲基砷或甲基砷化物。此外也有一些特殊的行为。砷在自然界的主要分布形式如下：

(a) 自然砷及砷的合金(如砷锑矿/AsSb、砷铜矿/Cu_3As)。

(b) As^{3+}的简单硫化物和氧化物(如雄黄/As_4S_4、雌黄/As_2S_3、白砷石(砒霜)/As_2O_3)。

(c) As^{5+}形成砷酸根络阴离子如$[AsO_4]^{3-}$，它常与Fe^{3+}、Cu^{2+}、Pb^{2+}、Zn^{2+}

等金属离子形成化合物,如 $Fe_3(AsO_4)_2 \cdot 8H_2O$(砷铁矿)、$Cu_5(AsO_4)_2(HO)_4 \cdot H_2O$(砷铜矿)。

(d) As 与 S 形成含硫盐阴离子$[As_mS_n]^{x-}$,并与一些痕量金属 Fe、Cu、Pb、Zn 等形成含硫盐矿物。

(e) As 能以阴离子形式 As^{3-} 甚或 As^{n-} 替代矿物或化合物中的 S^{2-} 离子。

因此砷是一个较为复杂的元素,它的离子性质与体系的 pH 值及其热力学条件有关。应当着重指出,由于砷既可形成阳离子也可形成阴离子,因而也易于从阳离子或阴离子转变为中性原子。在大多数情况下+3 和+5 是砷最重要的价态,在含硫盐和硫化物中常以+3 价占优势,在含硫盐中只在极稀有情况下才可能有+5 价离子的存在。

砷与其化合物常被用于农药、除草剂、杀虫剂与许多合金中。砷还可作合金添加剂生产铅制弹丸、印刷合金、黄铜(冷凝器用)、蓄电池栅板、耐磨合金、高强结构钢及耐蚀钢等。黄铜中含有微量砷时可防止脱锌。铜砷合金中含砷约 10%时呈现白色,有锡时含砷少一些也可制得银白色的铜。中国人在古代曾用砷铜合金创造了白铜,并用作古代的钱币。高纯砷是制取化合物半导体砷化镓、砷化铟等的原料,也是半导体材料锗和硅的掺杂元素。这些材料被广泛用作二极管、发光二极管、红外线发射器、激光器等的制造中。砷的化合物还用于制造农药、防腐剂、染料和医药等。自从半导体产业大量使用砷化镓(也用于激光、光电产业),砷化氢的使用量也日渐增多。当酸或有还原能力的物质碰到含砷的物品时,即使该物品中含砷量不高也会产生砷化氢。砷和它的可溶性化合物一般都有毒。

常见的砷的主要化学性质及作用如下:

(a) 砷可以被 O_2、F_2 等氧化:$4As + 3O_2 =\!=\!=$(燃)$2As_2O_3$,$2As + 5F_2 =\!=\!=$(燃)$2AsF_5$。

(b) 砷作为非金属可发生:$3Mg + 2As =\!=\!=$(燃)Mg_3As_2。

(c) Mg_3As_2 可以发生水解反应:$Mg_3As_2 + 6H_2O =\!=\!= 3Mg(OH)_2 + 2AsH_3$。

(d) 砷化氢是无色有毒气体,不稳定,可发生可逆反应:$2AsH_3 =\!=\!= 2As + 3H_2$。

(e) 砷化氢是强还原剂,很容易被氧化(自燃):$2AsH_3 + 3O_2 =\!=\!= As_2O_3 + 3H_2O$。

(f) 砷化氢与氨气不同,一般不显碱性,AsH_3 可以用于半导体材料砷化镓制造中,在 700~900℃发生化学气相沉积:$AsH_3 + Ga(CH_3)_3 =\!=\!= GaAs + 3CH_4$。

(g) 三氧化二砷是毒性很强的物质(砒霜的主要成分),可用于治疗癌症,其是两性氧化物:$As_2O_3 + 6NaOH =\!=\!= 2Na_3AsO_3 + 3H_2O$,$As_2O_3 + 6HCl =\!=\!= 2AsCl_3 + 3H_2O$。

(h) 三氧化二砷可被一些强氧化剂氧化成五价砷:被臭氧氧化—— $3As_2O_3 +$

$2O_3$ ══ $3As_2O_5$，被氟气氧化—— $2As_2O_3+10F_2$ ══ $3O_2+4AsF_5$，此反应常用于制取高纯度的 AsF_5。

(i) 三氧化二砷可被过氧化氢氧化成砷酸：五价砷的卤化物只有五氟化砷能稳定存在，AsF_5 是无色气体，发生水解反应生成氟化氢(腐蚀玻璃的原理)；五氧化二砷是酸性氧化物，溶于水能生成三种砷酸(偏砷酸，砷酸，焦砷酸)。砷酸(H_3AsO_4)与磷酸性质相似，其钾、钠、铵盐溶于水，其他盐一般不溶于水，雄黄(AsS)、雌黄(As_2S_3)是两种天然的含砷矿物，可与氧气发生反应：

雌黄(As_2S_3)发生氧化反应：$2As_2S_3+9O_2$ ══ (点燃)$2As_2O_3+6SO_2$；

水雄黄(AsS)发生氧化反应：$4AsS+7O_2$ ══ (点燃)$2As_2O_3+4SO_2$；

(j) 雄黄和雌黄可被 Zn、C 等在加热条件下还原，得到单质砷。

砷在地壳中含量并不大，但是它在自然界中几乎到处都有。砷在地壳中有时以游离状态存在，但主要是以硫化物矿的形式存在。无论哪种金属硫化物矿石中都几乎含有一定量的砷的硫化物，因此人们很早就认识到砷和它的化合物。在中国商代时期的一些铜器中即有砷，有的含量高达4%。砷的硫化合物具有强烈毒性，其硫化物矿自古以来被用作颜料和杀虫剂和灭鼠药。三氧化二砷在中国古代文献中称为砒石或砒霜。小剂量砒霜作为药用在我国医药书籍中最早出现在公元973年宋朝人编辑的《开宝本草》中。自然界的砷来源主要的有火山喷发、含砷的矿石等。一般而言无机砷比有机砷毒性要强，三价砷比五价砷毒性要强，但是我们对零价砷的毒性了解还很少。砷化氢的毒性和其他存在形式的砷有所不同，它是目前已知的砷化合物中毒性最强的。

1) 人体内的 As

鱼、海产品、酒、谷类及其制品是砷的主要膳食来源。膳食中的各种砷都很容易被吸收，也可通过皮肤或呼吸道进入体内。无机砷酸盐和亚砷酸盐的水溶液中的砷有90%以上可被吸收，不同形式的有机砷其被吸收程度有差别。

大量的羊、猪和鸡的研究结果证明了砷是生命必需痕量元素。砷摄入量较低时会导致生长滞缓、骨骼矿化减低、怀孕机会减少、自发流产较多、死亡率较高等后果。在羊和微型猪研究中还观察到心肌和骨骼肌纤维萎缩、线粒体膜破裂现象。

砷在体内的生化功能还未确定，但研究揭示砷可能在某些酶反应中起作用，以砷酸盐替代磷酸盐作为酶的激活剂、以亚砷酸盐的形式与巯基反应作为酶抑制剂的相关研究都表明，砷可明显影响某些酶的活性。根据动物实验资料，人的砷需要量为 6.25～12.5 μg/4.18 MJ。摄入海产品多的人，砷的摄入量可达到每天195 μg。在雏鸡、仓鼠、山羊、猪和大白鼠实验中，砷缺乏最一致的表现是生长抑制和生殖异常，后者的特征是受精能力损伤和围产期死亡率的增加。所有物种在缺砷时都表现出各种器官内矿物质含量的变化。

对一般人而言，砷的摄取多来自食物和饮水。鱼、海产、藻类中含有砷胆碱

(arsenocholine)等含砷物质，这些化合物对人体毒性低而且容易排出体外。饮用水(井水)砷污染曾在美国、德国、阿根廷、智利、英国及我国的内蒙、新疆、山西、台湾(乌脚病)都有发生。砷成为恶名昭彰的有毒元素是因为砷在自然界及人类生产与生活中广泛存在且容易为人所接触。

2) As的生理功能及毒性

在人体内五价砷和三价砷会互相转化，有去毒意义的甲基化则多半在肝脏内进行，甲基化的能力会因砷暴露量增加而减低。然而，甲基化的能力是可以被训练的，若长时间暴露低浓度砷之后再暴露在高浓度砷环境时甲基化能力会增强。这种甲基化的砷会由肾脏、排汗、皮肤脱皮或指甲头发代谢等排除。而海产中的砷化物无法在人体内发生转化，通常以原貌由尿液排出。无机砷通常在两天内排出，海产中所含的砷化合物也大致可在两天内排出。三价砷会抑制含—SH的酵素，五价砷会在许多生化反应中与磷酸竞争，由于结合键的不稳定很快会水解而导致高能键(如ATP)的消失。氢化砷被吸入之后会很快与红细胞结合并造成不可逆的细胞膜破坏。低浓度时氢化砷会造成溶血(有剂量-反应关系)，高浓度时则会造成多器官的细胞中毒。肠胃道毒性症状通常是在食入砷或经由其他途径大量吸收砷之后发生，会造成肠胃道血管的通透率增加和体液的流失以及低血压，进而引起肠胃道的黏膜进一步发炎、坏死，最终造成胃穿孔、出血性肠胃炎、带血腹泻等。

砷的暴露会引起肝脏酵素的上升。慢性砷食入可能会造成非肝硬化引起的门脉高血压。急性且大量砷暴露除了其他毒性可能外也会发现急性肾小管坏死或肾丝球坏死而发生蛋白尿病情。

砷毒性及人体中毒主要表现为如下几个方面：

(1) 心血管系统毒性

因自杀而食入大量砷的人会因为全身血管的破坏，造成血管扩张、大量体液渗出，进而出现血压过低或休克，过一段时间后会出现心肌病变。流行病学研究结果显示，慢性砷暴露会造成血管痉挛及周边血液供应不足，进而造成四肢的坏疽或称为乌脚病。

(2) 神经系统毒性

砷在急性中毒24～72 h或慢性中毒时常会发生周边神经轴突的伤害，主要是末端的感觉运动神经。中等程度的砷中毒在早期主要影响感觉神经，可观察到疼痛、感觉迟钝。而严重的砷中毒则会影响运动神经，可观察到无力、瘫痪(由脚往上)，然而，即使是很严重的砷中毒也少有波及颅神经，但有可能造成脑病变。慢性砷中毒引起的神经病变需要花也许长达数年的时间来恢复，而且也很少会完全恢复。追踪长期引用砷污染的牛奶的儿童发现其发生严重失聪、心智发育迟缓、癫痫等等脑部伤害的概率比没有暴露砷的儿童要高。

(3) 皮肤毒性

砷暴露的人最常看到的皮肤症状是皮肤颜色变深、角质层增厚或皮肤癌。全身出现一块块色素沉积是慢性砷暴露的标志(曾在长期饮用 $> 400 \times 10^{-9}$ 砷的水的人身上发现),其较常发生在眼睑、颞、腋下、颈、乳头、阴部,严重砷中毒的人可能在胸、背及腹部都会出现。砷引起的过度角质化通常发生在手掌及脚掌,看起来像小粒玉米般突起,直径约 0.4～1 cm。在砷中毒者的皮肤过度角质化可演变为皮肤癌。

(4) 呼吸系统和血液系统毒性

研究显示,暴露于砷作业车间现场和含砷农药杀虫剂的工人有得肺癌概率升高的情形。

不管是急性或慢性砷暴露都会影响到血液系统,会有骨髓造血功能被压抑且有全血球数目下降的情形。常见的为白细胞、红细胞、血小板下降,而嗜酸性白细胞数上升等情形。红细胞的常较大并会出现嗜碱性斑点。

(5) 生殖危害

砷会透过胎盘,曾有一个怀孕末期服用砷的个案,生产的新生儿在 12 h 内即死亡。解剖发现肺泡内出血,脑中、肝脏、肾脏中含砷浓度都很高。针对住在附近或在铜精炼厂工作的妇女做的研究发现,她们体内的砷浓度都有升高,而她们发生流产及生产后出现婴儿先天畸形的机会都较高,是正常情况的两倍,而多次生产皆出现先天畸形的机会是一般人的 5 倍。

(6) 致癌性

慢性砷食入与皮肤癌密切相关,也和肺癌、肝癌、膀胱癌、肾脏癌、大肠癌有关。关于砷是如何引发癌症的机制还不清楚,目前认为可能与干扰脱氧核糖核酸的复制及修复的酵素有关。

在长期食用含无机砷的药物、水以及工作场所暴露砷的人的研究中常常会发现皮肤癌。在躯干、手掌、脚掌这些地方有较高的发生率。在台湾乌脚病发生的地区有 72%发生皮肤癌的病人也同时发现皮肤过度角质化以及皮肤出现色素沉积。一些过度角质化的病灶(边缘清楚的圆形或不规则的 1 mm～>10 cm 的块状)后来变为原位性皮肤癌,最后会扩散到其他部位。砷引起的基底细胞癌常常是多发而且常分布在人体躯干,病灶为红色、萎缩鳞片状,常难和原位性皮肤癌区分。流行病学研究发现,砷的暴露量跟皮肤癌的发生有剂量-反应效应。在葡萄园工作由皮肤及吸入暴露砷的工人的流行病学研究表明,工人中因皮肤癌而死亡的比率较高。

5.1.12 锑(Antimony)

大约于公元前 180 年,首先在匈牙利发现了锑。但此后的很长一段时间,人们并未真正认识这种金属。到 1556 年德国冶金学者阿格里科拉(G. Agricola)在其著作中叙述了用矿石熔析生产硫化锑的方法，不过他当时是将硫化锑误认为锑。直到 1604 年德国人瓦伦廷(B. Valentine)才较详细地记述了锑与硫化锑的提取方法，元素锑得到确认。锑的拉丁名称 Stibium 和元素符号 Sb 均来自辉锑矿的英文名 Stibnite。这个词的原意是“反对僧侣”。据说在古代西方国家的一些僧侣中，曾有许多人患有癫病，他们试图服用含锑的辉锑矿来治疗。可是许多服用辉锑矿的僧侣不但没有恢复健康，反而病情恶化，一个个地死去了。因而，后来人们以此来表示对这件事情的记忆。锑的地壳丰度为 0.2×10^{-6} [1、2、3]。

锑是周期表中第 5 周期ⅤA 族元素，其基本属性如下：

元素符号——Sb；

原子序数——51；

原子量——121.75；

价电子层构型——$5s^2p^3$；

氧化数——−3、3、4、5；

电负性——1.8(+3)、2.1(+5)；

原子半径(pm)——145(12 配位)；

离子半径(pm，6 配位)——245(−3)、62(+5)；

共价半径(pm)——140；

沸点(℃)——1 380；

熔点(℃)——630.5；

密度(g/cm^3，27℃)——6.684。

自然界锑有 2 个稳定同位素——^{121}Sb(57.25%)、^{123}Sb(42.75%)和一个放射性同位素^{125}Sb(半衰期 2.7 年)。自然界的化合物有自然锑及锑砷、锑银合金、硫化物和氧化物(如辉锑矿/Sb_2S_3，硫锑矿/Sb_2S_2O)、含硫盐(主要是由络阴离子$[SbS_3]^{3-}$与 Ag、Cu、Pb、Fe 形成含硫盐矿物)、氧化物(如锑华/Sb_2O_3)、锑酸盐(如羟锑铅矿/$Pb_2Sb_2O_6(O, OH)$)等[4]。

锑是银白色有光泽硬而脆的金属(常制成棒、块、粉等多种形状)。有鳞片状晶体结构。在潮湿空气中逐渐失去光泽，强热则燃烧成白色锑氧化物。易溶于王水，溶于浓硫酸，有毒，最小致死量(大鼠，腹腔)100 mg/kg。有刺激性。我国是世界上发现、利用锑较早的国家之一，当时不叫锑，而称“连锡”。明朝末年(1541 年)，我国发现了世界最大的锑矿产地——湖南锡矿山，但当时把锑误认为锡，故命名锡矿山，至 1890 年经分析化验始知是锑。清朝光绪年间(1897)创办“积善”厂，为锡矿山最早的炼锑厂，使我国的“连锡”转入锑生产的时代。从 1908 年以后数十年间，中国产锑产量常占世界总产量 50%以上，仅就锡矿山自 1912—1935 年间的锑产量占世界产量的 36.6%，占全国的 60.9%。目前，中国锑矿储量和产量均居世界首位并大量出口。中国生产的高纯度金属锑(含锑 99.999%)及优质特级锑白，代表着当今世界锑业先进生产水平。

锑多用作其他合金的组元，可增加其硬度和强度。如蓄电池极板、轴承合金、印刷合金(铅字)、焊料、电缆包皮及枪弹中都含锑。铅锡锑合金可作薄板冲压模具。高纯锑是半导体硅和锗的掺杂元素。制造锑白(三氧化二锑)是锑的主要用途之一，锑白是搪瓷、油漆白色颜料和阻燃剂的重要原料。硫化锑(五硫化二锑)是橡胶的红色颜料。生锑(三硫化二锑)用于生产火柴和烟剂。

锑是电和热的不良导体，在常温下不易氧化，有抗腐蚀性能。因此，锑在合金中的主要作用是增加硬度，常被称为金属或合金的硬化剂。在金属中加入比例不等的锑后，金属的硬度就会加大，可以用来制造兵器，所以锑也被称为战略金属。锑及锑化合物首先被用于耐磨合金、印刷铅字合金及军工工业，是重要的战略物资。锑还被用作聚对苯二甲酸乙二醇酯(Polyethylene terephthalate 简称 PET，俗称涤纶树脂)生产中的缩聚催化剂。含锑合金及化合物则用途十分广泛。锑化物可阻燃，所以常用在各式塑料和防火材料中。含锑、铅的合金耐腐蚀，是生产蓄电池极板、化工管道、电缆包皮的首选材料；锑与锡、铅、铜的合金强度高、极耐磨，是制造轴承、齿轮的好材料，高纯度锑及其他金属的复合物(如银锑、镓锑)是生产半导体和电热装置的理想材料。一些锑的金属互化物是化学反应中的优良催化剂。可催化间苯二酚氧化成间苯醌的反应以及环己烷的加氢反应。随着科学技术的发展，锑现在已被广泛用于生产各种阻燃剂、搪瓷、玻璃、橡胶、涂料、颜料、陶瓷、塑料、半导体元件、烟花、医药及化工等部门产品。

锑会刺激人的眼、鼻、喉咙及皮肤，持续接触可破坏心脏及肝脏功能。吸入高含量的锑会导致锑中毒，症状包括呕吐、头痛、呼吸困难，严重者可致死亡。德国音乐神童莫扎特死因不明，有一派说法就说他死于锑中毒。研究表明，老鼠若长时间暴露在含锑高浓度空气中，肺部会产生炎症，近而染上肺癌。虽然至今尚未出现因吸入过量锑而染上肺癌的个案，但仍不排除其对人体的潜在危险。2002 年 9 月，世界卫生组织规定对水中锑含量和日摄入量每日应小于 0.86 $\mu g/kg$。日本限定宝特瓶中的锑含量应小于 200×10^{-6}，对热灌装用的饮料，则禁用含锑的宝特瓶(又名 PET 瓶)。欧盟则规定，食品中的锑含量应小于 20×10^{-9}，环保级 PET 纤维中的锑含量不得大于 260×10^{-6}。

5.2　痕量金属元素在区域性污染中的行为效应、主要特征及影响因素

内蒙古河套地区土壤、地下水中 Cu、As、Sb 等元素含量较高并已出现与之相关的人群病变情况与世界著名的孟加拉国、印度西孟加拉邦恒河冲积平原地域性人群 As 中毒非常类似，属典型的上游高地球化学背景引起的环境污染案例。如

“区域性痕量金属污染案例——中国河套地区”一章所述，其有关元素含量分布、化学形态分布、人群病变与元素含量空间分布的相关性以及同位素地球化学特征已显示了该区受人工活动影响的元素区域地球化学循环规律。它表明，河套地区地域性人群病变与当地相应土壤、地下水中有关元素含量变化间存在着内在联系。而这种规律和联系是受某些因素与条件支配和制约的。这种制约关系分别在土壤中和潜水中都有明显的体现。分述如下：

5.2.1 土壤中痕量金属污染及当地人群中毒的制约条件(案例)

如前述，痕量金属区别于其他污染物的最主要特征之一是其在环境系统(大气、水、土壤、生物系统)中均无一例外地存在背景含量。自然介质中，有一定的痕量金属成分含量是正常情况。但是，当今由于某种自然和人为因素的影响常常使得自然介质中的痕量金属含量出现异常。与之相应，环境系统或环境单元中痕量金属元素的含量范围往往超过生物正常健康发育、生长所能允许的界限。这种情况往往会导致该环境系统或单元内的有关生物系统出现因物质循环或作用异常而发生病变。这种循环或作用与环境的某些物理化学条件是密切关联的。

河套地区土壤中痕量金属元素分布及对当地人群病变的制约条件，由本研究表明的几点事实是：

河套地区居民头发中 Cu、Pb、Zn、As、Sb 等元素含量自该区上游沿水流方向(145°方位)由高到低缓慢变化，当地人群病变患病率与病变程度自上游沿水流方向具有明显的由强到弱分布规律，而且重病区主要集中分布于上游开采史较长的 Cu、Pb、Zn、S 等矿床附近地域，如图 2 - 1、图 2 - 9 所示。土壤中在上游发育地球化学高含量异常带的元素含量自上游沿水流方向具有明显的由高到低缓慢递减规律。相应的，上游没有出现高含量异常的元素在土壤中的含量沿水流方向没有明显的含量变化规律，其含量曲线表现为正常的自然起伏情况，如图 2 - 3 所示。土壤中 Cu、As、Pb 等元素的有效态含量沿水流方向自上游向下游亦呈现明显的缓慢递减变化规律。

模拟实验研究结果表明，金属元素高含量区地表水溶液中溶入的金属离子浓度亦相应较大；土壤对金属元素的吸附和金属元素自土壤中的解吸都不同程度受环境 pH 值条件影响。地表条件下，酸性环境有利于元素自土壤中解吸，不利于土壤对金属元素的吸附。元素自土壤中解吸的部分主要是其有效态含量部分。

将上述事实综合分析，不难看出河套地区土壤痕量金属污染和人群病变可能是上游地球化学高含量背景区有关元素在自然营力作用下(降水、潜水流动)向下游长期迁移的结果。上游矿产地人类的矿业活动促进和加剧了这种迁移作用。

上游 Cu、As、Pb 等元素高背景区岩石、矿物在自然风化作用下将这些金属元素释放使其进入水溶液而随潜水向下游迁移。如前所述，在上游发育的赋矿地质体几乎全都是金属硫化物矿床或矿点，这些硫化物在人类大规模矿业活动作用下，由原来封存于地下被大量地挖掘出来暴露于地表。这些物质在降水作用下向环境释放金属元素的同时，随着硫化物的风化溶解势必使环境 pH 值降低，从而更加速了元素自岩石、矿物中的溶出和随潜水的迁移。长年累月的作用，导致痕量金属元素在该区土壤中目前的分布格局。这种发生在地表条件下的自然溶解和迁移作用，决定了其溶液中金属的化学形态以有效态为主。金属元素在土壤和水中的这种含量及形态分布特征通过植物体系和饮水向人体转移，导致这些元素在人体中积累乃至中毒。这些就是当今河套地区人群 As 中毒现象和病变人群分布特征形成的原因。由此，有理由认为，河套地区上游 Cu、Zn、As、Pb 等有关元素高背景地质体（矿床、矿点、矿化点及异常带）的存在是该区 Cu、Zn、Pb、As 等元素在土壤中形成污染和导致当地人群中毒的可能因素，人类矿业活动是污染进程的触媒。因此，环境的 pH 值（地表与岩石、矿物颗粒作用的水溶液的 pH 值）和土壤中元素的有效态含量是河套地区痕量金属污染和人群病变的可能制约因素，同时也是衡量和预测污染进程与强度的重要参量。

5.2.2　地下水中痕量金属元素的分布及人群中毒的制约条件（案例）

河套地区居民饮用井水中 As 含量严重超标，平均值（0.201 mg/L）为饮水含量标准的 4 倍，最高值（0.97 mg/L）为饮水含量标准的近 20 倍。痕量金属元素在地下水中的含量与在土壤中的含量变化情况类似，高含量区集中分布于上游阴山山脉山前和开采史较长的矿床附近，沿流水方向向下游含量逐渐降低，如图 2－1、图 2－2 所示。潜水中 As 含量与 Zn、Cd 等痕量金属元素含量及居民头发中痕量金属元素含量具有明显的正相关关系。当地人群病变临床以砷中毒症状（皮肤角化、毛发干涩粗糙、皮肤癌和心肌损伤）表现较为突出，病区分布及病变程度（患病人数及重病患者比例）均与饮用井水中高 As 含量分布区相应。

本次工作同位素示踪研究表明，研究区下游潜水中的 Sr、Pb 同位素组成明显受到了上游矿田水中成分的混染，混染程度自上游山前沿水流方向逐渐减轻。这种变化趋势与潜水中 As、Cd、Sb、Cu、Pb、Zn 等元素的含量变化明显正相关。

所有这些现象和事实结合模拟实验结果（第 4 章第 2 节、第 4 节）都表明，河套地区居民饮用井水（潜水）中 As、Pb 等痕量金属元素含量分布可能与上游高背景区元素向下游的迁移有关。风化作用中，降水将上游（潜水补给区）富含 As、Pb、Zn、Cu、Sb、Cd 等地质体（矿床、矿点及地球化学高含量异常带）中的元素溶出带入潜水，随着潜水的流动，这些元素不断向下游（潜水排泄区）迁移扩散，导致下游潜水中有关元素含量增高和引起将这种潜水长期作为生活用水的当地居民中毒。

潜水中的 As 含量是人群中毒的主要制约因素，上游人类矿业活动是 As 从矿物、岩石溶解加入潜水的积极促进因素。如前述，随着上游大量硫化物矿物的暴露及溶解会使环境水溶液 pH 值降低，这是促进元素迁移的重要因素。本研究模拟实验证实，低 pH 值条件下，可导致金属矿物溶解速度加快、As 的溶解度增高、土壤对元素的吸持能力降低和元素迁移能力增强。因此，河套地区潜水中 As 及其他痕量金属元素含量分布特征是该区地球化学高背景前提下人类矿业活动引起的地球化学现象，当地人群出现地方性特征病变是这种现象引起的环境问题和直接后果。所以，河套地区上游地段在 As、Pb、Cu、Zn、Sb、Cd 等元素高背景前提下，人类在时间和空间分布上都较密集的矿业活动是这些元素在河套平原潜水中分布乃至居民中毒现实的本质影响因素。需要特别重视的是，目前业已形成和出现的这种污染现象是一种有着巨大自然惯性的物质循环现象，对该区居民的健康危害将会是严重的和长期的，必须面对这种现实，进一步深入研究有效可行对策，尽快采取措施予以防治。

概括起来，区域性土壤、地下水痕量金属污染可有如下几条共同特征：

① 上游发育有具一定空间展布规模的含污染元素的高背景地质体。

② 具备上游为地下水补给区、下游为排泄区的水文地质特征。

③ 上游有关元素高背景区岩石、矿物中蕴含较多的偏酸性金属化合物时会促进金属矿物的溶解和增大其在潜水中的迁移能力；人工活动使富含金属元素及酸性金属化合物的岩石、矿物暴露于地表是增大其中金属元素环境活性（溶解、迁移）和强度的重要激发因素。

④ 水是区域性痕量金属污染元素自源体释放和传输的媒介，环境水溶液的 pH 值是影响其污染形成和扩散蔓延的重要制约因素。地下水污染和土壤污染是区域性痕量金属污染一个问题的两个方面，是伴随发生和出现的。

5.3 痕量金属元素在城市污染中的行为效应、主要特征及影响因素

城市是由人为因素引起向环境释放痕量金属的重要源体，是人类环境中最主要的痕量金属播散源。特别是在高度工业文明和大规模现代化生产的今天，形形色色的城市痕量金属扩散源的规模及扩散强度都在与日俱增，引起的环境污染问题也日趋复杂和严重。如前所述，上海、南京地处我国长江下游，由于其自然条件和地理位置的双重优势，历来是中国经济最发达的地区。20 世纪下半叶国家经济体制由计划经济向市场经济改革以来，该区域发展势头更是突飞猛进，各业产值名列全国前茅。在此背景下，上海作为中国城市发展的龙头、南京作为中国内陆城市高速发展的缩影，其在城市发展引起的痕量金属向环境的叠加或污染方面对当今城市痕量金属污染有较好的代表性，是典型的人为痕量金属污染案例。本项研究分别对南京、上海各有关环境单元土壤、河流、湖泊以及大气颗粒物的研究结果表明，相对于与背景因素有关的大范围区域污染，现代城市痕量金属污染具有其较鲜

明的特点和规律，分述如下：

5.3.1 城市地表自然水体痕量金属以及有关污染物的污染特征及行为机制

流经城市的河流现代沉积物中痕量金属含量变化是城市对水体污染元素含量影响的较稳定和直接的物质记录，它既可如实地反映某一阶段水中的含污情况，又可表征城市排污的时间演化规律和发展趋势，是城市排污特征和趋势研究的较理想工作对象，正越来越受到环境科学界的重视。

5.3.1.1 流经城市的河流痕量金属以及有关污染物的行为及污染

本项研究分别对上海苏州河、黄浦江、长江南京段河流体系中的痕量金属以及有关污染物行为及污染进行了工作，分述如下：

1）上海苏州河痕量金属以及有关污染物的行为及污染

苏州河市区段表层沉积物中 PCBs 的含量范围为 $4.4\times10^{-9}\sim14.8\times10^{-9}$，尚未达到污染水平，但有随时间逐渐上升的趋势。PCBs 的含量平面分布呈现出较明显的规律，即随着远离沿岸工业污染源的距离的增加，浓度呈下降趋势。

苏州河河水相中 As、Hg、Cd 污染较为明显，均已超出Ⅲ类国家地表水水质标准，超标率为百分之百。其中，以 Cd 污染较严重。从沿程分布看，元素 As、Hg、Cd 和 Pb 在各采样点的总量分布不均匀，局部区段痕量金属含量相对较高，与沿程工业、人口分布和废水的排入情况有关。悬浮物中除 Pb 外，其他痕量金属含量均较高，各元素的含量范围分别为：Cd 3.19～16.39 mg/kg，As 4.55～6.34 mg/kg，Hg 0.465～1.627 mg/kg，Zn 753.49～2 889.34 mg/kg。Zn 、Cd 和 Hg 的分布均与沿岸工业分布情况相应，其中，支流彭越浦河对苏州河的 As 污染影响较大。悬浮物和表层沉积物中痕量金属的含量呈现出良好的相关性、痕量金属含量和形态分布具有较明显的相关性的事实表明，悬浮物和沉积物在苏州河水动力情况和环境条件下，其间痕量金属元素的迁移、转化存在内在依存关系。值得注意的是除 Pb 和 As 外，其他痕量金属元素在悬浮物中的含量都高于沉积物中的含量，说明目前尚存在重要的痕量金属源因素在影响苏州河的水质演化，这部分金属一部分随河水汇入黄浦江会对下游水体造成污染，另一部分一定条件下将沉降进入沉积物，引起污染叠加。

苏州河河水中 As、Hg、Cd 和 Pb 主要以水溶态形式存在，痕量金属物质大部分随水流汇入黄浦江，其中 Cd 的影响范围最广，对下游黄浦江乃至东海的累积贡献较大。粗略估计，苏州河对黄浦江的痕量金属的沉积量为：Pb 0.457 t/a，Cd 0.115 t/a，As 1.749 t/a，Hg 0.048 t/a，Zn 24 t/a。苏州河水载带的痕量金属是黄浦江痕量金属的重要来源，严重影响着黄浦江的水质状况。在所研究元素中，悬浮物和沉积物中 Hg 的累积程度最高，其次是 As；Cd 累积程度最小。累积于沉积物中的 Hg 在河水浓度较低时或其他环境条件改变时有可能释放出来，对水体形成二次污染，是苏州河痕量金属污染的重要隐患之一。

苏州河沉积物中Pb、Zn、As的铁锰氧化物态占主导地位，在氧化还原电位降低或水体缺氧时容易从沉积物中释放出来，造成水体的二次污染。Cd主要以可交换态和碳酸盐态的形式存在，说明沉积物中Cd的可移动性和生物活性较高，具有较高的潜在生态危害性。悬浮物中各种金属以残渣态为主要存在形式；有机态是除残渣态以外含量较高的形态，其中以Cd和Cu的含量最高；碳酸盐态金属含量较低；铁锰氧化物态以Zn含量较高；可交换态和碳酸盐态中以Cd的聚集能力最强，迁移性和生物效应较大。与沉积物相比，悬浮物中大部分金属的可交换态，碳酸盐态和铁锰氧化物态三种形态所占的比例都有所下降，尤其是铁锰氧化物结合态下降比例较大，而残渣态的比例则明显较高。这可能是悬浮物在与水体作用过程中向水体释放痕量金属元素，并在长期固液作用、沉积作用中较复杂的地球化学过程所致。

苏州河沉积物中的痕量金属呈现出表层和底层含量稍低，而中部含量较高的现象。这说明苏州河早期痕量金属浓度较低，随着沿岸工业和城市化的发展，含大量痕量金属的废水被排入苏州河，致使痕量金属污染物一直以累积过程为主，逐步形成高浓度的底质污染。随着城市环保力度的加大，在外源污染得到控制之后苏州河痕量金属的浓度出现逐渐降低变化趋势，沉积于沉积物中的痕量金属的含量也相应呈下降趋势，尤其是Hg、Cu、As目前在接近表层沉积物段的含量仍然处于下降趋势，说明其外源污染得到了有效控制。而在上海油脂厂Zn和Pb的含量在接近表层部位又出现逐渐升高情况，说明在近期苏州河仍然存在Zn和Pb的污染因素，对苏州河水质进一步产生影响。依据地累积指数法和潜在生态污染指数法对苏州河沉积物中痕量金属污染的初步评价表明，各金属的污染程度不同。目前苏州河主要的污染元素为Cd和Hg，应引起高度重视。市区段沿程污染与沿岸工业分布特征表现出一定的相应关系。另外，苏州河支流（彭越浦河）痕量金属污染较为严重，其对苏州河痕量金属污染影响较大。

上述数据和认识应该从动态角度来理解，随着当前对苏州河污染治理力度的加大，相信这些情况会不断得到改观。

2）上海黄浦江痕量金属以及有关污染物的污染行为和演化趋势

黄浦江沉积物中污染物的变化趋势表明，目前有机污染在黄浦江趋于加重。8件沉积物样品的PAHs均值为1.26 mg/kg、TOC均值为1.34%。2003年，黄浦江水的COD由上游的22 mg/L变为河口的30 mg/L[6]，大于国家地表水3类标准值（15 mg/L）。值得指出的是，尽管PAHs、TOC在黄浦江中的含量目前尚低于美国、加拿大等国家河水中含量水平，但这些有机污染的主要指示参数的变化，隐喻着黄浦江有有机污染逐渐加重的迹象。

沉积物中的痕量金属含量与中国及世界其他国家（加拿大、法国）流经城市或工业区河流以及美国沉积物环境标准相比，目前黄浦江沉积物中的痕量金属含量是相对较低的。黄浦江江水中的痕量金属含量总体上变化较小，江水中痕量金属含量与国家3类河水环境标准（适于饮用、渔业养殖和游泳，2002）及美国国家环保署淡水标准（2006）相比[7、8]，当前黄浦江水中的金属含量除Hg外都在较正常范围。本次研究表明，除Hg污染尚未得到控制外，在过去的近20年间上海黄浦江水环境保护努力成效是显著的。而Hg的例外情况可能与其成因于城市大气沉降等因素有关。

黄浦江江水及沉积物中痕量金属、PAHs及有关指标含量及变化情况数据表明，经多年持续防治，当前黄浦江痕量金属污染已得到有效削减和抑制，而有机污染正随着生活废水的增加而加重。尽管与美国、加拿大等国以及我国的有关河流相比含量较低，但有机污染随时间加重趋势的出现给上海的水环境污染防治指出了问题和方向，这是上海及世界都市河流环境保护中都需要警醒和重视的方面。在1999—2002年间，黄浦江中来自未经处理的居民生活废水增加量超过了工业废水，进入江水的COD随着生活废水的增加而增加。这些事实说明当时黄浦江中的有机污染物主要来自生活废水，并且有不断加重的趋势。总体上，黄浦江经历了严重污染及漫长的治理阶段后随着目前治理力度的不断加大，成效日渐明显。同时也出现一些新的问题，需要高度重视。

3）长江南京段现代沉积物中痕量金属的行为及污染

本次工作对长江南京段江心岛八卦洲（位于南京市下游）滩涂沉积物研究结果表明，长江该区段现代沉积物痕量金属元素在同一沉积平面上含量分布随离岸距离没有明显变化；在沉积纵剖面上，按沉积顺序由老到新沉积物中痕量金属元素含量呈由低到高含量递增变化趋势。江水中痕量金属元素含量变化是沉积物中含量变化的主导因素。表明目前长江江水中痕量金属元素含量是日趋增加的，而且这种势头正在发展。本次工作测算的南京八卦洲长江现代沉积物中痕量金属元素沉积叠加速率大致如下（单位mg/kg/cm）：Cu为0.083、Pb为0.067、Cd为0.004、Sb为0.025、Hg为0.000 6、Co为0.05、Ni为0.067、Cr为0.217。

5.3.1.2　城市湖泊痕量金属以及有关污染物的行为及污染

本次工作基于湖泊沉积记录的环境质量演化研究，对淀山湖及其周边环境痕量金属污染演化趋势主要有以下认识：

(a) 淀山湖沉积物中痕量金属元素Cu、Cd、Cr、Pb、Hg、As的含量范围分别为16.012～60.731 mg/kg、0.119～4.532 mg/kg、10.474～57.831 mg/kg、33.972～83.710 mg/kg、43.088～145.658 μg/kg、4.473～15.281 mg/kg，其中Cd和Pb含量高于周边湖泊，并超出国家有关环境质量标准。

(b) 痕量金属垂向分布趋势显示，元素Cu、Cr、Pb、Hg的含量随深度的减少而递增。在沉积柱的0～5 cm段，几乎所有元素都呈现出明显的随深度减小而递增趋势且多数元素的递增速率较快。由此可以初步判断近几年淀山湖痕量金属污染在加剧。综合各样点沉积物之间的相关性分析，沉积物中 Cd 元素与其他元素之间几乎无相关关系，表明 Cd 元素可能存在不同于其他元素的来源。

(c) 地质累积指数和潜在生态风险评价结果显示，元素 Cu、Cr、Hg 和 As 尚处于无污染水平，元素 Pb 和 Cd 则出现不同程度的污染。Cd 和 Pb 的污染指数呈现随深度减小而递增的变化趋势，表明近几十年来，沉积物中 Cd 和 Pb 的污染程度在逐渐加重，这种趋势在 9 cm 以上段沉积物中体现较为显著。

(d) 淀山湖沉积物各元素的形态分布比例分布特征表明，沉积物中氧化还原电位的变化是导致元素铁、锰氧化物结合态与有机结合态、硫化物结合态和碳酸盐态之间发生转化的可能原因。

本次研究通过对淀山湖沉积物中氮元素含量的测定，以及结合其他营养物质的数据资料对淀山湖富营养化历史状态进行的研究讨论，有以下几点结论：

(a) 淀山湖总氮 TN 含量范围分别为 1. 141～3. 804 mg/g 以及 0. 437～2. 753 mg/g，含量变化趋势在湖区不同位置几乎完全相同。

(b) TN 含量随着沉积物深度的加深而降低，说明近几十年来随着淀山湖周围城市化、工业、农业的不断发展，其给淀山湖营养物质、污染物质的输入在不断加大。

(c) 沉积物中总氮含量主要受铵态氮和无机态氮含量变化制约，而硝态氮含量的对其影响很小。

人类活动正在改变着淀山湖原本的自然发展进程和加速淀山湖的富营养化的脚步，随着科学技术的发展以及国家和民众环境保护意识的增强，淀山湖中氮元素含量急剧增长的势头在近些年有所放缓。淀山湖富营养化发展的主要因素是周边人类活动的影响，加强对淀山湖的环境保护，同时对已形成的污染进行切实治理，是上海重要水源地之一——淀山湖水质保证的前提。

本次研究工作基于柱状沉积物对环境物质的沉积记录原理探讨的淀山湖磷污染演化趋势的生态学意义主要有如下几点：

(a) 淀山湖柱状沉积物总有机碳含量随沉积深度的加深总有机碳含量呈减少趋势。淀山湖沉积物由浅到深 pH 从弱酸性向弱碱性变化。

(b) 淀山湖沉积物中磷含量变化特征记录了从解放初期至现在淀山湖磷污染的历程，其经历了一个由缓慢而波动性地增加到逐渐稳定和在到最近 10 年来急剧上升的过程。若湖泊不能自身调节或人为采取相关措施减缓目前总磷含量的急剧上升状况，在未来几十年甚至几年内淀山湖可能会出现一定程度的富营养化现象。

(c) 淀山湖沉积物总有机碳与沉积物自生钙磷、有机磷之间均存在较明显的相关性。自生钙磷与有机磷之间的显著相关在一定程度上说明了淀山湖沉积物中的有机磷主要来自湖泊自身的生命物质，人为输入的有机磷作用并不明显。总有机碳和有机磷含量呈正相关，即随着沉积深度的增加总有机碳含量降低，有机磷含量也呈下降趋势。

(d) 淀山湖沉积物中总磷含量变化趋势与上海市工农业发展趋势相一致。解放初期至改革开放前，上海工农业总产值增长速度均较为缓慢，改革开放以后工农业发展十分迅速，与之相应淀山湖沉积物中总磷含量的增长也呈现出先缓慢后急剧的变化趋势。说明淀山湖磷污染以及沉积物对磷元素的积累——湖泊富营养化进程和上海市工农业的发展存在成因联系。

淀山湖沉积物中 HCHs 和 DDTs 两种主要有机氯农药残留量研究工作表明：

(a) 淀山湖沉积物中 HCHs 的残留量在八十年代以后已基本没有(低于仪器检测限)；而 DDTs 的含量在 80 年代以后呈稳定的低含量状态。

(b) 淀山湖沉积物中 HCHs、DDTs 随年代增长其分布特征呈基本一致的变化趋势，即以 80 年代初为分界线，80 年代之前残留量较高并在 70 年代中期出现其峰值；80 年代后含量开始渐减。

上海工业、农业和社会经济的发展以及人口增长，与淀山湖沉积物中痕量金属、氮、磷、有机碳等污染物的增长趋势是一致的。解放初期到改革开放以前，上海的工业、农业和社会经济的发展以及人口增长相对较缓慢，与之相应时间段的沉积物中痕量金属含量的增加趋势也较缓慢；改革开放以后，工业、农业和社会经济的发展以及人口增长加快，与之相应时间段的沉积物中痕量金属、氮、磷、有机碳等污染物含量增加也较快。由此判断，淀山湖沉积物中痕量金属的主要来源是人类的生产、生活活动。氮、磷、有机碳、有机氯农药等与痕量金属在淀山湖沉积物中含量变化的明显耦合关系是人为活动对自然环境影响的客观记录，这些物质的非正常输入已对自然界水、沉积物乃至其中的生物间的正常物质交换循环形成了干扰。上述沉积物中氮、磷、有机碳、农药等由人类生产、生活输入自然环境中的物质的变化与痕量金属含量变化趋势明显相关的事实说明，当今痕量金属在自然环境中的含量与人类活动已密切相关。

近十几年来，上海的环境保护投入力度不断加大，工业废水直接排放量不断减小且达标率日益上升，但值得重视的是沉积物中痕量金属、氮、磷、有机碳等污染物含量并没有明显降低。这除了与水与沉积物之间复杂的交换作用及物质沉积滞后效应影响有关外，可能与污染物排放总量的增加有关。依据上述情况，有理由认为淀山湖水体痕量金属等污染物污染趋势在短期内不会出现明显下降趋势，需要深入研究和应对。

5.3.2 城市土壤中痕量金属元素的污染特征与行为机制

1) 南京市土壤中痕量金属元素背景含量

环境中痕量金属元素的背景含量是衡量由人工活动导致的含量变化的基准性

参量。城市痕量金属污染以由人为作用引起痕量金属元素向环境扩散和含量叠加为基本特征，因而背景含量研究是城市痕量金属污染研究中必须面对和解决的基本工作环节。本次研究结果显示，南京地区土壤中痕量金属元素背景含量主要受当地发育和分布的地层中的元素含量制约，所有地层单元痕量金属元素总平均含量与土壤中平均含量非常接近，甚至一致。这一事实说明，南京地区成土母质主要以地层为主，岩浆岩对全区土壤平均成分的影响较小，仅具局部意义。据此，了解具这种含量特点的地区地层中的痕量金属元素平均含量，即可概略地把握当地土壤中痕量金属元素的背景含量范围，这对难以取得背景含量数据的城市环境研究工作具有非常重要的实际意义。

2）公路环境单元痕量金属污染

交通污染是城市痕量金属污染中的重要组成部分。公路痕量金属污染对现代城市来说是交通痕量金属污染的重要方面。道路的改善、车辆速度的提高和车流数量的猛增，在新型燃料尚未进入实用阶段的今天，由公路引起的痕量金属污染越来越趋严重。本次工作证实，燃料和轮胎等构件中含有的痕量金属成分会源源不断地向环境扩散。其污染特征为以公路为中心线，在其两侧土壤介质中形成污染强度自公路向远离公路线方向渐趋减弱的污染晕。南京市宁—杭公路其林门段其林门剖面、白水桥剖面土壤中 Cu、Pb、Co、Ni、As 等元素从公路开始沿垂直公路线方向至 140～150 m 处含量由高到低递变至接近背景含量范围，如图 3－106、图 3－107 所示。以其林门剖面为例，从公路边起到 146.0 m 处各元素含量变化如下(含量单位 mg/kg)：

Cu　15.0——9.0，　Pb　29.0——22.0，　Co　7.6——3.5，

Ni　13.0——8.2，　As　5.1——2.4。

这种污染晕呈带状沿公路分布，燃料和轮胎中的痕量金属元素含量是污染形成的源头。

3）工厂环境单元痕量金属污染

工厂是城市痕量金属污染污染物质的主要贡献者之一。本次工作研究了金属冶炼厂对土壤沉积物的痕量金属污染情况，结果表明，金属冶炼厂叠加于土壤环境中的痕量金属元素呈以车间烟囱为浓集中心的面状晕分布，生产原料、燃料及当地风向是污染形成以及污染晕扩散范围和取向的主要影响因素。目前，本次工作具体研究对象——南京铁合金厂厂区土壤中已形成污染的元素有 Cr、V、Co、Ni 和 Pb，在当地优势风向方位，污染自其车间烟囱向外扩散距离为 1.38 km。

4）城市生活垃圾痕量金属污染

生活垃圾痕量金属污染可代表城市居民日常生活带给环境痕量金属的状况。生活垃圾主要通过自然风化和经大气降水淋溶使其所含痕量金属元素进入地表水和潜水，进而在其中蔓延扩散和形成污染。其对土壤的污染主要发生在垃圾(垃圾

场)下游呈沿流水线展布的带状范围内,具有自垃圾堆沿水流方向污染强度逐渐减弱的变化特征。垃圾向环境的痕量金属元素释放率受元素在垃圾中或垃圾的风化产物中的化学形态制约,有效态含量是其释放率的重要制约因素。环境 pH 值对元素从垃圾中的释放乃至释放后在环境中的迁移有重要影响。南京市水阁垃圾场(样品代表时间范围为其接纳 1987—1997 年间鼓楼、秦淮、下关、白下四个区的垃圾)垃圾中各元素向土壤的释放率(从垃圾释放至土壤中的含量/在垃圾中的含量)如下:Hg 为 54.8%, V 为 36.6%, Co 为 32.6%, Mn 为 32.1%, Ni 为 32.0%, Cr 为 26.0%, Cu 为 19.1%, Sb 为 15.9%, Pb 为 3.9%, Cd 为 1.9%, As 为 1.0%。

5.3.3　城市大气颗粒物中痕量金属元素的污染特征与行为机制

大气颗粒物是大气中痕量金属元素的主要载体,也是地面环境单元来自大气的污染物成分的传输媒介。作为痕量金属扩散源的现代城市,其大气颗粒物载带的大量痕量金属成分是地面环境痕量金属污染的重要物质来源。本研究结果表明,南京市大气总悬浮颗粒中痕量金属含量是该区土壤平均含量的 2~200 倍,其中可直接沉降到地表的颗粒(降尘)中的含量最高可高出土壤中含量的 190 倍(如 Cu 土壤中平均含量为 37.3 μg/g,降尘中含量为 6 511.18 μg/g)。因而,尽管大气颗粒物沉降到地面的量相对于地面土壤可谓微不足道,但其对痕量金属污染的污染贡献是非常可观和不可轻视的。降尘中的痕量金属含量在自然降水作用下在水溶液中的解吸量都大于其可交换态含量,最高者可占其总含量的 58.33%,如表 4-12。大气颗粒物中的金属元素具有常量元素 Al、Ca、Fe 等主要集中在相对较粗颗粒中(降尘),而痕量金属元素 V、Cr、Cu、Zn、Pb 等主要集中在细颗粒中的规律。痕量金属元素 V、Cr、Cu、Zn、Pb 等在总尘中含量一般是降尘中含量的 1.5~11 倍。见表 3-89。所研究元素中,除个别元素(Ca、Cu、Zn、Sn、Pb)外,其他元素在总尘中的有效态含量都高于降尘中的有效态含量,说明大气颗粒物中痕量金属含量在细颗粒中有效态含量比例较大。由此可见,大气颗粒物中痕量金属元素的主体及其活性部分主要集中于呈悬浮状态的飘尘颗粒中。因此,由地壳背景含量引起的大气颗粒物金属含量(常量元素 Al、Ca、Fe 等)主要集中在粗颗粒(降尘)中,并以残渣态含量为主;主要通过人类活动排放进入大气的痕量金属元素 V、Cr、Cu、Zn、Pb 等主要集中在细颗粒(飘尘)中,而且其有效态含量远高于在粗颗粒中的情况,其是大气环境中痕量金属元素以及其活性部分的主体。由此可以推断,大气中的金属元素无论是作为污染成分叠加给环境还是作为营养元素加入到地面,对多数元素来说,细颗粒的贡献要远远大于粗颗粒。据此,大气中金属元素含量就环境效应意义上来讲,人为作用对大气成分的影响是最主要的。

5.4 区域与城市痕量金属元素环境行为、污染的共性与区别

5.4.1 区域性痕量金属污染中污染元素形态分布特征

痕量金属污染是一个非常复杂的问题。就区域性污染而言，其影响因素之复杂、行为特点之多变都是公认的环境现象。但就污染问题中最本质的过程以及由这些过程造成或引起的现象角度分析，其无非是在某种物质循环过程中形成的趋势或惯性驱使下的物质由一种体系或一定空间向另一种体系或空间运动，其中涉及体系物质成分的变化。人们常常也把其中导致成分浓度增大的运动形式称之为叠加。由这种过程在环境中引起的负面现象或者说是负面生态后果——生物学异常或病变现象即环境问题或污染。

就近地表介质中物质成分的迁移，物质载体以水或一定成分的液体为主，其前提条件应该是被迁移物质可以溶于水或液体中以随其迁移。在自然界，这种载体应该是水或溶有一定物质的溶液。迁移场所包括土壤、沉积物或岩石体系。根据这一思路，被迁移物质沿其迁移路径一定会留下踪迹，这一特征即可作为判断污染源的参考依据，同时也是区域性痕量金属污染行为特征的基本标志，对识别评价污染有重要作用与意义。其中，污染元素形态是一个至关重要的参量，因为其与污染物的溶解、迁移行为都密切关联。

本研究案例中的内蒙古河套地区土壤、地下水砷等痕量金属污染情况表明，内蒙古河套地区北缘 Cu、Zn、Pb、S 多金属及非金属矿床、矿点密集带和地球化学异常带下游出现的地域性人群中毒与当地土壤中、潜水中 As、Cu、Pb、Cd 等痕量金属元素含量超常有关。该区土壤、地下水中 As、Cu、Pb、Cd 等痕量金属元素含量较高，可能系元素从上游高背景区向下游低含量区迁移所致。上游人类长期矿业活动对有关元素的迁移起了促进作用。Cu、Pb、As 等元素在土壤中、潜水中、居民头发中的含量以及在土壤中的有效态含量都具有沿潜水流向向下游递减变化规律[9]。Sr 同位素资料显示，河套地区人群中毒区内潜水成分受到了上游矿业区富含风化物质的地表水的影响。

综合上述情况，区域性土壤、地下水痕量金属污染现象，在污染物从源头扩散迁移的路径上会有明显的踪迹存在，其具体体现为痕量金属有效态含量沿扩散路径自源头向外呈现递减变化，其是污染物迁移扩散的过程物质记录，可作为区域性痕量金属污染中污染元素的形态分布特征标志。

5.4.2 城市痕量金属污染中污染元素形态分布特征及其分类

城市痕量金属污染大多系人为因素引起，其有既普遍存在又情况纷繁各异的

特点。但从污染物传输这一与其成因有直接联系的环节考察，不外乎为气介质传输成因的污染与水介质传输成因的污染两类。因为这种区分角度与成因关联，其特征有利于揭示污染的本质属性。同时，也可作为城市痕量金属污染的成因分类的粗略标志。

从成因角度概括城市土壤及大气环境痕量金属污染的类型，前述各城市及其单元痕量金属污染即可归属为上述两类情况，一类为由气媒介传输的污染，包括工厂污染、公路污染和大气污染；另一类为水媒介传输的污染，包括生活垃圾污染和江河湖泊沉积物污染。两类污染的区别在于气传输的具铁、锰氧化物态痕量金属含量偏高(3.0%～69.0%)、酸溶态(可交换态与碳酸盐态)含量多数元素偏低和变化范围大(0～32.3%)的特征；水传输的痕量金属元素其 Fe - Mn 氧化物态含量一般在 3%～62%间，酸溶态(可交换态与碳酸盐态)含量一般在 1.3%～17.9%间。这些具标志意义的含量特征，是本次研究中为大量实验所证实的事实，其可能是对复杂的城市痕量金属污染形成机制的一种深层表征。气介质传输成因的痕量金属污染，污染物原始形成主要是在相对高温、富氧的燃烧条件下发生的，如冶炼、取暖、发动机燃料燃烧或地表气流携带传输等过程，这是典型的氧化条件。在该条件下可分解的物相最易转化为氧化物形态。而由水介质传输成因的痕量金属污染，整个污染过程的第一步、也是过程发生的前提便是由水溶液将痕量金属源体物质中的可溶成分溶解使其以溶质形式进入水体(潜水、地表水)，而能够实现这一过程的首先是含量中的有效态部分，特别是酸溶态(可交换态与碳酸盐态)部分。因此，由该种机制成因的痕量金属污染，其污染物的酸溶态含量要相对较高。上述这些特征都受形成机制制约，而且与污染的整个形成和发展演化过程间存在着直接的内在联系，因而可作为一种大致的判别标志，帮助对城市痕量金属污染成因进行粗略识别。

5.4.3　区域与城市痕量金属元素环境行为、污染的共性与区别

本次研究工作内容为痕量金属环境行为与污染，如前所述，这一内容从成因或过程角度可分为自然成因或过程和人为成因或过程两类。因而，就研究对象——自然背景因素或过程成因的区域性痕量金属污染与人为因素或过程成因的城市痕量金属污染属内容一致、成因有别的一类环境问题的两种现象。从属于这一前提并依据前述研究发现，归纳起来这两种痕量金属污染间大致存在着下述联系与区别。

联系主要表现在污染成因、元素在环境中的化学行为以及污染的环境效果方面：

① 从成因角度，两类污染中水都是重要的作用剂与污染物质传输媒介，水的物理化学性状(pH 值、温度、所含溶质及相互作用)和运移(流向)是污染形成、扩散

乃至环境效果体现的最主要影响因素。

② 污染元素进入环境后，在介质中的吸附、解吸、形态转化等行为的影响因素、变化规律和制约条件两类污染是一致的。

③ 两类污染的环境效果，如对各类环境介质环境功能的正常发挥的影响、对生物的毒害作用等也是一致的。

区别主要表现在污染物的释放机制、污染的空间变化规律、污染的时间效应及污染趋势的发展惯性等方面：

① 自然背景成因的痕量金属污染，污染物向环境的释放完全是一种自然过程，主要是风化作用或降水对污染物源体的溶解，人类的作用仅仅是其促进因素。污染物种类、污染强度主要是由自然背景和自然过程决定的；城市痕量金属污染污染物质向环境的释放是因人类活动将污染物带入环境，人类的作用是污染物向环境释放的主导因素，污染物种类、污染强度主要是由人为作用决定的。

② 自然背景成因的痕量金属污染具有污染范围大（区域性）、污染物在环境介质中含量变化体现低缓而具明显趋势变化规律的特点；城市痕量金属污染因污染源不同，污染范围空间展布规律各种各样，但一般都相对较局限；环境介质中的污染物含量与源体一般都存在较明显的对应性，且变化急剧。

③ 从污染趋势发展惯性及污染时间效应角度考察，自然背景成因的痕量金属污染为自然营力作用下的自然现象，具有强大的自然惯性。污染一旦形成，持续时间会很长，治理难度较大；而城市痕量金属污染是由人为作用引起的痕量金属元素向环境的叠加播散，除污染物在环境中的传输、化学作用及变化受自然营力和自然条件影响外，其他诸如污染发生和扩散的持续性、污染的强度和范围都直接受人为作用因素制约，这类污染的治理亦相对容易些。

自然背景因素成因的区域性痕量金属污染与人为因素成因的城市痕量金属污染，都是自然界痕量金属污染现象的两种极端情况。实际上，在自然背景因素成因的污染中常常存在着人为因素的作用，在以人为因素为主成因的城市痕量金属污染中同样也存在着自然作用因素，其间细微的联系与区别还很多。所以，上面总结归纳的只是基于本次研究工作的一些可能是普遍、基本和主要的方面。

主要参考文献

[1] 刘英俊，等. 元素地球化学[M]. 北京：科学出版社，1984.

[2] 南京大学地质系. 地球化学[M]. 北京：科学出版社，1977.

[3] White W. M. Geochemistry [M]. Washington: John-Hopkins University Press, 1997.

[4] White W. M. Isotope Geochemistry [M]. New York: Cornell University Press, 1998.

[5] Faure G. 1998. Principles and Applications of Geochemistry [M]. Upper Saddle Riv-

er, New Jersey: Prentice Hall.

[6] 上海市环境保护局. 2003 年度上海市环境状况公报[EB/OL]http://www. envir. gov. cn/law/bulletin/b2004/d3. htm. 2004.

[7] 中国环境保护部. 地表水环境质量标准—GB3838—2002，2002.

[8] US EPA. Current National Recommended Water Quality Criteria [EB/OL]. http://www. epa. gov/waterscience/criteria/wqcriteria. html，2006.

[9] Zhang Hui. Heavy-Metal Pollution and Arseniasis in Hetao Region, China [J]. AMBIO (人类环境杂志/瑞典)，2004，33(3)：138 - 140.

第 6 章　痕量金属形态在污染研究中的意义以及研究方法

本章介绍了痕量金属形态及其研究方法的一些有关问题。包括形态概念、人们对其意义的认识过程、研究动态以及痕量金属形态分析中存在的一些问题与原因。提出了基于易于实际工作中分析操作和痕量金属形态生物效应在有关环境问题中实际应用的“三态法”分析程序，并进行了与目前主流分析方法的对比研究。

6.1　研究意义及动态

在社会工业化不断深入的大背景下，环境问题越来越成为制约我们可持续发展的重要因素，而其中痕量金属污染问题又因其在自然环境以及人工活动各环节中的存在广泛、污染较普遍和污染后果较严重等特征，成为当今诸多环境问题中的重点和难点。

随着环境科学的发展，许多学者认识到痕量金属的总量已经不能很好地揭示其生物可给性、毒性及其在环境中的化学活性。事实上，痕量金属与环境中的各类液态、固态和气态物质经物理化学作用而以各种不同的形态存在于环境体系中，因此痕量金属的赋存形态在更大程度上决定着痕量金属的环境行为和生物效应。对痕量金属形态问题的较系统认识和研究工作大致起始于 20 世纪 70 年代，有众多的国内外学者曾开展了一系列有关痕量金属形态的研究工作，目前其仍然是人们感兴趣和在不断开展工作的重要领域。

6.1.1　痕量金属形态概念

环境中的元素以各种不同的形态存在，不同形态的元素具有不同的化学、地球化学行为。生物化学和毒理学研究表明，以不同形态结合的元素对环境和人类健康的影响不同。因此定性、定量地测定元素的不同存在形态是对该元素的生物学毒性与危害、在体系中迁移和转化的规律的重要认识评价手段。

元素化学形态概念，是随着社会科学技术发展和社会需求中应用问题的出现、发展而出现和发展的。今天，在学界对“化学形态”的定义尚存在着不同的见解。

如瑞士地球化学家、哈佛大学教授 Werner Stumm 认为，化学形态是某一元素在环境中以某种离子或分子存在的实际形式[1]。我国学者汤鸿霄则认为，“所谓形态实际上包括价态、化合态、结合态和结构态四个方面，有可能表现出不同的生物毒性和环境行为”[2]。直至 2000 年国际纯粹应用化学联合会(IUPAC)对形态分析的有关术语进行了统一的规范后，对元素的化学形态概念出现了似乎是主流性质的认识或理解。其认为，化学形态(chemical species)系为一种元素的特有形式，如同位素组成、电子或氧化还原状态、化合物或分子结构等；一种元素的形态(speciation)即指该元素在某一体系中特定化学形式的分布；形态分析(speciation analysis)为识别和(或)定量测量样品中物质的一种或多种化学形式的分析工作；顺序提取(sequential extraction)是指根据物理性质(如粒度、溶解度等)或化学性质(如结合状态、反应活性等)把样品中一种或一组被测定物质进行分类提取的过程[3]。

6.1.2 痕量金属形态分析方法及动态

目前化学形态的分析方法还在不断地探索发展中，主流的方法可分为直接测定法、模拟计算法和模拟实验(顺序提取)法、特定技术手段分离法等几大类，分述如下：

6.1.2.1 直接测定法

直接测定法按采用的分析测试方法包括电化学法、色谱法、光谱法等。由于单一仪器的局限性，在形态分析时多采用多种分析方法和仪器联用技术，相互补充，将分离与测定结合成为一体。如气相色谱石墨炉原子吸收(GC - QAAS)、高效液相色谱原子吸收(HPLC - AAS)、高效液相色谱等离子体质谱(光谱，HPLC - ICP - MS(AES))、微波诱导等离子体原子发射光谱(MIP - AES)等被广泛用于元素的化学形态分析。

6.1.2.2 模拟计算法

以化学平衡为基础建立相应的模型进行计算是形态分析中很重要的一种方法。但模拟计算因同时考虑平衡关系和不同组分间相互影响较多，计算复杂，需要建立相关的热力学、动力学数学模型解决问题，因此主要用于水体系中的痕量金属形态分析。现在也有一些相关程序可做计算，但对于复杂体系中元素形态的计算仍有一定难度。

6.1.2.3 顺序提取法

顺序提取又叫“偏提取”、“分步提取”、“逐级提取”或者“连续提(萃)取”。顺序提取模拟各种可能的、自然的以及人为的环境条件变化，合理使用一系列选择性试剂，按照由弱到强的原则，连续溶解不同吸收或容纳痕量元素的矿物相[4]。此方法由于操作简便、适用范围广、能提供丰富信息等优点，是目前最为常用的元素形态分析方法。

在顺序提取中，痕量金属形态的提取或分离主要依赖于化学试剂对不同结合态的金属元素溶解能力，这些化学试剂也就被称为提取剂。常用的提取剂有中性的电解质，如 $MgCl_2$、$CaCl_2$；弱酸的缓冲溶液，如醋酸或草酸；螯合试剂，如 EDTA DTPA；还原性试剂，如 $NH_2OH \cdot HCl$；氧化性试剂，如 H_2O_2；以及强酸如 HCl、HNO_3、$HClO_4$、HF 等。电解质、弱酸以及螯合剂主要以离子交换的方式将金属元素诱导释放出来进入溶液，而强酸和氧化剂则以破坏样品基质的方式使金属元素释放出来进入溶液[5]。

自 20 世纪的 70、80 年代以来，许多学者针对沉积物和土壤中痕量金属形态的提取和分离，建立了大量的方法，根据其操作过程，可将其分为单一形态的单独提取法和多种形态的顺序连续提取法。分述如下：

1）单一形态的单独提取方法

单一试剂提取法是顺序提取的一种，其特点是利用某一提取剂直接溶解某一特定形态，如水溶态或可迁移态、生物可利用态等。对单一形态的单独提取法适用于当痕量金属大大超过地球化学背景值时的污染调查。单一形态的单独提取法通常被用于评价特定的污染物释放控制机制，比如通过增加盐类而产生解吸附，或者通过加入有竞争力的有机试剂来增加配位体，往往用于提取某些对植物有效的元素形态。主要的单一形态提取方法如表 6-1 所示。

表 6-1　元素单一形态提取方法

方法种类	提取试剂及浓度	参考文献
酸提取	HNO_3 0.43～2.0 mol/L	[6]
	王水	[7]
	HCl 0.1～1.0 mol/L	[6]
	CH_3COOH 0.1 mol/L	[8]
	HCl 0.05 mol/L+H_2SO_4 0.012 5 mol/L	[6]
螯合剂提取	EDTA 0.01－0.05 mol/L 在不同的 pH 条件下	[9]
	DTPA 0.005 mol/L+TEA 0.1 mol/L+$CaCl_2$ 0.01 mol/L	[10]
	CH_3COOH 0.02 mol/L + NH_4F 0.015 mol/L + HNO_3 0.013 mol/L+EDTA 0.001 mol/L	[11]
缓冲液提取	NH_4－$COOCH_3$+ CH_3COOH pH7 的缓冲 1 mol/L	[12]
	NH_4－$COOCH_3$+CH_3COOH pH4.8 的缓冲 1 mol/L	[6]
无缓冲盐溶液提取	$CaCl_2$ 0.1 mol/L	[6]
	$CaCl_2$ 0.05 mol/L	[6]
	$CaCl_2$ 0.01 mol/L	[6]
	$NaNO_3$ 0.1 mol/L	[13]
	NH_4NO_3 1.0 mol/L	[6]
	$AlCl_3$ 0.3 mol/L	[13]
	$BaCl_2$ 0.1 mol/L	[14]

从表 6-1 中可以看出单一试剂提取法提取试剂的范围非常广，包括从强酸（如王水、硝酸和盐酸）到中性的无缓冲盐（主要是 $CaCl_2$ 和 $NaNO_3$）。而其他提取剂，如缓冲盐溶液或螯合剂较为常用，因为它们能够与大多数阳离子形成非常稳定的水溶性化合物。除之此外，还有研究者用热水来提取硼，以及用 NaOH 来评估土壤中溶解的有机碳对痕量金属释放的影响。

虽然在有些情况下阳离子的配位能力也能起到一定的作用，但中性盐溶解的主要是处于可交换态的阳离子部分。稀酸溶解下来的痕量金属包括可交换态、碳酸盐态、铁锰氧化物态和有机态。螯合剂溶解的不仅包括可交换态痕量金属还包括被有机物螯合的痕量金属和固定在样品中氢氧化物上的痕量金属。

随着分析技术的发展越来越多的证据表明，可交换态痕量金属与植物利用之间的关系最为密切，提取方法正向着使用更少破坏性的提取剂的方向发展[13]。这类提取剂有时被称为“软提取剂”，包括无缓冲盐溶液、稀酸和螯合剂。

在具体的软提取剂中又以 DTPA、EDTA、$CaCl_2$ 和 $NaNO_3$ 应用最广。EDTA（0.005～1 mol/L）能与许多种金属离子形成稳定的螯合物，是一种强烈的螯合剂，但有报道认为 EDTA 不仅能去除结合在有机物上的金属和被束缚在氧化物上的金属，还能去除部分次生黏土矿物上的金属。因此，EDTA 是一种没有选择性的提取剂，它能提取不安定的金属，也能提取安定态的金属。

DTPA（0.005 mol/L）提取法与植物吸收的金属元素也有很好相关性，可用来表示植物可利用态，其络合能力较 EDTA 弱，提取的选择性较 EDTA 高，但可能会导致提取不完全。目前 DTPA 在提取土壤中可被植物利用的痕量金属方面应用较广。DTPA 在 pH7.3 处的缓冲能力避免了因碳酸盐类的分解而释放痕量金属，因而被认为是最适合石灰质样品的提取剂。但也有研究认为 DTPA 还能够部分溶解铁和铝的化合物[6]。

$CaCl_2$ 由于其与土壤溶液相同的 Ca_2^+ 浓度以及 Ca_2^+ 有促使土壤溶液中阳离子解吸的能力而被许多研究者推荐[6]。但是，也有研究表明 $CaCl_2$ 和 $NaNO_3$ 只能提取容易被交换出来的金属，提取量很少。

单一试剂提取在农业上的用途已经被大量的实验和实践所证明，目前许多国家都已经官方接受或者正在考虑接受对土壤的过滤提取步骤。

2）多种形态逐级顺序提取方法

逐级顺序提取法通常被称为连续提取法。一般来说，连续提取方法是使用一系列化学活性不断增强的试剂提取与特定化学基团结合的痕量金属。此种方法通过模拟不同的环境条件如酸性或碱性环境、氧化性或还原性环境，以及螯合剂存在的环境等，系统地研究金属元素的迁移性或可释放性，其能提供更全面的元素信息。该法有以下优点：

（a）提取过程相似于自然界通常状况下被污染物质遭受的由天然和人为原因

引起的电解质溶液的淋滤过程；

(b) 连续提取法得到的各种形态之和在理论上应该等于元素的总量，因此分析结果可以很好地自检；

(c) 通过连续提取的方法可以得到在不同的环境条件下被污染物质中痕量金属的环境活性，用以分别判断其危害性和潜在危害性，并为物质的合理使用和处置提供科学依据[5]。

在连续提取过程中，提取剂的使用通常按照以下的顺序：无缓冲的盐溶液、弱酸、还原剂、氧化剂、强酸。得到的痕量金属形态通常为：可交换态痕量金属、被束缚在碳酸盐中的痕量金属、在还原态条件下可以被释放的痕量金属（比如那些被束缚在 Fe 和 Mn 的氧化物或水合氧化物内的痕量金属）、被束缚在可被氧化的化合物（比如有机物、硫化物等）内的痕量金属，以及经上述提取之后剩余的痕量金属部分。表 6－2 中列出了一些最为常用的逐级顺序提取剂及与之相对应的痕量金属形态。

表 6－2 常用的逐级顺序提取操作程序及其与每一步骤相对应的痕量金属形态

提取痕量金属形态	提取剂及浓度
水溶态痕量金属	H_2O
可交换态和弱吸附态痕量金属	$NaNO_3$ 0.1 mol/L
	KNO_3 0.1 mol/L
	$MgCl_2$ 1 mol/L
	$CaCl_2$ 0.05 mol/L
	$Ca(NO_3)_2$ 0.1 mol/L
	NH_4OAc 1 mol/L pH = 7
碳酸盐结合态	HOAc 0.5 mol/L
	HOAc/NAOAc 1 mol/L pH = 5
Fe 和 Mn 的水合氧化物结合态	$NH_2OH \cdot HCl$ 0.04 mol/L ＋$HOAc/HNO_3$
	连二亚硫酸钠＋柠檬酸钠＋碳酸氢钠(DCB)
与有机物的结合态	H_2O_2
	NaOCl

水溶态痕量金属可以通过两种方法确定，一种是通过离心或渗析得到沉积物的间隙水，间隙水中的痕量金属含量即为水溶态痕量金属含量；另一种方法是通过实验室连续提取步骤提取。但是以 H_2O 作为提取剂有两个缺点，一是由于 H_2O 本身不具备 pH 值缓冲能力，因此提取过程中的 pH 值无法得到控制；第二，被溶解的金属离子会产生较严重的再吸附现象[4]。

可交换态金属用强酸强碱盐或弱酸弱碱盐一类的电解液提取，保持 pH 值在 7 附近是为了防止氢氧根生成沉淀。电解质溶液可以较好地释放出以静电吸引方式被吸附的金属阳离子。$CaCl_2$ 不会改变溶液 pH 值，并且二价的阳离子在悬浮液中有较好的凝聚作用，Ca 本身是土壤或沉积物中的主要金属元素，是比较理想的提取剂。

碳酸盐态金属通常使用乙酸或乙酸-乙酸钠缓冲液在 pH5 附近进行提取。这类提取剂并不能破坏所有的碳酸盐(如含白云石的碳酸盐)，也无法选择性地只对碳酸盐类起作用，有时它们在对碳酸盐作用的同时还有可能部分地去除结合在有机物中的痕量金属。

还原性提取剂主要作用于铁锰氧化物态金属。虽然酸溶液中的羟胺被广泛地用于溶解此类金属，但事实上它无法完全溶解铁的氧化物。草酸铵似乎是最有效果的剂(黑暗中反应)，但是即使在很低的 pH 条件下它仍然会与痕量金属形成沉淀。连二亚硫酸钠、柠檬酸钠和碳酸钠能够溶解氧化物和氢氧化物，但是也能破坏富铁的硅酸盐结构。因此，还原性提取剂既不具有理想的选择性也不能完全提取铁锰氧化物态金属。

连续提取中的氧化性提取剂能够破坏有机物机构，同时也可将硫化物氧化成硫酸盐。最为常用的此类试剂为 H_2O_2 和 NaOCl，而且如果在氧化态提取之后，用 H_2O_2 效果有时会更好。

连续提取法一直是痕量金属形态提取研究中的重要方法，国内外学者对于连续提取的研究很多，当前常用的主要有 Tessier 提取法、修正的 BCR 提取法和其他一些在此两种方法基础上的改进方法。分述如下：

(1) Tessier 提取法

1979 年，加拿大地球化学家 Tessier 先生等人提出的基于沉积物中痕量金属形态分析的五步连续提取法是一种非常重要的痕量金属形态分析及其毒性、生物可利用性研究方法[15]。该方法将金属元素分为可交换态、碳酸盐结合态、铁锰水合氧化物结合态、有机物和硫化物结合态以及残余态五种形态。其中，可交换态指交换吸附在沉积物的黏土矿物及其他成分如氢氧化铁、氢氧化锰、腐殖质上的痕量金属；碳酸盐结合态指与碳酸盐沉淀结合的一些进入体系的痕量金属；铁、锰水合氧化物结合态指体系中痕量金属与水合氧化铁、氧化锰生成结核这一部分含量；有机物和硫化物结合态指颗粒物中的痕量金属以不同形式进入或包裹在有机质颗粒物中、同有机质发生螯合等或在体系中生成硫化物的金属部分；最后是残留的硅酸盐态，指结合在石英、铝硅酸盐黏土矿物等结晶矿物晶格里的痕量金属部分。Tessier 先生对环境介质中痕量金属的五类形态划分的具体含义如下：

可交换态(EXC)——指交换吸附在沉积物中的黏土矿物及其他成分如氢氧化铁、氢氧化锰、腐殖质上的痕量金属。此态痕量金属可被中性盐类提取剂提取，提取剂的性能主要以阳离子的性质来评价，通常采用 $MgCl_2$。可交换态痕量金属所占的比例通常不大，但由于是生物可直接利用形态，对痕量金属污染的生物效应评价有着非常重要的意义。

碳酸盐结合态(CAR)——指碳酸盐沉淀结合一些进入水体的痕量金属，通常可以用 NaAc 提取。这一部分的痕量金属在环境 pH 值降低的情况下会被释放，因而也是痕量金属存在形态的重要部分。

铁锰水合氧化物结合态(RED)——指与铁锰水合氧化物共沉淀，或被铁锰水合氧化物吸附，或其本身即为氢氧化物沉淀的这部分微量金属，通常可采用 $NH_2OH \cdot HCl$—HOAc 提取。铁锰水合氧化物结合态痕量金属在环境 Eh 值改变的情况下会被释放，通常也被认为是有效态痕量金属的组成部分，但是在绝大多数情况下自然界很难满足其释放条件。

有机物和硫化物结合态(OXI)——指颗粒物中的痕量金属以不同形式进入或包裹在有机质颗粒上，同有机质螯合或生成硫化物，通常用 HNO_3 和 H_2O_2 提取，再加入 NH_4OAc 以防止提取出来的痕量金属被再吸附。这部分痕量金属的生物有效性非常复杂，因为其中既有易于被生物利用的部分，又有溶解度比较低不能被生物利用的大分子有机络合痕量金属。

残留的硅酸盐态(RES)——指在石英、黏土矿物等结晶矿物晶格里的部分，属于通常条件下不可被生物利用的痕量金属，一般认为不具有生物有效性。

Tessier 方法至今仍然被广泛应用于沉积物和土壤的痕量金属形态分析工作中，并有许多研究工作者对其进行不断修正。表 6-3 中列出了 Tessier 方法的具体提取步骤和主要的一些改进分析程序，如 Forstner 等人和 Meguelatti 等人的改进方法等[16、17]。

表 6-3　Tessier 法、Forstner 法和 Meguelatti 法

方法	1	2	3	4	5
Tessier 法	可交换态	碳酸盐态	Fe/Mn 水合氧化物态	有机物+硫化物态	硅酸盐态
	$MgCl_2$ 1 mol/L pH 7	NaOAc 1 mol/L pH 5	$NH_2OH \cdot HCl$ 0.04 mol/L25% HOAC	H_2O_2 8.8 mol/L NH_3OAc/HNO_3	$HF/HClO_4$
Förstner 法	可交换态+碳酸盐态	易被还原态	稳定的可被还原态	有机物+硫化物态	硅酸盐态
	NaOAc 1 mol/L pH 5	$NH_2OH \cdot HCl$ 0.1 mol/L	NH_4O_X/HO_X 0.1 mol/L pH3 黑暗中反应	H_2O_2 8.8 mol/L pH 7 NH_3OAc	HNO_3
Meguelatti 法	可交换态	有机物+硫化物态	碳酸盐态	Fe/Mn 氧化物态	硅酸盐态
	$BaCl_2$ 1 mol/L pH 7	H_2O_2 8.8 mol/L $+HNO_3$	NaOAc 1 mol/L pH 5	$NH_2OH \cdot HCl$ 0.1 mol/L 25% HOAc	灰化+HF/HCl

研究者对 Tessier 方法的修改主要集中在对提取剂的作用及其程度方面。Tessier 方法所使用的提取剂的作用能力以及对体系条件选择性的适应机理中有如下情况：

① 可交换态：Mg^{2+} 较强的交换容量和 Cl^- 较弱的络合力结合在一起，不分解有机物质、硅酸盐和金属硫化物[18]，可以观察到碳酸盐有些轻微的溶解现象(2%～3%)，但是通过缩短提取时间可以避免这种情况的发生。在改进的 Tessier 法中常采用醋酸/醋酸盐，金属离子与醋酸根离子形成的化合物较其氯化物稍微稳定些，同时由于该试剂具有缓冲作用，还可减少 pH 值的变化。

② 碳酸盐态：Tessier 选用的 NaOAc/HOAc 的缓冲溶液不能完全溶解白云岩，仅适用于低碳酸盐的样品，否则会导致碳酸盐的溶解不完全。但是通过降低样品质量/溶液体积比(m/v)，或降低醋酸盐的浓度可以使结果得到改善。有人选用 EDTA 以便更完全地提取痕量金属元素，但由于其太过强的络合能力，甚至可以提取出有机物结合态的金属元素，因而其提取效果并不非常理想。

③ 铁锰水合氧化物结合态：该形态的提取剂要求具有适当还原能力同时又能与被释放的金属元素生成可溶性化合物。常用的替代试剂有草酸、次硫酸钠等。许多研究者根据锰氧化物的溶解不受搅拌时间和提取剂浓度的影响、而铁氧化物却需要足够的时间和浓度以及较低的酸度去分别提取锰氧化物结合态和铁氧化物结合态。甚至还可以区分铁的不定型氧化物和晶型氧化物[19、20]。次硫酸钠是强还原剂，可以将铁的氧化物在 pH7～8 下全部溶解，常用于测定样品中全部的铁氧化物形态。加入柠檬酸盐可以避免 FeS 沉淀。但是次硫酸钠中往往含有较多的杂质，而且在用火焰原子吸收分光光度计分析时，还会由于高的盐分而堵塞燃烧器，因而使其实际应用受到了限制[4]。

④ 有机物和硫化物结合态：在氧化条件下，有机物由于被降解从而释放它所吸附或结合的金属离子。由于氧化作用还会将部分硫化物氧化，因此这一部分除有机物外还含有硫化物。Tessier 法采用的 H_2O_2 以及常用的其他试剂如 NaOH 或者次氯酸钠，这些都不是很理想的提取剂。由于 H_2O_2 氧化分解有机物会产生氧化副产物草酸，并与金属元素生成溶解性较低的盐类，因而往往需要进行两次 H_2O_2 氧化。同时，该试剂存在显著再吸附现象，在氧化后需要以 NH_4OAc/HNO_3 溶液提取[15]。NaOH 溶液也能较好地破坏有机物，同时还会破坏铝硅酸盐，并产生氢氧化物沉淀[5]。次氯酸钠虽然在碱性条件下可以破坏有机物，而不破坏那些不定形组分以及黏土矿物，并且它会与锰的氧化物生成 MnO_4^-，在水相中不稳定；另外，一次提取时间约 15～30 min，因此要完全溶解有机物需要 2～3 次反应方可完成[4]，这样操作时间也相对较长。

综上所述，Tessier 提取方法是得到广泛应用的顺序提取方法之一，但是也存在一些难以克服的缺陷。首先缺乏统一的严格标准分析方法，分析结果的可比性差且其连续提取的结果是按操作定义的。其次，该方法没有用于进行质量控制的标准物质，无法进行数据的验证和比对。

(2) BCR 提取法

欧共体标准物质局 BCR(Bureau Community of Reference，现名欧共体标准测量与检测局 SM&T)为解决由于不同学者使用的分析操作流程各异、缺乏一致步骤和标准物质、世界各地实验室间的数据缺乏可比性等问题，在 Tessier 方法的基础上提出了 BCR 三步提取法(见表 1 - 4)[21]。BCR 提取方法对提取的震荡速度、提取之后的最佳固液分离方法、在提取中固体应该始终保持悬浮状态等细节都有了较为详细的规定与描述[21]。BCR 三步提取法将提取出来的痕量金属形态按步骤定义为弱酸提取态、可还原态、可氧化态。

同时为加强对分析质量的控制，还用该方案研制了沉积物标准物质 BCR601，并组织欧盟 8 个国家 20 余个实验室参加进行了 2 轮比对实验，实验室间的比对结果证明了其正确性。Jeffrey 等通过长期的研究也证实了 BCR 方案良好的重现性[22]。实验对用于对提取溶液中痕量金属检测的各种检测技术——火焰原子吸收法(FAAS)、电热原子吸收法(ETAAS)、等离子体光谱法(ICP - AES)和等离子体质谱法(ICP - MS)所得数据进行了分析对比。数据表明，ICP - MS 方法的可接受数据比例最高。BCR 提取方法程序及试剂见表 6 - 4。

表 6 - 4　BCR 提取方法

步骤	提取形态	提 取 条 件(1 g 样品)
1	弱酸提取态	在样品中加入 40 mL 0.11 mol/L HOAc，20℃下震荡过夜；1 500 g 下离心 20 min
2	可还原态	在上步提取残渣中加入 40 mL 0.1 mol/L $NH_2OH \cdot HCl$(用 HNO_3 调至 pH = 2)，20℃下震荡过夜；1 500 g 下离心 20 min
3	可氧化态	在上步提取残渣中加入 10 mL 8.8 mol/L H_2O_2(用 HNO_3 调至 pH = 2)，室温震荡 1 h；再次加入 10 mL 8.8 mol/L H_2O_2(用 HNO_3 调至 pH = 2)，85℃下震荡 1 h，使溶液蒸发至几 mL；最后加入 50 mL 1 mol/L NH_3OAc(用 HNO_3 调至 pH = 2)，20℃下震荡过夜；1 500 g 下离心 20 min

Ure 等人在 1993 年提出了四步提取的 BCR 法，即增加了残余态金属形态的提取[8]，用以检验各步骤的提取效果[23、24]。

Rauret 等于 1999 年又在 Ure 等人方案的基础上提出了修正的 BCR 顺序提取方案[25]。将第 2 步可还原态中所用 $NH_2OH \cdot HCl$ 的浓度从 0.1 mol/L 增加到 0.5 mol/L，将 pH = 2 改为 pH = 5，同时将每步离心处理过程中的离心力由 1 500 g 改为 3 000 g，明确反应温度为 22℃±5℃；并依据该方案研制了标准物质 BCR701 (定值元素为 Cd、Ni、Zn、Cr、Cu 和 Pb)。改进方案中 Cr、Cu 和 Pb 的重现性得到明显改善，且较原方案能更好地减少基体效应，适应了更大范围土壤、沉积物的分析[26、27]。基于此，目前已经停止了标准物质 BCR601 的使用。当前，修正后的 BCR 提取方案得到了越来越多的研究者采用，见表 6－5。

表 6－5　经 Rauret 等人(1999)修正的 BCR 提取方案[25]

步骤	提取形态	提取条件(1 g 样品)
1	弱酸提取态	在样品中加入 40 mL 0.11 mol/L HOAc，22℃±5℃下振荡 16 h；在 3 000 g 下离心 20 min
2	可还原态	在上步提取残渣中加入 40 mL 0.5 mol/L $NH_2OH \cdot HCl$，22℃±5℃下振荡 16 h；在 3 000 g 下离心 20 min
3	可氧化态	在上步提取残渣中加入 10 mL 8.8 mol/L H_2O_2 (pH＝2～3)，室温下保持 1 h，然后加热到 85℃ ± 2℃ 保持 1 h；再次加入 10 mL 8.8 mol/l H_2O_2(调至 pH＝2)，在 85℃±2℃ 下保持 1 h，使溶液蒸发至几 mL；最后加入 50 mL 1 mol/L NH_3OAc(pH＝2)，在 22℃±5℃下 振荡 16 h；在 3 000 g 下离心 20 min
4	残余态	王水消解，遵循 ISO 规范(11466)

6.1.2.4　特定技术手段分离法

随着分析手段的进步和人们对痕量金属环境行为认识的不断深化，近年陆续提出了许多痕量金属形态方面的新认识，并为越来越多的研究工作所证实。在近十几年发展起来的薄膜扩散梯度(DGT)形态分析技术，是形态分析技术中适用意义较好的原位有效形态含量测定方法技术，其是基于特定材料属性和技术手段的一种对土壤、水沉积物固体介质以及水、沉积物水界面等环境样品在原位定量累积、测量痕量金属、营养元素(S, P)有效态或生物可给性的新方法[28-30]。

DGT 技术以描述稳态扩散的菲克第一定律为理论基础，即在单位时间内通过垂直于扩散方向的单位截面积的扩散物质流量(称为扩散通量/Diffusion flux)与该截面处的浓度梯度(Concentration gradient)成正比。也就是说，浓度梯度越大，扩散通量越大。依据这一原理，通过一定厚度的可渗入离子的扩散相将结合相(高分子物质或离子交换树脂)与体系溶液隔开，利用扩散相控制离子自由扩散过程做到对被监测物质的定量累积和测量[30]。在对土壤体系的元素形态分析中，DGT 技术通常用如下公式计算本体溶液的浓度：

$$C_b = M \cdot \Delta g / D \cdot t \cdot A$$

式中，C_b 为本体溶液中痕量金属的浓度，M 为痕量金属扩散到 DGT 装置中的扩散量，Δg 为扩散相的厚度(与本体溶液分开)，D 为痕量金属在扩散相的扩散系数，A 为 DGT 装置上允许离子扩散的面积，t 为扩散时间。M 值可通过扩散装置测量得到，Δg、A、t 均为可测量的量，D 是在一定温度下金属离子在扩散相中的扩散系数。在常规应用中，一定温度下 Δg、A、t、D 均为常数。M 与 C_b 存在上述函数关系[31、32]。

DGT 技术只适用于对实验样品进行原位有效态含量测定。装置的核心主要由两部分组成，即扩散相和结合相。扩散相外部直接与被测样品相接，与扩散相内部紧密相连的是结合相，其主要作用就是配位本体溶液中通过扩散相传输到结合相的被监测物质，使扩散相与结合相界面间的被监测物浓度减至最低。DGT 技术采用的结合相其分子结构中含有一些可提供配位电子对的官能团，如氨基、磺酸基、羧基等。这些官能团可以与痕量金属离子发生配位反应。DGT 装置的结合相分为固体和液态。液体结合相易于处理，操作简单，分析时不需要洗脱，进一步提高了 DGT 装置的准确性和精密度，近几年得到了进一步的研究[33-35]。

DGT 技术的特点/优势在于如下几点：

(a) DGT 技术只能测量那些能够通过扩散相并且能被结合相累积的可溶性金属形态；

(b) DGT 技术和其他原位被动采样技术的测量机理不一样，不是平衡采样技术，而是一种动力学采样技术。采样期间在水凝胶中维持一定的浓度梯度，它只与被监测物质的动力学和扩散相的特性有关；

(c) 可以提供被监测物质有效态在监测期间的平均浓度。

(d) 可以测量超痕量的被监测物质有效态。

从实际工作中对环境问题的适用性而言，DGT 技术适用的体系更宽。能用于水体、沉积物、土壤等体系的痕量金属有效态测定。DGT 技术测量的形态是只能通过扩散相、并能被结合相累积的可溶性形态。而这部分形态恰恰是能够对生物产生毒性和危害的，也是环境科学与工程领域最为关注的问题。其具有简单、方便、无需动力驱动、并可以长时间监测污染物浓度、了解其形态变化和预测其生物可利用性等优点，势必将成为未来环境科学研究中与其他分析方法，如 Tessier 连续提取法、修正的 BCR 连续提取法等形态分析方法互为补充的一种土壤、沉积物体系痕量金属元素形态分析的重要手段。

此外，近年在本领域的有关工作发现，痕量金属的形态在环境体系中是变化的[36、37]。越来越多的研究发现表明，痕量金属形态在自然介质中一定条件下是在不断变化的。某时某地介质中痕量金属的生物可给性在随环境条件变化而变化，即痕量金属形态参数是一个随环境条件不断发展变化着的量；不同形态之间一定条件下可能存在某种转化关系；介质成分、环境物理化学条件、微生物条件、时间等都可能是影响痕量金属形态转化的因素[37]。因而，痕量金属形态分析是人类在环境科学与工程研究中的一个重要而复杂的领域，尚有大量工作需要深入。

6.1.3　痕量金属形态分析方法中存在的问题

各种形态分析方法为我们对痕量金属的存在形态、污染程度、二次污染风险等各方面的研究提供了有效的途径，但由于问题本身的复杂性以及目前人类技术手段的局限，应该说这些形态分析方法尚存在如下难以克服的缺陷。

1）提取剂的选择性

不管是单独提取还是连续提取法都存在一个很大的问题即提取剂选择性的局限性，以致各形态量在溶出时在不同提取剂作用中存在一定程度上的重叠。这一点已经被许多研究者从理论上和在实验中所证实。如 Bermond 在每一步提取之后再以 $BaClO_4$ 提取，也溶解出被再吸附的元素形态[38]。Arunachalam 则认为根据试剂来命名金属的形态似乎更加合理，如醋酸铵可提取态或 H_2O_2 可提取态等[39]。

Tessier 也认为，由于不同金属元素的碳酸盐溶度积常数差别很大，所以也不可避免地存在不完全溶解。由于受氧化剂能力的限制，对于有机结合态的提取，一些难氧化的有机质并不能被分解而释放出金属离子，而且一些溶解性好的硫化物在第一步至第三步中均可能发生部分溶解。

2）提取过程中金属元素的再吸附

连续提取法的另一个缺点是无法避免金属离子的再次吸附现象，即金属离子被提取液溶解以后又被溶液中的颗粒吸附。其吸附的程度与金属元素的特性、样品的性质以及样品的有机质含量等因素有关。

Jeffrey 等研究了利用在提取剂中添加螯合剂消除再吸附现象的方法。当提取剂中含有 200 mg/L 的次氮基三乙酸(NTA)时可以得到更高的回收率，同时对样品中的非目标成分没有影响[40]。Shiowatana 和 Chomchoei 设计了一套流动提取方法，他利用流动的提取液很快地将溶解的金属离子带走，避免了再吸附，加标回收中有很好的回收率[41]。在他的研究中还发现，在前两步提取阶段，有机质的存在会促进再吸附现象，降低提取液的流速和浓度则可以减少再吸附等等[42]。Bermond 在对连续提取法中 H^+ 的作用做了深入研究[38]，其结果可以用来解释选择性和再吸附问题。Bermond 发现，各提取剂中 H^+ 浓度对提取效率有很大的影响，在提取过程中存在明显的 H^+ 消耗以至引起在反应终点体系 pH 的变化。H^+ 的消耗量取决于提取剂的酸度，即提取剂的酸度越大，则 H^+ 消耗得越多，直到达到一个最大的提取剂的酸度限值。H^+ 的消耗可归结为以下原因，一是溶液颗粒中的可交换性阳离子由于被取代而消耗 H^+；再就是土壤中的 $CaCO_3$ 和 FeOOH 的存在也会消耗 H^+。而 H^+ 消耗的结果就是反应终点体系 pH 的改变，进而影响到金属离子的提取率。

3）连续提取法的耗时及繁琐的实验操作程序会使操作误差人为增大

连续提取法的再一个缺点就是比较费时。Tessier 方法需要 5 个昼夜，而 BCR

方法需要 50 h。而比耗时更为严重的是繁琐的操作步骤必然会增加带入更多操作误差的可能。

相比之下单独提取法就要省时得多，而且可以有效地防止由于提取步骤的增加而引入的操作误差。Filip 等人采用五等分的土壤样品，采用 Tessier 法的条件，分别进行单独提取（除第一步提取外，其余各相邻两步的结果之差在理论上就应该是各形态的含量），得到的结果除可氧化态部分存在较大的差异外，其余与 Tessier 方法有良好的一致性[43]。

Maiz 等人针对金属元素的可利用性研究提出的快速连续提取法，将土壤中的金属元素的形态分为三种：以 0.01 mol /L $CaCl_2$、0.005 mol/L DTPA＋0.01 mol/L 和 $CaCl_2$＋ 0.1 mol/L TEA 混合液以及王水和 HF 混合酸提取液，分别提取的流动态（可交换态的）、可流动化态（包括络合态、吸附态以及碳酸盐结合态）和残余态金属，都得到了很好的结果[44、45]。

利用聚四氟乙烯反应器和微波辅助消解的方法在高温高压条件下可以显著加快提取速度，从而节省反应时间。如 E. Campos 提出的微波连续提取方法（Microwave Sequential Extraction）在保持与传统方法结果基本一致的前提下，对碳酸盐结合态、铁锰氧化物结合态和有机物结合态的提取仅用了 2 h[41]。另外，Shiowatana 提出的在线连续提取-火焰原子吸收法，被认为是为快速、简便、高精度的痕量金属形态分析提供了一种新的思路[42]。

4) 样品前处理方法的影响

样品前处理会改变元素的化学形态，这取决于样品的处理方法和处理时间。张淑贞等人对水库沉积物进行了不同前处理（85℃下烘干、20℃下风干和冷冻干燥），并与新鲜的沉积物样品的元素形态分析进行比较。实验结果表明，三种方法均不能保持金属元素原始化学形态，尤其是对可交换态和碳酸盐态的变化更为明显。风干处理的样品，其 Zn 离子的形态分布会有显著改变[46]。Brewad 等人的研究表明，锰和铁的溶解性在风干处理后将急剧减小，而烘干处理反而会使锰的溶解性增加几倍[47]。

相对于处于还原环境中的沉积物而言，土壤的氧化性环境会使土壤样品在前处理过程中表现得相对稳定。但是，对于土壤前处理方法是否会对其金属元素的形态分布产生影响目前尚较少见到这方面的文献报道。

5) 薄膜扩散梯度（DGT）形态分析技术揭示信息的特征意义及局限性

DGT 方法作为一种新型的痕量金属形态分析技术有着其特殊的技术原理和技术手段，由该方法获得的元素形态含量是体系中具有迁移能力的一定几何尺度的金属粒子的综合含量。这一含量可近似地认为相当于上述连续提取法中的有效态含量（即除残渣态或残余态外其他形态含量和）。其中，应该以水溶态、可交换态含量为主。但并没有确切的证据说明由该法得到的形态含量中水溶态、可交换态以及其他几种有效态含量的量关系。其揭示的信息在不同形态间的界限是模糊的。另外，由于扩散薄膜材料价格较高且分析中消耗量较大，DGT 法的分析成本相对于其他分析方法一般较高。

因为在 DGT 技术测定介质中的痕量金属形态时，不需要给体系加入任何试剂，这样即避免了由于化学试剂的加入带来的一系列使体系中元素真实形态失真的问题，并有其易于在水、沉积物、土壤中操作测定的优点，这一方法是评价判断痕量金属元素生物有效性的一种非常有价值的方法手段。其测定所得含量数据可理解为属于体系痕量金属总含量中最可能对生物起作用的部分。

综上所述，各种单一试剂提取法、经典的 Tessier 五步连续提取法、BCR 的三步连续提取法及其改进的方法和 DGT 分析方法，都为痕量金属元素的生物地球化学循环和环境污染程度、效应等研究提供了非常重要的方法支持。可以相信，如何获得样品中痕量金属总量的真实值、如何在顺序提取过程中不改变样品性质而确定痕量金属各种形态的真实含量、如何研究建立适用面更广的通用顺序提取化学形态分析方法，仍然是环境地球化学的前沿问题，也必将是今后该领域的研究热点和难点之一。为此，应重视土壤、沉积物及其他环境介质中顺序提取化学形态分析方法的研究，特别应关注简便、高效、易于标准化的方法研究工作，以更好地满足当前污染防治、环境保护工作的需求。

6.2　痕量金属形态分析方法的针对性

6.2.1　水溶解态与颗粒态痕量金属元素形态分析

自 20 世纪 70 年代起，痕量金属形态分析就已成为环境科学领域的研究热点。多年来，国内外学者先后分别开展了大量的痕量金属形态分析研究工作。瑞士的 Stumm 和德国的 Forstner 都对形态研究作过专题讨论。目前，对“化学形态”的定义尚存在着不同的见解，如前所述，有人认为化学形态是某一元素在环境中以某种离子或分子存在的实际形式。也有学者认为元素形态实际上包括价态、化合态、结合态和结构状态 4 个方面，如金属的离子态、络合态、溶解态和颗粒态等[48、14]，所谓形态实际上包括价态、化合态、结合态和结构态四个方面，有可能表现出不同的生物毒性和环境行为[6]。形态分析通常指的是金属和与生命有关元素的价态和络合态分析。污染物的形态分析即利用一定的物理、化学方法和测试仪器测定环境污染物中元素的各种价态、络合态及在样品中的含量分布，从而对污染物的环境行为作出分子级化学形态的区分。痕量金属形态分析的主要目的是确定具有生物毒性的痕量金属含量。

水环境中痕量金属存在形态可分为溶解态（溶解于水相中）和颗粒态（存在于

悬浮相中的悬浮态或存在于沉积物中的沉积态)两类。形态分析方法相应地分为溶解态痕量金属形态分析和颗粒态痕量金属形态分析。

1) *溶解态痕量金属形态分析方法*

水样经 0.45 μm 滤膜过滤后再酸化测定为溶解态总量,滤后水样若不经酸化而直接测定可得到溶液中具有电活性的部分金属,称作不稳定态,其余部分则称为结合态。不稳定态包括游离的和简单的无机络合离子。利用 Chelex-100 离子交换树脂交换柱法和分批平衡法可以把结合态再分为中等不稳定态(包括与有机物或胶体物络合结合较弱的部分),慢不稳定态(包括络合结合较强的部分)和惰性态(对树脂不敏感而与水中有机物或胶体强烈结合的部分。)

2) *颗粒态痕量金属形态分析方法*

以颗粒态(悬浮相和沉积相)存在的痕量金属通常借助各种化学萃取分离方法将痕量金属分成生物有效性不同的形态。对沉积物和土壤中痕量金属形态的提取和分离,如前述国内外学者建立的多种提取方法大致可分为单一形态的单独提取法和多种形态的连续提取法。如下所述:

(1) 单独提取法

单独提取法其特点是利用某一提取剂直接溶解某一特定形态,如水溶态或可迁移态、生物可利用态等。该法适用于当痕量金属大大超过地球化学背景值时的污染调查。Ure A. M. 认为这种方法评估的是颗粒介质中痕量金属能被生物(包括动物、植物和微生物)吸收利用的部分,或者能对生物的活性产生影响的那一部分[12]。通常将这部分痕量金属称为有效态。根据样品的组成、性质、萃取金属元素以及萃取目的的不同,所用的试剂有所不同。主要可以分为酸、螯合剂、中性盐和缓冲剂四大类。目前以 DTPA、EDTA、$CaCl_2$ 和 $NaNO_3$ 提取剂应用较广。

(2) 连续提取法

连续提取方法是使用一系列化学活性不断增强的试剂提取与特定化学基团结合的痕量金属。此种方法通过模拟不同的环境条件,比如酸性或碱性环境、氧化性或还原性环境,以及螯合剂存在的环境等,系统地研究金属元素的迁移性或可释放性,能提供较全面的元素存在信息。

连续提取法一直是痕量金属形态提取的重要方法,国内外学者对于连续提取的研究也较多。包括七态分级法、五态分级法和四态分级法。Gambrell 指出,底泥中痕量金属的地球化学形态有 7 种,即水溶态、易交换态、无机化合物沉淀态、大分子腐殖质结合态、氢氧化物沉淀吸收态或吸附态、硫化物沉淀态和残渣态[49]。万国江指出,应将底泥中痕量金属分为可溶相、可交换相、碳酸盐相、铁锰氧化物相、有机相和残渣相[50]。汤鸿霄认为,化学形态分类不宜过于繁琐,可以结合环境条件分为活性态、缓冲态和稳定态[6]。Tessier 采用连续提取法把固体颗粒中的金属存在形态划分为五态,即“可交换态(Exchangeable)”、“碳酸盐结合态(Carbonate)”、“铁锰氧化物结合态(Reducible)”、“硫化物及有机物结合态(Oxidizable)”以及“残渣(留)态(Residual)”,这一方法曾得到广泛应用[51]。除了 Tessier 的连续提取法,欧共体标准物质测量与检测局(BCR/SM&T)推荐的四步提取法也应用较多,即将金属形态分为醋酸可提取态(Acid Extractable)、可还原态(Reducible)、可氧化态(Oxidizable,相当于有机质结合态)和残余态 4 种组分。

依赖于介质理化性质及元素浓度的连续提取方法结果偏差较大,主要原因有所提取形态的选择性限制、痕量金属元素在提取相中的再分配问题、痕量金属含量过高会导致化学体系超载等。然而,连续提取方法仍可为预测痕量金属在介质中的分布、活性及生物可给性提供较为完整的信息。根据形态分析领域的实际情况,为了减少不同连续提取方法造成的偏差,目前仍有不同学者提出各自的意见。如 Rauret 等曾建议 Tessier 等提出的连续提取方法在进行痕量金属的形态分析研究中是较为合适的一种[21]。应该说明,在当今实际工作中修正的 BCR 连续提取法被使用得似乎越来越多。

6.2.2　土壤中痕量金属的形态分析

在环境问题研究中,就固体介质而言人们需要面对的在较多的情况下常常是水沉积物或土壤。因而,沉积物和土壤中痕量金属形态分析是日常工作中最为常用的。虽然这两种介质成因不同,其物理化学性质亦有别,但从物相以及其化学成分的分析提取角度似乎不存在本质的区别。在地表环境中,两种物质均为以无机铝硅酸盐矿物为主的松散物质体系,除此之外也常含有一定量的有机物、氧化物(或其水化物)以及少量的其他盐类,如碳酸盐、硫酸盐、磷酸盐等。因此,从物质成分的提取分离角度看,沉积物和土壤中痕量金属形态分析与上述水体颗粒物中痕量金属的形态分析或大气颗粒物中的痕量金属形态分析在方法上不存在本质的区别。这也是最初 Tessier 等人基于水沉积物中痕量金属形态研究提出的形态分析方法,被广泛应用于土壤介质中痕量金属形态分析,以及其后出现的不断演进、修正的诸多方法都适用于沉积物和土壤中痕量金属形态提取分析的原因。目前,人们在痕量金属形态分析中,在选用方法时一般都认为土壤和沉积物对提取分析程序的适用性是没有显著区别的。

目前,在诸多方法对比以及原因讨论基础上,土壤中痕量金属形态分析较常用的方法与上述水体系中颗粒态痕量金属(金属的沉积相或颗粒态)形态分析方法一样,是 Tessier 等人的五步连续提取形态分析方法和欧共体标准物质测量与检测局(BCR/SM&T)推荐的四步连续提取分析方法。

6.2.3　本次研究工作中的痕量金属形态分析

本次研究中涉及痕量金属形态分析的环境介质主要有土壤、水、水沉积物和大气颗粒物几类。工作中选用形态提取分析方法时，主要侧重于当时研究工作中大家较普遍接受的方法。这样做一方面考虑痕量金属形态分析方法是个尚有争议的问题，另一方面考虑当时一些新的方法尚存在在应用以及验证研究等方面都存在局限性。最终实际研究工作中是以当时为大家公认接受的分析方法为主进行了形态提取分析。具体情况为，在前期(1999—2005)的工作中，涉及痕量金属形态分析问题应用的主要是 Tessier 等人提出的五步连续形态提取分析方法，后期(2006 以后)的工作中，在涉及的痕量金属形态分析问题中应用的主要是欧共体标准物质测量与检测局(BCR)推荐的四步连续提取分析方法。

本书在上述工作基础上进行的有关讨论中，为了方便数据间对比，依据上述情况就形态特征数据引证时做了一些大致的归并处理。如 Tessier 等人五步连续提取法中的前两种形态——可交换态和碳酸盐结合态被看做等同于欧共体标准物质测量与检测局推荐的四步提取法中的第一态——酸溶态。而 Tessier 等人五步连续提取法中的其他三态——Fe - Mn 氧化物态、有机态、残渣态则分别与欧共体标准测量与检测局四步连续提取法中的另外三态——可还原态、可氧化态、残余态对应。对这种处理，这里我们特意指出并感谢读者在阅读本书时留意。

6.3 痕量金属形态分析方法的改进与推荐——“三态法”

6.3.1 研究意义

如前所述，当前的形态分析仍存在许多不足与缺陷。如目标物与作用剂反应不彻底、不完全，实验过程对提取的有效性有影响，样品与试剂间量比会影响结果准确性，粒度分布与矿物组成会影响浓度准确性，样品制备过程形态将发生改变等等。而且使用不同的提取方法及提取过程中使用的不同试剂都会对结果产生影响，从而使得用不同的提取方法取得的数据之间缺乏可比性。鉴于这种情况，本次工作试图在前人研究成果和我们自己实验室的工作积累基础上探索一种便捷、适用和较高效的痕量金属形态分析方法。

6.3.2 “三态法”的提出

就 Tessier 方法划分的五种痕量金属形态，即可交换态、碳酸盐态 Fe - Mn 氧化物态、有机态和残渣态来看，介质中交换吸附在黏土矿物及其他成分上可交换态痕量金属与结合在碳酸盐矿物中的碳酸盐结合态痕量金属，在环境体系的 pH 值降低时即会被释放进入体系溶液，属于最容易被生物利用的痕量金属部分；与铁、锰或铝的氧化物和氢氧化物结合的 Fe - Mn 氧化物态痕量金属和同有机质螯合或存在于硫化物中的痕量金属，只有在环境 Eh 值变化时才会被释放，这部分金属通常情况较之可交换态与碳酸盐结合态痕量金属相对不易被生物利用；而被束缚于黏土等结晶硅酸盐矿物晶格里的残渣态痕量金属，在地表通常条件下很难重新进入体系溶液，即难以被生物利用，一般认为不具有生物活性。因此，本研究中针对土壤、水沉积物中痕量金属形态问题，将 Tessier 法中的可交换态痕量金属和碳酸盐态痕量金属合称为“生物易利用态痕量金属”，将 Tessier 法中的 Fe－Mn 氧化物态痕量金属和有机态痕量金属合称为“生物可利用态痕量金属”，将 Tessier 法中的残渣态痕量金属称为“生物不可利用态痕量金属”。这样的痕量金属形态分类方法似乎更贴近实际情况，并且在实际工作中有利于对痕量金属生物效应的较直接认识与评价。本书将这种分类方法称之为“三态法”。

“三态法”根据在自然界痕量金属元素从介质中的释放条件的相似性划分痕量金属形态，一定程度上明确了痕量金属被生物利用的难易程度区分和二次污染风险，希望对快捷、高效地评价环境痕量金属污染起到积极意义。

归纳“三态法”的提取程序如表 6－6 所示。

表 6－6　土壤、水沉积物中痕量金属元素三态法形态分析程序及试剂(1 g 干样品)

	提取形态	提 取 程 序
1	生物易利用态	在样品中加入 40 mL 0.11 mol/L HOAc，室温下震荡 16 h；4 000 r/min 离心 15 min；上清液过滤定容
2	生物可利用态	在上步提取残渣中加入 10 mL 8.8 mol/L H_2O_2（HNO_3 调至 pH 2），室温下静置 1.5 h，水浴 85±2℃下反应 4.5 h，蒸发至体积小于 3 mL；再次加入 10 mL 8.8 mol/l H_2O_2，在 85℃±2℃下保持 1 h，使溶液蒸发至体积小于 3 mL；加入 40 mL 0.5 mol/L $NH_2OH \cdot HCl$，室温下振荡 16 h；最后加入 5 mL 20 mol/L NH_3Oac；4 000 r/min 离心 15 min；上清液过滤定容
3	生物不可利用态	HCl－HF－$HClO_4$ 消解（As 元素采用王水低于 100℃消解）

6.3.3　痕量金属形态主流分析方法与“三态法”分析效果对比实验

为了在较大范围介质内验证“三态法”的适用性和分析效果，本次工作选取了岩石（原煤）、土壤、水体沉积物（底泥）三类样品，分别选用当前主流痕量金属形态分析方法中的代表性方法——修正的 BCR 连续提取方法、单独提取法（本实验中采用 DTPA－5Na 盐法）和“三态法”进行对比实验，以对该方法的分离分析效果及其适用性进行判断。

实验内容包括：原煤样品（山西大雁煤矿无烟煤）、土壤样品（内蒙古河套地区 As 污染区土壤）和水沉积样品（上海黄浦江现代沉积物），分别采用修正的 BCR 方法、DTPA－5Na 盐法和三态法进行痕量金属形态分析提取实验。

分别就干重 1 g 上述各类样品，实验程序及试剂分别如表 6－7、表 6－8、表 6－9 所示。

表 6－7　修正的 BCR 法痕量金属形态分析方法提取步骤及试剂

	提取形态	提取试剂	提取条件
1	水或酸溶解态	40 mL 0.11 mol/L CH_3COOH	16 h、室温、4 000 r/min 20 min
2	可还原态	40 mL 0.5 mol/L，$NH_2OH \cdot HCl$	pH5、16 h、室温、4 000 r/min 20 min
3	可氧化态	2×10 mL 8.8 mol/L H_2O_2 蒸发近干，45 mL 1 mol/L NH_4AC	pH2 4 000 r/min 20 min
4	残余部分	HCl－HF－$HClO_4$	消解（As 元素采用王水低于 100℃消解）

表 6－8　DTPA－5Na*1 盐法痕量金属形态分析方法提取步骤及试剂

	提取形态	提取试剂	提取条件
1	生物可利用态	10 mL 0.05 mol/L DTPA－5Na＋0.01 mol/L CaCl2＋0.1 mol/L TEA*2	pH7.3、2 h、室温 4 000 r/min 20 min
2	生物不可利用态	HCl－HF－$HClO_4$（As 元素采用王水低于 100℃消解）	消解

*1 DTPA 中文名称为二乙烯（基）三胺五乙酸；*2 TEA 中文名称为三乙醇胺（三羟乙基胺）

表 6－9　三态法形态分析程序及试剂

	提取形态	提取试剂	提取条件
1	生物易利用态	40 mL 0.11 mol/L CH_3COOH	16 h、室温、4 000 r/min 20 min
2	生物可利用态	10 mL 8.8 mol/L H_2O_2 蒸发近干（同剂量进行两次），40 mL 0.5 mol/L $NH_2OH \cdot HCl$，5 mL 5.5 mol/L NH_4AC	pH2、16 h、室温、4 000 r/min 20 min
3	生物不可利用态	HCl－HF－$HClO_4$（As 元素采用王水低于 100℃消解）	消解

6.3.3.1　实验仪器及有关参数

本次研究就 Pb、Zn、Cu、As 四个元素的情况进行讨论。根据所研究元素的分析化学特征，工作中分别选用了不同仪器。主要实验仪器为 IRIS Advantage 1000 型全谱直读电感耦合等离子体发射光谱仪（ICP－AES，美国 Thermo Jarrell Ash 公司制造，用于 Cu 分析）、PE－5100 型火焰原子吸收分光光度计（美国 PE 公司制造，用于 Cu、Zn 分析）、AFS－810 型双道原子荧光光度计（北京吉大小天鹅仪器有限公司制造，用于 As、Pb 分析）、AMA 254 型测汞仪（德国 Sigma

公司制造，用于 Hg 元素分析）和 3－18 K 18 000 r/min 型高速调温调速离心机。

使用的所有化学试剂均为分析纯及以上级别，实验用水均为石英亚沸蒸馏水。所有实验器皿使用前均在 10%硝酸溶液中浸泡 12 h 以上，并以石英亚沸蒸馏水冲洗后经干燥使用。

实验中 ICP－AES 的工作条件如下：RF 功率 1 100 W，工作频率 27.12 Hz，蠕动泵转速 100 r/min，雾化压力 220 kPa，载气流量 1.85 L/min，CID 温度－42℃。

原子吸收分光光度计的工作条件：灯电流 10 mA，光谱通带宽度 0.7 nm，火焰类型为空气-乙炔火焰，乙炔流量 2 L/min，空气流量 10 L/min，燃烧器高度 5 mm。

AFS－810 型双道原子荧光光度计的工作条件：光电倍增管负电压 270 V，原子化器温度 200℃，原子化器高度 8 mm，灯电流 80 mA，载气流量 400 mL/min，屏蔽气流量 1 000 mL/min，As、Pb 的检出限均为 0.000 1 μg/g，各元素测定时标准曲线相关系数分别为 0.999 96、0.999 89、1.000 01。

AMA 254 型测汞仪检出限为 0.000 1 μg/g，分析相对标准偏差为 0.03。其他各检测元素的检出限、精密度及回收率如表 6－10、表 6－11 所示。

表 6－10　ICP－AES 分析元素的检出限及精密度

	Pb	Zn	Cu	As
检出限/(μg/g)	0.060 0	0.211 2	0.001 2	0.045
灵敏度/(μg/g)	0.020 0	0.070 4	0.000 4	0.015
标准偏差 *RSD*/%	0.036 9	0.019 3	0.776 0	0.691 4
回收率/%	102.7	100.20	100.40	101.10

表 6－11　PE－5100 型原子吸收分光光度计分析检出限及精密度

	波长/nm	检出限/(μg/g)	灵敏度	回收率/%
Cu	324.8	0.056 32	0.077 0	100.83
Zn	213.9	0.032 6	0.018 0	99.64

6.3.3.2　实验结果

这里就 Pb、Zn、Cu、As 四个元素的情况进行对比讨论如下。

1）内蒙古河套地区 As 污染区土壤中 Pb、Zn、Cu、As 的形态分布

（1）BCR 方法分析结果

修正的 BCR 分析实验数据如表 6－12 所示。此批实验数据中 As 和 Pb 元素由原子荧光光度计测得，Cu 和 Zn 元素由火焰原子吸收分光光度计测得。

表 6-12 修正的 BCR 法分析的河套地区土壤中各元素化学形态特征（含量单位：mg·kg^{-1}）

	Pb		Zn		Cu		As	
	含量	占总量/%	含量	占总量/%	含量	占总量/%	含量	占总量/%
酸溶态	1.99	2.63	0.00	0.00	0.00	0.00	12.72	0.13
可还原态	13.49	17.83	0.00	0.00	0.54	1.70	213.77	2.14
可氧化态	0.00	0.00	0.00	0.00	0.26	0.83	1.15	0.001
残渣态	60.19	79.54	127.20	100.00	30.66	97.47	9 767.96	97.72

采用修正的 BCR 法分析内蒙古河套地区 As 污染土壤中不同元素的形态分布特征存在差别：

Pb 的含量以残渣态为主，具体情况为：残余部分含量(79.54%)>可还原态含量(17.83%)>酸溶解态含量(2.63%)；可氧化态 Pb 含量低于仪器检出限。

Zn 含量完全以残余部分形式存在，具体情况为：Zn 元素完全以残余部分形式存在，可还原态或酸溶解态、可氧化态 Zn 含量均低于仪器检出限。

Cu 的含量以残渣态为主，具体情况为：残余部分含量(97.47%)>可还原态含量(1.70%)>可氧化态含量(0.83%)；或酸溶解态 Cu 含量低于仪器检出限。

As 的含量以残渣态为主，具体情况为：残余部分含量(97.72%)>可还原态含量(2.14%)>或酸溶解态含量比例(0.13%)>可氧化态含量(0.01%)。

(2) DTPA-5Na 盐方法分析结果

内蒙古河套地区 As 污染土壤 DTPA-5Na 盐法分析实验数据如表 6-13 所示。此批实验数据中 As 和 Pb 元素由原子荧光光度计测得，Cu 和 Zn 元素由火焰原子吸收分光光度计测得。

表 6-13 DTPA-5Na 盐法分析的河套地区土壤中各元素化学形态特征（含量单位：mg·kg^{-1}）

	Pb		Zn		Cu		As	
	含量	占总量/%	含量	占总量/%	含量	占总量/%	含量	占总量/%
生物可利用态	0.00	0.00	0.04	1.07	8.64	25.33	0.00	0.00
生物不可利用态	52.52	100.00	3.44	98.93	25.48	74.67	9 995.60	100.00

采用 DTPA-5Na 盐法分析内蒙古河套地区 As 污染土壤中各元素的形态分布特征如下：

Pb 完全以生物不可利用态(100%)存在，生物可利用态含量未检出。

Zn 以生物不可利用态含量为主，具体分布特征为：生物可利用态 Zn 占 Zn 总量的 1.07%，生物不可利用态占 Zn 总量的含量比例为 98.93%。

Cu 以生物不可利用态含量为主，具体分布特征为：Cu 元素的生物可利用态含量占 Cu 总量的 25.33%，生物不可利用态含量占 Cu 总量的比例为 74.67%。

As 完全以生物不可利用态(100%)存在，生物可利用态含量未检出。

(3) 三态分析方法分析结果

三态分析实验数据见表 6-14。此批实验数据中 As 和 Pb 元素由原子荧光光度计测得，Cu 和 Zn 元素由火焰原子吸收分光光度计测得。

表 6-14　三态法分析的河套地区土壤中各元素化学形态特征
(含量单位：$mg \cdot kg^{-1}$)

	Pb		Zn		Cu		As	
	含量	占总量/%	含量	占总量/%	含量	占总量/%	含量	占总量/%
生物易利用态	0.95	1.49	0.00	0.00	1.00	2.63	8.40	0.08
生物可利用态	3.52	5.53	4.67	1.33	6.07	15.95	85.56	0.86
生物不可利用态	59.25	92.99	347.39	98.67	31.00	81.43	9 901.64	99.06

采用三态法分析内蒙古河套地区 As 污染土壤中各元素的形态分布特征如下：

Pb 元素以生物不可利用态为主，具体情况为：Pb 的生物不可利用态含量(92.99%)>生物可利用态含量(5.53%)>生物易利用态含量(1.49%)。

Zn 以生物不可利用态为主，具体情况为：Zn 的生物不可利用态含量(98.67%)>生物可利用态含量(1.33%)；生物易利用态含量未检出。

Cu 以生物不可利用态为主，具体情况为：Cu 元素生物不可利用态含量(81.43%)>生物可利用态含量(15.95%)>生物易利用态含量(2.63%)。

As 以生物不可利用态为主，具体情况为：As 元素生物不可利用态含量(99.06%)>生物可利用态含量(0.86%)>生物易利用态含量(0.08%)。

(4) 不同分析方法对土壤中各元素形态的分析结果比较

土壤中 Pb、Zn、Cu、As 的实验结果如图 6-1 所示。

“三态法”的生物不可利用态与 BCR 法中定义的残渣态、DTPA-5Na 法中定义的生物不可利用态含义是一致的。图 6-1 结果表明，“三态法”与另两种方法分析结果相比，土壤中除 Zn 的含量误差差别较大外，Zn 的占总量比例以及其他元素的含量和占总量比例相对误差均在 20%之内(≤19.70%)，如表 6-15 所示。

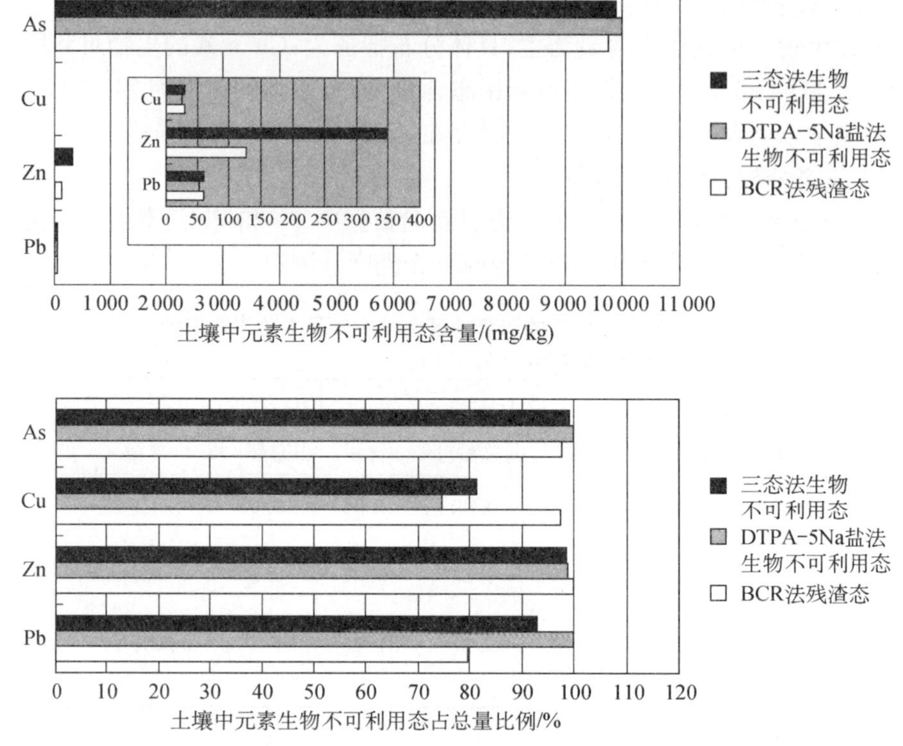

图 6-1　不同分析方法对土壤中痕量金属元素生物不可利用部分含量的分析结果

表 6-15　土壤中的痕量金属修正的 BCR 法、DTPA-5Na 法与“三态法”生物不可利用态分析结果间的相对误差(%)

分析方法		元素			
		Pb	Zn	Cu	As
修正的 BCR 法残渣态	含量误差	1.59	63.38	1.10	1.35
	占总量误差	14.46	1.35	19.70	1.35
DTPA-5Na 盐法生物不可利用态	含量误差	1.14	99.01	17.81	0.95
	占总量误差	7.54	0.26	8.30	0.95

2) 黄浦江沉积物中 Pb、Zn、Cu、As 的形态分布

(1) 修正的 BCR 方法分析结果

实验数据如表 6-16 所示。此批实验数据中 As 和 Pb 元素由原子荧光光度计测得，Cu 和 Zn 元素由火焰原子吸收分光光度计测得。

采用修正的 BCR 法分析黄浦江沉积物中各元素的形态分布特征如下：

Pb 元素含量以残渣态为主，具体分布情况为 Pb 的残余部分含量(67.26%)>可还原态含量(19.68%)>水或酸溶解态含量(13.06%)。

表6-16　修正的BCR法分析的黄浦江沉积物中各元素化学形态特征（含量单位:mg·kg^{-1}）

	Pb		Zn		Cu		As	
	含量	占总量/%	含量	占总量/%	含量	占总量/%	含量	占总量/%
酸溶态	11.96	13.06	68.75	20.25	5.57	10.65	32.23	0.83
可还原态	18.02	19.68	48.93	14.41	4.29	8.19	365.05	9.37
可氧化态	0.00	0.00	43.51	12.81	22.25	42.53	2.17	0.06
残渣态	61.61	67.26	178.39	52.53	20.21	38.63	3 496.40	89.75

Zn元素含量以残渣态为主，具体分布情况为：Zn的残余部分含量(52.53%)>酸溶解态含量(20.25%)>可还原态含量(14.41%)>可氧化态含量(12.81%)。

Cu的可氧化态Cu元素含量与残余态元素含量为主，且数值相当，具体情况为：Cu的可氧化态含量(42.53%)>残余部分含量(38.63%)>酸溶解态含量(10.65%)>可还原态含量(8.19%)。

As元素含量以残渣态为主，具体情况为：As的残余部分含量(89.75%)>可还原态含量(9.37%)>酸溶解态含量(0.83%)>可氧化态含量比例(0.06%)。

(2) DTPA-5Na盐方法分析结果

实验数据见表6-17。此批实验数据中As和Pb元素由原子荧光光度计测得，Cu和Zn元素由火焰原子吸收分光光度计测得。

表6-17　DTPA-5Na盐法分析的黄浦江沉积物中各元素化学形态特征（含量单位:mg/kg）

	Pb		Zn		Cu		As	
	含量	占总量/%	含量	占总量/%	含量	占总量/%	含量	占总量/%
生物可利用态	0.00	0.00	56.05	17.98	20.68	34.28	0.00	0.00
生物不可利用态	54.64	100.00	255.70	82.02	39.65	65.72	3 895.84	100.00

采用DTPA-5Na盐法分析黄浦江沉积物中Pb元素的形态分布特征为：黄浦江沉积物中Pb完全以生物不可利用态(100%)存在，生物可利用态含量未检出。

采用DTPA-5Na盐法分析黄浦江沉积物中Zn元素的形态分布特征为：黄浦江沉积物中生物可利用态Zn占Zn总量的17.98%，生物不可利用态含量比例为82.02%。

采用DTPA-5Na盐法分析黄浦江沉积物中Cu元素的形态分布特征为：黄浦江沉积物中生物可利用态Cu占Cu总量的34.28%，生物不可利用态含量比例为65.72%。

采用DTPA-5Na盐法分析黄浦江沉积物中As元素的形态分布特征为：黄浦

江沉积物中 As 完全以生物不可利用态(100%)存在,生物可利用态含量未检出。

(3) 三态分析方法分析结果

三态法分析结果数据见表 6-18。此批实验数据中 As 和 Pb 元素由原子荧光光度计测得,Cu 和 Zn 元素由火焰原子吸收分光光度计测得。

表 6-18 三态法分析的黄浦江沉积物中各元素化学形态特征(含量单位:mg/kg)

	Pb		Zn		Cu		As	
	含量	占总量/%	含量	占总量/%	含量	占总量/%	含量	占总量/%
生物易利用态	9.55	11.61	63.58	11.03	5.11	7.99	23.94	0.61
生物可利用态	7.22	8.77	83.95	14.57	19.93	31.18	110.06	2.83
生物不可利用态	65.48	79.62	428.78	74.40	38.89	60.83	3 761.84	96.56

三态法分析黄浦江沉积物中各元素的形态分布特征如下:

Pb、Zn、Cu、As 各元素含量都主要以生物不可利用态存在,具体情况为:

Pb 的生物不可利用态含量(79.62%)>生物易利用态含量(11.61%)>生物可利用态含量(8.77%);

Zn 的生物不可利用态含量比例(74.40%)>生物可利用态含量(14.57%)>生物易利用态含量(11.03%);

Cu 的生物不可利用态含量(60.83%)>生物可利用态含量(31.18%)>生物易利用态含量(7.99%);

As 的生物不可利用态含量(96.56%)>生物可利用态含量(2.83%)>生物易利用态含量(0.61%)。

(4) 不同分析方法对沉积物中各元素形态的分析结果比较

沉积物中 Pb、Zn、Cu、As 的实验结果如图 6-2 所示。

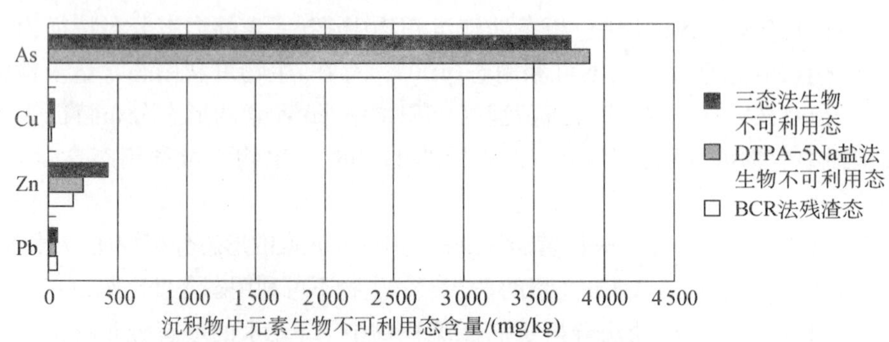

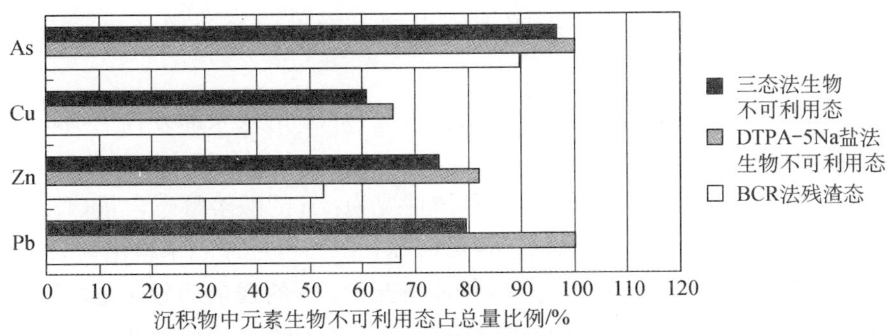

图6-2 不同分析方法对沉积物中痕量金属元素生物不可利用部分含量的分析结果

图6-2结果表明,"三态法"与另两种方法分析结果相比生物不可利用态Pb的DTPA-5Na法占总量、Zn的BCR法含量和占总量、DTPA5Na法的含量、Cu的BCR法在沉积物中误差较大外,其他元素生物不可利用态含量和占总量比例相对误差在17%之内(≤16.56%),如表6-19所示。

表6-19 沉积物中的痕量金属修正的BCR法、DTPA-5Na法与"三态法"分析结果间的相对误差(%)

分析方法		元素			
		Pb	Zn	Cu	As
修正的BCR法残渣态	含量误差	5.91	58.40	48.03	7.06
	占总量误差	15.52	29.40	36.50	7.05
DTPA-5Na盐法生物不可利用态	含量误差	16.56	40.37	1.95	3.56
	占总量误差	25.60	10.24	8.04	3.56

3) 山西大雁煤矿无烟煤中Pb、Zn、Cu、As的形态分布

(1) 修正的BCR方法分析结果

修正的BCR方法分析结果数据见表6-20。此批实验数据中As和Pb元素由原子荧光光度计测得,Cu和Zn元素由火焰原子吸收分光光度计测得。

表6-20 修正的BCR法分析的山西大雁煤矿无烟煤中各元素化学形态特征(含量单位:mg/kg)

	Pb		Zn		Cu		As	
	含量	占总量/%	含量	占总量/%	含量	占总量/%	含量	占总量/%
酸溶态	8.85	10.62	6.58	43.35	0.00	0.00	20.67	2.25
可还原态	20.32	24.40	0.00	0.00	0.29	7.47	128.28	13.96
可氧化态	0.00	0.00	4.17	27.46	0.82	21.46	0.68	0.07
残渣态	54.11	64.98	4.43	29.20	2.72	71.07	769.10	83.71

采用修正的BCR法分析山西大雁煤矿无烟煤中各元素的形态分布特征如下：

Pb元素主要以残渣态形态存在，具体情况为：Pb的残余部分含量(64.98%)>可还原态含量(24.40%)>酸溶解态含量(10.62%)，可氧化态Pb未检出。

Zn元素主要以酸溶解态形态存，具体情况为：Zn的酸溶解态含量(43.35%)>残余部分含量(29.20%)>可氧化态含量(27.46%)；可还原态未检出。

Cu元素主要以残渣态形态存在，具体情况为：Zn的残余部分含量(71.07%)>可氧化态含量(21.46%)>可还原态含量(7.47%)；酸溶解态未检出。

As元素主要以残渣态形态存在，具体情况为：As的残余部分含量(83.71%)>可还原态含量(13.96%)>酸溶解态含量比例(2.25%)>可氧化态含量(0.07%)。

(2) DTPA－5Na盐方法分析结果

DTPA－5Na盐法分析结果数据见表6－21。此批实验数据中As和Pb元素由原子荧光光度计测得，Cu和Zn元素由火焰原子吸收分光光度计测得。

表6－21 DTPA－5Na盐法分析的山西大雁煤矿无烟煤中各元素化学形态特征(含量单位：mg/kg)

	Pb		Zn		Cu		As	
	含量	占总量/%	含量	占总量/%	含量	占总量/%	含量	占总量/%
生物可利用态	0.00	0.00	12.05	75.27	1.71	40.68	0.00	0.00
生物不可利用态	51.77	100.00	3.96	24.73	2.50	59.32	918.72	100.00

采用DTPA－5Na盐法分析山西大雁煤矿无烟煤中各元素的形态分布特征如下：

Pb元素完全以生物不可利用态(100%)存在，生物可利用态含量为零。

Zn元素的生物可利用态占Zn总量的75.27%，生物不可利用态含量比例为24.73%。

Cu元素生物可利用态Cu占Cu总量的40.68%，生物不可利用态含量比例为59.32%。

As元素完全以生物不可利用态(100%)存在，生物可利用态含量为零。

(3) 三态分析方法分析结果

三态法分析结果数据见表6－22。此批实验数据中As和Pb元素由原子荧光光度计测得，Cu和Zn元素由火焰原子吸收分光光度计测得。

表 6－22　三态法分析的山西大雁煤矿原煤中各元素化学形态特征（含量单位：mg/kg）

	Pb		Zn		Cu		As	
	含量	占总量/%	含量	占总量/%	含量	占总量/%	含量	占总量/%
生物易利用态	8.11	9.84	9.54	49.35	0.68	17.08	20.87	2.27
生物可利用态	3.23	3.92	9.19	47.54	0.25	6.29	91.44	9.95
生物不可利用态	71.09	86.24	0.60	3.11	3.05	76.63	806.42	87.78

采用三态法分析山西大雁煤矿无烟煤中各元素的形态分布特征如下：

Pb 元素主要以生物不可利用态形态存在，具体情况为：Pb 的生物不可利用态含量（86.24%）＞生物易利用态含量（9.84%）＞生物可利用态含量（3.92%）。

Zn 元素的生物易利用态含量（49.35%）＞生物可利用态含量（47.54%）＞生物不可利用态含量（3.11%），该元素有较大释放风险。

Cu 元素主要以生物不可利用态形态存在，具体情况为：Cu 元素的生物不可利用态含量（76.63%）＞生物易利用态含量（17.08%）＞生物可利用态含量（6.29%）。

As 元素主要以生物不可利用态形态存在，具体情况为：As 元素的生物不可利用态含量（87.78%）＞生物可利用态含量（9.95%）＞生物易利用态含量（2.27%）。

（4）不同分析方法对煤岩中各元素形态的分析结果比较

原煤中 Pb、Zn、Cu、As 的实验结果如图 6－3。

图 6－3 结果表明，“三态法”与另两种方法在原煤中的分析结果相比，除了 Zn 的情况、Pb 的 BCR 法和 DTPA－5Na 法占总量、Cu 的 DTPA－5Na 法占总量结果较差外，其他元素或量相对误差均在 17%之内（≤16.56%），如表 6－23 所示。

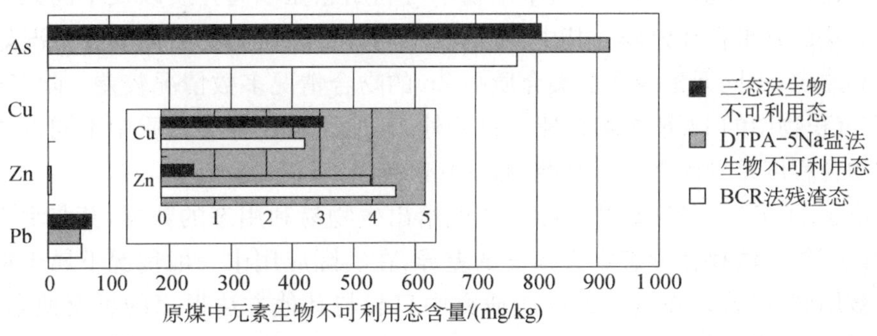

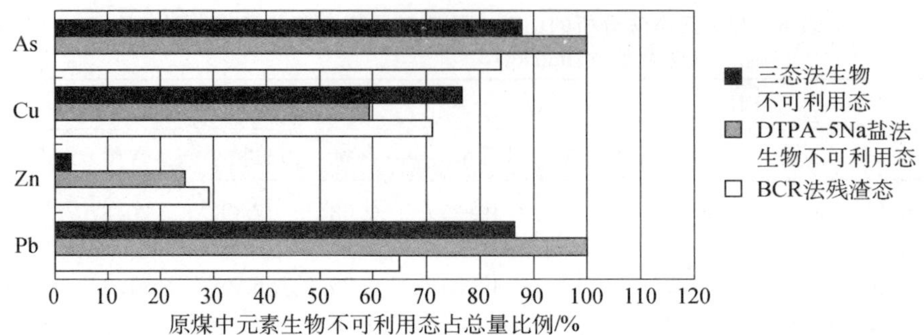

图 6-3 不同分析方法对原煤中痕量金属元素生物不可利用部分含量的分析结果

表 6-23 原煤中的痕量金属修正的 BCR 法、DTPA-5Na 法与“三态法”分析结果间的相对误差(%)

分析方法		元素			
		Pb	Zn	Cu	As
修正的 BCR 法残渣态	含量误差	23.89	638.33	10.82	4.63
	占总量误差	24.65	838.91	7.26	4.64
DTPA-5Na 盐法生物不可利用态	含量误差	27.18	560.00	18.03	13.93
	占总量误差	15.96	695.18	22.59	13.92

6.3.4 痕量金属形态分析“三态法”适用意义讨论

“三态法”分析方法为在 Tessier 连续提取法、BCR 连续提取法基础上改进的痕量金属形态连续分析方法。于当前主流痕量金属形态分析方法中各选一种——连续提取法中选修正的 BCR 法、单一形态提取法中选 DTPA-5Na 法，分别与“三态法”对三种较典型代表性介质——土壤、沉积物、原煤进行比较实验。分别从该法对生物有效态提取的含量、提取量占总量比例角度衡量“三态法”的提取效果。

上述比较情况表明，对介质中生物不可利用态在不同介质以及不同元素间各分析方法的结果存在差异。其中，土壤在不同分析方法间的数据吻合情况好于沉积物和原煤；不同元素间在各类介质中 Zn 的吻合情况多数情况较差。除 Zn 外和 Cu 在沉积物中的 BCR 法吻合情况较差外，其他元素在各类介质中不同方法间的数据吻合程度差异尚在有意义范围之内(误差<25.6%)。

由于 DTPA-5Na 盐法实际上只能给出生物易利用态的数据，其与 BCR 法、“三态法”等方法存在形态定义角度的差异，在实际应用中一般情况下属于特例或较少被用到的情形，在这里的比较研究中只起与其他方法得出的可交换态、酸溶态、生物易利用态间对比作用。而目前在土壤、水沉积物痕量金属形态研究研究中，最常用的方法首推 BCR 法。在“三态法”分析方法中的“生物易利用态”与修正的 BCR 法中的酸溶态相当，为体系中最易为生物吸收利用的金属含量部分，也是有关研究工作中最为关注的内容。该两种方法在不同介质中的“生物易利用态”分析结果如图 6－4 所示。

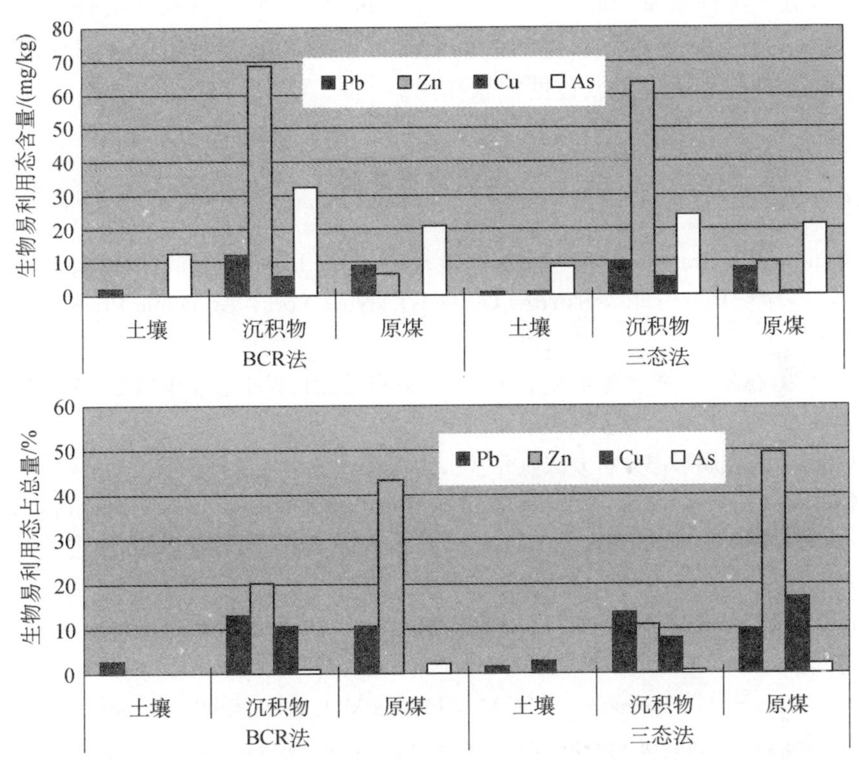

图 6－4　“三态法”与修正的 BCR 法分析的生物易利用态结果比较

图 6－4 表明，由两种方法在不同介质中获得的易被生物利用的金属含量部分的结果总体上有着较好的一致性。各元素“三态法”的生物易利用态含量数据在原煤中比 BCR 法的数据偏高，各元素含量分别高出 BCR 法含量的 0.96%～31.03%；在沉积物中偏低，其含量分别低于 BCR 法含量的 7.52%～25.72%。上述情况表明，两种方法的误差均属正常或相对可接受范围。

在痕量金属形态分析中，就问题的针对性而言最关键的是两部分含量：其一为生物易利用态含量——是污染物生物有效性的直接标志，也是人们最为关注的部分；其二为生物不可利用态含量——是对生物安全的含量部分，其大小可作为污染物生物有效性的间接标志[52]。上述该两部分含量情况在不同方法、不同介质中的比较情况表明，无论是从获得的哪部分含量数据角度，“三态法”分析的结果都是相对的可接受的。

需要说明，由于目前人们能够做到的痕量金属形态分析方法尚停留在操作定义阶段，基于介质中的具体情况和形态问题本身的复杂性，如前所述，在各种方法所得数据间存在差异是不可避免的。上述“三态法”的操作程序以及分析结果表明，与目前主流方法相比这种分析方法具有明显的易操作性和适用性，其是颇有意义和值得进一步探索发展的一个方向。应该说，限于本次研究的实验量和实验精度，其揭示的意义应该远比获得的数据重要。希望其能够对痕量金属形态分析方法的不断改进起方法启示或数据积累作用。

主要参考文献

[1] Stumm W., Brauner P. A. A chemical speciation. In: Chemical Oceanography, Chapter 3 [M]. Riley J. P., Skirrow G. (eds). New York: Academic Press, 1975:173 - 279.

[2] 蔡绪贻，林黎虹. 重金属在水环境中形态分布的随机模拟[J]. 中国地质灾害与防治学报，1997，8(2)：40 - 47.

[3] 周笑怡. 重金属形态分析方法研究[D]. 上海交通大学环境科学与工程学院，2006.

[4] Gleyzes C., Tellier S., Astruc M. Fractionation studies of trace elements in contaminated soils and sediments: a review of sequential extraction procedures [J]. Trends in Analytical Chemistry, 2002, 21(6 - 7):451 - 467.

[5] Das A. K., Chakraborty R., Cervera M. L., et al. Metal speciation in solid matrices [J]. Talanta, 1995, 42(8):1007 - 1030.

[6] Novozamsky I., Lexmond T. H. M., Houba V. J. G. A single extraction procedure of soil for evaluation of uptake of some heavy metals by plants [J]. Int J Environ Anal Chem, 1993, 51:47 - 58.

[7] Griepink B., Maier E. A. The certification of the contents (mass fractions) of Ca, K, Mg, P, S, Zn, I, N and Kjeldahl-N in hay powder [M]. Commission of the European communities Community Bureau of Reference, Applied metrology and chemical analyses, Report, 1989.

[8] Ure A. M., Quevauviller P., Muntau H., et al. Speciation of heavy metals in soils and sediments-An account of the improvement and harmonization of extraction techniques undertaken under the auspices of the BCR of the commission-of-the-european-communities [J]. Int J Environ Anal Chem, 1993, 51(1 - 4):135 - 151.

[9] Mulchi C. L., Adamu C. A., Bell P. F., et al. Residual heavy metal concentrations in sludge-amended coastal plain soils, I. omparison of extractans [J]. Common Soil Sci Plant Anal, 1991, 22(9 - 10):919 - 941.

[10] Lindsay W. L., Norvell W. A. Development of a DTPA soil test for Zn, Fe, Mn and Cu [J]. Soil Sci Soc Am J, 1978, 42:421 - 428.

[11] Melich A. Mehlich 3 soil test extractant, a modification of Mehlich 2 extractant [J].

Comm Soil Sci Plant Anal，1984，15：1409－1416.

[12] Ure A. M.，Thomas P.，Littlejohn D. Ammonium Acetace Extracts and Their Analysis for the Speciation of Metal lons in Soils and Sediments [J]. Int J Environ Anal Chem，1993，51：64－84.

[13] Gupta S. K.，Aten C. Comparison and evalution of extraction media and their suitability in a simple model to predict the biological relevance of heavy metal concentrations in contaminated soil [J]. Int J Anal Chemist，1993，51：25－46.

[14] Juste C.，Solda P. Changes in the cadmium，manganese，nickel and zinc bioavailability of a sewage sludge-treated sandy soil as a result of ammonium-sulfate，acid peat，lime or iron compound addition [J]. Agronomie，1988，8：897－904.

[16] Forstner U. Chemical Methods for Assessing Bioavailable Metals in Sludges [M]，in：Lechsber R.，Davis R. A.，Hermitte PL (Eds.). London：Elsevier，1985.

[15] Tessier A.，Campbell P. G. X.，Bisson M Sequential extraction procedures for the speciation of particulate trace metals [J]. Anal Chem，1979，51：844－851.

[17] Meguellati M.，Robbe D.，Marchandise P.，et al，Heavy Metals in the Environment (C). Proc. Int. Conf. on Heavy Metals in the Environment，Edinburgh：Heidelberg CEP Consultants，1983：1090.

[18] Towner J. V. Studies of chemical extraction techniques used for eluciding the partitioning of trace mentals in sediments [D]. University of Liverpool，1985.

[19] 高彦征，贺纪正，凌婉婷. 湖北省几种土壤的重金属镉、铜形态[J]. 华中农业大学学报，2001，20(2)：143－147.

[20] 孙继敏，文启忠. 黄土与古土壤中重金属的存在状态及风化成土作用对其影响[J]. 土壤学报，1994，3(3)：305－311.

[21] Rauret G.，Rubio R.，Lopez-Sanchez J. F. Optimization of Tessier procedure for metal solid speciation in river sediments [J]. Trends Anal Chem，1989，36：9－83.

[22] Jeffrey R. B.，Hewitt I. J.，Cooper P. Reproducibility of the BCR sequential extraction procedure in a long-term study of the association of heavy metals with soil components in an upland catchment in Scotland [J]. Science of the Total Environment，2005，337：191－205.

[23] Morera M. T.，Eeheverra J. C.，Mazkiarn C.，et al.. Isotherms and sequential extraction procedures for evaluating sorption and distribution of heavy metals in soils [J]. Environmental Pollution，2001，113(2)：135－144.

[24] 黄艺，陈有键，陶澍. 菌根植物根际环境对污染土壤中Cu、Zn、Pb、Cd形态的影响[J]. 应用生态学报，2000，11(3)：431－434.

[25] Rauret G.，Lopez-Sanchez J. F.，Sahuquillo A. et al.. Improvement of the BCR three-step sequential extraction procedure prior to the certification of new sediment and soil reference materials [J] J Environ Monit，1999，1：57－61.

[26] Sahuquillo A., Rigol A., Rauret G. Overview of the use of leaching/extraction tests for risk assessment of trace metals in contaminated soils and sediments [J]. Trends in Analytical Chemistry, 2003,22(3):152-159.

[27] Kaherine F. M., Davidson C. M. Comparison of original and modified BCR sequential extraction procedures for the fractionation of copper, iron, lead, manganese and zinc in soils and sediments [J]. Analytica Chimica Acta, 2003,478:111-118.

[28] Davison W., Zhang H. In situ speciation measurements of trace components in natural waters using thin-film gels [J]. Nature, 1994,367:546-548.

[29] Davison W., Zhang H. In situ measurement of labile species in water and sediments using DGT, In: M. Varney (Ed.), Chemical Sensors in Oceanography [M]. Gordon and Breach, 2001,283-300.

[30] 范洪涛,孙挺,隋殿鹏,等.环境监测中两种原位被动采样技术——薄膜扩散平衡技术和薄膜扩散梯度技术[J].化学通报,2009,72:421-426.

[31] Philibert Jean. One and a Half Century of Diffusion: Fick, Einstein, before and beyond [J]. Diffusion Fundamentals, 2005,2(1):1-10.

[32] Philibert J. One and a Half Century of Diffusion: Fick, Einstein, Before and Beyond [J]. Diffusion Fundamentals, 2006,4(6):1-19.

[33] Li W., Teasdale P. R., Zhang S., et al.. Application of a poly (4-styrenesulfonate) liquid binding layer for measurement of Cu2+ and Cd2+ with the diffusive gradients in thin films technique [J]. Anal Chem, 2003,75(11):2578—2583.

[34] Fan H., Sun T., Li W., et al. Sodium Polyacrylate as a Binding Agent in Diffusive Gradients in Thin-films Technique for the Measurement of Cu2+ and Cd2+ in Waters [J]. Talanta, 2009,79:1228-1232.

[35] Li W., Zhao H., Teasdale P. R. et al. Trace metal speciation measurements in waters by the liquid binding phase DGT device [J]. Talanta, 2005,67:571-578.

[36] Scheckel K., Luxton T., Elbadawy A., Impellitteri C. A., Tolaymat T. Synchrotron Speciation of Silver and Zinc Oxide Nanoparticles Aged in a Kaolin Suspension [J]. Environmental Science & Technology, 2010,44:1307-1312.

[37] Catalano J. G., Huhmann B. L., Luo Y., Mitnick E. H., Slavney A., Giammar D. E. Metal Release and Speciation Changes during Wet Aging of Coal Fly Ashes [J]. Environ Sci Technol, 2012,46:11804-11812.

[38] Bermond A. Limits of sequential extraction procedures re-examined with empHasis on the role of H+ ion reactivity [J]. Analytica Chimica Acta, 2001,445(1):79-88.

[39] Arunachalam J., Ernons H., Krasnodebska B., et al. Sequential extraction studies on homogenized forest soil samples [J]. The Science of the Total Environment, 1996, 181(2):147-159.

[40] Jeffrey L., Howard, Shu J. Sequential extraction analysis of heavy metals using a

chelating agent (NTA) to counteract resorption [J]. Environmental Pollution, 1996, 91(1):89-96.

[41] Shiowatana J., Tantidanai N., Nookabkaew S., et al. A flow system for the determination of metal speciation in soil by sequential extraction [J]. Environment International, 2001,26(5-6):381-387.

[42] Maiz I., Arambarri I., Garcia R., et al. Evaluation of heavy metal availability in polluted soils by two sequential extraction procedures using factor analysis [J]. Environmental Pollution, 2000,110 (1):3-9.

[43] Filip M., Verloo M. G. Single extraction versus sequential extraction for the estimation of heavy metal fractions in reduced and oxidized dredged sediments [J]. Chemical Speciation and Bioavailability, 1999,11 (2):43-51.

[44] Maiz I., Esnaola M. V., Millin E. Evaluation of heavy metal availability in contaminated soils by a short sequential extraction procedure [J]. The Science of the Total Environment, 1997,206(2-3):107-115.

[45] Campos E., Barahona E., Lachica M., et al. A study of the analytical parameters important for the sequential extraction procedure using microwave heating for Pb, Zn and Cu in calcareous soils [J]. Analytica Chimica Acta, 1998,369(3):235-243.

[46] Zhang S. Z., Wang S., Shan X. Q. Effect of sample pretreatment upon the metal speciation sediments by a sequential extraction procedure [J]. Chemical Speciation and Bioavailability, 2001,13(3):69-75.

[47] Breward N., Peachey D. The development of a rapid scheme for the elucidation of the chemical speciation of elements in sediments [J]. The Science of The Total Environment, 1983,29(1-2):155-162.

[48] Noble A. D., Hughes J. C. Sequential fractionation of chromium and nickel from some serpentinite-derived soils from the eastern Transvaal. Soil Sci Plant Nutr, 1991,22: 1963-1973.

[49] AFNOR (Association Francaisede Normalization). Annual Report. Paris: AFNOR 250,1994.

[50] UNICHIM (Ente Nazionale Italiano di Unificazione). Annual Report UNICHIM. Milan: UNICHIM, 1991.

[51] Houba V. J. G., Lexmond T., Novozamski I., Van der Lee J. J. State of the art and future developments in soil analysis for bioavailability assessment [J]. The Science of the Total Environment, 1996,178:21-28.

[52] Zhang H., Zhou X. Y. Speciation Variation of Trace Metals in Coal Gasification and Combustion [J]. Chemical Speciation and Bioavailability, 2009,21(2):93-97.

第7章　痕量金属原生背景与污染叠加含量区分方法研究

本章提出了一种土壤污染研究中痕量金属原生背景含量与后期人为叠加含量间的区分方法。从具体案例着手，通过对具体问题的考察，探索对土壤介质中地球化学原生背景含量与污染含量的界定、区分等问题的解决途径，并阐释和讨论了其解决方法思路。着重介绍了 Hazen 概论格纸区分方法的具体要求和样品数据处理步骤，并通过实例应用研究，对使用该法获得的有关参数的环境意义进行了研究验证和分析讨论。

7.1　研究对象的地球化学原生背景和污染背景

7.1.1　痕量金属元素原生背景与叠加含量区分在污染研究中的作用及研究概况

如前言中所述，自然界各类环境介质中都无例外地存在痕量金属背景含量。在痕量金属污染研究中背景含量的确定是一项不可或缺的重要内容，它是衡量和评价污染的最基本参量。因此，确定研究对象痕量金属原生背景含量是项非常重要的工作，对正确识别乃至防治污染起着至关重要的作用。而这恰恰也是痕量金属污染研究领域的难点。主要原因有如下几个方面：

① 痕量金属背景含量在环境介质中是客观存在的，但人们对各类介质的痕量金属背景数据资料并不都是了解和掌握；

② 在有过背景研究工作的地域，可认为痕量金属背景含量是已知的。但由于痕量金属背景含量本身有着复杂的成因属性，导致这些一定程度上往往是宏观意义上的数据资料对解决具体环境问题常常显得不够确切；

③ 在已经出现或发现污染的地区往往单靠简单的取样、测试等工作已难以取得痕量金属背景含量数据。

由此可见，痕量金属背景含量与污染叠加含量的区分是痕量金属污染研究中的重点也是难点。区分痕量金属背景含量与污染叠加含量在整个痕量金属污染研究中是影响到研究结论的瓶颈问题。特别是在城市痕量金属污染研究中，如何区分原生背景含量与污染叠加含量是一项难度较大而又非常重要的工作，历来是环境科学界的一个重要而棘手的基本课题。

目前，国际环境科学界在处理痕量金属背景问题时多见的是用区域背景含量或同类介质含量间接替代或在近似意义上的论证[1-6]，尚无区分具体环境单元介质中痕量金属背景含量与后期叠加含量的具体方法。有鉴于此，本研究特选取已知其背景含量的土壤及其成土母质的南京市工厂环境单元，对之进行背景含量与人为叠加含量区分方法研究，以探索环境研究中的痕量金属背景含量确定方法。

7.1.2　研究区地球化学原生背景

选取南京铁合金厂为研究对象。如前述，该厂位于南京市北郊、长江南岸，始建于 1960 年。以生产铬合金、钒铁等金属产品为主，占地面积 0.41 km^2，年产铁合金 6 097 t。厂区特征如第 3 章第 4 节所述，是较理想的工厂痕量金属污染研究对象。

该厂厂区岩性为白垩系下统葛村组含砾砂岩，仅在局部地段零星出露，大部分范围为第四系(残坡积、黄棕壤)覆盖，如图 7－1 所示。厂区周围土壤发育较好，均为黄棕壤。本次工作主要采取地表土壤样品，样点均匀分布于整个厂区及其外围约 3 km^2 范围内，如图 7－2 所示。

采样深度为 15～30 cm，样品为 B 层棱柱状、团块状黄棕壤。由于厂区及其周围附近基岩均为葛村组含砾砂岩，在研究区范围尺度内其整个成岩、成土地球化学过程可以认为是一致的，其基岩、土壤中的 Cr 背景含量可认为是相对较均匀的。据江苏省地质矿产研究所的资料，该区基岩中的 Cr 背景含量为 38.0 μg/g[7]。据中国科学院南京土壤研究所杨学义的研究成果，葛村组含砾砂岩为母质的土壤的 Cr 背景值为 68.20 μg/g[8]。

7.1.3　研究区污染背景

南京铁合金厂建厂后，在当时尚无足够环境保护意识和配套设备投入的时代背景下，该厂对周围土壤环境的痕量金属污染叠加可认为是随其生产过程而同时发生的，而且 Cr 是最主要的污染元素。因而，南京铁合金厂土壤中的 Cr 含量是典型的在自然背景含量基础上叠加了人为因素释放含量结果的元素地球化学类型。南京铁合金厂包括 Cr 在内的痕量金属污染目前已体现出了严重的人体毒害效果，又是典型的城市重工业工厂，对城市痕量金属污染研究有着较好的代表性。由此可见，如何根据即时实测数据求得南京铁合金厂土壤背景含量，是对城市痕量金属污染研究有普遍意义的一个方法学课题。

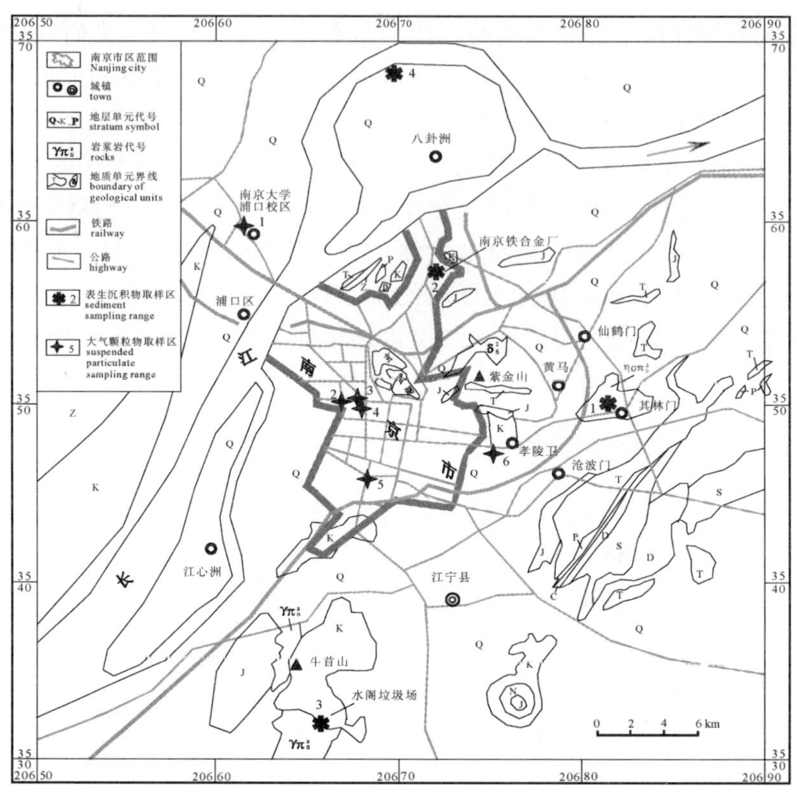

图 7-1 研究区地球化学背景及取样位置(图中 ❋ 2 为工厂单元研究点取样位置)

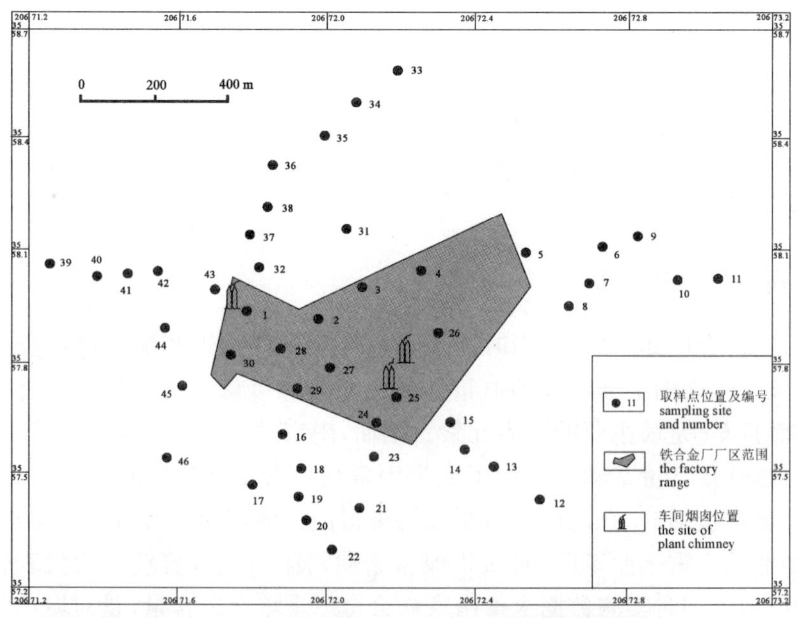

图 7-2 南京铁合金厂厂区范围及土壤取样位置

7.2　区分方法

借鉴地球化学数据处理中 Hazen 概率格纸作图法区分元素成因分布数据集中不同子集的方法思路，将研究区土壤中 Cr 元素背景含量和生产污染叠加含量分别看作两种成因数据集，利用存在于含量数据间的内在联系规律，运用该法对土壤中的背景含量与污染叠加含量进行区分[9]。这即是本研究区分环境介质背景含量的基本思想和依据。

7.2.1　Hazen 概率格纸作图法区分不同属性数据集的前提条件

Hazen 概率格纸作图法区分不同成因数据集方法是地球化学数据处理中的经典方法之一，主要用于成矿作用和其他地质作用的地球化学成因研究中，尤其在内生成矿作用研究方面应用较多，在揭示矿床成因问题中诸如成矿期次、叠加矿化等复杂的元素迁移、沉淀等地球化学机制与规律中常常起非常重要的佐证作用，其可为完善成矿理论、深入认识矿床成因、指导矿产资源勘查及预测提供有力依据。适用于该方法的数据集要符合两个条件，亦即可用于 Hazen 概率格纸区分的有意义数据集必须满足两个前提条件：

① 数据集所包含的子集的数据结构必须满足正态分布规律；

② 该数据集须有一定数目的数据(样本)构成。数据数目越多，区分效果越好。

南京铁合金厂厂区以及其外围土壤中 Cr 含量主要有两个来源：其一为成土过程中从其基岩含量中的继承含量，这部分含量即背景含量；其二为工厂生产过程中排放叠加给土壤的含量，即污染叠加含量；两者有着截然不同的成因属性。如前所述，在该厂及附近范围的空间尺度内，地质作用、成土作用的地球化学过程和效果可以认为是均匀一致的，因而，土壤中上述第一种来源的含量应该服从对数正态分布规律。第二种来源的含量是因生产排放物质在自然营力诸如气流、重力、降水等作用下自然加入土壤形成的，因此，只要样本能有足够的代表性，其也应该符合对数正态分布规律。见图 7－2。

上述这些情况表明，南京铁合金厂土壤中 Cr 含量的构成以及其分布特征和本研究工作所取样本数、样本空间分布均符合 Hazen 概率格纸作图法区分数据集的基本前提条件，用 Hazen 概率格纸作图法区分南京铁合金厂土壤中 Cr 含量数据所包含的数据子集是较合适的。

7.2.2　土壤痕量金属元素含量及 Hazen 概率分布

南京铁合金厂土壤中 Cr 含量特征如表 7－1 所示(表中所列样品的采取、处理和分析测试见第 4 章第 4 节所述)。将该数据集按如下步骤分组、作图和求取有关参数：

表 7-1 南京铁合金厂厂区土壤中 Cr 含量(单位:mg/kg)

样点号	样品名称	含量	样点号	样品名称	含量	样点号	样品名称	含量
1	黄棕色土壤	9 800.00	17	黄色土壤	58.00	33	黄棕色土壤	88.00
2	黑色土壤	562.00	18	黄色土壤	59.00	34	黄棕色土壤	74.00
3	黄棕色土壤	733.00	19	黄色土壤	68.00	35	黄棕色土壤	82.00
4	黄棕色土壤	192.00	20	黄色土壤	81.00	36	黄棕色土壤	376.00
5	黄棕色土壤	95.00	21	黄色土壤	68.00	37	黄棕色土壤	74.00
6	黄棕色土壤	75.00	22	黄色土壤	128.00	38	灰黄色土壤	111.00
7	黄棕色土壤	89.00	23	黄色土壤	85.00	39	黄棕色土壤	82.00
8	黄棕色土壤	58.00	24	黄色土壤	89.00	40	黄棕色土壤	71.00
9	黄棕色土壤	52.00	25	黑色土壤	554.00	41	黄棕色土壤	76.00
10	黄棕色土壤	67.00	26	黑色土壤	491.00	42	黄棕色土壤	143.00
11	砖红色土壤	586.00	27	黄色土壤	474.00	43	黄棕色土壤	99.00
12	砖红色土壤	87.00	28	黑色土壤	558.00	44	黄棕色土壤	120.00
13	黄棕色土壤	69.00	29	黄色土壤	303.00	45	黄棕色土壤	80.00
14	黄棕色土壤	62.00	30	黄色土壤	134.00	46	黄棕色土壤	71.00
15	黄棕色土壤	85.00	31	黄棕色土壤	90.00			
16	黄灰色土壤	66.00	32	黄棕色土壤	100.00			

注:表中样点号与图 7-2 样点相应。

① 将表 7-1 中的含量数据按含量段进行数据分组并统计每组中样品数和计算其在总样本中的出现频率及累积频率;

② 根据①步骤所得累积频率在 Hazen 概率格纸上点出概率曲线并找出与曲线拐点对应的数据(含量值);

③ 以②求得的拐点对应数据为含量界限将原先的数据集分组并分别按①步骤方法计算每组新数据中每项数据在本组中的出现频率和累积频率;

④ 根据③步骤求得的累积频率在图上点出曲线,此曲线即为子集数据之累积概率曲线。

⑤ 据 Hazen 概率曲线规则进行数据和曲线检验并求取有关参量:

设:子集 1 的频率为 f_1,子集 2 的频率为 f_2……

f_1 对应的含量为 P_1,f_2 对应的含量为 P_2……

P_1 等于 P_2 时,对应的 f_1、f_2 的累积样本数各自在总体数据集中的累积频率之和与 P_1 或 P_2($P_1=P_2$)的交点应落在总体数据集概率分布曲线上。

f_1、f_2……等于 50%处的对应含量值(Hazen 概率格纸横坐标数据)即为子集 1、子集 2……的均值。对应于 f_1、f_2……都等于 84.1%与子集 1、子集 2……的累积概率曲线各自的交点含量值与各自均值的差值即为其各子集的标准差,如图 7-3 所示。据所得均值、标准差即可求得各子集变异系数。

7.2.3 土壤痕量金属元素含量的 Hazen 概率参数及其意义

以前述程序和方式处理求得的南京铁合金厂土壤中 Cr 元素有关数据、概率曲线图及参量如表 7-2、图 7-3、表 7-3 所示。

图 7-3 表明，南京铁合金厂土壤中 Cr 含量数据集包含两个不同属性的子集——子集 1、子集 2。也就是说，该厂土壤中的 Cr 含量系由有着不同成因属性的两种含量叠加构成。子集 1 相对于子集 2 均值、变异系数均较小，代表含量较低且分布较均匀的数据集特征；子集 2 则均值相对较大、分布均匀性差，代表含量较高和分布不均的数据集特征。结合前述该厂地球化学背景分析，有理由认为子集 1 代表该厂土壤中 Cr 自然背景成因含量的分布特征，子集 2 代表 Cr 人为污染叠加成因含量的分布特征。据此，由两子集平均含量推算，南京铁合金厂土壤中人为 Cr 污染叠加幅度为其背景含量的 4.4 倍([子集 2 平均含量-子集 1 平均含量]/子集 1 平均含量)。总分布曲线拐点对应含量应为有叠加成因因素的含量与背景含量的界线点，即背景含量。由图 7-3 可见，在南京铁合金厂土壤 Cr 含量中该值为 225 μg/g，由该值在 Cr 含量等值线图上圈出的范围即是该厂 Cr 污染的大致范围，这一范围呈不规则状，其面积大于 3 km^2，沿 290°方位延伸趋势较大，如图 7-4 所示。

表 7-2 南京铁合金厂厂区土壤 Cr 含量 Hazen 概率格纸作图数据(Cr 含量单位:mg/kg)

样品含量	样品数	样品累积数	累积概率/%	子集累积概率/%	样品含量	样品数	样品累积数	累积概率/%	子集累积概率/%
52.00	1	1	2.2	2.8	90.00	1	27	60.0	75.0
58.00	2	3	6.7	8.3	95.00	1	28	62.2	77.8
60.50	2	5	11.1	13.9	99.00	1	29	64.4	80.6
66.50	2	7	15.6	19.4	100.00	1	30	66.7	83.3
68.50	3	10	22.2	27.8	111.00	1	31	68.9	86.1
71.00	2	12	26.7	33.3	128.00	2	33	73.3	91.7
74.00	2	14	31.1	38.9	134.00	1	34	75.6	94.4
75.00	1	15	33.3	41.7	143.00	1	35	77.8	97.2
76.00	1	16	35.6	44.4	192.00	1	36	80.0	100.0
80.00	1	17	37.8	47.2	303.00	1	37	82.2	11.1
81.00	1	18	40.0	50.0	376.00	1	38	84.4	22.2
82.00	2	20	44.4	55.6	482.60	2	40	88.9	44.4
85.00	2	22	48.9	61.1	556.00	2	42	93.3	66.7
87.00	1	23	51.1	63.9	562.00	1	43	95.6	77.8
88.00	1	24	53.3	66.7	586.00	1	44	97.8	88.9
89.00	2	26	57.8	72.2	733.00	1	45	100.0	100.0

注：含量数据中(表 7-1)1 号样点被剔除(含量为 9 800.00 mg/kg)

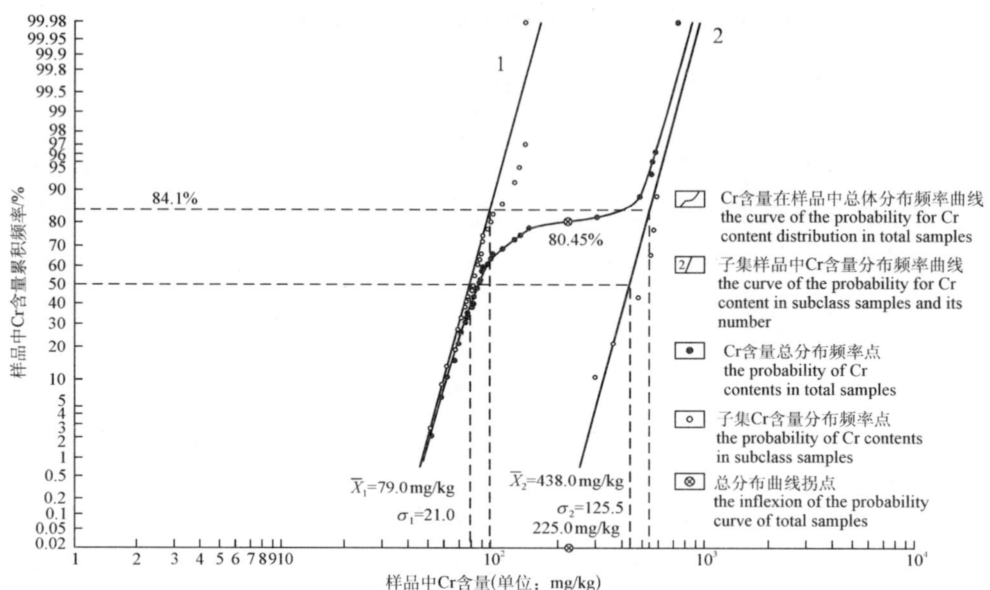

图 7-3　南京铁合金厂厂区土壤中 Cr 含量 Hazen 概论分布曲线

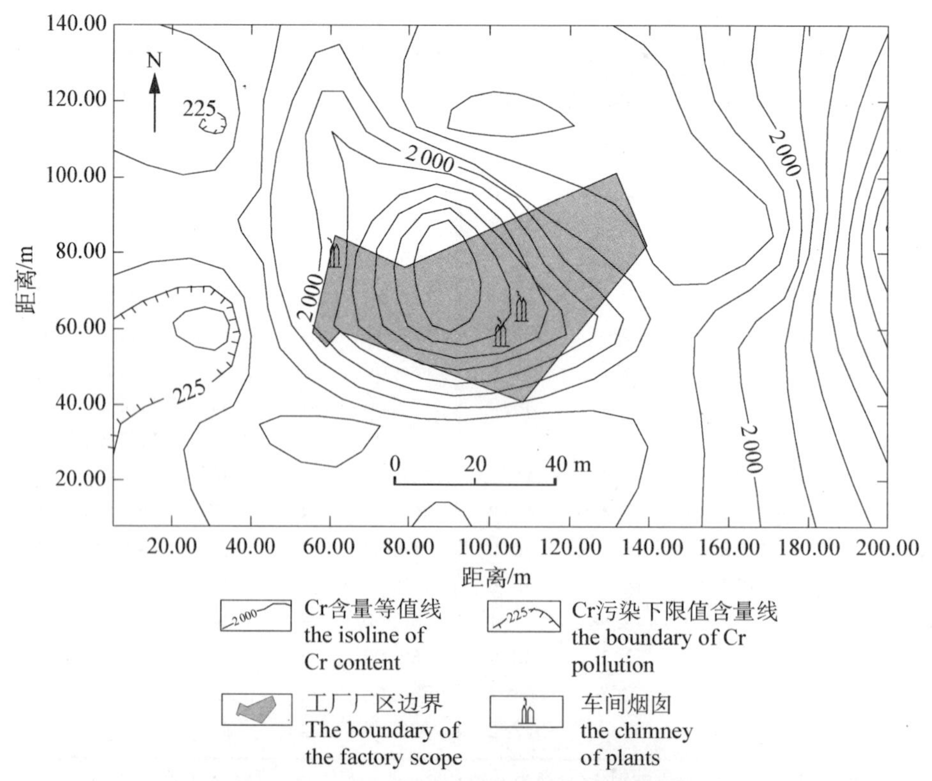

图 7-4　南京铁合金厂厂区土壤中 Cr 含量等值线(含量单位:mg/kg)

表 7-3　南京铁合金厂厂区土壤中 Cr 含量 Hazen 概率分布参数

	拐　点					
	对应含量	对应概率	平均值	标准差	变异系数	说　明
总分布曲线	225.00 mg/kg	80.45%				代表土壤中 Cr 背景含量和人为叠加含量总和的分布特征
子集 1			79.00 mg/kg	21.00	0.27	代表土壤中无污染叠加的 Cr 含量分布特征
子集 2			438.80 mg/kg	125.50	0.29	代表土壤中有人为 Cr 污染叠加后的含量分布特征

注：表中所列参数均系据 Hizen 概率格纸图（见图 7-3）估计值。

7.3　从 Hazen 概率曲线求算的参数和研究区有关背景资料比较讨论

7.3.1　背景含量区分效果讨论

据前人有关工作资料，南京铁合金厂土壤 Cr 背景含量值为 68.20 μg/g。该值的计算依据是以砂砾岩为母质的土壤中的 Cr 含量乘以该岩性地层的 Cr 富集系数，该系数是单一母质土壤中元素含量与多母质土壤中元素含量（亦即土壤区域背景含量）的比值，是杨学义对南京地区土壤与其基岩元素含量关系研究工作的成果[8]。由此可见，该背景值也是区域意义上的含量。而据 Hazen 概率图求得的子集 1 的均值、亦即土壤背景含量为 79.0 μg/g，在此种意义上说，这两个参数已是很接近的。

7.3.2　污染叠加含量的界定效果讨论

如表 7-3 所示，子集 1 的变异系数为 0.27，子集 2 的变异系数为 0.29，由此可以看出该两子集中数据的分布都是相对较均匀的，子集 2 较子集 1 略差。子集 1 代表了大面积沉积地层风化产物元素含量较均匀的内在属性，子集 2 代表了铁合金厂土壤中 Cr 含量主要通过生产车间烟囱排放经由大气传输扩散的成因特征；当地风向对这种扩散有一定影响，导致其数据分布较之沉积地层风化过程中的元素均匀化作用略差。

取总分布曲线上拐点对应含量（225 μg/g）进行 Muller 地积累指数计算（ $I_{geo} = \log_2[Cn/1.5Bn]$ ），得 I_{geo} 值为 1.14，该值落在轻度污染量值区间（1.0～2.0）[10]。

拐点对应含量是含叠加含量的含量与原始背景含量的界线点——背景含量，意味着从这一含量开始的所有大于该值的含量均包含人为叠加含量在内，也就是污染叠加的界限，而据此数值计算得出的 Muller 污染指数的含义与这种情况是符合的。

综上所述，用由 Hazen 概率曲线得出的有关背景参数解释元素在环境介质中的迁移、分配乃至影响因素的作用是合适的，每项参数的成因意义是明确的，符合当地自然过程的客观实际。因此，可以认为用 Hazen 概率格纸作图法区分环境介质背景含量与人为叠加含量是种可行的思路和方法，在环境科研实践中会发挥其积极、甚至是重要的作用。

主要参考文献

[1] Nickson R., Mcarthur J., Burgess W., et al.. Arsenic poisoning of Bangladesh groundwater [J]. Nature, 1998,395:338.

[2] Nickson R. T., McArthur J. M., Ravenscroft P. Burgess W. G., et al.. Mechanism of arsenic release to groundwater, Bangladesh and West Bengal [J]. Applied Geochemistry, 2000,15:403 - 413.

[3] House W. A., Denison F. H., Warwick M. S., et al.. Dissolution of silica and the development of concentration profiles in freshwater sediments [J]. Applied Geochemistry, 2000,15:425 - 438.

[4] Carrillo A., Drever J. I. Adsorption of arsenic by natural aquifer material in the San Antomio - EI Triunfo mining area, Baja California, Mexico [J]. Environmental Geology, 1998,35:251 - 257.

[5] Adrienne C. L., Rasmussen P. E. An overview of trace metals in the environment, from mobilization to remediation [J]. Environmental Geology, 1998,33:85 - 91.

[6] Godgul G. Chromium contamination from chromite mine [J]. Environmental Geology, 1995,25:251 - 257.

[7] 江苏省地质矿产研究所. 江苏省 1：20 万地球化图说明书[M]. 南京：江苏省地质矿产局出版，1988.

[8] 杨学义. 环境中若干元素地自然背景值及研究方法：南京地区土壤背景值与母质的关系[C]. 中国科学院出版(中科院环境背景值学术交流会论文文集)，1982，16 - 20.

[9] Sinclair A. J. Applications of probability graphs in mineral exploration [M]. The Association of Exploration Geochemists, Richmond B C Canada: Richmond Printers Ltd, 1976:1 - 95.

[10] Muller G. Index of geoaccumulation in sediments of the Rhine Rive [J]. Geojournal, 1969,2(3):108 - 118.

第 8 章　主要研究结论

本章归纳和介绍了本次研究的主要研究认识与结论。包括痕量金属的区域性环境行为及污染、现代城市环境痕量金属的行为及污染、痕量金属污染研究方法的改进探索等；指出了研究中发现与已有传统认识不一致或不相符的现象与问题，以利进一步深入工作；分析介绍了对本次工作存在的不足或问题。

本研究通过对区域性痕量金属污染与城市痕量金属污染的典型实际案例研究，结合有关模拟实验和对研究工作的方法学探索，分别对自然成因和人为成因两类痕量金属污染的污染元素环境行为、分布规律、污染特征和成因机制以及研究方法进行了分析对比和讨论。由具体研究内容和工作所证实、揭示或推演得出的规律性事实已分别在具体章节中给予了阐述和总结，为了进一步体现本次研究工作的主体思路与污染问题间的内在关联，特将其主要研究认识系统归纳、介绍如下：

8.1　区域性痕量金属的环境行为及污染

8.1.1　本研究案例土壤、地下水中的痕量金属及污染

河套地区区域性 As 等痕量金属污染以及人群中毒系元素从高背景区向低含量区迁移成因，其迁移过程受到了当地人类矿业活动的显著影响，是典型的受人类矿业活动影响、促进的自然成因环境污染案例。其最主要标志为：

① As、Zn、Pb、Cu、Sb 等元素在河套地区土壤、地下水及当地居民头发中的含量从上游元素含量高背景区向下游都表现为由高向低缓慢递减的变化规律，三种介质中的含量存在非常明显的正相关关系。从研究区上游阴山山前向下游至 44 km 黄河北岸处各元素含量变化（AA' 剖面）如下（含量单位：mg/kg）：

土壤中：As 15.00～6.10，Zn 75.00～41.00，Pb 26.00～15.00，Cu 37.00～10.00，Sb 0.60～0.50；

潜水中：As 0.236～0.005，Zn 0.049～0.042，Pb 0.026～0.006，Cu 0.021～

0.012，Sb 0.005 2～0.003 0；

头发中：As 0.006～0.004，Pb 12.500～10.300，Cu 11.300～8.430。

在上游未发育高含量异常带的 Hg、Mo、Bi 等元素，其在下游土壤中含量没有明显趋势变化规律。

② 土壤中 As、Zn、Pb、Cu、Sb 等痕量金属元素的有效态含量从上游向下游都出现了明显的缓慢递减现象。从研究区上游阴山山前向下游至 72 km 处各元素有效态含量变化（AA' 剖面）如下：

As 27.32%～6.67%，Zn 20.32%～24.16%，Pb 31.82%～16.67%，Cu 30.27%～22.01%。

③ Sr、Pb 同位素各自比值的规律性变化表明，潜水中的元素成分及含量变化明显受上游风化物质及其迁移影响，污染区或人群病变区潜水已受到了上游矿田水或上游富含污染元素风化物质的地表水的明显混染，混染程度自上游山前矿区沿流水方向（145°方位）向远离矿区及高背景区方向逐渐减弱。

8.1.2　区域性痕量金属污染的成因机制及其在相关介质中的行为

本次研究中，痕量金属元素的空间分布以及含量变化规律表明，潜水中及土壤中的 As、Zn、Pb、Cu、Sb 等痕量金属元素高含量区都较集中地出现在上游开采史较长的大型 Cu、Zn、Pb、S 等矿床附近。当地人群中毒发病率及病情严重程度与上述元素含量分布明显相应。

区域性痕量金属污染是元素地球化学循环引起的自然现象，是元素分配朝向均一化方向发展的必然趋势，有着强大的自然惯性。这种现象发生的前提条件是痕量金属元素含量不同地带存在显著差异，高含量带位于当地潜水流向的上游，为区域水文地质补给区，低含量带位于潜水流向下游，为区域水文地质排泄区。潜水的自然流动和自然界物质分配在其趋于均一发展方向上的演化进程是区域性痕量金属污染形成的基本机制。其中水溶液是这一机制不可缺少的作用媒介。水溶液的成分和物理化学条件（对地表降水主要是 pH 值）是易受人工活动影响的变化因素，它对区域性痕量金属污染的污染强度、扩散范围有重要影响。区域性痕量金属污染分别在污染区土壤、地下水和生物体内会出现与在上述机制作用过程相应的污染元素含量变化规律，这种规律即是污染过程的客观物质记录的体现。

8.2　现代城市环境痕量金属的行为及污染

城市痕量金属污染是人为因素影响下痕量金属元素向自然环境叠加的环境现象，完全是由于人工活动引起的。金属物质从其原料的最初始冶炼加工到产品的制作、使用乃至消耗和磨损，主要过程都发生在城市。现代城市的大规模现代化生产和高质量生活，更使这种过程以空前的速度和数量发生。因此，在人为痕量金属污染中，城市是最主要的污染源。

城市土壤是城市痕量金属污染的记录载体，由于源体的纷繁复杂其污染特征亦各具特色，一般仅反映局部情况。下游江河河水及其沉积物中的痕量金属含量变化和城市大气颗粒物中痕量金属含量特征是城市痕量金属污染过程及效果的间接、综合物质记录，可反映城市痕量金属污染的总体现状和趋势。通过这些记录，可反演或追溯污染源体向环境排放污染物的历程和特征。其变化是城市痕量金属污染趋势的综合反映。作为城市具体污染源直接记录的土壤痕量金属污染一般都具有污染强度大、分布范围相对局限和与污染源体存在鲜明对应的特点，它是认识城市痕量金属污染污染机制和环境效应、深入评价城市痕量金属污染的关键性标志。

本研究各城市环境单元痕量金属及其污染特征分述如下。

8.2.1 城市河流痕量金属的行为及污染

8.2.1.1 上海苏州河 PCBs、痕量金属的行为及污染

在对苏州河的痕量金属污染研究中，一并对沉积物中 PCBs 的含量进行了研究。上海苏州河 PCBs、痕量金属及污染情况如下：

(1) 苏州河表层沉积物中 PCBs 的分布及演化

苏州河市区段表层沉积物中 PCBs 的含量范围为 $4.4\times10^{-9}\sim14.8\times10^{-9}$，尚未达到污染水平，但有随时间逐渐上升的趋势。PCBs 的含量呈现出明显的变化规律，即随着远离沿岸工业污染源的距离的增加，沉积物中 PCBs 的浓度呈下降趋势。

(2) 苏州河水-沉积物体系中痕量金属的含量分布及演化

在本项研究工作进行时段，苏州河痕量金属污染以 Zn、Hg、Cd 较为突出，尤其是悬浮物和表层沉积物中富集了大量痕量金属元素，是目前苏州河痕量金属污染的重要隐患之一。

河水相中 As、Hg、Cd 污染较为严重，均已超出Ⅲ类国家地表水水质标准，超标率为百分之百。其中，以 Cd 污染最为严重。与我国其他城市水体的痕量金属含量相比，苏州河水中 As、Hg 和 Cd 含量较高，Pb 浓度较低。痕量金属元素 As、Hg、Cd 和 Pb 在沿程各采样点的总量分布不是十分均匀，但上海油脂厂段至乌镇路桥段沿程痕量金属(除 Hg 外)含量相对较高。该区段曾经为工业集中区，而且人口密集，大量工业和生活废水的排入是苏州河目前的现象的主要原因。

苏州河河水中 As、Hg、Cd 和 Pb 主要以水溶态形式存在，其大部分会随水流汇入黄浦江，其中 Cd 的影响范围最广，对下游的累积贡献较大。粗略估计，苏州河

对黄浦江的痕量金属沉积量为：Pb 0.457 t/a，Cd 0.115 t/a，As 1.749 t/a，Hg 0.048 t/a，Zn 24 t/a。苏州河水载带的痕量金属是黄浦江痕量金属的重要来源，严重影响着黄浦江的水质状况。悬浮物和沉积物中 Hg 的累积程度最高，其次是 As；Cd 累积程度最小。累积于沉积物中的 Hg 在河水浓度较低时或其他环境条件改变时有可能释放出来，对水体形成二次污染，是苏州河痕量金属污染的重要隐患之一。

悬浮物中除 Pb 外，其他痕量金属含量均较高，各元素的含量范围分别为：Cd 3.19～16.39 mg/kg，As 4.55～6.34 mg/kg，Hg 0.465～1.627 mg/kg，Zn 753.49～2 889.34 mg/kg。Zn、Cd 和 Hg 的分布均与沿岸工业分布情况相应，其中支流彭越浦河对苏州河的 As 污染影响较大。

悬浮物和表层沉积物中痕量金属的含量呈现出良好的相关性，痕量金属含量和形态分布也具有明显的相关关系，说明悬浮物和沉积物在苏州河水动力情况和环境条件下痕量金属元素迁移、转化存在内在依存关系。除 Pb 和 As 外，其他痕量金属元素在悬浮物中的含量都高于沉积物中的含量，说明目前尚存在重要的痕量金属源因素在影响苏州河的水质演化，这部分金属一部分随河水汇入黄浦江会对下游水体造成污染，另一部分一定条件下将沉降进入沉积物体系引起污染叠加。

苏州河沉积物中 Pb、Zn、As 的铁锰氧化物态占主导地位，在氧化还原电位降低或水体缺氧时容易从沉积物中释放出来，造成对水体的二次污染。Cd 主要以可交换态和碳酸盐态形式存在，说明沉积物中 Cd 的可移动性和生物活性较高，具有较高的潜在生态危害可能。悬浮物中各种金属以残渣态为主要存在形式；有机态是除残渣态以外含量较高的形态，其中以 Cd 和 Cu 含量最高；碳酸盐态金属含量较低；铁锰氧化物态以 Zn 含量较高；可交换态和碳酸盐态中以 Cd 的聚集能力最强，迁移性和生物效应较大。与沉积物相比，悬浮物中大部分金属的可交换态，碳酸盐态和铁锰氧化物态三种形态所占的比例都较低，尤其是铁锰氧化物结合态，下降比例很大，而残渣态的比例则明显较高。这可能是悬浮物在与水体作用过程中，向水体释放痕量金属元素，并在长期固液作用、沉积作用中较复杂的地球化学过程所致。

(3) 关于苏州河沉积物中痕量金属污染及其演化的认识

苏州河沉积物中的痕量金属呈现出表层和底层含量稍低，而中部含量较高的现象。这说明苏州河早期痕量金属浓度较低，随着沿岸工业和城市化的发展，含大量痕量金属的废水被排入苏州河，致使痕量金属污染物一直以累积过程为主，逐步形成高浓度的底质污染。在外源污染得到控制之后，苏州河痕量金属的浓度逐渐降低，沉积于沉积物中的痕量金属的含量也相应呈下降趋势，尤其是 Hg、Cu、As 目前在接近表层沉积物段的含量仍然处于下降趋势，说明其外源污染得到了有效控制。而在上海油脂厂段 Zn 和 Pb 的含量在接近表层的过程当中，又在逐渐升高，说明在近期苏州河仍然存在 Zn 和 Pb 的污染因素。

依据地累积指数法和潜在生态污染指数法对苏州河沉积物中痕量金属污染的初步评价，各金属元素的污染程度不同，目前苏州河主要的污染元素为 Cd 和 Hg，应引起高度重视。市区段沿程以中华新路桥一带痕量金属污染最为严重，上海油脂厂一带受污染为中等程度，江南造纸厂和乌镇路桥附近则为轻度污染，污染与沿岸工业分布特征表现出一定的相应关系。同时，苏州河支流（彭越浦河）痕量金属污染较为严重，对苏州河痕量金属污染有重要贡献。

8.2.1.2　上海黄浦江痕量金属的行为及污染

上海黄浦江经历了严重污染及漫长的治理阶段，随着治理力度的不断加大，成效日渐明显。但也出现了新的问题，需要高度重视。黄浦江江水及沉积物中痕量金属、PAHs 及有关指标含量及变化情况数据表明，当前痕量金属污染已得到有效削减和抑制，而有机污染物呈增高趋势。情况如下（参见表 8－1、表 8－2、表 8－3）：

表 8－1　痕量金属元素在黄浦江江水中的含量及有关标准值(μg/L)

元素	标准值[a]	标准值[b]	黄浦江水中的含量（8 件样品均值）
Cu	1 000	13	60.45
Pb	50	65	9.56
Cd	5	2.0	0.12
Cr^{6+}	50	16	8.75（总 Cr）
Hg	0.1	1.4	0.31
COD_{Cr}	15 000		20 000～30 000

[a] 国家环保局 2002 年制订地表 3 类水标准/Surface water criterion level 3 established by China Environmental Protection Ministry at 2002[1].

[b] 美国环保局地表淡水标准/Fresh water criterion established by US EPA at 2006[2].

表 8－2　痕量金属元素在流经城市或工业区河流沉积物中的含量及有关标准值(mg/kg)

	Cu	Pb	Cr	Cd	Hg
Sydney 港（加拿大，流经工业区及城市）	19.0～110.0	25.5～408.0	47.0～86.0	0.16～0.94	0.09～0.48
Seine 河（法国，流经巴黎）	98.0	107.0	12.0	0.42	
沙河（流经成都市）	95.71	65.29		0.543	0.283
黄河河口（流经工业区）	6.7～56.9	13.2～38.1	33.7～88.8		
黄浦江（流经上海市）	33.43	24.75	77.23	0.36	0.22
标准值[a]	390	450	260	5.1	0.41

[a] 美国沉积物中痕量金属含量标准，2006 年/Sediment Standard，US 2006[7]

表 8-3 PAHs 和 TOC 在一些国家河流沉积物中的浓度

		PAHs/(ng/g)	TOC/%	参考文献
美国	Mill 河(流经 Connecticut 州中部)	590～39 000		[3]
加拿大	Sydney 港(流经工业区)	4 770～246 400	2.91～12.13	[4]
中国	珍珠河口(流经珠三角工业区)	93.8～4 307.0		[5]
	珠江(流经工业区)	255.9～16 670.3		[6]
	黄浦江(流经城市及工业区)	1 256.13	1.341	Studied area of this paper

本次研究时段的数据显示,黄浦江有机污染正随着生活废水的增加而加重。尽管与美国、加拿大等国以及我国的有关河流相比含量较低,但有机污染加重趋势的出现给上海的水环境污染防治指出了问题,同时这也是世界都市河流环境保护中都需要警醒和重视的方面。

上海黄浦江沉积物中有机物含量特征的变化趋势,佐证了黄浦江有机污染趋于加重的事实。沉积物样品的 PAHs 均值为 1.26 mg/kg、TOC 均值为 1.34%。目前 PAHs、TOC 在黄浦江中的含量尚低于美国、加拿大等国家河水中含量水平,但这些有机污染的主要指示参数的变化[8, 9],隐喻着黄浦江有机污染已出现正在渐加重迹象。黄浦江 P 监测数据也表明,河水中的总磷变化与居民生活废水排入量变化相应呈一致变化趋势,表明有机污染物在黄浦江呈增高趋势主要与居民生活排污有关。这些现象须予重视。

8.2.1.3 长江南京段痕量金属的行为及污染

痕量金属污染过程在城市水体沉积物中除了含量反映外,还具有对含量随时间发展演化特征的记录意义。水体系中痕量金属元素的总含量、形态含量是该类污染形成和发展演化中的关键因素,亦即水的参与和水对元素的溶解是基本前提。污染物质向环境(水)释放痕量金属与进入水中的痕量金属元素再进入沉积相是沉积物中污染形成的两个基本环节。

长江南京段现代滩涂痕量金属元素在同一沉积平面上含量分布随离岸距离没有明显变化。在沉积纵剖面上,按沉积顺序由老到新沉积物中痕量金属元素含量呈由低到高含量递增变化趋势。江水中痕量金属元素含量变化是沉积物中含量变化的主导因素,目前长江南京段江水中痕量金属元素含量呈增长趋势或长江现代沉积物中痕量金属元素含量呈日趋增高的发展趋势是上游源体排入长江的痕量金属量不断增加的反映。在紧临南京市的南京市下游现代沉积物(八卦洲滩涂)中痕量金属的这种明显的含量变化,足以说明南京市的痕量金属污染近些年来是日趋加重的。据此，目前长江南京段江水中痕量金属元素含量近年来呈增加趋势的这种势头正在发展。南京八卦洲长江现代沉积物中各元素沉积叠加速率如下（单位 $mg \cdot kg^{-1} \cdot cm^{-1}$）：Cu 为 0.083、Pb 为 0.067、Cd 为 0.004、Sb 为 0.025、Hg 为 0.000 6、Co 为 0.05、Ni 为 0.067、Cr 为 0.217。

8.2.2　城市湖泊痕量金属的行为及污染

湖泊沉积物中的污染物质是水体中污染物质随颗粒物质沉积以及被沉积物吸附后的储蓄。相对于河流，湖泊是较稳定的沉积环境，其可较好地保留人类活动对自然环境干扰的物质记录。上海淀山湖沉积物中痕量金属的主要来源是人类的生产、生活活动。氮、磷、有机碳、有机氯农药等与痕量金属在淀山湖沉积物中的含量变化间存在的明显耦合关系，其是人为活动对自然环境影响的客观记录与证据，这些物质的非正常输入已对自然界水、沉积物乃至其中的生物间的正常物质交换循环形成了干扰。人类为发展工业和改善生活大量使用金属、有机物和人造化学品，为提高作物产量持续大量施用农药和化肥，这些情况最终导致自然体系中有关物质的积累以至形成污染，严重影响生态系统的质量。上述沉积物中氮、磷、有机碳、农药等由人类生产、生活输入自然环境中的物质的变化与痕量金属含量变化趋势明显相关的事实说明，痕量金属在城市自然环境中的含量与人类活动密切相关。

近十几年来，上海的环境保护投入力度不断加大，工业废水直接排放量逐渐减少，达标率也日益上升，但值得重视的是沉积物中痕量金属、氮、磷、有机碳等污染物含量并没有明显降低。这除了与水与沉积物之间复杂的交换作用影响有关外，可能与污染物排放总量的增加以及物质沉积滞后效应有关。依据上述情况，初步推断痕量金属等污染物对淀山湖水体（水、水沉积物）的污染趋势在短期内不会出现明显下降趋势，尚需要深入研究和应对。有关本次研究工作对淀山湖的痕量金属和氮、磷、有机碳、有机氯农药等的行为及污染研究认识分述如下：

8.2.2.1　上海淀山湖痕量金属元素分布、污染及时空变化

城市湖泊沉积物是水体污染物的蓄积库，记录、保存了城市不同历史时期的污染状况。沉积物中的痕量金属在环境条件变化时还可能重新释放造成“二次污染”。本研究基于湖泊沉积记录的环境质量演化研究，对淀山湖及其周边环境痕量金属污染演化趋势主要有以下认识：

淀山湖沉积物中痕量金属元素 Cu、Cd、Cr、Pb、Hg、As 的含量范围分别为 16.012～60.731 mg/kg、0.119～4.532 mg/kg、10.474～57.831 mg/kg、33.972～83.710 mg/kg、43.088～145.658 μg/kg、4.473～15.281 mg/kg，其中 Cd 和 Pb 含量高于周边湖泊，并分别超出国家有关环境质量标准。

痕量金属垂向分布趋势显示，元素 Cu、Cr、Pb、Hg 的含量都随沉积深度的减

小而递增，元素含量的最大值大部分都分布在沉积柱的表层或上部，最小值则分布在沉积柱的底部或下部。元素 Cd 和 As 的含量随深度的变化较大。不同样点的变化规律虽然有所差异，但几乎所有元素在沉积柱的 0～5 cm 段(大致相当于 1994 年以后)都呈现出明显随深度减小而递增的趋势，多数元素的递增速率较快。由此可以初步判断，在此期间淀山湖受到外源污染的影响，痕量金属污染在加剧。综合各样点沉积物间的相关性结果分析，大部分样点沉积物中 Cd 元素与其他元素之间无相关，表明 Cd 元素可能存在不同于其他元素的来源。

地积累指数法对淀山湖沉积物中痕量金属潜在生态风险的评价结果显示，元素 Cu、Cr、Hg 和 As 尚处于无污染水平，元素 Pb 和 Cd 则出现不同程度的污染。与含量变化相应，Cd 和 Pb 的污染指数呈现随沉积深度减小而递增的趋势，表明近几十年来沉积物中 Cd 和 Pb 的污染程度逐渐加重，这种趋势在 9 cm 以上(大致相当于 1984 年以后)的表层沉积物中尤为显著。

淀山湖沉积物各元素的形态比例分布为：

沉积物中 As 主要以不可利用态存在(85.46%)，有效态(酸溶态)和潜在有效态(可还原态与可氧化态)所占比例较低，对环境的潜在危害较小。Pb 元素主要以潜在有效态(83.28%)存在，不可利用态和有效态的比例较小，Pb 的有效态比例随深度的减少呈现增大的趋势，对环境存在着潜在的危害。Cu 元素也主要以潜在有效态(45.63%)存在，并且在 10 cm 以上存在明显的递增趋势，有效态的比例为 12.72%，也随深度的减少而递增，因而铜元素对环境存在的潜在危害比较大。次生相与原生相分布比值法分析结果表明，As 虽然尚未达到污染程度，但污染有逐渐加重的趋势；Cu 属于轻度污染情况且污染程度亦呈明显的逐渐加重趋势；Pb 属于重度污染情况，但污染趋势随时间在逐渐减弱；由于铅污染程度较重，在较长一段时间内其对淀山湖水质存在较大的潜在生态风险。

本次研究发现，淀山湖沉积物中 As、Pb、Cu 的弱酸提取态随深度的减小呈递增趋势，而可还原态和可氧化态的和较为稳定，表明此两态间可能存在着转化作用；As 和 Pb 的残余态是随深度的减小呈增加趋势的，而 Cu 则出现了减小变化趋势。沉积物中氧化还原电位的变化是导致元素在不同形态间转化的可能原因。

8.2.2.2 淀山湖痕量金属元素与 N、P、C 及农药等在沉积物中的含量耦合关系及意义

1) 淀山湖的 N 含量及演化

本研究通过对淀山湖沉积物中氮元素含量的测定，以及结合其他已有营养物质的数据资料，对淀山湖富营养化历史及状态进行了研究讨论，得出的主要认识如下：

淀山湖沉积物中总氮(TN)含量范围在两个取样点分别为 1.141～3.804 mg/g 以及 0.437～2.753 mg/g，含量变化趋势不同取样点情况几乎完全相同。最大值

出现在表层，达到了 2.753 mg/g。沉积物中 TN 含量的变化趋势是随着沉积深度的加深而降低的。按照淀山湖沉积速率约为 4 mm/a 来推算[10]，在 1960—1980 年期间，氮元素含量总体变化不大，呈缓慢增长状态；国家改革开放以后(1980 年后)，在周围城市经济、工业、农业、渔业等迅猛发展的同时，造成了淀山湖中氮元素输入量的激增；至 90 年代末期，湖泊中总氮含量开始呈下降的趋势。这可能与在人们开始意识到环境问题的严重性情况下，在发展经济的同时关注了环境保护，以至减少了营养物质向淀山湖的排放有关。

氮形态研究结果显示，95%以上的总氮以有机态氮形态存在，主要为富集在生物体内的氮。无机态氮部分中，NH_4^+ - N 占较大比例，可能与阳离子容易被体系中胶体吸附有关；相对的，NO_3^- - N 由于以阴离子形态存在，较少被胶体吸附因而易随水体冲刷而流失，随着沉积物深度的加大无明显变化趋势且含量极低，只在表层沉积物中含量较其他部分略高。总氮与铵态氮、有机态氮的相关性表明，总氮与铵态氮、有机氮含量之间均相关性较好，但与有机态氮含量的相关性比铵态氮的要明显得多，可见淀山湖氮元素的积聚可能主要是有机态氮的积聚，其次是铵态氮。与总氮含量走势相比，铵态氮与有机态氮的含量随沉积深度的加深而逐渐减少，与总氮趋势相同；而硝态氮含量除在表层——沉积物-水体临界层含量较高外，其余含量均很低且基本无明显变化。说明沉积物中总氮含量受铵态氮和无机态氮的影响较大，受硝态氮含量的影响较小。

氮元素含量趋势与上海的农业总产值指数变化趋势比较，随着农业的发展与化肥等农用物质用量的不断增多，淀山湖中氮元素含量也同步增大。说明人类行为正在不断地改变着淀山湖的自然发展进程和加速淀山湖富营养化的脚步。随着科学技术的发展，以及国家、人民对环境保护意识的增强，近几年，淀山湖中氮元素含量急剧增长的趋势有所放缓；淀山湖富营养化发生发展的主要因素是其周边人类活动所产生的影响，加强对淀山湖的环境保护意识并同时注意减少营养物质、污染物质向湖泊的排放，并及时对已形成的污染进行治理，是淀山湖水质保护的一项长期而重要的任务。

2) 淀山湖的 P 含量及演化

城市湖泊受经济建设的影响，水质会发生变化而加速湖泊的富营养化进程。本次研究工作基于柱状沉积物对环境中物质的沉积记录，探讨了磷及其污染在淀山湖的演化趋势和形态转化的生态学意义，主要有如下认识：

淀山湖 0～25 cm 深度沉积物磷含量范围为 0.277 6～0.519 7 mg/g，平均值 0.333 5 mg/g，最表层沉积物中已达到 0.519 7 mg/g。与我国一些类似湖泊沉积物总磷含量及其富营养化程度对比，目前淀山湖沉积物总磷含量正逐渐接近富营养化湖泊的沉积物含磷水平。其特征表明，从解放初期至今淀山湖磷含量经历了一个先缓慢而有波动性地增加，到逐渐稳定，再到最后近十几年来急剧上升的变化历程。这些情况警示人们，若不能人为采取相关措施减缓总磷含量的急剧上升情形，在未来一段几年或再长一点的时间内，淀山湖可能会出现较严重的富营养化现象。

淀山湖沉积物各形态磷含量情况如下：

易溶性磷含量为 0.000 755～0.003 229 mg/g，占总磷比例约 1%；铁铝结合态磷含量为 0.434 4～0.067 16 mg/g，约占总磷含量的 15%；闭蓄态磷含量范围为 0.097 3～0.124 7 mg/g，约占总磷含量的 33%，是无机磷中所占比例最大的形态；自生钙结合磷含量范围为 0.015 30～0.044 07 mg/g，约占总磷含量的 7%；碎屑钙结合磷含量范围为 0.045 58～0.181 7 mg/g，约占总磷含量的 21%；有机态磷含量范围为 0.645 2～0.907 0 mg/g，约占总磷含量的 23%。与我国长江流域其他浅水湖泊沉积物中有机磷含量相比，属于较低的情形。淀山湖沉积物中除闭蓄态磷含量随深度加深先减少后增加之外，其他形态磷均呈现出不同程度的随深度加深含量降低的变化趋势，和总磷变化趋势大体一致。其中，可交换态磷和有机磷变化较缓，而铁铝结合态磷、自生钙磷和碎屑钙磷在沉积物浅层段（0～5 cm）均呈现出随深度减小急剧增加的趋势。易交换态磷、铁铝结合态和有机态磷含量百分比在浅层沉积段较小，可能与其受水体扰动影响向水中释放而成为可溶性磷有关。闭蓄态磷含量随深度变化趋势不明显，而其百分含量的变化则呈现出随深度加深而增大的趋势，说明随时间推移和磷沉积过程的发展，淀山湖沉积物中稳定的闭蓄态磷有向其他形态转化的可能。

沉积物各形态磷按其与总磷相关性大小排序依次为：碎屑钙结合态磷/De－P＞自生钙结合态磷/ACa－P＞铁铝结合态磷/Fe/Al－P＞有机磷/Or－P＞易溶性磷/Ex－P＞闭蓄态磷/Oc－P。淀山湖沉积物中磷的积累主要于无机磷的积累有关，其中钙结合磷所占比例最大，其次为铁铝结合态磷。有机磷是影响沉积物磷积累不可忽视的因素之一。易交换态磷和铁、铝、钙结合态磷间均存在一定的相关性；易交换态磷与有机态磷之间的相关性也较明显，闭蓄态磷和其他形态磷之间相关性不明显。

沉积物总有机碳与沉积物自生钙磷、有机磷之间均存在较明显的相关性。

自生钙磷与有机磷之间的显著相关在一定程度上说明了淀山湖沉积物中的有机磷主要来自湖泊自身的生命物质，人为输入并不明显。解放初期至改革开放前，上海工农业总产值增长速度均较为缓慢，改革开放以后工农业发展迅速，与之相应淀山湖沉积物中总磷含量的增长也呈现出先缓慢后急剧的增长趋势。说明淀山湖磷污染以及沉积物对磷元素的积累、湖泊富营养化进程和上海市工农业的发展密切相关。

3）淀山湖的 C 含量及演化

淀山湖沉积物总体上呈现中性特征，其 pH 值在 6.68～7.53 范围，由浅到深

pH 值从弱酸性向弱碱性变化。淀山湖沉积物总有机碳含量在 0.659%～0.221%间。沉积物 8～25 cm 段总有机碳含量百分比波动较大，可能与在水土流失较严重时期偶发暴雨天气影响下沉积物中有机质的年输入强度波动有关。0～8 cm 段沉积物总有机碳含量随深度平稳增加，初步分析可能与近年来对淀山湖水源地植被的保护力度加强、水土流失程度有所减缓有关。

总有机碳和有机磷含量呈正相关，即随着沉积深度的增加，总有机碳含量降低，有机磷含量也呈下降趋势。从 Org－Or－P 相关性拟合直线和 Or－P/Org 随沉积深度的变化曲线均可以看出，在有机质的降解过程中，磷元素在发生逐渐积累，总磷含量变化趋势与上海市工农业发展趋势相一致。

淀山湖沉积物中磷、碳含量随时间变化趋势与上海市工业总产值、农业总产值和人均生产总值的增长趋势一致。这些耦合关系说明，淀山湖磷污染以及沉积物对磷元素的积累、湖泊富营养化进程和上海市工农业的发展存在一定的联系。

4) 淀山湖的有机氯农药含量及演化

上海在 20 世纪 50 年代开始施用有机氯农药，到 70 年代是使用量最多的时期，80 年代国家颁布了有机氯农药禁令后开始停止使用，之后沉积物及水体中的有机氯农药含量均属于原来施用的残留。对淀山湖沉积物中六六六(HCHs)和滴滴涕(DDTs)两种主要有机氯农药残留量的研究工作，获得了如下认识：

① 淀山湖沉积物中 HCHs、DDTs 残留量的范围为 0～59.993 95 ng/g、0～122.317 4 ng/g。其中 HCHs 的残留量在 80 年代以后沉积物中低于检测限；而 DDTs 的含量在 80 年代以后沉积物中呈稳定的低值状态。这种现象可能与 HCHs 的水溶性和微粒相的残留能力较 DDTs 差一些以及生物降解能力较 DDTs 好等情况有关。

② 淀山湖沉积物中 HCHs、DDTs 含量随年代有大致相同的变化趋势，即以 80 年代初为分界线，之前残留量较高，在 70 年代中期出现峰值；80 年代至今含量开始减少，在沉积物中处于低值、稳定残留变化状态。

③ 淀山湖沉积物中 β－HCHs 单体的含量占 HCHs 含量的比重最高，是最稳定、最难降解的单体。在有机氯农药合法使用的年代，δ－HCH 在沉积物中的残留量随沉积物深度的增加而减少，说明其降解能力在 HCHs 个单体中最强。

④ 在有机氯农药禁用令颁布以后(1982 年)，淀山湖沉积物中(DDD＋DDE)/DDT＜1，说明当时周边还有违规使用有机氯农药的情况。到 2000 年以后，(DDD＋DDE)/DDT＞1，此时违规使用的情况有所好转，DDT 进行正常持续代谢减少状态，DDD＋DDE 所占比重增加。

⑤ 淀山湖沉积物中有机氯农药之间的耦合关系分两段，在 80 年代以前，HCHs 与 HCHs＋DDTs 的相关系数($R^2=0.808\,72$) 较 DDTs 与 HCHs＋DDTs 的相关系数($R^2=0.513\,33$) 高，而 80 年代以后 DDTs 与 HCHs＋DDTs 相关系数

为1。其说明在80年代以前HCHs+DDTs残留量分布与HCHs密切相关,80年代以后HCHs+DDTs残留量分布与DDTs相关。而HCHs的残留量与DDTs基本不存在相关关系。

淀山湖沉积物中HCHs、DDTs和HCHs+DDTs随年代变化的趋势相同。在50年代开始施用有机氯的农药到80年代禁用之前,沉积物中的HCHs、DDTs、HCHs+DDTs的残留量较高。由于沉积物中含量的滞后效应,70年代开始大量使用的有机氯农药的情况在70年代中期的沉积物中有了明显的反应。80年代使用禁令颁布后,残留量开始下降。目前沉积物中HCHs、DDTs、HCHs+DDTs的残留量已经较少以至达到仪器检测不到的水平。

综上所述,上海工业、农业和社会经济的发展以及人口增长,对淀山湖沉积物中痕量金属、氮、磷、有机碳等污染物的增长趋势是一致的。解放初期到改革开放以前,上海的工业、农业和社会经济的发展以及人口增长相对较为缓慢,与之相应时间段的沉积物中痕量金属含量的增加趋势也较缓慢;改革开放以后,工业、农业和社会经济的发展以及人口增长加快,与之相应时间段的沉积物中痕量金属、氮、磷、有机碳等污染物含量增加也较快。这些现象一致说明,淀山湖水体系中的痕量金属含量成因与上海市社会经济发展密切相关,其系典型的人为干扰自然体系中物质含量水平的环境现象。

8.2.3 城市土壤中的痕量金属行为及污染

1) 南京宁—杭公路、工厂痕量金属元素分布、污染及变化特征

表生沉积物中公路痕量金属污染、工厂痕量金属污染是气媒介传输成因的现代城市痕量金属污染的典型实例和最主要类型,是交通污染和生产污染污染特征的物质记录和直接后果。

交通(这里主要指汽车因素)在表生沉积物中引起的污染呈沿交通线展布的带状污染晕,污染特征为以公路为中心线,在其两侧表生沉积物中形成污染强度自公路向远离公路线方向渐趋减弱的晕带。宁—杭公路其林门段其林门剖面土壤中,Cu、Pb、Co、Ni、As等元素从公路开始沿垂直公路线方向至140~150 m处含量由高到低降至接近背景含量范围。从公路边起到146.0 m处各元素含量变化如下(含量单位mg/kg):

Cu 15.0~9.0, Pb 29.0~22.0, Co 7.6~3.5,

Ni 13.0~8.2, As 5.1~2.4。

污染元素主要来自机动车辆燃料和轮胎中所含的痕量金属成分。污染带宽度自路边向其两侧分别延伸110~150 m左右。

生产污染在表生沉积物中呈以生产车间排气烟囱为浓集中心的面状污染晕展布,系由生产环节中产生的痕量金属元素由生产过程中产生和排放的废气载带进

入环境引起。当地风向对污染晕的延伸范围和展布取向有明显影响。南京铁合金厂在建厂40余年的生产过程中，厂区土壤中目前已形成Muller污染分级中的1级污染元素有：Cr、V、Co、Ni和Pb。在当地优势风向方位（污染最大延伸方向）上污染直线延伸距离为1.38 km。

2）南京水阁垃圾场痕量金属元素分布、污染及变化特征

生活垃圾向环境释放痕量金属主要通过大气降水淋滤风化垃圾使其中的痕量金属元素进入地表水和潜水，进而随水的流动在土壤环境中蔓延扩散和形成污染。垃圾对土壤的污染主要发生在流水下游呈沿流水线展布的带状范围内，具有自垃圾堆沿水流方向污染强度逐渐减弱的变化特征。垃圾在环境中的痕量金属元素释放率受元素在垃圾中或垃圾的风化产物中的化学形态制约，有效态含量是主要影响因素。环境pH值对元素从垃圾中的释放乃至释放后在环境中的迁移有重要影响。南京市水阁垃圾场（接纳1987年以来鼓楼、秦淮、下关、白下四个区的垃圾）垃圾中各元素向土壤的释放率（从垃圾释放至土壤中的含量/在垃圾中的含量）如下：Hg为54.8%，V为36.6%，Co为32.6%，Mn为32.1%，Ni为32.0%，Cr为26.0%，Cu为19.1%，Sb为15.9%，Pb为3.9%，Cd为1.9%，As为1.0%。

8.2.4 城市大气颗粒物中痕量金属的行为

城市大气颗粒物中痕量金属元素含量是城市各类由气介质传输的痕量金属污染的综合反映，它是污染元素种类、强度的适时记录。

南京市城区大气颗粒物中的金属元素含量具有常量金属元素Al、Fe在相对较粗颗粒中（降尘）较高并以残渣态含量为主（92.98%—96.03%）、微量元素V、Cr、Cu、Zn、Pb在细颗粒中较高的分布规律。微量元素V、Cr、Cu、Zn、Pb等在总尘中含量一般是降尘中含量的1.5～11倍。本次研究元素中，除个别元素（Ca、Cu、Zn、Sn、Pb）外，其他元素在南京市大气总尘中的有效态含量（8.49%～98.92%）都高于降尘中有效态含量（3.97%～55.32%）。因而，由地壳背景含量引起的大气颗粒物金属含量（常量元素Al、Ca、Fe等）主要集中在降尘中。主要通过人类活动排放进入大气的微量元素V、Cr、Cu、Zn、Pb等主要集中在飘尘中，其是大气颗粒物中痕量金属元素环境活性部分的主体，并可以长时间长距离地迁移，只有遇到出现降水情况时，才可能进入地表。这一机制可能是远洋深海营养元素的重要来源，同时也是城市大气金属含量得以稀释、扩散的重要原因。因此，大气湿沉降是大气中金属粒子活性部分进入地面环境介质中的条件，在雨雪等降水天气频繁的区域，其城市及周边土壤、地表水体等环境介质中由大气来源的痕量金属对环境痕量金属叠加或污染将是一个非常重要的影响因素。据此，大气中的金属元素无论是作为污染成分叠加给环境还是作为营养元素加入到地面，对多数元素来说，细颗粒的贡献要远远大于粗颗粒。就环境效应意义上来讲，人为作用对大气成分的影响是最主要的,人类活动的规模与强度是大气颗粒物中痕量金属含量变化的主导因素。

南京市大气总悬浮颗粒中痕量金属含量是该区土壤平均含量的2~200倍,其中可直接沉降到地表的颗粒(降尘)中的含量最高可高出土壤中含量的190倍(如Cu土壤中平均含量为37.3 $\mu g \cdot g^{-1}$,降尘中含量为6 511.18 $\mu g \cdot g^{-1}$)。南京市大气颗粒物中的痕量金属含量除Cu、Zn、Co外,其他元素(V、Cr、Mn、Fe、Ni、Ba、Pb)都具有夏季(7—10月)高于冬季(1月份)的特点。说明气介质传输的痕量金属污染强度在夏季总体上要大于冬季。这除了与该市生产活动的时间分布规律有关外,可能反映南京市大气污染受冬季取暖影响不大,而主要来自交通及生产活动等的成因特征。

8.3 痕量金属元素的重要环境行为及有关问题

8.3.1 自然成因痕量金属污染与人为成因痕量金属污染的主要区别与联系

本次研究内容为痕量金属环境行为及污染。如前所述,这一内容从成因角度可分为自然成因和人为成因两类。因而,本文研究对象——自然背景因素成因的区域性痕量金属污染与人为因素成因的城市痕量金属污染属对象一致、成因不同的一类环境问题的两种现象。从属于这一前提,这两种痕量金属污染间存在着下述联系与区别。

联系主要表现在污染成因、元素在环境中的化学行为以及污染的环境效果方面:

① 从成因角度,两类污染中水都是重要的作用剂与污染物质传输媒介,水的物理化学性状(pH值、温度、所含溶质)及运移(流向)是污染形成、扩散乃至环境效果的最主要影响因素。

② 污染元素进入环境后,在环境中的吸附、解吸、形态转化等行为的影响因素、变化规律和制约条件两类污染是一致的。

③ 两类污染的环境效果如对各类环境介质环境功能的正常发挥的影响、对生物的毒害作用等也是一致的。

区别主要表现在污染物的释放或叠加机制、污染的空间变化规律、污染的时间效应及污染趋势的发展惯性等方面:

① 自然背景因素成因的痕量金属污染污染物向环境的释放完全是一种自然过程,主要是风化作用或水对污染物源体的溶解与运移,人类的作用仅仅是其促进因素,污染物种类、污染强度主要是由自然背景和自然过程决定的;城市痕量金属污染污染物质向环境的释放是因人类活动将污染物带入环境,人类的作用是污染物向环境释放的主导因素,污染物种类、污染强度主要是由人为作用决定的。

② 自然背景成因的痕量金属污染具有污染范围大(区域性)、污染物在环境介质中含量变化体现低缓而具明显规律的趋势变化特点;城市痕量金属污染因污染源不同污染范围空间展布规律各种各样,但一般都相对较局限,环境介质中的污染物含量变化急剧。

③ 从污染趋势发展惯性及污染时间效应角度考察,自然背景成因的痕量金属污染为自然营力作用下的自然现象,具有强大的自然惯性,污染一旦形成,其持续时间会很长,治理较困难;而城市痕量金属污染是由人为作用引起的痕量金属元素向环境的播散,除污染物在环境中的传输、化学作用及变化受自然营力和自然条件影响外其他诸如污染发生和扩散的持续性、污染的强度和范围都直接受人为作用因素制约,这类污染的治理亦相对容易些。

自然背景因素成因的区域性痕量金属污染与人为因素成因的城市痕量金属污染是自然界痕量金属污染现象的两种极端情况,客观上,在自然背景因素成因的污染中常常存在着人为因素的作用,在人为因素成因的城市痕量金属污染中同样也存在着自然作用因素,其间细微的联系与区别还很多。所以,上面总结的只是基于本次研究工作的一些最基本的方面。

8.3.2　城市痕量金属污染成因分类

城市土壤及大气颗粒物痕量金属污染在不同具体环境单元中情况可能千差万别,但从其成因角度考察城市土壤、地表水体及大气环境痕量金属污染的类型,前述城市各单元痕量金属污染可归属为两类:一类为由气媒介传输为主的污染,包括工厂污染、公路污染和大气污染;另一类为以水媒介传输为主的污染,包括生活垃圾污染、江河与湖泊沉积物污染。两类污染的区别除了在成因、含量等方面外,最本质的区别在于气传输污染元素的形态含量具铁锰氧化物态含量偏高(最高可达70%左右或更高)、可交换态含量多数元素偏低和变化范围较大(一般在 0~30%间变化)的特征;水传输的污染其 Fe - Mn 氧化物态含量一般偏低,可交换态含量一般较稳定(多数元素常在百分之几到 10%间变化)。这些具标志意义的含量特征,是被本研究大量实验工作所证实的事实,其可能是对复杂的城市痕量金属污染形成机制的一种抽象表征。

气介质传输成因的痕量金属污染,污染物原始形成主要是在相对高温、富氧的燃烧条件下发生,如冶炼、取暖、发动机燃料燃烧等过程,又经大气环境条件下传输,这是典型的氧化条件成因因素。在该条件下可变化或分解的物相最易转化为氧化物或水合氧化物形态。而由水介质传输成因的痕量金属污染,整个污染过程的第一步、也是过程发生的前提便是由水溶液将痕量金属源体物质中的成分溶解使其以溶质形式进入水体(潜水、地表水),而能够实现这一过程的首先是含量中的可交换态部分。因此,由该种机制成因的痕量金属污染,其污染物的可交换态含量具有相对较高的特点。上述这些特征都受形成机制的制约，而且与污染的整个形成和发展演化过程间存在着内在联系，在结合具体问题分析基础上可作为城市痕量金属污染成因的大致判别标志，对其进行粗略判断。

8.3.3 痕量金属污染有关机理模拟实验研究

1) 土壤中痕量金属元素解吸规律

本次工作结果显示，在地表条件下土壤中痕量金属元素在水溶液作用下的解吸作用服从如下规律：

$$\boldsymbol{Y} = \boldsymbol{C}_{\text{pH}}\mathbf{e}^{-ax}$$

式中：Y 为元素在解吸溶液中的含量；x 为解吸作用时间；$\boldsymbol{C}_{\text{pH}}$ 为在一定条件(pH 值、温度)下元素的初始解吸量(可据实验测得)；$\boldsymbol{a}$ 为元素在一定值条件(pH 值、温度)下的解吸系数，是元素在溶液中自土壤解吸之解吸性质的固有属性，可据实验拟合曲线求得。

2) 土壤对痕量金属元素的吸持规律

地表条件下，土壤对金属离子的吸附能力(吸附容量及达容量极限所需时间)是随溶液中金属离子种类的多少和浓度变化而变化的。在几十小时时间尺度内溶液中金属离子种类减少、浓度增高时，土壤对之的吸附能力亦相应增大。土壤对单元素金属溶液中金属离子的吸附能力强于对多元素金属溶液中的金属离子。偏酸性条件下土壤对金属离子的吸附能力低于偏碱性条件下的吸附能力。偏酸性条件下土壤对金属离子的吸附作用比偏碱性条件较早达到吸附平衡。

3) 地表固体(岩石、矿物)颗粒释放金属粒子规律

① 表生条件下，金属元素自固体颗粒在水溶液中的溶出量随溶液 pH 值降低和环境温度升高而增大；固体颗粒中的金属元素在水溶液中达到溶解平衡所需时间因元素、溶液 pH 值和环境温度不同而异。

② 溶液的 pH 值和环境温度对固体颗粒释放金属粒子的影响主要表现为在溶解反应开始后的一小段时间内(本次研究中实验时段为 120 h)的溶出量变化和达到溶解平衡所需时间的长短上。

③ 表生条件下，岩石、矿物颗粒向环境释放金属粒子的释放量(单位表面积上的金属溶出量)与颗粒中该元素含量正相关，这种相关性不论环境条件(pH 值)如何变化都是存在的。

8.4 痕量金属污染研究方法的改进、探索

8.4.1 土壤中痕量金属元素背景含量与污染叠加含量区分方法研究

自然界各类环境介质中都无例外地存在痕量金属背景含量。在痕量金属污染

研究中背景含量的确定是一项不可或缺的内容，它是衡量和评价污染的最基本参量。因此，确定研究对象痕量金属原生背景含量对正确识别乃至污染防治起着至关重要的作用。而这恰恰也是痕量金属污染研究领域的难点。主要原因有如下几个方面：

① 痕量金属背景含量在环境介质中是客观存在的，但人们对各类介质的痕量金属背景数据资料并不是都了解和掌握；

② 在有过背景研究工作的地域，可认为痕量金属背景含量是已知的。但由于痕量金属背景含量本身有着复杂的成因属性，导致这些一定程度上往往是宏观意义上的数据资料对解决具体环境问题显得不够确切；

③ 在已经出现或发现污染的地区往往单靠简单的取样、测试等工作已难以取得痕量金属背景含量数据。

本次研究中，尝试以 Hazen 概率格纸作图法区分城市土壤中的原生背景与后期污染叠加含量。Hazen 概率格纸作图法区分不同成因数据集方法是地球化学数据处理中的经典方法之一，主要用于成矿作用和其他地质作用的地球化学成因研究中，尤其在内生成矿作用研究方面应用较多。其在揭示矿床成因问题中诸如成矿期次、叠加矿化等复杂的元素迁移、沉淀等地球化学机制与规律中常常起非常重要的佐证作用，可为完善成矿理论、深入认识矿床成因、指导矿产资源勘查及预测提供有力依据。适用于该方法的数据集要符合两个条件，亦即可用于 Hazen 概率格纸区分的有意义数据集必须满足如下两个前提条件：

① 数据集所包含的子集的数据结构必须满足正态分布规律；

② 该数据集须有一定数目的数据构成，数据量越大，区分效果越好。

将该数据集按如下步骤分组、作图和求取有关参数：

① 将表实测的痕量金属含量数据按含量段进行数据分组，并统计每组数据中的样品数和计算其在总样本中的出现频率及累积频率；

② 据由①步骤所得累积频率在 Hazen 概率格纸上点出概率曲线并找出与曲线拐点对应的数据(含量值)；

③ 以②求得的拐点对应数据为含量界限将原先的数据集分组并分别按①步骤方法计算每组新数据中每项数据在本组中的出现频率和累积频率；

④ 据③步骤求得的累积频率在图上点出曲线，此曲线即为子集数据之累积概率曲线。

⑤ 据 Hazen 概率曲线规则进行数据和曲线检验并求取有关参量：

设：子集 1 的频率为 f_1，子集 2 的频率为 f_2……

f_1 对应的含量为 P_1，f_2 对应的含量为 P_2……

P_1 等于 P_2 时，对应的 f_1、f_2 的累积样本数各自在总体数据集中的累积频率之和与 P_1 或 P_2($P_1=P_2$)的交点应落在总体数据集概率分布曲线上。

f_1、f_2……等于 50%处的对应含量值(Hazen 概率格纸横坐标数据)即为子集 1、子集 2……的均值。对应于 f_1、f_2……都等于 84.1%与子集 1、子集 2……的累积概率曲线各自的交点含量值与各自均值的差值即为其各子集的标准差。据所得均值、标准差即可求得各子集变异系数。由这些参数便可得出不同子集的含量均值及有关统计学参量。

结合研究对象具体情况,这些参量在对不同成因含量形成及分布情况的认识、解释中可体现出重要意义,并会使问题得到较合理处理。

经本次研究实例对上述方法的验证研究,用由 Hazen 概率曲线求取有关背景参数以解释元素在环境介质中的迁移、分配乃至影响因素的作用是合适的,每项参数的成因意义是明确的,符合自然过程的客观实际。因此,可以认为用 Hazen 概率格纸作图法区分环境介质背景含量与人为叠加含量是种可行的思路和方法,在环境科研实践中将会发挥其积极的、甚至是重要的作用。本研究案例的研究结果表明,在人为痕量金属污染研究中,Hazen 概率格纸作图法是区分环境介质中背景含量与人为叠加含量的有效方法手段,由之求得的有关参数在衡量评价污染中有较好的参考作用,其环境意义是明确和合理的。

8.4.2 痕量金属元素形态分析方法的改进与推荐

如前所述,当前痕量金属污染研究中的形态分析存在许多不足与缺陷,所有方法都是基于操作条件、特定材料或使用试剂定义的化合物类型,由于形态问题本身的复杂性,这势必使得除了操作过程有显繁冗外,用不同的提取方法取得的数据之间可比性亦较差。本次工作试图在前人研究成果和我们自己实验室工作积累基础上探索一种较为便捷、适用和高效的痕量金属形态分析方法。

就 Tessier 方法划分的五种痕量金属形态,即可交换态、碳酸盐态、Fe－Mn 氧化物态、有机态和残渣态来看,介质中交换吸附在黏土矿物及其他成分上可交换态痕量金属与结合在碳酸盐矿物中的碳酸盐结合态痕量金属,在环境的 pH 值降低时即会被释放进入体系溶液,属于最容易被生物利用的痕量金属部分;与铁、锰或铝的氧化物和氢氧化物结合的 Fe－Mn 氧化物态痕量金属和同有机质螯合或存在于硫化物中的有机态痕量金属,只有在环境 Eh 值变化时才会被释放,这部分金属通常情况较不容易被生物利用;而被束缚于黏土等结晶硅酸盐矿物晶格里的残渣态痕量金属,在地表通常条件下很难重新进入体系溶液,即很难被生物利用,一般认为不具有生物活性。而地表条件下,对痕量金属形态最直接、最常见或可能的影响因素首推 pH 值。因此,本研究推荐将 Tessier 法中的可交换态痕量金属和碳酸盐态痕量金属合称为“生物易利用态痕量金属”,将 Tessier 法中的 Fe－Mn 氧化物态痕量金属和有机态痕量金属合称为“生物可利用态痕量金属”,将 Tessier 法中的残渣态痕量金属称为“生物不可利用态痕量金属”。这样的痕量金属形态分类方法似乎更适合或贴近实际情况，并且在实际工作中有利于对痕量金属生物效应的认识与评价。本研究中将这种分类方法称之为“三态法”。

归纳“三态法”的提取程序如表 8－4 所示。

表 8－4　土壤、水沉积物中痕量金属元素“三态法”形态分析程序及试剂(干重 1 g 样品)

	提取形态	提取试剂	提取条件
1	生物易利用态	40 mL 0.11 mol/L CH_3COOH	16 h、室温、4 000 r/min 20 min
2	生物可利用态	10 mL 8.8 mol/L H_2O_2 蒸发近干(同剂量进行两次)，40 mL 0.5 mol/L $NH_2OH \cdot HCl$，5 mL 5.5 mol/L NH_4AC	pH2、16 h、室温、4 000 r/min 20 min
3	生物不可利用态	HCl－HF－$HClO_4$(As 元素采用王水低于 100℃消解)	消解

在痕量金属形态分析中，就问题的针对性而言最关键的是两部分含量：其一为生物易利用态含量——是污染物生物有效性的直接标志，也是人们最为关注的部分；其二为生物不可利用态含量——是对生物安全的含量部分，其可作为污染物生物有效性的间接标志。上述该两部分含量情况在不同方法、不同介质中的实验比较情况表明，相对于与其他方法相比“三态法”具有明显的简单易行和环境较意义明确等优点，无论是从获得的哪部分含量数据角度，“三态法”分析的结果都是相对较有利于该方法的推广应用尝试的。

本次研究结果表明，由两种方法在不同介质中获得的易被生物利用的金属含量部分的结果总体上有着较好的一致性。就本次研究进行实验的土壤、水沉积物、煤岩三类介质的情况，在所研究的 Pb、Zn、Cu、As 四个元素中，各元素“三态法”的生物易利用态含量数据在原煤中比修正的 BCR 法的数据偏高，各元素含量分别高出 BCR 法含量的 0.96%～31.03%；在沉积物中偏低，其含量分别低于 BCR 法含量的 7.52%～25.72%。上述情况表明，生物易利用态含量在两种方法的误差均属相对可接受范围。生物不可利用态在不同介质以及不同元素间各分析方法的结果存在差异。其中，土壤在不同分析方法间的数据吻合情况好于沉积物和原煤，除 Zn 外和 Cu 在沉积物中的 BCR 法吻合情况较差外，其他元素在各类介质中三种不同方法的数据吻合程度均在有意义范围，具有明确的探索启示意义和尝试实际应用价值。

“三态法”根据在自然界痕量金属元素从介质中的释放条件的相似性划分痕量金属形态，明确了痕量金属被生物利用的难易程度区分和二次污染风险，希望对快捷、高效地评价环境痕量金属污染具有积极意义。

需要说明，由于目前人们能够做到的痕量金属形态分析方法尚停留在操作定义阶段，基于介质中的具体情况和形态问题本身的复杂性，在各种方法所得数据间存在差异是不可避免的。上述“三态法”的操作程序以及分析结果表明，与目前主流方法相比这种分析方法具有明显的易操作性和适用性，其是颇有意义和值得进一步探索发展的一个方向。应该说，限于本次工作的实验量和实验精度，其揭示的意义和从中得到的启发应该远比获得的数据重要，希望至少能够对痕量金属形态分析方法的不断改进起到启示或数据积累作用。

8.5 存在的主要问题

本次研究工作涉及内容相对较多，范围较大。研究中在有的方面发现了一些与已有理论或通常经验不相符合的情况；另外，本研究在方法、思路方面本身也尚有诸多不足。对于新发现的反常问题，一方面可能由于研究工作中某种因素引起，一方面也可能存在人们对问题的已有认识或理论自身尚需完善；总之，这些都是需要在将来有关研究中继续深入或加强的。

就在本次研究工作中发现和在本研究中存在的主要问题说明如下：

① 河套地区在其上游发育高背景含量的元素(Cu、Zn、As、Cd、Sb、Pb)中，都发生了向其下游土壤、地下水中的迁移。其中 As、Cd、Sb 含量在下游土壤中的平均含量是背景含量的近 3 倍，As 在潜水中最高含量超过国家饮用水标准的近 20 倍(为 0.97 μg/L)；而 Cu、Zn、Pb 在土壤中的平均含量仅是其背景含量的不到 2 倍，潜水中含量均在饮用水标准范围之内。结合该区上游的矿床、矿点都以 Cu、Zn、Pb 多金属矿为主的事实分析，上游富集程度大的元素并不是向下游迁移最显著的元素。这可能是由在元素迁移中存在的差别引起的。这种差别是环境科学以及元素地球化学需要深入研究的一个理论问题。

② 与南京市大气降尘中的金属含量相比，微量元素主要集中在总尘中(见表 5-25)。而大气降尘中的金属元素在不同粒级颗粒中相比，粒径大于 45 μm 部分中的含量明显高于小于 45 μm 部分中的含量，有在较粗颗粒中较富的特征。综合分析这些现象，大气颗粒物中可能存在微量金属元素富集的某种粒度界限。这是一个需要进一步研究的课题。

③ 本次研究中尚未得出明确解释而需要进一步证实的问题有：

(a) Al、Zn 表生条件下在从固体颗粒向环境释放时，与其他元素的情况相反，温度高时反而释放量变小；

(b) 在本次解吸实验模拟的几种条件(pH=4、pH=5.6、pH=7)中，弱酸性溶液(pH5.6)中痕量金属元素从土壤中的解吸率最高；

(c) 河套地区土壤中 Cr、Co 二元素(见表 7-4)、南京市大气降尘中 V、Cr 二元素出现了解吸量大于有效态含量的情况。

上述现象一方面说明需要更深入细致的工作去探索作用机理，另一方面也说明已有的实验方案(如 Tessier1979 年提出的形态分析程序)所得数据的环境意义尚需质疑。这些都需要大量的研究实践去证实。

④ 本次研究工作探索的痕量金属污染研究中的有关工作方法及结论系为案例结果，其普遍实用意义尚需要有大量工作进行数据积累或适用性证实，希望本研究的结论或基于结论的建议在本领域工作的继续探索或具体应用实践中起点问题依据或思路启示作用。

⑤ 由于本次研究工作时间跨度相对较大，加之环境问题在当今社会现实情况下的变化、演进多样，一些基于当时的情况随着时间的推移有发生变化的可能；其中值得重视的是污染物的行为规律和污染形成的原因与因素，这些对污染物及其污染趋势的把握和对其成因的认识在我们面临的繁重环境保护任务中，其重要性不亚于具体数据的意义，甚或更为重要。

需要特别说明，本次研究取得的数据或研究成果是基于本次工作时段的结论，其仅具有阶段性意义，更期望在发展中能有工作对之进行不断充实、完善或修正。

主要参考文献

[1] 中华人民共和国环境保护局. 地表水环境质量标准[S]GB3838—2002,2002.

[2] US EPA. Current National Recommended Water Quality Criteria [EB/OL]. http://www.epa.gov/waterscience/criteria/wqcriteria.html, 2006.

[3] White J., Triplett T. Polycyclic aromatic hydrocarbons (PAHs) in the sediments and fish of the Mill River, New Haven, Connecticut, USA [J]. Bull Environ Contam Toxicol, 2002,68:104 - 110.

[4] Tay K. L., The S. J., Doe K., Lee K., Jackman P. Histopathological and histochemical biomarker responses of Baltic clam, Macoma balthica, to contaminated Sydney Harbor, Nova Scotia, Canada [J]. Environmental Health Perspectives, 2003,111(3):273 - 280.

[5] Fung C. N., Zheng G. J., Connell D. W., Zhang X., Wong H. L., Giesy J. P., Fang Z., Lam P. Risks posed by trace organic contaminants in coastal sediments in the Pearl River Delta, China [J]. Marine Pollution Bulletin, 2005,50:1036 - 1049.

[6] 罗孝俊,陈社军,麦碧娴,等. 珠江及南海北部海域表层沉积物中多环芳烃分布及来源[J]. 环境科学,2005,26(4):129 - 134.

[7] US Geological Surve. Sediment Quality Chemical Criteria [EB/OL]. http://www.ecy.wa.gov/programs/tcp/smu/sed chem.htm, 2006.

[8] Stuer-Lauridsen F. Review of passive accumulation devices for monitoring organic micropollutants in the aquatic environment [J]. Environmental Pollution, 2005,136(3):

503 - 524.
[9] Van Metre P. C. , Mahler B. J. Trends in hydrophobic organic contaminants in urban and reference lake sediments across the United States, 1970 - 2001 [J]. Environmental Science & Technology, 2005,39(15):5567 - 5574.
[10] 姚书春,薛滨,李世杰.长江中下游湖泊沉积速率的测定及环境意——以洪湖、巢湖、太湖为例[J].长江流域资源与环境,2006,15(9):569 - 573.

附录1 要点内容英文介绍

The Indexes for Main Contents of "Behaviors of Trace Metals in Environment—The Pollution in Regional and Metropolis Areas" in English (Preface, Table of Contents, Every Chapter's Objectives and Scope with Key Concepts and Terms, Index of Figures and Tables)

I. Preface

The pollution of trace metals was and is a research hotspot all the time in environmental science and technology. Funded by the National Science Fund of China, the Collaboration Fund of the University of Minnesota USA, the Collaboration Fund of the NEDO financial group Japan etc. this work presented here carried out a research on the pollution, impacts, and behaviors of trace metals in environment of the typical cases for the regional and metropolis areas from the Hetao Area of Yellow River, Shanghai, and Nanjing China. The goal of this study focuses on to reveal the regulation of the essential facts in the trace metal pollution in environment based on the research on cases in different cause of formation for their factors, processes, and features. It was emphasized in the discussion and interpreting for conclusions for us to understand the chemical or geochemical processes, the relationships in the formation, and the control factors in the trace metal pollution that the figures from analysis and observations and experiments simulated the conditions of the nature obtained from the work. The main five fractions of the work were presented in total eight chapters of this book as follows:

(1) Trace metals and the trends of the study

(2) The case study on the regional area

(3) The case study on the trace metal pollution of the metropolises

(4) The experimental research on the behaviors of the trace metals

(5) The discussion on the behaviors, impacts, and methods of the research of trace metals

The goal of this study is to reveal and induce the regularity of the behaviors of trace metals in environmental pollution based on case study on trace metal pollution in soil and groundwater in regional area (the Hetao Area Inner Mongolia, China) and the trace metal pollution caused by metropolis development (Shanghai and Nanjing, China) by researches on the environmental units respectively for urban factory, highway, wastes, river, lake, and atmosphere.

Due to the closed relation between metals and human daily life as well as the complex behavior and change probability, the pollution of the trace metals rose within human production and life may occur everywhere at anytime. This pollution is more general, complex, durable, and unconspicuous than the pollutions cause by other hazardous materials. Moreover, there is background level for every metal element in natural environmental systems so that it always difficult to recognize the pollution from the normal status. But the significant crises for metals to the ecological systems such as hazardous to plants, inducing cancers and deformities to animals and human makes it to be an important duty for environmental scientist to undertake for long time, specially to understand the principle and regulations of this pollution in environment.

The impacts of the pollution of trace metals may generally be manifold because of complex behaviors of trace metals in environment. In recent study of trace metal pollution the major work are the research on cases, methods, and new materials etc. and it has been little work that was on the mechanisms and rules of the trace metal pollution. This situation reflects the frontier of every case study as well as the problem of trace metal pollution complex property. In this book, the impacts, cause of formation of the pollution of trace metals as a point to be probed for common facts existed in the study cases associated with case and experimental study in years from author were carried out to induce and conclude the pollution of trace metals. Based on these points above, The Hetao Area as a regional area case and Shanghai and Nanjing as metropolis cases were selected to study for trace metal pollution, which were the typical and heavier cases for the rules and phenomenon of the regional and metropolis pollution of trace metals. From the research on case study associated with simulated experiments the rule of behavior of trace metals controlled by chemical or geochemical habits in regional and metropolis pollution was probed with discussion.

The samples of this work were in solid and liquid phases respectively including rock, ore, soil, sediment from rivers and lake, suspended particles of water, atmospheric dust particles, resident hair , gasoline, diesel, and water respectively from river, lake, drinking well, and mining well. The measurements were done for metal levels, the isotope levels of Pb and Sr, mineral composition in soil, sediment, and atmospheric dust particles, the chemical composition and the features of the particles at the surface of solid grains for samples in this work. As important contents of this work, the experiments simulated the conditions at the earth surface were carried out respectively for metals absorbed and desorbed by and from soils and atmospheric dust particles (for desorbing only), metals released from the grains (ore).

This work was funded separately by the National Science Foundation of China (granted No. 49863001), the Science Foundation of Jiangshu Province (granted No. BK99021, to Prof. Dongsheng Ma in 1999 - 2002), the Foundation of the State Key Laboratory of the Research on Deposits (granted No. SKLMD199910), the International Collaboration Foundation of the University of Minnesota USA (granted No. UMN - 070604), the Foundation of the State Key Laboratory of Environmental Geochemistry (granted No. SKLEG6007), the International Collaboration Foundation of the NEDO Japan (granted No. F - 04001) etc. and author expresses sincere thanks for these valuable financial assistants!

In the processes of this work, the helps and assistants were obtained respectively from the Center of Analysis of School of Environmental Science and Engineering Shanghai Jiaotong University, the Analysis Center of the Shanghai Jiaotong University, the Center of Environmental Monitoring Shanghai, the State Key Laboratory of Environmental Geochemistry of the Institute of Geochemistry CAS, the State Key Laboratory of Mineral Deposit of Nanjing University, the Modern Analysis Center of Nanjing University, the Lab of Elemental Geochemistry of the Department of Geosciences Nanjing University, the Center of Environmental Monitoring Nanjing, the Beijing Center of Analysis of Ministry of Nuclear Industry, the Center of Environmental Research of the University of Tsukuba Japan, the Department of Civil Engineering of the University of Minnesota USA etc. and author expresses heartfelt thanks to these department and relative persons of these department.

In the process of this research years, students in my group who were took part in this work partially were Xiaoyi Zhou (School of Environmental Science and Engineering Shanghai Jiaotong University), Ying Chen (School of Environmental Science and Engineering Shanghai Jiaotong University), Lina Zhong (School of Environmental Science and Engineering Shanghai Jiaotong University), Le Xu (School of Environmental Science and Engineering Shanghai Jiaotong University), Yifei Zhang (School of Environmental Science and Engineering Shanghai Jiaotong University), Dong Yue (School of Environmental Science and Engineering Shanghai Jiaotong University), Yuan Fu (School of Electronic Information and Electrical Engineering Shanghai Jiaotong University), Yi Zhu (School of Environmental Science and Engineering Shanghai Jiaotong University), Jiying Li (School of Environmental Science and Engineering Shanghai Jiaotong University), Mengchan Jiang (School of Environmental Science and Engineering Shanghai Jiaotong University), Chenmin He (School of Environmental Science and Engineering Shanghai Jiaotong University), Nan Zhang (School of Medicine Shanghai Jiaotong University), Jing Liu (School of Medicine Shanghai Jiaotong University), Lisha Ye (School of Electronic Information and Electrical Engineering Shanghai Jiaotong University), Qi Yang (School of Agriculture and Biology Shanghai Jiaotong University), Di Wei (School of Environmental Science and Engineering Shanghai Jiaotong University), Xiaojing Dong (School of Environmental Science and Engineering Shanghai Jiaotong University), Fan Yang (University of Michigan — Shanghai Jiao Tong University Joint Institute), Minfan Fu (University of Michigan — Shanghai Jiao Tong University Joint Institute), Aaron Sciore (the Department of Chemistry, Worcester Polytechnic Institute USA), Zhengze Tang (School of Environmental Science and Engineering Shanghai Jiaotong University), Yiqing Yao (School of Environmental Science and Engineering Shanghai Jiaotong University), Jialing Li (School of Environmental Science and Engineering Shanghai Jiaotong University), Jiawei Shen (School of Environmental Science and Engineering Shanghai Jiaotong University), Joao Paulo Correia (the Department of Chemical and Environmental Engineering, Worcester Polytechnic Institute USA), Kaiming Lu (School of Environmental Science and Engineering Shanghai Jiaotong University), Xiyun You (School of Environmental Science and Engineering Shanghai Jiaotong University), Qilong Han (School of Environmental Science and Engineering Shanghai Jiaotong University), Yehang Chen (School of Environmental Science and Engineering Shanghai Jiaotong University), Jiayuan Gu (School of Environmental Science and Engineering Shanghai Jiaotong University), Yudong Wu (School of Environmental Science and Engineering Shanghai Jiaotong University), and Lei Zhang (School of Environmental Science and Engineering Shanghai Jiaotong University). Moreover, there were many students who contributed important work in this research but couldn't list their names all here. For these basic and important work author want to express my sincere thankfulness to everyone!

And I also want to express my respect and thankfulness to Prof. Zhongling Liu (the Department of Ecological and Environmental Sciences, Inner Mongolia University), Prof. Jingsheng Chen (the Department Urban and Environmental Sciences, Pecking University), Prof. Patrick L. Brezonik (the Department of Civil Engineering, University of Minnesota USA) and Prof. William Arnold (the Department of Civil Engineering, University of Minnesota USA) for their contribution in the idea and approaches in work from this book.

This work is a huge project performed by collectivity, except persons mentioned above there were ones who contributed common things for this research and it wasn't absence that the things were completed in the research. The names of persons who contribute their ability and wisdom to this work will be in my heart, and days worked together with these colleagues have been my most interested and enjoyed memories. The helps, friendship, and inspire to me from these persons in this research have become my spiritual wealth to inspire me more enrich and self-confidence. Author would like to express my sincere thanks to everyone who took part in this work for their everything for the research!

This book is financed by the Publish Fund of Science Monograph, Shanghai Jiaotong University to publish and author want to express thanks for this valuable financial assistant!

The opinions and understandings in this book may limited to author's knowledge and academic field of view, the range which couldn't reach from author will depend on readers to point out and perfect.

Hui ZHANG

Jun 2014 **Shanghai**

II. Table of Contents

III. Every Chapter's Objectives and Scope with Key Concepts and Tables, Indexes of Figures and Tables

Chapter 1 Introduction

Objectives and Scope In this chapter, an overview on the problem of trace metals is provided covering the processes of metal conception change, the understanding of hazardous impacts, the development of the research, the significant of the study, and highlighter of the problem. The research outline and goals are introduced associated with studied area, objects, and methods.

In the urban and regional case study, the research approach of the behaviors and pollution of the trace metals based on the samples and experiments are summarized.

This chapter introduces pollution cases in China including Hetao Area, one of heaviest arseniasis and other metal pollution, and two leading cities in economy growth, Shanghai and Nanjing. It outlines environmental units of the cases with the relative pollutants as well as trace metals on their levels, behaviors, evolution in pace-time scale, and methodology.

Key Concepts and Terms The behavior and pollution of trace metals; The concept, evolution, and development of the research; The region and urban cases

Index of Figures:

Figure 1 - 2 The urban case study region for the behaviour and pollution of trace metals—Shanghai (The Dianshan Lake, the Huangpu River, and the Suzhou Creek)
Figure 1 - 3 The urban case study region for the behaviour and pollution of trace metals—Nanjing (the Factory, the Highway, the Yangtse River, the Wasteyard, and the Urban atmosphere environment)

Chapter 2 The Regional Pollution of Trace Metals—the Hetao Area, China

Objectives and Scope In this chapter, issues of the trace metal pollution in the soil and groundwater from the Hetao Area are discussed. It includes the significance, behaviors, and pollution of trace metals in soil and groundwater, the distribution of As in the hair of local residents, isotope Sr and Pb change in the groundwater.

The discussion is based on analysis of the relationship between the behavior processes, the cause of formation of the pollution, the factors of the pollution, and their impacts for the pollutants, especially for As, in the Hetao Area. The cause of the pollution in this area is concluded as follows: the groundwater of the Hetao Area was affected by the components from upper reaches of the area, and the trace metals As etc. in groundwater and soil of the Hetao area were from the zone with higher geochemical background levels of these elements in the weathered materials in the upper reaches by the migration with water.

Key Concepts and Terms The behaviors and pollution of As etc.; The soil and groundwater of regional area; The distribution of the As in local residents; The tracing of the pollutants from Isotope Sr and Pb; Migration and mixture of the elements; Geochemical background levels

Index of Figures:

Figure 2 - 1 The environmental feature of the Hetao Area and sites of main working lines
Figure 2 - 2 Variations of the contents of Cu, Pb, Zn, As, Cd in soil in Hetao Area (The numerals under X axis are the numbers of the samples and the distance between near samples is 4 km. The Y axis expresses element contents. The units of Cu, Pb, Zn, As are mg/kg, and Sb, Cd are $\times 10^{-1}$ mg/kg)
Figure 2 - 3 The variations of contents of Bi, Hg, Mo in soil in the sampling section (The numerals under X axis are the numbers of samples and the distance

between near samples is 4 km. The Y axis expresses element contents and the units of Mo and Bi are $\times 10^{-1}$mg/kg, Hg is μg/kg)

Figure 2 - 4 Schedule for speciation analysis of heavy metals in soil

Figure 2 - 5 The distribution of heavy metal speciation in the soil from Hetao Area(1 - 3)(The numerals on the left of the vertical axes of the content charts are the content percents in the total content of the heavy metal element. A1, A3, A5, A7, A9, A11, A14, C1, C5, and C11 are respectively sampling numbers of transact lines and sampling sites. Ⅰ、Ⅱ、Ⅲ、Ⅳ、and Ⅴ are orderly exchangeable, carbonate, Fe - Mn oxide, organic matter, and residue speciation, and in the same line of the charts with the numerals are the same speciation content distribution in sampling sites)

Figure 2 - 6 The correlation of the exchangeable and carbonate speciationcontents of the heavy metals in the soil from Hetao area (The numerals on the left of vertical axis are speciation content percent in the total content of the element. They are analytical result of ten samples from whole research scope in Hetao Area)

Figure 2 - 7 The average content of heavy metal speciations in the soil from Hetao Area(The percentages in the chart are speciation contents respectively in their total cotents of the elements and they are the result of analysis for 10 samples from whole research scope in Hetao Area)

Figure 2 - 8 The distribution of the efficient speciation content of the heavy metals in soil from Hetao Area (The numerals on the left of vertical axes of charts are percentages of the efficient speciation in the total contents of the heavy metals and the symbols below horizontal axes are sample number and the transacted line. The arrowhead bellow the charts shows the direction of the transacted line)

Figure 2 - 9 The work-line on As in groundwater and the relationship between arseniasis and the level background of As, Cu, Pb, Zn, Cd, Sb in medias of the Hetao Area

Figure 2 - 10 The distribution of the contents of Cu, Zn, and As in the phreatic water from Hetao Area(The numerals bellow horizontal axes are sampling number and the arrowhead is the direction of the transacted line of sampling)

Figure 2 - 11 The distribution of the contents of Cd, Sb, and Pb in the phreatic water from Hetao Area(The numerals bellow horizontal axes are sampling number and the arrowhead is the direction of the transacted line of sampling)

Figure 2 - 12 The correlation of the contents of As and Cu, Cd, Sb, Zn, and Pb in the phreatic water in Hetao Artea

Index of Tables:

Chapter 3　The Metropolis Pollution of Trace Metals—Shanghai and Nanjing, China

Objectives and Scope　This chapter provides a comprehensive case discussion of environmental history on the behaviors and pollution of the trace metals in the development of the two top-ranking cities in economic development in southeastern China, Shanghai and Nanjing, by means of dividing the complex metropolises into different environmental units according to the environmental function separately in water, soil and atmosphere environment. In these cases, the studies were carried out on urban water system (urban rivers, urban lake), urban soil system (urban highway, urban wasteyard), and urban atmosphere environment (Nanjing atmosphere environment).

The cases on the pollution of trace metals from the urban water systems were from the Suzhou Creek Shanghai, the Huangpu River Shanghai, and the Dianshan Lake Shanghai, from the Nanjing section of the Yangtze River Nanjing. The cases on the pollution of trace metals from the urban soil systems were from the Nanjing section of Nin—Hang highway, Nanjing Alloy Factory, Nanjing Shuige Wasteyard, and from the atmosphere environment was from Nanjing atmosphere environment.

Key Concepts and Terms　The environmental units of Metropolises; The pollution of trace metals; Urban water environment; Urban soil environment; Urban atmospheric environment

- In the Suzhou Creek case, the level and speciation of trace metals (Pb, Cd, As, Hg, Zn) in the creek water, suspended particles in water, and sediment were analyzed and discussed for their behavior and pollution situation. Based on huge experimental figures, the potential ecosystem crises of Zn, Hg, and Cd with the feature of obvious higher level of Zn, Hg, and Cd in the water system the Suzhou Creek than that in similar systems in other nations were pointed. In addition, it was proved in this study that the trend of the level change in different depth of the sediment was increase as time in the Suzhou Creek for PCBs similar as metals'.
- In the case of the Huangpu river, Shanghai, the distribution, cause of formation, and the evaluation of the trace metals in the river water system were studied. The level of Cu, Pb, Hg, Cd, Cr, and PAHs were discussed for their origin and causes. Based on the level change of TOC, COD in water system, the achievement of environmental protection actions for the water environment of Shanghai was shown from the reduced level

of metals comparing with other systems from inland and abroad. The important fact of increase situation of the organic pollutants such as PAHs in the Huangpu River as time increase was revealed from the evolution and the cause of formation of the pollutants in the river.

- In the case study of the Dianshan Lake Shanghai the distribution, the cause of formation, and the evolution of the trace metals (Cu, Cd, Cr, Pb, Hg, As), Nitrogen, Phosphorous, total organic carbon (TOC), organochlorine pesticides (OCPs) in the water system were studied. The behavior and current situation of these above pollutants in the Dianshan Lake were discussion. Interestingly, The close coupling relationships, between the pollutants with the economic and population development in Shanghai were revealed from the temporal and spatial variation in the sediment of the Dianshan Lake. Based on the records of the sediment from the Dianshan Lake, the contribution and origin of the pollution associated with human activities were suggested. An important fact offered by this work is that the level and circle mechanism affected by the natural forces in the system of the lake, and this is a potential risk for the Dianshan Lake's ecological and economical contribution to Shanghai.
- In the case of the Nanjing section of the Yangtze River, the trace metals (V, Cr, Mn, Co, Ni, Cu, Pb, Zn, Sb, As, and Cd) were studied for their distribution in the surface and history sediment respectively. In this study, it was found that the added part of the metals in the sediment from the river water was mainly the active speciation of the metals and the increasing trend of the metals with time in the sediment can be an important clue for prevention this situation extending.
- In the case work of the Nanjing section of Nin—Hang highway, the distribution of the trace metals (V, Cr, Mn, Pb, Co, Ni, Cu, Zn, Sb, As, Cd) affected by the highway were studied along with the distance of the pollution extend perpendicular to highway direction as well as the level of metals in the vehicle fuels and tires. It is suggested in this work that the distribution of the metal speciation in soil can be used for roughly recognizing the highway pollution of the metals based on the speciation characteristics of the metals caused by urban highway traffic.
- In the case of the Nanjing Alloy Factory, the distribution, the impact scope, the cause of formation, and factors of the trace metals (V, Cr,

Mn, Co, Ni, Cu, Sb, Pb, Hg, As, Cd) were studied, and from this work the distribution of the pollution from heat process as this factory extends scope and control factors was provided with suggestion for dealing and preventing the pollution of the factory.

- In the case work of the Nanjing Shuige Wasteyard, the distribution, the behavior, and the current situation of the pollution with the impact scope of the trace metals (V, Cr, Mn, Co, Ni, Cu, Sb, Pb, Hg, As, Cd) were studied, and from this work the potential of the metals released from the urban wastes from human daily life was estimated. This result can be used as a prediction of the ecological crises for soil and groundwater systems from this kind of wasteyard as this work.

In the study of the Nanjing atmosphere environment, the trace metals (Al, Ca, Fe, V, Cr, Mn, Co, Ni, Cu, Be, Sn, Mo, Pb, Zn, Ba, Hg, S, Cl, P) were studied respectively for their distribution in urban units (production zone, un-production zone with human daily life and social action, and business consumption zone) and the features of matter phase, appearance, chemical components, and the speciation of the metals in the particles from the atmosphere. Based on huge data on contents, speciation, and grain size of the particles in the atmosphere, this work concluded the accumulation feature of the metals in the particles as their different size, the relationship and factors in the cause of formation. It is suggested from the digital data that the contribution of the metals to the long distance places from the urban atmosphere may be an important factor for the metal migration in atmosphere system. Another interesting question risen from this study was what is the grain size partition limit for metal to accumulate because some phenomenon shown no more accumulation at finer particles although the generally accumulation trend for metals in atmosphere seemly was to prefer to finer particles.

Index of Figures:

Figure 3 - 71　The distribution of the monomers of HCHs at the site C and D

Figure 3 - 72　The distribution of the monomers of DDTs at the site C and D

Figure 3 - 73　The correlation of the contents for HCHs, DDTs, and HCHs+DDTs in the sediment

Figure 3 - 74　The feature of pH in the depth of the sediment in the Dianshan Lake

Figure 3 - 75　The distribution of the trace metals in the sediment of the Dianshan Lake

Figure 3 - 76　The index of agriculture output value of Shanghai (measured by 1952's as 100)

Figure 3 - 77　The trend of TN variation as time in the sediment from the Dianshan Lake

Figure 3 - 78　The circle of Nitrogen in lake water

Figure 3 - 79　Nitrogen movement and transfer in the lake sediment

Figure 3 - 80　The total phosphorus in the sediment of the Dianshan Lake

Figure 3 - 81　The total organic carbon in the sediment of the Dianshan Lake

Figure 3 - 82　The total agriculture production value of Shanghai

Figure 3 - 83　The personal production value of Shanghai

Figure 3 - 84　The distribution of HCHs+DDTs, Cu, Cd, Cr, Pb, Hg, and As in the sediment of the Dianshan Lake

Figure 3 - 85　The distribution of HCHs+DDTs and TN in the sediment of the Dianshan Lake

Figure 3 - 86　The distribution of HCHs+DDTs and TP in the sediment of the Dianshan Lake

Figure 3 - 87　The GDP increasing in Shanghai(hundred million RMB yuan)

Figure 3 - 88　The total industrial output in Shanghai (hundred million RMB yuan)

Figure 3 - 89　Industrial wastewater discharge in Shanghai(hundred million ton)

Figure 3 - 90　The waste gas emission from industry in Shanghai(hundred million m^3)

Figure 3 - 91　The solid wastes from industry in Shanghai(10 thousand ton)

Figure 3 - 92　The growth of the population in Shanghai

Figure 3 - 93　The financial input for environmental protection in Shanghai(hundred million RMB yuan)

Figure 3 - 94　The compliance rate of the industrial waste water discharging in

Shanghai

Figure 3 - 95 The geochemical background and sampling sites (✱ 1 was the site for soil sampling on highway)

Figure 3 - 96 The distribution and correlation of trace metals in the soil and rock from the profile Qilinmen section of Ning-Hang highway

Figure 3 - 97 The distribution and correlation of trace metals in the soil and rock from the profile Qilinmen section of Ning-Hang highway

Figure 3 - 98 The geochemical background and sampling sites (✱ 2 was the site for soil sampling on factory)

Figure 3 - 99 The scope of the Nanjing Alloy Factory and soil sampling sites

Figure 3 - 100 Concentration isoline of Cr, Co, V, As, Ni, and Pb in the soil from Nanjing Alloy Factory (unit: mg/kg, —the range of the factory, —the chimney, the range bounded by lines is the scope of the factory, the area encircled by the broken line is polluted area)

Figure 3 - 101 The geochemical background and sampling sites (✱ 3 was the soil sampling site on the rubbish field)

Figure 3 - 102 The sampling sites for the soil from the Shuige Rubbish Field of Nanjing

Figure 3 - 103 The cluster analysis of trace metals from 18 soil samples in the Shuige rubbish field of Nanjing

Figure 3 - 104 The correlation between active part and liched part of the trace metals from the soil at the Shuige rubbish field, Nanjing

Figure 3 - 105 The geochemical background and sampling sites (✦ was the site for suspended particle sampling: 1 - Pukou site, 2 - Chaochangmen site, 3 - Sanxi Road site, 4 - Gulou site, 5 - Zhonghuamen site, 6 - Xiaolinwei site)

Figure 3 - 106 The skech of the equipment for suspended particles in atmosphere

Figure 3 - 107 The features of the total suspended particules from Nanjing atmosphere (The sample was taken from Shanxi Rd. sampling site and photo No. 2300, No. 2301, No. 2304, No. 2306 are features of the particules at size 28 μm, No. 2297, No. 2299 are in size 28 - 45 μm)

Figure 3 - 108 The concentration of trace metals in total suspended particles from seasons of Nanjing atmosphere (mg/g for Al, Fe, and Ca; mg/kg for others)

Figure 3 - 109 The comparison between speciations of the metals in the total suspended particles from Nanjing atmosphere(samples were taken from the site of

Shanxi Rd. in July 9 to August 1, 1998)

Figure 3 - 110 The speciations of metals in the total suspended particles from Nanjing atmosphere (sample was taken from the site of Shanxi Road, Nanjing in July 9 to Agust 1, 1998)

Figure 3 - 111 The concentrations of the efficient speciation metals in the total suspended particles and in the soil and water sediments from Nanjing (***a*** The metal efficient speciation respectively in total suspended particulates and in soil and water sediments, ***b*** The metal efficient speciation respectively in total suspended particles and in the soil and water sediments)

Figure 3 - 112 The comparison between the ratios of organic matter speciation in the total concentrations of the metals respectively from the suspended particles and the soil and water sediments of Nanjing (***a*** ratios of organic matter speciation metals in total suspended particulates and in the soil and water sediments of environmental units, ***b*** ratios of organic matter speciation in the total concentrations of the metals respectively from suspended particles and in the soil and water sediments)

Figure 3 - 113 The features of the deposited particles from the no-production sources in Nanjing atmosphere (samples were taken respectively from campuses of Gulou and Pukou, Nanjing University, No. 2309, No. 2312 were from Pukou and others from Gulou)

Figure 3 - 114 The features of the deposited particles from Nanjing atmosphere (sample No. 2308 was taken from Pukou campus, Nanjing University and No. 2279 from Xiaolinwei, No. 2269, No. 2270, and No. 2271 were from Shanxi Rd., and No. 2278 was from Zhonghuamen)

Figure 3 - 115 The concentrations of elements in the deposited particles respectively in the dust storm and normal weather from Nanjing atmosphere (sampling time in dust storm weather is in April, 2000 and in normal weather is in January, 2000)

Figure 3 - 116 The concentration of the elements in seasons from Nanjing atmosphere

Figure 3 - 117 The concentrations of the elements in the deposited particles in seasons from Nanjing atmosphere

Figure 3 - 118 The concentrations of the elements in the deposited particles respectively from dust storm and normal weather in Nanjing atmosphere

Figure 3 - 119 The average concentrations of the metals respectively in the de-

Index of Tables:

Table 3 - 63　The contents of the HCHs and DDTs in the sediment at site C(ng/g)

Table 3 - 64　The contents of the HCHs and DDTs in the sediment at site D (ng/g)

Table 3 - 65　The distribution of water in the sediment of the Dianshan Lake

Table 3 - 66　The trace metals discharged from the branches of the industry of Shanghai

Table 3 - 67　The contents and their geo-accumulation indexes for trace metals in the soil from Nanjing section of Ning-Hang highway

Table 3 - 68　The Speciations of trace metals in the soil from Nanjing section of Ning-Hang highway (content unit: mg/kg)

Table 3 - 69　The contents of heavy metals in gasoline, diesel oil, and tyre (unit: mg/kg)

Table 3 - 70　Contents and their geo-accumulation indexes of trace metals in the soil from Najing Alloy Factory

Table 3 - 71　The characteristic of trace metal pollution in the soil from Nanjing Alloy Factory

Table 3 - 72　The characteristics of trace metal speciations in the soil from Nanjing Alloy Factory (mg/kg)

Table 3 - 73　The contents and polluted characteristics of trace metals in the soil and rubbish from the Shuige rubbish field of Nanjing (content unit: $\mu g \cdot kg^{-1}$ for Hg, $\mu g \cdot g^{-1}$ for others)

Table 3 - 74　The contents of trace metal speciations in the soil from the Shuige rubbish field of Nanjing ($\mu g/g$)

Table 3 - 75　The suspended particle sampling sites and the level of depositing from Nanjing atmosphere

Table 3 - 76　The content of the total suspended particulates in Nanjing atmosphere

Table 3 - 77　The phase characterastics of the total suspended particulates from Nanjing atmosphere

Table 3 - 78　The concentrations of trace metals in the total suspended particles of Nanjing atmosphere (mg/g for Al, Fe, and Ca; $\mu g/g$ for others)

Table 3 - 79　The concentrations of trace metals in total suspended particles and in the soil in Nanjing (unit: mg/kg)

Table 3 - 80　The metals in the total suspended particulates in Nanjing atmosphere

Table 3 - 81　The speciations of metals in total suspended particles from Nanjing atmosphere (mg/kg)

Table 3 - 82 The concentration ratios of the effective speciations in the total concentrations of the trace metals from the media studied in Nanjing (%)

Table 3 - 83 The ratio of concentrations of the organic matter in the total concentrations of the trace metals in the media studied in Nanjing (percents in total contents)

Table 3 - 84 The content of deposited particulates in Nanjing atmosphere

Table 3 - 85 The phases of the deposited particles from no-production sources in Nanjing atmosphere

Table 3 - 86 The phases of thė deposited particles from Nanjing atmosphere

Table 3 - 87 The contents of the metals in the deposited particles from Nanjing atmosphere

Table 3 - 88 The concentrations of the elements in deposited particles respectively at the dust storm and normal weather from Nanjing atmosphere (mg/ kg)

Table 3 - 89 The concentrations of the metals respectively in deposited particles and total suspended particles from Nanjing atmosphere (unit: mg/kg)

Table 3 - 90 The concentrations of the metals in the deposited particles in Nanjing atmosphere

Table 3 - 91 The metal speciations in the deposited particles from Nanjing atmosphere (mg/kg)

Chapter 4 The Experimental Research on the Behaviors of Trace Metals

Objectives and Scope The behavior rule of the trace metals in some media were discussed in this chapter. Based on the simulated experiments, the sorption and desorption behaviors of the trace metals from the regional soil, the desorption behavior of the trace metals from the urban atmospheric particles, and the desorption behavior of the trace metals from the minerals or rocks were carried out in these experiments.

This chapter suggests the behaviors and factors of the trace metals in the sorption and desorption actions in every medium based on experiments and the speciation levels of the trace metals. It also raises a mathematical model of the trace metals released from the soil and atmospheric deposited particles under the reaction in water. The released contents of the trace metals from the soil and particles of the urban atmosphere at the earth surface conditions were estimated and preliminary parameters on the metal released from the rock and minerals were calculated with estimation. These work led to the conclusion that the ratio of the content change of the trace metals released from the carriers were generally constant, which may be the property of the element releasing in water under usual conditions. It revealed a positive correlation between the acid-stage of the system, the degree of the temperature of the circumstance, and the metal levels in the particles.

Key Concepts and Terms The behaviors of sorption and desorption of trace metals; The simulated experiment; Soil, atmospheric particles, rock and minerals

Index of Figures:

Index of Tables:

Area under pH3 and 13～16℃

Table 4 - 6 The concentrations of Cu^{2+} etc. absorbed by the soil from the Hetao Area under pH4 and 13～16℃

Table 4 - 7 The concentrations of Cu^{2+} etc. absorbed by the soil from the Hetao Area under pH5. 6 and 13～16℃

Table 4 - 8 The concentrations of Pb^{2+} absorbed by the soil from the Hetao Area under pH5. 6 and 13～16℃

Table 4 - 9 Absorption indexes of the trace metals absorbed by the soil in Hetao Area under the conditions on the earth surface (unit: mg/kg)

Table 4 - 10 The result of the experiment simulated the earth surface conditions for trace metal desorption from the soil in Nanjing (unit: mg/kg)

Table 4 - 11 The results of the experiment for desorption of trace metals from the deposited particles in Nanjing atmosphere under pH5. 6 and 13～16℃ (unit: mg/kg)

Table 4 - 12 The desorption indexes of trace metal desorption from the deposited particles in Nanjing Atmosphere under the conditions on the earth surface (unit: mg/kg)

Table 4 - 13 The experimental conditions simulated the conditions on the earth surface for metal release from solid grain (minerals, rock)

Table 4 - 14 The results of the experiment simulated the conditions on the earth surface for trace metal release from the solid grain (pH3)

Table 4 - 15 The results of the experiment simulated the conditions on the earth surface for trace metal release from the solid grain (pH4)

Table 4 - 16 The results of the experiment simulated the conditions on the earth surface for trace metal release from the solid grain (13℃, pH5. 6)

Table 4 - 17 The results of the experiment simulated the conditions on the earth surface for trace metal release from the solid grain (pH7)

Table 4 - 18 The results of the experiment simulated the conditions on the earth surface for trace metal release from the solid grain (50℃, pH5. 6)

Table 4 - 19 The comparison between the concentrations of metal release from the sample and the concentrations contained originally in the sample (unit: $\mu g/cm^2$)

Chapter 5 An Approach on the Chemical Habits, Behavior Impacts, and Factors of Trace Metals in Environment

Objectives and Scope In this chapter, the issues of chemical habits, behavior impacts, and pollution of trace metals were discussed; The character and distribution of the trace metals in nature world were introduced. Based on the behavior impacts and characteristics of the pollution of the trace metals, factors of the pollution were discussed associated with the discussion on the differences and similarities of the trace metal pollution in regional area and metropolises.

Key Concepts and Terms Trace metal elements; Chemical habits and their biological impacts; The pollution of the trace metals in regional and metropolis areas

Chapter 6 The Speciation of Trace Metals and Research Methods

Objectives and Scope In this chapter, the speciation of trace metals is overviewed based on their recognition process by people, the significance in environmental problems, and the weaknesses of the analysis procedures existed. The "Three step procedures" for trace metal speciation analysis was raised, based on the ease and usefulness in environmental protection practice for trace metal speciation analysis, and was compared with current main procedures of the speciation analysis.

Key Concepts and Terms The speciation of trace metals; The methods and development; The "Three step procedures" for trace metal speciation analysis

Index of Figures:

Index of Tables:

Table 6 - 3　The procedures of sequential extraction for the metal speciation suggested by Tessier, Förstner, and Meguelatti

Table 6 - 4　The procedure of the sequential extraction for metal speciation suggested by BCR

Table 6 - 5　The procedure of the sequential extraction for metal speciation modified by Rauret et al. (1999)

Table 6 - 6　The procedure of the three steps of the sequential extraction for metal speciation in soil and sediment (for 1g dry sample)

Table 6 - 7　The procedure of the sequential extraction for metal speciation suggested by BCR

Table 6 - 8　The DTPA - 5Na procedure of the sequential extraction for metal speciation

Table 6 - 9　The three steps of the procedure of the sequential extraction for metal speciation

Table 6 - 10　The detecting limits and the precision of ICP-AES for elements

Table 6 - 11　The detecting limits and the precision for elements from PE - 5100 atomic absorption spectrometer

Table 6 - 12　The speciation of the metals in soil from Hetao Area analyzed by modified BCR's procedure (unit: mg/kg, units for the ratio in the total and analysis error: %)

Table 6 - 13　The speciation of the metals in soil from Hetao Area analyzed by DTPA - 5Na's procedure (unit: mg/kg, units for the ratio in the total and analysis error: %)

Table 6 - 14　The speciation of the metals in soil from Hetao Area analyzed by Three Step procedure (unit: mg/kg, units for the ratio in the total and analysis error: %)

Table 6 - 15　The relative error of methods BCR modified and DTPA - 5Na for bio-unavailable speciation compared with the "Three step procedure" from soil (%)

Table 6 - 16　The speciation of the metals in soil from the sediment of the Huangpu River analyzed by modified BCR's procedure (unit: mg/kg, units for the ratio in the total and analysis error: %)

Table 6 - 17　The speciation of the metals in the sediment from the Huangpu River analyzed by DTPA - 5Na's procedure (unit: mg/kg, units for the ratio in the total and analysis error: %)

Chapter 7 An Approach to the Identification for the Original and Added Concentrations of Trace Metals in Soil System Polluted by Trace Metals

Objectives and Scope In this chapter, a method for differentiating original concentration and added concentration of trace metals in polluted soil system is suggested. The Hazen Probability Ruling Paper used in the method was introduced for figure edit of the samples and the requirement for using this Ruling Paper in the identification. Based on the case study, the method was tested and evaluated by comparing the real environmental meaning of the parameters from this method with the results from known data.

Key Concepts and Terms The original concentration of trace metals in soil system; The added concentration of trace metals in polluted soil system; Identification for the concentrations from original and added levels of metals in soil; Hazen probability ruling paper

Index of Figures:

Index of Tables:

Chapter 8 Main Research Results

Objectives and Scope In this chapter, the main results from this work were presented and discussed. This overview includes the behaviors and pollution of trace metals in regional area, the behaviors and pollution of trace metals in urban areas, and the methods and improving approaches for trace metal pollution research. At the end, problems and phenotypes discovered from this work that disagree with existed understandings were pointed to inspire further studies. It also stated for some weaknesses and limits existed in this work.

Key Concepts and Terms The understanding and results of the research; Issues disaccorded to the existed understandings found from this work; Issues of weaknesses and limits in this study

Index of Tables:

附录 2　名词术语索引

E

F

G

H

J

K

L

M

N

Q

R

S

T

W

X

Y

Z